"十二五"普通高等教育本科国家级规划教材

新形态教材

经济应用数学基础

微积分

第五版

赵树嫄 / 主编

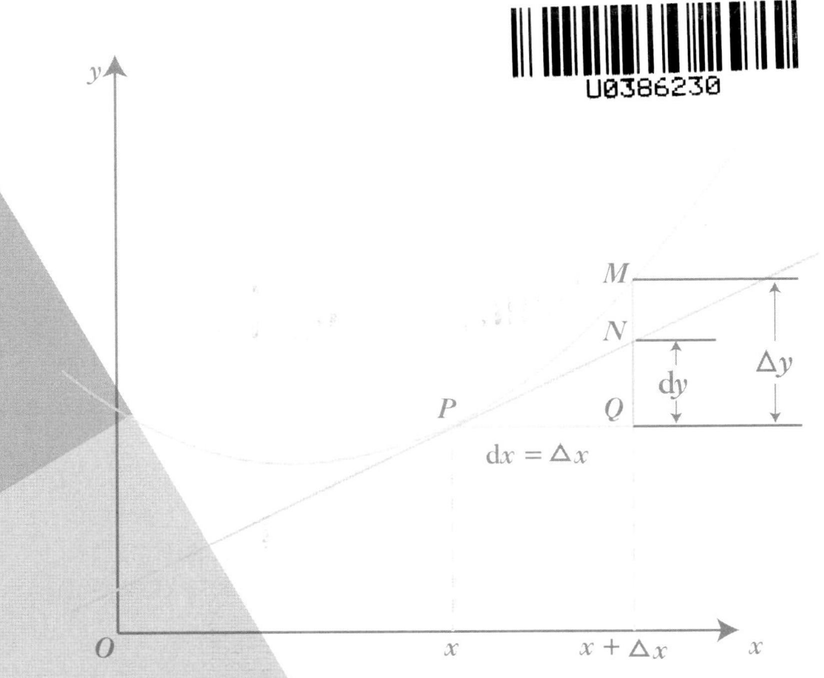

中国人民大学出版社
· 北京 ·

图书在版编目（CIP）数据

微积分/赵树嫄主编．--5版．--北京：中国人民大学出版社，2021.8
（经济应用数学基础）
ISBN 978-7-300-29651-7

Ⅰ.①微… Ⅱ.①赵… Ⅲ.①微积分-高等学校-教材 Ⅳ.O172

中国版本图书馆CIP数据核字（2021）第137232号

“十二五”普通高等教育本科国家级规划教材
经济应用数学基础
微积分（第五版）
赵树嫄　主编
Weijifen

出版发行 中国人民大学出版社			
社　　址 北京中关村大街31号		**邮政编码** 100080	
电　　话 010－62511242（总编室）		010－62511770（质管部）	
010－82501766（邮购部）		010－62514148（门市部）	
010－62515195（发行公司）		010－62515275（盗版举报）	
网　　址 http://www.crup.com.cn			
经　　销 新华书店			
印　　刷 涿州市星河印刷有限公司		**版　　次** 1982年5月第1版	
规　　格 185 mm×260 mm　16开本		2021年8月第5版	
印　　张 24.5		**印　　次** 2024年5月第9次印刷	
字　　数 572 000		**定　　价** 58.00元	

第五版修订说明

《微积分》是 20 世纪 80 年代教育部委托中国人民大学赵树嫄教授主持编写的高等学校财经专业试用教材中的一本，是教育部认定的最早的高等学校文科教材之一，1981 年在中国人民大学出版社首次出版后，进行了多次修订，出版近四十年来深受广大教师和学生的欢迎。本教材自出版以来，一直保持很大的年度发行量，说明本书始终能够满足读者的需要，为社会主义经济建设与全国大学数学教学、教改做出了一定的贡献，对此编者深表荣幸！

随着技术的发展，在出版和教育融合变革的大背景下，编者在中国人民大学出版社的积极协助下进行了本次修订工作。《微积分》(第五版)以《教育信息化 2.0 行动计划》为指导，运用大数据和人工智能技术，将传统教材和多种形式的数字内容有机融合，打造了以读者为中心的新形态教材并提供丰富的数字化学习资源，包括重难点的名师视频讲解、重要习题的名师视频解析、随堂测试、名校期末试题库等，目前已经陆续上线。我们希望通过这种数字化手段改进教学的创新，从教与学两方面使得读者能够高效率地学习！

编　者

2021 年 6 月

第二版说明

《经济应用数学基础》是原教育部委托中国人民大学经济信息管理系数学教研室赵树嫄主持编写的高等学校财经专业试用教材，共分五册:第一册《微积分》，第二册《线性代数》，第三册《概率论与数理统计》，第四册《线性规划》，第五册《运筹学通论》。从1981年以来由中国人民大学出版社陆续出版。

本套教材自出版发行后，被许多院校选作教材，也受到了自学财经专业课程的读者的欢迎，在一定程度上满足了当时教学的迫切需要。

目前，随着我国社会主义经济建设的发展和经济体制改革的深入，经济数学的教学方法的研究和应用日益受到广大经济理论教学、研究人员和实际工作者的重视。很多院校加强了数量经济学方面的研究和教学工作，相继增开了一些有关的必修或选修课程。近年来，高等学校财经专业的学生队伍的构成和素质也有了很大的变化。这一切都对高等学校财经专业基础数学的教学提出了更高的要求。为此，我们将对本套教材陆续进行修订。

这次修订工作是在国家教委的支持与领导下进行的，并得到北京大学、北京经济学院、北京商学院、北京财贸学院、中央财政金融学院、对外经济贸易大学等兄弟院校有关同志的大力协助，他们对本套教材的修改提出了许多宝贵的意见。在此，我们表示衷心感谢。

第一册《微积分》介绍了微积分学的基础知识。书中有些内容加了“※”号，选用本书时可以根据教学的需要和学时安排略去不讲。

参加《微积分》第一版编写与审阅的有：赵树嫄、金必先、陆启良、马兴忠、龚德恩、胡富昌，由赵树嫄任主编。参加第二版修改与审阅的有：赵树嫄、陆启良、胡富昌、傅维潼、金必先，由赵树嫄任主编。褚永增对本次修订做了大量工作并审核了全部习题答案。

本次修订，对第一版编写及排印中的疏漏进行了修正，并对部分章节进行了删改，补充了一些内容。在习题中增加了选择题，各章习题均分为(A)、(B)两类，(A)类为计算、证明、应用等传统题型；(B)类为选择题，每题各有4个备选答案，其中至少有一个是正确的，请读者将正确答案前的字母都填在括号内，凡多填或漏填的均算答案错误。习题答案附书后。

由于我们的水平有限，书中难免有不妥之处，欢迎读者批评指正。

编　者

1987年12月

目 录

第三章　导数与微分　88

第四章　中值定理与导数的应用　128

第五章　不定积分　175

第六章　定积分　197

第一章

函　　数

1.1 集　合

(一)集合的概念

“集合”是数学中的一个重要概念，它在现代数学的发展中起着非常重要的作用.

我们常常研究某些事物组成的集体，例如，一班学生、一批产品、全体正整数，等等，这些由某类特定事物组成的集体都是集合.

一般说来，集合是具有某种属性的事物的全体，或者说是一些确定对象的汇总. 构成集合的事物或对象，称为集合的元素.

下面举几个集合的例子.

例 1　26 个英文字母.

例 2　方程 $x^2-5x+6=0$ 的根.

例 3　全体偶数.

例 4　直线 $x+y-1=0$ 上所有的点.

由有限个元素构成的集合，称为有限集合，如例 1、例 2；由无限多个元素构成的集合，称为无限集合，如例 3、例 4.

通常，我们用大写字母 A，B，C，X，Y 等表示集合，用小写字母 a，b，c，x，y 等表示集合的元素. 如果 a 是集合 A 的元素，则记作 $a\in A$，读作 a 属于 A 或 a 在 A 中；如果 a 不是集合 A 的元素，则记作 $a \overline{\in} A$ 或 $a\notin A$，读作 a 不属于 A 或 a 不在 A 中.

例如，如果 $\mathbf{F}$ 表示全体有理数的集合，则 $\frac{3}{5}\in\mathbf{F}$，$\sqrt{2}\notin\mathbf{F}$.

我们这里讲的集合具有确定性的特征，即对于某一个元素是否属于某个集合是确定的，“是”或者“不是”二者必居其一且只居其一.

例如，“很小的数”“某人的好朋友”则不是我们这里所讨论的集合，因为构成它的对象是不明确的.

（二）集合的表示法

(1) 列举法：按任意顺序列出集合的所有元素，并用花括号“{ }”括起来.

例 5 由 a，b，c，d 四个元素组成的集合 A 可表示为

$$A=\{a, b, c, d\}$$

例 6 由方程 $x^2-5x+6=0$ 的根所构成的集合 A 可表示为

$$A=\{2, 3\}$$

用列举法表示集合时，必须列出集合的所有元素，不得遗漏和重复.

(2) 描述法：设 $P(a)$ 为某个与 a 有关的条件或法则，A 为满足 $P(a)$ 的一切 a 构成的集合，则记为

$$A=\{a \mid P(a)\}$$

例 7 设 A 为方程 $x^2-5x+6=0$ 的根构成的集合，可表示为

$$A=\{x \mid x^2-5x+6=0\}$$

例 8 设 A 为全体偶数的集合，可表示为

$$A=\{x \mid x=2n, n \text{ 为整数}\}$$

集合以及集合间的关系可以用图形表示，称为**文氏图**. 文氏图是用一个平面区域表示一个集合，如图 1-1 所示. 集合内的元素以区域内的点表示.

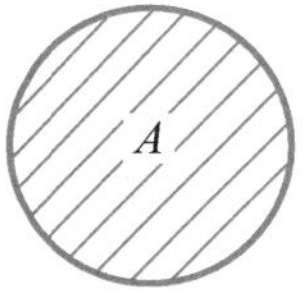

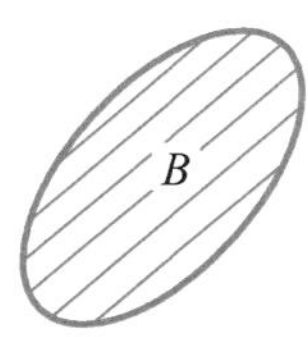

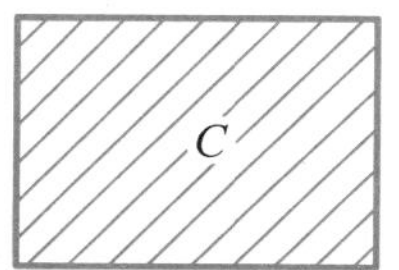

图 1-1

（三）全集与空集

由所研究的所有事物构成的集合称为**全集**，记为 U. 全集是相对的，一个集合在某一条件下是全集，在另一条件下可能就不是全集. 例如，讨论的问题仅限于正整数，则全体正整数的集合为全集；讨论的问题包括正整数和负整数，则全体正整数的集合就不是全集. 又如，要检查某工厂产品的优劣，则全厂产品为全集；如果只检查某车间，则该车间产品为全集.

不包含任何元素的集合称为空集，记作 $\varnothing$.

例 9 方程 $x^2+1=0$ 的实数根集合为空集.

例 10 在欧几里得几何中，平面上两条平行线的交点集合为空集.

注意 $\{0\}$ 及 $\{\varnothing\}$ 都不是空集，前者含有元素“0”，后者以空集“$\varnothing$”为其元素.

(四) 子集

定义 1.1 如果集合 A 的每一个元素都是集合 B 的元素，即“如果 $a\in A$，则 $a\in B$”，则称 A 为 B 的子集. 记为 $A\subseteq B$ 或 $B\supseteq A$，读作 A 包含于 B 或 B 包含 A. 如果 $A\subseteq B$ 成立，并且 B 中确有元素不属于 A，则称 A 为 B 的真子集，并记作 $A\subset B$ 或 $B\supset A$. 如图 1-2 所示.

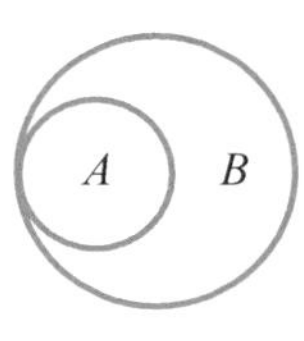

图 1-2

例 11 设 $\mathbf{N}$ 表示全体自然数的集合，$\mathbf{F}$ 表示全体有理数的集合，则有

$$\mathbf{N}\subset\mathbf{F}$$

例 12 设 $A=\{1, 2, 3, 4, 5\}$，$B=\{1, 3, 5\}$，则

$$B\subset A$$

定义 1.2 设有集合 A 和 B，如果 $A\subseteq B$ 且 $B\subseteq A$，则称 A 与 B 相等，记作 $A=B$.

例 13 设

$$A=\{x\mid x\text{ 为大于 1 小于 4 的整数}\}$$

$$B=\{x\mid x\text{ 为大于 1 小于 4 的实数}\}$$

$$C=\{x\mid x^2-5x+6=0\}$$

则 $$A\subseteq B,\ A=C$$

关于子集有下列结论：

(1) $A\subseteq A$，即“集合 A 是其自己的子集”；

(2) 对任意集合 A，有 $\varnothing\subseteq A$，即“空集是任意集合的子集”；

(3) 若 $A\subseteq B$，$B\subseteq C$，则 $A\subseteq C$，即“集合的包含关系具有传递性”.

(五) 集合的运算

定义 1.3 设有集合 A 和 B，由 A 和 B 的所有元素构成的集合，称为 A 和 B 的并，记为 $A\cup B$，如图 1-3 所示，即

$$A\cup B=\{x\mid x\in A\text{ 或 }x\in B\}$$

集合的并有下列性质：

(1) $A\subset A\cup B$，$B\subset A\cup B$

(2) 对任何集合 A，有

$$A \cup \varnothing = A,\ A \cup U = U,\ A \cup A = A$$

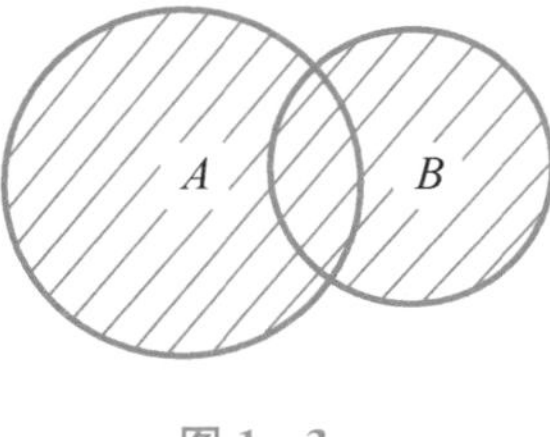

图 1－3

定义 1.4 设有集合 A 和 B，由 A 和 B 的所有公共元素构成的集合，称为 A 与 B 的**交**，记为 $A \cap B$，如图 1－4 的阴影部分所示，即

$$A \cap B = \{x \mid x \in A \text{ 且 } x \in B\}$$

集合的交有下列性质：

(1) $A \cap B \subset A$，$A \cap B \subset B$

(2) 对任何集合 A，有

$$A \cap \varnothing = \varnothing,\ A \cap U = A,\ A \cap A = A$$

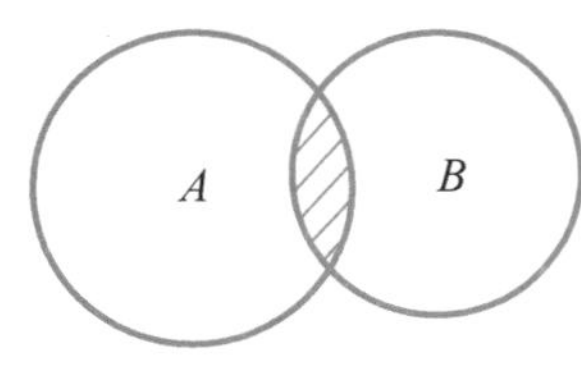

图 1－4

例 14 设 $A = \{1, 2, 3, 4\}$

$B = \{3, 4, 5, 6\}$

则 $A \cup B = \{1, 2, 3, 4, 5, 6\}$

$A \cap B = \{3, 4\}$

例 15 设 $A = \{a, b, c\}$，$B = \{a, b\}$，则

$$A \cup B = \{a, b, c\}, \quad A \cap B = \{a, b\}$$

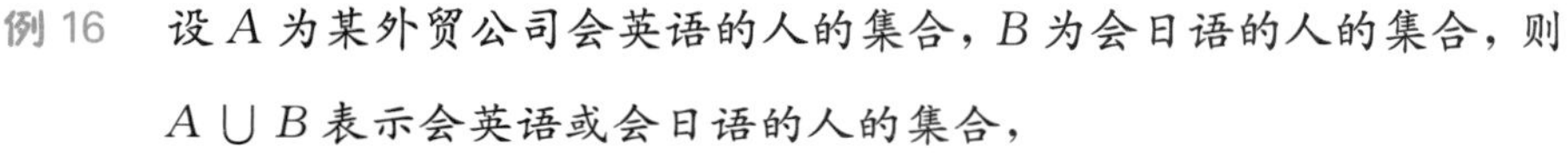

例 16 设 A 为某外贸公司会英语的人的集合，B 为会日语的人的集合，则

$A \cup B$ 表示会英语或会日语的人的集合，

$A \cap B$ 表示既会英语又会日语的人的集合.

例 17 设 $A = \{x \mid -1 \leqslant x \leqslant 1\}$，$B = \{x \mid x > 0\}$，则

$$A \cup B = \{x \mid x \geqslant -1\}$$

$$A \cap B = \{x \mid 0 < x \leqslant 1\}$$

例 18 如果 A 为全体有理数集合，B 为全体无理数集合，则

$$A \cup B = \{x \mid x \text{ 为实数}\}$$

$$A \cap B = \varnothing$$

如果 $A \cap B = \varnothing$，则称 A，B 是分离的，如图 1－5 所示.

定义 1.5 设有集合 A 和 B，属于 A 而不属于 B 的所有元素构成的集合，称为 A 与 B 的**差**，记为 $A - B$，如图 1－6 的阴影部分所示，即

$$A - B = \{x \mid x \in A \text{ 且 } x \notin B\}$$

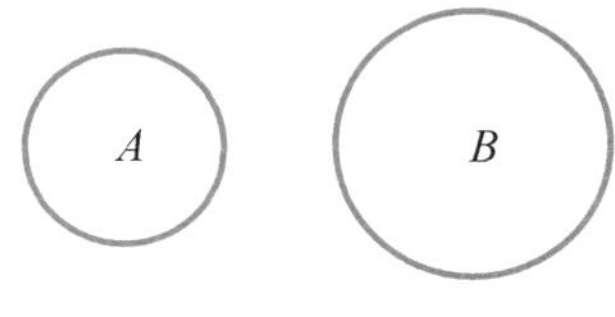

图 1-5

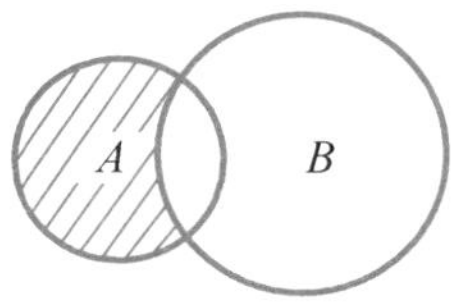

图 1-6

例 19　如果 $A=\{1, 2, 3, 4\}$，$B=\{1, 3, 5, 7\}$，则

$$A-B=\{2, 4\}$$

定义 1.6 全集 U 中所有不属于 A 的元素构成的集合，称为 A 的**补集**，记为 $\overline{A}$，如图 1-7 所示，即

$$\overline{A}=\{x \mid x\in U \text{ 且 } x\notin A\}$$

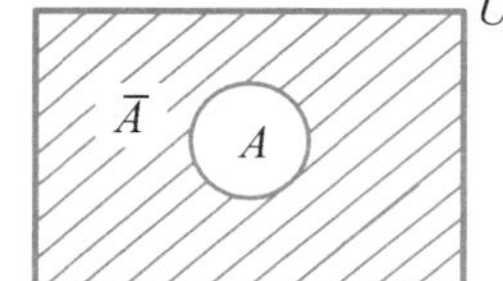

图 1-7

补集有下列性质：

$$A\cup\overline{A}=U,\quad A\cap\overline{A}=\varnothing$$

例 20　设参加考试的学生为全集 U.

如果 A 表示及格的学生集合，则 $\overline{A}$ 表示不及格的学生集合.

例 21　某地区有 100 个工厂，其中，80 个生产甲种机床，以集合 A 表示这些工厂；61 个生产乙种机床，以集合 B 表示这些工厂；55 个两种机床都生产. 试用集合表示下列各类工厂，并计算出各类工厂的数目：

(1) 生产甲种机床而不生产乙种机床的工厂；

(2) 生产乙种机床而不生产甲种机床的工厂；

(3) 甲、乙两种机床中至少生产其中一种的工厂；

(4) 甲、乙两种机床都不生产的工厂.

解：(1) 生产甲种机床而不生产乙种机床的工厂的集合为 $A-B$，工厂数目为

$$80-55=25\text{（个）}$$

(2) 生产乙种机床而不生产甲种机床的工厂的集合为 $B-A$，工厂数目为

$$61-55=6\text{（个）}$$

(3) 甲、乙两种机床中，至少生产其中一种的工厂的集合为 $A\cup B$，工厂数目为

$$55+25+6=86\text{（个）}\quad\text{或}\quad 80+61-55=86\text{（个）}$$

(4) 甲、乙两种机床都不生产的工厂的集合为 $\overline{A\cup B}$，工厂数目为

$$100-86=14\text{（个）}$$

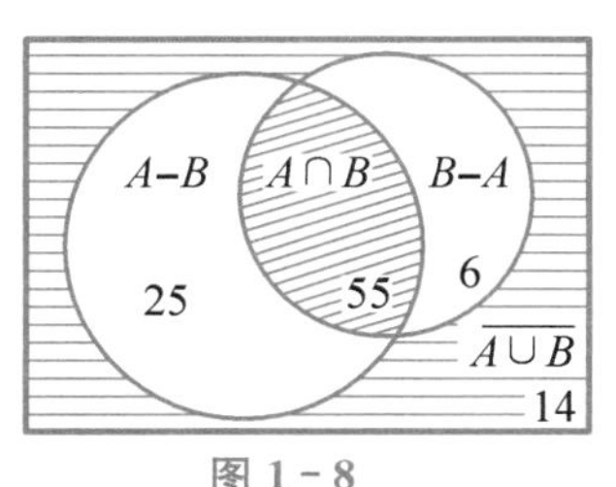

图 1-8

文氏图如图 1-8 所示.

（六）集合运算律

(1) 交换律：（Ⅰ）$A \cup B = B \cup A$

（Ⅱ）$A \cap B = B \cap A$

(2) 结合律：（Ⅰ）$(A \cup B) \cup C = A \cup (B \cup C)$

（Ⅱ）$(A \cap B) \cap C = A \cap (B \cap C)$

(3) 分配律：（Ⅰ）$(A \cup B) \cap C = (A \cap C) \cup (B \cap C)$

（Ⅱ）$(A \cap B) \cup C = (A \cup C) \cap (B \cup C)$

(4) 摩根律：（Ⅰ）$\overline{A \cup B} = \overline{A} \cap \overline{B}$

（Ⅱ）$\overline{A \cap B} = \overline{A} \cup \overline{B}$

下面证明结合律的（Ⅰ）和摩根律的（Ⅰ）作为示范，其他几条定律可类似地证明.

结合律（Ⅰ）的证明：

如果　$x \in (A \cup B) \cup C$

则　$x \in A \cup B$　或　$x \in C$

即　$x \in A$　或　$x \in B$　或　$x \in C$

因而　$x \in A$　或　$x \in B \cup C$

所以　$x \in A \cup (B \cup C)$

由此可得　$(A \cup B) \cup C \subset A \cup (B \cup C)$

同理可证　$A \cup (B \cup C) \subset (A \cup B) \cup C$

所以　$(A \cup B) \cup C = A \cup (B \cup C)$

说明结合律（Ⅰ）成立的文氏图如图 1-9 所示.

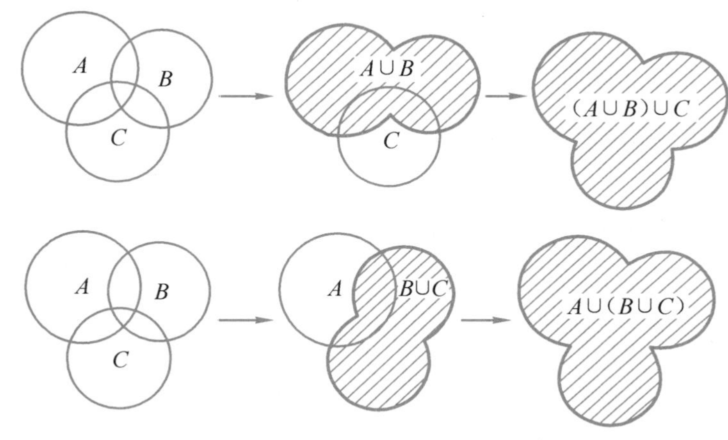

图 1-9

摩根律（Ⅰ）的证明：

如果　$x \in \overline{A \cup B}$，则 $x \notin A \cup B$

即　$x \notin A$　且　$x \notin B$

亦即　$x \in \overline{A}$　且　$x \in \overline{B}$

因此 $x \in \overline{A} \cap \overline{B}$

所以 $\overline{A \cup B} \subset \overline{A} \cap \overline{B}$

反之，如果 $x \in \overline{A} \cap \overline{B}$

则 $x \in \overline{A}$ 且 $x \in \overline{B}$

即 $x \notin A$ 且 $x \notin B$

亦即 $x \notin A \cup B$

因此 $x \in \overline{A \cup B}$

所以 $\overline{A} \cap \overline{B} \subset \overline{A \cup B}$

于是得到 $\overline{A \cup B} = \overline{A} \cap \overline{B}$

说明摩根律（Ⅰ）成立的文氏图如图 1－10 所示.

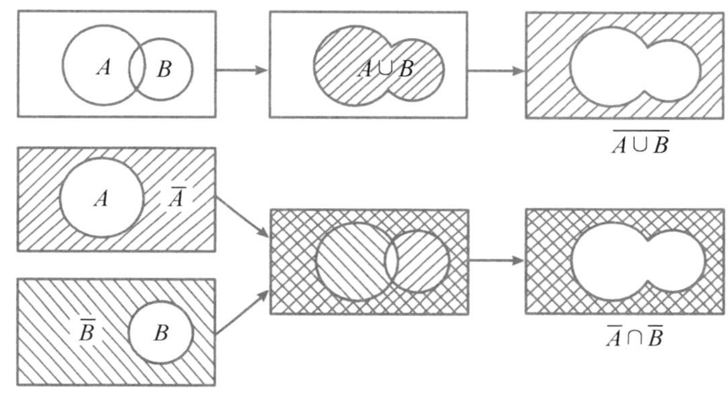

图 1－10

例 22 利用集合运算律证明：

$$(A \cap B) \cup (\overline{A} \cap B) = B$$

证：由分配律（Ⅰ）有

$$(A \cap B) \cup (\overline{A} \cap B) = (A \cup \overline{A}) \cap B = U \cap B = B$$

（七）集合的笛卡儿乘积

集合的元素不涉及顺序问题，例如，$\{a, b\}$ 与 $\{b, a\}$ 是指同一个集合. 但有时需要研究元素必须按某种规定顺序进行排列的问题.

将两元素 x 和 y 按前后顺序排列成一个元素组 (x, y)，称为有序元素组. (x, y) 与 (y, x) 是两个不同的有序元素组.

注意 此处，(x, y) 表示有序元素组，在后面的区间概念中，(a, b) 表示开区间，读者根据不同场合，不难区别其意义.

对于有序元素组 (x_1, y_1) 和 (x_2, y_2)，当且仅当 $x_1 = x_2$ 且 $y_1 = y_2$ 时，才称 (x_1, y_1) 和 (x_2, y_2) 是相等的.

由两个元素组成的有序元素组 (x_1, x_2) 称为二元有序元素组，由三个元素组成的有序元素组(x_1, x_2, x_3)称为三元有序元素组，依此类推，由 n 个元素组成的有序元素组$(x_1, x_2, \cdots, x_n)$称为 n 元有序元素组.

定义 1.7 设有集合A和B. 对任意的$x \in A$，$y \in B$，所有二元有序元素组(x, y)构成的集合，称为集合A与B的**笛卡儿乘积**，记为$A \times B$，即

$$A \times B = \{(x, y) \mid x \in A, y \in B\}$$

例 23　设$A = \{1, 2, 3, 4\}$，$B = \{2, 3\}$，则

$$A \times B = \{(1, 2), (1, 3), (2, 2), (2, 3), (3, 2), (3, 3), (4, 2), (4, 3)\}$$

例 24　设$A = \{a, b\}$，则

$$A \times A = \{(a, a), (a, b), (b, a), (b, b)\}$$

例 25　设$\mathbf{R}$为全体实数的集合，则笛卡儿直角坐标系的坐标平面可记作

$$\mathbf{R} \times \mathbf{R} = \{(x, y) \mid x \in \mathbf{R}, y \in \mathbf{R}\}$$

例 26　设$A = \{x \mid 0 \leqslant x \leqslant 2\}$，$B = \{y \mid 0 \leqslant y \leqslant 1\}$，则$A \times B = \{(x, y) \mid 0 \leqslant x \leqslant 2, 0 \leqslant y \leqslant 1\}$. 它表示平面直角坐标系中如图 1-11 所示的矩形区域.

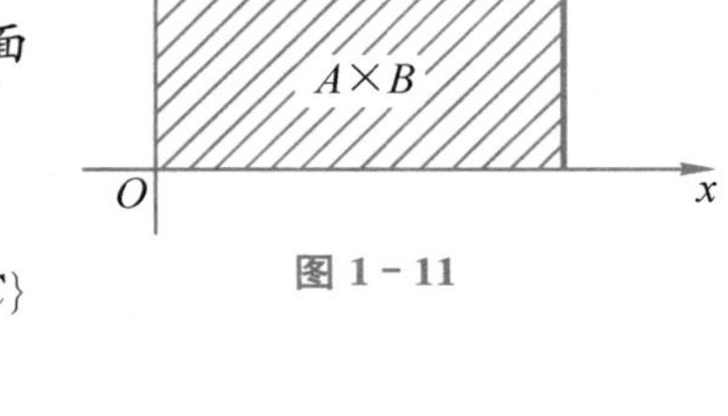

图 1-11

类似地，可以定义

$$A \times B \times C = \{(x, y, z) \mid x \in A, y \in B, z \in C\}$$

例 27　设$A = \{0, 1\}$，$B = \{1, 2\}$，$C = \{3\}$，则有

$$A \times B \times C = \{(0, 1, 3), (0, 2, 3), (1, 1, 3), (1, 2, 3)\}$$

1.2 实数集

（一）实数与数轴

人们对数的认识是逐步发展的，先是自然数，继而发展到有理数(即正负整数、正负分数及零)，再进一步就发展到无理数(例如，$\sqrt{2}$、π 等都是无理数). 有理数可以表示为 $\frac{p}{q}$，无理数不能表示为$\frac{p}{q}$，其中，p，q 为整数，且 $q \neq 0$.

有理数可以表示为有限小数或无限循环小数，而无理数为无限不循环小数.

设有一条水平直线，在这条直线上取定一点 O，称为原点，规定一个正方向(习惯上规定由原点向右的方向为正方向)，再规定一个长度，称为单位长度. 这种具有原点、正方向和单位长度的直线称为**数轴**. 如图 1-12 所示.

有理数与无理数统称为**实数**. 每一个实数必是数轴上某一个点的坐标；反之，数轴上每一点的坐标必是一个实数，这就是说全体实数与数轴上的全体点形成一一对应的关系.

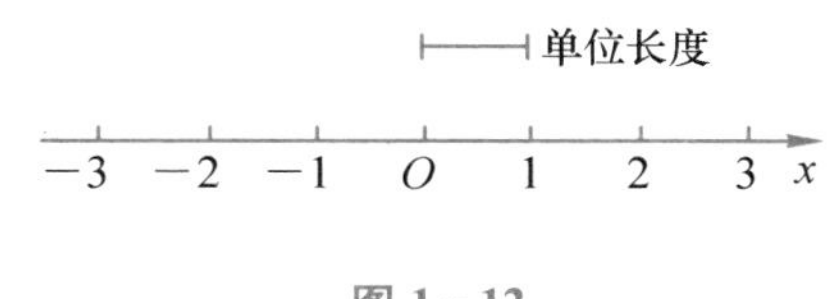

图 1-12

本书中我们所研究的数都是实数，为了方便起见，常常将实数和数轴上与它对应的点不加区别，用相同的字母表示. 例如，数轴上的点 a 即坐标为实数 a 的点，实数 a 在数轴上的对应点就用 a 表示.

（二）绝对值

在研究一些问题时，我们常常要用到实数绝对值的概念. 下面介绍实数绝对值的定义及性质.

定义 1.8 一个实数 x 的绝对值，记为 $|x|$，定义为

$$|x|=\begin{cases}x, & x\geqslant 0\\ -x, & x<0\end{cases}$$

$|x|$ 的几何意义：$|x|$ 表示数轴上点 x（不论 x 在原点左边还是右边）与原点之间的距离.

绝对值及其运算有下列性质：

（1）$|x|=\sqrt{x^2}$

（2）$|x|\geqslant 0$

（3）$|-x|=|x|$

（4）$-|x|\leqslant x\leqslant |x|$

因为

当 $x>0$ 时，$-|x|<x=|x|$

当 $x<0$ 时，$-|x|=x<|x|$

当 $x=0$ 时，$-|x|=x=|x|$

所以，综合而言有

$$-|x|\leqslant x\leqslant |x|$$

（5）如果 $a>0$，则下面两个集合相等：

$$\{x\,\big|\,|x|<a\}=\{x\,\big|\,-a<x<a\}$$

从几何上看，$|x|<a$ 表示所有与原点间的距离小于 a 的点 x 的集合，而 $-a<x<a$ 表示所有在点 $-a$ 和点 a 之间的点 x 的集合，它们表示的是相同的点集.

（6）如果 $b>0$，则有：

$$\{x\,\big|\,|x|>b\}=\{x\,\big|\,x<-b \text{ 或 } x>b\}=\{x\,\big|\,x<-b\}\cup\{x\,\big|\,x>b\}$$

从几何上看，$|x|>b$ 表示所有与原点的距离大于 b 的点 x 的集合，而“$x<-b$ 或 $x>b$”表示在点 $-b$ 左边或在点 b 右边的所有点 x 的集合，它们表示的是相同的点集.

(7) $|x+y|\leqslant|x|+|y|$

由上面的性质(4)有

$$-|x|\leqslant x\leqslant|x|$$
$$-|y|\leqslant y\leqslant|y|$$

两式相加得

$$-(|x|+|y|)\leqslant x+y\leqslant|x|+|y|$$

再由性质(5)得

$$|x+y|\leqslant|x|+|y|$$

(8) $|x-y|\geqslant|x|-|y|$

由于 $|x|=|(x-y)+y|\leqslant|x-y|+|y|$

所以 $|x-y|\geqslant|x|-|y|$

(9) $|xy|=|x|\cdot|y|$

(10) $\left|\dfrac{x}{y}\right|=\dfrac{|x|}{|y|}$，$y\neq 0$

根据绝对值的定义，性质(9)与(10)显然成立.

(三) 区间

设 a，b 为实数，且 $a<b$.

(1) 满足不等式 $a<x<b$ 的所有实数 x 的集合，称为以 a，b 为端点的开区间，记作 (a, b)，如图 1－13 所示，即

$$(a, b)=\{x \mid a<x<b\}$$

图 1－13

(2) 满足不等式 $a\leqslant x\leqslant b$ 的所有实数 x 的集合，称为以 a，b 为端点的闭区间，记作 $[a, b]$，如图 1－14 所示，即

$$[a, b]=\{x \mid a\leqslant x\leqslant b\}$$

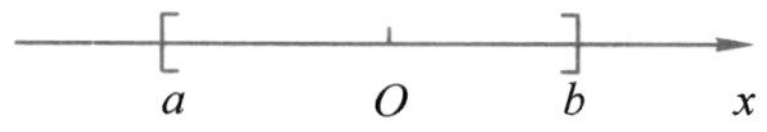

图 1－14

(3) 满足不等式 $a<x\leqslant b$（或 $a\leqslant x<b$）的所有实数 x 的集合，称为以 a，b 为端点的半开区间，记作 $(a, b]$（或 $[a, b)$），分别如图 1－15 和图 1－16 所示，即

$$(a, b]=\{x \mid a<x\leqslant b\}$$

$$[a, b)=\{x \mid a\leqslant x<b\}$$

图 1－15

图 1－16

以上三类区间为有限区间. 有限区间右端点 b 与左端点 a 的差 $b-a$，称为区间的长度. 还有下面几类无限区间：

(4) $(a, +\infty)=\{x \mid x>a\}$

$[a, +\infty)=\{x \mid x\geqslant a\}$

(5) $(-\infty, b)=\{x \mid x<b\}$

$(-\infty, b]=\{x \mid x\leqslant b\}$

(6) $(-\infty, +\infty)=\{x \mid -\infty<x<+\infty\}$

区间 $(-\infty, +\infty)$ 即全体实数的集合.

(四) 邻域

由绝对值的性质(5) 可知，实数集合

$$\{x \mid |x-x_0|<\delta, \delta>0\}$$

在数轴上是一个以点 x_0 为中心、长度为 2δ 的开区间 $(x_0-\delta, x_0+\delta)$，称为点 x_0 的 δ 邻域. x_0 称为邻域的中心，δ 称为邻域的半径. 如图 1－17 所示.

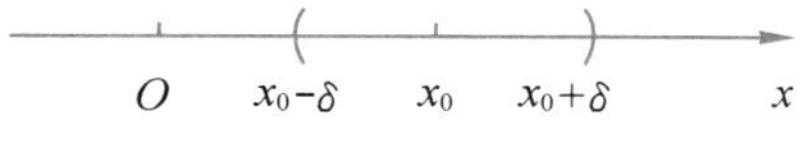

图 1－17

例如，$|x-5|<0.5$，即为以点 $x_0=5$ 为中心、以 0.5 为半径的邻域，也就是开区间 $(4.5, 5.5)$.

在微积分中还常常用到集合

$$\{x \mid 0<|x-x_0|<\delta, \delta>0\}$$

这是在点 x_0 的 δ 邻域内去掉点 x_0 后其余的点所组成的集合，即集合 $(x_0-\delta, x_0)\cup(x_0, x_0+\delta)$，称为以 x_0 为中心、以 δ 为半径的空心邻域(或去心邻域). 如图 1－18 所示.

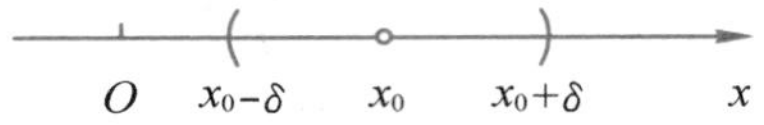

图 1 - 18

例如，$0<|x-1|<2$，即为以点 $x_0=1$ 为中心、以 2 为半径的空心邻域 $(-1,1)\cup(1,3)$.

例 1 将绝对值不等式 $|x^2-3x-2|<2$ 的解用区间表示.

解：由 $|x^2-3x-2|<2$，得

$$\begin{cases}x^2-3x-2<2\\x^2-3x-2>-2\end{cases}，\quad 即\begin{cases}x^2-3x-4<0\\x^2-3x>0\end{cases}$$

也就是 $\begin{cases}(x+1)(x-4)<0 & ①\\x(x-3)>0 & ②\end{cases}$

由①得 $\begin{cases}x+1>0\\x-4<0\end{cases}$ 或 $\begin{cases}x+1<0\\x-4>0\end{cases}$，即 $\begin{cases}x>-1\\x<4\end{cases}$ 或 $\begin{cases}x<-1\\x>4\end{cases}$

亦即 $-1<x<4$

由②得 $\begin{cases}x>0\\x-3>0\end{cases}$ 或 $\begin{cases}x<0\\x-3<0\end{cases}$，即 $x>3$ 或 $x<0$

式①与式②解集的交集为

$$\{x\,|\,-1<x<0 或 3<x<4\}$$

于是可得 $|x^2-3x-2|<2$ 的解集为

$$\{x\,|\,-1<x<0 或 3<x<4\}$$

用区间表示，即 $x\in(-1,0)\cup(3,4)$.

1.3 函数关系

(一) 关系

“关系”一词是大家所常用的. 因为客观世界中存在着各种各样的关系. 比如人与人之间的“父子”关系、“亲属”关系、“同事”关系等；经济研究中的“借方与贷方”关系、“本金与利息”关系、“产品成本与价格”关系、“营业收入与营业利润”关系等；两个数之间的“大于”“小于”“等于”关系；前几节中讲到的“点与集合的属于”关系、“集合与集合的包含”关系、“实数与数轴上的点的一一对应”关系；等等.

数学是一门研究数量关系的科学，因此，“关系”是数学中一个重要的基本概念.

下面举两个数量关系的例子.

例 1 设集合 X，Y 均为全体实数集合. 若集合 X 中的每一个实数 x 与集合 Y 中的所有小于它的实数 y 相对应，这个关系就是实数集上 $y<x$ 的关系.

设以横轴表示实数集 X，以纵轴表示实数集 Y，则满足关系 $y<x$ 的点集 $\{(x, y) \mid y<x, x\in X, y\in Y\}$ 的图形为图 1－19 中阴影所示的半平面.

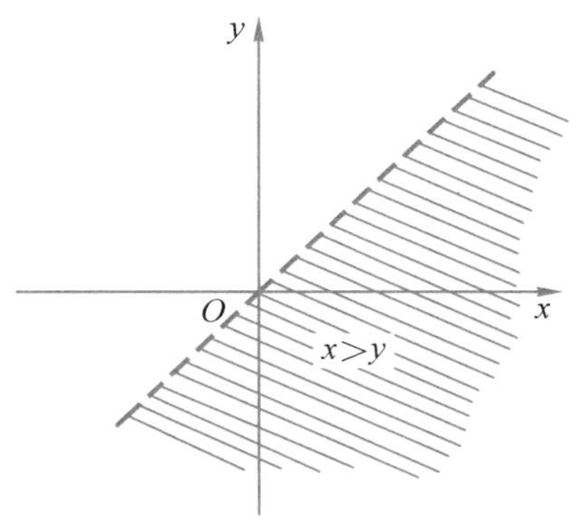

图 1－19

例 2 设集合 X，Y 均为全体实数集合. 若集合 X 中的每一个实数 x 均与集合 Y 中的 $2x$ 相对应，这个关系就是实数集上 $y=2x$ 的关系. 满足这个关系的点集 $\{(x, y) \mid y=2x, x\in X, y\in Y\}$ 的图形为图 1－20 中的直线.

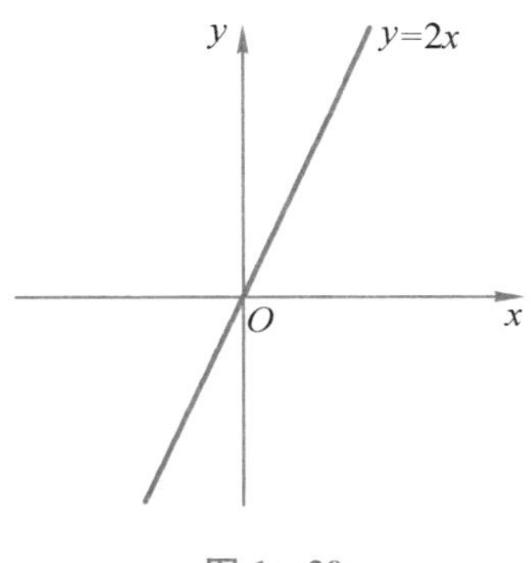

图 1－20

例 1 与例 2 都是由集合 X 到集合 Y 的一种关系，分别给出了集合 X 中元素与集合 Y 中元素的一种对应规则. 满足一个关系的所有二元有序数组 (x, y) 为集合 X 与 Y 的笛卡儿乘积的一个子集. 笛卡儿乘积的任何一个子集都反映了由 X 到 Y 的一种关系，每种关系都给出了 X 中元素与 Y 中元素的一种对应规则.

关系有各种不同情况. 例 1 中的关系：对每一个 $x\in X$，有无穷多个 $y\in Y$ 与之对应；而例 2 中的关系：对于每一个 $x\in X$，均只有一个确定的 $y\in Y$ 与之对应. 例 2 中的这种关系称为函数关系.

微积分学的研究对象主要是函数关系.

（二）函数关系

函数关系是满足一定条件的一种关系.

现在我们用集合的语言给出函数关系的定义.

定义 1.9 若 D 是一个非空实数集合，设有一个对应规则 f，使每一个 $x \in D$ 都有一个确定的实数 y 与之对应，则称这个对应规则 f 为定义在 D 上的一个**函数关系**，或称变量 y 是变量 x 的函数，记作 $y=f(x)$，$x \in D$.

x 称为**自变量**，y 称为**因变量**.

集合 D 称为函数的**定义域**，也可以记作 $D(f)$.

若 $x_0 \in D(f)$，则称 $f(x)$ 在点 $x=x_0$ 处有定义.

x_0 所对应的 y 值，记作 y_0 或 $f(x_0)$ 或 $y\big|_{x=x_0}$，称为当 $x=x_0$ 时，函数 $y=f(x)$ 的函数值.

全体函数值的集合 $\{y \mid y=f(x), x \in D(f)\}$，称为函数 $y=f(x)$ 的**值域**，记作 Z 或 $Z(f)$.

函数的定义域和对应规则是确定函数关系的两个要素. 下面我们就这方面的问题再深入地研究几个例子.

例 3 $y=\arcsin(2+x^2)$.

对任何实数 x，都没有按给定规则与之对应的 y 值. 函数定义域不能是空集，因此，此例不是函数关系.

例 4 $x>y$.

按这个规则，每一个 x 值有无穷多个 y 值与之对应. 而函数定义中的对应规则要求对于每一个 x 值只有一个确定的 y 值与之对应. 因此不符合函数定义，所以此例也不是函数关系.

如果两个函数的定义域和对应规则都相同，我们就称这两个函数是相同的函数.

例 5 研究 $y=x$ 与 $y=\dfrac{x^2}{x}$ 是不是相同的函数关系.

$y=x$ 是定义在$(-\infty,+\infty)$的函数关系. $y=\dfrac{x^2}{x}$，当 $x=0$ 时没有确定的 y 值与之对应，因此它不是定义在$(-\infty,+\infty)$的函数关系.

但对 $y=\dfrac{x^2}{x}$ 来说，当 $x\in(-\infty,0)\cup(0,+\infty)$ 时，每一个 x 值都有一个确定的 y 值与之对应，是符合函数定义的，所以 $y=\dfrac{x^2}{x}$ 是定义在 $(-\infty,0)\cup(0,+\infty)$ 的函数关系. 因此，$y=x$ 与 $y=\dfrac{x^2}{x}$ 是定义域不同的两个不同的函数. 如图 1-21 与图 1-22 所示.

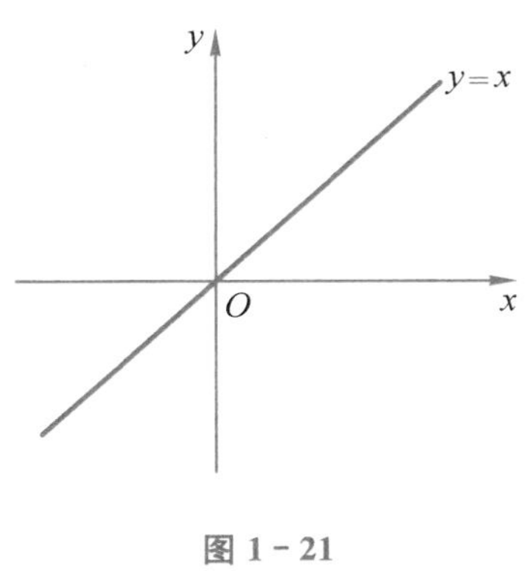

图 1-21

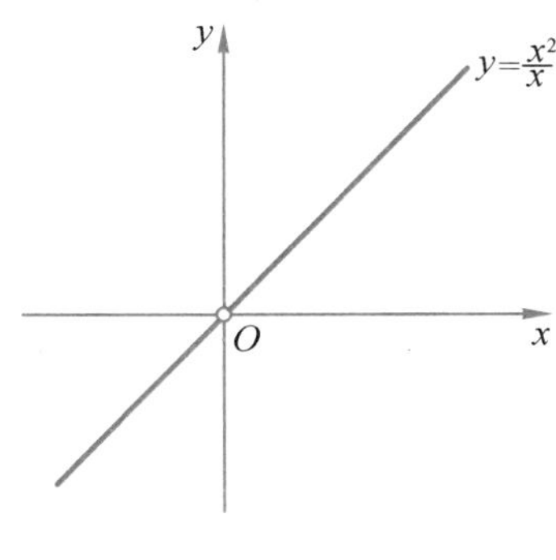

图 1-22

例 6　研究 $y=x$ 与 $y=\sqrt{x^2}$ 是不是相同的函数关系.

$y=x$ 与 $y=\sqrt{x^2}$ 都是定义在 $(-\infty, +\infty)$ 的函数关系，但是其对应规则不同. 函数 $y=x$，当 $x>0$ 时，$y>0$；当 $x<0$ 时，$y<0$. 而函数 $y=\sqrt{x^2}$，当 $x>0$ 时，$y>0$；当 $x<0$ 时，$y>0$. 因此，二者是定义域相同而对应规则不同的两个不同的函数，分别如图 1-21 与图 1-23 所示.

由这些例子可以看出，研究一个函数，必须知道自变量与因变量的对应规则以及函数的定义域，否则就不能确定一个函数.

函数经常用表格法、图形法和解析式法来表示，下面各举一个例子.

例 7　某城市一年中某种商品各月的销售量(单位：吨) 如表 1-1 所示.

表 1-1

月份 t	1	2	3	4	5	6	7	8	9	10	11	12
销售量 s	81	84	45	45	9	5	6	15	94	161	144	123

表 1-1 表示了某城市某商品销售量 s 随月份 t 变化的函数关系. 这个函数关系是用表格表示的，它的定义域为

$$D=\{1, 2, 3, 4, 5, 6, 7, 8, 9, 10, 11, 12\}$$

例 8　某河道的一个断面图形如图 1-24 所示. 其深度 y 与一岸边 O 到测量点的距离 x 之间的对应关系由图 1-24 中的曲线表示.

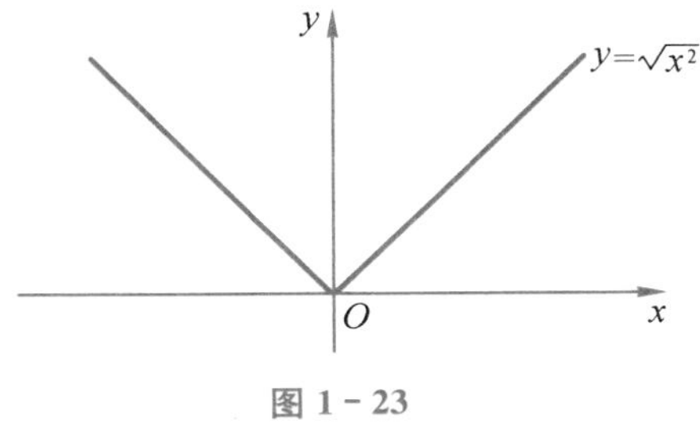

图 1-23

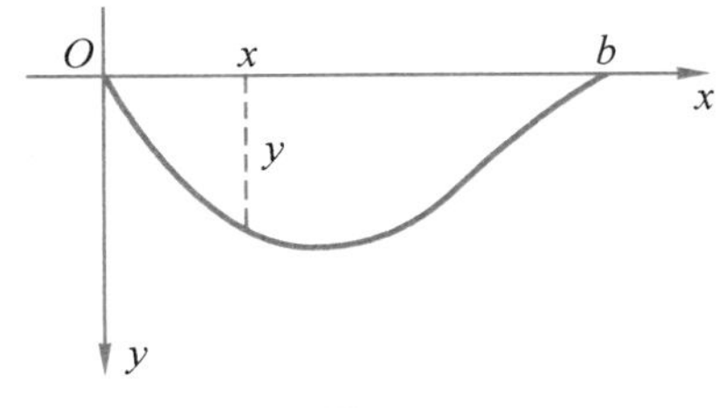

图 1-24

这里深度 y 是测距 x 的函数，该函数关系是用图形表示的，其定义域为

$$D=[0,\ b]$$

例 9　$y=\dfrac{1}{x(x-1)}+\sqrt{9-x^2}$.

这是用公式表达的 y 是 x 的函数关系，它的定义域为

$$D=[-3,\ 0)\cup(0,\ 1)\cup(1,\ 3]$$

用公式法给出的函数可以在坐标平面上找出其几何关系，称为函数的图形. $y=f(x)$ 的图形是以 x 为横坐标、以 y 为纵坐标、由集合 $\{(x,\ y)\mid y=f(x),\ x\in D(f)\}$ 构成的平面点集.

(三) 函数记号

y 是 x 的函数，记作 $y=f(x)$，$x\in D$，f 表示 y 与 x 的对应规则. 如果在同一个问题中，出现对应规则不同的函数，则对应规则需用不同的字母表示，如 φ，g，F，等等，这时函数表示为 $y=\varphi(x)$，$y=g(x)$，$y=F(x)$，等等. 有时也用 $y=y(x)$ 表示 y 是 x 的函数. 此时，等号左边的 y 表示因变量，等号右边的 y 表示对应规则.

给定 $y=f(x)$，$x\in D$，是一个定义于 D 上的函数关系，f 表示 y 与 x 的对应规则，对于任意一个 $x\in D$，可以根据规则 f 求出与它对应的因变量 y 的值.

例如，x 表示正方形的边长，y 表示正方形的面积，那么 $y=f(x)=x^2$ 就是正方形面积与边长的函数关系. 这个函数关系中的对应规则 f 是“因变量 y 对应自变量 x 的平方”，即正方形面积 y 对应边长 x 的平方. 给定一个边长 x 的值，例如 $x=10$，根据规则 f 可以求出面积的值 $y=10^2=100$.

如果函数 $f(x)$ 是用公式表示的，那么将 $f(x)$ 中所有的 x 改换成一个常数值，例如 x_0，即可根据规则 f 算出函数值 $f(x_0)$. 假如 x 不是换成一个常数值，而是换成一个 x 的函数，例如 $\varphi(x)$，将会出现什么情况呢？

如果我们把前面的函数关系 $y=f(x)=x^2$ 中的 x 改为 $2x$，就产生了一个新的函数 $y=(2x)^2$，这里 y 是 $2x$ 的函数，其对应规则是 y 对应 $2x$ 的平方，而 $2x$ 又是 x 的函数，其对应规则是 $2x$ 对应 x 的 2 倍，我们把这样形成的新函数关系记作 $y=f(2x)$，即 $y=f(2x)=(2x)^2$.

一般地，把函数 $y=f(x)$ 中的 x 换成一个数值 x_0，$f(x_0)$ 就是当 $x=x_0$ 时，$y=f(x)$ 的函数值；但如果把函数 $y=f(x)$ 中的 x 换成 x 的一个函数，例如 $\varphi(x)$（假设 $\varphi(x)$ 的取值在原来函数 $f(x)$ 的定义域内），就形成了一个新的函数，记作 $y=f[\varphi(x)]$，称为**复合函数**. 复合函数将在 1.7 节中详细介绍，此处我们只对函数记号进行练习.

例 10　已知 $f(x)=x^2$，求 $f(0)$，$f(10)$，$f(a)$（a 为常数），$f(x+10)$，$f(-x)$，$f(\dfrac{1}{x})$ $(x\neq 0)$，$f[f(x)]$.

解：$f(x)=x^2$

故 $$f(0)=0^2=0,\ f(10)=10^2=100,\ f(a)=a^2$$

$$f(x+10)=(x+10)^2=x^2+20x+100,\ f(-x)=(-x)^2=x^2$$

$$f\left(\frac{1}{x}\right)=\left(\frac{1}{x}\right)^2=\frac{1}{x^2}\quad (x\neq 0),\ f[f(x)]=(x^2)^2=x^4$$

例 11 已知 $f(x)=x^2-1$，$\varphi(x)=\sin x$，求 $f[f(x)]$，$f[\varphi(x)]$，$\varphi[f(x)]$，$\varphi[\varphi(x)]$.

解：$f[f(x)]=(x^2-1)^2-1=x^4-2x^2$

$f[\varphi(x)]=\sin^2 x-1=-\cos^2 x$

$\varphi[f(x)]=\sin(x^2-1)$

$\varphi[\varphi(x)]=\sin\sin x$

例 12 若已知 $f(x)=x(x+1)$，求 $f(x-1)$.

解：$f(x-1)=(x-1)(x-1+1)=x(x-1)$

例 13 若已知 $f(x-1)=x(x-1)$，求 $f(x)$.

解：设 $x-1=t$，则有

$$f(t)=(t+1)(t+1-1)=t(t+1)$$

因函数关系只与其定义域及对应规则有关，至于自变量、因变量用什么字母表示，不影响函数关系，故将上式中的 t 换成 x，可得

$$f(x)=x(x+1)$$

(四) 函数的定义域

确定一个函数的两要素是定义域与对应规则. 对于表格法和图形法所表示的函数，其定义域与对应规则均一目了然，但对于公式法表示的函数，习惯上往往只给出对应规则而未指明其定义域，这时定义域是指与有唯一确定实数值的因变量对应的自变量的全体数值所构成的集合，这种定义域称为函数的**自然定义域**. 如果函数有实际意义，则按其实际意义确定其定义域. 自然定义域一般是不给出的，需要我们根据对应规则确定.

求函数的定义域要注意：偶次方根号下不能是负数，分式的分母不能为零，对数的真数必须大于零，以及一些三角函数与反三角函数有各自的变化范围，等等.

例 14 求函数 $y=\dfrac{1}{\lg(3x-2)}$ 的定义域.

解：给定函数的定义域要求满足

$$3x-2>0 \quad 且 \quad 3x-2\neq 1$$

即 $$x>\frac{2}{3} \quad 且 \quad x\neq 1$$

因此，$y=\dfrac{1}{\lg(3x-2)}$ 的定义域为

$$D=\left(\frac{2}{3},1\right)\cup(1,+\infty)$$

例 15 确定函数 $y=\arcsin\dfrac{x-1}{5}+\dfrac{1}{\sqrt{25-x^2}}$ 的定义域.

解：给定函数的定义域要求满足

$$\left|\frac{x-1}{5}\right|\leqslant 1 \quad 且 \quad x^2<25$$

即
$$|x-1|\leqslant 5 \quad 且 \quad |x|<5$$
$$-4\leqslant x\leqslant 6 \quad 且 \quad -5<x<5$$

因此有 $-4\leqslant x<5$

于是，给定函数的定义域为 $D=[-4,5)$.

（五）多值函数

在函数关系的定义中，要求对每一个 $x\in D$，都有一个确定的 y 值与之对应. 但我们也常常遇到另一种关系，例如 $y=\pm\sqrt{25-x^2}$，对于每一个 $x\in[-5,5]$，都有两个 y 值与之对应，这就不符合前面的函数定义了，根据前面的定义应该说它不是一个函数关系. 但为了方便，我们把这种关系称为**多值函数**. 那么，前面函数定义中的函数关系可称为**单值函数**. 如果不做声明，本书中提到的函数均指单值函数.

例 16 $y=\pm\sqrt{25-x^2}$ 是一个多值函数，其图形为图 1-25 中整个圆周.

我们把它分成两个单值支，即函数 $y=\sqrt{25-x^2}$ 与函数 $y=-\sqrt{25-x^2}$. 函数 $y=\sqrt{25-x^2}$ 的图形为图 1-25 中横坐标轴上方的半圆周. 函数 $y=-\sqrt{25-x^2}$ 的图形为图 1-25 中横坐标轴下方的半圆周.

例 17 $y=\mathrm{Arcsin}x$ 是一个多值函数.

我们取其主值支记作 $y=\arcsin x$，它是一个定义于 $[-1,1]$，$y\in\left[-\dfrac{\pi}{2},\dfrac{\pi}{2}\right]$ 的函数关系，其图形如图 1-26 中实线所示.

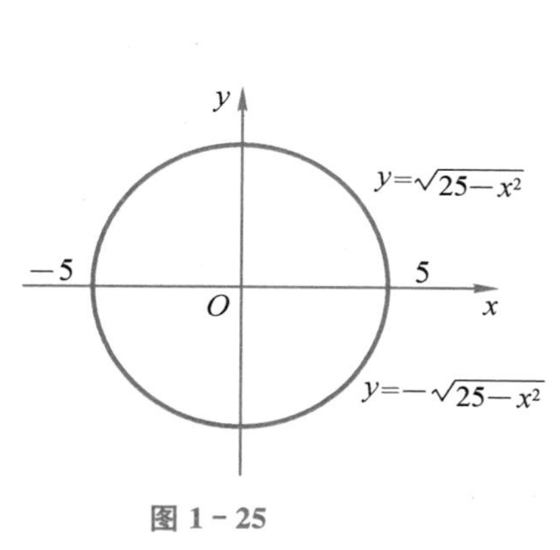

图 1-25

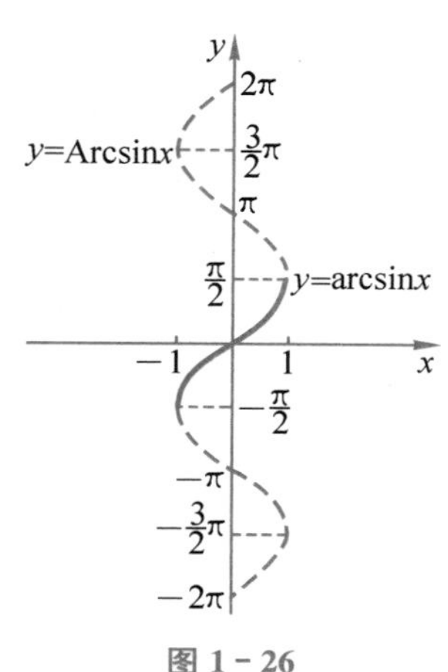

图 1-26

(六) 隐函数

对于用公式法表示的函数关系，在前面我们所遇到的函数中，它们的对应规则都是因变量用自变量的一个数学表达式表示出来，如 $y=x^2$，$y=\sqrt{25-x^2}$，$y=\dfrac{1}{\lg(3x-2)}$，等等，这些函数都称为**显函数**；而有些函数，它们的对应规则是用一个方程 $F(x,y)=0$ 来表示的.

如果在区间 D 内，对于 x 的每一个取值，y 都有唯一确定的值与之对应，则称在 D 内 y 是 x 的一个隐函数关系，如 $Ax+By+C=0$，$xy=1$，$y+x^2-1=0$，等等. 但不是任意一个 $F(x,y)=0$ 都能确定一个 y 与 x 的函数关系. 例如 $y^2+x^2+1=0$ 就不能确定一个 y 与 x 的函数关系，因为没有任何实数 x 与 y 能满足给定方程 $x^2+y^2+1=0$，函数定义域不能是空集.

即使 $F(x,y)=0$ 能确定一个 y 与 x 的函数关系，这种函数关系也不一定都能用显函数表示出来.

1.4 分段函数

有些函数，对于其定义域内自变量的不同值，其对应规则不能用一个统一的数学表达式表示，而要用两个或两个以上的式子表示，这类函数称为“分段函数”. 分段函数的表达式虽然用几个式子表达，但它表示的是一个函数而不是几个函数.

例 1 绝对值函数

$$y=|x|=\begin{cases}x, & x\geqslant 0\\ -x, & x<0\end{cases}$$

定义域为 $(-\infty,+\infty)$，其图形如图 1-27 所示.

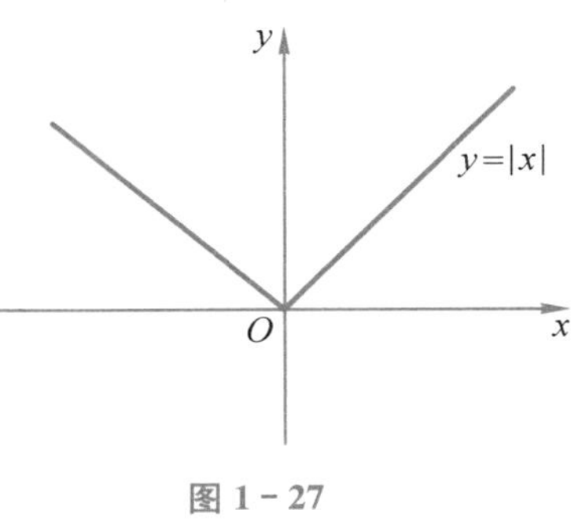

图 1-27

例 2 符号函数

$$y=\operatorname{sgn}x=\begin{cases}-1, & x<0\\ 0, & x=0\\ 1, & x>0\end{cases}$$

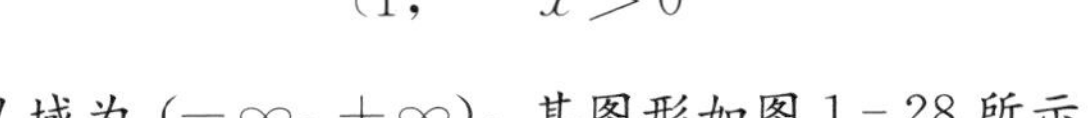
定义域为 $(-\infty,+\infty)$，其图形如图 1-28 所示.

例 3 取整函数

$$y=[x]$$

记号 $[x]$ 表示不超过 x 的最大整数. 例如，

$$[-3.6]=-4,\ [-0.2]=-1,\ [0.3]=0,\ [2.4]=2$$

取整函数的定义域为 $(-\infty, +\infty)$，其图形如图 1-29 所示.

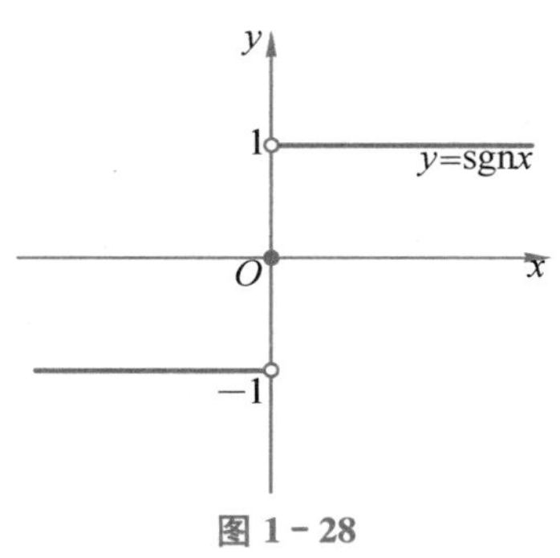

图 1-28

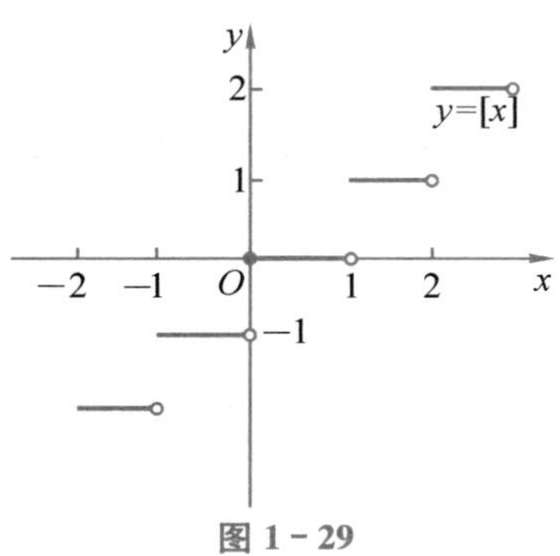

图 1-29

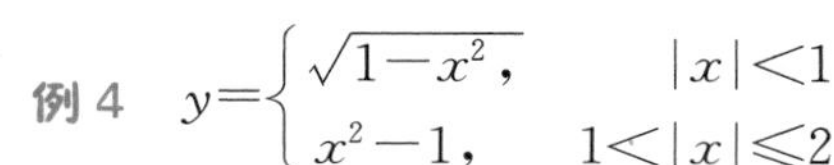

例 4 $y=\begin{cases}\sqrt{1-x^2}, & |x|<1\\ x^2-1, & 1<|x|\leqslant 2\end{cases}$

这个函数在 $|x|=1$ 时无定义，它的定义域为

$$D=[-2, -1)\cup(-1, 1)\cup(1, 2]$$

其图形如图 1-30 所示.

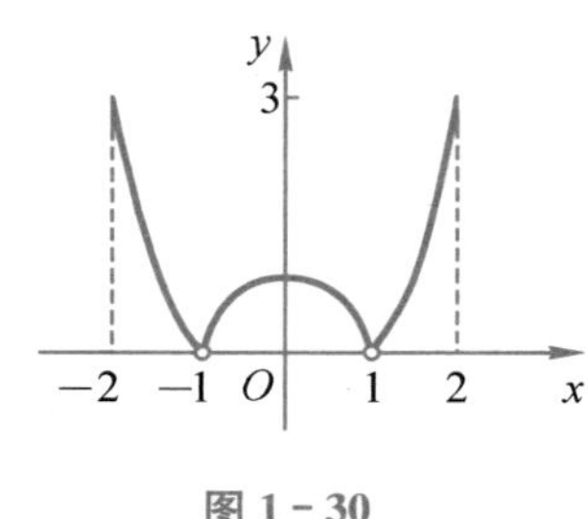

图 1-30

例 5 用分段函数表示函数

$$y=3-|x-1|$$

解：根据绝对值定义可知：

当 $x-1<0$，即 $x<1$ 时，

$$|x-1|=-(x-1)$$

当 $x-1\geqslant 0$，即 $x\geqslant 1$ 时，

$$|x-1|=x-1$$

因此，有 $y=\begin{cases}3+(x-1), & x<1\\ 3-(x-1), & x\geqslant 1\end{cases}$

即 $y=\begin{cases}2+x, & x<1\\ 4-x, & x\geqslant 1\end{cases}$

定义域为 $(-\infty, +\infty)$，其图形如图 1-31 所示.

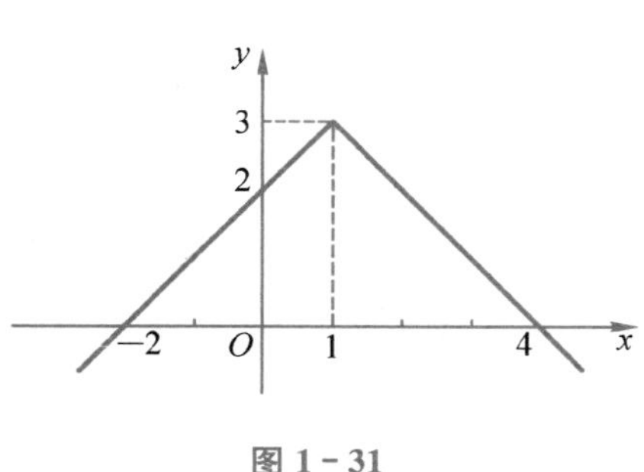

图 1-31

例 6 已知函数 $f(x)=\begin{cases}x+2, & 0\leqslant x\leqslant 2\\ x^2, & 2<x\leqslant 4\end{cases}$，求 $f(x-1)$.

解：$f(x-1)=\begin{cases}(x-1)+2, & 0\leqslant x-1\leqslant 2\\ (x-1)^2, & 2<x-1\leqslant 4\end{cases}$

即 $$f(x-1)=\begin{cases}x+1, & 1\leqslant x\leqslant 3\\(x-1)^2, & 3<x\leqslant 5\end{cases}$$

1.5 建立函数关系的例题

为了解决应用问题，先要给问题建立数学模型，即建立函数关系．为此需明确问题中的因变量与自变量，再根据题意建立等式，从而得出函数关系，然后确定函数的定义域．确定应用问题中函数的定义域时，除函数的解析式外，还要考虑变量在实际问题中的含义．

例 1 有一工厂 A 与铁路的垂直距离为 a 公里，它的垂足 B 到火车站 C 的铁路长为 b 公里，工厂的产品必须经火车站 C 才能转销外地．已知汽车运费是 m 元/(吨・公里)，火车运费是 n 元/(吨・公里)，且 $m>n$．为降低运费，设想在铁路上另修一小站 M 作为转运站，那么运费的数量取决于转运站 M 的位置．试将运费表示为距离 $|BM|$ 的函数．如图 1-32 所示．

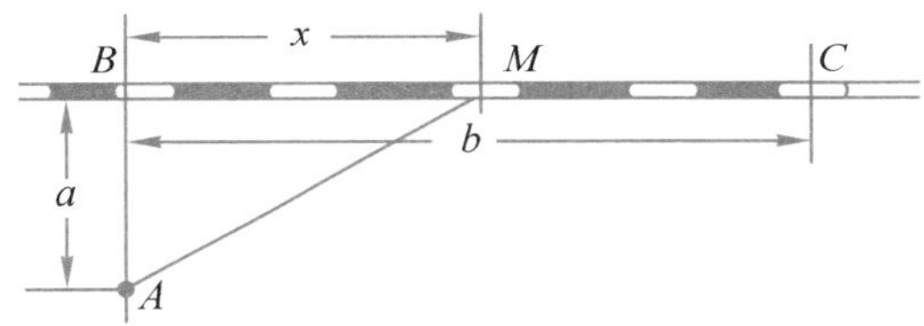

图 1-32

解：设 $|BM|=x$，运费为 y．

根据题意

$$|AM|=\sqrt{a^2+x^2}$$
$$|MC|=b-x$$

则 $$y=m\sqrt{a^2+x^2}+n(b-x)$$

定义域为 $[0, b]$．

例 2 某工厂生产某种型号的车床，年产量为 a 台，分若干批次进行生产，每批次的生产准备费为 b 元．设产品均匀投入市场，且上一批用完后立即生产下一批，即平均库存量为批量的一半．设每年每台库存费为 c 元．显然，若生产批量大，则库存费高；若生产批量少，则批数增多，因而生产准备费高．为了选择最优批量，试求出一年中库存费及生产准备费的和与批量的函数关系．

解：设批量为 x，库存费与生产准备费的和为 $P(x)$．

因年产量为 a，所以每年生产的批数为 $\dfrac{a}{x}$（设其为整数），则生产准备费为 $b\cdot\dfrac{a}{x}$．

因库存量为 $\dfrac{x}{2}$，故库存费为 $c\cdot\dfrac{x}{2}$．因此可得

$$P(x)=\frac{ab}{x}+\frac{c}{2}x$$

定义域为 $(0,a]$，因本题中的 x 为车床的台数，批数 $\frac{a}{x}$ 为整数，所以 x 只应取 $(0,a]$ 中 a 的正整数因子.

例 3 某物流公司规定货物的吨·公里运价为：在 a 公里以内，每公里 k 元；超过 a 公里，超过部分每公里为 $\frac{4}{5}k$ 元. 求运价 m 和里程 s 之间的函数关系.

解：根据题意可列出函数关系如下

$$m=\begin{cases}ks, & 0<s\leqslant a\\ ka+\frac{4}{5}k(s-a), & s>a\end{cases}$$

这里运价 m 和里程 s 的函数关系是用分段函数表示的，定义域为 $(0,+\infty)$.

例 4 某工厂生产某产品，每日最多生产 100 单位. 它的日固定成本为 130 元，生产单位产品的可变成本为 6 元. 求该厂日总成本函数及平均单位成本函数.

解：设日总成本为 C，平均单位成本为 $\overline{C}$，日产量为 x. 由于日总成本为固定成本与可变成本之和. 根据题意，日总成本函数为

$$C=C(x)=130+6x$$

定义域为 $[0,100]$；平均单位成本函数为

$$\overline{C}=\overline{C}(x)=\frac{C(x)}{x}=\frac{130}{x}+6$$

定义域为 $(0,100]$.

例 5 某品牌手机定价为 2 800 元，每月售出 6 000 部. 降价促销期间，每部该品牌手机优惠 200 元，每月销量上升 400 部. 请据此求该品牌手机需求对价格的线性函数.

解：设需求对价格的线性函数关系为

$$Q(p)=a+bp\text{（}Q\text{ 为需求，}p\text{ 为价格，}a,b\text{ 为常数）}$$

根据题意有：

$$\begin{cases}6\,000=a+2\,800b\\ 6\,400=a+(2\,800-200)b\end{cases}$$

即

$$\begin{cases}6\,000=a+2\,800b\\ 6\,400=a+2\,600b\end{cases}$$

可得

$$\begin{cases}a=11\,600\\ b=-2\end{cases}$$

于是得出所求的需求对价格的线性函数关系为

$$Q(p)=11\,600-2p$$

例 6 某企业生产防雾霾口罩，生产每只口罩的单位成本为 16 元，每天的固定成本为 3 000 元，设每只口罩的出厂价为 22 元，该企业每天至少生产多少只口罩才能盈利？

解：总成本是固定成本加可变成本(单位成本乘以产量)，总收入是单位出厂价乘以产量.

当总收入大于总成本时，该企业可盈利。

设 x 为每天口罩产量，根据题意有

$$22x > 3\,000 + 16x$$

可得 $\quad x > 500$

由此可见，当每天生产 500 只以上的口罩时，该企业才能盈利.

1.6 函数的几种简单性质

(一) 函数的奇偶性

定义 1.10 给定函数 $y = f(x)$.

(1) 如果对所有的 $x \in D(f)$，有 $f(-x) = f(x)$，则称 $f(x)$ 为**偶函数**；

(2) 如果对所有的 $x \in D(f)$，有 $f(-x) = -f(x)$，则称 $f(x)$ 为**奇函数**.

对于偶函数，因 $f(-x) = f(x)$，所以如果点 $P(x, f(x))$ 在图形上，则与它关于 y 轴对称的点 $P'(-x, f(x))$ 也在图形上. 因此，偶函数的图形关于 y 轴对称，如图 1-33 所示.

对于奇函数，因 $f(-x) = -f(x)$，所以如果点 $Q(x, f(x))$ 在图形上，则与它关于原点对称的点 $Q'(-x, -f(x))$ 也在图形上. 因此，奇函数的图形关于原点对称，如图 1-34 所示.

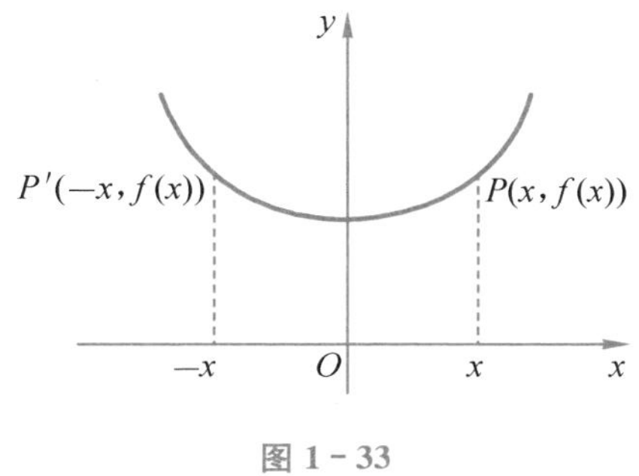

图 1-33

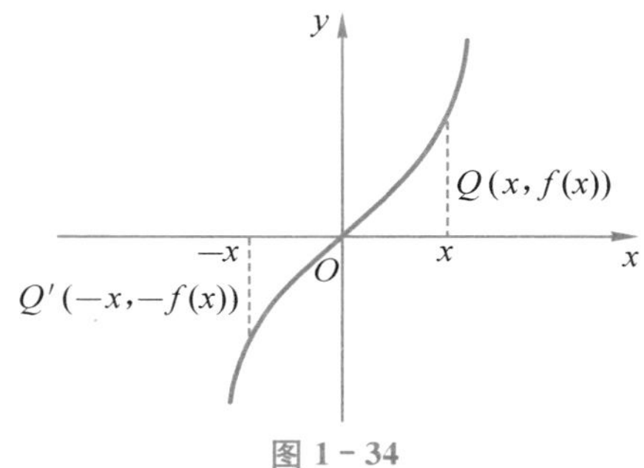

图 1-34

例 1 判断 $y = x^4 - 2x^2$ 的奇偶性.

解：设 $y = f(x) = x^4 - 2x^2$

$$\begin{aligned} f(-x) &= (-x)^4 - 2(-x)^2 \\ &= x^4 - 2x^2 = f(x) \end{aligned}$$

所以 $y=x^4-2x^2$ 为偶函数，如图 1-35 所示.

图 1-35

例 2　判断 $y=\dfrac{1}{x}$ 的奇偶性.

解：设 $y=f(x)=\dfrac{1}{x}$

$$f(-x)=\frac{1}{-x}=-\frac{1}{x}=-f(x)$$

所以 $y=\dfrac{1}{x}$ 为奇函数，如图 1-36 所示.

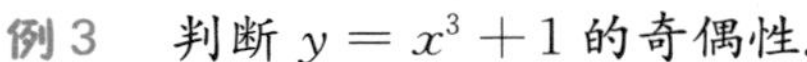

例 3　判断 $y=x^3+1$ 的奇偶性.

解：设 $y=f(x)=x^3+1$

$$f(-x)=(-x)^3+1=-x^3+1$$

既不等于 $f(x)=x^3+1$，也不等于 $-f(x)=-x^3-1$，所以函数 $y=x^3+1$ 既非偶函数，也非奇函数，如图 1-37 所示.

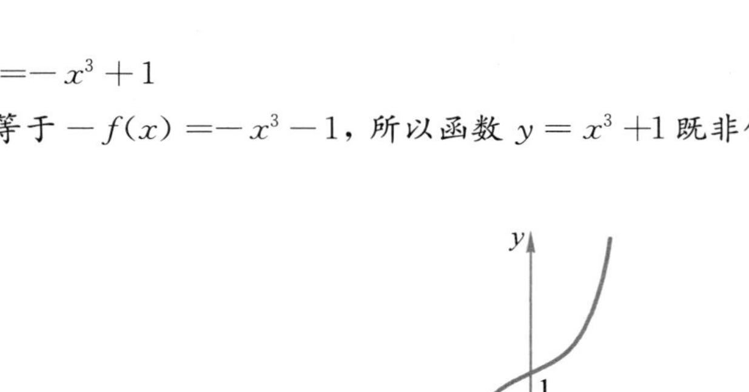

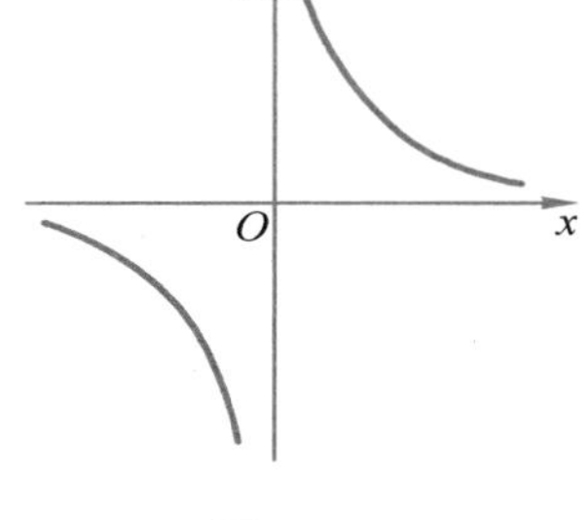

图 1-36

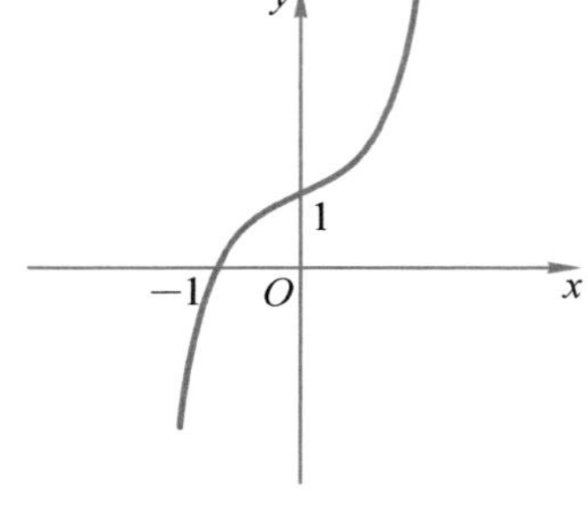

图 1-37

例 4　判断函数 $f(x)=\begin{cases}x+1, & x<0\\ 0, & x=0\\ x-1, & x>0\end{cases}$ 的奇偶性.

解：$f(-x)=\begin{cases}-x+1, & -x<0\\ 0, & -x=0\\ -x-1, & -x>0\end{cases}$

$$=\begin{cases}-(x-1), & x>0\\ 0, & x=0\\ -(x+1), & x<0\end{cases}$$

$$=\begin{cases}-(x+1), & x<0\\ 0, & x=0\\ -(x-1), & x>0\end{cases}$$

$$=-f(x)$$

所以 $f(x)=\begin{cases}x+1, & x<0\\ 0, & x=0\\ x-1, & x>0\end{cases}$ 为奇函数. 如图 1-38 所示.

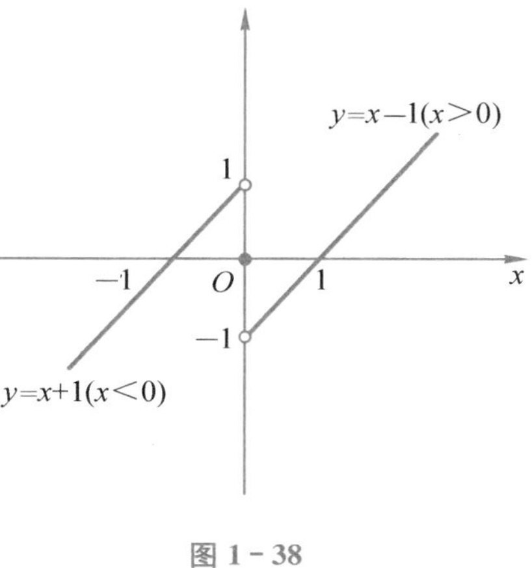

图 1-38

常见函数有的是奇函数，有的是偶函数，也有的既非奇函数也非偶函数. 例如，$y=x^4+x^2+1$，$y=\sqrt{1-x^2}$，$y=|x|$，$y=\sqrt[3]{x^2}$，$y=e^{-x^2}$，$y=\cos x$，$y=\frac{\sin x}{x}$等皆为偶函数；$y=\sqrt[3]{x}$，$y=\frac{2x}{1+x^2}$，$y=\sin x$，$y=x\cos x$ 等皆为奇函数；而 $y=x^3+x^2$，$y=\lg x$，$y=\sin x+\cos x$ 等皆为非奇非偶函数.

（二）函数的周期性

定义 1.11 对于函数 $y=f(x)$，$x\in D$，如果存在正常数 T，使得 $f(x+T)=f(x)$，$(x+T)\in D$ 恒成立，则称此函数为周期函数，T 是周期. 通常，满足这个等式的最小正数 T 称为函数的周期.

例如，$y=\sin x$，$y=\cos x$ 都是以 2π 为周期的周期函数，$y=\tan x$，$y=\cot x$ 都是以 π 为周期的周期函数.

不是所有的周期函数都有最小周期，例如函数 $y=c$（c 为常数），就没有最小周期.

例 5 设函数 $f(x)$ 是以 T（$T>0$）为周期的周期函数，证明 $f(ax)$（$a>0$）是以 $\frac{T}{a}$ 为周期的周期函数.

证：$f\left[a\left(x+\frac{T}{a}\right)\right]=f(ax+T)$

因 $f(x)$ 是以 T 为周期的周期函数，所以有

$$f(ax+T)=f(ax)$$

因此 $$f\left[a\left(x+\frac{T}{a}\right)\right]=f(ax)$$

即 $f(ax)$ 是以 $\frac{T}{a}$ 为周期的周期函数.

所以有 $\sin kx$，$\cos kx$ 以 $\frac{2\pi}{|k|}$ 为周期；

$\tan kx$，$\cot kx$ 以 $\frac{\pi}{|k|}$ 为周期.

例如，$y=\sin\frac{2}{3}x$ 是以 $\frac{2\pi}{\frac{2}{3}}=3\pi$ 为周期的周期函数，$\tan(-2x)$ 是以 $\frac{\pi}{|-2|}=\frac{\pi}{2}$ 为周

期的周期函数.

(三) 函数的单调性

定义 1.12 设函数 $y=f(x)$ 在区间 (a, b) 内有定义（(a, b) 可以是函数 $f(x)$ 的定义域，也可以是定义域的一部分）. 对区间 (a, b) 内的任意两点 x_1 和 x_2，当 $x_1<x_2$ 时，若有 $f(x_1)<f(x_2)$，则称函数 $f(x)$ 在区间 (a, b) 内**单调增加**或**单调递增**；当 $x_1<x_2$ 时，若有 $f(x_1)>f(x_2)$，则称函数 $f(x)$ 在区间 (a, b) 内**单调减少**或**单调递减**.

若 $x_1<x_2$ 时，有 $f(x_1)\leqslant f(x_2)$，则称函数 $f(x)$ 在区间 (a, b) 内单调不减；

若 $x_1<x_2$ 时，有 $f(x_1)\geqslant f(x_2)$，则称函数 $f(x)$ 在区间 (a, b) 内单调不增.

有的教科书中称单调增加（单调减少）为严格单调增加（严格单调减少），称单调不减（单调不增）为单调增加（单调减少）.

单调增加函数的图形是沿 x 轴正向逐渐上升的，如图 1-39 所示；单调减少函数的图形是沿 x 轴正向逐渐下降的，如图 1-40 所示.

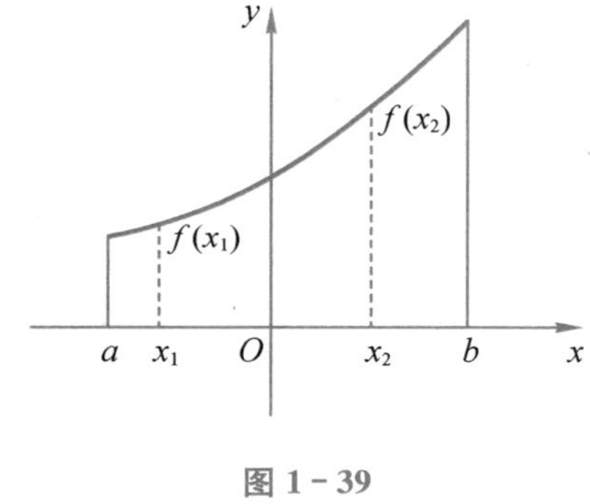

图 1-39

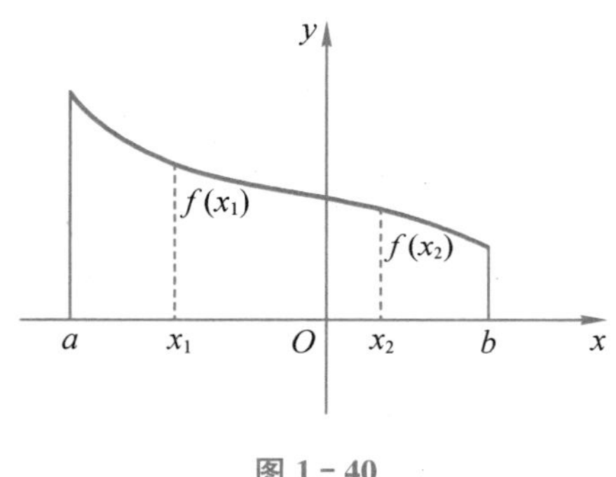

图 1-40

例 6 判断函数 $y=\sqrt{x}$ 的单调性.

解：函数定义域为 $[0, +\infty)$.

在 $[0, +\infty)$ 内，对于任意的 x_1，x_2，若 $x_1<x_2$，则 $\sqrt{x_1}<\sqrt{x_2}$，因此，$y=\sqrt{x}$ 在 $[0, +\infty)$ 内单调增加.

例 7 判断函数 $y=2x^2+1$ 的单调性.

解：设 $y=f(x)=2x^2+1$，其定义域为 $(-\infty, +\infty)$.

对任意的 x_1，x_2，有

$$f(x_1)-f(x_2)=(2x_1^2+1)-(2x_2^2+1)=2(x_1^2-x_2^2)$$

在 $(-\infty, 0]$ 内，若 $x_1<x_2$，则 $x_1^2>x_2^2$，于是 $2(x_1^2-x_2^2)>0$，因此有 $f(x_1)-f(x_2)>0$，即 $f(x_1)>f(x_2)$，所以 $y=2x^2+1$ 单调减少.

在 $[0, +\infty)$ 内，若 $x_1<x_2$，则 $x_1^2<x_2^2$，于是 $2(x_1^2-x_2^2)<0$，因此有 $f(x_1)-f(x_2)<0$，即 $f(x_1)<f(x_2)$，所以 $y=2x^2+1$ 单调增加.

因此，在 $(-\infty, +\infty)$ 内，函数 $y=2x^2+1$ 不是单调函数.

(四) 函数的有界性

定义 1.13 设函数 $y=f(x)$ 在区间 (a, b) 内有定义（(a, b) 可以是函数 $f(x)$ 的整个定义域，也可以是定义域的一部分）. 如果存在一个正数 M，对于所有的 $x\in(a, b)$，恒有 $|f(x)|\leqslant M$，则称函数 $f(x)$ 在 (a, b) 内**有界**. 如果不存在这样的正数 M，则称 $f(x)$ 在 (a, b) 内无界.

例如，函数 $y=\sin x$ 在 $(-\infty, +\infty)$ 内有界，因为对任何实数 x，恒有 $|\sin x|\leqslant 1$. 函数 $y=\dfrac{1}{x}$ 在 $(0, 2)$ 内无界，在 $[1, +\infty)$ 内有界.

例 8 证明函数 $y=\dfrac{1}{1+x^2}$ 是有界函数.

证：$y=\dfrac{1}{1+x^2}$ 的定义域为 $(-\infty, +\infty)$.

$$|y|=\left|\frac{1}{1+x^2}\right|=\frac{1}{1+x^2}$$

因为 $1+x^2\geqslant 1$

所以 $|y|=\dfrac{1}{1+x^2}\leqslant 1$

因此，$y=\dfrac{1}{1+x^2}$ 是有界函数.

1.7 反函数与复合函数

(一) 反函数

设某种商品销售总收益为 y，销售量为 x，已知该商品的单价为 a，对每一个给定的销售量 x，可以通过规则 $y=ax$ 确定销售总收益 y，这种由销售量确定销售总收益的关系称为销售总收益是销售量的函数. 反过来，对每一个给定的销售总收益 y，则可以由规则 $x=\dfrac{y}{a}$ 确定销售量 x，这种由销售总收益确定销售量的关系称为销售量是销售总收益的函数. 我们称后一函数（$x=\dfrac{y}{a}$）是前一函数（$y=ax$）的反函数，或者说它们互为反函数.

定义 1.14 设 $y=f(x)$ 是定义在 $D(f)$ 上的一个函数，值域为 $Z(f)$，如果对每一个 $y\in Z(f)$ 有一个确定的且满足 $y=f(x)$ 的 $x\in D(f)$ 与之对应，其对应规则记作 f^{-1}，这个定义在 $Z(f)$ 上的函数 $x=f^{-1}(y)$ 称为 $y=f(x)$ 的**反函数**，或称它们互为反函数.

函数 $y=f(x)$，x 为自变量，y 为因变量，定义域为 $D(f)$，值域为 $Z(f)$.

函数 $x=f^{-1}(y)$，y 为自变量，x 为因变量，定义域为 $Z(f)$，值域为 $D(f)$.

习惯上用 x 表示自变量，用 y 表示因变量. 因此我们将 $x=f^{-1}(y)$ 改写为以 x 为自变量、以 y 为因变量的函数关系 $y=f^{-1}(x)$，这时我们说 $y=f^{-1}(x)$ 是 $y=f(x)$ 的反函数.

$y=f(x)$ 与 $y=f^{-1}(x)$ 的关系是 x 与 y 互换，所以它们的图形关于直线 $y=x$ 对称，如图 1－41 所示.

例 1　求函数 $y=3x-1$ 的反函数.

解：由 $y=f(x)=3x-1$ 可以求出

$$x=f^{-1}(y)=\frac{y+1}{3}$$

将上式中的 x 换成 y，将 y 换成 x，因此得出 $y=3x-1$ 的反函数是 $y=f^{-1}(x)=\frac{x+1}{3}$，如图 1－42 所示.

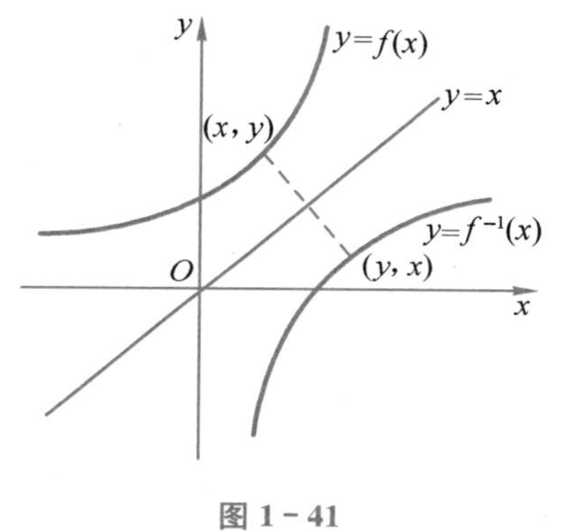

图 1－41

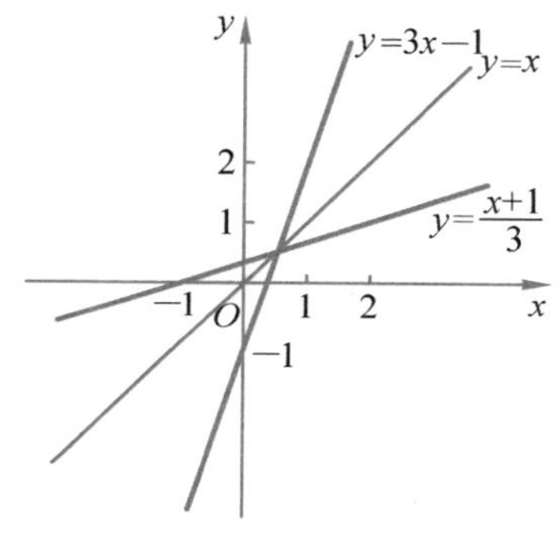

图 1－42

一个函数如果有反函数，则它必定是一一对应的函数关系.

例如，在 $(-\infty,+\infty)$ 内，$y=x^2$ 不是一一对应的函数关系，所以它没有反函数；而在 $(0,+\infty)$ 内，$y=x^2$ 有反函数 $y=\sqrt{x}$；在 $(-\infty,0)$ 内，$y=x^2$ 有反函数 $y=-\sqrt{x}$.

例 2　求 $y=\begin{cases}x-1, & x<0\\ x^2, & x\geqslant 0\end{cases}$ 的反函数.

解：设 $y=f(x)=\begin{cases}x-1, & x<0\\ x^2, & x\geqslant 0\end{cases}$.

当 $x<0$ 时，由 $y=x-1$ 得，$x=y+1\ (y<-1)$，即当 $x<0$ 时，$f(x)$ 的反函数是 $x=f^{-1}(y)=y+1\ (y<-1)$.

当 $x\geqslant 0$ 时，由 $y=x^2$ 得，$x=\pm\sqrt{y}$. 因 $x\geqslant 0$，根号前应取正号，所以 $x=\sqrt{y}\ (y\geqslant 0)$，即当 $x\geqslant 0$ 时，$y=f(x)$ 的反函数是 $x=f^{-1}(y)=\sqrt{y}\ (y\geqslant 0)$.

将 x 换成 y，y 换成 x，即可得出 $y=f(x)=\begin{cases}x-1, & x<0\\ x^2, & x\geqslant 0\end{cases}$ 的反函数为

$$y = f^{-1}(x) = \begin{cases} x+1, & x<-1 \\ \sqrt{x}, & x \geqslant 0 \end{cases}$$

如图 1 - 43 所示.

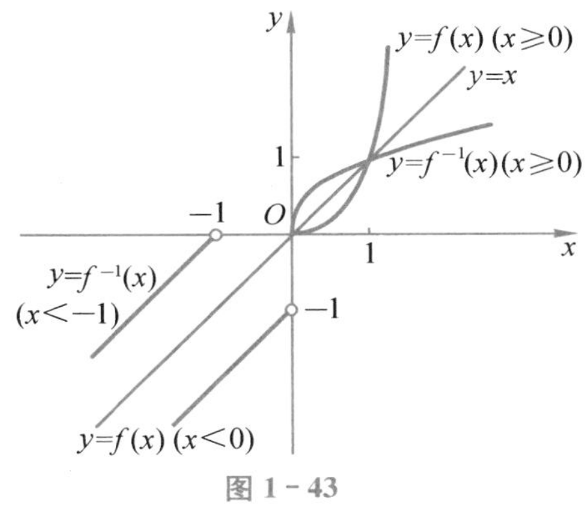

图 1 - 43

(二) 复合函数

定义 1.15 设函数 $y = f(u)$ 的定义域为 $D(f)$，若函数 $u = \varphi(x)$ 的值域为 $Z(\varphi)$，$Z(\varphi) \cap D(f)$ 非空，则称 $y = f[\varphi(x)]$ 为复合函数，x 为自变量，y 为因变量，u 称为中间变量.

例 3　已知 $y = f(u) = \sqrt{u}$，$u = \varphi(x) = a - x^2$. 分别考察当 $a = 1$，$a = -1$ 时，$y = f[\varphi(x)]$ 是不是复合函数.

解：(1) 当 $a = 1$ 时，有

$$y = \sqrt{u}, \quad u = 1 - x^2$$

$$D(f) = [0, +\infty), \quad Z(\varphi) = (-\infty, 1]$$

$Z(\varphi) \cap D(f)$ 非空集，所以 $y = f[\varphi(x)] = \sqrt{1 - x^2}$ 是复合函数.

下面求其定义域.

函数 y 有意义要求 $u \geqslant 0$，即要求 $1 - x^2 \geqslant 0$，因此有 $|x| \leqslant 1$，于是得出复合函数 $y = f[\varphi(x)] = \sqrt{1 - x^2}$ 的定义域为 $[-1, 1]$.

(2) 当 $a = -1$ 时，有

$$y = \sqrt{u}, \quad u = -1 - x^2$$

$$D(f) = [0, +\infty), \quad Z(\varphi) = (-\infty, -1]$$

$Z(\varphi) \cap D(f)$ 为空集，所以 $y = f[\varphi(x)] = \sqrt{-1 - x^2}$ 不是复合函数.

例 4　求复合函数 $y = \arcsin \dfrac{2x - 1}{3}$ 的定义域.

解：$y = \arcsin u$，　$u = \dfrac{2x - 1}{3}$

要求　$|u| \leqslant 1$，即 $\left|\dfrac{2x-1}{3}\right| \leqslant 1$

因此有　$-1 \leqslant x \leqslant 2$

于是得出 $y = \arcsin \dfrac{2x - 1}{3}$ 的定义域为 $[-1, 2]$.

利用复合函数的概念，可以将一个较复杂的函数看成由几个简单函数复合而成，这样更便于对函数进行研究.

例 5 函数 $y=\mathrm{e}^{\sqrt{x^2+1}}$ 可以看成是由

$$y=\mathrm{e}^u,\quad u=\sqrt{v},\quad v=x^2+1$$

三个函数复合而成的.

1.8 初等函数

下列函数称为**基本初等函数**：

(1) 常数：$y=c$

(2) 幂函数：$y=x^\alpha$ （α 为任何实数）

(3) 指数函数：$y=a^x$ （$a>0$，$a\neq 1$）

(4) 对数函数：$y=\log_a x$ （$a>0$，$a\neq 1$）

(5) 三角函数：$y=\sin x$，$y=\cos x$，$y=\tan x$，$y=\cot x$

$y=\sec x$，$y=\csc x$

(6) 反三角函数：$y=\arcsin x$，$y=\arccos x$，$y=\arctan x$

$y=\operatorname{arccot} x$，$y=\operatorname{arcsec} x$，$y=\operatorname{arccsc} x$

（一）常数 $y=c$

它的定义域是 $(-\infty,+\infty)$，图形为平行于 x 轴、截距为 c 的直线，如图 1-44 所示.

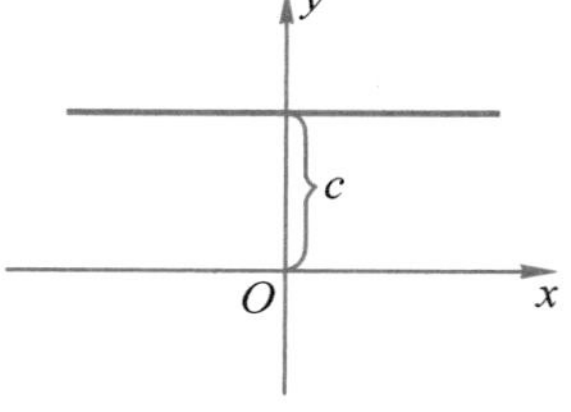

图 1-44

（二）幂函数 $y=x^\alpha$ （α 为实数）

它的定义域随 α 而异，但不论 α 为何值，x^α 在 $(0,+\infty)$ 内总有定义，而且图形都经过 $(1,1)$ 点.

如 $y=x^2$，$y=x^{\frac{2}{3}}$ 等，定义域为 $(-\infty,+\infty)$，图形关于 y 轴对称，如图 1-45 所示.

如 $y=x^3$，$y=x^{\frac{1}{3}}$ 等，定义域为 $(-\infty,+\infty)$，图形关于原点对称，如图 1-46 所示.

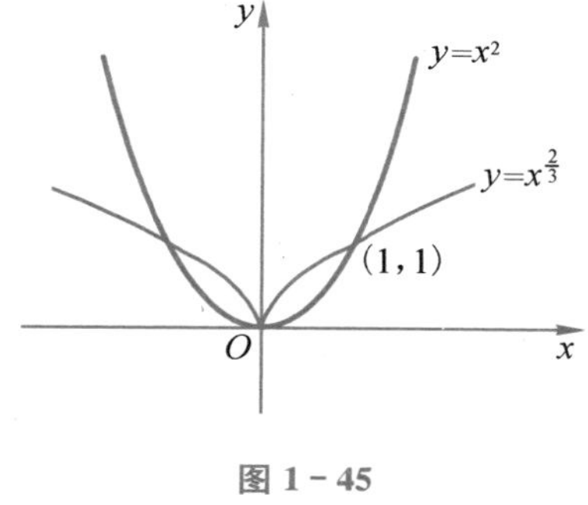

图 1-45

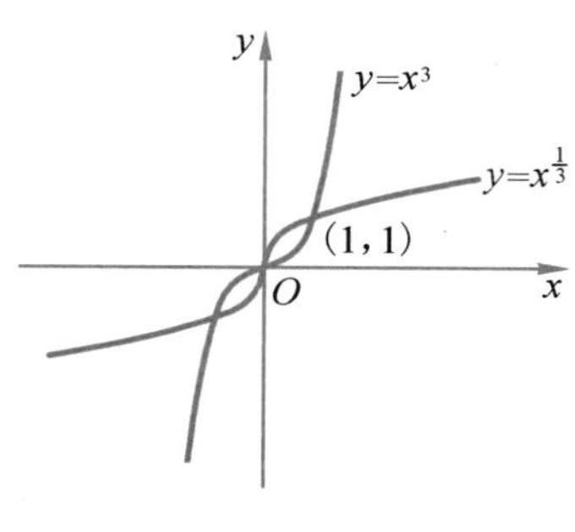

图 1-46

如 $y=x^{-1}$ 等，定义域为 $(-\infty,0)\cup(0,+\infty)$，图形关于原点对称，如图 1-47 所示.

如 $y=x^{\frac{1}{2}}$ 等，定义域为 $[0,+\infty)$，如图 1-48 所示.

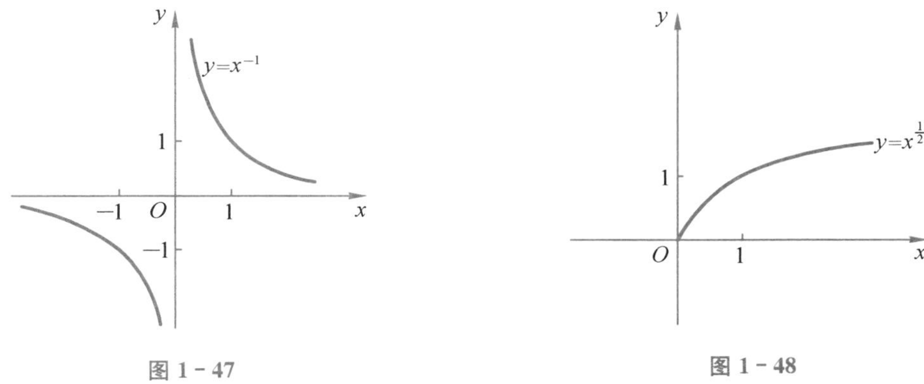

图 1-47　　图 1-48

(三) 指数函数　$y=a^x\quad(a>0,a\neq 1)$

定义域为 $(-\infty,+\infty)$，值域为 $(0,+\infty)$，都通过 $(0,1)$ 点，当 $a>1$ 时，函数单调增加，当 $0<a<1$ 时，函数单调减少，如图 1-49 所示.

(四) 对数函数　$y=\log_a x\quad(a>0,a\neq 1)$

定义域为$(0,+\infty)$，都通过$(1,0)$点，当$a>1$时，函数单调增加，当 $0<a<1$时，函数单调减少，如图 1-50 所示. 对数函数与指数函数互为反函数.

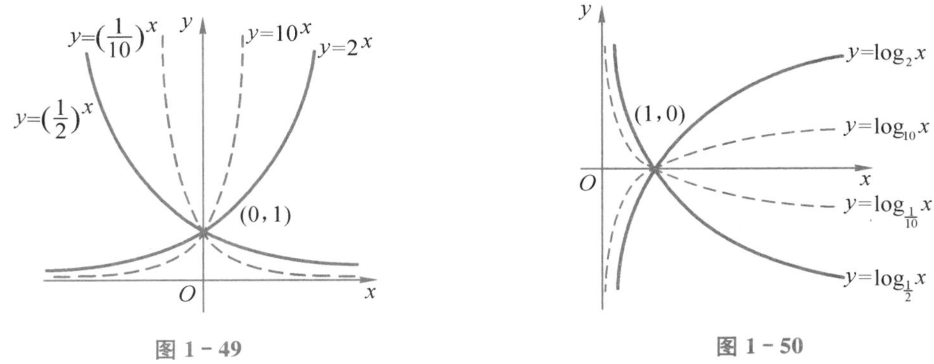

图 1-49　　图 1-50

(五) 三角函数

三角函数有 $y=\sin x$，$y=\cos x$，$y=\tan x$，$y=\cot x$，$y=\sec x$，$y=\csc x$.

$y=\sin x$ 与 $y=\cos x$ 的定义域均为$(-\infty,+\infty)$，均以 2π 为周期.

因为 $\sin(-x)=-\sin x$，所以 $y=\sin x$ 为奇函数.

因为 $\cos(-x)=\cos x$，所以 $y=\cos x$ 为偶函数.

又因 $|\sin x|\leqslant 1$，$|\cos x|\leqslant 1$，所以它们都是有界函数. 如图 1－51 所示.

$y=\tan x$ 的定义域为除去 $x=(2n+1)\dfrac{\pi}{2}$ $(n=0,\pm 1,\cdots)$ 的其他实数. $\tan x$ 以 π 为周期. 因为 $\tan(-x)=-\tan x$，所以 $\tan x$ 为奇函数. 如图 1－52 所示.

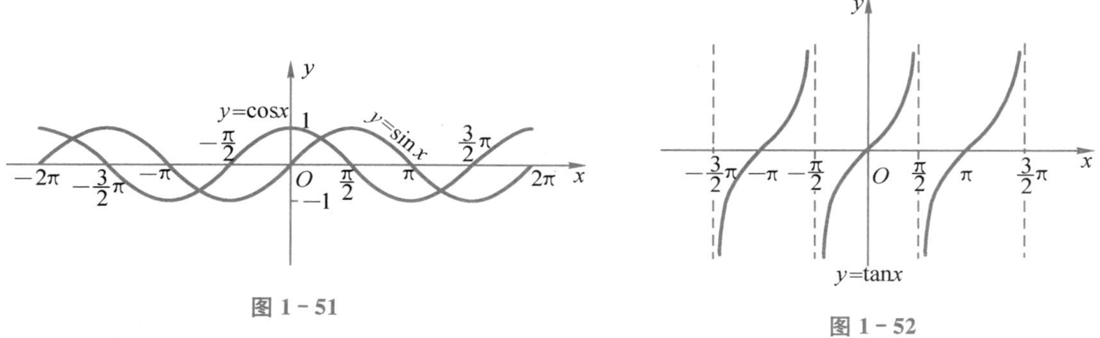

图 1－51

图 1－52

(六) 反三角函数

反三角函数有 $y=\arcsin x$，$y=\arccos x$，$y=\arctan x$

$y=\text{arccot}\,x$，$y=\text{arcsec}\,x$，$y=\text{arccsc}\,x$

三角函数 $y=\sin x$，$y=\cos x$，$y=\tan x$ 等均为周期函数，不是一一对应的函数，故无反函数. 与这些函数图形关于直线 $y=x$ 对称的图形(如图 1－53、图 1－54、图 1－55 中虚线所示的图形）是多值函数的图形，我们把这些多值函数分别记作 $y=\text{Arcsin}\,x$，$y=\text{Arccos}\,x$，$y=\text{Arctan}\,x$. 我们按下列区间取它们的一个单调分支，称为主值分支，分别记作

$$y=\arcsin x,\ x\in[-1,1],\ y\in\left[-\frac{\pi}{2},\ \frac{\pi}{2}\right]$$

$$y=\arccos x,\ x\in[-1,1],\ y\in[0,\ \pi]$$

$$y=\arctan x,\ x\in(-\infty,+\infty),\ y\in\left(-\frac{\pi}{2},\ \frac{\pi}{2}\right)$$

称为 $y=\sin x$，$y=\cos x$，$y=\tan x$ 的反函数,它们的图形分别如图 1－53、图 1－54 和图 1－55 中实线所示.

由基本初等函数经过有限次的四则运算和复合所构成的一切函数，统称为初等函数.

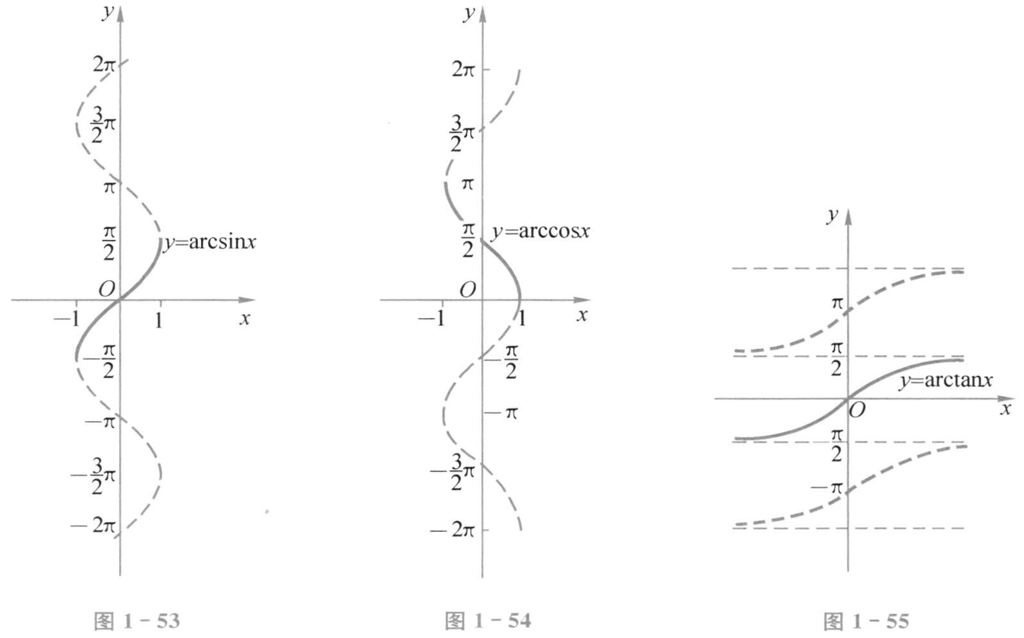

图 1－53　　图 1－54　　图 1－55

※1.9 函数图形的简单组合与变换

这里只介绍几种简单常用的由已知函数图形作有关函数图形的方法.

(一) 叠加

已知 $y=f(x)$ 和 $y=g(x)$ 的图形，作 $y=f(x)+g(x)$ 的图形，只要在同一横坐标处将两图形的纵坐标叠加起来即可.

例 1　已知 $y=x$ 及 $y=\dfrac{1}{x}$ 的图形，作 $y=x+\dfrac{1}{x}$ 的图形，如图 1－56 所示.

(二) 翻转

已知 $y=f(x)$ 的图形，作 $y=-f(x)$ 的图形，可在同一横坐标处将 $f(x)$ 图形的纵坐标改变正负号，将 x 轴上方的图形翻转到 x 轴下方，将 x 轴下方的图形翻转到 x 轴上方，即可作出 $f(x)$ 的图形关于 x 轴对称的图形.

例 2　已知 $y=x^2-1$ 的图形，作 $y=-(x^2-1)$ 的图形，如图 1－57 所示.

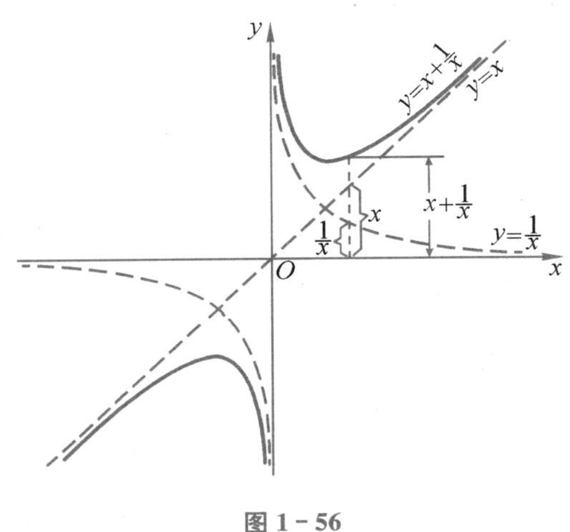

图 1－56

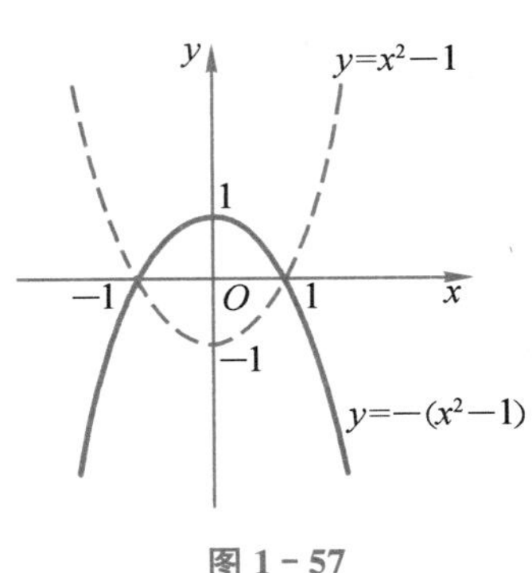

图 1－57

(三) 放缩

已知 $y=f(x)$ 的图形，作 $y=kf(x)$ 的图形（k 为不等于 0 的常数）.

当 $k>1$ 时，在同一横坐标处将 $f(x)$ 图形的纵坐标放大到 k 倍；当 $0<k<1$ 时，将 $f(x)$ 图形的纵坐标缩小到 k 倍；当 $k<0$ 时，既放缩又翻转.

例 3 已知 $y=x^2$ 的图形，作 $y=2x^2$，$y=\frac{1}{4}x^2$，$y=-\frac{1}{2}x^2$ 的图形，如图 1－58 所示.

(四) 平移

已知 $y=f(x)$ 的图形，作 $y=f(x)+c$ 的图形（c 为常数）.

当 $c>0$ 时，将 $f(x)$ 的图形向上平行移动距离 c；当 $c<0$ 时，将 $f(x)$ 的图形向下平行移动距离 $|c|$.

例 4 已知 $y=x^3$ 的图形，作 $y=x^3+1$ 和 $y=x^3-2$ 的图形，如图 1－59 所示.

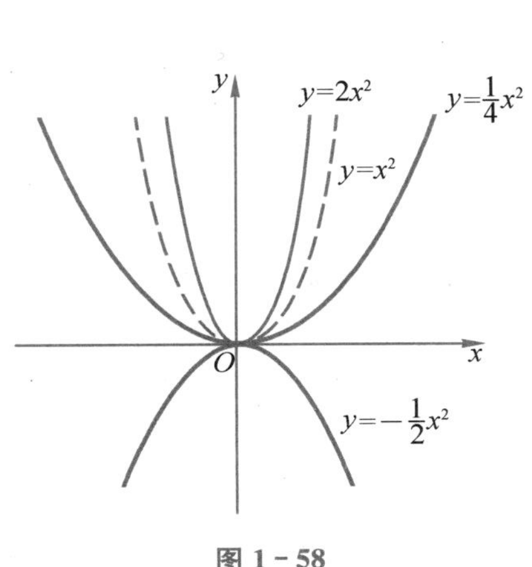

图 1－58

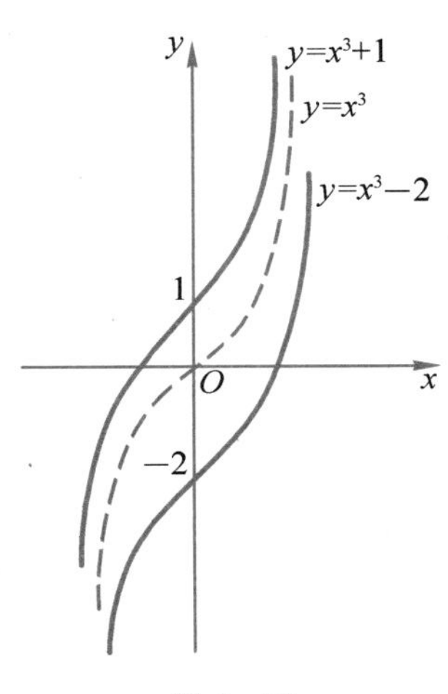

图 1－59

习题一

(A)

1. 按下列要求举例：

(1) 一个有限集合

(2) 一个无限集合

(3) 一个空集

(4) 一个集合是另一个集合的子集

2. 用集合的描述法表示下列集合：

(1) 大于 5 的所有实数集合

(2) 方程 $x^2-7x+12=0$ 的根的集合

(3) 圆 $x^2+y^2=25$ 内部(不包括圆周)一切点的集合

(4) 抛物线 $y=x^2$ 与直线 $x-y=0$ 交点的集合

3. 用列举法表示下列集合：

(1) 方程 $x^2-7x+12=0$ 的根的集合

(2) 抛物线 $y=x^2$ 与直线 $x-y=0$ 交点的集合

(3) 集合 $\{x \mid |x-1|\leqslant 5$, x 为整数$\}$

4. 写出 $A=\{0, 1, 2\}$ 的一切子集.

5. 设 $A=\{1, 2, 3\}$, $B=\{1, 3, 5\}$, $C=\{2, 4, 6\}$，求：

(1) $A\cup B$　　(2) $A\cap B$　　(3) $A\cup B\cup C$

(4) $A\cap B\cap C$　　(5) $A-B$

6. 如果 $A=\{x \mid 3<x<5\}$, $B=\{x \mid x>4\}$，求：

(1) $A\cup B$　　(2) $A\cap B$　　(3) $A-B$

7. 设集合 $A=\{(x, y) \mid x+y-1=0\}$，集合 $B=\{(x, y) \mid x-y+1=0\}$，求 $A\cap B$.

8. 如果 $A=\{(x, y) \mid x-y+2\geqslant 0\}$

$B=\{(x, y) \mid 2x+3y-6\geqslant 0\}$

$C=\{(x, y) \mid x-4\leqslant 0\}$

在坐标平面上标出集合 $A\cap B\cap C$ 的区域.

9. 设全集 $U=\{1, 2, 3, 4, 5, 6\}$, $A=\{1, 2, 3\}$, $B=\{2, 4, 6\}$，求：

(1) $\overline{A}$　　(2) $\overline{B}$　　(3) $\overline{A}\cup\overline{B}$　　(4) $\overline{A}\cap\overline{B}$

10. 已知 $A=\{a, 2, 3, 4\}$, $B=\{1, 3, 5, b\}$，若 $A\cap B=\{1, 2, 3\}$，求 a 和 b.

11. 用集合的运算律证明：$X\cup\overline{X\cap Y}\cup Y=U$.

12. 如果 $A=\{a, b, c, d\}$, $B=\{a, b, c\}$，求 $A\times B$.

13. 如果 $X=Y=\{3, 0, 2\}$，求 $X\times Y$.

14. 设集合 $A=\{$北京，上海$\}$，$B=\{$南京，广州，深圳$\}$，求 $A\times B$ 与 $B\times A$.

15. 设集合 $X=\{x_1, x_2, x_3\}$，$Y=\{y_1, y_2\}$，$Z=\{z_1, z_2\}$，求 $X\times Y\times Z$.

16. 解下列不等式：

(1) $x^2<9$　(2) $|x-4|<7$　(3) $0<(x-2)^2<4$

(4) $|ax-x_0|<\delta$ ($a>0$，$\delta>0$，x_0 为常数)

17. 用区间表示满足下列不等式的所有 x 的集合：

(1) $|x|\leqslant 3$　(2) $|x-2|\leqslant 1$

(3) $|x-a|<\varepsilon$　(a 为常数，$\varepsilon>0$)

(4) $|x|\geqslant 5$　(5) $|x+1|>2$

18. 用区间表示下列实数集合：

(1) $I_1=\{x\,\big|\,|x+3|<2\}$

(2) $I_2=\{x\,\big|\,1<|x-2|<3\}$

(3) $I_3=\{x\,\big|\,|x-2|<|x+3|\}$

19. 下列给出的关系是不是函数关系？

(1) $y=\sqrt{-x}$　(2) $y=\lg(-x^2)$

(3) $y=\sqrt{-x^2-1}$　(4) $y=\sqrt{-x^2+1}$

(5) $y=\arcsin(x^2+2)$　(6) $y^2=x+1$

20. 下列给出的各对函数是不是相同的函数？

(1) $y=\dfrac{x^2-1}{x-1}$ 与 $y=x+1$

(2) $y=\lg x^2$ 与 $y=2\lg x$

(3) $y=\sqrt{x^2(1-x)}$ 与 $y=x\sqrt{1-x}$

(4) $y=\sqrt[3]{x^3(1-x)}$ 与 $y=x\sqrt[3]{1-x}$

(5) $y=\sqrt{x(x-1)}$ 与 $y=\sqrt{x}\,\sqrt{x-1}$

(6) $y=\sqrt{x(1-x)}$ 与 $y=\sqrt{x}\,\sqrt{1-x}$

21. 已知 $f(x)=x^2-3x+2$，求：$f(0)$，$f(1)$，$f(2)$，$f(-x)$，$f\left(\dfrac{1}{x}\right)$ $(x\neq 0)$，$f(x+1)$.

22. 设 $f(x)=\dfrac{x}{1-x}$，求 $f[f(x)]$，$f\{f[f(x)]\}$.

23. 如果 $f(x)=\dfrac{e^{-x}-1}{e^{-x}+1}$，证明 $f(-x)=-f(x)$.（e 是一个常数，它是无理数，$e\approx 2.718\ 28$.）

24. 如果 $f(x)=\dfrac{1-x^2}{\cos x}$，证明 $f(-x)=f(x)$.

25. 如果 $f(x)=a^x$ ($a>0$ 且 $a\neq 1$)，证明：

$$f(x)\cdot f(y)=f(x+y),\quad \frac{f(x)}{f(y)}=f(x-y)$$

26. 如果 $f(x)=\log_a x$ $(a>0$ 且 $a\neq 1)$，证明：

$$f(x)+f(y)=f(xy),\quad f(x)-f(y)=f\left(\frac{x}{y}\right)$$

27. 确定下列函数的定义域：

(1) $y=\sqrt{9-x^2}$

(2) $y=\dfrac{1}{1-x^2}+\sqrt{x+2}$

(3) $y=\dfrac{-5}{x^2+4}$

(4) $y=\arcsin\dfrac{x-1}{2}$

(5) $y=1-2^{1-x^2}$

(6) $y=\dfrac{\lg(3-x)}{\sqrt{|x|-1}}$

(7) $y=\sqrt{\lg\dfrac{5x-x^2}{4}}$

(8) $y=\dfrac{\arccos\dfrac{2x-1}{7}}{\sqrt{x^2-x-6}}$

(9) $y=\lg[\lg(\lg x)]$

28. 如果函数 $f(x)$ 的定义域为 $(-1, 0)$，求函数 $f(x^2-1)$ 的定义域.

29. 确定下列函数的定义域，并作出函数图形.

(1) $f(x)=\begin{cases}1, & x>0\\ 0, & x=0\\ 1, & x<0\end{cases}$

(2) $f(x)=\begin{cases}\sqrt{1-x^2}, & |x|\leqslant 1\\ x-1, & 1<|x|<2\end{cases}$

30. 设 $f(x)=\begin{cases}x+3, & x\geqslant 1\\ x^2-1, & x<1\end{cases}$，求：$f(0)$，$f(2)$，$f(x-1)$.

31. 设 $f(x)=\begin{cases}1, & x<0\\ 0, & x=0\\ 1, & x>0\end{cases}$，求：$f(x+1)$，$f(x^2-1)$.

32. 设 $\varphi(x+1)=\begin{cases}x^2, & 0\leqslant x\leqslant 1\\ 2x, & 1<x\leqslant 2\end{cases}$，求 $\varphi(x)$.

33. 将函数 $y=5-|2x-1|$ 用分段形式表示，并作出函数图形.

34. 作出 $x^2+(y-3)^2=1$ 的图形，并求出两个 y 是 x 的函数的单值支的显函数关系.

35. 设一矩形面积为 A，试将其周长 S 表示为宽 x 的函数，并求其定义域.

36. 在半径为 r 的球内嵌入一个圆柱，试将圆柱的体积表示为其高的函数，并确定此函数的定义域.

37. 用铁皮做一个容积为 V 的圆柱形罐头筒，试将它的全面积表示成底半径的函数，并确定此函数的定义域.

38. 拟建一个容积为 V 的长方体水池，设它的底为正方形，如果池底单位面积的造价是四周单位面积造价的 2 倍，试将总造价表示成底边长的函数，并确定此函数的定义域.

39. 设生产与销售某产品的总收益R是产量x的二次函数，经统计得知：当产量$x=0$，2，4时，总收益$R=0$，6，8，试确定总收益R与产量x的函数关系.

40. 某商品供给量Q对价格P的函数关系为

$$Q=Q(P)=a+bc^{P}\quad (c\neq 1)$$

已知当$P=2$时，$Q=30$；当$P=3$时，$Q=50$；当$P=4$时，$Q=90$. 求供给量Q对价格P的函数关系.

41. 某化肥厂生产某种产品1 000吨，每吨定价为130元，销售量在700吨以下时，按原价出售，超过700吨时，超过的部分打九折出售，试将销售总收益与总销售量的函数关系用数学表达式表示出来.

42. 某网络电商以每件P元的价格销售某种商品，如果买家一次购买5件以上，则超出5件的商品以每件7折的价格出售，试将一次成交的销售收入R表示为销售量x的函数.

43. 某运输公司的一辆运输车在一年中其单车保险、司机固定工资等费用支出共90 000元. 若该车每公里油耗费用为0.42元，司机每公里驾驶补贴为0.1元. 将一年中该车每公里的总支出表示为行驶公里数的函数，试写出函数表达式.

44. 判断下列函数的奇偶性（其中a为常数）：

(1) $f(x)=\dfrac{|x|}{x}$　　(2) $f(x)=xa^{x^2}$

(3) $f(x)=2^x$　　(4) $f(x)=\dfrac{a^x+a^{-x}}{2}$

(5) $f(x)=\dfrac{a^x-1}{a^x+1}$　　(6) $f(x)=x^2\cos x$

(7) $f(x)=x+\sin x$　　(8) $f(x)=\lg(\sqrt{x^2+1}-x)$

(9) $f(x)=\lg\dfrac{1-x}{1+x}$　　(10) $f(x)=\begin{cases}1-x, & x\leqslant 0\\ 1+x, & x>0\end{cases}$

(11) $f(x)=\begin{cases}1, & x\geqslant 0\\ -1, & x<0\end{cases}$　　(12) $f(x)=\begin{cases}-x^2+x, & x>0\\ x^2+x, & x<0\end{cases}$

45. 函数$f(x)$在$(-\infty,+\infty)$内有定义，$f(x)$不恒等于1，下列给出的函数中，哪些必为奇函数？哪些必为偶函数？

(1) $f(x^2)$　　(2) $xf(x^2)$

(3) $x^2f(x)$　　(4) $f^2(x)$

(5) $f(|x|)$　　(6) $|f(x)|$

(7) $f(x)+f(-x)$　　(8) $f(x)-f(-x)$

46. 设$F(x)=f(x)\left(\dfrac{1}{2^x+1}-\dfrac{1}{2}\right)$，已知$f(x)$为奇函数，判断$F(x)$的奇偶性.

47. 判断下列函数的单调性：

(1) $y=2x+1$　　(2) $y=\left(\dfrac{1}{2}\right)^x$

(3) $y=\log_a x\,(a>0,\ a\neq 1)$　　(4) $y=1-3x^2$

(5) $y = x + \lg x$

48. 已知 $f(x)$ 为周期函数，那么下列函数是否都是周期函数?

(1) $f^2(x)$　　(2) $f(2x)$

(3) $f(x+2)$　　(4) $f(x)+2$

49. 求函数 $y = \cos^4 x - \sin^4 x$ 的周期.

50. 证明下列函数是有界函数：

(1) $y = \dfrac{x^2}{1+x^2}$　　(2) $y = \dfrac{x}{1+x^2}$

51. 讨论函数 $f(x) = e^{-x^2}$ 的奇偶性、有界性、单调性、周期性 ($e \approx 2.718\,28$).

52. 求下列函数的反函数：

(1) $y = 2x+1$　　(2) $y = \dfrac{x+2}{x-2}$

(3) $y = x^3 + 2$　　(4) $y = 1 + \lg(x+2)$

(5) $y = 1 + 2\sin\dfrac{x-1}{x+1}$

53. 设函数

$$y = f(x) = \begin{cases} -4x^2, & -3 \leqslant x < 0 \\ x, & 0 < x \leqslant 4 \\ \dfrac{x^2}{4}, & x > 4 \end{cases}$$

求 $y = f(x)$ 的反函数 $y = f^{-1}(x)$ 的定义域.

54. 如果 $y = u^2$，$u = \log_a x$，将 y 表示成 x 的函数.

55. 如果 $y = \sqrt{u}$，$u = 2 + v^2$，$v = \cos x$，将 y 表示成 x 的函数.

56. 如果 $f(x) = 3x^3 + 2x$，$\varphi(t) = \lg(1+t)$，求 $f[\varphi(t)]$.

57. 下列函数可以看成由哪些简单函数复合而成?(其中 a 为常数，$e \approx 2.718\,28$.)

(1) $y = \sqrt{3x-1}$　　(2) $y = a\sqrt[3]{1+x}$

(3) $y = (1+\lg x)^5$　　(4) $y = e^{e^{-x^2}}$

(5) $y = \sqrt{\lg\sqrt{x}}$　　(6) $y = \lg^2 \arccos x^3$

58. 分别就 $a = 2$，$a = \dfrac{1}{2}$，$a = -2$ 讨论 $y = \lg(a - \sin x)$ 是不是复合函数. 如果是复合函数，求其定义域.

※59. 先作 $y = x^2$ 及 $y = \dfrac{1}{x}$ 的图形，再由这两个函数的图形叠加出函数 $y = x^2 + \dfrac{1}{x}$ 的图形.

※60. 由 $y = 2^x$ 的图形作下列函数的图形：

(1) $y = 3 \times 2^x$　　(2) $y = 2^x + 4$

(3) $y = -2^x$　　(4) $y = 2^{-x}$

※61. 由 $y = \lg x$ 的图形作下列函数的图形：

(1) $y = 2\lg x$　　(2) $y = \lg x^2$

(3) $y=\lg\sqrt{x}$　　　(4) $y=\lg\dfrac{1}{x}$

※62. 由 $y=\sin x$ 的图形作下列函数的图形：

(1) $y=\sin 2x$　(2) $y=2\sin 2x$　(3) $y=1-2\sin 2x$

(B)

1. 设集合 $A=\{1, 2, a, b\}$，$B=\{2, 4, c, d\}$，已知 $A\cup B=\{1, 2, 3, 4, 5, 6\}$，$A\cap B=\{2, 4\}$，$A-B=\{1, 3\}$，那么 a，b，c，d 可以是［　　］.

(A) $a=3$，$b=5$，$c=1$，$d=5$　　(B) $a=5$，$b=6$，$c=3$，$d=5$

(C) $a=4$，$b=5$，$c=3$，$d=6$　　(D) $a=3$，$b=4$，$c=5$，$d=6$

2. 不等式 $\dfrac{|x-1|-1}{|x-3|}>0$ 的解集(用区间表示)为［　　］.

(A) $(-\infty, 0)$　　(B) $(-\infty, 3)\cup(3, +\infty)$

(C) $(2, 3)\cup(3, +\infty)$　　(D) $(-\infty, 0)\cup(2, 3)\cup(3, +\infty)$

3. 下列各对函数中，两函数相同的是［　　］.

(A) $y=\lg[x(x-1)]$ 与 $y=\lg x+\lg(x-1)$

(B) $y=\lg[x(x+1)]$ 与 $y=\lg x+\lg(x+1)$

(C) $y=\lg\dfrac{1-x}{x}$ 与 $y=\lg(1-x)-\lg x$

(D) $y=\lg\dfrac{1+x}{x}$ 与 $y=\lg(1+x)-\lg x$

4. 下列论述中正确的是［　　］.

(A) 因 $\dfrac{\sin 2x}{\cos x}=\dfrac{2\sin x\cos x}{\cos x}=2\sin x$，故 $y=\dfrac{\sin 2x}{\cos x}$ 与 $y=2\sin x$ 是相同的函数

(B) 因 $\tan x=\dfrac{\sin x}{\cos x}$，故 $y=\tan x$ 与 $y=\dfrac{\sin x}{\cos x}$ 是相同的函数

(C) 因 $\sqrt{\dfrac{x-3}{x-2}}=\dfrac{\sqrt{x-3}}{\sqrt{x-2}}$，故 $y=\sqrt{\dfrac{x-3}{x-2}}$ 与 $y=\dfrac{\sqrt{x-3}}{\sqrt{x-2}}$ 是相同的函数

(D) 因 $\sqrt{(x-2)^2}=x-2$，故 $y=\sqrt{(x-2)^2}$ 与 $y=x-2$ 是相同的函数

5. 若 $f(x-1)=x^2(x-1)$，则 $f(x)=$［　　］.

(A) $x(x+1)^2$　　(B) $x(x-1)^2$

(C) $x^2(x+1)$　　(D) $x^2(x-1)$

6. $f(x)=\dfrac{1}{\lg|x-5|}$ 的定义域是［　　］.

(A) $(-\infty, 5)\cup(5, +\infty)$

(B) $(-\infty, 6)\cup(6, +\infty)$

(C) $(-\infty, 4)\cup(4, +\infty)$

(D) $(-\infty, 4)\cup(4, 5)\cup(5, 6)\cup(6, +\infty)$

7. 如果函数 $f(x)$ 的定义域为 $[1, 2]$，则函数 $f(x)+f(x^2)$ 的定义域为［　　］.

(A) $[1, 2]$　　(B) $[1, \sqrt{2}]$

(C) $[-\sqrt{2}, \sqrt{2}]$　　(D) $[-\sqrt{2}, -1] \cup [1, \sqrt{2}]$

8. 如果函数 $f(x)$ 的定义域为 $[0, 1]$，则函数 $g(x)=f(x+\frac{1}{4})+f\left(x-\frac{1}{4}\right)$ 的定义域是［　　］.

(A) $[0, 1]$　　(B) $[-\frac{1}{4}, \frac{3}{4}]$

(C) $[\frac{1}{4}, \frac{3}{4}]$　　(D) $[-\frac{1}{4}, \frac{5}{4}]$

9. 设 $f(x)=\frac{1}{\sqrt{3-x}}+\lg(x-2)$，那么 $f(x+a)+f(x-a)$ $(0<a<\frac{1}{2})$ 的定义域是［　　］.

(A) $(2-a, 3-a)$　　(B) $(2+a, 3+a)$

(C) $(2+a, 3-a)$　　(D) $(2-a, 3+a)$

10. 下列函数中是偶函数的是［　　］.

(A) $f(x)=\begin{cases}1, & x>0\\ 0, & x=0\\ -1, & x<0\end{cases}$　　(B) $f(x)=\begin{cases}x-1, & x>0\\ 0, & x=0\\ x+1, & x<0\end{cases}$

(C) $f(x)=\begin{cases}1-x, & x\leqslant 0\\ 1+x, & x>0\end{cases}$　　(D) $f(x)=\begin{cases}2x^2, & x\leqslant 0\\ -2x^2, & x>0\end{cases}$

11. 函数 $y=\lg(\sqrt{x^2+1}+x)+\lg(\sqrt{x^2+1}-x)$［　　］.

(A) 是奇函数，非偶函数　　(B) 是偶函数，非奇函数

(C) 既非奇函数，又非偶函数　　(D) 既是奇函数，又是偶函数

12. 设 $f(x)$ 是 $(-\infty, +\infty)$ 内的偶函数，并且当 $x\in(-\infty, 0)$ 时，有 $f(x)=x+2$，则当 $x\in(0, +\infty)$ 时，$f(x)$ 的表达式是［　　］.

(A) $x+2$　　(B) $-x+2$

(C) $x-2$　　(D) $-x-2$

13. 设 $f(x)$ 是以 T 为周期的函数，则函数 $f(x)+f(2x)+f(3x)+f(4x)$ 的周期是［　　］.

(A) T　　(B) $2T$　　(C) $12T$　　(D) $\frac{T}{12}$

14. 设 $f(x)=\sin 2x+\tan\frac{x}{2}$，则 $f(x)$ 的周期是［　　］.

(A) $\frac{\pi}{2}$　　(B) π　　(C) 2π　　(D) 4π

15. 设函数 $f(x)=2^{\cos x}$，$g(x)=\left(\frac{1}{2}\right)^{\sin x}$，在区间 $\left(0, \frac{\pi}{2}\right)$ 内［　　］.

(A) $f(x)$ 是增函数，$g(x)$ 是减函数

(B) $f(x)$ 是减函数，$g(x)$ 是增函数

(C) $f(x)$ 与 $g(x)$ 都是增函数

(D) $f(x)$ 与 $g(x)$ 都是减函数

16. 下列给定区间中是函数 $f(x)=|x^2-1|$ 的单调有界区间的是 [　　].

(A) $[-1, 1]$　　(B) $(1, +\infty)$

(C) $[-2, -1]$　　(D) $[-2, 0]$

17. 函数 $f(x)=e^{\cos x}$ (e ≈ 2.718 28) 不是 [　　].

(A) 偶函数　　(B) 单调函数

(C) 有界函数　　(D) 周期函数

18. 函数 $f(x)=-\sqrt{1-x^2}$ $(0\leqslant x\leqslant 1)$ 的反函数 $f^{-1}(x)=$ [　　].

(A) $\sqrt{1-x^2}$　　(B) $-\sqrt{1-x^2}$

(C) $\sqrt{1-x^2}$ $(-1\leqslant x\leqslant 0)$　　(D) $-\sqrt{1-x^2}$ $(-1\leqslant x\leqslant 0)$

19. 函数 $f(x)=\dfrac{e^x-e^{-x}}{2}$ 的反函数 $f^{-1}(x)$ [　　].

(A) 是奇函数　　(B) 是偶函数

(C) 既是奇函数，也是偶函数　　(D) 既非奇函数，也非偶函数

20. 函数 $y=f(x)$ 与 $y=\sqrt{x-1}$ 的图形关于直线 $y=x$ 对称，则 $f(x)=$ [　　].

(A) $-\sqrt{x-1}$ $(x\geqslant 1)$　　(B) x^2+1 $(-\infty<x<+\infty)$

(C) x^2+1 $(x\leqslant 0)$　　(D) x^2+1 $(x\geqslant 0)$

21. 下列函数 $y=f(u)$，$u=\varphi(x)$ 中能构成复合函数 $y=f[\varphi(x)]$ 的是 [　　].

(A) $y=f(u)=\dfrac{1}{\sqrt{u-1}}$，　$u=\varphi(x)=-x^2+1$

(B) $y=f(u)=\lg(1-u)$，　$u=\varphi(x)=x^2+1$

(C) $y=f(u)=\arcsin u$，　$u=\varphi(x)=x^2+2$

(D) $y=f(u)=\arccos u$，　$u=\varphi(x)=-x^2+2$

22. 函数 $y=\sqrt{1-u^2}$ 与 $u=\lg x$ 能构成复合函数 $y=\sqrt{1-\lg^2 x}$ 的区间是 [　　].

(A) $(0, +\infty)$　　(B) $\left[\dfrac{1}{10}, 10\right]$

(C) $\left[\dfrac{1}{10}, +\infty\right)$　　(D) $(0, 10)$

23. 下列关系中，是复合函数关系的是 [　　].

(A) $y=x+\sin x$　　(B) $y=2x^2e^x$

(C) $y=\sqrt{\sin x-2}$　　(D) $y=\cos\sqrt{x}$

24. 下列函数中不是初等函数的是 [　　].

(A) $y=x^x$　　(B) $y=|x|$

(C) $y=\operatorname{sgn}x$　　(D) $e^x+xy-1=0$

25. 已知 $y=f(x)$ 的图形如图 1-60 所示，那么 $y=\dfrac{1}{2}[|f(x)|+f(x)]$ 的图形是 [　　].

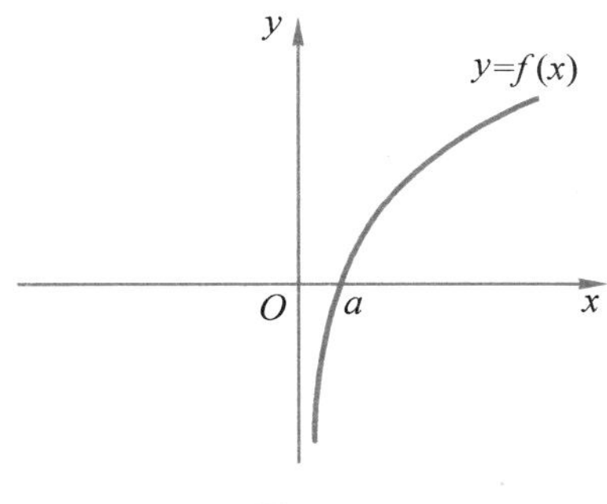

图 1-60

(A)
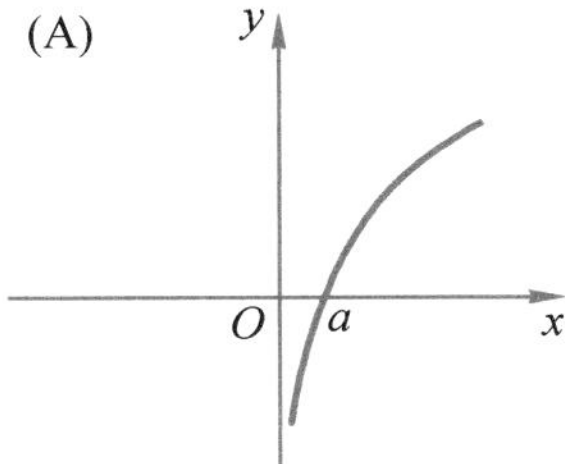

(B)
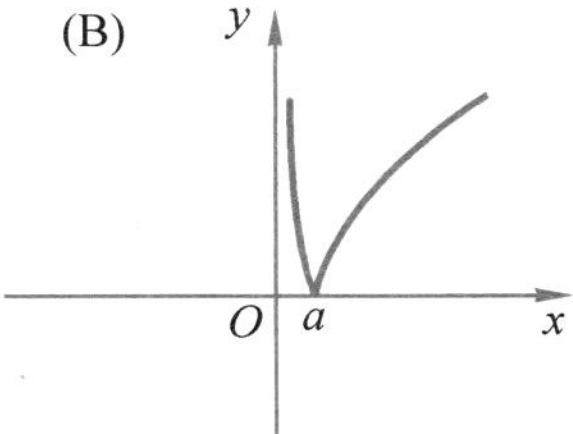

(C)
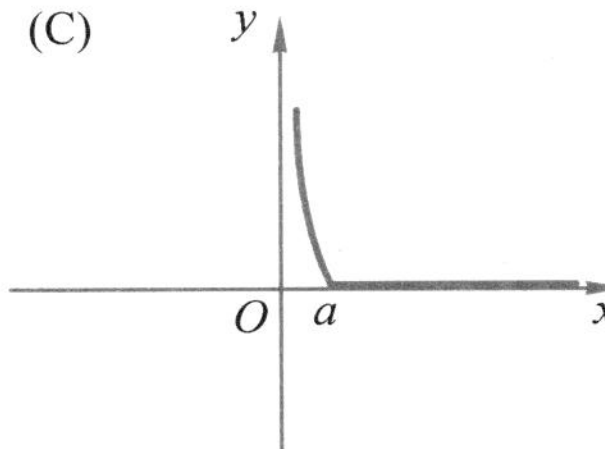

(D)
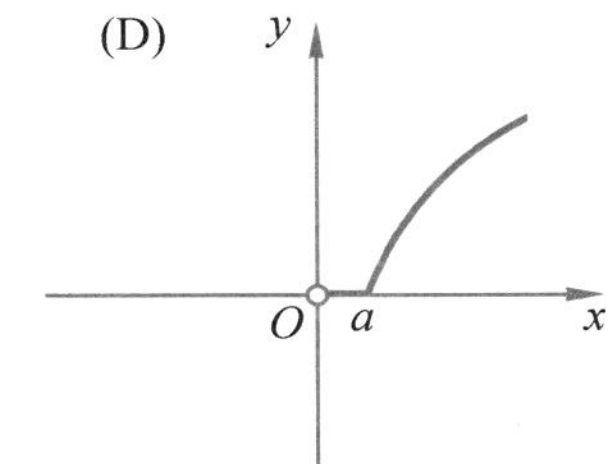

第二章

01 02 03 04 05 06 07 08 09

极限与连续

2.1 数列的极限

(一) 数列

定义 2.1 一个定义在正整数集合上的函数 $y_n=f(n)$（称为**整标函数**），当自变量 n 按正整数 1，2，3，… 依次增大的顺序取值时，函数值按相应的顺序排成一串数：

知识点解析 数列的极限

$$f(1),\ f(2),\ f(3),\ \cdots,\ f(n),\ \cdots$$

称为一个**无穷数列**，简称**数列**. 数列中的每一个数称为数列的项，$f(n)$ 称为数列的通项.

数列的例子：

例 1 $y_n=\dfrac{1}{2^n}$：$\dfrac{1}{2}$，$\dfrac{1}{4}$，$\dfrac{1}{8}$，$\dfrac{1}{16}$，…

例 2 $y_n=1+\dfrac{1}{n}$：2，$\dfrac{3}{2}$，$\dfrac{4}{3}$，$\dfrac{5}{4}$，…

例 3 $y_n=2n$：2，4，6，8，…

例 4 $y_n=\dfrac{1+(-1)^n}{2}$：0，1，0，1，…

由这些例子可以看出：随着 n 逐渐增大，它们有着各自的变化趋势. 下面，我们先对几个具体数列的变化趋势做些分析，并由此引出数列极限的概念.

(二)数列的极限

我们知道，半径为 r 的圆内接正多边形面积 $S_n=f(n)$（n 为正多边形的边数），当 n 越来越大时，S_n 就越来越接近于圆的面积. 当 n 无限增大时，S_n 就无限地接近圆的面积. 这时，我们说 S_n 以圆面积为极限.

下面举几个例子，作图时以横轴表示整标 n，纵轴表示数列取值 y_n.

(1) $y_n=1+\frac{1}{n}$： $2,\frac{3}{2},\frac{4}{3},\frac{5}{4},\cdots$ （如图 2-1 所示）.

(2) $y_n=1-\frac{1}{n}$： $0,\frac{1}{2},\frac{2}{3},\frac{3}{4},\cdots$ （如图 2-2 所示）.

(3) $y_n=1+(-1)^n\frac{1}{n}$： $0,\frac{3}{2},\frac{2}{3},\frac{5}{4},\frac{4}{5},\cdots$ （如图 2-3 所示）.

对于这三个数列，当 n 无限增大时，y_n 都无限地接近于 1，即"当 n 无限增大时，y_n 与 1 的差无限地接近于 0".

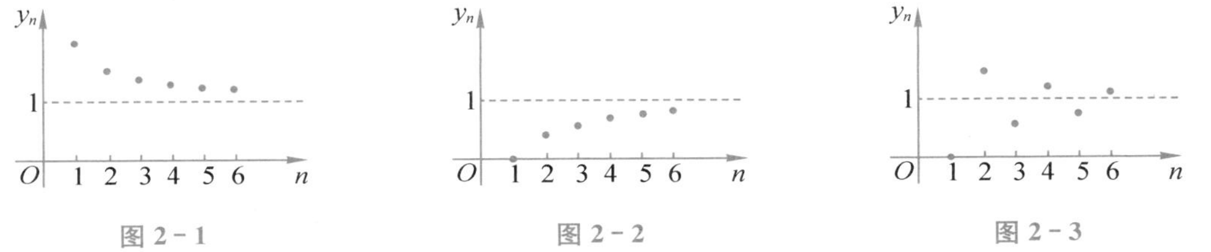

图 2-1　　图 2-2　　图 2-3

数列 (1) 的取值总大于 1，因此数列 (1) 的各项与 1 的差总大于 0；数列 (2) 的取值总小于 1，因此数列 (2) 的各项与 1 的差总小于 0；而数列 (3) 的取值时而大于 1，时而小于 1，因此数列 (3) 的各项与 1 的差时而大于 0，时而小于 0. 不论是大于 0 还是小于 0，随着 n 越来越大，这三个数列的取值与 1 之差的绝对值 $|y_n-1|$ 越来越小. 当 n 无限增大时，$|y_n-1|$ 无限接近于 0. 所谓无限接近于 0，即在 n 无限增大的过程中，$|y_n-1|$ 可以任意小. 小是相对的，例如，当 $n>10\,000$ 时，$|y_n-1|<\frac{1}{10\,000}$，只不过说明 $|y_n-1|$ 小于万分之一而已，并不能说明可以任意小. "$|y_n-1|$ 可以任意小"是指：不论事先指定一个多么小的正数，在 n 无限增大的变化过程中，总有那么一个时刻（也就是 n 增大到一定程度），在该时刻以后，$|y_n-1|$ 总小于那个事先指定的小正数.

下面以数列 (1) 为例来说明"当 n 无限增大时，$|y_n-1|$ 可以任意小". 数列 (2)、(3) 的讨论完全相同.

$$|y_n-1|=\left|(1+\frac{1}{n})-1\right|=\left|\frac{1}{n}\right|=\frac{1}{n}$$

给定一个小正数，比如 $\frac{1}{10}$，如果要使 $|y_n-1|<\frac{1}{10}$，即 $\frac{1}{n}<\frac{1}{10}$，只要取 $n>10$ 就可以了，也就是说，从数列的第 11 项开始，以后各项都满足 $|y_n-1|<\frac{1}{10}$.

如果再给定一个更小的正数，如 $\frac{1}{100}$，要使 $|y_n-1|<\frac{1}{100}$，即$\frac{1}{n}<\frac{1}{100}$，则只要取 $n>100$ 就可以了，也就是说，从数列的第 101 项开始，以后各项都满足 $|y_n-1|<\frac{1}{100}$.

由此可见，对于数列（1），不论事先指定一个多么小的正数 ε，在 n 无限增大的变化过程中，总有那么一个时刻，在该时刻以后(也就是说当 n 充分大以后)，$|y_n-1|$ 总小于那个小正数 ε. 因此，我们说 $|y_n-1|$ 可以任意小，称 y_n 以 1 为极限.

一般说来，如果有一个数列 y_n，不论事先指定一个多么小的正数 ε，在 n 无限增大的变化过程中，总有那么一个时刻，在该时刻以后(即总有那么一项，在该项以后)，总有 $|y_n-A|$ 小于事先指定的正数 ε，这时我们就称“数列 y_n 以常数 A 为极限”.

经上面的分析，可以给出数列极限的定义：

定义 2.2 如果对于任意给定的正数 ε，总存在一个正整数 N，当 $n>N$ 时，

$$|y_n-A|<\varepsilon$$

恒成立，则称当 n 趋于无穷大时，数列 y_n 以常数 A 为**极限**，记作

$$\lim_{n\to\infty} y_n=A \quad 或 \quad y_n\to A \quad (n\to\infty)$$

如果一个数列有极限，我们就称这个数列是**收敛**的，否则就称它是**发散**的. y_n 以 A 为极限，亦称 y_n 收敛于 A.

例如，当 $n\to\infty$ 时，$y_n=\frac{1}{2^n}$ 收敛于 0；$y_n=1+\frac{1}{n}$ 收敛于 1；而$y_n=2n$ 无极限，所以它是发散的；$y_n=\frac{1+(-1)^n}{2}$ 时而取 0，时而取 1，我们说它振荡无极限，因而也是发散的.

例 5 利用定义证明$\lim\limits_{n\to\infty}\frac{2n+1}{n}=2$.

证：对于任意给定的 $\varepsilon>0$，要使

$$|y_n-2|=\left|\frac{2n+1}{n}-2\right|=\frac{1}{n}<\varepsilon$$

只要取 $n>\frac{1}{\varepsilon}$ 就可以了. 因此，对于任意给定的 $\varepsilon>0$，取正整数 $N=\left[\frac{1}{\varepsilon}\right]+1$，则当 $n>N$ 时，$|y_n-2|<\varepsilon$ 恒成立. 所以，$y_n=\frac{2n+1}{n}$ 以 2 为极限，即

$$\lim_{n\to\infty}\frac{2n+1}{n}=2$$

不能根据极限的定义求出数列的极限，只能用定义验证某常数是不是某数列的极限.

2.2 函数的极限

数列是定义于正整数集合上的函数，它的极限只是一种特殊函数(整标函数)的极限. 现在，我们讨论定义于实数集合上的函数 $y=f(x)$ 的极限.

知识点解析
函数的极限

(一) 当 $x\to\infty$ 时函数 $f(x)$ 的极限

例如，函数

$$y=1+\frac{1}{x}\quad(x\neq 0)$$

当 $|x|$ 无限增大时，y 无限地接近于1，如图2-4所示. 和数列极限一样，"当 $|x|$ 无限地增大时，y 无限地接近于 1"，是指"当 $|x|$ 无限增大时，$|y-1|$ 可以任意地小".

对于任意给定的 $\varepsilon>0$，要使

$$|y-1|=\left|(1+\frac{1}{x})-1\right|=\left|\frac{1}{x}\right|<\varepsilon$$

只要取 $|x|>\frac{1}{\varepsilon}$ 就可以了，亦即当 x 进入区间

$$(-\infty,-\frac{1}{\varepsilon})\cup(\frac{1}{\varepsilon},+\infty)$$

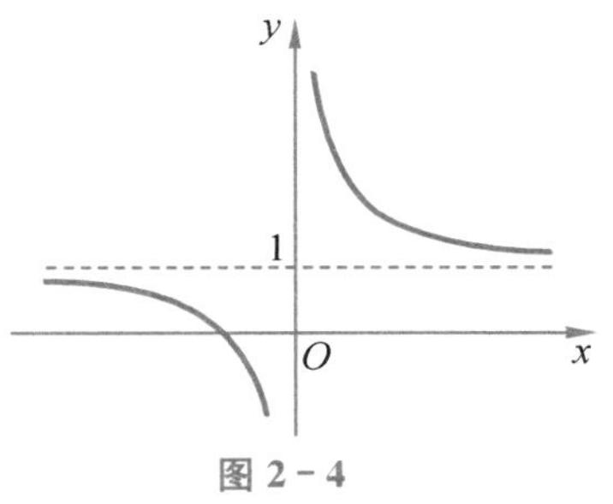

图 2-4

时，$|y-1|<\varepsilon$ 恒成立. 这时,我们就称 x 趋于无穷大时 $y=1+\frac{1}{x}$ 以 1 为极限.

定义 2.3 如果对于任意给定的正数 ε，总存在一个正数 M，使得当一切 $|x|>M$ 时，$|f(x)-A|<\varepsilon$ 恒成立，则称当 x 趋于无穷大时，函数 $f(x)$ 以常数 A 为极限，记作

$$\lim_{x\to\infty}f(x)=A\quad 或\quad f(x)\to A\quad(x\to\infty)$$

例 1　用定义证明 $\lim\limits_{x\to\infty}\frac{1}{x}=0$.

证：设 $f(x)=\frac{1}{x}$. 对于任意给定的 $\varepsilon>0$，要使

$$|f(x)-0|=\left|\frac{1}{x}\right|=\frac{1}{|x|}<\varepsilon$$

只要取 $|x|>\frac{1}{\varepsilon}$ 就可以了. 因此，对于任意给定的 $\varepsilon>0$，取 $M=\frac{1}{\varepsilon}$，则当 $|x|>M$ 时，

$$|f(x)-0|=\left|\frac{1}{x}-0\right|<\varepsilon$$

恒成立，所以 $\lim\limits_{x\to\infty}\frac{1}{x}=0$.

有时我们还需要区分 x 趋于无穷大的符号. 如果 x 从某一时刻起，往后总是取正值而且无限增大，则称 x 趋于正无穷大，记作 $x\to+\infty$，此时定义中 $|x|>M$ 可改写为 $x>M$；如果 x 从某一时刻起，往后总取负值且 $|x|$ 无限增大，则称 x 趋于负无穷大，记作 $x\to-\infty$，此时定义中的 $|x|>M$ 可改成为 $x<-M$.

例 2　用定义证明：

(1) $\lim\limits_{x\to+\infty}\left(\frac{1}{2}\right)^x=0$

(2) $\lim\limits_{x\to-\infty}2^x=0$

如图 2-5 所示.

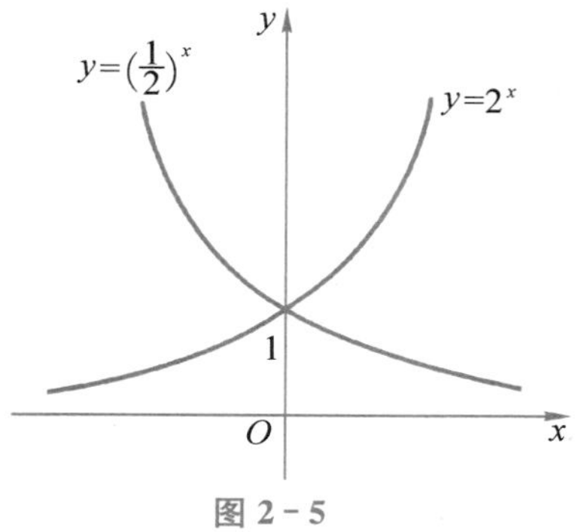

图 2-5

证：(1) 设 $f(x)=\left(\frac{1}{2}\right)^x$.

对于任意给定的 $\varepsilon>0$，要使

$$|f(x)-0|=\left|\left(\frac{1}{2}\right)^x-0\right|=\left(\frac{1}{2}\right)^x<\varepsilon$$

只要 $2^x>\frac{1}{\varepsilon}$，即 $x>\frac{\lg\frac{1}{\varepsilon}}{\lg 2}$（设 $\varepsilon<1$）就可以了. 因此，对于任意给定的 $\varepsilon>0$，取 $M=\frac{\lg\frac{1}{\varepsilon}}{\lg 2}$，则当 $x>M$ 时，

$$|f(x)-0|=\left|\left(\frac{1}{2}\right)^x-0\right|<\varepsilon$$

恒成立，所以

$$\lim_{x\to+\infty}\left(\frac{1}{2}\right)^x=0$$

(2) 证明留给读者.

（二）当 $x\to x_0$ 时函数 $f(x)$ 的极限

对于函数 $y=f(x)$，除研究 $x\to\infty$ 时 $f(x)$ 的极限以外，还需要研究 x 趋于某个常数 x_0 时，$f(x)$ 的变化趋势. 先看两个例子：

例 3 函数 $y=f(x)=2x+1$，定义于 $(-\infty, +\infty)$，如图 2-6 所示. 我们考察当 x 趋于$\frac{1}{2}$时，这个函数的变化趋势. 为此，列成表 2-1.

表 2-1

x	0	0.1	0.3	0.4	0.49	…	0.5	…	0.51	0.6	0.9	1
$f(x)$	1	1.2	1.6	1.8	1.98	…	2	…	2.02	2.2	2.8	3

不难看出，当 x 越来越接近$\frac{1}{2}$时，$f(x)$ 与 2 的差越来越接近于 0，当 x 充分接近$\frac{1}{2}$时，$|f(x)-2|$ 可以任意小. 因此，对于任意给定的 $\varepsilon>0$，要使

$$|f(x)-2|=|(2x+1)-2|=|2x-1|=2\left|x-\frac{1}{2}\right|<\varepsilon$$

只要取 $\left|x-\frac{1}{2}\right|<\frac{\varepsilon}{2}$ 就可以了. 这就是说，当 x 进入 $x=\frac{1}{2}$ 的 $\frac{\varepsilon}{2}$ 邻域 $\left(\frac{1}{2}-\frac{\varepsilon}{2},\frac{1}{2}+\frac{\varepsilon}{2}\right)$时，$|f(x)-2|<\varepsilon$ 恒成立. 这时我们称当 x 趋于 $\frac{1}{2}$ 时，$y=f(x)=2x+1$ 以 2 为极限.

例 4 $y=f(x)=\frac{4x^2-1}{2x-1}$，定义于$\left(-\infty,\frac{1}{2}\right)\cup\left(\frac{1}{2},+\infty\right)$，如图 2-7 所示. 我们也考察当 x 趋于$\frac{1}{2}$ 时，这个函数的变化趋势. 显然，对于表 2-1 中的所有数值，除 $x=\frac{1}{2}$，$y=2$ 这一对数值之外，其他数值均适用于这个函数. 可见，当 x 充分接近$\frac{1}{2}$ 时，$y=\frac{4x^2-1}{2x-1}$ 与 2 的差的绝对值也可以任意小. 对于任意给定的 $\varepsilon>0$，当 x 进入$\left(\frac{1}{2}-\frac{\varepsilon}{2},\frac{1}{2}\right)\cup\left(\frac{1}{2},\frac{1}{2}+\frac{\varepsilon}{2}\right)$时，$|f(x)-2|<\varepsilon$ 恒成立. 因此，当 x 趋于$\frac{1}{2}$ 时，$y=\frac{4x^2-1}{2x-1}$ 以 2 为极限.

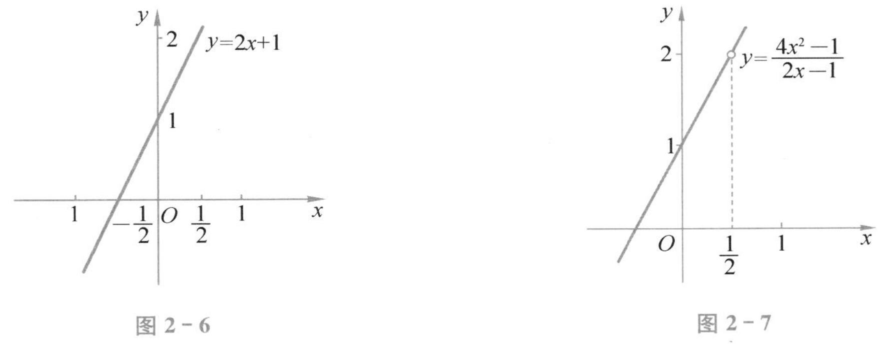

图 2-6　　图 2-7

由上面两个例子可以看出，我们研究 x 趋于$\frac{1}{2}$ 时函数 $f(x)$ 的极限，是指研究 x 充分接近于$\frac{1}{2}$ 时 $f(x)$ 的变化趋势，而不是求 $x=\frac{1}{2}$ 时 $f(x)$ 的函数值. 因此，研究 x 趋于$\frac{1}{2}$ 时

$f(x)$ 的极限问题，与 $x=\dfrac{1}{2}$ 时函数 $f(x)$ 是否有定义无关.

定义 2.4 如果对于任意给定的正数 ε，总存在一个正数 δ，使得当 $0<|x-x_0|<\delta$ 时，

$$|f(x)-A|<\varepsilon$$

恒成立，则称当 x 趋于 x_0 时，函数 $f(x)$ 以常数 A 为极限，记作

$$\lim_{x\to x_0} f(x)=A \quad 或 \quad f(x)\to A \quad (x\to x_0)$$

定义中的 $|x-x_0|<\delta$ 表示 x 与 x_0 的距离小于 δ，而 $0<|x-x_0|$ 表示 $x\neq x_0$. 因此，$0<|x-x_0|<\delta$ 表示

$$x\in(x_0-\delta,\ x_0)\cup(x_0,\ x_0+\delta)$$

例 5 利用定义证明 $\lim\limits_{x\to 2}(3x-2)=4$.

证：设 $f(x)=3x-2$.

对于任意给定的 $\varepsilon>0$，要使

$$|f(x)-4|=|(3x-2)-4|=|3x-6|=3|x-2|<\varepsilon$$

只要取 $|x-2|<\dfrac{\varepsilon}{3}$ 就可以了. 因此，对于任意给定的 $\varepsilon>0$，取 $\delta=\dfrac{\varepsilon}{3}$，当 $0<|x-2|<\delta$ 时，

$$|f(x)-4|<\varepsilon$$

恒成立，所以 $\lim\limits_{x\to 2}(3x-2)=4$.

例 6 利用定义证明 $\lim\limits_{x\to x_0} x=x_0$.

证：设 $f(x)=x$，对于任意给定的 $\varepsilon>0$，要使

$$|f(x)-x_0|=|x-x_0|<\varepsilon$$

只要取 $\delta=\varepsilon$ 就可以了. 因此，对于任意给定的 $\varepsilon>0$，取 $\delta=\varepsilon$，当 $0<|x-x_0|<\delta$ 时，

$$|f(x)-x_0|<\varepsilon$$

恒成立，所以 $\lim\limits_{x\to x_0}x=x_0$.

（三）左极限与右极限

前面讲了 $x\to x_0$ 时 $f(x)$ 的极限，在那里 x 是以任意方式趋于 x_0 的. 但是，有时我们还需要知道 x 仅从 x_0 的左侧（$x<x_0$）或仅从 x_0 的右侧（$x>x_0$）趋于 x_0 时，$f(x)$ 的变化趋势. 于是，就要引进左极限与右极限的概念.

考察函数 $f(x)=\begin{cases}1, & x<0\\ x, & x\geqslant 0\end{cases}$（如图 2-8 所示）. 容易观察出，当 x 从 0 的左侧趋于 0 时，$f(x)$ 趋于 1；而当 x 从 0 的右侧趋于 0 时，$f(x)$ 趋于 0. 我们分别称它们是 x 趋于 0 时的左极限与右极限.

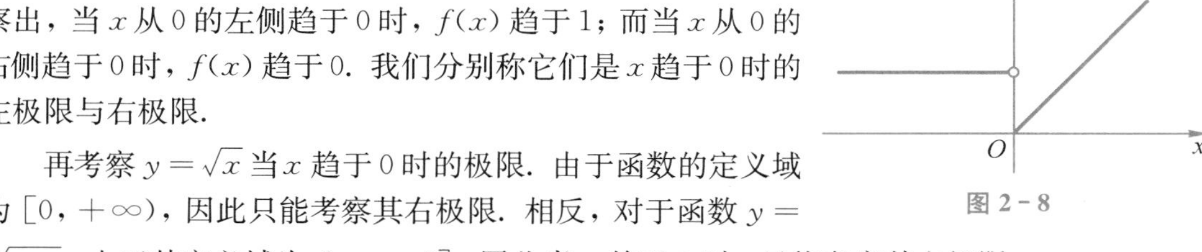

图 2-8

再考察 $y=\sqrt{x}$ 当 x 趋于 0 时的极限. 由于函数的定义域为 $[0,+\infty)$，因此只能考察其右极限. 相反，对于函数 $y=\sqrt{-x}$，由于其定义域为 $(-\infty,0]$，因此当 x 趋于 0 时，只能考察其左极限.

定义 2.5 如果当 x 从 x_0 的左侧（$x<x_0$）趋于 x_0 时，$f(x)$ 以 A 为极限，即对于任意给定的 $\varepsilon>0$，总存在一个正数 δ，使当 $0<x_0-x<\delta$ 时，

$$|f(x)-A|<\varepsilon$$

恒成立，则称 A 为 $x\to x_0$ 时 $f(x)$ 的**左极限**，记作

$$\lim_{x\to x_0^-}f(x)=A\quad 或\quad f(x_0-0)=A$$

如果当 x 从 x_0 的右侧（$x>x_0$）趋于 x_0 时，$f(x)$ 以 A 为极限，即对于任意给定的 $\varepsilon>0$，总存在一个正数 δ，使当 $0<x-x_0<\delta$ 时，

$$|f(x)-A|<\varepsilon$$

恒成立，则称 A 为 $x\to x_0$ 时 $f(x)$ 的**右极限**，记作

$$\lim_{x\to x_0^+}f(x)=A\quad 或\quad f(x_0+0)=A$$

（四）关于函数极限的定理

根据左、右极限的定义，显然可得下列定理：

定理 2.1 $\lim\limits_{x\to x_0}f(x)=A$ 成立的充分必要条件是：

$$\lim_{x\to x_0^+}f(x)=\lim_{x\to x_0^-}f(x)=A$$

例 7　设 $f(x)=\begin{cases}1, & x<0\\ x, & x\geqslant 0\end{cases}$，研究当 $x\to 0$ 时，$f(x)$ 的极限是否存在.

解：当 $x<0$ 时，

$$\lim_{x\to 0^-}f(x)=\lim_{x\to 0^-}1=1\quad（2.3 节将给出证明）$$

而当 $x>0$ 时

$$\lim_{x\to 0^+} f(x) = \lim_{x\to 0^+} x = 0 \quad \text{(2.2 节例 6)}$$

左、右极限都存在，但不相等. 所以，由定理 2.1 可知，$\lim\limits_{x\to 0} f(x)$ 不存在，如图 2-8 所示.

例 8　研究当 $x\to 0$ 时，$f(x)=|x|$ 的极限.

解：$f(x)=|x|=\begin{cases}-x, & x<0\\ x, & x\geqslant 0\end{cases}$

已知　$\lim\limits_{x\to 0^+} f(x) = \lim\limits_{x\to 0^+} x = 0$

可以证明　$\lim\limits_{x\to 0^-} f(x) = \lim\limits_{x\to 0^-}(-x) = 0$

所以，由定理 2.1 可得

$$\lim_{x\to 0}|x| = 0$$

定理 2.2　如果 $\lim\limits_{x\to x_0} f(x)=A$，而且 $A>0$（或 $A<0$），则总存在一个正数 δ，使当 $0<|x-x_0|<\delta$ 时，$f(x)>0$（或 $f(x)<0$）.

证：设 $A>0$，取 $\varepsilon=\dfrac{A}{2}$，则由 $\lim\limits_{x\to x_0} f(x)=A$ 的定义可知，对这样取定的 ε，总存在一个正数 δ，使当 $0<|x-x_0|<\delta$ 时，不等式

$$|f(x)-A|<\varepsilon$$

恒成立，因而

$$A-\varepsilon<f(x)$$

恒成立. 将 $\varepsilon=\dfrac{A}{2}$ 代入，即得

$$0<\frac{A}{2}<f(x)$$

类似地可证 $A<0$ 的情形.

定理 2.3　如果 $\lim\limits_{x\to x_0} f(x)=A$ 且 $f(x)\geqslant 0$（或 $f(x)\leqslant 0$），则 $A\geqslant 0$（或 $A\leqslant 0$）.

证：如果 $f(x)\geqslant 0$，假设定理不成立，即设 $A<0$，那么由定理 2.2 可知，存在一个正数 δ，使当 $0<|x-x_0|<\delta$ 时，有 $f(x)<0$，这与 $f(x)\geqslant 0$ 的假设矛盾，所以 $A\geqslant 0$.

同理可证 $f(x)\leqslant 0$ 的情形.

2.3 变量的极限

我们把数列 $f(n)$ 及函数 $f(x)$ 概括为“变量 y”，把 $n\to\infty$，$x\to\infty$，$x\to x_0$ 概括为“某个变化过程中”. 那么，综合数列极限与函数极限的概念，可以概括出一般变量极限的

定义.

定义 2.6 对于任意给定的正数 ε，在变量 y 的变化过程中，总有那么一个时刻，在该时刻以后，

$$|y-A|<\varepsilon$$

恒成立，则称变量 y 在此变化过程中以 A 为极限，记作

$$\lim y = A$$

这里的极限定义和记号概括了两种变量 $f(n)$ 和 $f(x)$ 在三种变化过程中（即 $f(n)$ 在 $n\to\infty$ 时及 $f(x)$ 在 $x\to\infty$ 或 $x\to x_0$ 时）的极限问题.

后文中，只有对两种变量、三种过程均适用的定义、推理或规律性结论才能使用通用记号“$\lim y = A$”. 如果变量 y 已给出具体函数和具体的变化过程，则不能使用通用记号，必须在极限符号下面标明所研究的变量的自变量的变化过程. 例如，$\lim\limits_{n\to\infty}\left(1+\dfrac{1}{n}\right)=1$，$\lim\limits_{x\to 2}(3x-2)=4$，$\lim\limits_{n\to\infty}\dfrac{1}{n}=0$，不能出现诸如 $\lim\dfrac{1}{x}$ 等形式的符号.

例 1　证明 $\lim c = c$（c 为常数）.

证：设 $y=c$.

对任意给定的 $\varepsilon>0$，恒有

$$|y-c|=|c-c|=0<\varepsilon$$

所以　$\lim c = c$

“$\lim c = c$”表示，对数列 $f(n)=c$ 有 $\lim\limits_{n\to\infty}f(n)=\lim\limits_{n\to\infty}c=c$，对函数 $f(x)=c$ 有 $\lim\limits_{x\to\infty}f(x)=\lim\limits_{x\to\infty}c=c$ 及 $\lim\limits_{x\to x_0}f(x)=\lim\limits_{x\to x_0}c=c$.

定义 2.7 在变量 y 的某一变化过程中，如果存在正数 M，使变量 y 在某一时刻之后，恒有 $|y|\leqslant M$，则称 y 在该时刻之后为**有界变量**.

定理 2.4 如果在某一变化过程中变量 y 有极限，则变量 y 是有界变量.

证：设 $\lim y = A$，则对于 $\varepsilon=1$，总有那么一个时刻，在该时刻以后，恒有

$$|y-A|<\varepsilon=1$$

因为 $|y|=|A+(y-A)|\leqslant|A|+|y-A|<|A|+1$，取 $M=|A|+1$，则在该时刻以后，恒有 $|y|<M$. 所以，变量 y 在该时刻之后是有界变量.

这个定理说明，若变量 y 在某一变化过程中有极限，则变量 y 在某时刻后有界，但若变量在某一时刻后有界，则不一定有极限.

例如，$f(x)=\begin{cases}1, & x<0\\ x, & x\geqslant 0\end{cases}$ 在 $x=0$ 邻近处有界，但 $\lim\limits_{x\to 0}f(x)$ 不存在.

2.4 无穷大量与无穷小量

知识点解析 无穷大量与无穷小量

(一) 无穷大量

我们讨论 $y=\frac{1}{x-1}$ 当 $x\to 1$ 时的变化趋势.

当 x 越来越接近 1 时，$\left|\frac{1}{x-1}\right|$ 就越来越大. 因此，在 x 无限接近 1 的过程中，$\left|\frac{1}{x-1}\right|$ 就可以任意大. “任意大”就是不论事先指定一个多么大的正数，总有那么一个时刻，在该时刻以后，变量的绝对值就可以大于那个事先指定的大正数.

显然，对任给的正数 E，要使 $\left|\frac{1}{x-1}\right|>E$，只要 $|x-1|<\frac{1}{E}$ 就可以了. 此时，我们称当 $x\to 1$ 时，$y=\frac{1}{x-1}$ 是一个无穷大量.

定义 2.8 如果对于任意给定的正数 E，变量 y 在其变化过程中，总有那么一个时刻，在该时刻以后，不等式

$$|y|>E$$

恒成立，则称变量 y 是**无穷大量**，或称变量 y 趋于无穷大，记作

$$\lim y=\infty$$

例如，

$$\lim_{x\to 1}\frac{1}{x-1}=\infty$$

可以证明：

$$\lim_{x\to 1}\frac{1}{(x-1)^2}=+\infty$$

$$\lim_{x\to 0^+}\lg x=-\infty$$

$$\lim_{x\to\infty}x^2=+\infty$$

(二) 无穷小量

定义 2.9 以 0 为极限的变量，称为**无穷小量**，亦即对于任意给定的正数 ε，如果在变量 y

的变化过程中，总有那么一个时刻，在该时刻以后，不等式

$$|y|<\varepsilon$$

恒成立，则称 y 为无穷小量.

例 1　因为 $\lim\limits_{n\to\infty}\frac{1}{2^n}=0$，所以当 $n\to\infty$ 时，变量 $y_n=\frac{1}{2^n}$ 为无穷小量.

例 2　因为 $\lim\limits_{x\to\infty}\frac{1}{x}=0$，所以当 $x\to\infty$ 时，变量 $y=\frac{1}{x}$ 为无穷小量.

例 3　因为 $\lim\limits_{x\to 0}x^2=0$，所以当 $x\to 0$ 时，变量 $y=x^2$ 为无穷小量.

定理 2.5　变量 y 以 A 为极限的充分必要条件是：变量 y 可以表示为 A 与一个无穷小量的和.

证：必要性.

如果 $\lim y=A$，根据定义 2.6 有：对于任意给定的 $\varepsilon>0$，总有那么一个时刻，在该时刻以后，不等式

$$|y-A|<\varepsilon$$

恒成立. 因此，如果将 $y-A$ 作为一个整体，则由定义 2.9 可知，它是一个无穷小量，记为 α，则 $y-A=\alpha$，即 $y=A+\alpha$，所以 y 是 A 与无穷小量 α 的和.

充分性的证明请读者完成.

定理 2.6　如果变量 α 是无穷小量，变量 y 是有界变量，则变量 αy 是无穷小量.

证：设 y 在某一时刻之后是有界变量，所以，存在一个正数 M，在这一时刻之后，恒有

$$|y|<M \tag{A}$$

又因为 α 是无穷小量，所以，对于任意给定的 $\varepsilon>0$，总有那么一个时刻，在该时刻以后，恒有

$$|\alpha|<\frac{\varepsilon}{M} \tag{B}$$

显然，在上述两个时刻中较晚的那个时刻以后，式(A)与式(B)都成立. 因此，在那个较晚的时刻以后，恒有

$$|\alpha y|=|\alpha||y|<M\cdot\frac{\varepsilon}{M}=\varepsilon$$

成立，这就证明了 αy 是无穷小量.

推论　常量与无穷小量的乘积仍是无穷小量.

例 4　求 $\lim\limits_{x\to 0}x\sin\frac{1}{x}$.

解：因为 $\left|\sin\frac{1}{x}\right| \leqslant 1$，所以 $\sin\frac{1}{x}$ 是有界变量；又 $\lim\limits_{x\to 0}x=0$，所以当 $x\to 0$ 时，$x\sin\frac{1}{x}$ 是有界变量与无穷小量的乘积．于是，由定理 2.6 可知，$x\sin\frac{1}{x}$ 是无穷小量．所以

$$\lim_{x\to 0}x\sin\frac{1}{x}=0$$

（三）无穷小量与无穷大量的关系

定理 2.7 在变量 y 的变化过程中，

（1）如果 y 是无穷大量，则 $\frac{1}{y}$ 是无穷小量；

（2）如果 $y\ (\neq 0)$ 是无穷小量，则 $\frac{1}{y}$ 是无穷大量．

证：（1）设 y 是无穷大量，则对于任意给定的 $\varepsilon>0$，总有那么一个时刻，在该时刻以后，恒有

$$|y|>\frac{1}{\varepsilon}，即\left|\frac{1}{y}\right|<\varepsilon$$

因此，$\frac{1}{y}$ 是无穷小量．

同理可证(2)．

（四）无穷小量的阶

无穷小量虽然都是趋于 0 的变量，但不同的无穷小量趋于 0 的速度却不一定相同，有时可能差别很大．

例如，当 $x\to 0$ 时，x，$2x$，x^2 都是无穷小量，但它们趋于 0 的速度却不一样，如表 2－2 所示．

表 2－2

x	1	0.5	0.1	0.01	0.001	…	→	0
$2x$	2	1	0.2	0.02	0.002	…	→	0
x^2	1	0.25	0.01	0.000 1	0.000 001	…	→	0

显然，x^2 趋于 0 的速度比 x 与 $2x$ 都快得多．快慢是相对的，是相互比较而言的，下面通过比较两个无穷小量趋于 0 的速度引入无穷小量的阶的概念．

定义 2.10 设 α，β 是同一过程中的两个无穷小量．

如果 $\lim\frac{\beta}{\alpha}=0$，则称 β 是比 α 较高阶的无穷小量，记作 $\beta=o(\alpha)$．

如果 $\lim \dfrac{\beta}{\alpha} = c \neq 0$（$c$ 为常量），则称 β 与 α 是同阶无穷小量．特别地，当 $c=1$ 时，称 β 与 α 是等价无穷小量，记作 $\alpha \sim \beta$.

如果 $\lim \dfrac{\beta}{\alpha} = \infty$，则称 β 是比 α 较低阶的无穷小量.

因为 $\lim\limits_{x\to 0} \dfrac{x^2}{x} = \lim\limits_{x\to 0} x = 0$，所以当 $x \to 0$ 时，x^2 是比 x 较高阶的无穷小量，可以记作 $x^2 = o(x)$．反之，当 $x\to 0$ 时，x 是比 x^2 较低阶的无穷小量.

$\lim\limits_{x\to 0} \dfrac{x}{2x} = \dfrac{1}{2}$，所以当 $x\to 0$ 时，x 与 $2x$ 是同阶无穷小量.

2.5 极限的运算法则

前面介绍了极限的定义，由极限的定义只能验证某个常数是否为某个变量的极限，而不能求出变量的极限．那么，怎样求一个变量的极限呢？在本节中，我们介绍变量极限的运算法则，并利用这些法则去求一些变量的极限.

定理 2.8　在某一变化过程中，如果变量 x 与变量 y 分别以 A 与 B 为极限，则变量 $x\pm y$ 以 $A\pm B$ 为极限，即

$$\lim(x\pm y) = \lim x \pm \lim y \tag{2.1}$$

证：因为 $\lim x = A$，$\lim y = B$，所以，对于任意给定的 $\varepsilon > 0$，总有那么一个时刻，在该时刻以后，恒有

$$|x-A| < \frac{\varepsilon}{2} \tag{A}$$

也总有那么一个时刻，在该时刻以后，恒有

$$|y-B| < \frac{\varepsilon}{2} \tag{B}$$

显然，在上述两个时刻中较晚的那个时刻以后，式(A) 与式(B) 都成立．因此，在那个较晚的时刻以后，恒有

$$\begin{aligned} |(x\pm y)-(A\pm B)| &\leqslant |x-A| + |y-B| \\ &< \frac{\varepsilon}{2} + \frac{\varepsilon}{2} = \varepsilon \end{aligned}$$

这就证明了 $x\pm y$ 以 $A\pm B$ 为极限，即

$$\lim(x\pm y) = A\pm B = \lim x \pm \lim y$$

推论　两个无穷小量的代数和仍为无穷小量.

定理 2.9 在某个变化过程中，如果变量 x 与变量 y 分别以 A 与 B 为极限，则变量 xy 以 AB 为极限，即

$$\lim xy = \lim x \cdot \lim y \tag{2.2}$$

（证明从略.）

推论 1 两个无穷小量的乘积仍为无穷小量.

推论 2 常数因子可以提到极限符号外面，即

$$\lim cy = c\lim y \tag{2.3}$$

推论 3 如果 n 是正整数，则

$$\lim x^n = (\lim x)^n \tag{2.4}$$

以后可以证明，如果 n 是正整数，则

$$\lim x^{\frac{1}{n}} = (\lim x)^{\frac{1}{n}}$$

也成立.

定理 2.10 在某一变化过程中，如果变量 x 与变量 y 分别以 A 与 B 为极限，且 $B \neq 0$，则变量 $\frac{x}{y}$ 以 $\frac{A}{B}$ 为极限，即

$$\lim \frac{x}{y} = \frac{\lim x}{\lim y} \quad (\lim y \neq 0) \tag{2.5}$$

（证明从略.）

利用这些定理求下面一些变量的极限.

例 1 求 $\lim\limits_{x\to 1}(3x^2-2x+1)$.

解：
$$\begin{aligned}\lim_{x\to 1}(3x^2-2x+1) &= \lim_{x\to 1} 3x^2 - \lim_{x\to 1} 2x + \lim_{x\to 1} 1\\ &= 3\lim_{x\to 1} x^2 - 2\lim_{x\to 1} x + 1\\ &= 3(\lim_{x\to 1} x)^2 - 2 + 1\\ &= 3-2+1 = 2\end{aligned}$$

例 2 求 $\lim\limits_{x\to 2}\dfrac{2x^2+x-5}{3x+1}$.

解：因为

$$\begin{aligned}\lim_{x\to 2}(2x^2+x-5) &= 2(\lim_{x\to 2} x)^2 + \lim_{x\to 2} x - \lim_{x\to 2} 5\\ &= 2\times 2^2 + 2 - 5 = 5\end{aligned}$$

$$\begin{aligned}\lim_{x\to 2}(3x+1) &= 3\lim_{x\to 2} x + \lim_{x\to 2} 1\\ &= 3\times 2 + 1 = 7 \neq 0\end{aligned}$$

所以　$$\lim_{x\to 2}\frac{2x^2+x-5}{3x+1}=\frac{\lim\limits_{x\to 2}(2x^2+x-5)}{\lim\limits_{x\to 2}(3x+1)}=\frac{5}{7}$$

由例1、例2可以看出：若$f(x)$是多项式函数或是当$x\to x_0$时分母极限不为0的分式函数，根据极限运算法则可以得出

$$\lim_{x\to x_0}f(x)=f(x_0)$$

例3　求$\lim\limits_{x\to 2}\frac{5x}{x^2-4}$.

解：因为

$$\lim_{x\to 2}(x^2-4)=0$$

所以不能直接利用定理2.10求此分式的极限，但

$$\lim_{x\to 2}5x=10\neq 0$$

所以，我们可以求出

$$\lim_{x\to 2}\frac{x^2-4}{5x}=\frac{\lim\limits_{x\to 2}(x^2-4)}{\lim\limits_{x\to 2}5x}=\frac{0}{10}=0$$

这就是说，当$x\to 2$时，$\frac{x^2-4}{5x}$为无穷小量. 因此，由定理2.7可知，当$x\to 2$时，$\frac{5x}{x^2-4}$为无穷大量，所以

$$\lim_{x\to 2}\frac{5x}{x^2-4}=\infty$$

例4　求$\lim\limits_{x\to 3}\frac{x-3}{x^2-9}$.

解：因为$x\to 3$时，$x\neq 3$，故可约去分子和分母中的公因子$(x-3)$，所以

$$\lim_{x\to 3}\frac{x-3}{x^2-9}=\lim_{x\to 3}\frac{x-3}{(x+3)(x-3)}=\lim_{x\to 3}\frac{1}{x+3}=\frac{1}{6}$$

例5　求$\lim\limits_{x\to 4}\frac{\sqrt{x}-2}{x-4}$.

解：

$$\begin{aligned}\lim_{x\to 4}\frac{\sqrt{x}-2}{x-4}&=\lim_{x\to 4}\frac{(\sqrt{x}-2)(\sqrt{x}+2)}{(x-4)(\sqrt{x}+2)}\\&=\lim_{x\to 4}\frac{x-4}{(x-4)(\sqrt{x}+2)}\\&=\lim_{x\to 4}\frac{1}{\sqrt{x}+2}=\frac{1}{4}\end{aligned}$$

例 6 求 $\lim\limits_{x\to-2}\left(\frac{1}{x+2}-\frac{12}{x^3+8}\right)$.

解：
$$\begin{aligned}\lim_{x\to-2}\left(\frac{1}{x+2}-\frac{12}{x^3+8}\right)&=\lim_{x\to-2}\frac{x^2-2x+4-12}{x^3+8}\\&=\lim_{x\to-2}\frac{(x+2)(x-4)}{(x+2)(x^2-2x+4)}\\&=\lim_{x\to-2}\frac{x-4}{x^2-2x+4}\\&=-\frac{1}{2}\end{aligned}$$

例 7 求 $\lim\limits_{n\to\infty}\frac{2n^2-2n+3}{3n^2+1}$.

解：将分子、分母同除以 n^2，得

$$\lim_{n\to\infty}\frac{2n^2-2n+3}{3n^2+1}=\lim_{n\to\infty}\frac{2-\frac{2}{n}+\frac{3}{n^2}}{3+\frac{1}{n^2}}=\frac{\lim\limits_{n\to\infty}\left(2-\frac{2}{n}+\frac{3}{n^2}\right)}{\lim\limits_{n\to\infty}\left(3+\frac{1}{n^2}\right)}$$
$$=\frac{2-0+0}{3+0}=\frac{2}{3}$$

例 8 求 $\lim\limits_{x\to\infty}\frac{4x^3+2x^2-1}{3x^4+1}$.

解：将分子、分母同除以 x^4，得

$$\lim_{x\to\infty}\frac{4x^3+2x^2-1}{3x^4+1}=\lim_{x\to\infty}\frac{\frac{4}{x}+\frac{2}{x^2}-\frac{1}{x^4}}{3+\frac{1}{x^4}}$$
$$=\frac{0+0-0}{3+0}=0$$

例 9 求 $\lim\limits_{x\to\infty}\frac{2x^3+1}{8x^2+7x}$.

解：用例 3 的方法可得

$$\lim_{x\to\infty}\frac{8x^2+7x}{2x^3+1}=0$$

于是有

$$\lim_{x\to\infty}\frac{2x^3+1}{8x^2+7x}=\infty$$

总结例 7、例 8、例 9 的结果可得出如下规律：

$$\lim_{x\to\infty}\frac{a_0x^n+a_1x^{n-1}+\cdots+a_n}{b_0x^m+b_1x^{m-1}+\cdots+b_m}=\begin{cases}\dfrac{a_0}{b_0}, & n=m\\ 0, & n<m\\ \infty, & n>m\end{cases} \tag{2.6}$$

其中，$a_i(i=0,1,2,\cdots,n)$，$b_j(j=0,1,2,\cdots,m)$ 为常数且 $a_0\neq 0$，$b_0\neq 0$；m，n 为非负整数.

例 10　求 $\lim\limits_{x\to\infty}\dfrac{x^2}{\sqrt{x^2+1}-1}$.

解：将分子、分母同乘以 $(\sqrt{x^2+1}+1)$

$$\begin{aligned}&\lim_{x\to\infty}\frac{x^2(\sqrt{x^2+1}+1)}{x^2+1-1}\\ =&\lim_{x\to\infty}\frac{x^2(\sqrt{x^2+1}+1)}{x^2}\\ =&\lim_{x\to\infty}(\sqrt{x^2+1}+1)\\ =&\infty\end{aligned}$$

例 11　已知 $f(x)=\begin{cases}x-1, & x<0\\ \dfrac{x^2+3x-1}{x^3+1}, & x\geqslant 0\end{cases}$.

求：$\lim\limits_{x\to 0}f(x)$，$\lim\limits_{x\to+\infty}f(x)$，$\lim\limits_{x\to-\infty}f(x)$.

解：$\lim\limits_{x\to 0^-}f(x)=\lim\limits_{x\to 0^-}(x-1)=-1$

$$\lim_{x\to 0^+}f(x)=\lim_{x\to 0^+}\frac{x^2+3x-1}{x^3+1}=-1$$

所以　$\lim\limits_{x\to 0}f(x)=-1$

$$\lim_{x\to+\infty}f(x)=\lim_{x\to+\infty}\frac{x^2+3x-1}{x^3+1}=0$$

$$\lim_{x\to-\infty}f(x)=\lim_{x\to-\infty}(x-1)=-\infty$$

例 12　用求极限的方法将循环小数 0.777… 表示成分数的形式.

解：$0.777\cdots=\dfrac{7}{10}+\dfrac{7}{100}+\dfrac{7}{1\,000}+\cdots$

这是一个以 $\dfrac{7}{10}$ 为首项，以 $\dfrac{1}{10}$ 为公比的等比级数，等比级数的和

$$a+ar+ar^2+\cdots+ar^{n-1}=\frac{a(1-r^n)}{1-r}$$

于是有 $0.777\cdots=\lim\limits_{n\to\infty}\dfrac{\dfrac{7}{10}\times\left[1-\left(\dfrac{1}{10}\right)^n\right]}{1-\dfrac{1}{10}}$

$$= \frac{\frac{7}{10}}{\frac{9}{10}} = \frac{7}{9}$$

2.6 两个重要极限

(一) 极限存在的准则

定理 2.11 （准则 Ⅰ） 如果在某个变化过程中，三个变量x，y，z总有关系$y \leqslant x \leqslant z$，且 $\lim y = \lim z = A$，则 $\lim x = A$.

证：因为 $\lim y = A$，$\lim z = A$，所以，对于任意给定的$\varepsilon > 0$，从某个时刻以后，下列两个不等式

$$|y - A| < \varepsilon, \qquad |z - A| < \varepsilon$$

恒成立，即

$$A - \varepsilon < y < A + \varepsilon, \quad A - \varepsilon < z < A + \varepsilon$$

恒成立. 又因 $y \leqslant x \leqslant z$，所以，在该时刻以后有

$$A - \varepsilon < y \leqslant x \leqslant z < A + \varepsilon$$

即 $\quad A - \varepsilon < x < A + \varepsilon$

所以有 $\quad |x - A| < \varepsilon$

这就证明了 $\lim x = A$.

例 1 证明$\lim\limits_{x \to 0} \sin x = 0$.

证：当 $0 < |x| < \frac{\pi}{2}$ 时，$0 < |\sin x| < |x|$.

由 $\lim\limits_{x \to 0} |x| = 0$，根据定理 2.11 得 $\lim\limits_{x \to 0} \sin x = 0$.

例 2 证明$\lim\limits_{x \to 0} \cos x = 1$.

证：$0 \leqslant 1 - \cos x = 2\sin^2 \frac{x}{2} \leqslant 2\left(\frac{x}{2}\right)^2 = \frac{1}{2}x^2$

由 $\lim\limits_{x \to 0} \frac{1}{2}x^2 = 0$，根据定理 2.11 得，$\lim\limits_{x \to 0}(1 - \cos x) = 0$，即

$$\lim_{x \to 0} \cos x = 1$$

例 3 求$\lim\limits_{n \to \infty}\left(\frac{1}{\sqrt{n^2+1}} + \frac{1}{\sqrt{n^2+2}} + \cdots + \frac{1}{\sqrt{n^2+n}}\right)$.

解：$\frac{1}{\sqrt{n^2+n}} + \frac{1}{\sqrt{n^2+n}} + \cdots + \frac{1}{\sqrt{n^2+n}} \leqslant \frac{1}{\sqrt{n^2+1}} + \frac{1}{\sqrt{n^2+2}} + \cdots$

$$+\frac{1}{\sqrt{n^2+n}} \leqslant \frac{1}{\sqrt{n^2+1}}+\frac{1}{\sqrt{n^2+1}}+\cdots+\frac{1}{\sqrt{n^2+1}}$$

即
$$\frac{n}{\sqrt{n^2+n}} \leqslant \frac{1}{\sqrt{n^2+1}}+\frac{1}{\sqrt{n^2+2}}+\cdots+\frac{1}{\sqrt{n^2+n}} \leqslant \frac{n}{\sqrt{n^2+1}}$$

而
$$\lim_{n\to\infty}\frac{n}{\sqrt{n^2+n}}=1, \quad \lim_{n\to\infty}\frac{n}{\sqrt{n^2+1}}=1$$

所以
$$\lim_{n\to\infty}\left(\frac{1}{\sqrt{n^2+1}}+\frac{1}{\sqrt{n^2+2}}+\cdots+\frac{1}{\sqrt{n^2+n}}\right)=1$$

下面给出一个判定数列极限存在的准则.

设有数列 $y_n=f(n)$，如果对任何正整数 n，恒有

$$f(n)<f(n+1),$$

则 $f(n)$ 为**单调增加数列**；如果对任何正整数 n，恒有

$$f(n)>f(n+1)$$

则 $f(n)$ 为**单调减少数列**. 如果存在两个常数 m 和 M（$m<M$），使对任何正整数 n，恒有 $m\leqslant f(n)\leqslant M$，则 $f(n)$ 为**有界数列**.

定理 2.12　（准则 Ⅱ）　如果数列 $y_n=f(n)$ 是单调有界的，则 $\lim\limits_{n\to\infty}f(n)$ 一定存在.（证明从略.）

例如，$y_n=1-\frac{1}{n}$：0，$\frac{1}{2}$，$\frac{2}{3}$，$\frac{3}{4}$，…. 显然，y_n 是单调增加的，且 $y_n<1$，所以由定理 2.12 可知，$\lim\limits_{n\to\infty}y_n$ 存在. 我们知道

$$\lim_{n\to\infty}\left(1-\frac{1}{n}\right)=1$$

(二) 两个重要极限

(1) $$\lim_{x\to 0}\frac{\sin x}{x}=1 \tag{2.7}$$

证：因为 $\frac{\sin(-x)}{-x}=\frac{-\sin x}{-x}=\frac{\sin x}{x}$，所以，当 x 改变符号时，$\frac{\sin x}{x}$ 的值不变，故只需讨论 x 由正值趋于 0 的情形就可以了.

作单位圆，如图 2-9 所示.

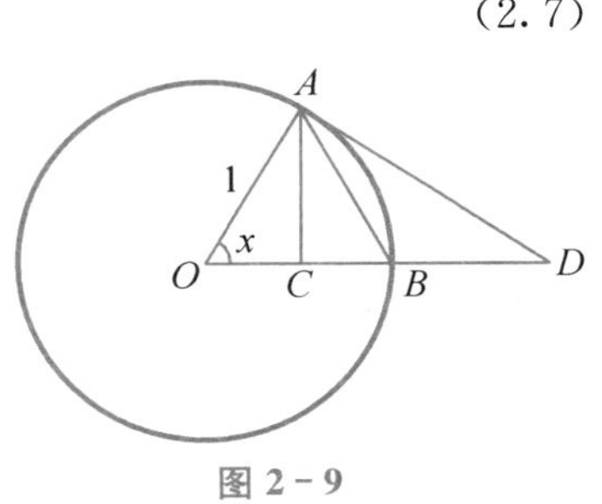

图 2-9

设圆心角 $\angle AOB=x\ \left(0<x<\frac{\pi}{2}\right)$，则 $\triangle AOB$ 的面积 < 扇形 AOB 的面积 < $\triangle AOD$ 的面积.

$$\triangle AOB \text{ 的面积} = \frac{1}{2}OB \cdot AC = \frac{1}{2} \cdot 1 \cdot \sin x$$

$$\text{扇形 } AOB \text{ 的面积} = \frac{1}{2} \cdot 1^2 \cdot x$$

$$\triangle AOD \text{ 的面积} = \frac{1}{2}AO \cdot AD = \frac{1}{2} \cdot 1 \cdot \tan x$$

所以 $\quad \frac{1}{2}\sin x < \frac{1}{2}x < \frac{1}{2}\tan x$

即 $\quad \sin x < x < \tan x$

同除以 $\sin x$，得

$$1 < \frac{x}{\sin x} < \frac{1}{\cos x}$$

即 $\quad \cos x < \frac{\sin x}{x} < 1$

由 $\lim\limits_{x \to 0} \cos x = \lim\limits_{x \to 0} 1 = 1$，根据定理 2.11 得

$$\lim_{x \to 0} \frac{\sin x}{x} = 1$$

利用公式(2.7)可以求其他一些函数的极限.

例 4 求 $\lim\limits_{x \to 0} \frac{\tan x}{x}$.

解：$\lim\limits_{x \to 0} \frac{\tan x}{x} = \lim\limits_{x \to 0} \frac{\sin x}{x \cos x} = \frac{\lim\limits_{x \to 0} \frac{\sin x}{x}}{\lim\limits_{x \to 0} \cos x} = 1$

若当 $x \to 0$ 时，$\varphi(x) \to 0$，那么将等式 $\lim\limits_{x \to 0} \frac{\sin x}{x} = 1$ 的 x 替换为 $\varphi(x)$，下列等式成立

$$\lim_{\varphi(x) \to 0} \frac{\sin \varphi(x)}{\varphi(x)} = 1$$

例 5 求 $\lim\limits_{x \to 0} \frac{\sin kx}{x}$（$k$ 为非零常数）.

解：将 kx 看成一个新变量，当 $x \to 0$ 时 $kx \to 0$，于是有

$$\lim_{x \to 0} \frac{\sin kx}{x} = k \lim_{x \to 0} \frac{\sin kx}{kx} = k \cdot 1 = k$$

例 6 求 $\lim\limits_{x \to 0} \frac{1 - \cos x}{x^2}$.

解：$\lim\limits_{x \to 0} \frac{1 - \cos x}{x^2} = \lim\limits_{x \to 0} \frac{2\sin^2 \frac{x}{2}}{x^2} = \lim\limits_{x \to 0} \frac{2\sin^2 \frac{x}{2}}{4\left(\frac{x}{2}\right)^2} = \frac{1}{2} \lim\limits_{x \to 0} \left(\frac{\sin \frac{x}{2}}{\frac{x}{2}} \right)^2$

$$= \frac{1}{2} \lim_{x \to 0} \frac{\sin \frac{x}{2}}{\frac{x}{2}} \lim_{x \to 0} \frac{\sin \frac{x}{2}}{\frac{x}{2}}$$

$$= \frac{1}{2} \cdot 1 \cdot 1 = \frac{1}{2}$$

(2) $$\lim_{n \to \infty} \left(1 + \frac{1}{n}\right)^n = \mathrm{e} \tag{2.8}$$

其中，e 是一个常数，其近似值为：

$$\mathrm{e} \approx 2.718\,281\,828\,459\,045$$

我们先从实际问题来看看这种数学模型的现实意义. 例如，计算复利问题. 设本金为 A_0，利率为 r，期数为 t，如果每期结算一次，则本利和 A 为

$$A = A_0 (1 + r)^t$$

如果每期结算 m 次，t 期本利和 A_m 为

$$A_m = A_0 \left(1 + \frac{r}{m}\right)^{mt}$$

在现实世界中有许多事物是属于这种模型的，而且是立即产生、立即结算，即 $m \to \infty$. 如物体的冷却、镭的衰变、细胞的繁殖、树木的生长，等等，都需要应用下面的极限：

$$\lim_{m \to \infty} A_0 \left(1 + \frac{r}{m}\right)^{mt}$$

这个式子反映了现实世界中一些事物生长或消失的数量规律. 因此，它是一个在数学理论上和实际应用中都很有用的极限. 为了使问题简化，在上式中，令 $n = \frac{m}{r}$，则当 $m \to \infty$ 时 $n \to \infty$，可得

$$\lim_{m \to \infty} A_0 \left(1 + \frac{r}{m}\right)^{mt} = A_0 \lim_{n \to \infty} \left(1 + \frac{1}{n}\right)^{nrt}$$

$$= A_0 \left[\lim_{n \to \infty} \left(1 + \frac{1}{n}\right)^n\right]^{rt}$$

因此，问题归结为求极限

$$\lim_{n \to \infty} \left(1 + \frac{1}{n}\right)^n$$

我们将数列 $\left(1 + \frac{1}{n}\right)^n$ 的值列成表 2 - 3.

表 2 - 3

n	1	2	3	4	5	10	100	1 000	10 000	……
$\left(1 + \frac{1}{n}\right)^n$	2	2.250	2.370	2.441	2.488	2.594	2.705	2.717	2.718	……

由表2-3可以看出：当$n\to\infty$时，$\left(1+\frac{1}{n}\right)^n$的变化趋势是稳定的. 下面我们正式证明这个极限是存在的.

证：设$f(n)=\left(1+\frac{1}{n}\right)^n$.

先证明$f(n)$是单调增加的. 根据二项式定理，有

$$\begin{aligned}f(n)&=\left(1+\frac{1}{n}\right)^n\\&=1+\frac{n}{1!}\cdot\frac{1}{n}+\frac{n(n-1)}{2!}\cdot\frac{1}{n^2}+\frac{n(n-1)(n-2)}{3!}\cdot\frac{1}{n^3}\\&\quad+\cdots+\frac{n(n-1)(n-2)\cdots(n-n+1)}{n!}\cdot\frac{1}{n^n}\\&=1+\frac{1}{1!}+\frac{1}{2!}\left(1-\frac{1}{n}\right)+\frac{1}{3!}\left(1-\frac{1}{n}\right)\left(1-\frac{2}{n}\right)\\&\quad+\cdots+\frac{1}{n!}\left(1-\frac{1}{n}\right)\left(1-\frac{2}{n}\right)\cdots\left(1-\frac{n-1}{n}\right)\end{aligned}$$

同理有

$$\begin{aligned}f(n+1)&=\left(1+\frac{1}{n+1}\right)^{n+1}\\&=1+\frac{1}{1!}+\frac{1}{2!}\left(1-\frac{1}{n+1}\right)+\frac{1}{3!}\left(1-\frac{1}{n+1}\right)\left(1-\frac{2}{n+1}\right)\\&\quad+\cdots+\frac{1}{n!}\left(1-\frac{1}{n+1}\right)\left(1-\frac{2}{n+1}\right)\cdots\left(1-\frac{n-1}{n+1}\right)\\&\quad+\frac{1}{(n+1)!}\left(1-\frac{1}{n+1}\right)\left(1-\frac{2}{n+1}\right)\cdots\left(1-\frac{n}{n+1}\right)\end{aligned}$$

比较上面两个展开式的各项，除前两项相等外，从第三项开始，$f(n+1)$的每一项都大于$f(n)$的对应项，而且$f(n+1)$还多出一个正的尾项. 因而

$$f(n)<f(n+1)\quad(n=1,2,3,\cdots)$$

即$f(n)$单调增加.

再证明$f(n)$是有界的. 用1代替$f(n)$展开式中各项括号内的数，得

$$f(n)<1+1+\frac{1}{2!}+\frac{1}{3!}+\cdots+\frac{1}{k!}+\cdots+\frac{1}{n!}$$

因为$k!>2^{k-1}$ $(k>2)$，所以用2^{k-1}代替上式分母中的$k!$，得

$$\begin{aligned}f(n)&<1+1+\frac{1}{2}+\frac{1}{2^2}+\cdots+\frac{1}{2^{k-1}}+\cdots+\frac{1}{2^{n-1}}\\&=1+\frac{1-\frac{1}{2^n}}{1-\frac{1}{2}}=3-\frac{1}{2^{n-1}}\end{aligned}$$

由此可见，不论 n 多么大，$f(n)$ 总小于 3，即 $f(n)$ 有界.

因此，根据定理 2.12（准则 Ⅱ），极限 $\lim\limits_{n\to\infty}\left(1+\dfrac{1}{n}\right)^n$ 一定存在. 这个极限是一个无理数，用字母 e 表示，即

$$\lim_{n\to\infty}\left(1+\frac{1}{n}\right)^n=\mathrm{e}$$

可以证明，对于连续自变量 x，也有

$$\lim_{x\to\infty}\left(1+\frac{1}{x}\right)^x=\mathrm{e} \tag{2.9}$$

公式(2.9) 也可以写为

$$\lim_{\alpha\to 0}(1+\alpha)^{\frac{1}{\alpha}}=\mathrm{e} \tag{2.10}$$

用 e 做底的对数，叫作自然对数. x 的自然对数记作 $\ln x$. 在高等数学中经常用到以 e 为底的对数函数 $y=\ln x$ 和以 e 为底的指数函数 $y=\mathrm{e}^x$.

前面所提到的反映现实世界中一些事物的生长或消失的数量规律问题的解答就需要求极限 $\lim\limits_{m\to\infty}A_0\left(1+\dfrac{r}{m}\right)^{mt}$.

令 $n=\dfrac{m}{r}$，当 $m\to\infty$ 时，$n\to\infty$，所以

$$\lim_{m\to\infty}A_0\left(1+\frac{r}{m}\right)^{mt}=A_0\left[\lim_{n\to\infty}\left(1+\frac{1}{n}\right)^n\right]^{rt}=A_0\mathrm{e}^{rt}$$

例 7　求 $\lim\limits_{x\to\infty}\left(1+\dfrac{2}{x}\right)^x$.

解：令 $\alpha=\dfrac{2}{x}$，当 $x\to\infty$ 时，$\alpha\to 0$，所以

$$\begin{aligned}\lim_{x\to\infty}\left(1+\frac{2}{x}\right)^x&=\lim_{\alpha\to 0}(1+\alpha)^{\frac{2}{\alpha}}\\&=\lim_{\alpha\to 0}[(1+\alpha)^{\frac{1}{\alpha}}]^2\\&=[\lim_{\alpha\to 0}(1+\alpha)^{\frac{1}{\alpha}}]^2\\&=\mathrm{e}^2\end{aligned}$$

一般地，当 $x\to\infty$ 时，$\varphi(x)\to\infty$，那么公式 $\lim\limits_{\varphi(x)\to\infty}\left(1+\dfrac{1}{\varphi(x)}\right)^{\varphi(x)}=\mathrm{e}$ 成立；当 $x\to 0$ 时，$\varphi(x)\to 0$，那么公式 $\lim\limits_{\varphi(x)\to 0}(1+\varphi(x))^{\frac{1}{\varphi(x)}}=\mathrm{e}$ 成立.

例 8　求 $\lim\limits_{x\to\infty}\left(\dfrac{x^2}{x^2-1}\right)^x$.

解：$\lim\limits_{x\to\infty}\left(\dfrac{x^2}{x^2-1}\right)^x=\lim\limits_{x\to\infty}\left(\dfrac{x}{x+1}\cdot\dfrac{x}{x-1}\right)^x$

$$=\lim_{x\to\infty}\left(\frac{x}{x+1}\right)^x\lim_{x\to\infty}\left(\frac{x}{x-1}\right)^x$$

$$=\lim_{x\to\infty}\left(1-\frac{1}{x+1}\right)^x\lim_{x\to\infty}\left(1+\frac{1}{x-1}\right)^x$$

令 $-\dfrac{1}{x+1}=\dfrac{1}{t_1}$，则有

$$\lim_{x\to\infty}\left(1-\frac{1}{x+1}\right)^x=\lim_{t_1\to\infty}\left(1+\frac{1}{t_1}\right)^{-t_1-1}$$

$$=\left[\lim_{t_1\to\infty}\left(1+\frac{1}{t_1}\right)^{t_1}\right]^{-1}\lim_{t_1\to\infty}\left(1+\frac{1}{t_1}\right)^{-1}$$

$$=\mathrm{e}^{-1}\cdot 1=\mathrm{e}^{-1}$$

再令 $\dfrac{1}{x-1}=\dfrac{1}{t_2}$，则有

$$\lim_{x\to\infty}\left(1+\frac{1}{x-1}\right)^x=\lim_{t_2\to\infty}\left(1+\frac{1}{t_2}\right)^{t_2+1}$$

$$=\lim_{t_2\to\infty}\left(1+\frac{1}{t_2}\right)^{t_2}\lim_{t_2\to\infty}\left(1+\frac{1}{t_2}\right)$$

$$=\mathrm{e}\cdot 1=\mathrm{e}$$

所以 $$\lim_{x\to\infty}\left(\frac{x^2}{x^2-1}\right)^x=\mathrm{e}^{-1}\cdot\mathrm{e}=1$$

2.7 利用等价无穷小量代换求极限

知识点解析
等价无穷小量代换求极限

关于等价无穷小量有下面一个很有用的性质：

如果在同一变化过程中，α，α_1，β，β_1 都是无穷小量，且 $\alpha\sim\alpha_1$，$\beta\sim\beta_1$，那么有

$$\lim\alpha f(x)=\lim\alpha_1 f(x)$$

$$\lim\frac{\alpha}{\beta}=\lim\frac{\alpha_1}{\beta_1}$$

这是因为

$$\lim\alpha f(x)=\lim\frac{\alpha}{\alpha_1}\alpha_1 f(x)=\lim\frac{\alpha}{\alpha_1}\cdot\lim\alpha_1 f(x)$$

$$=1\cdot\lim\alpha_1 f(x)=\lim\alpha_1 f(x)$$

$$\lim\frac{\alpha}{\beta}=\lim\left(\frac{\alpha}{\alpha_1}\cdot\frac{\alpha_1}{\beta_1}\cdot\frac{\beta_1}{\beta}\right)=\lim\frac{\alpha}{\alpha_1}\cdot\lim\frac{\alpha_1}{\beta_1}\cdot\lim\frac{\beta_1}{\beta}$$

$$=1\cdot\lim\frac{\alpha_1}{\beta_1}\cdot 1=\lim\frac{\alpha_1}{\beta_1}$$

这个性质说明，在求某些无穷小量乘除运算的极限时，可使用其等价无穷小量代换，这不影响极限值的结果，但可使求极限的步骤简化.

在前面我们求出了一些极限，如 $\lim\limits_{x\to 0}\frac{\sin x}{x}=1$，$\lim\limits_{x\to 0}\frac{\tan x}{x}=1$ 等，从这些极限中可以得出

$$\sin x\sim x\quad(x\to 0),\quad \tan x\sim x\quad(x\to 0)$$

我们现在或以后还可以求出一些等价无穷小量，如

$$1-\cos x\sim\frac{x^2}{2}\quad(x\to 0),\quad \arcsin x\sim x\quad(x\to 0)$$

$$\arctan x\sim x\quad(x\to 0),\quad \sqrt[n]{1+x}-1\sim\frac{x}{n}\quad(x\to 0)$$

$$\ln(1+x)\sim x\quad(x\to 0),\quad \mathrm{e}^x-1\sim x\quad(x\to 0)$$

等等.

这些等价无穷小量常常在求极限时用来进行等价无穷小量代换.

例 1 求 $\lim\limits_{x\to 0}\frac{\tan x\ln(1+x)}{\sin x^2}$.

解：因为 $\sin x\sim x\ (x\to 0)$，故有 $\sin x^2\sim x^2(x\to 0)$.

又因为 $\tan x\sim x\quad(x\to 0),\quad \ln(1+x)\sim x\quad(x\to 0)$

所以 $$\lim_{x\to 0}\frac{\tan x\ln(1+x)}{\sin x^2}=\lim_{x\to 0}\frac{x\cdot x}{x^2}=1$$

例 2 求 $\lim\limits_{x\to 0}\frac{\sqrt[3]{1+x\sin x}-1}{\arctan x^2}$.

解：$$\sqrt[3]{1+x}-1\sim\frac{1}{3}x\quad(x\to 0)$$

故有 $$\sqrt[3]{1+x\sin x}-1\sim\frac{1}{3}x\sin x\quad(x\to 0)$$

因为 $\arctan x\sim x\quad(x\to 0)$

故有 $\arctan x^2\sim x^2\quad(x\to 0)$

所以 $$\lim_{x\to 0}\frac{\sqrt[3]{1+x\sin x}-1}{\arctan x^2}=\lim_{x\to 0}\frac{\frac{1}{3}x\sin x}{x^2}=\lim_{x\to 0}\frac{1}{3}\cdot\frac{\sin x}{x}=\frac{1}{3}$$

例 3 求 $\lim\limits_{x\to 0}\frac{\tan x-\sin x}{\sin^3 x}$.

解：$$\lim_{x\to 0}\frac{\tan x-\sin x}{\sin^3 x}=\lim_{x\to 0}\frac{\sin x(1-\cos x)}{\cos x\sin^3 x}$$

因为 $\sin x\sim x\quad(x\to 0),\quad 1-\cos x\sim\frac{x^2}{2}\quad(x\to 0)$

所以 $$\lim_{x\to 0}\frac{\tan x-\sin x}{\sin^3 x}=\lim_{x\to 0}\frac{x\cdot\frac{x^2}{2}}{x^3\cdot\cos x}=\lim_{x\to 0}\frac{1}{2\cos x}=\frac{1}{2}$$

注意 等价无穷小量代换只能用于乘除运算，对加、减项的无穷小量不能随意代换，如例 3 用下面的解法是错误的.

$$\lim_{x\to 0}\frac{\tan x-\sin x}{\sin^3 x}=\lim_{x\to 0}\frac{x-x}{x^3}=0$$

例 4 证明当 $x\to 0$ 时，$\sin\sin x\sim\ln(1+x)$.

证：因为$\sin x\sim x\ (x\to 0)$，故有 $\sin\sin x\sim\sin x\ (x\to 0)$.

又 $\ln(1+x)\sim x\ (x\to 0)$

所以 $$\lim_{x\to 0}\frac{\sin\sin x}{\ln(1+x)}=\lim_{x\to 0}\frac{\sin x}{x}=1$$

因此有 $\sin\sin x\sim\ln(1+x)\quad(x\to 0)$

2.8 函数的连续性

知识点解析
函数的连续性

现实世界中很多变量的变化是连续不断的. 如气温、物体运动的路程、金属丝加热时长度的变化等都是连续变化的. 这种现象反映在数学上就是函数的连续性，它是微积分的又一重要概念.

下面我们先引入函数改变量的概念与记号.

(一) 函数改变量(或称函数增量)

定义 2.11 设变量 t 从它的初值 t_1 改变到终值 t_2，终值与初值之差 t_2-t_1，称为变量 t 的改变量，记作 $\Delta t=t_2-t_1$.

注意 改变量可以是正的，也可以是负的.

设有函数 $y=f(x)$，当自变量 x 从 x_0 改变到 $x_0+\Delta x$ 时，函数 y 相应的改变量为 Δy，如图 2－10 所示，则

$$\Delta y=f(x_0+\Delta x)-f(x_0)$$

例 1 正方形的边长 x 产生一个 Δx 的改变量，如图 2－11 所示，问面积 y 改变了多少？

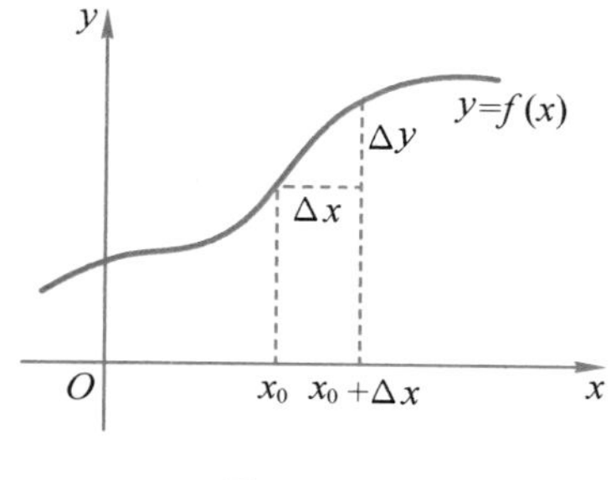

图 2－10

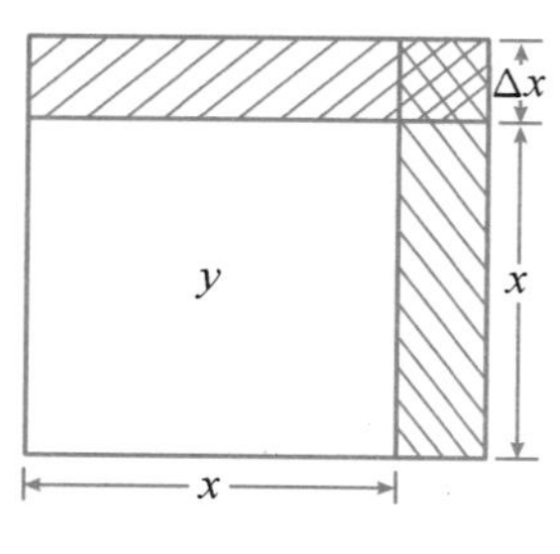

图 2－11

解：边长为 x 时，正方形的面积为

$$y=x^2$$

如果边长为 $x+\Delta x$，则面积为

$$y+\Delta y=(x+\Delta x)^2$$

因此，面积的改变量为

$$\Delta y=(x+\Delta x)^2-x^2=2x\cdot\Delta x+(\Delta x)^2$$

如果边长由 2 m 变为 2.05 m，面积改变多少？

此时 $x=2$ m，$\Delta x=0.05$ m，所以

$$\Delta y=2\times2\times0.05+(0.05)^2=0.202\,5(\mathrm{m}^2)$$

因为 $\Delta y>0$，所以面积增加了 0.202 5 m^2.

如果边长由 2 m 变为 1.95 m，面积改变多少？

此时 $x=2$ m，$\Delta x=-0.05$ m，所以

$$\begin{aligned}\Delta y&=2\times2\times(-0.05)+(-0.05)^2\\&=-0.197\,5(\mathrm{m}^2)\end{aligned}$$

因为 $\Delta y<0$，所以面积减少了 0.197 5 m^2.

(二) 连续函数的概念

气温是时间的函数，当时间变化不大时，气温的变化也不大；物体运动的路程是时间的函数，当时间变化不大时，路程的变化也不大；金属丝的长度是温度的函数，当温度变化不大时，长度的变化也不会大；等等.

对于函数 $y=f(x)$ 定义域内的一点 x_0，如果自变量 x 在点 x_0 处取得极其微小的改变量 Δx 时，函数 y 的相应改变量 Δy 也极其微小，且当 Δx 趋于 0 时，Δy 也趋于 0，则称函数 $y=f(x)$ 在点 x_0 处是连续的，如图 2－12 所示. 而对于图 2－13 所示的函数来说，在点 x_0 处不满足这个条件，所以，它在点 x_0 处不连续.

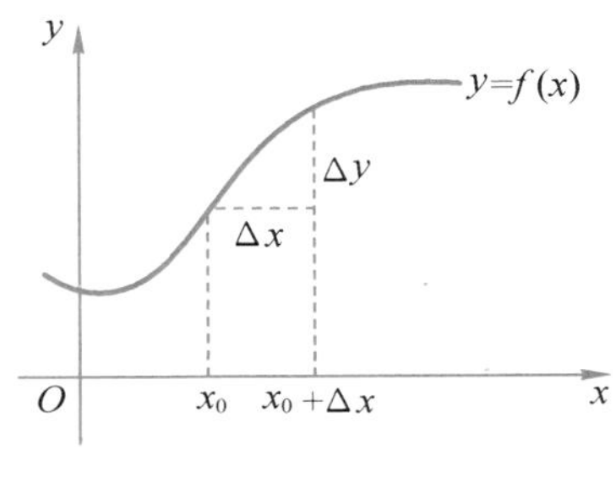

图 2－12

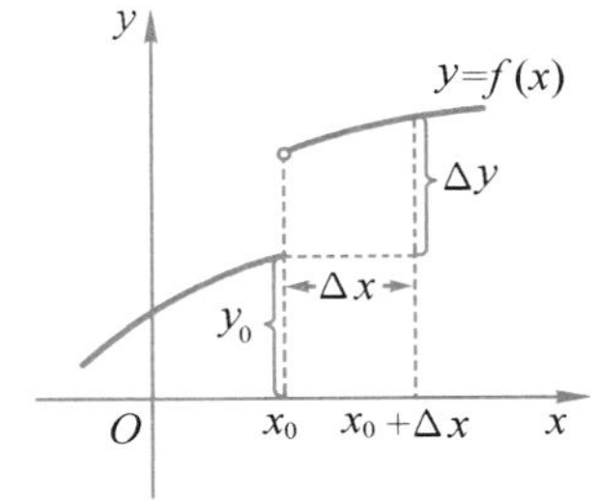

图 2－13

下面给出函数在一点处连续的定义.

定义 2.12 设函数 $y=f(x)$ 在点 x_0 的某个邻域内有定义，如果当自变量 x 在点 x_0 处取得的改变量 Δx 趋于 0 时，函数相应的改变量 Δy 也趋于 0，即

$$\lim_{\Delta x\to 0}\Delta y=0$$

或写为 $$\lim_{\Delta x\to 0}[f(x_0+\Delta x)-f(x_0)]=0$$

则称函数 $f(x)$ 在点 x_0 处**连续**.

例 2 证明函数 $y=x^2$ 在给定点 x_0 处连续.

证：当 x 从 x_0 处产生一个改变量 Δx 时，函数 $y=x^2$ 的相应改变量为

$$\Delta y=(x_0+\Delta x)^2-x_0^2=2x_0\Delta x+(\Delta x)^2$$

因为 $$\lim_{\Delta x\to 0}\Delta y=\lim_{\Delta x\to 0}[2x_0\cdot\Delta x+(\Delta x)^2]=0$$

所以 $y=x^2$ 在给定点 x_0 处连续.

在定义 2.12 中，令 $x=x_0+\Delta x$，即 $\Delta x=x-x_0$，则当 $\Delta x\to 0$ 时，$x\to x_0$，且

$$\Delta y=f(x_0+\Delta x)-f(x_0)=f(x)-f(x_0)$$

因而 $\lim\limits_{\Delta x\to 0}\Delta y=0$ 可以改写为

$$\lim_{x\to x_0}[f(x)-f(x_0)]=0$$

即 $$\lim_{x\to x_0}f(x)=f(x_0)$$

因此，函数在点 x_0 处连续也可以如下定义.

定义 2.13 设函数 $y=f(x)$ 在点 x_0 的某个邻域内有定义，如果当 $x\to x_0$ 时，函数 $f(x)$ 的极限存在，而且等于 $f(x)$ 在点 x_0 处的函数值 $f(x_0)$，即有 $\lim\limits_{x\to x_0}f(x)=f(x_0)$，则称函数 $f(x)$ 在点 x_0 处连续.

因此，求连续函数在某点的极限时，只需求出函数在该点的函数值即可.

例 2 已证明 $y=x^2$ 在点 x_0 处连续，故有

$$\lim_{x\to x_0}x^2=x_0^2$$

定义 2.14 如果函数 $f(x)$ 在区间 $[a,b]$ 上的每一点都连续，则称 $f(x)$ 在 $[a,b]$ 上连续，并称 $[a,b]$ 是 $f(x)$ 的连续区间.

注意 $f(x)$ 在左端点 a 处连续是指满足

$$\lim_{x\to a^+}f(x)=f(a)$$

$f(x)$ 在右端点 b 处连续是指满足

$$\lim_{x\to b^-}f(x)=f(b)$$

如前面例 2 已证明 $y=x^2$ 在给定点 x_0 处连续，而点 x_0 显然可以是$(-\infty,+\infty)$内的任意点. 因此，$y=x^2$ 在 $(-\infty,+\infty)$ 内连续.

例 3　证明 $y=\sin x$ 在 $(-\infty,+\infty)$ 内连续.

证：设 x_0 是 $(-\infty,+\infty)$ 内任意一点. 当 x 从 x_0 处取得改变量 Δx 时，函数 y 取得相应的改变量

$$\begin{aligned}\Delta y &= \sin(x_0+\Delta x)-\sin x_0 \\ &= 2\sin\frac{\Delta x}{2}\cdot\cos\left(x_0+\frac{\Delta x}{2}\right)\end{aligned}$$

因为　$\left|\cos\left(x_0+\frac{\Delta x}{2}\right)\right|\leqslant 1$，　$\left|\sin\frac{\Delta x}{2}\right|\leqslant\frac{|\Delta x|}{2}$

所以　$|\Delta y|\leqslant 2\cdot\frac{|\Delta x|}{2}\cdot 1=|\Delta x|$

即　$-|\Delta x|\leqslant\Delta y\leqslant|\Delta x|$

因而　$\lim\limits_{\Delta x\to 0}\Delta y=0$

所以 $y=\sin x$ 在点 x_0 处连续. 又因 x_0 是 $(-\infty,+\infty)$ 内任意一点，所以 $y=\sin x$ 在 $(-\infty,+\infty)$ 内连续.

同理可证 $y=\cos x$ 在 $(-\infty,+\infty)$ 内连续.

由函数在一点 x_0 处连续的定义及 $\lim\limits_{x\to x_0}x=x_0$，有

$$\lim_{x\to x_0}f(x)=f(x_0)=f(\lim_{x\to x_0}x)$$

这就是说，对于连续函数，极限符号与函数符号可以交换.

例如，求 $\lim\limits_{x\to\frac{\pi}{2}}\sin x$，因已知 $y=\sin x$ 在任意一点都连续，所以有

$$\lim_{x\to\frac{\pi}{2}}\sin x=\sin(\lim_{x\to\frac{\pi}{2}}x)=\sin\frac{\pi}{2}=1$$

(三) 函数的间断点

定义 2.15　如果函数 $f(x)$ 在点 x_0 处不满足连续条件，则称函数 $f(x)$ 在点 x_0 处**不连续**，或者称函数 $f(x)$ 在点 x_0 处**间断**. 点 x_0 称为 $f(x)$ 的**间断点**.

显然，如果 $f(x)$ 在点 x_0 处有下列三种情形之一，则点 x_0 为 $f(x)$ 的间断点：

(1) 在点 x_0 处 $f(x)$ 没有定义；

(2) $\lim\limits_{x\to x_0}f(x)$ 不存在；

(3) 虽然 $f(x_0)$ 有定义，且 $\lim\limits_{x\to x_0}f(x)$ 存在，但

$$\lim_{x\to x_0}f(x)\neq f(x_0)$$

例 4 考察 $y=\dfrac{1}{x}$ 在点 $x=0$ 处的连续性.

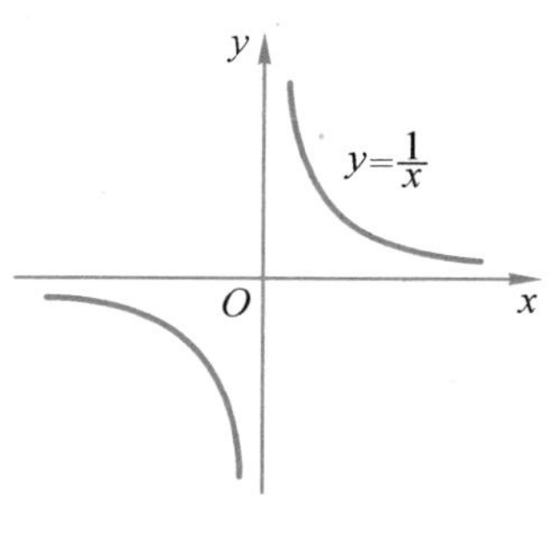

图 2-14

解：因为函数 $y=\dfrac{1}{x}$ 在点 $x=0$ 处没有定义，所以 $y=\dfrac{1}{x}$ 在点 $x=0$ 处间断. 如图 2-14 所示.

例 5 设

$$f(x)=\begin{cases}x-1, & x<0\\ 0, & x=0\\ x+1, & x>0\end{cases}$$

考察函数 $f(x)$ 在点 $x=0$ 处的连续性.

解：$f(x)$ 在点 $x=0$ 处有定义，$f(0)=0$. 但是

$$\lim_{x\to0^-}f(x)=-1$$

$$\lim_{x\to0^+}f(x)=+1$$

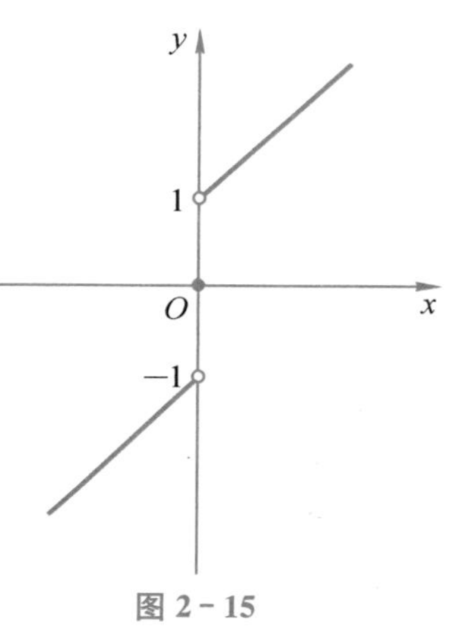

图 2-15

$f(x)$ 在点 $x=0$ 处左、右极限不相等，所以 $\lim\limits_{x\to0}f(x)$ 不存在. 因此，$f(x)$ 在点$x=0$ 处间断. 如图 2-15 所示.

例 6 设

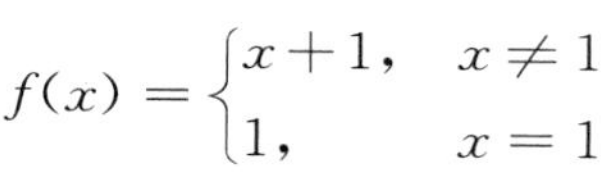

$$f(x)=\begin{cases}x+1, & x\neq1\\ 1, & x=1\end{cases}$$

考察 $f(x)$ 在点 $x=1$ 处的连续性.

解：$f(x)$ 在 $x=1$ 处有定义，$f(1)=1$. 但是

$$\lim_{x\to1}f(x)=\lim_{x\to1}(x+1)=2$$

因此 $$\lim_{x\to1}f(x)\neq f(1)$$

所以，$f(x)$ 在点 $x=1$ 处间断. 如图 2-16 所示.

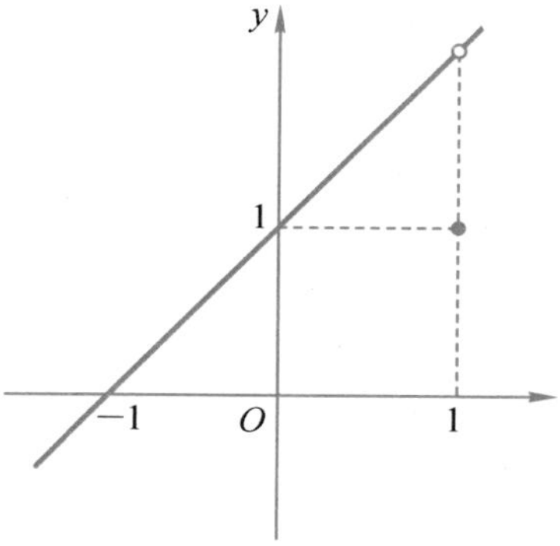

图 2-16

例 7 设 $f(x)=\sin\dfrac{1}{x}$，考察函数 $f(x)$ 在点 $x=0$ 处的连续性.

解：函数 $f(x)$ 在点$x=0$ 处没有定义，所以 $f(x)$ 在点 $x=0$ 处间断.

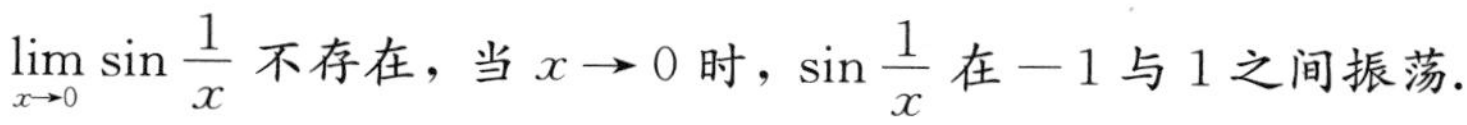

$\lim\limits_{x\to0}\sin\dfrac{1}{x}$ 不存在，当 $x\to0$ 时，$\sin\dfrac{1}{x}$ 在 -1 与 1 之间振荡.

下面讨论间断点的类型.

定义 2.16 如果函数 $f(x)$ 在点 $x=x_0$ 处无定义，或 $f(x)$ 在 $x=x_0$ 处有定义且左、右极限均存在，但不全等于 $f(x_0)$，则称点 $x=x_0$ 为第一类间断点. 如果函数 $f(x)$ 在点

$x=x_0$ 处的左、右极限至少有一个不存在，则称点 $x=x_0$ 为 $f(x)$ 的第二类间断点.

例如，例 5 中的点 $x=0$ 及例 6 中的点 $x=1$ 是第一类间断点，例 4 中的点 $x=0$ 及例 7 中的点 $x=0$ 是第二类间断点.

在第一类间断点中，如果函数间断点的左、右极限存在且相等，只是不等于该点的函数值，那么我们可以重新定义函数在间断点的值，使得所形成的函数在该点连续，因此我们称这种间断点为**可去间断点**. 如例 6 中点 $x=1$ 处，如果我们重新定义 $f(1)=2$，那么修改后的函数在点 $x=1$ 处就是连续的，因此我们称点 $x=1$ 是函数 $f(x)$ 的可去间断点.

在第一类间断点中，如果函数间断点的左、右极限存在但不相等，那么我们称这种间断点为**跳跃间断点**. 如例 5 中的点 $x=0$ 即为函数 $f(x)$ 的跳跃间断点.

在第二类间断点中，如例 4 中的点 $x=0$，称为**无穷间断点**，例 7 中的点 $x=0$ 称为**振荡间断点**.

例 8　设

$$f(x)=\begin{cases}\dfrac{1}{x^2}, & x\leqslant 1 \text{ 且 } x\neq 0\\ \dfrac{x^2-4}{x-2}, & x>1 \text{ 且 } x\neq 2\end{cases}$$

求函数的间断点，并判断其类型.

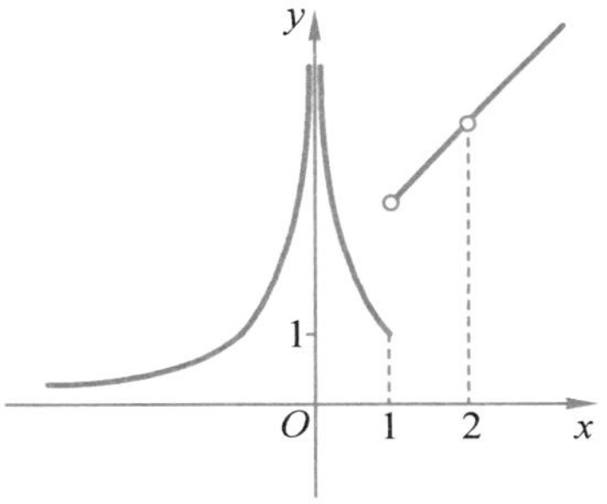

解：结合函数的图形，如图 2-17 所示.

在 $x=0$ 处，$f(x)$ 无定义，且

$$\lim_{x\to 0} f(x)=+\infty$$

所以点 $x=0$ 是 $f(x)$ 的第二类间断点，且为无穷间断点.

在 $x=1$ 处，$f(1)=1$，但

$$\lim_{x\to 1^-} f(x)=\lim_{x\to 1^-}\frac{1}{x^2}=1$$

$$\lim_{x\to 1^+} f(x)=\lim_{x\to 1^+}\frac{x^2-4}{x-2}=3$$

$$\lim_{x\to 1^-} f(x)\neq \lim_{x\to 1^+} f(x)$$

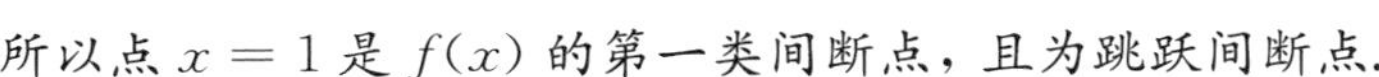

所以点 $x=1$ 是 $f(x)$ 的第一类间断点，且为跳跃间断点.

在 $x=2$ 处，$f(x)$ 无定义，但

$$\lim_{x\to 2^-} f(x)=\lim_{x\to 2^+} f(x)=\lim_{x\to 2}\frac{x^2-4}{x-2}=4$$

所以点 $x=2$ 是 $f(x)$ 的第一类间断点且为可去间断点，如图 2-17 所示.

图 2-17

(四) 连续函数的运算法则

定理 2.13　如果函数 $f(x)$ 与 $g(x)$ 在点 x_0 处连续，则这两个函数的和 $f(x)+g(x)$，差

$f(x)-g(x)$，积 $f(x)\cdot g(x)$，商 $\dfrac{f(x)}{g(x)}$（当$g(x_0)\neq 0$ 时）在点 x_0 处也连续.

证：只证明 $f(x)+g(x)$ 在点 x_0 处连续，其他情形可类似地证明.

因为 $f(x)$ 与 $g(x)$ 在点 x_0 处连续，所以有

$$\lim_{x\to x_0} f(x)=f(x_0) \quad 及 \quad \lim_{x\to x_0} g(x)=g(x_0)$$

因此，根据极限运算法则有

$$\begin{aligned}\lim_{x\to x_0}[f(x)+g(x)] &= \lim_{x\to x_0} f(x)+\lim_{x\to x_0} g(x)\\ &= f(x_0)+g(x_0)\end{aligned}$$

所以，$f(x)+g(x)$ 在点 x_0 处连续.

利用定理 2.13 可以证明：

(1) 多项式函数 $y=a_0x^n+a_1x^{n-1}+\cdots+a_{n-1}x+a_n$ 在 $(-\infty,+\infty)$ 内连续；

(2) 分式函数

$$y=\frac{a_0x^n+a_1x^{n-1}+\cdots+a_{n-1}x+a_n}{b_0x^m+b_1x^{m-1}+\cdots+b_{m-1}x+b_m}$$

在除分母为 0 的点不连续外，在其他点处都连续.

可以证明基本初等函数在其定义域内都是连续函数，一般初等函数在其定义区间内都是连续函数.

（五）闭区间上连续函数的性质

知识点解析 闭区间上连续函数的性质

下面介绍定义在闭区间上的连续函数的三个基本性质. 我们只从几何直观上加以说明，严格的证明从略.

定理 2.14 如果函数 $y=f(x)$ 在闭区间 $[a, b]$ 上连续，则 $f(x)$ 在这个区间上有界.

定理 2.15（最大值与最小值定理） 如果函数 $f(x)$ 在区间 $[a, b]$ 上连续，则它在这个区间上一定有最大值与最小值.

例如，在图 2-18 中，$f(x)$ 在闭区间 $[a, b]$ 上连续. 在点 x_1 处取得最小值 m，在点 x_2 与点 b 处取得最大值 M.

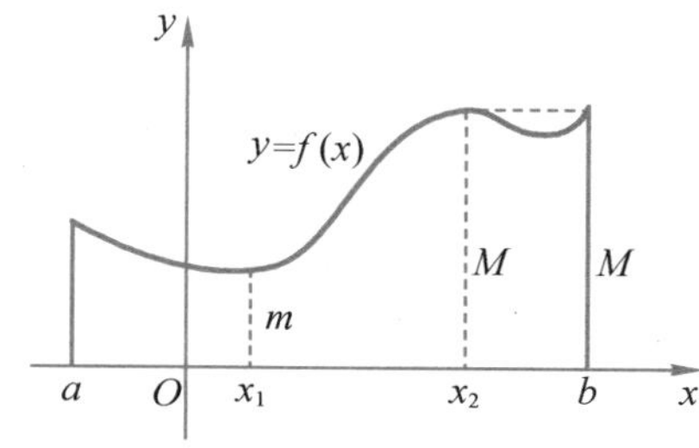

图 2-18

定理 2.16(介值定理)　如果函数 $f(x)$ 在闭区间 $[a, b]$ 上连续，m 和 M 分别为 $f(x)$ 在 $[a, b]$ 上的最小值与最大值，则对介于 m 与 M 之间的任一实数 c（即 $m<c<M$），至少存在一点 $\xi \in (a, b)$，使得 $f(\xi)=c$.

推论　如果函数 $f(x)$ 在闭区间 $[a, b]$ 上连续，且 $f(a)$ 与 $f(b)$ 异号，则至少存在一点 $\xi \in (a, b)$，使得 $f(\xi)=0$.

例如，在图 2-19 中，连续曲线 $y=f(x)$ 与直线 $y=c$ 相交于三点，其横坐标 x 分别等于 ξ_1，ξ_2，ξ_3，所以有

$$f(\xi_1)=f(\xi_2)=f(\xi_3)=c$$

在图 2-20 中，连续曲线 $y=f(x)(f(a)<0, f(b)>0)$ 与 x 轴相交于点 ξ，所以有

$$f(\xi)=0$$

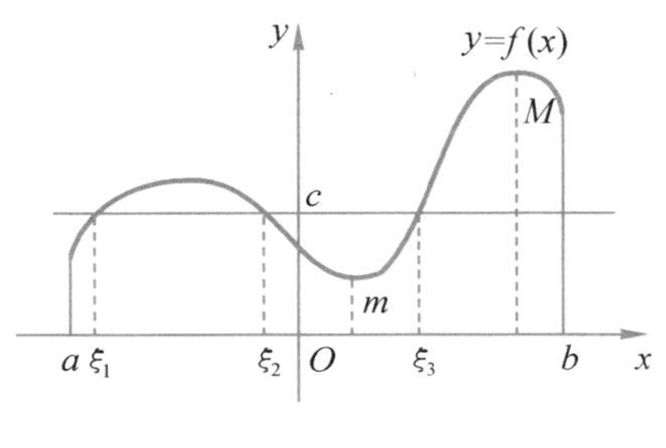

图 2-19

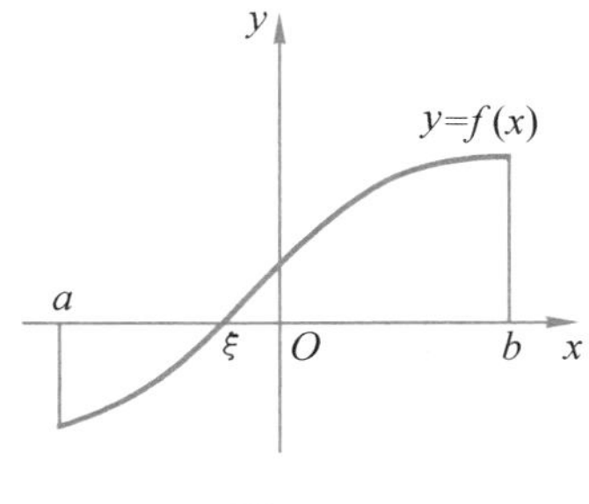

图 2-20

例 9　利用介值定理证明方程 $x^3-3x^2-x+3=0$ 在区间 $(-2, 0)$，$(0, 2)$，$(2, 4)$ 内各有一个实根.

证：设 $f(x)=x^3-3x^2-x+3$，可计算出 $f(-2)<0$，$f(0)>0$，$f(2)<0$，$f(4)>0$.

于是根据介值定理的推论可知，存在 $\xi_1 \in (-2, 0)$，$\xi_2 \in (0, 2)$，$\xi_3 \in (2, 4)$，使 $f(\xi_1)=0$，$f(\xi_2)=0$，$f(\xi_3)=0$. 这表明 ξ_1，ξ_2，ξ_3 为给定方程的实根.

由于三次方程只有三个根，所以各区间内只存在一个实根.

(六) 利用函数连续性求函数极限

根据函数连续性的定义及初等函数的连续性，我们可以方便地求初等函数的极限.

例 10　求 $\lim\limits_{x\to 2}[\sin(x^2-4)+\lg(x+8)]$.

解：$\sin(x^2-4)+\lg(x+8)$ 为初等函数，在 $x=2$ 处连续. 所以

$$\begin{aligned}&\lim_{x\to 2}[\sin(x^2-4)+\lg(x+8)]\\=&\sin\lim_{x\to 2}(x^2-4)+\lg\lim_{x\to 2}(x+8)\\=&\sin 0+\lg 10=1\end{aligned}$$

例 11　求 $\lim\limits_{x\to 0^-}\dfrac{e^{x^2}\cos x}{\arcsin(1+x)}$.

解： $\lim\limits_{x\to 0^-}\dfrac{e^{x^2}\cos x}{\arcsin(1+x)}=\dfrac{e^0\cos 0}{\arcsin 1}=\dfrac{1}{\frac{\pi}{2}}=\dfrac{2}{\pi}$

例 12　求 $\lim\limits_{x\to 0}\dfrac{\ln(1+x)}{x}$.

解： $\lim\limits_{x\to 0}\dfrac{\ln(1+x)}{x}=\lim\limits_{x\to 0}\ln(1+x)^{\frac{1}{x}}$

$$=\ln\lim_{x\to 0}(1+x)^{\frac{1}{x}}=\ln e=1$$

所以可以得出 $\ln(1+x)\sim x\ (x\to 0)$.

例 13　求 $\lim\limits_{x\to 0}\dfrac{e^x-1}{x}$.

解：令 $e^x-1=y$，即 $x=\ln(1+y)$. 当 $x\to 0$ 时，$y\to 0$. 于是

$$\lim_{x\to 0}\frac{e^x-1}{x}=\lim_{y\to 0}\frac{y}{\ln(1+y)}=\lim_{y\to 0}\frac{1}{\ln(1+y)^{\frac{1}{y}}}=1$$

所以可以得出 $e^x-1\sim x\ (x\to 0)$.

习题二

（A）

1. 写出下列数列的前五项：

(1) $y_n=1-\dfrac{1}{2^n}$　　(2) $y_n=\left(1+\dfrac{1}{n}\right)^n$

(3) $y_n=\dfrac{1}{n}\sin\dfrac{\pi}{n}$　　(4) $y_n=\dfrac{n^2(2n+1)}{n^3+n+4}$

(5) $y_n=\dfrac{m(m-1)\cdots(m-n+1)}{n!}$

2. 用数列极限的定义证明下列极限：

(1) $\lim\limits_{n\to\infty}\dfrac{n}{n+1}=1$　　(2) $\lim\limits_{n\to\infty}\left(1-\dfrac{1}{2^n}\right)=1$

(3) $\lim\limits_{n\to\infty}\dfrac{1}{\sqrt{n}}=0$

3. 用观察的方法判断下列数列是否收敛：

(1) y_n：$-\dfrac{1}{3}$，$\dfrac{3}{5}$，$-\dfrac{5}{7}$，$\dfrac{7}{9}$，$-\dfrac{9}{11}$，…

(2) y_n：1，$\dfrac{3}{2}$，$\dfrac{1}{3}$，$\dfrac{5}{4}$，$\dfrac{1}{5}$，$\dfrac{7}{6}$，…

(3) y_n：0，$\dfrac{1}{2}$，0，$\dfrac{1}{4}$，0，$\dfrac{1}{6}$，0，$\dfrac{1}{8}$，…

4. 用函数极限的定义证明下列极限：

(1) $\lim\limits_{x\to3}(3x-1)=8$　　(2) $\lim\limits_{x\to\infty}\frac{2x+3}{x}=2$

(3) $\lim\limits_{x\to-2}\frac{x^2-4}{x+2}=-4$　　(4) $\lim\limits_{x\to-\infty}2^x=0$

5. 设 $f(x)=\begin{cases}x, & x<3\\ 3x-1, & x\geqslant 3\end{cases}$，作 $f(x)$ 的图形，并讨论当 $x\to3$ 时，$f(x)$ 的左、右极限(利用第 4 题(1) 的结果).

6. 证明 $\lim\limits_{x\to0}\frac{|x|}{x}$ 不存在.

7. 函数 $y=\frac{1}{(x-1)^2}$ 在什么变化过程中是无穷大量？又在什么变化过程中是无穷小量？

8. 以下数列在 $n\to\infty$ 时是否为无穷小量？

(1) $y_n=(-1)^{n+1}\frac{1}{2^n}$　　(2) $y_n=\frac{1+(-1)^n}{n}$

(3) $y_n=\frac{1}{n^2}$

9. 当 $x\to0$ 时，下列变量中哪些是无穷小量？哪些是无穷大量？哪些既不是无穷小量也不是无穷大量？

$100x^2$，$\sqrt[3]{x}$，$\sqrt{x+1}$，$\frac{2}{x}$，$\frac{x}{x^2}$，$\frac{x^2}{x}$，0，

$x^2+0.01$，$\frac{1}{x-1}$，$x^2+\frac{1}{2}x$，$\frac{x-1}{x+1}$

10. 当 $x\to+\infty$ 时，上题中的变量，哪些是无穷小量？哪些是无穷大量？哪些既不是无穷小量也不是无穷大量？

11. 求下列各极限：

(1) $\lim\limits_{x\to-2}(3x^2-5x+2)$　　(2) $\lim\limits_{x\to0}\left(1-\frac{2}{x-3}\right)$

(3) $\lim\limits_{x\to\sqrt{3}}\frac{x^2-3}{x^4+x^2+1}$　　(4) $\lim\limits_{x\to2}\frac{x^2-3}{x-2}$

(5) $\lim\limits_{x\to1}\frac{x^2-1}{2x^2-x-1}$　　(6) $\lim\limits_{x\to0}\frac{4x^3-2x^2+x}{3x^2+2x}$

(7) $\lim\limits_{x\to1}\frac{x^2-3x+2}{1-x^2}$　　(8) $\lim\limits_{h\to0}\frac{(x+h)^3-x^3}{h}$

(9) $\lim\limits_{x\to1}\frac{x^n-1}{x-1}$　(n 为正整数)　　(10) $\lim\limits_{x\to\frac{\pi}{6}}\frac{2\sin^2x+\sin x-1}{2\sin^2x-3\sin x+1}$

(11) $\lim\limits_{x\to\infty}\frac{2x+3}{6x-1}$　　(12) $\lim\limits_{x\to\infty}\frac{1\,000x}{1+x^2}$

(13) $\lim\limits_{n\to\infty}\frac{(n-1)^2}{n+1}$　　(14) $\lim\limits_{u\to+\infty}\frac{\sqrt[4]{1+u^3}}{1+u}$

(15) $\lim\limits_{x\to\infty}\frac{2x+1}{\sqrt[5]{x^3+x^2-2}}$　　(16) $\lim\limits_{x\to+\infty}\frac{(\sqrt{x^2+1}+2x)^2}{3x^2+1}$

(17) $\lim\limits_{x\to\infty}\dfrac{(2x-1)^{30}(3x-2)^{20}}{(2x+1)^{50}}$

(18) $\lim\limits_{x\to0}\dfrac{x^2}{1-\sqrt{1+x^2}}$

(19) $\lim\limits_{x\to0}\dfrac{\sqrt[n]{1+x}-1}{\dfrac{x}{n}}$

(20) $\lim\limits_{x\to-8}\dfrac{\sqrt{1-x}-3}{2+\sqrt[3]{x}}$

(21) $\lim\limits_{x\to4}\dfrac{\sqrt{2x+1}-3}{\sqrt{x-2}-\sqrt{2}}$

(22) $\lim\limits_{x\to1}\left(\dfrac{3}{1-x^3}-\dfrac{1}{1-x}\right)$

(23) $\lim\limits_{x\to+\infty}(\sqrt{x^2+x+1}-\sqrt{x^2-x+1})$

(24) $\lim\limits_{x\to+\infty}(\sqrt{(x+p)(x+q)}-x)$

(25) $\lim\limits_{n\to\infty}\left(\dfrac{1}{n^2}+\dfrac{2}{n^2}+\cdots+\dfrac{n}{n^2}\right)$

(26) $\lim\limits_{n\to\infty}\dfrac{1+3+5+\cdots+(2n-1)}{2+4+6+\cdots+2n}$

(27) $\lim\limits_{n\to\infty}(\sqrt{2}\cdot\sqrt[4]{2}\cdot\sqrt[8]{2}\cdot\cdots\cdot\sqrt[2^n]{2})$

(28) $\lim\limits_{x\to\infty}\dfrac{x^2+1}{x^3+x}(3+\cos x)$

(29) $\lim\limits_{x\to-1}\left(\dfrac{1}{x+1}+\dfrac{1}{x^2-1}\right)$

(30) $\lim\limits_{x\to\infty}\dfrac{\sin x^2+x}{\cos^2 x-x}$

12. 设 $f(x)=\sqrt{x}$，求 $\lim\limits_{h\to0}\dfrac{f(x+h)-f(x)}{h}$.

13. 设

$$f(x)=\begin{cases}3x+2, & x\leqslant0\\ x^2+1, & 0<x\leqslant1\\ \dfrac{2}{x}, & x>1\end{cases}$$

分别讨论 $x\to0$ 及 $x\to1$ 时，$f(x)$ 的极限是否存在.

14. 设

$$f(x)=\begin{cases}\dfrac{1}{x^2}, & x<0\\ x^2-2x, & 0\leqslant x\leqslant2\\ 3x-6, & x>2\end{cases}$$

讨论 $x\to0$，$x\to1$ 及 $x\to2$ 时，$f(x)$ 的极限是否存在，并且求 $\lim\limits_{x\to-\infty}f(x)$ 及 $\lim\limits_{x\to+\infty}f(x)$.

15. 已知 $\lim\limits_{x\to c}f(x)=4$，$\lim\limits_{x\to c}g(x)=1$，$\lim\limits_{x\to c}h(x)=0$，求：

(1) $\lim\limits_{x\to c}\dfrac{g(x)}{f(x)}$

(2) $\lim\limits_{x\to c}\dfrac{h(x)}{f(x)-g(x)}$

(3) $\lim\limits_{x\to c}[f(x)\cdot g(x)]$

(4) $\lim\limits_{x\to c}[f(x)\cdot h(x)]$

(5) $\lim\limits_{x\to c}\dfrac{g(x)}{h(x)}$　$(h(x)\neq0)$

16. 若 $\lim\limits_{x\to 3}\dfrac{x^2-2x+k}{x-3}=4$，求 k 的值.

17. 若 $\lim\limits_{x\to 1}\dfrac{x^2+ax+b}{1-x}=5$，求 a，b 的值.

18. 若 $\lim\limits_{x\to\infty}\left(\dfrac{x^2+1}{x+1}-ax-b\right)=0$，求 a，b 的值.

19. 已知 $f(x)=\dfrac{px^2-2}{x^2+1}+3qx+5$，当 $x\to\infty$ 时，p，q 取何值时 $f(x)$ 为无穷小量？p，q 取何值时 $f(x)$ 为无穷大量？

20. 由理由：$\lim\limits_{x\to-\infty}\dfrac{1}{x}\sqrt{\dfrac{x^3}{x-1}}$ 存在，且 $\lim\limits_{x\to+\infty}\dfrac{1}{x}\sqrt{\dfrac{x^3}{x-1}}$ 存在，得出结论：$\lim\limits_{x\to\infty}\dfrac{1}{x}\sqrt{\dfrac{x^3}{x-1}}$ 存在.

上述推论是否正确？如果不正确，错在何处？

21. 当 $x\to 0$ 时，试将下列无穷小量与无穷小量 x 进行比较：

(1) $x^3+1\,000x$　　(2) $\sqrt{1+x}-\sqrt{1-x}$

22. 求 $\lim\limits_{n\to\infty}\left(\dfrac{1}{n^2+n+1}+\dfrac{2}{n^2+n+2}+\cdots+\dfrac{n}{n^2+n+n}\right)$.

23. 求下列极限：

(1) $\lim\limits_{x\to 0}\dfrac{\tan x-\sin x}{x}$　　(2) $\lim\limits_{x\to 0}\dfrac{\sin 2x}{\sin 3x}$

(3) $\lim\limits_{x\to 0}\dfrac{x-\sin x}{x+\sin x}$　　(4) $\lim\limits_{x\to 0}\dfrac{2\arcsin x}{3x}$

(5) $\lim\limits_{x\to 0}\dfrac{\tan x-\sin x}{\sin^3 x}$　　(6) $\lim\limits_{x\to a}\dfrac{\cos x-\cos a}{x-a}$

(7) $\lim\limits_{x\to\infty}x\cdot\sin\dfrac{1}{x}$

24. 求下列极限：

(1) $\lim\limits_{x\to\infty}\left(1+\dfrac{2}{x}\right)^{2x}$　　(2) $\lim\limits_{x\to\infty}\left(1-\dfrac{2}{x}\right)^{\frac{x}{2}-1}$

(3) $\lim\limits_{x\to 0}\left(\dfrac{2-x}{2}\right)^{\frac{2}{x}}$　　(4) $\lim\limits_{x\to\infty}\left(\dfrac{x-1}{x+1}\right)^{x}$

(5) $\lim\limits_{x\to+\infty}\left(1-\dfrac{1}{x}\right)^{\sqrt{x}}$　　(6) $\lim\limits_{n\to\infty}\{n[\ln(n+2)-\ln n]\}$

(7) $\lim\limits_{x\to 0}\dfrac{\ln(1+2x)}{\sin 3x}$

（提示：解题过程中需用到“极限符号与函数符号交换位置”，其理由在2.8节中给出.）

25. 求下列极限：

(1) $\lim\limits_{x\to 1}x^{\frac{1}{1-x}}$　　(2) $\lim\limits_{x\to 0}(1+\sin x)^{\frac{1}{x}}$

26. 当 $x\to\infty$ 时，下列变量中，哪些是无穷小量？哪些是无穷大量？哪些既非无穷小量也非无穷大量？

(1) $\left(1+\frac{1}{x^3}\right)^x$　　(2) $\left(1-\frac{1}{x^3}\right)^x$

(3) $\left(1+\frac{1}{x}\right)^{x^3}$　　(4) $\left(1-\frac{1}{x}\right)^{x^3}$

27. 下列无穷小量在给定的变化过程中与 x 相比是什么阶的无穷小量？

(1) $x+\sin x^2\ (x\to 0)$　　(2) $\sqrt{x}+\sin x\ (x\to 0^+)$

(3) $\frac{(x+1)x}{4+\sqrt[3]{x}}\ (x\to 0)$　　(4) $\ln(1+2x)\ (x\to 0)$

28. 用等价无穷小量代换求下列极限：

(1) $\lim\limits_{x\to 0}\frac{1-\cos x}{x\sin x}$　　(2) $\lim\limits_{x\to 0}\frac{(\sqrt{1+2x}-1)\arcsin x}{\tan x^2}$

(3) $\lim\limits_{x\to 0}\frac{\tan x-\sin x}{\sqrt{2+x^2}(e^{x^3}-1)}$　　(4) $\lim\limits_{x\to a}\frac{\cos x-\cos a}{x-a}$

(5) $\lim\limits_{x\to 0^+}\frac{1-\sqrt{\cos x}}{x(1-\cos\sqrt{x})}$

29. 用求极限的方法将循环小数 0.123 412 341 234… 表示为分数形式.

30. 证明下列函数在 $(-\infty,+\infty)$ 内是连续函数.

(1) $y=3x^2+1$　　(2) $y=\cos x$

31. 求下列函数的间断点，并判断间断点的类型.

(1) $y=\frac{1}{(x+2)^2}$　　(2) $y=\frac{x^2-1}{x^2-3x+2}$

(3) $y=\frac{\sin x}{x}$　　(4) $y=\begin{cases}\frac{1-x^2}{1-x}, & x\neq 1\\ 0, & x=1\end{cases}$

(5) $y=\begin{cases}0, & x<1\\ 2x+1, & 1\leqslant x<2\\ 1+x^2, & 2\leqslant x\end{cases}$　　(6) $y=\begin{cases}\frac{\sin x}{x}, & x<0\\ 0, & x=0\\ e^{-x}, & x>0\end{cases}$

32. 函数 $f(x)=\begin{cases}x-1, & x\leqslant 0\\ x^2, & x>0\end{cases}$ 在点 $x=0$ 处是否连续？作出 $f(x)$ 的图形.

33. 函数 $f(x)=\begin{cases}2x, & 0\leqslant x<1\\ 3-x, & 1\leqslant x\leqslant 2\end{cases}$ 在闭区间 $[0,2]$ 上是否连续？作出 $f(x)$ 的图形.

34. 函数 $f(x)=\begin{cases}|x|, & |x|\leqslant 1\\ \frac{x}{|x|}, & 1<|x|\leqslant 3\end{cases}$ 在其定义域内是否连续？作出 $f(x)$ 的图形 .

35. 给下列函数 $f(x)$ 补充定义 $f(0)$ 等于一个什么数值，能使修改后的函数 $f(x)$ 在点 $x=0$ 处连续？

(1) $f(x)=\frac{\sqrt{1+x}-\sqrt{1-x}}{x}$

(2) $f(x)=\sin x\cos\frac{1}{x}$

(3) $f(x)=\ln(1+kx)^{\frac{m}{x}}$　(k，m 为常数)

36. 设

$$f(x)=\begin{cases}\frac{1}{x}\sin x, & x<0\\ k, & x=0\\ x\sin\frac{1}{x}+1, & x>0\end{cases}\quad(\text{其中 } k \text{ 为常数})$$

问 k 为何值时，函数 $f(x)$ 在其定义域内连续？为什么？

37. 设

$$f(x)=\begin{cases}\frac{\sin 2x}{x}, & x<0\\ 3x^2-2x+k, & x\geqslant 0\end{cases}\quad(\text{其中 } k \text{ 为常数})$$

问 k 为何值时，函数 $f(x)$ 在其定义域内连续？为什么？

38. 下列函数 $f(x)$ 在点 $x=0$ 处是否连续？为什么？

(1) $f(x)=\begin{cases}x^2\sin\frac{1}{x}, & x\neq 0\\ 0, & x=0\end{cases}$

(2) $f(x)=\begin{cases}e^{-\frac{1}{x^2}}, & x\neq 0\\ 0, & x=0\end{cases}$

(3) $f(x)=\begin{cases}\frac{\sin x}{|x|}, & x\neq 0\\ 1, & x=0\end{cases}$

(4) $f(x)=\begin{cases}e^x, & x\leqslant 0\\ \frac{\sin x}{x}, & x>0\end{cases}$

39. 证明方程 $x^5-3x=1$ 在 1 与 2 之间至少存在一个实根．

40. 证明曲线 $y=x^4-3x^2+7x-10$ 在 $x=1$ 与 $x=2$ 之间至少与 x 轴有一个交点.

41. 设 $f(x)=e^x-2$，求证在区间 $(0,2)$ 内至少有一点 x_0，使 $e^{x_0}-2=x_0$.

42. 求下列极限：

(1) $\lim\limits_{x\to 0}\frac{\ln(1+x^2)}{\sin(1+x^2)}$　　(2) $\lim\limits_{x\to 0}\left[\frac{\lg(100+x)}{a^x+\arcsin x}\right]^{\frac{1}{2}}$

(B)

1. 下列数列收敛的是［　　］.

(A) $f(n)=(-1)^{n+1}\frac{n}{n+1}$　　(B) $f(n)=\begin{cases}\frac{1}{n}+1, & n\text{ 为奇数}\\ \frac{1}{n}-1, & n\text{ 为偶数}\end{cases}$

(C) $f(n)=\begin{cases}\dfrac{1}{n}, & n\text{ 为奇数}\\ \dfrac{1}{n+1}, & n\text{ 为偶数}\end{cases}$　　(D) $f(n)=\begin{cases}\dfrac{1+2^n}{2^n}, & n\text{ 为奇数}\\ \dfrac{1-2^n}{2^n}, & n\text{ 为偶数}\end{cases}$

2. 下列数列发散的是[　　].

(A) 1，0，1，0，…

(B) $\frac{1}{2}$，0，$\frac{1}{4}$，0，…

(C) $\frac{3}{2}$，$\frac{2}{3}$，$\frac{5}{4}$，$\frac{4}{5}$，…

(D) 1，$\frac{1}{3}$，$\frac{1}{2}$，$\frac{1}{5}$，$\frac{1}{3}$，$\frac{1}{7}$，$\frac{1}{4}$，$\frac{1}{9}$，…

3. 设 $y_n=0.\underbrace{11\cdots1}_{n\text{个}1}$，则当 $n\to\infty$ 时，数列 y_n [　　].

(A) 收敛于 0.1　　(B) 收敛于 0.2

(C) 收敛于$\frac{1}{9}$　　(D) 发散

4. 数列 x_n 与 y_n 的极限分别为 A 与 B，且 $A\neq B$，那么数列 x_1，y_1，x_2，y_2，x_3，y_3，…的极限是[　　].

(A) A　　(B) B　　(C) $A+B$　　(D) 不存在

5. “$f(x)$ 在点 $x=x_0$ 处有定义”是当 $x\to x_0$ 时 $f(x)$ 有极限的[　　].

(A) 必要条件　　(B) 充分条件

(C) 充分必要条件　　(D) 无关条件

6. $\lim\limits_{x\to2}\frac{|x-2|}{x-2}=$[　　].

(A) -1　　(B) 1　　(C) ∞　　(D) 不存在

7. $\lim\limits_{x\to\infty}\mathrm{e}^x=$[　　].

(A) 0　　(B) $+\infty$　　(C) ∞　　(D) 不存在

8. $\lim\limits_{x\to1}\frac{x^2-1}{x-1}\mathrm{e}^{\frac{1}{x-1}}=$[　　].

(A) ∞　　(B) $+\infty$　　(C) 0　　(D) 不存在

9. 下列极限存在的是[　　].

(A) $\lim\limits_{x\to\infty}\frac{x(x+1)}{x^2}$　　(B) $\lim\limits_{x\to0}\frac{1}{2^x-1}$

(C) $\lim\limits_{x\to0}\mathrm{e}^{\frac{1}{x}}$　　(D) $\lim\limits_{x\to+\infty}\sqrt{\frac{x^2+1}{x}}$

10. 已知 $\lim\limits_{x\to2}\frac{x^2+ax+b}{x^2-x-2}=2$，则 a，b 的值是[　　].

(A) $a=-8$，$b=2$　　(B) $a=2$，b 为任意值

(C) $a=2$，$b=-8$　　(D) a，b 均为任意值

11. $\lim\limits_{x\to\infty}\dfrac{x^2+2x-\sin x}{2x^2+\sin x}=$[　　].

(A) $\dfrac{1}{2}$　　(B) 2　　(C) 0　　(D) 不存在

12. 下列变量在给定的变化过程中，不是无穷大量的是[　　].

(A) $e^{-\frac{1}{x}}$　$(x\to 0^-)$　　(B) $\dfrac{x}{\sqrt{x^3+1}}$　$(x\to+\infty)$

(C) $\lg x$　$(x\to 0^+)$　　(D) $\lg x$　$(x\to+\infty)$

13. 数列 $f(n)=\begin{cases}\dfrac{n^2+\sqrt{n}}{n}, & n\text{ 为奇数}\\ \dfrac{1}{n}, & n\text{ 为偶数}\end{cases}$，当 $n\to\infty$ 时，$f(n)$ 是[　　].

(A) 无穷大量

(B) 无穷小量

(C) 有界变量，但非无穷小量

(D) 无界变量，但非无穷大量

14. 当 $x\to 0$ 时，无穷小量 $\alpha=x^2$ 与 $\beta=1-\sqrt{1-2x^2}$ 的关系是[　　].

(A) β 与 α 是等价无穷小量

(B) β 与 α 是同阶非等价无穷小量

(C) β 是比 α 较高阶的无穷小量

(D) β 是比 α 较低阶的无穷小量

15. 当 $x\to\infty$ 时，若 $\dfrac{1}{ax^2+bx+c}=o\left(\dfrac{1}{x+1}\right)$，则 a，b，c 的值一定为[　　].

(A) $a=0$，$b=1$，$c=1$　　(B) $a\neq 0$，$b=1$，c 为任意常数

(C) $a\neq 0$，b，c 为任意常数　　(D) a，b，c 均为任意常数

16. 当 $x\to\infty$ 时，若 $\dfrac{1}{ax^2+bx+c}\sim\dfrac{1}{x+1}$，则 a，b，c 的值一定是[　　].

(A) $a=0$，$b=1$，$c=1$　　(B) $a=0$，$b=1$，c 为任意常数

(C) $a=0$，b，c 为任意常数　　(D) a，b，c 均为任意常数

17. 已知当 $x\to 0$ 时，$f(x)$ 是无穷大量，下列变量当 $x\to 0$ 时一定是无穷小量的是[　　].

(A) $x\cdot f(x)$　　(B) $x+f(x)$

(C) $\dfrac{x}{f(x)}$　　(D) $f(x)-\dfrac{1}{x}$

18. 下列变量在给定的变化过程中为无穷大量的是[　　].

(A) $x\sin\dfrac{1}{x}$　$(x\to 0)$　　(B) $\dfrac{1}{x}\sin x$　$(x\to 0)$

(C) $x\cos x$　$(x\to\infty)$　　(D) $\dfrac{1}{x}\cos x$　$(x\to 0)$

19. 如果 $\lim\limits_{x\to 0}\dfrac{3\sin mx}{2x}=\dfrac{2}{3}$，则 $m=$[　　].

(A) $\frac{2}{3}$　(B) $\frac{3}{2}$　(C) $\frac{4}{9}$　(D) $\frac{9}{4}$

20. $\lim\limits_{x\to1}\frac{\sin(x^2-1)}{x-1}=$ [　　].

(A) 1　(B) 2　(C) $\frac{1}{2}$　(D) 0

21. 当 $x\to0$ 时，下列变量是 $\sin^2x$ 的等价无穷小量的是 [　　].

(A) $\sqrt{x}$　(B) x　(C) x^2　(D) x^3

22. 当 $x\to\infty$ 时，下列变量中不是无穷小量的是 [　　].

(A) $\frac{x\sin(1-x^2)}{1-x^2}$　(B) $(1-x^2)\sin\frac{x}{1-x^2}$

(C) $\frac{(1-x^2)\sin\frac{1}{1-x^2}}{x}$　(D) $\frac{1}{1-x^2}\sin\frac{1-x^2}{x}$

23. 下面结论正确的是 [　　].

(A) $\lim\limits_{x\to\infty}\left(1-\frac{1}{x}\right)^x=\mathrm{e}$　(B) $\lim\limits_{x\to\infty}\left(1+\frac{1}{x}\right)^{-x}=\mathrm{e}$

(C) $\lim\limits_{x\to\infty}\left(1-\frac{1}{x}\right)^{1-x}=\mathrm{e}$　(D) $\lim\limits_{x\to\infty}\left(1+\frac{1}{x}\right)^{2x}=\mathrm{e}$

24. 下列极限中结果等于 e 的是 [　　].

(A) $\lim\limits_{x\to0}\left(1+\frac{\sin x}{x}\right)^{\frac{x}{\sin x}}$　(B) $\lim\limits_{x\to\infty}\left(1+\frac{\sin x}{x}\right)^{\frac{x}{\sin x}}$

(C) $\lim\limits_{x\to\infty}\left(1-\frac{\sin x}{x}\right)^{-\frac{\sin x}{x}}$　(D) $\lim\limits_{x\to0}\left(1+\frac{\sin x}{x}\right)^{\frac{\sin x}{x}}$

25. 函数 $f(x)=\begin{cases}\mathrm{e}^{-\frac{1}{x-1}}, & x\neq1\\ 0, & x=1\end{cases}$ 在点 $x=1$ 处 [　　].

(A) 连续　(B) 不连续，但右连续

(C) 不连续，但左连续　(D) 左、右都不连续

26. 设 $f(x)=\begin{cases}\frac{1}{x}\sin x, & x<0\\ a, & x=0\\ x\sin\frac{1}{x}+b, & x>0\end{cases}$，在 $x=0$ 处，下列结论不一定正确的是 [　　].

(A) 当 $a=1$ 时 $f(x)$ 左连续　(B) 当 $a=b$ 时 $f(x)$ 右连续

(C) 当 $b=1$ 时 $f(x)$ 必连续　(D) 当 $a=b=1$ 时 $f(x)$ 必连续

27. 函数 $y=\frac{1}{\ln|x|}$ 的间断点有 [　　].

(A) 1 个　(B) 2 个　(C) 3 个　(D) 4 个

28. 下列函数在点 $x=0$ 处均不连续，其中点 $x=0$ 是 $f(x)$ 的可去间断点的是 [　　].

(A) $f(x)=1+\frac{1}{x}$　(B) $f(x)=\frac{1}{x}\sin x$

(C) $f(x)=e^{\frac{1}{x}}$　　(D) $f(x)=\begin{cases} e^{\frac{1}{x}}, & x<0 \\ e^{x}, & x\geqslant 0 \end{cases}$

29. 若要修补 $f(x)=\dfrac{1-\sqrt{1-x}}{1-\sqrt[3]{1-x}}$，使其在点 $x=0$ 处连续，则要补充定义 $f(0)=$[　　].

(A) $\dfrac{3}{2}$　　(B) $\dfrac{1}{2}$　　(C) 3　　(D) 1

第三章

01 02 03 04 05 06 07 08 09

导数与微分

3.1 引出导数概念的例题

我们在解决实际问题时，除了需要了解变量之间的函数关系以外，有时还需要研究变量变化快慢的程度. 例如，物体运动的速度、城市人口增长的速度、国民经济发展的速度、劳动生产率，等等. 只有在引进导数概念以后，才能更好地说明这些量的变化情况. 下面先看两个实际例题.

(一) 物体做变速直线运动的速度

设 s 表示一物体从某个时刻开始到时刻 t 做直线运动所经过的路程，则 s 是时刻 t 的函数 $s=f(t)$.

现在我们研究一下物体在 $t=t_0$ 时的运动速度.

当时间由 t_0 改变到 $t_0+\Delta t$ 时，物体在 Δt 这一段时间内所经过的距离为

$$\Delta s=f(t_0+\Delta t)-f(t_0)$$

当物体做匀速运动时，它的速度不随时间而改变，

$$\frac{\Delta s}{\Delta t}=\frac{f(t_0+\Delta t)-f(t_0)}{\Delta t}$$

是一个常量，它是物体在时刻 t_0 的速度，也是物体在任意时刻的速度.

但是，当物体做变速运动时，它的速度随时间而变化，此时 $\frac{\Delta s}{\Delta t}$ 表示从 t_0 到 $t_0+\Delta t$ 这一段时间内的平均速度 $\bar{v}$，

$$\bar{v}=\frac{\Delta s}{\Delta t}=\frac{f(t_0+\Delta t)-f(t_0)}{\Delta t}$$

当 Δt 很小时，可以用 $\bar{v}$ 近似地表示物体在时刻 t_0 的速度，Δt 越小，近似的程度就越好.

当 $\Delta t \to 0$ 时，如果极限 $\lim\limits_{\Delta t \to 0} \frac{\Delta s}{\Delta t}$ 存在，就称此极限为物体在时刻 t_0 的瞬时速度，即

$$v\big|_{t=t_0} = \lim_{\Delta t \to 0} \frac{\Delta s}{\Delta t} = \lim_{\Delta t \to 0} \frac{f(t_0 + \Delta t) - f(t_0)}{\Delta t}$$

例 1　已知自由落体的运动方程为

$$s = \frac{1}{2} g t^2$$

求：(1) 落体在 t_0 到 $t_0 + \Delta t$ 这段时间内的平均速度 $\bar{v}$(m/s)；(2) 落体在 $t = t_0$ 时的瞬时速度；(3) 落体在 $t = 10$s 到 $t = 10.1$s 这段时间内的平均速度；(4) 落体在 $t = 10$ s 时的瞬时速度.

解：(1) 当 t 由 t_0 取得一个改变量 Δt 时，s 取得的相应改变量为

$$\begin{aligned}\Delta s &= \frac{1}{2} g (t_0 + \Delta t)^2 - \frac{1}{2} g t_0^2 \\ &= g t_0 \Delta t + \frac{1}{2} g (\Delta t)^2\end{aligned}$$

因此，在 t_0 到 $t_0 + \Delta t$ 这段时间内，落体的平均速度为

$$\bar{v} = \frac{\Delta s}{\Delta t} = \frac{g t_0 \Delta t + \frac{1}{2} g (\Delta t)^2}{\Delta t} = g\left(t_0 + \frac{1}{2}\Delta t\right) \tag{A}$$

(2) 由式(A) 可知，$t = t_0$ 时的瞬时速度为

$$v\big|_{t=t_0} = \lim_{\Delta t \to 0} g\left(t_0 + \frac{1}{2}\Delta t\right) = g t_0 \tag{B}$$

(3) 当 $t_0 = 10$s，$\Delta t = 0.1$s 时，由式(A) 得平均速度为

$$\bar{v} = g\left(10 + \frac{1}{2} \times 0.1\right) = 10.05g\ \text{(m/s)}$$

(4) 当 $t = 10$s 时，由式(B) 得瞬时速度为

$$v\big|_{t=10} = 10g\ \text{(m/s)}$$

(二) 切线问题

设曲线 $y = f(x)$ 的图形如图 3-1 所示，点 $M(x_0, y_0)$ 为曲线上一定点，在曲线上另取一点 $M_1(x_0 + \Delta x, y_0 + \Delta y)$，点 M_1 的位置取决于 Δx，它是曲线上一动点；作割线 MM_1，设其倾角(即与 x 轴的夹角) 为 φ，由图 3-1 易知此割线 MM_1 的斜率为

$$\tan\varphi = \frac{\Delta y}{\Delta x} = \frac{f(x_0 + \Delta x) - f(x_0)}{\Delta x}$$

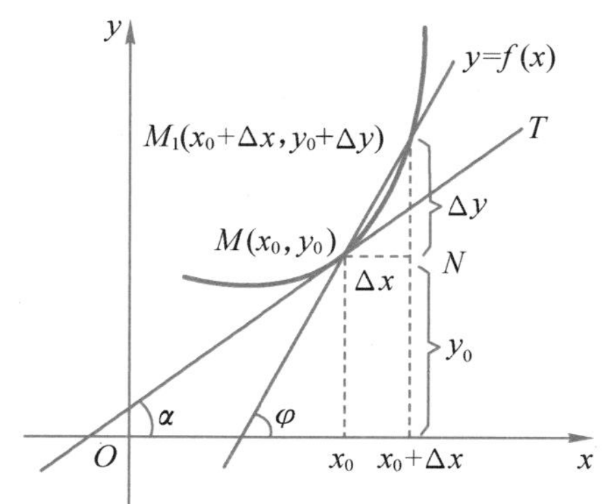

图 3-1

当 $\Delta x \to 0$ 时，动点 M_1 将沿曲线趋向于定点 M，从而割线 MM_1 也随之变动而趋向其极限位置——直线 MT. 我们称此直线 MT 为曲线在定点 M 处的切线. 显然，此时倾角 φ 趋向于切线 MT 的倾角 α，即切线 MT 的斜率为

$$\begin{aligned}\tan\alpha &= \lim_{\Delta x\to 0}\tan\varphi = \lim_{\Delta x\to 0}\frac{\Delta y}{\Delta x}\\ &= \lim_{\Delta x\to 0}\frac{f(x_0+\Delta x)-f(x_0)}{\Delta x}\end{aligned}$$

上面两个实际例题的具体含义很不相同. 但从抽象的数量关系来看，它们的实质是一样的，都归结为计算函数改变量与自变量改变量的比当自变量改变量趋于 0 时的极限. 这种特殊的极限叫作函数的导数.

3.2 导数概念

知识点解析
导数定义和
几何性质

（一）导数的定义

定义 3.1 设函数 $y=f(x)$ 在点 x_0 的某个邻域内有定义，当自变量在点 x_0 处取得改变量 $\Delta x(\neq 0)$ 时，函数 $f(x)$ 取得相应的改变量

$$\Delta y = f(x_0+\Delta x)-f(x_0)$$

如果当 $\Delta x\to 0$ 时，$\frac{\Delta y}{\Delta x}$ 的极限存在，即

$$\lim_{\Delta x\to 0}\frac{\Delta y}{\Delta x} = \lim_{\Delta x\to 0}\frac{f(x_0+\Delta x)-f(x_0)}{\Delta x}$$

存在，则称此极限值为函数 $f(x)$ 在点 x_0 处的**导数**（或**微商**），可记作

$$f'(x_0),\quad y'\big|_{x=x_0},\quad \frac{\mathrm{d}y}{\mathrm{d}x}\bigg|_{x=x_0}\quad 或\quad \frac{\mathrm{d}}{\mathrm{d}x}f(x)\big|_{x=x_0}$$

$\dfrac{\Delta y}{\Delta x}=\dfrac{f(x_0+\Delta x)-f(x_0)}{\Delta x}$ 反映的是自变量 x 从 x_0 改变到 $x_0+\Delta x$ 时，函数 $f(x)$ 的平均变化速度，称为函数的平均变化率；而导数 $f'(x_0)=\lim\limits_{\Delta x\to 0}\dfrac{\Delta y}{\Delta x}$ 反映的是函数在点 x_0 处的变化速度，称为函数在点 x_0 处的变化率.

例 1　求函数 $y=x^2$ 在点 $x=2$ 处的导数.

解：当 x 由 2 改变到 $2+\Delta x$ 时，函数改变量为

$$\Delta y=(2+\Delta x)^2-2^2=4\Delta x+(\Delta x)^2$$

因此

$$\frac{\Delta y}{\Delta x}=4+\Delta x$$

$$y'\Big|_{x=2}=\lim_{\Delta x\to 0}(4+\Delta x)=4$$

如果函数 $f(x)$ 在点 x_0 处有导数，则称函数 $f(x)$ 在点 x_0 处可导，否则称函数 $f(x)$ 在点 x_0 处不可导. 如果函数 $f(x)$ 在某区间 (a,b) 内每一点处都可导，则称 $f(x)$ 在区间 (a,b) 内可导.

设 $f(x)$ 在区间 (a,b) 内可导，此时，对于区间 (a,b) 内每一点 x，都有一个导数值与之对应，这就定义了一个新的函数，称为函数 $y=f(x)$ 在区间 (a,b) 内对 x 的导函数，简称为导数，记作

$$f'(x),\quad y',\quad \frac{\mathrm{d}y}{\mathrm{d}x}\quad 或\quad \frac{\mathrm{d}}{\mathrm{d}x}f(x)$$

函数 $f(x)$ 在点 x_0 处的导数值 $f'(x_0)$ 即为导函数 $f'(x)$ 在点 x_0 处的函数值 $f'(x_0)$.

根据导数定义，3.1 节的两个例题可以叙述为：

(1) 瞬时速度是路程 s 对时间 t 的导数，即

$$v=s'=\frac{\mathrm{d}s}{\mathrm{d}t},\quad v\big|_{t=t_0}=s'\big|_{t=t_0}=\frac{\mathrm{d}s}{\mathrm{d}t}\Big|_{t=t_0}$$

(2) 曲线 $y=f(x)$ 在点 x 处的切线的斜率是曲线的纵坐标 y 对横坐标 x 的导数，即

$$\tan\alpha=f'(x)=\frac{\mathrm{d}y}{\mathrm{d}x}$$

曲线 $y=f(x)$ 在点 x_0 处的切线斜率为 $f'(x_0)=\dfrac{\mathrm{d}y}{\mathrm{d}x}\Big|_{x=x_0}$.

由导数定义可将求导数的方法概括为以下几个步骤：

(1) 求出对应于自变量的改变量 Δx 的函数改变量：

$$\Delta y=f(x+\Delta x)-f(x)$$

(2) 作出比值：

$$\frac{\Delta y}{\Delta x}=\frac{f(x+\Delta x)-f(x)}{\Delta x}$$

(3) 求 $\Delta x \to 0$ 时 $\frac{\Delta y}{\Delta x}$ 的极限，即

$$y' = f'(x) = \lim_{\Delta x \to 0} \frac{f(x + \Delta x) - f(x)}{\Delta x}$$

例 2 求线性函数 $y = ax + b$ 的导数.

解：$\Delta y = [a(x + \Delta x) + b] - (ax + b) = a\Delta x$

$$\frac{\Delta y}{\Delta x} = a$$

$$y' = \lim_{\Delta x \to 0} \frac{\Delta y}{\Delta x} = \lim_{\Delta x \to 0} a = a$$

例 3 求函数 $y = \frac{1}{x}$ 的导数.

解：$\Delta y = \frac{1}{x + \Delta x} - \frac{1}{x} = \frac{-\Delta x}{x(x + \Delta x)}$

$$\frac{\Delta y}{\Delta x} = -\frac{1}{x(x + \Delta x)}$$

$$y' = \lim_{\Delta x \to 0} \frac{\Delta y}{\Delta x} = \lim_{\Delta x \to 0} \left[-\frac{1}{x(x + \Delta x)}\right] = -\frac{1}{x^2}$$

例 4 求函数 $y = \sqrt{x}$ 的导数.

解：$\Delta y = \sqrt{x + \Delta x} - \sqrt{x}$

$$\frac{\Delta y}{\Delta x} = \frac{\sqrt{x + \Delta x} - \sqrt{x}}{\Delta x} = \frac{\Delta x}{\Delta x(\sqrt{x + \Delta x} + \sqrt{x})}$$

$$= \frac{1}{\sqrt{x + \Delta x} + \sqrt{x}}$$

$$y' = \lim_{\Delta x \to 0} \frac{\Delta y}{\Delta x} = \lim_{\Delta x \to 0} \frac{1}{\sqrt{x + \Delta x} + \sqrt{x}} = \frac{1}{2\sqrt{x}}$$

例 5 给定函数 $f(x) = x^3$，求：$f'(x)$，$f'(0)$，$f'(1)$，$f'(x_0)$.

解：$\Delta y = (x + \Delta x)^3 - x^3 = 3x^2\Delta x + 3x(\Delta x)^2 + (\Delta x)^3$

$$\frac{\Delta y}{\Delta x} = 3x^2 + 3x\Delta x + (\Delta x)^2$$

$$f'(x) = \lim_{\Delta x \to 0} \frac{\Delta y}{\Delta x} = \lim_{\Delta x \to 0} [3x^2 + 3x\Delta x + (\Delta x)^2] = 3x^2$$

由此可得

$$f'(x) = 3x^2,\ f'(0) = 0,\ f'(1) = 3,\ f'(x_0) = 3x_0^2$$

前面我们给出的导数都用如下形式：

$$f'(x_0) = \lim_{\Delta x \to 0} \frac{f(x_0 + \Delta x) - f(x_0)}{\Delta x}$$

但有时为了方便也可以写成其他形式，例如将 Δx 记作 h，则有

$$f'(x_0)=\lim_{h\to 0}\frac{f(x_0+h)-f(x_0)}{h}$$

如果令 $\Delta x=x-x_0$，则有

$$f'(x_0)=\lim_{x\to x_0}\frac{f(x)-f(x_0)}{x-x_0}$$

例 6　用定义讨论函数

$$f(x)=\begin{cases}x\sin\frac{1}{x}, & x\neq 0\\ 0, & x=0\end{cases}$$

在点 $x=0$ 处的连续性与可导性.

解：$\lim\limits_{x\to 0}f(x)=\lim\limits_{x\to 0}x\sin\frac{1}{x}=0=f(0)$

所以 $f(x)$ 在点 $x=0$ 处连续.

$$\lim_{x\to 0}\frac{f(x)-f(0)}{x-0}=\lim_{x\to 0}\frac{x\sin\frac{1}{x}}{x}=\lim_{x\to 0}\sin\frac{1}{x}$$

极限不存在，所以 $f(x)$ 在点 $x=0$ 处不可导.

（二）导数的几何意义

由 3.1 节（二）可知，函数 $y=f(x)$ 在点 x_0 处的导数 $f'(x_0)$ 就是曲线 $y=f(x)$ 在点 $M(x_0,y_0)$ 处的切线 MT 的斜率．如图 3-1 所示.

$$f'(x_0)=\lim_{\Delta x\to 0}\frac{\Delta y}{\Delta x}=\lim_{\Delta x\to 0}\tan\varphi=\tan\alpha\quad\left(\alpha\neq\frac{\pi}{2}\right)$$

由导数的几何意义及直线的点斜式方程，可知曲线 $y=f(x)$ 上点 (x_0,y_0) 处的切线方程为

$$y-y_0=f'(x_0)(x-x_0)$$

法线方程为

$$y-y_0=-\frac{1}{f'(x_0)}(x-x_0)$$

例 7　求 $y=\frac{1}{x}$ 在点 $(1,1)$ 处的切线方程与法线方程.

解：在本节例 3 中已求得

$$f'(x)=-\frac{1}{x^2}$$

因为　　$f'(1)=-1$

所以所求的切线方程为

$$y-1=(-1)(x-1)$$

即　　$x+y-2=0$

所求的法线方程为

$$y-1=-\frac{1}{-1}(x-1)$$

即　　$x-y=0$

（三）左、右导数

定义 3.2 设函数 $y=f(x)$ 在 x_0 的某邻域内有定义，如果 $\lim\limits_{\Delta x\to 0^-}\dfrac{f(x_0+\Delta x)-f(x_0)}{\Delta x}$ 存在，则称之为 $f(x)$ 在点 x_0 处的**左导数**，记作 $f'_-(x_0)$；如果 $\lim\limits_{\Delta x\to 0^+}\dfrac{f(x_0+\Delta x)-f(x_0)}{\Delta x}$ 存在，则称之为 $f(x)$ 在点 x_0 处的**右导数**，记作 $f'_+(x_0)$.

显然，当且仅当函数在一点的左、右导数都存在且相等时，函数在该点才是可导的.

函数 $f(x)$ 在 $[a, b]$ 上可导，指 $f(x)$ 在开区间 (a, b) 内处处可导，且 $f'_+(a)$ 及 $f'_-(b)$ 存在.

（四）可导与连续的关系

定理 3.1 如果函数 $y=f(x)$ 在点 x_0 处可导，则它在点 x_0 处一定连续.

证：因为函数 $y=f(x)$ 在点 x_0 处可导，所以有

$$\lim_{\Delta x\to 0}\frac{\Delta y}{\Delta x}=f'(x_0)$$

由　　$\Delta y=\dfrac{\Delta y}{\Delta x}\Delta x$

可得

$$\begin{aligned}\lim_{\Delta x\to 0}\Delta y&=\lim_{\Delta x\to 0}\frac{\Delta y}{\Delta x}\cdot\Delta x=\lim_{\Delta x\to 0}\frac{\Delta y}{\Delta x}\cdot\lim_{\Delta x\to 0}\Delta x\\&=f'(x_0)\cdot 0=0\end{aligned}$$

这就是说，函数 $y=f(x)$ 在点 x_0 处连续.

这个定理的逆定理不成立，即函数 $y=f(x)$ 在点 x_0 处连续，但在点 x_0 处不一定可导.

例 8 函数 $y=f(x)=|x|=\begin{cases}x, & x\geqslant 0\\ -x, & x<0\end{cases}$，如图 3-2 所示. 函数 $y=f(x)$ 在点 $x=0$ 处是连续的，因为

$$\lim_{x\to 0^+}|x| = \lim_{x\to 0^+}x = 0$$

$$\lim_{x\to 0^-}|x| = \lim_{x\to 0^-}(-x) = 0$$

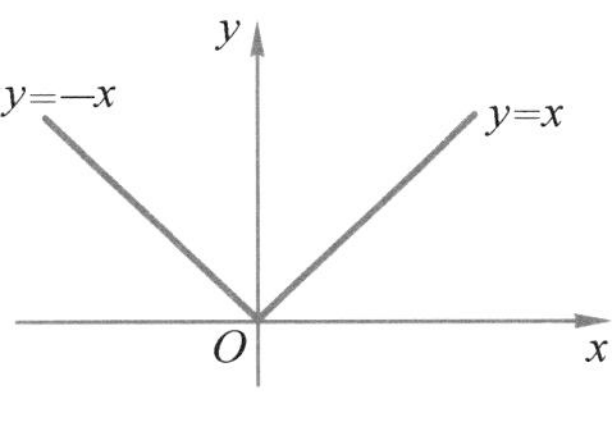

图 3-2

所以 $$\lim_{x\to 0}|x| = f(0) = 0$$

但是，在 $x=0$ 处没有导数，因为

$$f'_+(0) = \lim_{\Delta x\to 0^+}\frac{\Delta y}{\Delta x} = \lim_{\Delta x\to 0^+}\frac{|\Delta x|}{\Delta x} = \lim_{\Delta x\to 0^+}\frac{\Delta x}{\Delta x} = 1$$

而 $$f'_-(0) = \lim_{\Delta x\to 0^-}\frac{\Delta y}{\Delta x} = \lim_{\Delta x\to 0^-}\frac{|\Delta x|}{\Delta x}$$

$$= \lim_{\Delta x\to 0^-}\frac{-\Delta x}{\Delta x} = -1$$

$$f'_+(0) \neq f'_-(0)$$

所以 $f'(0)$ 不存在，即 $f(x)$ 在点 x_0 处不可导.

这个定理说明连续是可导的必要条件，但不是充分条件，即可导一定连续，但连续不一定可导.

根据这个定理，如果我们已经判断出函数在某一点不连续，则立即可以得出不可导的结论；如果函数在某点连续，则不能得出可导的结论. 例 6 和例 8 说明连续不一定可导.

例 9　讨论函数

$$f(x) = \begin{cases} x-1, & x \leqslant 0 \\ 2x, & 0 < x \leqslant 1 \\ x^2+1, & 1 < x \leqslant 2 \\ \frac{1}{2}x+4, & 2 < x \end{cases}$$

在点 $x=0$，$x=1$ 及 $x=2$ 处的连续性与可导性.

解：(1) 在点 $x=0$ 处，

$$\lim_{x\to 0^-}f(x) = \lim_{x\to 0^-}(x-1) = -1$$

$$\lim_{x\to 0^+}f(x) = \lim_{x\to 0^+}2x = 0$$

$$\lim_{x\to 0^-}f(x) \neq \lim_{x\to 0^+}f(x)$$

即 $\lim\limits_{x\to 0}f(x)$ 不存在，因此在点 $x=0$ 处 $f(x)$ 不连续，从而在点 $x=0$ 处也不可导.

(2) 在点 $x=1$ 处，

$$\lim_{x\to 1^-}f(x) = \lim_{x\to 1^-}2x = 2$$

$$\lim_{x\to 1^+}f(x) = \lim_{x\to 1^+}(x^2+1) = 2, \quad 且 \quad f(1) = 2$$

于是有$\lim\limits_{x\to 1}f(x)=2=f(1)$，因此在点 $x=1$ 处 $f(x)$ 连续.

$$\begin{aligned}f'_{-}(1)&=\lim_{\Delta x\to 0^-}\frac{f(1+\Delta x)-f(1)}{\Delta x}\\&=\lim_{\Delta x\to 0^-}\frac{2(1+\Delta x)-2}{\Delta x}\\&=\lim_{\Delta x\to 0^-}\frac{2\Delta x}{\Delta x}=2\\f'_{+}(1)&=\lim_{\Delta x\to 0^+}\frac{f(1+\Delta x)-f(1)}{\Delta x}\\&=\lim_{\Delta x\to 0^+}\frac{[(1+\Delta x)^2+1]-2}{\Delta x}\\&=\lim_{\Delta x\to 0^+}\frac{2\Delta x+(\Delta x)^2}{\Delta x}\\&=\lim_{\Delta x\to 0^+}(2+\Delta x)=2\end{aligned}$$

$f'_{-}(1)=f'_{+}(1)$，所以在点 $x=1$ 处 $f(x)$ 可导，且 $f'(1)=2$.

(3) 在点 $x=2$ 处，

$$\lim_{x\to 2^-}f(x)=\lim_{x\to 2^-}(x^2+1)=5$$

$$\lim_{x\to 2^+}f(x)=\lim_{x\to 2^+}\left(\frac{1}{2}x+4\right)=5\text{，且 }f(2)=5$$

于是有 $\lim\limits_{x\to 2}f(x)=5=f(2)$

因此在点 $x=2$ 处 $f(x)$ 连续.

$$\begin{aligned}f'_{-}(2)&=\lim_{\Delta x\to 0^-}\frac{f(2+\Delta x)-f(2)}{\Delta x}=\lim_{\Delta x\to 0^-}\frac{[(2+\Delta x)^2+1]-5}{\Delta x}\\&=\lim_{\Delta x\to 0^-}\frac{4\Delta x+(\Delta x)^2}{\Delta x}=\lim_{\Delta x\to 0^-}(4+\Delta x)=4\\f'_{+}(2)&=\lim_{\Delta x\to 0^+}\frac{f(2+\Delta x)-f(2)}{\Delta x}\\&=\lim_{\Delta x\to 0^+}\frac{\left[\frac{1}{2}(2+\Delta x)+4\right]-5}{\Delta x}\\&=\lim_{\Delta x\to 0^+}\frac{\frac{1}{2}\Delta x}{\Delta x}=\frac{1}{2}\end{aligned}$$

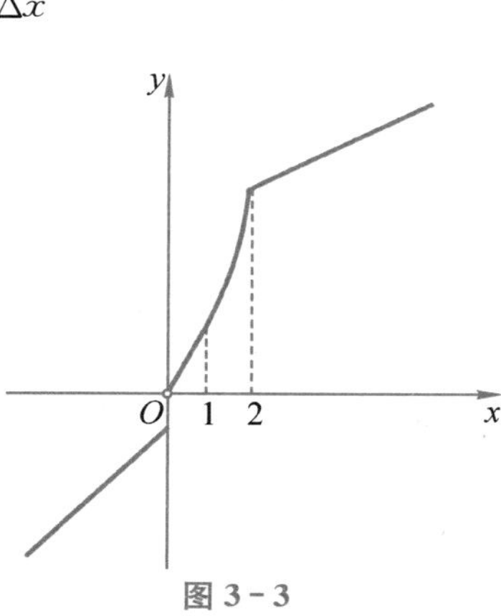

图 3-3

$f'_{-}(2)\neq f'_{+}(2)$，$f'(2)$ 不存在，因此在点 $x=2$ 处，$f(x)$ 不可导.

对 $f(x)$ 的讨论得出如下结论：在点 $x=0$ 处不连续且不可导；在点$x=1$ 处连续且可导；在点 $x=2$ 处连续但不可导，如图 3-3 所示.

3.3 导数的基本公式与运算法则

在导数的定义中，我们不仅阐明了导数概念的实质，也给出了根据定义求函数的导数的方法，但是，如果对每一个函数都直接按定义去求它的导数，那将是极为复杂和困难的. 因此，我们希望找到一些基本公式与运算法则，借助它们来简化求导数的计算.

知识点解析
导数的运算性质

(一) 常数的导数

设　$y=c$　（c 为常数）

因为恒有$\Delta y=0$

于是恒有$\dfrac{\Delta y}{\Delta x}=0$

因而　$y'=\lim\limits_{\Delta x\to 0}\dfrac{\Delta y}{\Delta x}=0$

所以　$c'=0$　(3.1)

即常数的导数等于 0.

(二) 幂函数的导数

设　$y=x^n$　（n 为正整数）

由二项式定理可知

$$\begin{aligned}\Delta y&=(x+\Delta x)^n-x^n\\&=\left[x^n+nx^{n-1}\Delta x+\frac{n(n-1)}{2}x^{n-2}(\Delta x)^2+\cdots+(\Delta x)^n\right]-x^n\\&=nx^{n-1}\Delta x+\frac{n(n-1)}{2}x^{n-2}(\Delta x)^2+\cdots+(\Delta x)^n\end{aligned}$$

于是　$\dfrac{\Delta y}{\Delta x}=nx^{n-1}+\dfrac{n(n-1)}{2}x^{n-2}\Delta x+\cdots+(\Delta x)^{n-1}$

因而　$y'=\lim\limits_{\Delta x\to 0}\dfrac{\Delta y}{\Delta x}=nx^{n-1}$

所以　$(x^n)'=nx^{n-1}$　(3.2)

以后可以证明，当 n 为任意实数时公式(3.2)也成立.

(三) 代数和的导数

如果 u，v 都是 x 的可导函数，则 $y=u\pm v$ 也是 x 的可导函数，并且

$$y' = (u \pm v)' = u' \pm v'$$

证：当 x 取得改变量 Δx 时，函数 u，v 分别取得改变量 Δu，Δv，于是函数 y 取得改变量

$$\begin{aligned}\Delta y &= [(u + \Delta u) \pm (v + \Delta v)] - (u \pm v) \\ &= \Delta u \pm \Delta v\end{aligned}$$

因而 $\quad \dfrac{\Delta y}{\Delta x} = \dfrac{\Delta u}{\Delta x} \pm \dfrac{\Delta v}{\Delta x}$

所以 $\quad y' = \lim\limits_{\Delta x \to 0} \dfrac{\Delta y}{\Delta x} = \lim\limits_{\Delta x \to 0} \dfrac{\Delta u}{\Delta x} \pm \lim\limits_{\Delta x \to 0} \dfrac{\Delta v}{\Delta x} = u' \pm v'$

即 $\quad (u \pm v)' = u' \pm v' \qquad (3.3)$

这个公式可以推广到有限多个函数的代数和，即

$$(u_1 + u_2 + \cdots + u_n)' = u'_1 + u'_2 + \cdots + u'_n$$

例 1 求函数 $y = x^3 - 5$ 的导数.

解：$y' = (x^3 - 5)' = (x^3)' - (5)' = 3x^2 - 0 = 3x^2$

（四）乘积的导数

如果 u，v 都是 x 的可导函数，则 $y = uv$ 也是 x 的可导函数，并且

$$y' = (uv)' = u'v + uv'$$

证：当 x 取得改变量 Δx 时，函数 u，v 分别取得改变量 Δu，Δv，于是函数 y 取得改变量

$$\Delta y = (u + \Delta u)(v + \Delta v) - uv = v\Delta u + u\Delta v + \Delta u \cdot \Delta v$$

因而 $\quad \dfrac{\Delta y}{\Delta x} = v\dfrac{\Delta u}{\Delta x} + u\dfrac{\Delta v}{\Delta x} + \dfrac{\Delta u}{\Delta x}\Delta v$

当 $\Delta x \to 0$ 时，u，v 的值并不改变(因为 u，v 依赖于 x 而不依赖于 Δx)；又由于函数 v 可导，因而连续，所以 $\lim\limits_{\Delta x \to 0} \Delta v = 0$. 于是

$$\begin{aligned}y' &= \lim_{\Delta x \to 0} \frac{\Delta y}{\Delta x} \\ &= v \lim_{\Delta x \to 0} \frac{\Delta u}{\Delta x} + u \lim_{\Delta x \to 0} \frac{\Delta v}{\Delta x} + \lim_{\Delta x \to 0} \frac{\Delta u}{\Delta x} \cdot \lim_{\Delta x \to 0} \Delta v \\ &= u'v + uv' + u' \cdot 0 \\ &= u'v + uv'\end{aligned}$$

即 $\quad (uv)' = u'v + uv' \qquad (3.4)$

特别地，当 $u = c$（c 为常数）时，

$$(cv)' = cv' \qquad (3.5)$$

即常数因子可以移到导数符号外面.

公式(3.4)可以推广到有限多个函数的乘积的情况，即如果 $y=u_1u_2\cdots u_n$，则

$$(u_1u_2\cdots u_n)'=u'_1u_2\cdots u_n+u_1u'_2u_3\cdots u_n+\cdots+u_1\cdots u_{n-1}u'_n$$

例 2　求函数 $y=(1+2x)(3x^3-2x^2)$ 的导数.

解：
$$\begin{aligned}y'&=(1+2x)'(3x^3-2x^2)+(1+2x)(3x^3-2x^2)'\\&=[1'+(2x)'](3x^3-2x^2)+(1+2x)[(3x^3)'-(2x^2)']\\&=[0+2(x)'](3x^3-2x^2)+(1+2x)[3(x^3)'-2(x^2)']\\&=2(3x^3-2x^2)+(1+2x)(9x^2-4x)\\&=24x^3-3x^2-4x\end{aligned}$$

(五) 商的导数

如果 u，v 都是 x 的可导函数，且 $v\neq 0$，则函数 $y=\dfrac{u}{v}$ 也是 x 的可导函数，并且

$$y'=\left(\frac{u}{v}\right)'=\frac{u'v-uv'}{v^2}$$

证：由 $\Delta y=\dfrac{u+\Delta u}{v+\Delta v}-\dfrac{u}{v}=\dfrac{v\Delta u-u\Delta v}{v(v+\Delta v)}$，得

$$\frac{\Delta y}{\Delta x}=\frac{v\dfrac{\Delta u}{\Delta x}-u\dfrac{\Delta v}{\Delta x}}{v(v+\Delta v)}$$

因为当 $\Delta x\to 0$ 时，u 与 v 的值不变，而 $\Delta v\to 0$，所以

$$\lim_{\Delta x\to 0}\frac{\Delta y}{\Delta x}=\frac{v\lim\limits_{\Delta x\to 0}\dfrac{\Delta u}{\Delta x}-u\lim\limits_{\Delta x\to 0}\dfrac{\Delta v}{\Delta x}}{v(v+\lim\limits_{\Delta x\to 0}\Delta v)}=\frac{u'v-uv'}{v^2}$$

即
$$\left(\frac{u}{v}\right)'=\frac{u'v-uv'}{v^2}\tag{3.6}$$

特别地，当 $u=c$（c 为常数）时，有

$$\left(\frac{c}{v}\right)'=-c\frac{v'}{v^2}=\frac{-cv'}{v^2}$$

利用公式(3.6)可以证明，当 n 为负整数时，幂函数 $y=x^n$ 的求导公式(3.2)也成立. 实际上，当 n 为负整数时，$m=-n$ 为正整数，于是由

$$y=x^n=x^{-m}=\frac{1}{x^m}$$

得
$$\begin{aligned}y'=(x^n)'&=\left(\frac{1}{x^m}\right)'=-\frac{(x^m)'}{(x^m)^2}=-\frac{mx^{m-1}}{x^{2m}}\\&=-mx^{-m-1}=nx^{n-1}\end{aligned}$$

例 3　求函数 $y=\frac{x^4}{3}-\frac{4}{x^3}$ 的导数.

解：$y'=\left(\frac{x^4}{3}\right)'-\left(\frac{4}{x^3}\right)'=\frac{1}{3}(x^4)'-4(x^{-3})'$

$$=\frac{4}{3}x^3+12x^{-4}=\frac{4}{3}x^3+\frac{12}{x^4}$$

例 4　求函数 $y=\frac{x^2-1}{x^2+1}$ 的导数.

解：$y'=\frac{(x^2-1)'(x^2+1)-(x^2-1)(x^2+1)'}{(x^2+1)^2}$

$$=\frac{2x(x^2+1)-(x^2-1)\cdot(2x)}{(x^2+1)^2}$$

$$=\frac{4x}{(x^2+1)^2}$$

（六）对数函数的导数

设　$y=\log_a x\quad(a>0,\ a\neq 1)$

由　$\Delta y=\log_a(x+\Delta x)-\log_a x=\log_a\left(1+\frac{\Delta x}{x}\right)$

得　$\frac{\Delta y}{\Delta x}=\frac{1}{\Delta x}\log_a\left(1+\frac{\Delta x}{x}\right)$

$$=\frac{1}{x}\cdot\frac{x}{\Delta x}\log_a\left(1+\frac{\Delta x}{x}\right)$$

$$=\frac{1}{x}\log_a\left(1+\frac{\Delta x}{x}\right)^{\frac{x}{\Delta x}}$$

令 $\alpha=\frac{\Delta x}{x}$，则当 $\Delta x\to 0$ 时 $\alpha\to 0$，由对数函数的连续性及

$$\lim_{\Delta x\to 0}\left(1+\frac{\Delta x}{x}\right)^{\frac{x}{\Delta x}}=\lim_{\alpha\to 0}(1+\alpha)^{\frac{1}{\alpha}}=\mathrm{e}$$

可知　$\lim\limits_{\Delta x\to 0}\log_a\left(1+\frac{\Delta x}{x}\right)^{\frac{x}{\Delta x}}=\log_a\mathrm{e}$

所以　$\lim\limits_{\Delta x\to 0}\frac{\Delta y}{\Delta x}=\frac{1}{x}\log_a\mathrm{e}$

即　$(\log_a x)'=\frac{1}{x}\log_a\mathrm{e}$　　(3.7)

特别地，当 $a=\mathrm{e}$ 时，$\log_a\mathrm{e}=\ln\mathrm{e}=1$，于是得到自然对数的导数

$$(\ln x)'=\frac{1}{x}\tag{3.8}$$

(七)三角函数的导数

(1) $y=\sin x$ 的导数.

由 $$\Delta y=\sin(x+\Delta x)-\sin x$$
$$=2\cos\left(x+\frac{\Delta x}{2}\right)\cdot\sin\frac{\Delta x}{2}$$

得 $$\frac{\Delta y}{\Delta x}=2\cos\left(x+\frac{\Delta x}{2}\right)\cdot\frac{\sin\frac{\Delta x}{2}}{\Delta x}$$
$$=\cos\left(x+\frac{\Delta x}{2}\right)\cdot\frac{\sin\frac{\Delta x}{2}}{\frac{\Delta x}{2}}$$

由 $\cos x$ 的连续性有

$$\lim_{\Delta x\to 0}\cos\left(x+\frac{\Delta x}{2}\right)=\cos x$$

又由公式 $\lim\limits_{x\to 0}\frac{\sin x}{x}=1$ 有

$$\lim_{\Delta x\to 0}\frac{\sin\frac{\Delta x}{2}}{\frac{\Delta x}{2}}=1$$

所以 $$y'=\lim_{\Delta x\to 0}\cos\left(x+\frac{\Delta x}{2}\right)\cdot\frac{\sin\frac{\Delta x}{2}}{\frac{\Delta x}{2}}$$
$$=\lim_{\Delta x\to 0}\cos\left(x+\frac{\Delta x}{2}\right)\cdot\lim_{\Delta x\to 0}\frac{\sin\frac{\Delta x}{2}}{\frac{\Delta x}{2}}$$
$$=\cos x$$

即 $$(\sin x)'=\cos x \tag{3.9}$$

完全类似地可以证明：

(2) $y=\cos x$ 的导数.

$$(\cos x)'=-\sin x \tag{3.10}$$

(3) $y=\tan x$ 的导数.

$$y'=(\tan x)'=\left(\frac{\sin x}{\cos x}\right)'=\frac{(\sin x)'\cos x-\sin x(\cos x)'}{\cos^2 x}$$
$$=\frac{\cos x\cos x-\sin x(-\sin x)}{\cos^2 x}=\frac{\cos^2 x+\sin^2 x}{\cos^2 x}$$

$$= \frac{1}{\cos^2 x} = \sec^2 x$$

即 $$(\tan x)' = \sec^2 x \tag{3.11}$$

不难求出：

(4) $y = \cot x$，$y = \sec x$，$y = \csc x$ 的导数.

$$(\cot x)' = -\frac{1}{\sin^2 x} = -\csc^2 x \tag{3.12}$$

$$(\sec x)' = \left(\frac{1}{\cos x}\right)' = \sec x \cdot \tan x \tag{3.13}$$

$$(\csc x)' = \left(\frac{1}{\sin x}\right)' = -\csc x \cdot \cot x \tag{3.14}$$

例 5 求函数 $y = 2\sqrt{x} \cdot \sin x + \cos x \cdot \ln x$ 的导数.

解：$y' = (2\sqrt{x} \cdot \sin x)' + (\cos x \cdot \ln x)'$

$$= 2(\sqrt{x})' \cdot \sin x + 2\sqrt{x} \cdot (\sin x)' + (\cos x)' \cdot \ln x + \cos x \cdot (\ln x)'$$

$$= 2 \cdot \frac{1}{2\sqrt{x}} \cdot \sin x + 2\sqrt{x} \cdot \cos x - \sin x \cdot \ln x + \frac{1}{x}\cos x$$

$$= \left(\frac{1}{\sqrt{x}} - \ln x\right)\sin x + \left(2\sqrt{x} + \frac{1}{x}\right)\cos x$$

（八）复合函数的导数

设函数 $y = f(u)$，$u = \varphi(x)$，y 是 x 的一个复合函数

$$y = f[\varphi(x)]$$

如果 $u = \varphi(x)$ 在点 x 处有导数 $\frac{\mathrm{d}u}{\mathrm{d}x} = \varphi'(x)$，$y = f(u)$ 在对应点 u 处有导数 $\frac{\mathrm{d}y}{\mathrm{d}u} = f'(u)$，则复合函数 $y = f[\varphi(x)]$ 在点 x 处的导数也存在，而且

$$\frac{\mathrm{d}y}{\mathrm{d}x} = f'(u) \cdot \varphi'(x)$$

或写为 $$y'_x = y'_u \cdot u'_x$$

证：设 x 取得改变量 Δx，则 u 取得相应的改变量 Δu，从而 y 取得相应的改变量 Δy.

$$\Delta u = \varphi(x + \Delta x) - \varphi(x)$$
$$\Delta y = f(u + \Delta u) - f(u)$$

当 $\Delta u \neq 0$ 时则有

$$\frac{\Delta y}{\Delta x} = \frac{\Delta y}{\Delta u} \cdot \frac{\Delta u}{\Delta x}$$

因为 $u = \varphi(x)$ 可导，则必连续，所以当 $\Delta x \to 0$ 时，$\Delta u \to 0$.

因此 $$\lim_{\Delta x\to 0}\frac{\Delta y}{\Delta x}=\lim_{\Delta x\to 0}\frac{\Delta y}{\Delta u}\cdot\lim_{\Delta x\to 0}\frac{\Delta u}{\Delta x}$$

$$=\lim_{\Delta u\to 0}\frac{\Delta y}{\Delta u}\cdot\lim_{\Delta x\to 0}\frac{\Delta u}{\Delta x}$$

于是可得 $$\frac{\mathrm{d}y}{\mathrm{d}x}=f'(u)\cdot\varphi'(x) \tag{3.15}$$

或写作 $$y'_x=y'_u\cdot u'_x \tag{3.15'}$$

当 $\Delta u=0$ 时，可以证明公式(3.15)仍然成立.

公式(3.15)表明，复合函数的导数等于复合函数对中间变量的导数乘以中间变量对自变量的导数.

显然，重复利用公式(3.15)可将此公式推广到有限次复合.例如,设

$$y=f(u),\quad u=\varphi(v),\quad v=\psi(x)$$

则复合函数 $y=f\{\varphi[\psi(x)]\}$ 对 x 的导数是

$$\frac{\mathrm{d}y}{\mathrm{d}x}=f'(u)\cdot\varphi'(v)\cdot\psi'(x)\quad 或\quad y'_x=y'_u\cdot u'_v\cdot v'_x$$

例 6　求函数 $y=(1+2x)^{30}$ 的导数.

解：设 $y=u^{30}$，$u=1+2x$，则由公式(3.15)得

$$y'=(u^{30})'_u\cdot(1+2x)'_x=30u^{29}\cdot 2=60u^{29}=60(1+2x)^{29}$$

例 7　求函数 $y=\ln\sin x$ 的导数.

解：设 $y=\ln u$，$u=\sin x$，则

$$y'=(\ln u)'_u\cdot(\sin x)'_x=\frac{1}{u}\cos x=\frac{\cos x}{\sin x}=\cot x$$

例 8　求函数 $y=\cos nx$ 的导数.

解：设 $y=\cos u$，$u=nx$，则

$$y'=(\cos u)'_u\cdot(nx)'_x=-\sin u\cdot n=-n\sin nx$$

在熟练了之后,计算时就不必将中间变量写出来了.

例 9　求函数 $y=\left(\frac{x}{2x+1}\right)^n$ 的导数.

解：$$y'=n\left(\frac{x}{2x+1}\right)^{n-1}\left(\frac{x}{2x+1}\right)'$$

$$=n\left(\frac{x}{2x+1}\right)^{n-1}\cdot\frac{2x+1-2x}{(2x+1)^2}$$

$$=\frac{nx^{n-1}}{(2x+1)^{n+1}}$$

例 10　求函数 $y=\frac{x}{2}\sqrt{a^2-x^2}$ 的导数.

解：$y' = \frac{1}{2}[x'\sqrt{a^2-x^2} + x(\sqrt{a^2-x^2})']$

$$= \frac{1}{2}\left[\sqrt{a^2-x^2} + \frac{x}{2\sqrt{a^2-x^2}}(a^2-x^2)'\right]$$

$$= \frac{1}{2}\left[\sqrt{a^2-x^2} + \frac{x}{2\sqrt{a^2-x^2}}(-2x)\right]$$

$$= \frac{a^2-2x^2}{2\sqrt{a^2-x^2}}$$

例 11　求函数 $y=\ln(x+\sqrt{x^2+a^2})$ 的导数.

解：$y' = \frac{1}{x+\sqrt{x^2+a^2}}(x+\sqrt{x^2+a^2})'$

$$= \frac{1}{x+\sqrt{x^2+a^2}}\left(1+\frac{(x^2+a^2)'}{2\sqrt{x^2+a^2}}\right)$$

$$= \frac{1}{x+\sqrt{x^2+a^2}}\left(1+\frac{2x}{2\sqrt{x^2+a^2}}\right)$$

$$= \frac{1}{x+\sqrt{x^2+a^2}}\cdot\frac{\sqrt{x^2+a^2}+x}{\sqrt{x^2+a^2}} = \frac{1}{\sqrt{x^2+a^2}}$$

（九）反函数的导数

设函数 $y=f(x)$ 在点 x 处有不等于 0 的导数 $f'(x)$，并且其反函数 $x=f^{-1}(y)$ 在相应点处连续，则 $[f^{-1}(y)]'$ 存在，并且

$$[f^{-1}(y)]' = \frac{1}{f'(x)} \tag{3.16}$$

或

$$f'(x) = \frac{1}{[f^{-1}(y)]'} \tag{3.16'}$$

证：当 $y=f(x)$ 的反函数 $x=f^{-1}(y)$ 的自变量 y 取得改变量 Δy 时，因变量 x 取得相应的改变量 Δx. 当 $\Delta y\neq 0$ 时必有 $\Delta x\neq 0$，否则由 $\Delta x=f^{-1}(y+\Delta y)-f^{-1}(y)=0$ 得 $f^{-1}(y+\Delta y)=f^{-1}(y)$，但 $f(x)$ 是一一对应的，所以 $y+\Delta y=y$，于是 $\Delta y=0$，与 $\Delta y\neq 0$ 的假定相矛盾. 因此，当 $\Delta y\neq 0$ 时，有

$$\frac{\Delta x}{\Delta y} = \frac{1}{\frac{\Delta y}{\Delta x}}$$

又因 $x=f^{-1}(y)$ 在相应点处连续，所以当 $\Delta y\to 0$ 时，$\Delta x\to 0$，于是由上面的等式及 $f'(x)\neq 0$ 的假设，得到

$$[f^{-1}(y)]' = \lim_{\Delta y\to 0}\frac{\Delta x}{\Delta y} = \lim_{\Delta x\to 0}\frac{1}{\frac{\Delta y}{\Delta x}}$$

$$=\frac{1}{\lim\limits_{\Delta x\to 0}\frac{\Delta y}{\Delta x}}=\frac{1}{f'(x)}$$

这就是要证明的式(3.16). 当 $f'(x)\neq 0$ 时，由式(3.16)可知$[f^{-1}(y)]'\neq 0$，所以式(3.16′)成立.

(十) 反三角函数的导数

(1) $y=\arcsin x\ (-1<x<1)$ 的导数.

因为　$y=\arcsin x\ (-1<x<1)$ 的反函数是

$$x=\sin y\quad\left(-\frac{\pi}{2}<y<\frac{\pi}{2}\right)$$

而

$$(\sin y)'=\cos y>0\quad\left(-\frac{\pi}{2}<y<\frac{\pi}{2}\right)$$

$$\cos y=\sqrt{1-\sin^2 y}=\sqrt{1-x^2}>0$$

所以由式(3.16′)得

$$y'=(\arcsin x)'=\frac{1}{(\sin y)'}=\frac{1}{\sqrt{1-x^2}}\qquad(-1<x<1)$$

即

$$(\arcsin x)'=\frac{1}{\sqrt{1-x^2}}\qquad(-1<x<1)\tag{3.17}$$

同样可证：

(2) $$(\arccos x)'=-\frac{1}{\sqrt{1-x^2}}\qquad(-1<x<1)\tag{3.18}$$

$$(\arctan x)'=\frac{1}{1+x^2}\tag{3.19}$$

$$(\operatorname{arccot} x)'=-\frac{1}{1+x^2}\tag{3.20}$$

例 12　求函数 $y=\arcsin(3x^2)$ 的导数.

解：$$y'=\frac{1}{\sqrt{1-(3x^2)^2}}\cdot(3x^2)'=\frac{6x}{\sqrt{1-9x^4}}$$

例 13　求函数 $y=\arctan\frac{1}{x}$ 的导数.

解：$$y'=\frac{1}{1+\left(\frac{1}{x}\right)^2}\cdot\left(\frac{1}{x}\right)'=\frac{x^2}{1+x^2}\cdot\left(-\frac{1}{x^2}\right)=-\frac{1}{1+x^2}$$

(十一) 隐函数的导数

设方程 $F(x,y)=0$ 确定 y 是 x 的函数，并且可导. 现在利用复合函数求导公式可求出

隐函数 y 对 x 的导数.

例如，$x^2+y^2-r^2=0$ 是一个自变量为 x、因变量为 y 的隐函数，为了求 y 对 x 的导数，将上式两边逐项对 x 求导，并将 y^2 看作 x 的复合函数. 右端的导数显然为 0，则有

$$\frac{\mathrm{d}}{\mathrm{d}x}(x^2)+\frac{\mathrm{d}}{\mathrm{d}x}(y^2)-\frac{\mathrm{d}}{\mathrm{d}x}(r^2)=0$$

即 $$2x+2y\frac{\mathrm{d}y}{\mathrm{d}x}=0$$

于是得到 $x+y\dfrac{\mathrm{d}y}{\mathrm{d}x}=0$

所以 $$\frac{\mathrm{d}y}{\mathrm{d}x}=-\frac{x}{y}$$

从上例可以看到，在等式两边逐项对自变量求导数，即可得到一个包含 y' 的一次方程，解出 y'，即为隐函数的导数.

例 14 方程 $y^2=2px$ 确定 y 是 x 的函数，求 y 的导数.

解：这里 $2px$ 是 x 的函数，而 y^2 可看成 x 的复合函数，所给方程两边对 x 求导，得

$$2yy'=2p$$

解出 y'，即得

$$y'=\frac{p}{y}$$

例 15 方程 $y=x\ln y$ 确定 y 是 x 的函数，求 y 的导数.

解：将方程两边对 x 求导，得

$$y'=\ln y+x\cdot\frac{1}{y}\cdot y'$$

解出 y'，得

$$y'=\frac{y\ln y}{y-x}$$

例 16 方程 $x^2+xy+y^2=4$ 确定 y 是 x 的函数，求其曲线上点 $(2,-2)$ 处的切线方程及法线方程.

解：方程两边对 x 求导，得

$$2x+y+xy'+2yy'=0$$

解出 y' 得

$$y'=-\frac{2x+y}{x+2y}$$

由 $$y'\Big|_{\substack{x=2\\y=-2}}=1$$

得点(2，−2)处的切线方程是

$$y-(-2)=1\cdot(x-2)$$

即　$y=x-4$

法线方程是

$$y-(-2)=-1\cdot(x-2)$$

即　$x+y=0$

(十二)指数函数的导数

设 $y=a^x(a>0，a\neq 1)$.

两边取对数，写成隐函数形式

$$\ln y=x\ln a$$

此式两边对 x 求导，得

$$\frac{1}{y}y'=\ln a，即\ y'=y\ln a$$

因此　$y'=(a^x)'=a^x\ln a$　(3.21)

特别地，当 $a=\mathrm{e}$ 时，有

$$(\mathrm{e}^x)'=\mathrm{e}^x \tag{3.22}$$

例 17　求函数 $y=a^{-x}$ 的导数.

解：$y'=(a^{-x})'=a^{-x}\ln a\cdot(-x)'=-a^{-x}\ln a$

例 18　求函数 $y=\mathrm{e}^{ax^2+bx+c}$ 的导数.

解：$y'=(\mathrm{e}^{ax^2+bx+c})'=\mathrm{e}^{ax^2+bx+c}(ax^2+bx+c)'$

$=(2ax+b)\mathrm{e}^{ax^2+bx+c}$

例 19　方程 $\mathrm{e}^y=xy$ 确定 y 是 x 的函数，求 y 的导数.

解：方程两边对 x 求导，得

$$\mathrm{e}^y y'=y+xy'$$

解出 y'，得

$$y'=\frac{y}{\mathrm{e}^y-x}$$

(十三)取对数求导法

在上面推导指数函数的导数公式时，我们是先将函数 $y=a^x$ 两边取对数，然后化成隐函数求导数. 这种方法称为“**取对数求导法**”. 这种方法对求某些函数的导数是很有用

处的．下面举几个例子来说明这种方法．

例 20 求函数 $y=x^x$ 的导数．

解：这个函数既不是幂函数，也不是指数函数，称为幂指函数，不能直接利用幂函数或指数函数的求导公式．我们利用取对数求导法，对 $y=x^x$ 两边取对数，得

$$\ln y = x\ln x$$

两边对 x 求导，得

$$\frac{1}{y}y' = \ln x + x\cdot\frac{1}{x} = \ln x + 1$$

于是得 $y' = y(\ln x+1) = x^x(\ln x+1)$

幂指函数也可以按下面的方法求导：

$$y = x^x = \mathrm{e}^{x\ln x}$$

于是有 $y' = \mathrm{e}^{x\ln x}(x\ln x)' = \mathrm{e}^{x\ln x}(\ln x+1) = x^x(\ln x+1)$

例 21 求 $y=(3x+1)^2\sqrt[5]{\dfrac{x^2+1}{5x-1}}$ 的导数．

解：方程两边取自然对数，得

$$\ln y = 2\ln(3x+1) + \frac{1}{5}\ln(x^2+1) - \frac{1}{5}\ln(5x-1)$$

两边对 x 求导，得

$$\frac{1}{y}y' = \frac{6}{3x+1} + \frac{2x}{5(x^2+1)} - \frac{1}{5x-1}$$

$$y' = (3x+1)^2\sqrt[5]{\frac{x^2+1}{5x-1}}\left(\frac{6}{3x+1} + \frac{2x}{5(x^2+1)} - \frac{1}{5x-1}\right)$$

（十四）由参数方程所确定的函数的导数

在有些问题中，因变量 y 与自变量 x 的函数关系不是直接用 y 与 x 的解析式来表达，而是通过一个参变量来表示．

若参数方程 $\begin{cases} x=\varphi(t) \\ y=\psi(t) \end{cases}$ 确定 y 是 x 的函数，则称此函数关系为由参数方程所确定的函数．

下面讨论由参数方程表示的函数关系的导数．

设 $x=\varphi(t)$ 有连续反函数 $t=\varphi^{-1}(x)$，又 $\varphi'(t)$ 与 $\psi'(t)$ 存在，且 $\psi'(t)\neq 0$．

y 与 x 构成复合函数 $y=\psi(t)=\psi[\varphi^{-1}(x)]$．

利用反函数与复合函数的求导法则，有

$$\frac{dy}{dx}=\frac{dy}{dt}\cdot\frac{dt}{dx}=\frac{\frac{dy}{dt}}{\frac{dx}{dt}}=\frac{\psi'(t)}{\varphi'(t)} \tag{3.23}$$

例 22　已知 $\begin{cases}x=a\cos t\\ y=a\sin t\end{cases}$，求 $\frac{dy}{dx}$.

解：$\frac{dy}{dx}=\frac{\frac{dy}{dt}}{\frac{dx}{dt}}=\frac{(a\sin t)'}{(a\cos t)'}=\frac{a\cos t}{-a\sin t}=-\cot t$

例 23　已知 $\begin{cases}x=\arctan t\\ y=\ln(1+t^2)\end{cases}$，求 $\frac{dy}{dx}$.

解：$\frac{dy}{dx}=\frac{\frac{dy}{dt}}{\frac{dx}{dt}}=\frac{\frac{2t}{1+t^2}}{\frac{1}{1+t^2}}=2t$

（十五）导数公式

为了便于记忆和使用，我们将本节讲过的所有导数公式列在下面：

(1) $(c)'=0$　(c 为常数)

(2) $(u\pm v)'=u'\pm v'$

(3) $(uv)'=u'v+uv'$

(4) $(cu)'=cu'$　(c 为常数)

(5) $\left(\frac{u}{v}\right)'=\frac{u'v-uv'}{v^2}$　$(v\neq 0)$

(6) $\{f[\varphi(x)]\}'=f'[\varphi(x)]\cdot\varphi'(x)$

(7) $[f^{-1}(y)]'=\frac{1}{f'(x)}$　$(f'(x)\neq 0)$

(8) $\begin{cases}x=\varphi(t)\\ y=\psi(t)\end{cases}$，$\frac{dy}{dx}=\frac{\psi'(t)}{\varphi'(t)}$

(9) $(x^\alpha)'=\alpha x^{\alpha-1}$

(10) $(\log_a x)'=\frac{1}{x}\log_a e$　$(a>0, a\neq 1)$

(11) $(\ln x)'=\frac{1}{x}$

(12) $(a^x)'=a^x\ln a$　$(a>0, a\neq 1)$

(13) $(e^x)'=e^x$

(14) $(\sin x)'=\cos x$

(15) $(\cos x)'=-\sin x$

(16) $(\tan x)' = \dfrac{1}{\cos^2 x} = \sec^2 x$

(17) $(\cot x)' = -\dfrac{1}{\sin^2 x} = -\csc^2 x$

(18) $(\sec x)' = \sec x \cdot \tan x$

(19) $(\csc x)' = -\csc x \cdot \cot x$

(20) $(\arcsin x)' = \dfrac{1}{\sqrt{1-x^2}} \quad (-1 < x < 1)$

(21) $(\arccos x)' = -\dfrac{1}{\sqrt{1-x^2}} \quad (-1 < x < 1)$

(22) $(\arctan x)' = \dfrac{1}{1+x^2}$

(23) $(\text{arccot}\, x)' = -\dfrac{1}{1+x^2}$

（十六）综合杂例

例 24 $y = \ln[\cos(10+3x^2)]$，求 y'.

解：
$$y' = \frac{1}{\cos(10+3x^2)}[\cos(10+3x^2)]'$$
$$= \frac{-\sin(10+3x^2)\cdot(10+3x^2)'}{\cos(10+3x^2)}$$
$$= -6x\tan(10+3x^2)$$

例 25 $y = 3^x + x^3 + 3^3 + x^x$，求 y'.

解：
$$y' = (3^x)' + (x^3)' + (3^3)' + (x^x)'$$
$$= 3^x\ln 3 + 3x^2 + 0 + e^{x\ln x}(x\ln x)'$$
$$= 3^x\ln 3 + 3x^2 + x^x(\ln x + 1)$$

例 26 $\ln\sqrt{x^2+y^2} = \arctan\dfrac{y}{x}$ 确定 y 是 x 的函数，求 y'.

解：
$$\frac{1}{2}[\ln(x^2+y^2)]' = \left(\arctan\frac{y}{x}\right)'$$
$$\frac{1}{2(x^2+y^2)}(2x+2yy') = \frac{1}{1+\left(\frac{y}{x}\right)^2}\cdot\frac{y'x-y}{x^2}$$
$$\frac{x+yy'}{x^2+y^2} = \frac{xy'-y}{x^2+y^2}$$

于是得 $y' = \dfrac{x+y}{x-y}$

例 27 $f(x) = \begin{cases} x-1, & x \leqslant 0 \\ 2x, & 0 < x \leqslant 1 \\ x^2+1, & 1 < x \leqslant 2 \\ \dfrac{1}{2}x+4, & 2 < x \end{cases}$，求 $f'(x)$.

解：当 $x<0$ 时，$f'(x)=1$

当 $0<x<1$ 时，$f'(x)=2$

当 $1<x<2$ 时，$f'(x)=2x$

当 $x>2$ 时，$f'(x)=\frac{1}{2}$

在 $x=0$，$x=1$，$x=2$ 处，根据3.2节例9的结果有：$f'(0)$ 不存在，$f'(1)=2$，$f'(2)$ 不存在，故可得

$$f'(x)=\begin{cases}1, & x<0\\ 2, & 0<x\leqslant 1\\ 2x, & 1<x<2\\ \frac{1}{2}, & 2<x\end{cases}$$

可以看出：导函数的定义域不超出函数定义域，即

$$D(f')\subset D(f)$$

例 28　已知 $f(u)$ 可导，求 $[f(\ln x)]'$，$\{f[(x+a)^n]\}'$ 及 $\{[f(x+a)]^n\}'$，其中 a 为常数.

解：作为导数符号的"′"在不同位置表示对不同变量求导数，做题时应注意区分.

$f'(\ln x)$ 表示对 $\ln x$ 求导，$[f(\ln x)]'$ 表示对 x 求导. 因此，

$$[f(\ln x)]'=f'(\ln x)\cdot(\ln x)'=\frac{1}{x}f'(\ln x)$$

$$\begin{aligned}\{f[(x+a)^n]\}'&=f'[(x+a)^n]\cdot[(x+a)^n]'\\&=n(x+a)^{n-1}f'[(x+a)^n]\end{aligned}$$

$$\{[f(x+a)]^n\}'=n[f(x+a)]^{n-1}f'(x+a)$$

例 29　已知 $y=y(x)=e^{f^2(x)}$，若 $f'(a)=\frac{1}{2f(a)}$，求证

$$y(a)=y'(a)$$

证：$y'(x)=e^{f^2(x)}[f^2(x)]'=e^{f^2(x)}\cdot 2f(x)f'(x)$

$$\begin{aligned}y'(a)&=e^{f^2(a)}\cdot 2f(a)f'(a)\\&=e^{f^2(a)}\cdot 2f(a)\frac{1}{2f(a)}=e^{f^2(a)}\end{aligned}$$

由题设有 $y(a)=e^{f^2(a)}$

所以　$y(a)=y'(a)$

例 30　设球半径 r 以 2 cm/s 的速度等速增加，求当球半径 $r=10$ cm 时，其体积 V 增加的速度.

解：已知球的体积 V 是半径 r 的函数

$$V=\frac{4}{3}\pi r^3$$

r 是时间 t 的函数，其导数 $\frac{\mathrm{d}r}{\mathrm{d}t}=2$，而 V 是时间 t 的复合函数，根据复合函数求导公式可得

$$\frac{\mathrm{d}V}{\mathrm{d}t}=\left(\frac{4}{3}\pi r^3\right)'_r\frac{\mathrm{d}r}{\mathrm{d}t}=4\pi r^2\frac{\mathrm{d}r}{\mathrm{d}t}$$

$$\left.\frac{\mathrm{d}V}{\mathrm{d}t}\right|_{\substack{r=10\\ \frac{\mathrm{d}r}{\mathrm{d}t}=2}}=800\pi$$

因此，当 $r=10$ cm 时，体积 V 的增加速度为 800π cm^3/s.

3.4 高阶导数

知识点解析
高阶导数

本章开始时曾讲过物体作变速直线运动的瞬时速度问题. 如果物体的运动方程为 $s=f(t)$，则物体在时刻 t 的瞬时速度为 s 对 t 的导数，亦即 $v=s'=f'(t)$. 速度 $v=f'(t)$ 也是时间 t 的函数，它对时间 t 的导数称为物体在时刻 t 的瞬时加速度 a，$a=v'=(s')'$，记为 s''，称为 s 对 t 的二阶导数.

例如，自由落体的运动方程为

$$s=\frac{1}{2}gt^2$$

瞬时速度　$v=s'=\left(\frac{1}{2}gt^2\right)'=gt$

瞬时加速度　$a=s''=(gt)'=g$

一般地，如果函数 $y=f(x)$ 的导数 $f'(x)$ 在点 x 处可导，则称 $f'(x)$ 在点 x 处的导数为函数 $f(x)$ 在点 x 处的**二阶导数**，记作

$$f''(x),\ y''\quad 或\quad \frac{\mathrm{d}^2y}{\mathrm{d}x^2}$$

类似地，二阶导数 $y''=f''(x)$ 的导数就称作函数 $y=f(x)$ 的**三阶导数**，记作

$$f'''(x),\ y'''\quad 或\quad \frac{\mathrm{d}^3y}{\mathrm{d}x^3}$$

一般地，我们定义 $y=f(x)$ 的 $(n-1)$ 阶导数的导数为 $y=f(x)$ 的 n 阶导数，记作

$$f^{(n)}(x),\ y^{(n)}\quad 或\quad \frac{\mathrm{d}^ny}{\mathrm{d}x^n}$$

二阶和二阶以上的导数统称为**高阶导数**. 函数 $f(x)$ 的各阶导数在点 $x=x_0$ 处的数值记为

$$f'(x_0),\ f''(x_0),\ \cdots,\ f^{(n)}(x_0)$$

或

$$y'\Big|_{x=x_0},\ y''\Big|_{x=x_0},\ \cdots,\ y^{(n)}\Big|_{x=x_0}$$

例 1　求 $y=x^4$ 的各阶导数.

解：$y'=4x^3$　　$y''=12x^2$

$y'''=24x$　　$y^{(4)}=24$

$y^{(5)}=y^{(6)}=\cdots=0$

例 2　求 $y=\mathrm{e}^x$ 的 n 阶导数.

解：因为 $(\mathrm{e}^x)'=\mathrm{e}^x$，即函数求导后不变，所以

$$y^{(n)}=\mathrm{e}^x$$

例 3　求 $y=\sin x$ 的 n 阶导数.

解：

$$y'=(\sin x)'=\cos x=\sin\left(x+\frac{\pi}{2}\right)$$

$$y''=\left[\sin\left(x+\frac{\pi}{2}\right)\right]'=\cos\left(x+\frac{\pi}{2}\right)$$

$$=\sin\left(x+2\cdot\frac{\pi}{2}\right)$$

$$y'''=\left[\sin\left(x+2\cdot\frac{\pi}{2}\right)\right]'=\cos\left(x+2\cdot\frac{\pi}{2}\right)$$

$$=\sin\left(x+3\cdot\frac{\pi}{2}\right)$$

……

一般地有

$$y^{(n)}=(\sin x)^{(n)}=\sin\left(x+n\cdot\frac{\pi}{2}\right)$$

同理可得

$$(\cos x)^{(n)}=\cos\left(x+n\cdot\frac{\pi}{2}\right)$$

3.5　微　分

知识点解析
微分及高阶微分

(一) 微分的定义

前面讲过函数的导数表示函数在点 x 处的变化率，它描述了函数在点 x 处变化的快慢程度. 有时我们还需要了解函数在某一点当自变量取得一个微小的改变量时，函数取得的相应改变量的大小. 这就引进了微分的

概念.

我们先看一个具体例子.

设有一个边长为 x 的正方形，其面积用 S 表示，显然 $S=x^2$. 如果边长 x 取得一个改变量 Δx，则面积 S 相应地取得改变量

$$\begin{aligned}\Delta S &= (x+\Delta x)^2 - x^2 \\ &= 2x\Delta x + (\Delta x)^2\end{aligned}$$

ΔS 包括两部分：第一部分 $2x\Delta x$ 是 Δx 的线性函数，即图 3-4 中画一层斜线的那两个矩形面积之和；而第二部分 $(\Delta x)^2$，当 $\Delta x\to 0$ 时，是比 Δx 高阶的无穷小量，即图 3-4 中画双层斜线的那个小正方形的面积. 因此，当 Δx 很小时，我们可以用第一部分 $2x\Delta x$ 近似地表示 ΔS，而将第二部分 $(\Delta x)^2$ 忽略掉，其差 $\Delta S-2x\Delta x$ 只是一个比 Δx 高阶的无穷小量. 我们把 $2x\Delta x$ 叫作正方形面积 S 的微分，记作

$$dS = 2x\Delta x$$

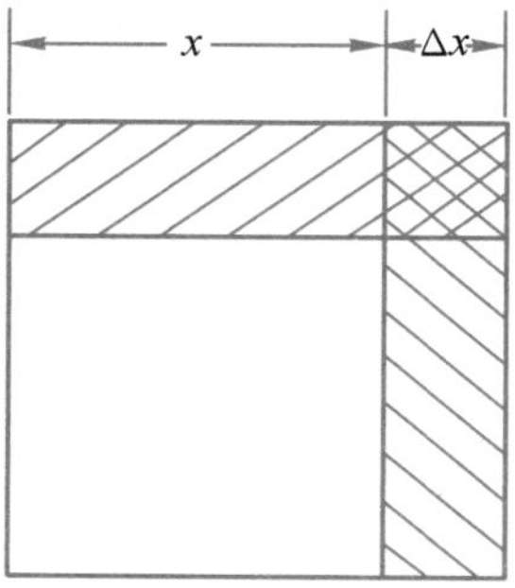

图 3-4

定义 3.3 对于自变量在点 x 处的改变量 Δx，如果函数 $y=f(x)$ 的相应改变量 Δy 可以表示为

$$\Delta y = A\Delta x + o(\Delta x) \quad (\Delta x \to 0) \tag{3.24}$$

其中 A 与 Δx 无关，则称函数 $y=f(x)$ 在点 x 处可微，并称 $A\Delta x$ 为函数 $y=f(x)$ 在点 x 处的微分，记为 dy 或 $df(x)$，即

$$dy = A\Delta x$$

由微分的定义可知，微分是自变量的改变量 Δx 的线性函数. 当 $\Delta x\to 0$ 时，微分与函数的改变量 Δy 的差是一个比 Δx 高阶的无穷小量 $o(\Delta x)$.

通常称函数微分 dy 为函数改变量 Δy 的线性主部.

现在的问题是怎样确定 A？

还是从上面讲到的正方形面积来考察，我们已经知道正方形面积 S 的微分为

$$dS = 2x\Delta x$$

显然，这里 $A=2x=(x^2)'=S'$. 这就是说，正方形面积 S 的微分等于正方形面积 S 对边长 x 的导数与边长改变量的乘积.

这个例子说明：函数微分中自变量改变量的系数“A”就是函数在点 x 处的导数. 下面我们来证明这个结论对一般的可微函数都是正确的.

设函数 $y=f(x)$ 在点 x 处可微，则由定义可知，公式(3.24)成立. 用 $\Delta x(\neq 0)$ 除式(3.24)的两边得

$$\frac{\Delta y}{\Delta x} = A + \frac{o(\Delta x)}{\Delta x}, \qquad \lim_{\Delta x\to 0}\frac{o(\Delta x)}{\Delta x} = 0$$

所以 $$y' = \lim_{\Delta x \to 0} \frac{\Delta y}{\Delta x} = A$$

由此可见，如果函数 $y = f(x)$ 在点 x 处可微，则它在点 x 处可导，而且

$$\mathrm{d}y = f'(x)\Delta x$$

反之，如果 $y = f(x)$ 在点 x 处可导，则它在点 x 处也可微.

因为，若

$$\lim_{\Delta x \to 0} \frac{\Delta y}{\Delta x} = f'(x)$$

则由定理 2.5 的必要条件可知

$$\frac{\Delta y}{\Delta x} = f'(x) + \alpha$$

其中 α 是当 $\Delta x \to 0$ 时的无穷小量，所以

$$\Delta y = f'(x)\Delta x + \alpha\Delta x$$

$f'(x)\Delta x$ 是 Δx 的线性函数，$\alpha\Delta x$ 是比 Δx 高阶的无穷小量. 这就是说，函数 $y = f(x)$ 在点 x 处可微，且 $f'(x)\Delta x$ 就是它的微分.

由上面的讨论可知：函数可微必可导，可导必可微，可导与可微是一致的，并且函数的微分就是函数的导数与自变量改变量的乘积，即

$$\mathrm{d}y = f'(x)\Delta x$$

如果将自变量 x 当作自己的函数 $y = x$，则得

$$\mathrm{d}x = x' \cdot \Delta x = \Delta x$$

因此，我们说自变量的微分就是它的改变量. 于是，函数的微分可以写成

$$\mathrm{d}y = f'(x)\mathrm{d}x \tag{3.25}$$

即函数的微分就是函数的导数与自变量的微分的乘积. 由式(3.25)可得

$$\frac{\mathrm{d}y}{\mathrm{d}x} = f'(x)$$

以前我们曾用 $\frac{\mathrm{d}y}{\mathrm{d}x}$ 表示过导数，那时 $\frac{\mathrm{d}y}{\mathrm{d}x}$ 是整体作为一个记号来用的. 在引进微分概念之后，我们才知道 $\frac{\mathrm{d}y}{\mathrm{d}x}$ 表示的是函数微分与自变量微分的商，所以我们又称导数为微商. 由于求微分的问题可归结为求导数的问题，因此求导数与求微分的方法叫作**微分法**.

例 1　求函数 $y = x^2$ 当 x 由 1 改变到 1.01 时的微分.

解：函数的微分为

$$\mathrm{d}y = (x^2)'\mathrm{d}x = 2x\mathrm{d}x$$

由所给条件知 $x=1$，$\mathrm{d}x=1.01-1=0.01$，所以

$$\mathrm{d}y=2\times1\times(0.01)=0.02$$

例 2　求函数 $y=\ln x$ 的微分.

解：$\mathrm{d}y=(\ln x)'\mathrm{d}x=\dfrac{1}{x}\mathrm{d}x$

（二）微分的几何意义

在直角坐标系中作函数 $y=f(x)$ 的图形，如图 3－5 所示. 于曲线上取定一点 $M(x, y)$，过 M 点作曲线的切线，则此切线的斜率为

$$f'(x)=\tan\alpha$$

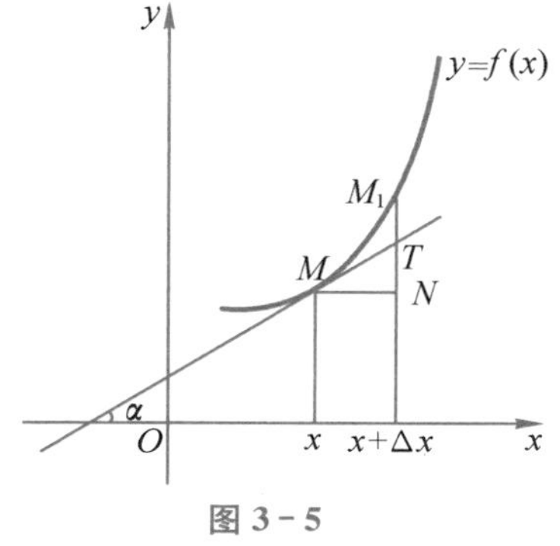

图 3－5

当自变量在点 x 处取得改变量 Δx 时，就得到曲线上另外一点 $M_1(x+\Delta x, y+\Delta y)$. 由图 3－5 易知

$$MN=\Delta x,\ NM_1=\Delta y$$

且

$$NT=MN\cdot\tan\alpha=f'(x)\Delta x=\mathrm{d}y$$

因此，函数 $y=f(x)$ 的微分 $\mathrm{d}y$ 就是过点 $M(x, y)$ 的切线的纵坐标的改变量. 图中线段 TM_1 是 Δy 与 $\mathrm{d}y$ 之差，它是 Δx 的高阶无穷小量.

（三）微分法则

由 $\mathrm{d}y=f'(x)\mathrm{d}x$ 可知，求微分 $\mathrm{d}y$，只要求出导数 $f'(x)$，再乘上 $\mathrm{d}x$ 即可.

根据函数代数和、积、商的求导法则，可得求函数代数和、积、商的微分法. 例如，由函数乘积 $y=uv$ 的导数公式

$$y'=uv'+vu'$$

两边同乘以 $\mathrm{d}x$，即得微分公式

$$\mathrm{d}y=\mathrm{d}(uv)=u\mathrm{d}v+v\mathrm{d}u$$

现将微分基本公式列示如下：

（1）$\mathrm{d}c=0$　（c 为常数）

（2）$\mathrm{d}(u\pm v)=\mathrm{d}u\pm\mathrm{d}v$

（3）$\mathrm{d}(uv)=u\mathrm{d}v+v\mathrm{d}u$

（4）$\mathrm{d}(cu)=c\mathrm{d}u$　（c 为常数）

（5）$\mathrm{d}\left(\dfrac{u}{v}\right)=\dfrac{v\mathrm{d}u-u\mathrm{d}v}{v^2}$　（$v\neq0$）

(6) $d(x^{\alpha}) = \alpha x^{\alpha-1}dx$

(7) $d(\log_a x) = \frac{1}{x}\log_a e dx \quad (a > 0, a \neq 1)$

(8) $d(\ln x) = \frac{1}{x}dx$

(9) $d(a^x) = a^x \ln a dx \quad (a > 0, a \neq 1)$

(10) $d(e^x) = e^x dx$

(11) $d(\sin x) = \cos x dx$

(12) $d(\cos x) = -\sin x dx$

(13) $d(\tan x) = \frac{1}{\cos^2 x}dx = \sec^2 x dx$

(14) $d(\cot x) = -\frac{1}{\sin^2 x}dx = -\csc^2 x dx$

(15) $d(\sec x) = \sec x \tan x dx$

(16) $d(\csc x) = -\csc x \cot x dx$

(17) $d(\arcsin x) = \frac{1}{\sqrt{1-x^2}}dx \quad (-1 < x < 1)$

(18) $d(\arccos x) = -\frac{1}{\sqrt{1-x^2}}dx \quad (-1 < x < 1)$

(19) $d(\arctan x) = \frac{1}{1+x^2}dx$

(20) $d(\text{arccot} x) = -\frac{1}{1+x^2}dx$

(四) 微分形式的不变性

我们知道，如果函数 $y = f(u)$ 对 u 是可导的，则

(1) 当 u 是自变量时，此时函数的微分为

$$dy = f'(u)du$$

(2) 当 u 不是自变量，而是 x 的可导函数 $u = \varphi(x)$ 时，y 为 x 的复合函数. 根据复合函数求导公式，y 对 x 的导数为

$$\frac{dy}{dx} = f'(u)\varphi'(x)$$

于是 $$dy = f'(u)\varphi'(x)dx$$

但是 $\varphi'(x)dx$ 就是函数 $u = \varphi(x)$ 的微分，即

$$du = \varphi'(x)dx$$

所以 $$dy = f'(u)du$$

由此可见，对函数 $y = f(u)$ 来说，不论 u 是自变量，还是自变量的可导函数，它的微分

形式同样都是 $\mathrm{d}y=f'(u)\mathrm{d}u$，这就叫作一阶微分形式的不变性.

例 3 设 $y=\mathrm{e}^{ax+bx^2}$，求 $\mathrm{d}y$.

解：方法一　利用 $\mathrm{d}y=y'\mathrm{d}x$ 得

$$\begin{aligned}\mathrm{d}y&=(\mathrm{e}^{ax+bx^2})'\mathrm{d}x=\mathrm{e}^{ax+bx^2}(ax+bx^2)'\mathrm{d}x\\&=(a+2bx)\mathrm{e}^{ax+bx^2}\mathrm{d}x\end{aligned}$$

方法二　令 $u=ax+bx^2$，则 $y=\mathrm{e}^u$，由微分形式的不变性得

$$\begin{aligned}\mathrm{d}y&=(\mathrm{e}^u)'\mathrm{d}u=\mathrm{e}^u\mathrm{d}u\\&=\mathrm{e}^{ax+bx^2}\mathrm{d}(ax+bx^2)\\&=(a+2bx)\mathrm{e}^{ax+bx^2}\mathrm{d}x\end{aligned}$$

例 4 设 $y=\sin(2x+3)$，求 $\mathrm{d}y$.

解：
$$\begin{aligned}\mathrm{d}y&=\cos(2x+3)\mathrm{d}(2x+3)\\&=2\cos(2x+3)\mathrm{d}x\end{aligned}$$

（五）微分的应用

这里只介绍微分在近似计算中的应用. 我们知道，如果函数 $y=f(x)$ 在点 x 处的导数 $f'(x)\neq 0$，那么当 $\Delta x\to 0$ 时，微分 $\mathrm{d}y$ 是函数改变量 Δy 的线性主部. 因此，当 $|\Delta x|$ 很小时，忽略高阶无穷小量，可用 $\mathrm{d}y$ 作为 Δy 的近似值，即

$$\Delta y\approx\mathrm{d}y=f'(x)\Delta x \tag{3.26}$$

因为　$\Delta y=f(x+\Delta x)-f(x)$

所以式(3.26)可改写为

$$f(x+\Delta x)-f(x)\approx f'(x)\Delta x$$

也就是　$$f(x+\Delta x)\approx f(x)+f'(x)\Delta x \tag{3.27}$$

例 5 一个外直径为 10 cm 的球，球壳厚度为 $\frac{1}{16}$ cm. 试求球壳体积的近似值.

解：半径为 r 的球的体积为

$$V=f(r)=\frac{4}{3}\pi r^3$$

球壳体积为 ΔV，用 $\mathrm{d}V$ 作为其近似值

$$\mathrm{d}V=f'(r)\mathrm{d}r=4\pi r^2\mathrm{d}r$$

$$\mathrm{d}V\Big|_{\substack{r=5\\ \mathrm{d}r=-\frac{1}{16}}}=4\pi\cdot 5^2\cdot\left(-\frac{1}{16}\right)\approx -19.63$$

所求球壳体积 $|\Delta V|$ 的近似值 $|\mathrm{d}V|$ 为 19.63 cm^3.

例 6　求 $\sqrt[3]{1.02}$ 的近似值.

解：我们将这个问题看成求函数 $f(x)=\sqrt[3]{x}$ 在点 $x=1.02$ 处的函数值的近似值问题. 由式(3.27)得

$$f(x+\Delta x)\approx f(x)+f'(x)\Delta x=\sqrt[3]{x}+\frac{1}{3\sqrt[3]{x^2}}\Delta x$$

令 $x=1$，$\Delta x=0.02$，则有

$$\sqrt[3]{1.02}\approx\sqrt[3]{1}+\frac{1}{3\sqrt[3]{1^2}}\times 0.02\approx 1.006\,7$$

习题三

(A)

1. 用导数的定义求函数 $y=1-2x^2$ 在点 $x=1$ 处的导数.

2. 用导数的定义求下列函数的导(函)数：

(1) $y=1-2x^2$　　(2) $y=\dfrac{1}{x^2}$　　(3) $y=\sqrt[3]{x^2}$

3. 给定函数 $f(x)=ax^2+bx+c$，其中 a，b，c 为常数，求：

$$f'(x),\ f'(0),\ f'\left(\frac{1}{2}\right),\ f'\left(-\frac{b}{2a}\right)$$

4. 一物体的运动方程为 $s=t^3+10$，求该物体在 $t=3$ 时的瞬时速度.

5. 求在抛物线 $y=x^2$ 上横坐标为 3 的点处的切线方程.

6. 求曲线 $y=\sqrt[3]{x^2}$ 上点 (1，1) 处的切线方程与法线方程.

7. 求过点 $\left(\dfrac{3}{2},0\right)$与曲线 $y=\dfrac{1}{x^2}$ 相切的直线方程.

8. 自变量 x 取哪些值时，曲线 $y=x^2$ 与 $y=x^3$ 的切线平行？

9. 讨论函数 $y=x|x|$ 在点 $x=0$ 处的可导性.

10. 函数 $f(x)=\begin{cases}x^2+1, & 0\leqslant x<1\\ 3x-1, & 1\leqslant x\end{cases}$ 在点 $x=1$ 处是否可导?为什么？

11. 用导数定义求 $f(x)=\begin{cases}x, & x<0\\ \ln(1+x), & x\geqslant 0\end{cases}$ 在点 $x=0$ 处的导数.

12. 设 $f(x)=\begin{cases}\ln(1+x), & -1<x\leqslant 0\\ \sqrt{1+x}-\sqrt{1-x}, & 0<x<1\end{cases}$，讨论 $f(x)$ 在点 $x=0$ 处的连续性与可导性.

13. 函数 $f(x)=\begin{cases}x^2\sin\dfrac{1}{x}, & x\neq 0\\ 0, & x=0\end{cases}$ 在点 $x=0$ 处是否连续?是否可导？

14. 讨论函数 $f(x)=\begin{cases}1, & x\leqslant 0\\ 2x+1, & 0<x\leqslant 1\\ x^2+2, & 1<x\leqslant 2\\ x, & 2<x\end{cases}$ 在点 $x=0$，$x=1$，$x=2$ 处的连续性与可导性.

15. 求下列各函数的导数（其中，a，b 为常数）：

(1) $y=3x^2-x+5$ (2) $y=x^{a+b}$

(3) $y=2\sqrt{x}-\dfrac{1}{x}+4\sqrt{3}$ (4) $y=\dfrac{x^2}{2}+\dfrac{2}{x^2}$

(5) $y=\dfrac{1-x^3}{\sqrt{x}}$ (6) $y=x^2(2x-1)$

(7) $y=(\sqrt{x}+1)\left(\dfrac{1}{\sqrt{x}}-1\right)$ (8) $y=(x+1)\sqrt{2x}$

(9) $y=\dfrac{ax+b}{a+b}$ (10) $y=(x-a)(x-b)$

(11) $y=(1+ax^b)(1+bx^a)$

16. 求下列各函数的导数（其中，a，b，c，n 为常数）：

(1) $y=(x+1)(x+2)(x+3)$ (2) $y=x\ln x$

(3) $y=x^n\ln x$ (4) $y=\log_a\sqrt{x}$

(5) $y=\dfrac{x+1}{x-1}$ (6) $y=\dfrac{5x}{1+x^2}$

(7) $y=3x-\dfrac{2x}{2-x}$ (8) $y=\dfrac{a}{b+cx^n}$

(9) $y=\dfrac{1-\ln x}{1+\ln x}$ (10) $y=\dfrac{1+x-x^2}{1-x+x^2}$

17. 求下列各函数的导数：

(1) $y=x\sin x+\cos x$ (2) $y=\dfrac{x}{1-\cos x}$

(3) $y=\tan x-x\tan x$ (4) $y=\dfrac{5\sin x}{1+\cos x}$

(5) $y=\dfrac{\sin x}{x}+\dfrac{x}{\sin x}$ (6) $y=x\sin x\cdot\ln x$

18. 求曲线 $y=\sin x$ 在点 $x=\pi$ 处的切线方程.

19. 在曲线 $y=\dfrac{1}{1+x^2}$ 上求一点，使通过该点的切线平行于 x 轴.

20. a 为何值时 $y=ax^2$ 与 $y=\ln x$ 相切?

21. 求下列各函数的导数（其中，a，n 为常数）：

(1) $y=(1+x^2)^5$ (2) $y=(1-x)(1-2x)$

(3) $y=(3x+5)^3(5x+4)^5$ (4) $y=(2+3x^2)\sqrt{1+5x^2}$

(5) $y=\dfrac{(x+4)^2}{x+3}$ (6) $y=\sqrt{x^2-a^2}$

(7) $y=\dfrac{x}{\sqrt{1-x^2}}$　　(8) $y=\log_a(1+x^2)$

(9) $y=\ln(a^2-x^2)$　　(10) $y=\ln\sqrt{x}+\sqrt{\ln x}$

(11) $y=\ln\dfrac{1+\sqrt{x}}{1-\sqrt{x}}$　　(12) $y=\sin nx$

(13) $y=\sin x^n$　　(14) $y=\sin^n x$

(15) $y=\sin^n x\cdot\cos nx$　　(16) $y=\cos^3\dfrac{x}{2}$

(17) $y=\tan\dfrac{x}{2}-\dfrac{x}{2}$　　(18) $y=\ln\tan\dfrac{x}{2}$

(19) $y=x^2\sin\dfrac{1}{x}$　　(20) $y=\ln\ln x$

(21) $y=\lg(x-\sqrt{x^2-a^2})$　　(22) $y=\dfrac{1}{\cos^n x}$

(23) $y=\dfrac{\sin x-x\cos x}{\cos x+x\sin x}$　　(24) $y=\sec^2\dfrac{x}{a}+\csc^2\dfrac{x}{a}$

22. 求曲线 $y=(x+1)\sqrt[3]{3-x}$ 在 $A(-1,0)$，$B(2,3)$，$C(3,0)$ 三点处的切线方程.

23. 求下列各函数的导数：

(1) $y=\arcsin\dfrac{x}{2}$　　(2) $y=\text{arccot}\dfrac{1}{x}$

(3) $y=\arctan\dfrac{2x}{1-x^2}$　　(4) $y=\dfrac{\arccos x}{\sqrt{1-x^2}}$

(5) $y=\left(\arcsin\dfrac{x}{2}\right)^2$　　(6) $y=x\sqrt{1-x^2}+\arcsin x$

(7) $y=\arcsin x+\arccos x$

24. 下列各题中的方程均确定 y 是 x 的函数，求 y'_x（其中，a，b 为常数）.

(1) $x^2+y^2-xy=1$　　(2) $y^2-2axy+b=0$

(3) $y=x+\ln y$　　(4) $y=1+xe^y$

(5) $\arcsin y=e^{x+y}$

25. 求曲线 $y^3+y^2=2x$ 在点(1，1)处的切线方程与法线方程.

26. 求下列各函数的导数(其中 a 为常数)：

(1) $y=e^{4x}$　　(2) $y=a^xe^x$

(3) $y=e^{-x^2}$　　(4) $y=e^{e^{-x}}$

(5) $y=x^a+a^x+a^a$　　(6) $y=e^{-\frac{1}{x}}$

(7) $y=e^{-x}\cos 3x$　　(8) $y=\sin e^{x^2+x-2}$

(9) $y=e^{\tan\frac{1}{x}}$　　(10) $y=\dfrac{e^x-e^{-x}}{e^x+e^{-x}}$

(11) $y=e^{x\ln x}$　　(12) $y=x^2e^{-2x}\sin 3x$

27. 利用取对数求导法求下列函数的导数(其中，a_1，a_2，…，a_n，n 为常数)：

(1) $y=x\sqrt{\dfrac{1-x}{1+x}}$

(2) $y=\dfrac{x^2}{1-x}\cdot\sqrt[3]{\dfrac{3-x}{(3+x)^2}}$

(3) $y=(x+\sqrt{1+x^2})^n$

(4) $y=(x-a_1)^{a_1}(x-a_2)^{a_2}\cdots(x-a_n)^{a_n}$

(5) $y=(\sin x)^{\tan x}$

28. 方程 $y^{\sin x}=(\sin x)^y$ 确定 y 是 x 的函数，求 y'_x.

29. 求下列各函数的导数（其中 f 可导）：

(1) $y=\cos\ln(1+2x)$，求 y'.

(2) $y=(\ln x)^x$，求 y'.

(3) $y=x^{x^2}+\mathrm{e}^{x^2}+x^{\mathrm{e}^x}+\mathrm{e}^{\mathrm{e}^x}$，求 y'.

(4) $y=f(\mathrm{e}^x)\mathrm{e}^{f(x)}$，求 y'_x.

(5) $y=f\left(\arcsin\dfrac{1}{x}\right)$，求 y'_x.

(6) $y=f(\mathrm{e}^x+x^{\mathrm{e}})$，求 y'_x.

(7) $y=f(\sin^2x)+f(\cos^2x)$，求 y'_x.

(8) 已知 $f\left(\dfrac{1}{x}\right)=\dfrac{x}{1+x}$，求 $f'(x)$.

30. 求下列函数的导数：

(1) 已知 $\begin{cases}x=2t-t^2\\ y=3t-t^3\end{cases}$，求 $\dfrac{\mathrm{d}y}{\mathrm{d}x}$.

(2) 已知 $\begin{cases}x=a\sin3\theta\cos\theta\\ y=a\sin3\theta\sin\theta\end{cases}$（其中 a 为常数），求$\left.\dfrac{\mathrm{d}y}{\mathrm{d}x}\right|_{\theta=\frac{\pi}{3}}$.

31. 求函数 $f(x)=|x^2-1|$在点 $x=x_0$ 处的导数.

32. 设 $f(x)=2^{|x-a|}$（其中 a 为常数），求 $f'(x)$.

33. 设有函数 $f(x)=\begin{cases}x+1, & x<0\\ k^2, & x=0\\ kx\mathrm{e}^x+1, & x>0\end{cases}$，试分析在点 $x=0$ 处，k 为何值时，$f(x)$ 有极限；k 为何值时，$f(x)$ 连续；k 为何值时，$f(x)$ 可导.

34. 设 $f(x)=\begin{cases}x^2-1, & x\leqslant1\\ ax+b, & x>0\end{cases}$ 在点 $x=1$ 处可导，求 a，b 的值.

35. 证明：$(\log_a|x|)'=\dfrac{1}{x\ln a}$ $(x\neq0,\ a>0,\ a\neq1)$.

36. 设 $f(x)$ 在点 $x=a$ 处可导，证明：

$$\lim_{x\to a}\frac{xf(a)-af(x)}{x-a}=f(a)-af'(a)$$

37. 证明：

(1) 可导的偶函数的导数是奇函数；

(2) 可导的奇函数的导数是偶函数；

(3) 可导周期函数的导数是具有相同周期的周期函数.

38. 设 $f(x)$ 是可导偶函数，且 $f'(0)$ 存在，求证 $f'(0)=0$.

39. 设 $f(x)$ 在$(-\infty, +\infty)$内可导，且 $F(x)=f(x^2-1)+f(1-x^2)$，证明 $F'(1)=F'(-1)$.

40. 求椭圆 $\frac{x^2}{a^2}+\frac{y^2}{b^2}=1$ 在点 $M(x_1, y_1)$ 处的切线方程.

41. 求曲线 $x^y=x^2y$ 在点$(1, 1)$处的切线方程与法线方程.

42. 证明曲线 $\sqrt{x}+\sqrt{y}=\sqrt{a}$（$a$ 为常数）上任一点的切线在两坐标轴上的截距之和为常数.

43. 甲、乙两船同时从一码头出发，甲船以 30 km/h 的速度向北行驶，乙船以 40 km/h 的速度向东行驶，求两船间的距离增加的速度.

44. 在中午 12 点整，甲船以 6 km/h 的速度向东行驶，乙船在甲船之北 16 km 处以 8 km/h 的速度向南行驶，求下午 1 点整两船之间距离的变化速度.

45. 一长方形的两边长分别以 x 与 y 表示，若 x 边以 0.01 m/s 的速度减少，y 边以 0.02 m/s 的速度增加，试求当 $x=20$ m，$y=15$ m 时，长方形面积的变化速度及对角线长度的变化速度.

46. 求下列各函数的 n 阶导数(其中，a，m 为常数)：

(1) $y=a^x$　　(2) $y=\ln(1+x)$

(3) $y=\cos x$　　(4) $y=(1+x)^m$

(5) $y=xe^x$

47. 求下列各函数的二阶导数：

(1) $y=\ln(1+x^2)$　　(2) $y=x\ln x$

(3) $y=(1+x^2)\arctan x$　　(4) $y=xe^{x^2}$

48. 一质点按规律 $s=ae^{-kt}$ 作直线运动，求它的速度和加速度，以及初始速度和初始加速度.

49. 一质点按规律 $s=\frac{1}{2}(e^t-e^{-t})$ 作直线运动，试证它的加速度 a 等于 s.

50. 已知函数 $x^2+y^2=a^2$ $(y>0)$，求 y 对 x 的二阶导数.

51. 方程 $y-xe^y=1$ 确定 y 是 x 的函数，求 $y''\big|_{x=0}$.

52. 方程 $xy-\sin(\pi y^2)=0$ 确定 y 是 x 的函数，求 $y'\Big|_{\substack{x=0\\y=-1}}$ 及 $y''\Big|_{\substack{x=0\\y=-1}}$.

53. 设 y 的 $n-2$ 阶导数 $y^{(n-2)}=\frac{x}{\ln x}$，求 y 的 n 阶导数 $y^{(n)}$.

54. 设 $y=f(x^2+b)$，其中 b 为常数，f 存在二阶导数，求 y''.

55. 验证：$y=e^x\sin x$ 满足关系式 $y''-2y'+2y=0$.

56. 当 $x=1$，且(1) $\Delta x=1$，(2) $\Delta x=0.1$，(3) $\Delta x=0.01$ 时，分别求出函数 $f(x)=x^2-3x+5$ 的改变量及微分，并加以比较，是否能得出结论：当 Δx 越小时，二者越近似？

57. 求下列各函数的微分：

(1) $y=3x^2$　　(2) $y=\sqrt{1-x^2}$

(3) $y=\ln x^2$　　(4) $y=\dfrac{x}{1-x^2}$

(5) $y=e^{-x}\cos x$　　(6) $y=\arcsin\sqrt{x}$

(7) $y=\ln\sqrt{1-x^3}$　　(8) $y=(e^x+e^{-x})^2$

(9) $y=\tan\dfrac{x}{2}$

58. 求隐函数 $xy=e^{x+y}$ 的微分 dy.

59. 正立方体的棱长 $x=10$ m，如果棱长增加 0.1 m，求此正立方体体积增加的精确值与近似值.

60. 一平面圆环形的内半径为 10 cm，宽为 0.1 cm，求其面积的精确值与近似值.

61. 证明当 $|x|$ 很小时，下列各近似公式成立：

(1) $e^x\approx 1+x$　　(2) $\sqrt[n]{1+x}\approx 1+\dfrac{x}{n}$

(3) $\sin x\approx x$　　(4) $\ln(1+x)\approx x$

62. 求下列各式的近似值：

(1) $\sqrt[5]{0.95}$　　(2) $\sqrt[3]{8.02}$　　(3) $\ln 1.01$

(4) $e^{0.05}$　　(5) $\cos 60°20'$　　(6) $\arctan 1.02$

(B)

1. 若 $f(x)$ 在点 $x=x_0$ 处可导，则下列各式中结果等于 $f'(x_0)$ 的是［　　］.

(A) $\lim\limits_{\Delta x\to 0}\dfrac{f(x_0)-f(x_0+\Delta x)}{\Delta x}$

(B) $\lim\limits_{\Delta x\to 0}\dfrac{f(x_0-\Delta x)-f(x_0)}{\Delta x}$

(C) $\lim\limits_{\Delta x\to 0}\dfrac{f(x_0+2\Delta x)-f(x_0)}{\Delta x}$

(D) $\lim\limits_{\Delta x\to 0}\dfrac{f(x_0+2\Delta x)-f(x_0+\Delta x)}{\Delta x}$

2. 下列条件中，当 $\Delta x\to 0$ 时，使 $f(x)$ 在点 $x=x_0$ 处不可导的条件是［　　］.

(A) Δy 与 Δx 是等价无穷小量

(B) Δy 与 Δx 是同阶无穷小量

(C) Δy 是比 Δx 较高阶的无穷小量

(D) Δy 是比 Δx 较低阶的无穷小量

3. 下列结论错误的是［　　］.

(A) 如果函数 $f(x)$ 在点 $x=x_0$ 处连续，则 $f(x)$ 在点 $x=x_0$ 处可导

(B) 如果函数 $f(x)$ 在点 $x=x_0$ 处不连续，则 $f(x)$ 在点 $x=x_0$ 处不可导

(C) 如果函数 $f(x)$ 在点 $x=x_0$ 处可导，则 $f(x)$ 在点 $x=x_0$ 处连续

(D) 如果函数 $f(x)$ 在点 $x=x_0$ 处不可导，则 $f(x)$ 在点 $x=x_0$ 处也可能连续

4. 设 $f(x)=\begin{cases}x^2, & x\leqslant 0\\ x^{\frac{1}{3}}, & x>0\end{cases}$，则 $f(x)$ 在点 $x=0$ 处[　　].

(A) 左导数不存在，右导数存在

(B) 右导数不存在，左导数存在

(C) 左、右导数都存在

(D) 左、右导数都不存在

5. 曲线 $y=x^2+2x-3$ 上切线斜率为 6 的点是[　　].

(A) (1, 0)　　(B) (−3, 0)　　(C) (2, 5)　　(D) (−2, −3)

6. 若曲线 $y=x^2+ax+b$ 和 $y=x^3+x$ 在点(1, 2)处相切(其中，a，b 是常数)，则 a，b 之值为[　　].

(A) $a=2$，$b=-1$　　(B) $a=1$，$b=-3$

(C) $a=0$，$b=-2$　　(D) $a=-3$，$b=1$

7. 设 $f(x)=\begin{cases}1, & x>0\\ 0, & x=0\\ 2, & x<0\end{cases}$，则 $f'(x)=$[　　].

(A) 不存在，$x\in(-\infty,+\infty)$

(B) 存在且为连续函数，$x\in(-\infty,+\infty)$

(C) 等于 0，$x\in(-\infty,+\infty)$

(D) 等于 0，$x\in(-\infty,0)\cup(0,+\infty)$

8. 在曲线 $y=\ln x$ 与直线 $x=\mathrm{e}$ 的交点处，曲线 $y=\ln x$ 的切线方程是[　　].

(A) $x-\mathrm{e}y=0$　　(B) $x-\mathrm{e}y-2=0$

(C) $\mathrm{e}x-y=0$　　(D) $\mathrm{e}x-y-\mathrm{e}=0$

9. 设 $f(x)=x(x+1)(x+2)(x+3)$，则 $f'(0)=$[　　].

(A) 6　　(B) 3　　(C) 2　　(D) 0

10. 函数 $f(x)=|x-1|$[　　].

(A) 在点 $x=1$ 处连续可导　　(B) 在点 $x=1$ 处不连续

(C) 在点 $x=0$ 处连续可导　　(D) 在点 $x=0$ 处不连续

11. 若 $f(x)=\begin{cases}x\sin\dfrac{1}{x}, & x\neq 0\\ 0, & x=0\end{cases}$，$g(x)=\begin{cases}x^2\sin\dfrac{1}{x}, & x\neq 0\\ 0, & x=0\end{cases}$，则在点 $x=0$ 处[　　].

(A) $f(x)$ 可导，$g(x)$ 不可导　　(B) $f(x)$ 不可导，$g(x)$ 可导

(C) $f(x)$ 和 $g(x)$ 都可导　　(D) $f(x)$ 和 $g(x)$ 都不可导

12. 设 $f(x)=\sin x$，$g(x)=\cos x$，则在 $\left[0,\dfrac{\pi}{4}\right]$ 上有[　　].

(A) $f(x) \geqslant g(x)$，$f'(x) > g'(x)$
(B) $f(x) \geqslant g(x)$，$f'(x) < g'(x)$
(C) $f(x) \leqslant g(x)$，$f'(x) > g'(x)$
(D) $f(x) \leqslant g(x)$，$f'(x) < g'(x)$

13. 设 $f(x) = \cos x$，则 $\lim\limits_{\Delta x \to 0} \dfrac{f(a) - f(a - \Delta x)}{\Delta x} =$ [　　].

(A) $\sin a$　　(B) $-\sin a$　　(C) $\cos a$　　(D) $-\cos a$

14. 设 $f(x) = \begin{cases} \sqrt{|x|}\cos\dfrac{1}{x^2}, & x \neq 0 \\ 0, & x = 0 \end{cases}$，则 $f(x)$ 在点 $x = 0$ 处 [　　].

(A) 极限不存在　　(B) 极限存在但不连续
(C) 连续但不可导　　(D) 可导

15. 设 $f(x)$ 二阶可导，$y = f(\ln x)$，则 $y'' =$ [　　].

(A) $f''(\ln x)$　　(B) $f''(\ln x)\dfrac{1}{x^2}$
(C) $\dfrac{1}{x^2}[f''(\ln x) + f'(\ln x)]$　　(D) $\dfrac{1}{x^2}[f''(\ln x) - f'(\ln x)]$

16. 设 $y = x\ln x$，则 $y^{(10)} =$ [　　].

(A) $-\dfrac{1}{x^9}$　　(B) $\dfrac{1}{x^9}$　　(C) $\dfrac{8!}{x^9}$　　(D) $-\dfrac{8!}{x^9}$

17. 设 $y = 3x^4 e^{10}$，则 $y^{(10)} =$ [　　].

(A) 0　　(B) 1　　(C) e^{10}　　(D) e

18. 已知 $f(x)$ 具有任意阶导数，且 $f'(x) = [f(x)]^2$，则当 n 为大于 2 的正整数时，$f(x)$ 的 n 阶导数 $f^{(n)}(x) =$ [　　].

(A) $n[f(x)]^{n+1}$　　(B) $n![f(x)]^{n+1}$
(C) $n[f(x)]^{2n}$　　(D) $n![f(x)]^{2n}$

19. 设 $f(x) = \begin{cases} x, & x < 0 \\ xe^x, & x \geqslant 0 \end{cases}$，在点 $x = 0$ 处，下列结论错误的是[　　].

(A) 连续　　(B) 可导　　(C) 不可导　　(D) 可微

20. $y = \cos^2 2x$，则 $dy =$ [　　].

(A) $(\cos^2 2x)'(2x)'dx$　　(B) $(\cos^2 2x)'d\cos 2x$
(C) $-2\cos 2x\sin 2x dx$　　(D) $2\cos 2x d\cos 2x$

21. 若 $f(u)$ 可导，且 $y = f(e^x)$，则有 $dy =$ [　　].

(A) $f'(e^x)dx$　　(B) $f'(e^x)de^x$
(C) $[f(e^x)]'de^x$　　(D) $[f(e^x)]'e^x dx$

22. 设函数 $y = f(x)$ 在点 $x = x_0$ 处可微，$\Delta y = f(x_0 + \Delta x) - f(x_0)$，则当 $\Delta x \to 0$ 时，必有 [　　].

(A) dy 是比 Δx 高阶的无穷小量
(B) dy 是比 Δx 低阶的无穷小量

(C) $\Delta y-\mathrm{d}y$ 是比 Δx 高阶的无穷小量

(D) $\Delta y-\mathrm{d}y$ 是与 Δx 同阶的无穷小量

23. $f(x)$ 在点 $x=x_0$ 处可微是 $f(x)$ 在点 $x=x_0$ 处连续的[　　].

(A) 充分且必要条件　　(B) 必要非充分条件

(C) 充分非必要条件　　(D) 既非充分也非必要条件

第四章

01 02 03 04 05 06 07 08 09

中值定理与导数的应用

4.1 中值定理

(一) 罗尔中值定理

知识点解析
罗尔中值定理

如果函数 $f(x)$ 满足条件：(1) 在闭区间 $[a, b]$ 上连续，(2) 在开区间 (a, b) 内可导，(3) 在区间两个端点的函数值相等，即 $f(a)=f(b)$，则至少存在一点 $\xi\in(a, b)$，使得 $f'(\xi)=0$.

证：因为函数 $f(x)$ 在闭区间 $[a, b]$ 上连续，所以它在 $[a, b]$ 上必能取得最大值 M 和最小值 m(见定理 2.15).

(1) 如果 $M=m$，则 $f(x)$ 在 $[a, b]$ 上恒等于常数 M. 因此，在整个区间 (a, b) 内恒有 $f'(x)=0$. 所以，(a, b) 内每一点都可取作 ξ，此时定理显然成立.

(2) 如果 $m<M$，因 $f(a)=f(b)$，则数 M 与 m 中至少有一个不等于端点的函数值 $f(a)$，设 $M\neq f(a)$，这就是说，在 (a, b) 内至少有一点 ξ，使得 $f(\xi)=M$. 下面证明$f'(\xi)=0$.

由于 $f(\xi)=M$ 是最大值，所以不论 Δx 为正或为负，恒有

$$f(\xi+\Delta x)-f(\xi)\leqslant 0,\quad \xi+\Delta x\in(a, b)$$

当 $\Delta x>0$ 时有

$$\frac{f(\xi+\Delta x)-f(\xi)}{\Delta x}\leqslant 0$$

由已知条件 $f'(\xi)$ 存在及定理 2.3 可知

$$f'(\xi)=\lim_{\Delta x\to 0^+}\frac{f(\xi+\Delta x)-f(\xi)}{\Delta x}\leqslant 0$$

当 $\Delta x<0$ 时有

$$\frac{f(\xi+\Delta x)-f(\xi)}{\Delta x} \geqslant 0$$

于是 $$f'(\xi)=\lim_{\Delta x \to 0^-}\frac{f(\xi+\Delta x)-f(\xi)}{\Delta x} \geqslant 0$$

因此必定有

$$f'(\xi)=0$$

罗尔中值定理的几何意义：如果连续光滑曲线 $y=f(x)$ 在点 A、B 处的纵坐标相等，那么在弧 $\overset{\frown}{AB}$ 上至少有一点 $C(\xi, f(\xi))$，曲线在 C 点的切线平行于 x 轴，如图 4-1 所示.

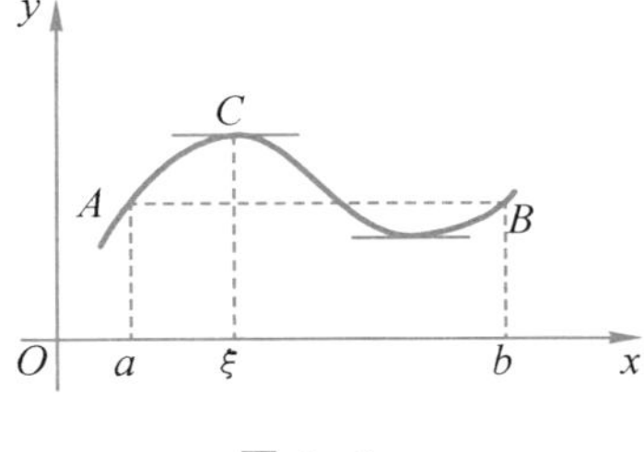

图 4-1

例 1　验证函数 $f(x)=x^2-2x-3$ 在区间 $[-1, 3]$ 上罗尔中值定理成立.

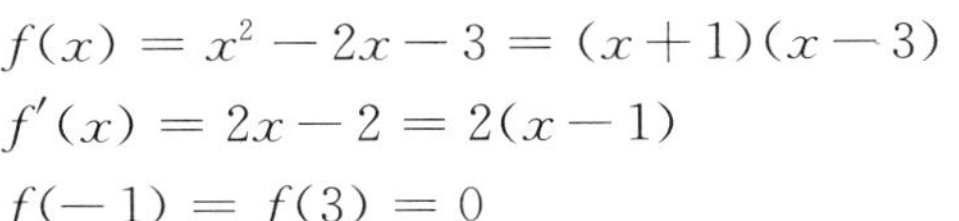

$$f(x)=x^2-2x-3=(x+1)(x-3)$$
$$f'(x)=2x-2=2(x-1)$$
$$f(-1)=f(3)=0$$

显然，$f(x)$ 在 $[-1, 3]$ 上满足罗尔中值定理的三个条件，存在 $\xi=1$，$1\in(-1, 3)$，使 $f'(1)=0$. 符合罗尔中值定理的结论.

例 2　不求导数，判断函数 $f(x)=(x-1)(x-2)(x-3)$ 的导数有几个实根，以及其所在的范围.

解：$f(1)=f(2)=f(3)=0$，$f(x)$ 在 $[1, 2]$，$[2, 3]$ 上满足罗尔中值定理的条件.

因此 $(1, 2)$ 内至少存在一点 ξ_1，使 $f'(\xi_1)=0$，ξ_1 是 $f'(x)$ 的一个实根.

在 $(2, 3)$ 内至少存在一点 ξ_2，使 $f'(\xi_2)=0$，ξ_2 也是 $f'(x)$ 的一个实根.

$f'(x)$ 为二次多项式，只能有两个实根，分别在区间 $(1, 2)$ 及 $(2, 3)$ 内.

注意　如果罗尔中值定理的三个条件有一个不满足，则定理的结论就可能不成立. 图 4-2 中四个图形均不存在 ξ，使 $f'(\xi)=0$.

(二) 拉格朗日中值定理

设函数 $f(x)$ 满足条件：(1) 在闭区间 $[a, b]$ 上连续，(2) 在开区间 (a, b) 内可导，则至少存在一点 $\xi\in(a, b)$，使得

知识点解析
拉格朗日中值定理

$$f'(\xi)=\frac{f(b)-f(a)}{b-a} \tag{4.1}$$

或 $$f(b)=f(a)+f'(\xi)(b-a) \tag{4.1'}$$

在证明定理之前，我们先分析一下这个定理的几何意义，从而引出证明定理的方法.

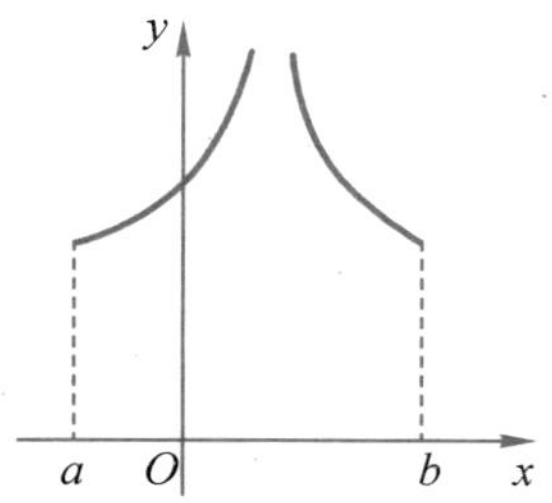

$y=f(x)$ 在 $[a, b]$ 上不连续

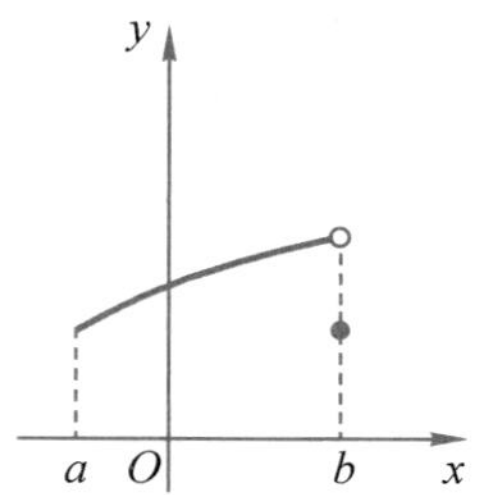

$y=f(x)$ 在端点 b 处不连续

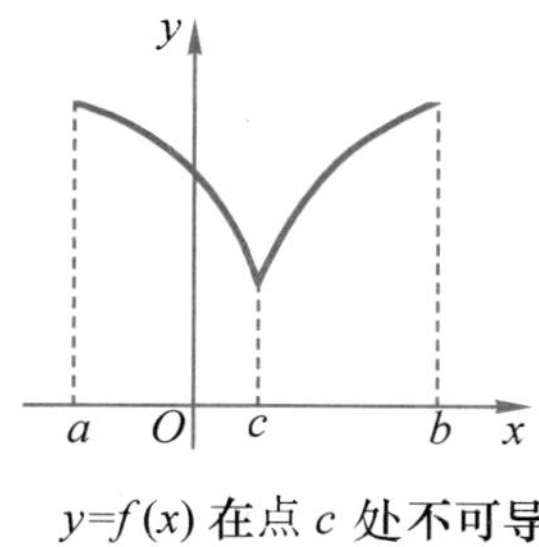

$y=f(x)$ 在点 c 处不可导

$f(a) \neq f(b)$

图 4-2

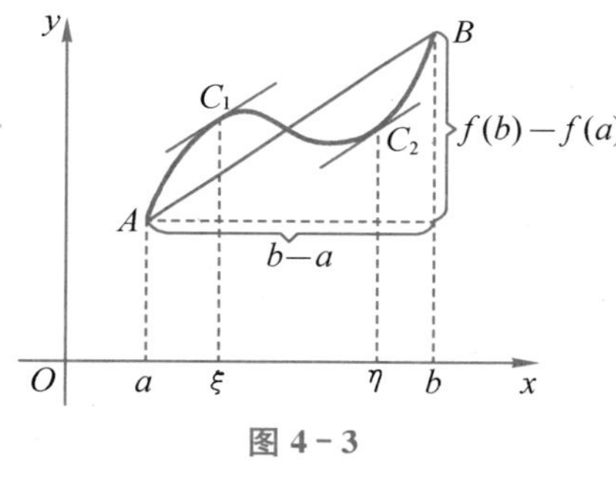

图 4-3

假设函数 $f(x)$ 在区间 $[a, b]$ 上的图形是连续光滑曲线弧 $\overset{\frown}{AB}$，如图 4-3 所示.

显然，$\dfrac{f(b)-f(a)}{b-a}$ 是联结点 $A(a, f(a))$ 和点 $B(b, f(b))$ 的弦 AB 的斜率，而 $f'(\xi)$ 是弧 $\overset{\frown}{AB}$ 上某点 $C(\xi, f(\xi))$ 处切线的斜率. 因此，定理的结论是：在弧 $\overset{\frown}{AB}$ 上至少有一点 C，曲线在 C 点的切线平行于弦 AB.（图 4-3 中就有两个点 C_1 和 C_2.）

易知弦 AB 的方程为

$$y-f(a)=\frac{f(b)-f(a)}{b-a}(x-a)$$

即

$$y=f(a)+\frac{f(b)-f(a)}{b-a}(x-a)$$

它是 x 的线性函数，并且在区间 $[a, b]$ 上连续，在区间 (a, b) 内可导，其导数就是弦 AB 的斜率 $\dfrac{f(b)-f(a)}{b-a}$. 由此可见，要证明拉格朗日公式(4.1)成立，就是要证明至少存在一点 $\xi \in (a, b)$，使得在点 ξ 处导数 $f'(\xi)$ 等于这个线性函数的导数 $\dfrac{f(b)-f(a)}{b-a}$. 为此，只要证明至少存在一点 $\xi \in (a, b)$，使这两个函数之差（即弧 $\overset{\frown}{AB}$ 与弦 AB 的纵坐标之差）

$$\varphi(x)=f(x)-\left[f(a)+\frac{f(b)-f(a)}{b-a}(x-a)\right]$$

在点 ξ 处的导数等于 0 ($\varphi'(\xi)=0$) 即可. 由罗尔中值定理可知，要证明这一点，只要证明 $\varphi(x)$ 满足罗尔中值定理的三个条件就可以了.

基于上面的分析，给出定理的证明如下.

拉格朗日中值定理的证明：

作辅助函数

$$\varphi(x)=f(x)-f(a)-\frac{f(b)-f(a)}{b-a}(x-a)$$

由定理假设易知 $\varphi(x)$ 满足条件：(1) 在闭区间 $[a, b]$ 上连续；(2) 在开区间 (a, b) 内可导；(3) $\varphi(a)=\varphi(b)=0$. 因此，由罗尔中值定理可知，至少存在一点 $\xi\in(a, b)$，使得

$$\varphi'(\xi)=f'(\xi)-\frac{f(b)-f(a)}{b-a}=0$$

即

$$f'(\xi)=\frac{f(b)-f(a)}{b-a}$$

这就是要证明的公式(4.1).

由公式(4.1) 不难推得公式(4.1′).

对于 ξ，由于它介于 a 与 b 之间，因此可将 ξ 表示成

$$\xi=a+\theta(b-a)$$

其中 $\theta\in(0, 1)$. 于是拉格朗日公式(4.1′) 也可改写为

$$f(b)=f(a)+f'[a+\theta(b-a)](b-a)\quad(0<\theta<1)\tag{4.1''}$$

容易看出，罗尔中值定理是拉格朗日中值定理当 $f(a)=f(b)$ 时的特殊情形.

由拉格朗日中值定理可得出下面两个重要推论：

推论 1　如果函数 $f(x)$ 在区间 (a, b) 内任意一点的导数 $f'(x)$ 都等于0，则函数 $f(x)$ 在 (a, b) 内是一个常数.

证：设 x_1，x_2 是区间 (a, b) 内任意两点，且 $x_1<x_2$，则 $f(x)$ 在$[x_1, x_2]$上满足拉格朗日中值定理的两个条件，因此由公式(4.1′) 有

$$f(x_2)=f(x_1)+f'(\xi)(x_2-x_1),\ \xi\in(x_1, x_2)$$

由假设可知 $f'(\xi)=0$，所以 $f(x_2)=f(x_1)$. 这就是说，区间 (a, b) 内任意两点的函数值都相等，所以 $f(x)$ 在区间 (a, b) 内是一常数.

推论 2　如果函数 $f(x)$ 与 $g(x)$ 在区间 (a, b) 内每一点的导数 $f'(x)$ 与 $g'(x)$ 都相等，则这两个函数在区间 (a, b) 内至多相差一个常数.

证：由假设可知，对一切 $x\in(a, b)$ 有 $f'(x)=g'(x)$，因此

$$[f(x)-g(x)]'=f'(x)-g'(x)=0\quad(\text{对任意 } x\in(a, b))$$

由推论 1 可知，函数 $f(x)-g(x)$ 在区间 (a, b) 内是一个常数. 设此常数为 c，则有

$$f(x)-g(x)=c$$

例 3 设 $f(x)=\sin x$，$0\leqslant x\leqslant \frac{\pi}{2}$，求满足拉格朗日公式的 ξ 值.

解：这里 $a=0$，$b=\frac{\pi}{2}$

$$f(0)=0，f(\frac{\pi}{2})=1，f'(x)=\cos x$$

所以由式(4.1′)得

$$1-0=\cos\xi\cdot(\frac{\pi}{2}-0)，即\ \cos\xi=\frac{2}{\pi}$$

由此可得 $\xi\approx 0.880\,7$（或 $50°27'35''$）.

例 4 证明不等式

$$\arctan x_2-\arctan x_1\leqslant x_2-x_1 \quad (x_1<x_2)$$

证：设 $f(x)=\arctan x$.

$f(x)$ 在 $[x_1, x_2]$ 上满足拉格朗日中值定理的条件，因此有

$$f(x_2)-f(x_1)=f'(\xi)(x_2-x_1)，\xi\in(x_1, x_2)$$

即
$$\arctan x_2-\arctan x_1=\frac{1}{1+\xi^2}(x_2-x_1)，\xi\in(x_1, x_2)$$

因为 $\frac{1}{1+\xi^2}\leqslant 1$，所以可得

$$\arctan x_2-\arctan x_1\leqslant x_2-x_1 \quad (x_1<x_2)$$

例 5 证明不等式

$$\ln(1+x)-\ln x>\frac{1}{1+x} \quad (x>0)$$

证：设 $f(x)=\ln x$ $(x>0)$.

因 $f(x)$ 在 $[x, 1+x]$ 上满足拉格朗日中值定理的条件，因此有

$$f(1+x)-f(x)=f'(\xi)(1+x-x)，\quad \xi\in(x, 1+x)$$

即
$$\ln(1+x)-\ln x=\frac{1}{\xi}，\quad \xi\in(x, 1+x)$$

因为
$$0<x<\xi<1+x$$

所以可得

$$\ln(1+x)-\ln x>\frac{1}{1+x} \quad (x>0)$$

(三) 柯西中值定理

知识点解析
柯西中值定理

设函数 $f(x)$ 与 $g(x)$ 满足条件：(1) 在闭区间 $[a, b]$ 上连续，(2) 在开区间 (a, b) 内可导，(3) 在 (a, b) 内任何一点处 $g'(x)$ 都不等于 0，则至少存在一点 $\xi \in (a, b)$，使得

$$\frac{f(b)-f(a)}{g(b)-g(a)}=\frac{f'(\xi)}{g'(\xi)} \tag{4.2}$$

证：由假设 $g'(x) \neq 0$，可以肯定 $g(b)-g(a) \neq 0$. 否则，如果 $g(b)-g(a)=0$，则 $g(x)$ 满足罗尔中值定理的三个条件，因而至少存在一点 $\xi \in (a, b)$，使 $g'(\xi)=0$，这与 $g'(x) \neq 0$ 矛盾.

仿照证明拉格朗日中值定理的方法，作辅助函数

$$\varphi(x)=f(x)-f(a)-\frac{f(b)-f(a)}{g(b)-g(a)}[g(x)-g(a)]$$

易知 $\varphi(x)$ 满足罗尔中值定理的全部条件，即 (1) $\varphi(x)$ 在 $[a, b]$ 上连续；(2) $\varphi(x)$ 在 (a, b) 内可导；(3) $\varphi(a)=\varphi(b)=0$；并且

$$\varphi'(x)=f'(x)-\frac{f(b)-f(a)}{g(b)-g(a)}g'(x)$$

因此，至少存在一点 $\xi \in (a, b)$，使得

$$\varphi'(\xi)=f'(\xi)-\frac{f(b)-f(a)}{g(b)-g(a)}g'(\xi)=0$$

即
$$\frac{f(b)-f(a)}{g(b)-g(a)}=\frac{f'(\xi)}{g'(\xi)}$$

容易看出拉格朗日中值定理是柯西中值定理当 $g(x)=x$ 时的特殊情形.

4.2 洛必达法则

知识点解析
洛必达法则

可以应用中值定理计算某些函数的极限. 由于两个无穷小量之比的极限或两个无穷大量之比的极限有的存在，有的不存在，例如 $\lim\limits_{x \to 0}\frac{\sin x}{x}$ 是两个无穷小量之比的极限，此极限存在，其值为 1；而 $\lim\limits_{x \to 0}\frac{\sin x}{x^2}$ 也是两个无穷小量之比的极限，但此极限不存在. 因此，我们称这类极限为“未定式”，记为“$\frac{0}{0}$”或“$\frac{\infty}{\infty}$”. 过去我们只解决了某些未定式的极限，这一节我们利用中值定理推导出一个求未定式极限的法则 —— **洛必达法则**.

定理 4.1 设函数 $f(x)$ 与 $g(x)$ 满足条件：

(1) $\lim\limits_{x\to a}f(x)=\lim\limits_{x\to a}g(x)=0$,

(2) 在点 a 的某个邻域内（点 a 可以除外）可导，且 $g'(x)\neq 0$,

(3) $\lim\limits_{x\to a}\dfrac{f'(x)}{g'(x)}=A$（或 ∞），

则必有

$$\lim_{x\to a}\frac{f(x)}{g(x)}=\lim_{x\to a}\frac{f'(x)}{g'(x)}=A\ (\text{或}\ \infty)$$

证：我们在点 $x=a$ 处补充定义函数值

$$f(a)=g(a)=0$$

则 $f(x)$ 与 $g(x)$ 在点 a 某邻域内连续. 设 x 为这个邻域内的任意一点，如果设 $x>a$（或 $x<a$），则在区间 $[a,x]$（或 $[x,a]$）上，$f(x)$ 与 $g(x)$ 满足柯西定理的全部条件，因此有

$$\frac{f(x)}{g(x)}=\frac{f(x)-f(a)}{g(x)-g(a)}=\frac{f'(\xi)}{g'(\xi)}\quad (a<\xi<x)\ \text{或}\ (x<\xi<a)$$

显然当 $x\to a$ 时，$\xi\to a$. 于是，求上式两边的极限，得

$$\lim_{x\to a}\frac{f(x)}{g(x)}=\lim_{\xi\to a}\frac{f'(\xi)}{g'(\xi)}=\lim_{x\to a}\frac{f'(x)}{g'(x)}=A\ (\text{或}\ \infty)$$

当我们能求出 $\dfrac{f'(x)}{g'(x)}$ 的极限值 A 或能断定它是无穷大量时，应用这个定理就解决了这一类 $\dfrac{0}{0}$ 型未定式的极限问题. 如果 $\lim\limits_{x\to a}\dfrac{f'(x)}{g'(x)}$ 还是 $\dfrac{0}{0}$ 型未定式，且函数 $f'(x)$ 与 $g'(x)$ 能满足定理中 $f(x)$ 与 $g(x)$ 应满足的条件，则再继续使用洛必达法则，先确定 $\lim\limits_{x\to a}\dfrac{f'(x)}{g'(x)}$，从而确定 $\lim\limits_{x\to a}\dfrac{f(x)}{g(x)}$，即有

$$\lim_{x\to a}\frac{f(x)}{g(x)}=\lim_{x\to a}\frac{f'(x)}{g'(x)}=\lim_{x\to a}\frac{f''(x)}{g''(x)}$$

且可依此类推，直到求出所要求的极限. 如果无法断定 $\dfrac{f'(x)}{g'(x)}$ 的极限状态，或能断定它振荡而无极限，则洛必达法则失效，此时需用别的办法判断未定式 $\dfrac{f(x)}{g(x)}$ 的极限.

例 1 求 $\lim\limits_{x\to 2}\dfrac{x^4-16}{x-2}$.（$\dfrac{0}{0}$ 型）

解：$\lim\limits_{x\to 2}\dfrac{x^4-16}{x-2}=\lim\limits_{x\to 2}\dfrac{4x^3}{1}=32$

例 2 求 $\lim\limits_{x\to 0}\dfrac{(1+x)^a-1}{x}$ （a 为任意实数）.（$\dfrac{0}{0}$ 型）

解：$\lim\limits_{x\to 0}\dfrac{(1+x)^a-1}{x}=\lim\limits_{x\to 0}\dfrac{a(1+x)^{a-1}}{1}=a$

例 3　求 $\lim\limits_{x\to 0}\dfrac{e^x-1}{x^2-x}$.（$\dfrac{0}{0}$ 型）

解：$\lim\limits_{x\to 0}\dfrac{e^x-1}{x^2-x}=\lim\limits_{x\to 0}\dfrac{e^x}{2x-1}=-1$

例 4　求 $\lim\limits_{x\to 0}\dfrac{x-\sin x}{x^3}$.（$\dfrac{0}{0}$ 型）

解：
$$\lim_{x\to 0}\frac{x-\sin x}{x^3}=\lim_{x\to 0}\frac{1-\cos x}{3x^2}=\lim_{x\to 0}\frac{\sin x}{6x}$$
$$=\frac{1}{6}\lim_{x\to 0}\frac{\sin x}{x}=\frac{1}{6}$$

例 5　求 $\lim\limits_{x\to 0}\dfrac{\ln(1+x)}{x^2}$.（$\dfrac{0}{0}$ 型）

解：$\lim\limits_{x\to 0}\dfrac{\ln(1+x)}{x^2}=\lim\limits_{x\to 0}\dfrac{\dfrac{1}{1+x}}{2x}=\lim\limits_{x\to 0}\dfrac{1}{2x(1+x)}=\infty$

例 6　求 $\lim\limits_{x\to 0}\dfrac{x^2\sin\dfrac{1}{x}}{\sin x}$.（$\dfrac{0}{0}$ 型）

解：这个问题属于 $\dfrac{0}{0}$ 型未定式. 但是对分子和分母分别求导数后，将化为 $\lim\limits_{x\to 0}\dfrac{2x\sin\dfrac{1}{x}-\cos\dfrac{1}{x}}{\cos x}$，此式振荡无极限，故洛必达法则失效，不能使用.

但原极限是存在的，可用如下方法求得：

$$\lim_{x\to 0}\frac{x^2\sin\frac{1}{x}}{\sin x}=\lim_{x\to 0}\left(\frac{x}{\sin x}\cdot x\sin\frac{1}{x}\right)$$
$$=\frac{\lim\limits_{x\to 0}x\sin\frac{1}{x}}{\lim\limits_{x\to 0}\frac{\sin x}{x}}=\frac{0}{1}=0$$

可以证明，对于 $\dfrac{\infty}{\infty}$ 型未定式的极限，有如下定理.

定理 4.2　设函数 $f(x)$ 与 $g(x)$ 满足：

（1）$\lim\limits_{x\to a}f(x)=\lim\limits_{x\to a}g(x)=\infty$，

（2）在点 a 的某邻域内（点 a 可以除外）可导，且 $g'(x)\neq 0$，

（3）$\lim\limits_{x\to a}\dfrac{f'(x)}{g'(x)}=A$（或 ∞），

则必有

$$\lim_{x \to a} \frac{f(x)}{g(x)} = \lim_{x \to a} \frac{f'(x)}{g'(x)} = A(\text{或} \infty)$$

例 7 求 $\lim\limits_{x \to \frac{\pi}{2}} \frac{\tan x}{\tan 3x}$. ($\frac{\infty}{\infty}$ 型)

解：$\lim\limits_{x \to \frac{\pi}{2}} \frac{\tan x}{\tan 3x} = \lim\limits_{x \to \frac{\pi}{2}} \frac{\frac{1}{\cos^2 x}}{\frac{3}{\cos^2 3x}} = \frac{1}{3} \lim\limits_{x \to \frac{\pi}{2}} \frac{\cos^2 3x}{\cos^2 x}$

$$= \frac{1}{3} \lim_{x \to \frac{\pi}{2}} \frac{2\cos 3x \cdot (-3\sin 3x)}{2\cos x \cdot (-\sin x)}$$

$$= \lim_{x \to \frac{\pi}{2}} \frac{\sin 6x}{\sin 2x} = \lim_{x \to \frac{\pi}{2}} \frac{6\cos 6x}{2\cos 2x} = 3$$

例 8 求 $\lim\limits_{x \to 0^+} \frac{\ln\cot x}{\ln x}$. ($\frac{\infty}{\infty}$ 型)

解：$\lim\limits_{x \to 0^+} \frac{\ln\cot x}{\ln x} = \lim\limits_{x \to 0^+} \frac{\frac{1}{\cot x} \cdot \left(-\frac{1}{\sin^2 x}\right)}{\frac{1}{x}} = -\lim\limits_{x \to 0^+} \frac{x}{\sin x \cos x}$

$$= -\lim_{x \to 0^+} \frac{x}{\sin x} \cdot \lim_{x \to 0^+} \frac{1}{\cos x}$$

$$= -1$$

当定理 4.1 与定理 4.2 中 $x \to a$ 改为 $x \to \infty$ 时，洛必达法则同样有效，即同样有：

$$\lim_{x \to \infty} \frac{f(x)}{g(x)} = \lim_{x \to \infty} \frac{f'(x)}{g'(x)} \quad \left(\frac{0}{0} \text{型或} \frac{\infty}{\infty} \text{型}\right)$$

例 9 求 $\lim\limits_{x \to +\infty} \frac{\ln x}{x^n}$ $(n > 0)$. ($\frac{\infty}{\infty}$ 型)

解：$\lim\limits_{x \to +\infty} \frac{\ln x}{x^n} = \lim\limits_{x \to +\infty} \frac{\frac{1}{x}}{nx^{n-1}} = \lim\limits_{x \to +\infty} \frac{1}{nx^n} = 0$

例 10 求 $\lim\limits_{x \to +\infty} \frac{e^x}{x^2}$. ($\frac{\infty}{\infty}$ 型)

解：$\lim\limits_{x \to +\infty} \frac{e^x}{x^2} = \lim\limits_{x \to +\infty} \frac{e^x}{2x} = \lim\limits_{x \to +\infty} \frac{e^x}{2} = +\infty$

洛必达法则不仅可以用来解决 $\frac{0}{0}$ 型和 $\frac{\infty}{\infty}$ 型未定式的极限问题，还可用来解决 $0 \cdot \infty$、$\infty - \infty$、1^∞、0^0、∞^0 等型的未定式的极限问题.

对于 $0 \cdot \infty$ 及 $\infty - \infty$ 型未定式，经过适当变换，即可将其化为 $\frac{0}{0}$ 及 $\frac{\infty}{\infty}$ 型未定式的极限.

例 11 求 $\lim\limits_{x \to +\infty} x\left(\frac{\pi}{2} - \arctan x\right)$. ($\infty \cdot 0$ 型)

解：$\lim\limits_{x\to+\infty} x\left(\dfrac{\pi}{2}-\arctan x\right)=\lim\limits_{x\to+\infty}\dfrac{\dfrac{\pi}{2}-\arctan x}{\dfrac{1}{x}}=\lim\limits_{x\to+\infty}\dfrac{-\dfrac{1}{1+x^2}}{-\dfrac{1}{x^2}}$

$$=\lim_{x\to+\infty}\frac{x^2}{1+x^2}=1$$

例 12　求 $\lim\limits_{x\to1}\left(\dfrac{x}{x-1}-\dfrac{1}{\ln x}\right)$.（$\infty-\infty$ 型）

解：$\lim\limits_{x\to1}\left(\dfrac{x}{x-1}-\dfrac{1}{\ln x}\right)=\lim\limits_{x\to1}\dfrac{x\ln x-x+1}{(x-1)\ln x}=\lim\limits_{x\to1}\dfrac{\ln x+1-1}{\dfrac{x-1}{x}+\ln x}$

$$=\lim_{x\to1}\frac{\ln x}{1-\dfrac{1}{x}+\ln x}=\lim_{x\to1}\frac{\dfrac{1}{x}}{\dfrac{1}{x^2}+\dfrac{1}{x}}=\frac{1}{2}$$

对于 1^∞、0^0、∞^0 等型的未定式，可先化为以 e 为底的指数函数的极限，再利用指数函数的连续性化为求指数部分的极限，而指数部分的极限可化为 $\dfrac{0}{0}$ 型或 $\dfrac{\infty}{\infty}$ 型.

例 13　求 $\lim\limits_{x\to1}x^{\frac{1}{1-x}}$.（$1^\infty$ 型）

解：因为

$$\lim_{x\to1}x^{\frac{1}{1-x}}=\lim_{x\to1}e^{\frac{1}{1-x}\ln x}=e^{\lim\limits_{x\to1}\frac{1}{1-x}\ln x}$$

而
$$\lim_{x\to1}\frac{1}{1-x}\ln x=\lim_{x\to1}\frac{\ln x}{1-x}=\lim_{x\to1}\frac{\dfrac{1}{x}}{-1}=-1$$

所以
$$\lim_{x\to1}x^{\frac{1}{1-x}}=e^{-1}=\frac{1}{e}$$

例 14　求 $\lim\limits_{x\to0^+}x^x$.（0^0 型）

解：$\lim\limits_{x\to0^+}x^x=\lim\limits_{x\to0^+}e^{x\ln x}=e^{\lim\limits_{x\to0^+}x\ln x}$

而
$$\lim_{x\to0^+}x\ln x=\lim_{x\to0^+}\frac{\ln x}{\dfrac{1}{x}}=\lim_{x\to0^+}\frac{\dfrac{1}{x}}{-\dfrac{1}{x^2}}=\lim_{x\to0^+}(-x)=0$$

所以
$$\lim_{x\to0^+}x^x=e^0=1$$

例 15　求 $\lim\limits_{x\to+\infty}(x+e^x)^{\frac{1}{x}}$.（$\infty^0$ 型）

解：$\lim\limits_{x\to+\infty}(x+e^x)^{\frac{1}{x}}=\lim\limits_{x\to+\infty}e^{\frac{1}{x}\ln(x+e^x)}=e^{\lim\limits_{x\to+\infty}\frac{1}{x}\ln(x+e^x)}$

而
$$\lim_{x\to+\infty}\frac{1}{x}\ln(x+e^x)=\lim_{x\to+\infty}\frac{\ln(x+e^x)}{x}=\lim_{x\to+\infty}\frac{1+e^x}{x+e^x}$$

$$=\lim_{x\to+\infty}\frac{e^x}{1+e^x}=\lim_{x\to+\infty}\frac{e^x}{e^x}=1$$

所以 $\lim\limits_{x\to+\infty}(x+e^x)^{\frac{1}{x}}=e^1=e$

从上面一些例子可以看出，洛必达法则是解决未定式极限的很有效的方法. 但必须注意，只有 $\frac{0}{0}$ 型和 $\frac{\infty}{\infty}$ 型未定式而且必须在符合洛必达法则的各项条件时，才能直接使用洛必达法则. 其他类型的未定式必须经变换设法化为满足条件的 $\frac{0}{0}$ 型或 $\frac{\infty}{\infty}$ 型未定式后才能使用洛必达法则. 有时还需要与其他求极限的方法结合使用.

例 16 求 $\lim\limits_{x\to0}\dfrac{\sin^2x-x\sin x\cos x}{x^4}$.

解：这是一个 $\frac{0}{0}$ 型未定式，我们先进行调整，再使用洛必达法则.

$$\begin{aligned}\lim_{x\to0}\frac{\sin^2x-x\sin x\cos x}{x^4}&=\lim_{x\to0}\frac{\sin x}{x}\cdot\frac{\sin x-x\cos x}{x^3}\\&=\lim_{x\to0}\frac{\sin x}{x}\cdot\lim_{x\to0}\frac{\sin x-x\cos x}{x^3}\\&=\lim_{x\to0}\frac{\sin x-x\cos x}{x^3}\\&=\lim_{x\to0}\frac{\cos x-\cos x+x\sin x}{3x^2}\\&=\lim_{x\to0}\frac{\sin x}{3x}=\frac{1}{3}\end{aligned}$$

例 17 求 $\lim\limits_{x\to\infty}\left[x-x^2\ln\left(1+\dfrac{1}{x}\right)\right]$.

解：这是一个 $\infty-\infty$ 型未定式，我们设法将它转化为 $\frac{0}{0}$ 型或 $\frac{\infty}{\infty}$ 型.

设 $x=\dfrac{1}{t}$，则

$$\begin{aligned}\lim_{x\to\infty}\left[x-x^2\ln\left(1+\frac{1}{x}\right)\right]&=\lim_{t\to0}\left[\frac{1}{t}-\frac{1}{t^2}\ln(1+t)\right]\\&=\lim_{t\to0}\frac{t-\ln(1+t)}{t^2}=\lim_{t\to0}\frac{1-\dfrac{1}{1+t}}{2t}\\&=\lim_{t\to0}\frac{1}{2(1+t)}=\frac{1}{2}\end{aligned}$$

例 18 求 $\lim\limits_{x\to0}\dfrac{e^{x-\sin x}-1}{\arcsin x^3}$.

解：这是一个 $\frac{0}{0}$ 型未定式，先进行等价无穷小量代换.

因 $e^x-1\sim x(x\to0)$，故有 $e^{x-\sin x}-1\sim x-\sin x(x\to0)$.

因 $\arcsin x\sim x(x\to0)$，故有 $\arcsin x^3\sim x^3(x\to0)$，所以

$$\lim_{x\to 0}\frac{e^{x-\sin x}-1}{\arcsin x^3}=\lim_{x\to 0}\frac{x-\sin x}{x^3}=\lim_{x\to 0}\frac{1-\cos x}{3x^2}=\lim_{x\to 0}\frac{\sin x}{6x}=\frac{1}{6}$$

4.3 函数的增减性

一个函数在某个区间内单调增减性的变化规律是我们研究函数图形时首先要考虑的问题.在第一章我们已经给出了函数在某个区间内单调增减性的定义，现在介绍利用函数的导数判定函数单调增减性的方法.

先从几何直观分析.如果在区间 (a,b) 内，曲线上每一点的切线斜率都为正值，即 $\tan\alpha=f'(x)>0$，则曲线是上升的，即函数 $f(x)$ 是单调增加的，如图 4-4 所示.如果切线斜率都为负值，即 $\tan\alpha=f'(x)<0$，则曲线是下降的，即函数 $f(x)$ 是单调减少的，如图 4-5 所示.

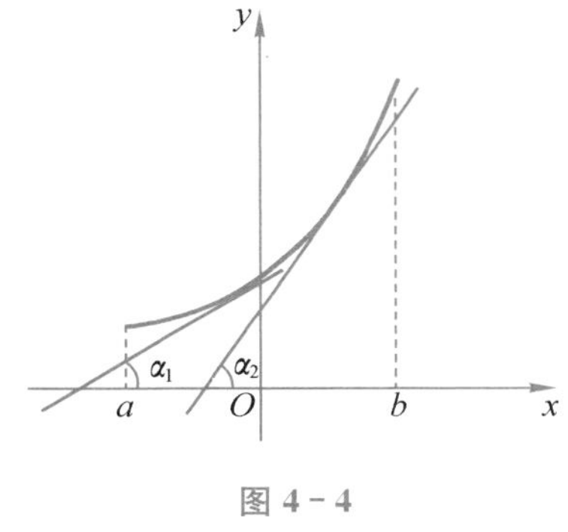

图 4-4

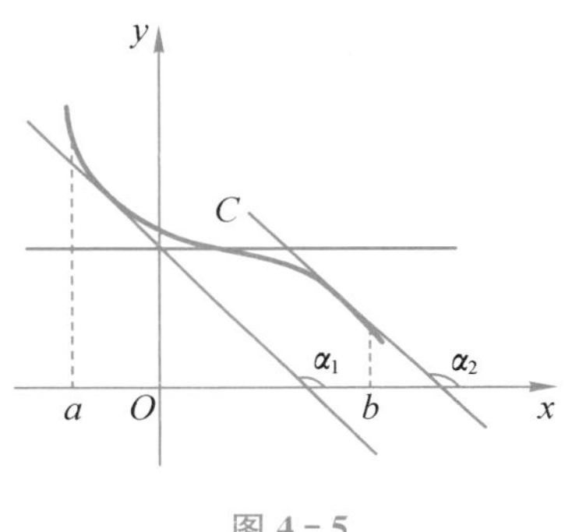

图 4-5

对于上升或下降的曲线，它的切线在个别点可能平行于 x 轴(即导数等于0)，如图 4-5 中的点 C.

定理 4.3　设函数 $f(x)$ 在区间 (a,b) 内可导，那么

(1) 如果 $x\in(a,b)$ 时恒有 $f'(x)>0$，则 $f(x)$ 在 (a,b) 内单调增加；

(2) 如果 $x\in(a,b)$ 时恒有 $f'(x)<0$，则 $f(x)$ 在 (a,b) 内单调减少.

证：在区间 (a,b) 内任取两点 x_1，x_2，设 $x_1<x_2$，则由拉格朗日中值定理有

$$f(x_2)=f(x_1)+f'(\xi)(x_2-x_1),\quad \xi\in(x_1,x_2) \tag{*}$$

(1) 如果 $x\in(a,b)$ 时 $f'(x)>0$，则 $f'(\xi)>0$，由式(*)得

$$f(x_2)>f(x_1)$$

所以函数 $f(x)$ 在 (a,b) 内单调增加；

(2) 如果 $x\in(a,b)$ 时 $f'(x)<0$，则 $f'(\xi)<0$，由式(*)得

$$f(x_2)<f(x_1)$$

所以函数 $f(x)$ 在 (a,b) 内单调减少.

例 1　确定函数 $f(x)=x^3-3x$ 的单调增减区间.

解：因 $f'(x)=3x^2-3=3(x+1)(x-1)$，当 $x\in(-\infty,-1)$ 时，$f'(x)>0$，函数 $f(x)$ 在 $(-\infty,-1)$ 内单调增加；而当 $x\in(-1,1)$ 时，$f'(x)<0$，函数 $f(x)$ 在 $(-1,1)$ 内单调减少；当 $x\in(1,+\infty)$ 时，$f'(x)>0$，函数 $f(x)$ 在 $(1,+\infty)$ 内单调增加. 如图 4－6 所示.

注意　如果在区间 (a,b) 内 $f'(x)\geqslant 0$（或 $f'(x)\leqslant 0$），但等号只在有限个点处成立，则函数 $f(x)$ 在 (a,b) 内仍是单调增加（或单调减少）的.

例 2　确定函数 $f(x)=x^3$ 的增减性.

解：因 $f'(x)=3x^2\geqslant 0$，且只有当 $x=0$ 时，$f'(0)=0$，所以 $f(x)=x^3$ 在 $(-\infty,+\infty)$ 内是单调增加的，如图 4－7 所示.

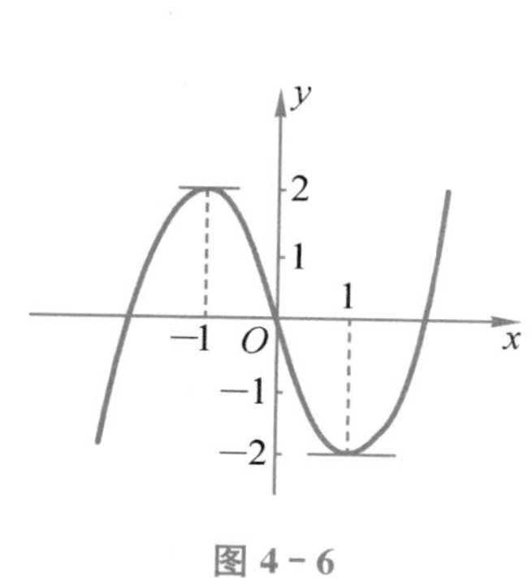

图 4－6

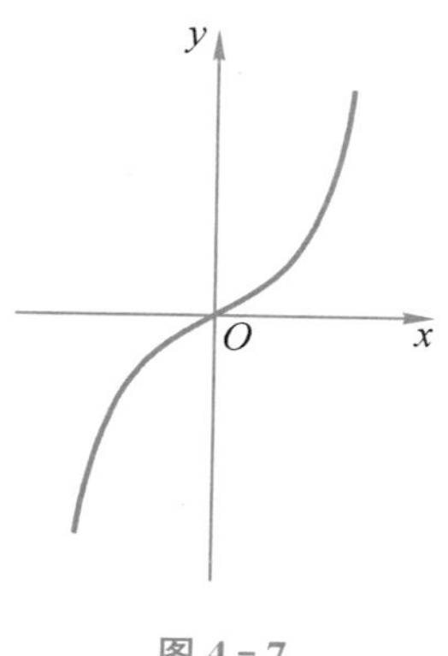

图 4－7

例 3　证明：当 $x>0$ 时，$e^x>1+x$.

证：设 $f(x)=e^x-1-x$，则

$$f'(x)=e^x-1$$

因为 $x>0$，所以 $f'(x)>0$，因此 $f(x)$ 在 $(0,+\infty)$ 内单调增加. 又因为 $f(x)$ 为连续函数，所以当 $x>0$ 时，$f(x)>f(0)=0$，即

$$e^x-1-x>0$$

因此，当 $x>0$ 时，　$e^x>1+x$.

4.4　函数的极值

知识点解析
函数的极值

在 4.3 节的例 1 中，当 x 从点 $x=-1$ 的左边邻域变成右边邻域时，函数 $f(x)=x^3-3x$ 的函数值由单调增加变为单调减少，即点 $x=-1$ 是函数由增加变为减少的转折点，因此在点 $x=-1$ 的左右邻域恒有 $f(-1)>f(x)$，我们称 $f(-1)$ 为 $f(x)$ 的极大值. 同样地，点 $x=1$ 是函数由减少变为增加的转折点，因此在点 $x=1$ 的左右邻域恒有 $f(1)<f(x)$，我们称 $f(1)$ 为 $f(x)$ 的极小值.

定义 4.1 如果函数 $f(x)$ 在点 $x=x_0$ 的一个 δ 邻域 $(x_0-\delta, x_0+\delta)$ 内有定义，对任意的 $x\in(x_0-\delta, x_0)\cup(x_0, x_0+\delta)$，总有 $f(x)<f(x_0)$，则称 $f(x_0)$ 为函数 $f(x)$ 的**极大值**，x_0 称为函数 $f(x)$ 的**极大值点**；如果 $x\in(x_0-\delta, x_0)\cup(x_0, x_0+\delta)$，总有 $f(x)>f(x_0)$，则称 $f(x_0)$ 为函数 $f(x)$ 的**极小值**，x_0 称为函数 $f(x)$ 的**极小值点**.

极大值与极小值统称为**极值**，极大值点与极小值点统称为**极值点**. 显然，极值是一个局部性的概念，它只是与极值点邻近的所有点的函数值相比较而言，并不意味着它在函数的整个定义区间内最大或最小.

如图 4-8 所示的函数 $f(x)$，它在点 x_1 和 x_3 各有极大值 $f(x_1)$ 和 $f(x_3)$，在点 x_2 和点 x_4 各有极小值 $f(x_2)$ 和 $f(x_4)$，而极大值 $f(x_1)$ 还小于极小值 $f(x_4)$. 由图易见，这些极大值都不是函数在定义区间上的最大值，极小值也都不是函数在定义区间上的最小值.

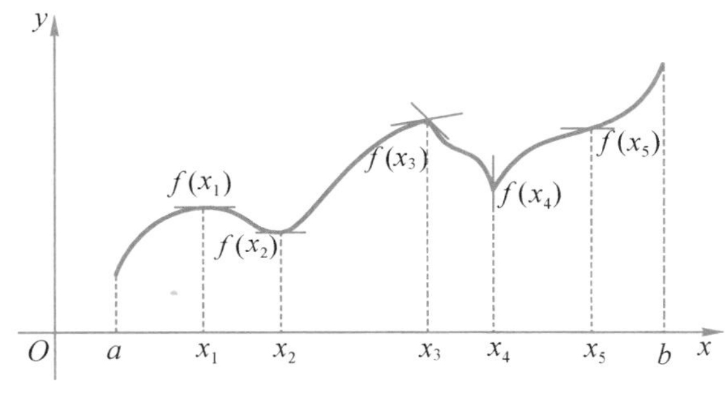

图 4-8

由图 4-8 可以看出，在极值点处如果曲线有切线存在，并且切线有确定的斜率，那么该切线平行于 x 轴，即该切线的斜率等于0. 但是，在某点曲线的切线平行于 x 轴，并不意味着该点就一定是极值点，如图 4-8 中的点 x_5 不是极值点，而曲线在点 x_5 的切线却平行于 x 轴. 函数的极值点也可以在切线不存在或切线垂直 x 轴处取得，如点 x_3 和点 x_4.

在上述几何直观的基础上，我们给出函数极值的如下定理：

定理 4.4(必要条件) 如果函数 $f(x)$ 在点 x_0 处有极值 $f(x_0)$ 且 $f'(x_0)$ 存在，则 $f'(x_0)=0$.

证：如果 $f(x_0)$ 为极大值，则存在 x_0 的某邻域，在此邻域内总有

$$f(x_0)>f(x_0+\Delta x)$$

于是

$$\frac{f(x_0+\Delta x)-f(x_0)}{\Delta x}>0 \quad (当\ \Delta x<0\ 时)$$

$$\frac{f(x_0+\Delta x)-f(x_0)}{\Delta x}<0 \quad (当\ \Delta x>0\ 时)$$

因此，根据定理假设 $f'(x_0)$ 存在，所以

$$f'_-(x_0)=f'(x_0)=\lim_{\Delta x\to 0^-}\frac{f(x_0+\Delta x)-f(x_0)}{\Delta x}\geqslant 0$$

且 $$f'_{+}(x_0)=f'(x_0)=\lim_{\Delta x\to 0^{+}}\frac{f(x_0+\Delta x)-f(x_0)}{\Delta x}\leqslant 0$$

所以 $$f'(x_0)=0$$

同理可证极小值的情形.

注意 (1) 定理 4.4 表明，$f'(x_0)=0$ 是点 x_0 为 $f(x)$ 的极值点的必要条件，但不是充分条件. 例如 $y=x^3$，$f'(0)=0$，但在 $x=0$ 处并没有极值，如图 4-7 所示.

使 $f'(x)=0$ 的点称为函数的**驻点**. 驻点可能是函数的极值点，也可能不是函数的极值点.

(2) 定理 4.4 是对函数在点 x_0 处可导而言的. 在导数不存在的点，如果函数连续，也可能有极值. 例如 $y=x^{\frac{2}{3}}$，$y'=\frac{2}{3}x^{-\frac{1}{3}}$，$f'(0)$ 不存在，但在 $x=0$ 处函数却有极小值 $f(0)=0$，如图 4-9 所示. 在导数不存在的点也可能没有极值. 如 $y=x^{\frac{1}{3}}$，$y'=\frac{1}{3}x^{-\frac{2}{3}}$，$f'(0)$ 不存在，但在 $x=0$ 处函数没有极值，如图 4-10 所示.

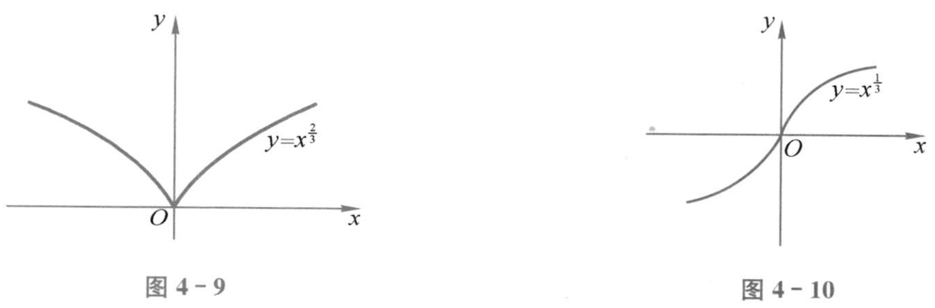

图 4-9　　图 4-10

由注意(1) 和(2) 可知，函数的极值点必是函数的驻点或导数不存在的点. 但是，驻点或导数不存在的点不一定就是函数的极值点.

下面介绍函数取得极值的充分条件，也就是给出判断极值的方法.

定理 4.5 设函数 $f(x)$ 在点 x_0 的某邻域 $(x_0-\delta, x_0+\delta)$ 内连续并且可导(但 $f'(x_0)$ 可以不存在).

(1) 如果当 $x\in(x_0-\delta, x_0)$ 时 $f'(x)>0$，而当 $x\in(x_0, x_0+\delta)$ 时 $f'(x)<0$，则函数 $f(x)$ 在点 x_0 处取得极大值 $f(x_0)$.

(2) 如果当 $x\in(x_0-\delta, x_0)$ 时 $f'(x)<0$，而当 $x\in(x_0, x_0+\delta)$ 时 $f'(x)>0$，则函数 $f(x)$ 在点 x_0 处取得极小值 $f(x_0)$.

(3) 如果当 $x\in(x_0-\delta, x_0)$ 和 $x\in(x_0, x_0+\delta)$ 时，$f'(x)$ 不变号，则 $f(x)$ 在点 x_0 处无极值.

证：(1) 当 $x\in(x_0-\delta, x_0)$ 时 $f'(x)>0$，则 $f(x)$ 在 $(x_0-\delta, x_0)$ 内单调增加，所以 $f(x_0)>f(x)$.

当 $x\in(x_0, x_0+\delta)$ 时 $f'(x)<0$，则 $f(x)$ 在 $(x_0, x_0+\delta)$ 内单调减少，所以 $f(x_0)>f(x)$. 即对

$$x\in(x_0-\delta, x_0)\cup(x_0, x_0+\delta)$$

总有 $\quad f(x_0) > f(x)$
所以，$f(x_0)$ 为 $f(x)$ 的极大值.

(2) 同理可证.

(3) 因为在 $(x_0-\delta, x_0+\delta)$ 内，$f'(x)$ 不变号，亦即恒有 $f'(x)>0$ 或 $f'(x)<0$，因此 $f(x)$ 在 x_0 的左右两边均单调增加或单调减少，所以不可能在点 x_0 处取得极值.

例 1 求函数 $f(x)=(x-1)^2(x+1)^3$ 的单调增减区间和极值.

解：先求导数

$$f'(x)=(x-1)(x+1)^2(5x-1)$$

令 $f'(x)=0$，得驻点

$$x_1=-1,\ x_2=\frac{1}{5},\ x_3=1$$

这三个点将 $(-\infty,+\infty)$ 分成四个部分：

$$(-\infty,-1),\ \left(-1,\frac{1}{5}\right),\ \left(\frac{1}{5},1\right),\ (1,+\infty)$$

于是，可作出表 4-1.

表 4-1

x	$(-\infty,-1)$	-1	$\left(-1,\frac{1}{5}\right)$	$\frac{1}{5}$	$\left(\frac{1}{5},1\right)$	1	$(1,+\infty)$
$f'(x)$	+	0	+	0	−	0	+
$f(x)$	↗	0 非极值	↗	$\frac{3\,456}{3\,125}$ 极大值	↘	0 极小值	↗

注：表中符号“↗”表示函数单调增加，符号“↘”表示函数单调减少.

由表 4-1 可见：函数 $f(x)$ 在区间 $\left(-\infty,\frac{1}{5}\right)$，$(1,+\infty)$ 单调增加；在区间 $\left(\frac{1}{5},1\right)$ 单调减少. 在点 $x=\frac{1}{5}$ 处有极大值 $f\left(\frac{1}{5}\right)=\frac{3\,456}{3\,125}$，在点 $x=1$ 处有极小值 $f(1)=0$. 如图 4-11 所示.

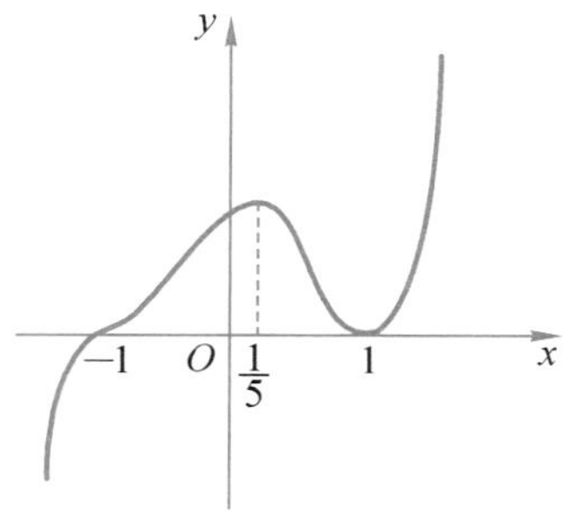

图 4-11

例 2 求函数 $f(x)=x-\frac{3}{2}x^{\frac{2}{3}}$ 的单调增减区间和极值.

解：求导数

$$f'(x)=1-x^{-\frac{1}{3}}$$

当 $x=1$ 时 $f'(x)=0$，而当 $x=0$ 时 $f'(x)$ 不存在，因此，函数可能在这两点取得极值. 见表 4 - 2.

表 4 - 2

x	$(-\infty, 0)$	0	$(0, 1)$	1	$(1, +\infty)$
$f'(x)$	+	不存在	−	0	+
$f(x)$	↗	0 极大值	↘	$-\frac{1}{2}$ 极小值	↗

由表 4 - 2 可见：函数 $f(x)$ 在区间 $(-\infty, 0)$，$(1, +\infty)$ 单调增加，在区间 $(0, 1)$ 单调减少. 在点 $x=0$ 处有极大值 $f(0)=0$，在点 $x=1$ 处有极小值 $f(1)=-\frac{1}{2}$，如图 4 - 12 所示.

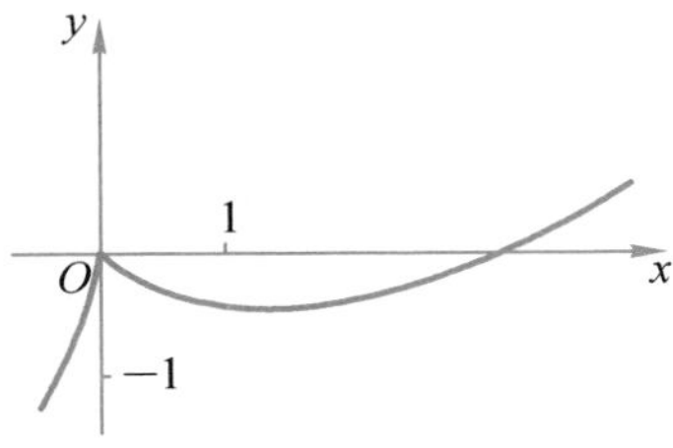

图 4 - 12

当函数在驻点处的二阶导数存在时，有如下判别定理：

定理 4.6 设 $f'(x_0)=0$，$f''(x_0)$ 存在，

(1) 如果 $f''(x_0)>0$，则 $f(x_0)$ 为 $f(x)$ 的极小值；

(2) 如果 $f''(x_0)<0$，则 $f(x_0)$ 为 $f(x)$ 的极大值.

证：(1) 由导数定义及 $f'(x_0)=0$ 和 $f''(x_0)>0$，得

$$f''(x_0)=\lim_{x\to x_0}\frac{f'(x)-f'(x_0)}{x-x_0}=\lim_{x\to x_0}\frac{f'(x)}{x-x_0}>0$$

由定理 2.2 可知，存在点 x_0 的某个邻域，使在该邻域内恒有

$$\frac{f'(x)}{x-x_0}>0 \quad (x\neq x_0)$$

所以，当 $x<x_0$ 时 $f'(x)<0$，当 $x>x_0$ 时 $f'(x)>0$，由定理 4.5 可知，$f(x_0)$ 为极小值.

(2) 同理可证.

例 3　求函数 $f(x)=x^3-3x$ 的极值.

解：$f'(x)=3x^2-3=3(x+1)(x-1)$

$$f''(x)=6x$$

令 $f'(x)=0$ 得 $x=\pm 1$. 由于 $f''(-1)=-6<0$，所以 $f(-1)=2$ 为 $f(x)$ 的极大值；$f''(1)=6>0$，所以 $f(1)=-2$ 为 $f(x)$ 的极小值.

注意　当 $f'(x_0)=f''(x_0)=0$ 时，定理 4.6 失效. 例如，函数 $f(x)=x^3$，有 $f'(0)=f''(0)=0$，但点 $x=0$ 不是极值点；而函数 $f(x)=x^4$ 有 $f'(0)=f''(0)=0$，而点 $x=0$ 却是极小值点.

定理 4.6 说明“$f'(x_0)=0$，$f''(x_0)$ 存在且不等于零”是 $f(x)$ 在点 $x=x_0$ 处有极值的充分条件.

4.5 最大值与最小值，极值的应用问题

（一）最大值与最小值

函数 $f(x)$ 在闭区间 $[a, b]$ 上连续，则函数在该区间上必取得最大值与最小值. 函数的最大(小)值与函数的极大(小)值是不同的概念.

知识点解析
函数的最大值与最小值

$f(x_0)$ 是区间 $[a, b]$ 上的最大(小)值，是指 $f(x_0)$ 是区间 $[a, b]$ 上所有函数值中的最大(小)者，而 $f(x_0)$ 是区间 $[a, b]$ 上的极大(小)值，是指 $f(x_0)$ 是包含在 (a, b) 内的 x_0 的一个 δ 领域 $(x_0-\delta, x_0+\delta)$ 中的所有函数值中的最大(小)者. 可见最大(小)值是区间 $[a, b]$ 上的全局概念，而极大(小)值则是区间 (a, b) 内的 x_0 的一个邻域的局部概念.

一般说来，求连续函数在区间 $[a, b]$ 上的最大值与最小值，首先要求出函数的全部驻点和不可导点，计算这些点的函数值及区间端点的函数值 $f(a)$ 及 $f(b)$，并比较它们的大小，其中最大者即区间 $[a, b]$ 上的最大值，最小者即区间 $[a, b]$ 上的最小值.

如果 $f(x)$ 在 $[a, b]$ 上连续，在 (a, b) 内可导，若 $f(x)$ 在 (a, b) 内有且仅有一个极大值，而无极小值，则此极大值即最大值. 如果 (a, b) 内有且仅有一个极小值，而无极大值，则此极小值即最小值.

很多求最大值或最小值的实际问题就属于此种类型. 对于这类求最大值或最小值的问题，可以用求极值的方法来解决.

例 1　求 $f(x)=x-\frac{3}{2}x^{\frac{2}{3}}$ 在区间 $\left[-1, \frac{27}{8}\right]$ 上的最大值与最小值.

解：在 4.4 节例 2 中已求出 $f(x)$ 在驻点 $x=1$ 处取得极小值 $f(1)=-\frac{1}{2}$，在导数不存在的点 $x=0$ 处取得极大值 $f(0)=0$.

计算区间端点的函数值

$$f(-1)=-\frac{5}{2},\quad f\left(\frac{27}{8}\right)=0$$

比较这些函数值的大小：$f(-1)=-\frac{5}{2}$，$f(0)=0$，$f(1)=-\frac{1}{2}$，$f\left(\frac{27}{8}\right)=0$，可以得出：$f(x)$ 在 $\left[-1, \frac{27}{8}\right]$ 中的点 $x=-1$ 处取得最小值 $f(-1)=-\frac{5}{2}$，在 $x=0$ 处及 $x=\frac{27}{8}$ 处取得最大值 $f(0)=0$ 及 $f\left(\frac{27}{8}\right)=0$.

（二）极值应用问题举例

例 2 将边长为a的一块正方形铁皮的四角各截去一个大小相同的小正方形，然后将四边折起做成一个无盖的方盒. 问截掉的小正方形边长为多大时，所得方盒的容积最大？

解：设小正方形的边长为x，则盒底的边长为$a-2x$，如图 4-13 所示. 因此，方盒的容积为

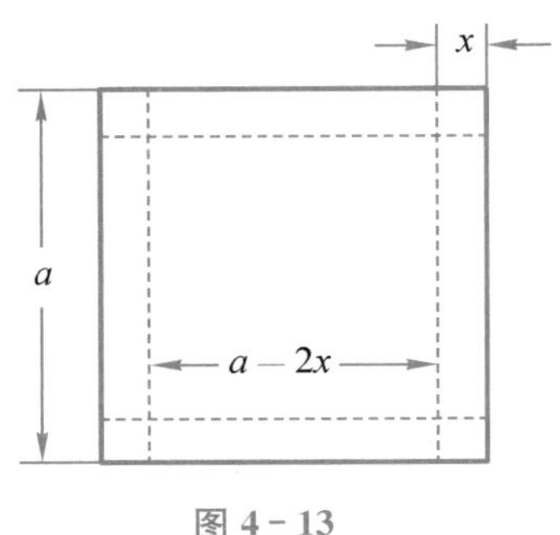

图 4-13

$$V=x(a-2x)^2,\ x\in\left(0,\ \frac{a}{2}\right)$$

求导得 $V'=(a-2x)(a-6x)$

令 $V'=0$，得

$$x_1=\frac{a}{6},\quad x_2=\frac{a}{2}$$

因为只有点 $x_1=\dfrac{a}{6}$ 在区间 $\left(0,\ \dfrac{a}{2}\right)$ 内，所以只需对 x_1 进行检验.

显然

$$\text{当 } x\in\left(0,\ \frac{a}{6}\right) \text{ 时}, V'>0$$

$$\text{当 } x\in\left(\frac{a}{6},\ \frac{a}{2}\right) \text{ 时}, V'<0$$

所以函数V在点$x=\dfrac{a}{6}$处取得极大值，这个极大值就是函数V的最大值. 由此可知，当截去的小正方形的边长等于所给正方形铁皮边长的$\dfrac{1}{6}$时，做成的方盒容积最大.

例 3 要做一个容积为 V 的圆柱形罐头筒，怎样设计才能使所用材料最省？

解：显然，要材料最省，就是要罐头筒的总表面积最小. 设罐头筒的底半径为 r，高为 h，如图 4-14 所示，则它的侧面积为 $2\pi rh$，底面积为 πr^2，因此总表面积为

$$S=2\pi r^2+2\pi rh$$

由体积公式 $V=\pi r^2h$ 有

$$h=\frac{V}{\pi r^2}$$

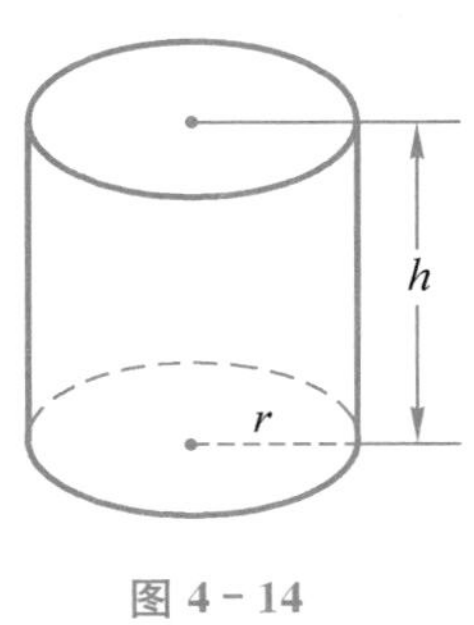

图 4-14

所以 $$S=2\pi r^2+\frac{2V}{r},\ r\in(0,\ +\infty)$$

$$S'=4\pi r-\frac{2V}{r^2}=\frac{2(2\pi r^3-V)}{r^2}$$

令 $$S'=0$$

得　　$r=\sqrt[3]{\dfrac{V}{2\pi}}$

$$S''=4\pi+\frac{4V}{r^3}$$

因为 π，V 都是正数，$r>0$，所以 $S''>0$. 因此，S 在点 $r=\sqrt[3]{\dfrac{V}{2\pi}}$ 处为极小值，也就是最小值. 这时相应的高为

$$h=\frac{V}{\pi r^2}=\frac{V}{\pi\left(\sqrt[3]{\dfrac{V}{2\pi}}\right)^2}=2\sqrt[3]{\frac{V}{2\pi}}=2r$$

于是得出结论：当所做罐头筒的高和底直径相等时，所用材料最省.

例 4　在 1.5 节的例 2 中，曾求得一年中库存费及生产准备费的和 $P(x)$ 与每批产量 x 的函数关系为

$$P(x)=\frac{ab}{x}+\frac{c}{2}x,\ x\in(0,a]$$

其中，a 为年产量，b 为每批次的生产准备费，c 为每台产品（车床）的库存费. 问在不考虑生产能力的条件下，每批生产多少台时，$P(x)$ 最小？

解：$P'(x)=-\dfrac{ab}{x^2}+\dfrac{c}{2}$

令　　$P'=0$

有　　$cx^2-2ab=0$

所以　　$x=\pm\sqrt{\dfrac{2ab}{c}}$

因为　　$x=-\sqrt{\dfrac{2ab}{c}}\notin(0,a]$　（舍去）

又因　　$P''(x)=\dfrac{2ab}{x^3}>0$

因此，当 $x=\sqrt{\dfrac{2ab}{c}}$ 时 $P(x)$ 取得极小值，也就是最小值. 于是得出：使一年中库存费与生产准备费之和最小的最优批量应为 $\sqrt{\dfrac{2ab}{c}}$. 因为批量应为 a 的正整数因子，所以有时 $\sqrt{\dfrac{2ab}{c}}$ 还要调整.

例 5　某厂生产土豆片，每袋售价 5 元，当每周销量（单位：千袋）为 Q 时，周总成本为 $C(Q)=2\,400+4\,000Q+100Q^2$（元），设价格不变，求(1) 可以获得利润的销量范围；(2) 每周销量为多少袋时，可以获得最大利润？

解：设每周生产 Q 千袋时，总收益为 $R(Q)$，总利润为 $L(Q)$，则有

$$R(Q)=5\times1\,000Q=5\,000Q$$

$$\begin{aligned}L(Q)&=R(Q)-C(Q)\\&=5\,000Q-(2\,400+4\,000Q+100Q^2)\\&=-100Q^2+1\,000Q-2\,400\\&=-100(Q-4)(Q-6)\end{aligned}$$

当 $4<Q<6$ 时，$L>0$，即可获得利润.

$$L'(Q)=-200Q+1\,000$$

令 $L'(Q)=0$，得 $Q=5$，且 $L''(Q)=200<0$.

所以当 $Q=5$ 时，$L(Q)$ 取得极大值，且极值唯一，故为最大值.

因此，当销量在 4 000～6 000 袋之间时，可获得利润，而当销量为 5 000 袋时，可获得最大利润.

4.6 曲线的凹向与拐点

知识点解析
函数的凹凸性

在研究函数图形的变化状况时，知道它的上升和下降规律很有用处，但还不能完全反映它的变化规律. 如图 4－15 所示的函数 $y=f(x)$ 的图形在区间 (a, b) 内虽然一直是上升的，但却有不同的弯曲状况：从左向右，曲线先是向上弯曲，通过 P 点后，扭转了弯曲的方向，而向下弯曲. 因此，研究函数图形时，考察它的弯曲方向以及扭转弯曲方向的点是很必要的. 从图 4－15 明显可以看出，曲线向上弯曲的弧段位于这弧段上任意一点的切线的上方，曲线向下弯曲的弧段位于这弧段上任意一点的切线的下方. 据此，给出如下定义：

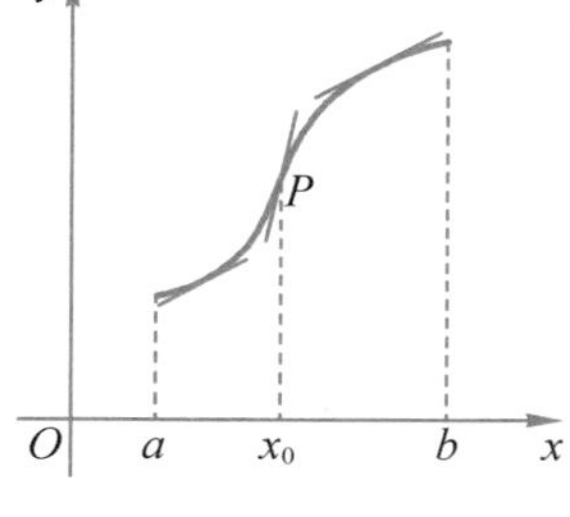

图 4－15

定义 4.2 如果在某区间内，曲线弧位于其上任意一点的切线的上方，则称曲线在该区间内是上凹的，如图 4－16 所示；如果在某区间内，曲线弧位于其上任意一点的切线的下方，则称曲线在该区间内是下凹的，如图 4－17 所示.

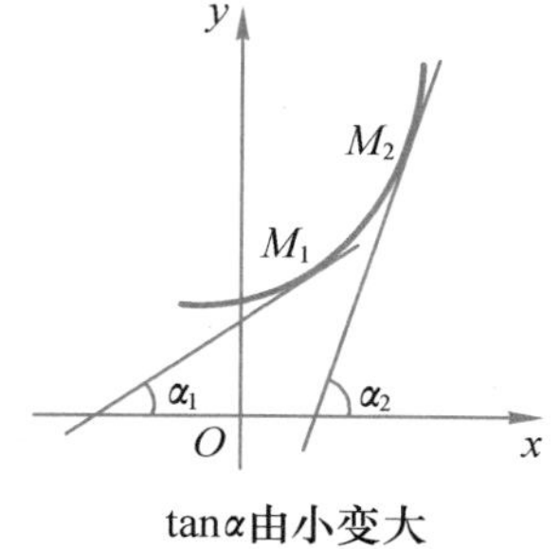

tanα由小变大

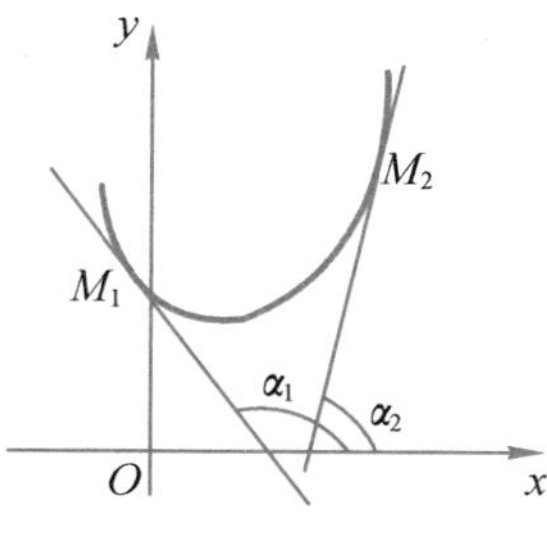

tanα由小变大（由负变正）

图 4－16

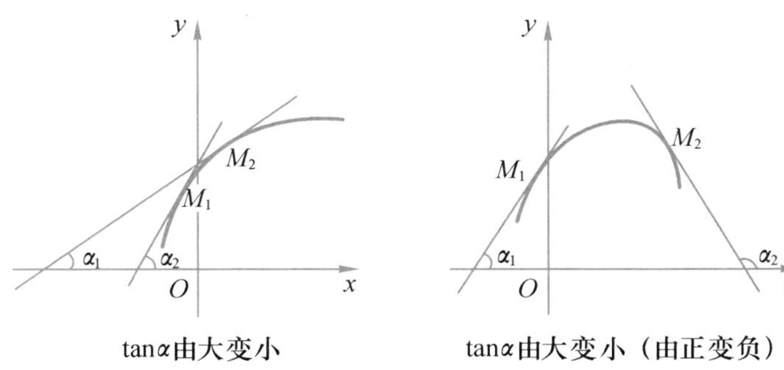

图 4-17

定理 4.7 设函数 $f(x)$ 在区间 (a, b) 内具有二阶导数，那么

(1) 如果当 $x \in (a, b)$ 时，恒有 $f''(x) > 0$，则曲线 $y = f(x)$ 在 (a, b) 内上凹；

(2) 如果当 $x \in (a, b)$ 时，恒有 $f''(x) < 0$，则曲线 $y = f(x)$ 在 (a, b) 内下凹.

因为 $f''(x) > 0$ 时，$f'(x)$ 单调增加，即 $\tan\alpha$ 由小变大，所以由图 4-16 可见曲线上凹；反之，如果 $f''(x) < 0$，则 $f'(x)$ 单调减少，即 $\tan\alpha$ 由大变小，所以由图 4-17 可见曲线下凹.

定义 4.3 曲线上凹与下凹的分界点称为曲线的**拐点**.

拐点既然是上凹与下凹的分界点，在拐点适当小的左右邻域 $f''(x)$ 就必然异号，因而在拐点处 $f''(x) = 0$ 或 $f''(x)$ 不存在.

例 1　求曲线 $y = x^4 - 2x^3 + 1$ 的凹向与拐点.

解：求导数，

$$y' = 4x^3 - 6x^2$$
$$y'' = 12x^2 - 12x = 12x(x-1)$$

令 $\quad y'' = 0$

得 $\quad x_1 = 0,\ x_2 = 1$

下面列表说明函数的凹向、拐点，见表 4-3.

表 4-3

x	$(-\infty, 0)$	0	$(0, 1)$	1	$(1, +\infty)$
y''	$+$	0	$-$	0	$+$
y	∪	1 （拐点）	∩	0 （拐点）	∪

注：表中符号“∪”表示曲线上凹，符号“∩”表示曲线下凹.

由表 4-3 可见，曲线在区间 $(-\infty, 0)$，$(1, +\infty)$ 上凹；在区间 $(0, 1)$ 下凹；曲线的拐点是 $(0, 1)$ 和 $(1, 0)$. 如图 4-18 所示.

有两种特殊情形要加以注意：

(1) 在点 x_0 处一阶导数存在而二阶导数不存在时，如果在点 x_0 适当小的左右邻域二阶导数存在且符号相反，则 $(x_0, f(x_0))$ 是拐点；如果符号相同，则不是拐点.

(2) 在点 x_0 处函数连续而一、二阶导数都不存在时，如果在点 x_0 适当小的左右邻域二阶导数存在且符号相反，则 $(x_0, f(x_0))$ 是拐点；如果符号相同，则不是拐点.

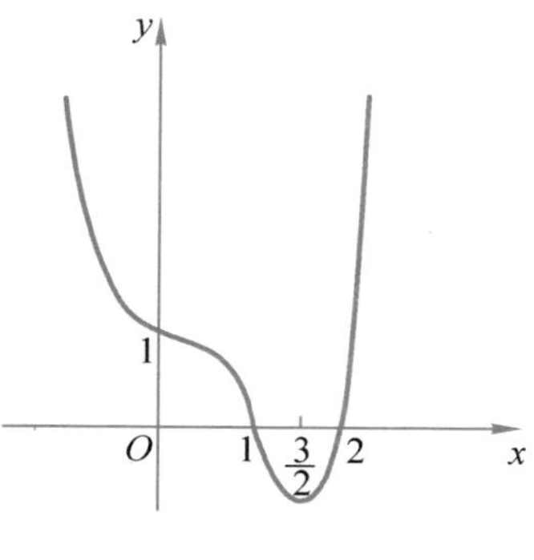

图 4－18

例 2 求曲线 $y=(x-2)^{\frac{5}{3}}$ 的凹向与拐点.

解：求导数

$$y'=\frac{5}{3}(x-2)^{\frac{2}{3}}$$

$$y''=\frac{10}{9}(x-2)^{-\frac{1}{3}}$$

当 $x=2$ 时，$y'=0$，y'' 不存在. 见表 4－4.

表 4－4

x	$(-\infty, 2)$	2	$(2, +\infty)$
y''	$-$	不存在	$+$
y	$\cap$	0 （拐点）	$\cup$

因此，曲线在区间 $(-\infty, 2)$ 下凹；在区间 $(2, +\infty)$ 上凹. 拐点是 $(2, 0)$. 如图 4－19 所示.

例 3 求曲线 $y=x^{\frac{1}{3}}$ 的凹向与拐点.

解：求导数.

$$y'=\frac{1}{3}x^{-\frac{2}{3}}$$

$$y''=-\frac{2}{9}x^{-\frac{5}{3}}$$

当 $x=0$ 时，y' 与 y'' 都不存在. 见表 4－5.

表 4－5

x	$(-\infty, 0)$	0	$(0, +\infty)$
y''	$+$	∞	$-$
y	$\cup$	0 （拐点）	$\cap$

因此，曲线在区间 $(-\infty, 0)$ 上凹；在 $(0, +\infty)$ 下凹. $(0, 0)$ 是拐点. 如图 4-20 所示.

图 4-19　　　　图 4-20

4.7 函数图形的作法

前面几节讨论了函数的一、二阶导数与函数图形变化性态的关系. 这些讨论都可应用于函数作图.

现在我们介绍曲线的渐近线，它有助于某些函数的作图.

(一) 曲线的渐近线

有些函数的定义域与值域都是有限区间，此时函数的图形局限于一定的范围之内，如圆、椭圆等. 而有些函数的定义域或值域是无穷区间，此时函数的图形向无穷远处延伸，如双曲线、抛物线等. 有些向无穷远处延伸的曲线呈现出越来越接近某一直线的形态，这种直线就是曲线的渐近线.

定义 4.4 如果曲线上的一点沿着曲线趋于无穷远处时，该点与某条直线的距离趋于 0，则称此直线为曲线的渐近线.

如果给定曲线的方程为 $y=f(x)$，如何确定该曲线是否有渐近线呢？如果有渐近线，又怎样求出它呢？下面分三种情形进行讨论：

(1) 水平渐近线.

如果曲线 $y=f(x)$ 的定义域是无限区间，且有

$$\lim_{x\to-\infty} f(x)=b$$

或

$$\lim_{x\to+\infty} f(x)=b$$

则直线 $y=b$ 为曲线 $y=f(x)$ 的渐近线，称为水平渐近线. 如图 4-21 和图 4-22 所示.

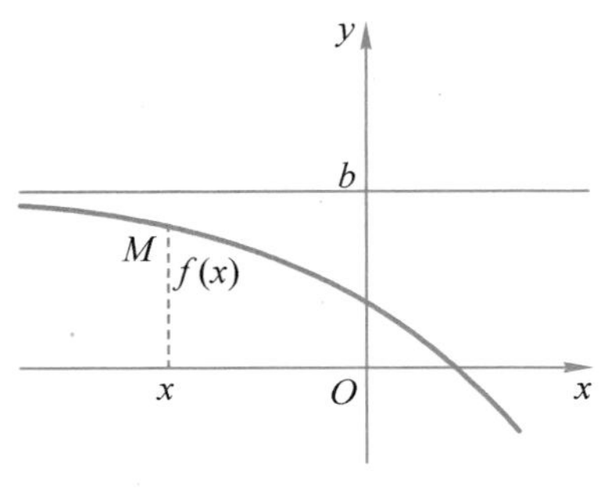

图 4-21

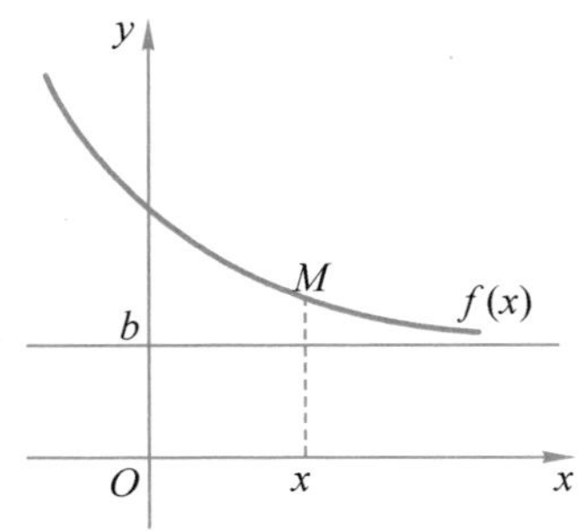

图 4-22

例 1　求曲线 $y=\dfrac{1}{x-1}$ 的水平渐近线.

解：因为

$$\lim_{x\to\pm\infty}\frac{1}{x-1}=0$$

所以 $y=0$ 是曲线的一条水平渐近线，如图 4-23 所示.

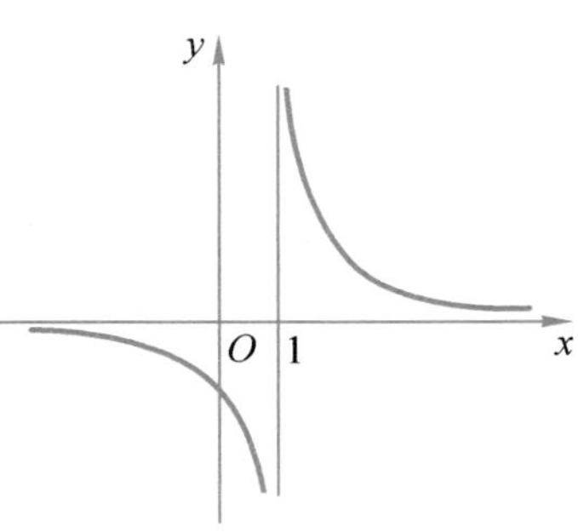

图 4-23

(2) 铅垂渐近线.

如果曲线 $y=f(x)$ 有

$$\lim_{x\to c^-}f(x)=\infty$$

或
$$\lim_{x\to c^+}f(x)=\infty$$

则直线 $x=c$ 为曲线 $y=f(x)$ 的一条渐近线，称为**铅垂渐近线**(或称**垂直渐近线**). 如图 4-24 所示.

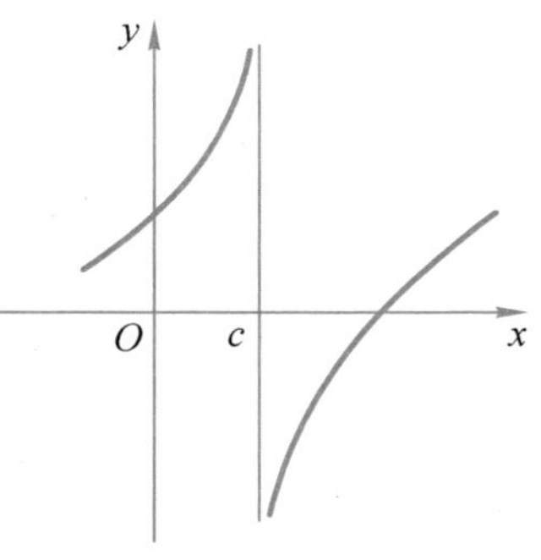

图 4-24

例 2　求曲线 $y=\dfrac{1}{x-1}$ 的铅垂渐近线.

解：因为

$$\lim_{x\to 1^-}\frac{1}{x-1}=-\infty$$

$$\lim_{x\to 1^+}\frac{1}{x-1}=+\infty$$

所以，$x=1$ 是曲线的一条铅垂渐近线，如图 4-23 所示.

(3) 斜渐近线.

如果

$$\lim_{x\to\pm\infty}[f(x)-(kx+b)]=0 \qquad \text{(A)}$$

成立，则 $y=kx+b$ 是曲线 $y=f(x)$ 的一条渐近线，称为**斜渐近线**. 如图 4-25 所示.

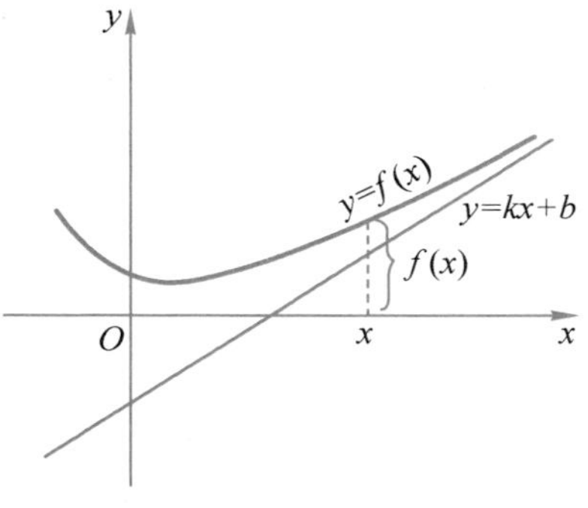

图 4-25

下面给出 k，b 的计算公式：

由式(A)有

$$\lim_{x\to\pm\infty} x\left[\frac{f(x)}{x}-k-\frac{b}{x}\right]=0$$

因为 x 为无穷大量，所以有

$$\lim_{x\to\pm\infty}\left[\frac{f(x)}{x}-k-\frac{b}{x}\right]=\lim_{x\to\pm\infty}\frac{f(x)}{x}-k=0$$

故 $$k=\lim_{x\to\pm\infty}\frac{f(x)}{x}\neq 0 \tag{B}$$

求出 k 后，将 k 代入式(A) 即可确定 b，

$$b=\lim_{x\to\pm\infty}[f(x)-kx] \tag{C}$$

例 3　求曲线 $y=\dfrac{x^2}{x+1}$ 的渐近线.

解：(1) 由 $\lim\limits_{x\to-1^-}\dfrac{x^2}{x+1}=-\infty$，$\lim\limits_{x\to-1^+}\dfrac{x^2}{x+1}=+\infty$，可知 $x=-1$ 是曲线的铅垂渐近线.

(2) 由 $k=\lim\limits_{x\to\infty}\dfrac{f(x)}{x}=\lim\limits_{x\to\infty}\dfrac{x}{x+1}=1$ 和

$$b=\lim_{x\to\infty}[f(x)-kx]=\lim_{x\to\infty}\left[\frac{x^2}{x+1}-x\right]=\lim_{x\to\infty}\frac{-x}{x+1}=-1$$

可知 $y=x-1$ 是曲线的斜渐近线.

(二) 函数图形的作法

前面几节讨论的函数的各种性态可应用于函数的作图. 描绘函数的图形时可考察下列项目：

(1) 确定函数的定义域；

(2) 确定曲线的对称性；

(3) 讨论函数的增减性和极值；

(4) 讨论曲线的凹向与拐点；

(5) 确定曲线的渐近线；

(6) 由曲线的方程计算出一些点的坐标，特别是曲线与坐标轴的交点坐标.

例 4　作函数 $y=\dfrac{4(x+1)}{x^2}-2$ 的图形.

解：(1) 定义域：$(-\infty,0)\cup(0,+\infty)$.

(2) 增减性、极值、凹向和拐点：

$$y'=-\frac{4(x+2)}{x^3}$$

$$y''=\frac{8(x+3)}{x^4}$$

令 $y'=0$，得 $x=-2$；令 $y''=0$，得 $x=-3$. 见表 4-6.

表 4-6

x	$(-\infty,-3)$	-3	$(-3,-2)$	-2	$(-2,0)$	0	$(0,+\infty)$
y'	$-$		$-$	0	$+$		$-$
y''	$-$	0	$+$		$+$		$+$
y	↘ ∩	$-\frac{26}{9}$ （拐点）	↘ ∪	-3 极小值	↗ ∪	间断	↘ ∪

(3) 渐近线：

因 $\lim\limits_{x\to\pm\infty}\left[\frac{4(x+1)}{x^2}-2\right]=-2$，所以 $y=-2$ 是水平渐近线；

又因 $\lim\limits_{x\to0}\left[\frac{4(x+1)}{x^2}-2\right]=\infty$，所以 $x=0$ 是铅垂渐近线.

(4) 描出几个点：

$$A(-1,-2),B(1,6)$$

$$C(2,1),D\left(3,-\frac{2}{9}\right)$$

作出函数的图形，如图 4-26 所示.

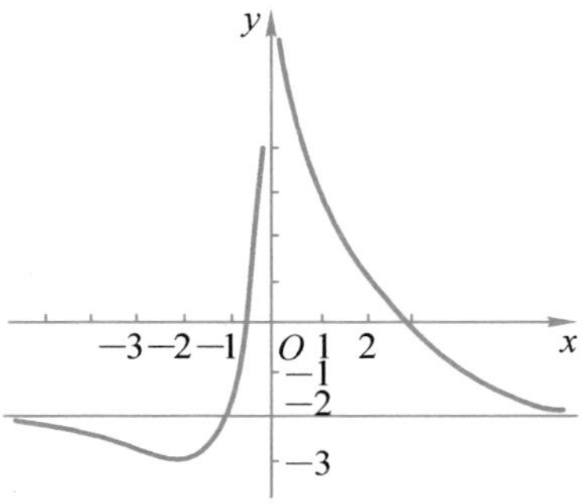

例 5 作函数 $y=\varphi(x)=\frac{1}{\sqrt{2\pi}}e^{-\frac{x^2}{2}}$ 的图形.

解：(1) 定义域：$(-\infty,+\infty)$.

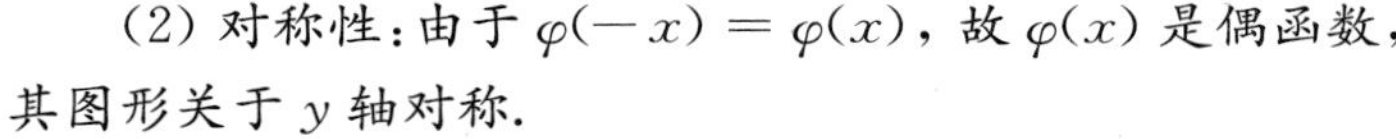

(2) 对称性：由于 $\varphi(-x)=\varphi(x)$，故 $\varphi(x)$ 是偶函数，其图形关于 y 轴对称.

图 4-26

(3) 增减性、极值、凹向及拐点：

$$\varphi'(x)=-\frac{x}{\sqrt{2\pi}}e^{-\frac{x^2}{2}},\ \varphi''(x)=\frac{(x+1)(x-1)}{\sqrt{2\pi}}e^{-\frac{x^2}{2}}$$

令 $\varphi'(x)=0$，得 $x=0$；令 $\varphi''(x)=0$，得 $x=-1$ 和 $x=1$. 见表 4-7.

表 4-7

x	$(-\infty,-1)$	-1	$(-1,0)$	0	$(0,1)$	1	$(1,+\infty)$
y'	$+$		$+$	0	$-$		$-$
y''	$+$	0	$-$		$-$	0	$+$
y	↗ ∪	$\frac{1}{\sqrt{2\pi e}}$ （拐点）	↗ ∩	$\frac{1}{\sqrt{2\pi}}$ 极大值	↘ ∩	$\frac{1}{\sqrt{2\pi e}}$ （拐点）	↘ ∪

注：$\frac{1}{\sqrt{2\pi}}\approx0.4$，$\frac{1}{\sqrt{2\pi e}}\approx0.24$.

(4) 渐近线：

$$\lim_{x\to\pm\infty}\varphi(x)=\lim_{x\to\pm\infty}\frac{1}{\sqrt{2\pi}}e^{-\frac{x^2}{2}}=0$$

所以 $y=0$ 是水平渐近线.

先作出区间 $(0,+\infty)$ 内的图形，然后利用对称性作出区间 $(-\infty,0)$ 内的图形. 如图 4－27 所示.

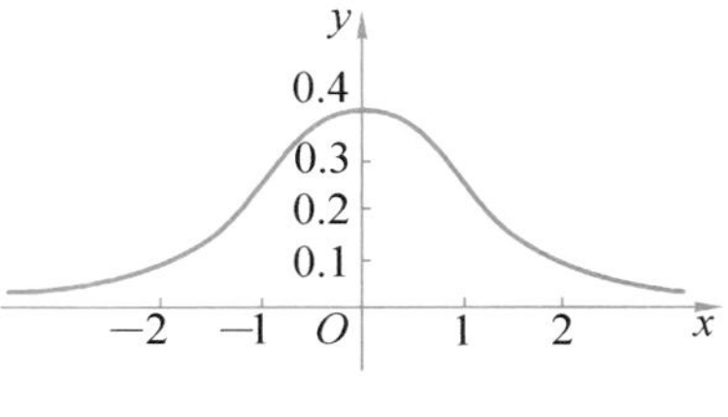

图 4－27

注意　该函数曲线是概率论与数理统计中一条非常重要的曲线，应当熟悉它.

例 6　作函数 $y=\dfrac{x^2}{x+1}$ 的图形.

解：(1) 定义域：$(-\infty,-1)\cup(-1,+\infty)$.

(2) 增减性、极值、凹向及拐点：

$$y'=\frac{x^2+2x}{(x+1)^2}，y''=\frac{2}{(x+1)^3}$$

令 $y'=0$，得 $x=0$ 和 $x=-2$. 见表 4－8.

表 4－8

x	$(-\infty,-2)$	-2	$(-2,-1)$	-1	$(-1,0)$	0	$(0,+\infty)$
y'	$+$	0	$-$		$-$	0	$+$
y''	$-$		$-$		$+$		$+$
y	$\nearrow$ $\cap$	-4 极大值	$\searrow$ $\cap$	间断	$\searrow$ $\cup$	0 极小值	$\nearrow$ $\cup$

(3) 渐近线（见 4.7 节例 3）：

$x=-1$ 为铅垂渐近线，$y=x-1$ 为斜渐近线.

(4) 描几个点：$A\left(-\dfrac{1}{2},\dfrac{1}{2}\right)$，$B\left(2,\dfrac{4}{3}\right)$

$$C\left(-\frac{3}{2},-\frac{9}{2}\right)，D\left(-3,-\frac{9}{2}\right)$$

作出函数的图形，如图 4－28 所示.

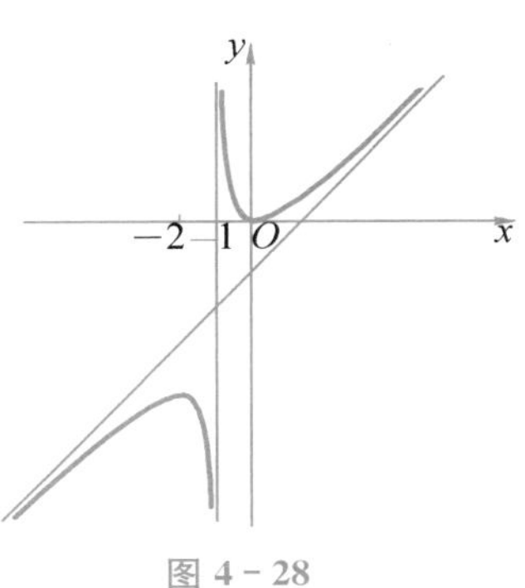

图 4－28

例 7　作函数 $y=\dfrac{c}{1+be^{-ax}}$　(a，b，c 均为大于 0 的常数) 的图形.

解：(1) 定义域：$(-\infty,+\infty)$.

(2) 增减性、极值、凹向及拐点：

$$y'=\frac{abc\,e^{-ax}}{(1+be^{-ax})^2}>0$$

所以函数单调递增，无极值.

$$y''=\frac{abc[-a\mathrm{e}^{-ax}(1+b\mathrm{e}^{-ax})^2+2(1+b\mathrm{e}^{-ax})ab\mathrm{e}^{-ax}\mathrm{e}^{-ax}]}{(1+b\mathrm{e}^{-ax})^4}$$

$$=\frac{a^2bc\mathrm{e}^{-ax}(-1-b\mathrm{e}^{-ax}+2b\mathrm{e}^{-ax})}{(1+b\mathrm{e}^{ax})^3}$$

$$=\frac{a^2bc\mathrm{e}^{-ax}(b\mathrm{e}^{-ax}-1)}{(1+b\mathrm{e}^{-ax})^3}$$

令 $y''=0$，有 $\mathrm{e}^{-ax}=\frac{1}{b}$，即

$$ax=\ln b,\ x=\frac{\ln b}{a}$$

当 $x<\frac{\ln b}{a}$ 时，$y''>0$，曲线上凹；

当 $x>\frac{\ln b}{a}$ 时，$y''<0$，曲线下凹；

当 $x=\frac{\ln b}{a}$ 时，$y=\frac{c}{2}$，$(\frac{\ln b}{a},\frac{c}{2})$ 为拐点.

(3) 渐近线：

$$\lim_{x\to+\infty}\frac{c}{1+b\mathrm{e}^{-ax}}=c$$

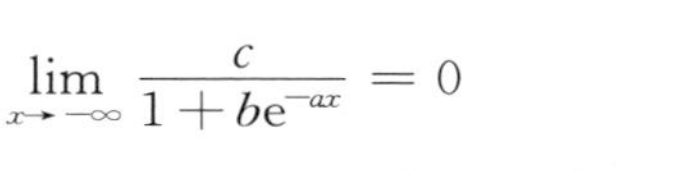

$$\lim_{x\to-\infty}\frac{c}{1+b\mathrm{e}^{-ax}}=0$$

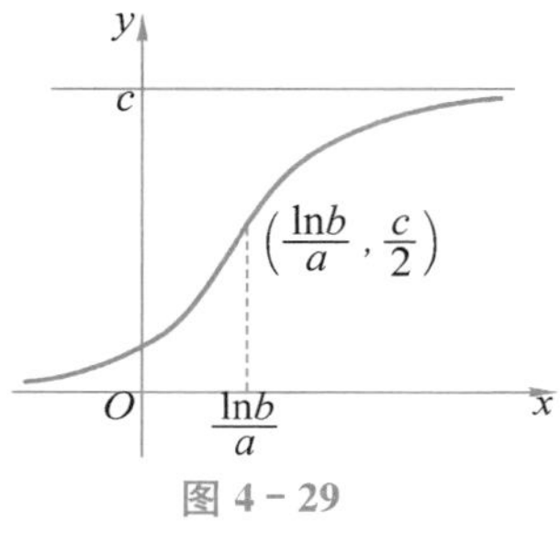

图 4 - 29

所以 $y=0$ 及 $y=c$ 为两条水平渐近线.

函数的示意图如图 4 - 29 所示.

该曲线称为**逻辑斯蒂曲线**，是实际应用中的一条重要曲线(见 9.2 节例 3).

4.8 变化率及相对变化率在经济中的应用——边际分析与弹性分析介绍

知识点解析
弹性

本节利用读者容易理解的几个经济函数，介绍一下边际分析与弹性分析的概念.

(一) 函数变化率——边际函数

设函数 $y=f(x)$ 可导，导函数 $f'(x)$ 也称为边际函数.

$\frac{\Delta y}{\Delta x}=\frac{f(x_0+\Delta x)-f(x_0)}{\Delta x}$ 称为 $f(x)$ 在 $(x_0,x_0+\Delta x)$ 内的平均变化率，它表示 $f(x)$ 在 $(x_0,x_0+\Delta x)$ 内的平均变化速度.

$f(x)$ 在点 $x=x_0$ 处的导数 $f'(x_0)$ 称为 $f(x)$ 在点 $x=x_0$ 处的变化率，也称为 $f(x)$ 在点 $x=x_0$ 处的边际函数值. 它表示 $f(x)$ 在点 $x=x_0$ 处的变化速度.

在点 $x=x_0$ 处，x 从 x_0 改变一个单位，y 相应改变的真值应为 $\Delta y\Big|_{\substack{x=x_0\\ \Delta x=1}}$. 但当 x 改变的

“单位”很小时，或 x 的“一个单位”与 x_0 值相对来说很小时，则有

$$\Delta y\Big|_{\substack{x=x_0\\ \Delta x=1}} \approx \mathrm{d}y\Big|_{\substack{x=x_0\\ \mathrm{d}x=1}} = f'(x)\mathrm{d}x\Big|_{\substack{x=x_0\\ \mathrm{d}x=1}} = f'(x_0)$$

这说明 $f(x)$ 在点 $x=x_0$ 处，当 x 产生一个单位的改变时，y 近似改变 $f'(x_0)$ 个单位. 在应用问题中解释边际函数值的具体意义时我们略去“近似”二字.

例 1　函数 $y=x^2$，$y'=2x$，在点 $x=10$ 处的边际函数值 $y'(10)=20$，它表示当 $x=10$ 时，x 改变一个单位，y(近似) 改变 20 个单位.

例 2　设某产品成本函数 $C=C(Q)$ (C 为总成本，Q 为产量)，其变化率 $C'=C'(Q)$ 称为边际成本. $C'(Q_0)$ 称为当产量为 Q_0 时的边际成本. 西方经济学家对它的解释是：当产量达到 Q_0 时，再生产一个单位的产品所增加的成本.

(二) 成本

某产品的总成本是指生产一定数量的产品所需的全部经济资源投入(劳动力、原料、设备等)的价格或费用总额. 它由固定成本与可变成本组成.

平均成本是生产一定量的产品时平均每单位产品的成本.

边际成本是总成本的变化率.

在生产技术水平和生产要素的价格固定不变的条件下，产品的总成本、平均成本、边际成本都是产量的函数.

设 C 为总成本，C_1 为固定成本，C_2 为可变成本，$\overline{C}$ 为平均成本，C' 为边际成本，Q 为产量，则有

总成本函数　$C=C(Q)=C_1+C_2(Q)$

平均成本函数　$\overline{C}=\overline{C}(Q)=\dfrac{C(Q)}{Q}=\dfrac{C_1}{Q}+\dfrac{C_2(Q)}{Q}$

边际成本函数　$C'=C'(Q)$

如已知总成本 $C(Q)$，通过除法可求出平均成本

$$\overline{C}(Q)=\frac{C(Q)}{Q}$$

如已知平均成本 $\overline{C}(Q)$，通过乘法可求出总成本

$$C(Q)=\overline{C}(Q)\cdot Q$$

如已知总成本 $C(Q)$，通过微分法可求出边际成本 $C'(Q)$；如已知边际成本 $C'(Q)$，通过积分法可求出总成本

$$C(Q)=\int_0^Q C'(t)\mathrm{d}t+C_1\quad(\text{见第六章定积分})$$

例 3　已知某商品的成本函数为

$$C=C(Q)=100+\frac{Q^2}{4}$$

求：当 $Q=10$ 时的总成本、平均成本及边际成本.

解：由 $C=100+\frac{Q^2}{4}$，有

$$\overline{C}=\frac{100}{Q}+\frac{Q}{4},\quad C'=\frac{Q}{2}$$

当 $Q=10$ 时，总成本为 $C(10)=125$，平均成本为 $\overline{C}(10)=12.5$，边际成本为 $C'(10)=5$.

例 4　例 3 中的商品，当产量 Q 为多少时，平均成本最小？

解：$\overline{C}'=-\frac{100}{Q^2}+\frac{1}{4},\quad \overline{C}''=\frac{200}{Q^3}$

令 $\overline{C}'=0$，得 $Q^2=400$，$Q=20$(只取正值)，$\overline{C}''(20)>0$，所以 $Q=20$ 时，平均成本最小.

(三) 收益

总收益是生产者出售一定量的产品时所得到的全部收入.

平均收益是生产者出售一定量的产品时出售的每单位产品平均所得到的收入，即单位商品的售价.

边际收益为总收益的变化率.

总收益、平均收益、边际收益均为产量的函数.

设 P 为商品价格，Q 为商品数量，R 为总收益，$\overline{R}$ 为平均收益，R' 为边际收益，则有

需求(价格)函数	$P=P(Q)$
总收益函数	$R=R(Q)$
平均收益函数	$\overline{R}=\overline{R}(Q)$
边际收益函数	$R'=R'(Q)$

需求与收益的关系有：

$$R=R(Q)=Q\cdot P(Q)$$

$$\overline{R}=\overline{R}(Q)=\frac{R(Q)}{Q}=\frac{QP(Q)}{Q}=P(Q)$$

$$R'=R'(Q)=QP'(Q)+P(Q)$$

总收益与平均收益的关系为：

$$\overline{R}(Q)=\frac{R(Q)}{Q},\quad R(Q)=\overline{R}(Q)\cdot Q$$

总收益与边际收益的关系为：

$$R'(Q)=\frac{\mathrm{d}}{\mathrm{d}Q}R(Q)$$

$$R(Q)=\int_0^Q R'(t)\mathrm{d}t\quad \text{（参见第六章）}$$

例 5　设某产品的价格与销售量的关系为 $P=10-\frac{Q}{5}$，求销售量为 30 时的总收益、平均收益与边际收益.

解：$R(Q)=QP(Q)=10Q-\frac{Q^2}{5}$，　$R(30)=120$

$$\bar{R}(Q)=P(Q)=10-\frac{Q}{5},\quad \bar{R}(30)=4$$

$$R'(Q)=10-\frac{2}{5}Q,\quad R'(30)=-2$$

下面讨论最大利润原则：

设总利润为 L，则

$$L=L(Q)=R(Q)-C(Q)$$
$$L'(Q)=R'(Q)-C'(Q)$$

$L(Q)$ 取得最大值的必要条件为：

$$L'(Q)=0,\text{ 即 } R'(Q)=C'(Q)$$

于是可得取得最大利润的必要条件是：边际收益等于边际成本.

$L(Q)$ 取得最大值的充分条件为：

$$L''(Q)<0,\text{ 即 } R''(Q)<C''(Q)$$

于是可得取得最大利润的充分条件是：边际收益的变化率小于边际成本的变化率.

例 6　已知某产品的需求函数为 $P=10-\frac{Q}{5}$，成本函数为 $C=50+2Q$，则产量为多少时总利润 L 最大？并验证是否符合最大利润原则.

解：已知 $P(Q)=10-\frac{Q}{5}$，　$C(Q)=50+2Q$，则有

$$R(Q)=10Q-\frac{Q^2}{5}$$

$$L(Q)=R(Q)-C(Q)=8Q-\frac{Q^2}{5}-50$$

$$L'(Q)=8-\frac{2}{5}Q$$

令 $L'(Q)=0$，得 $Q=20$，$L''(20)<0$，所以当 $Q=20$ 时，总利润 L 最大.

此时 $R'(20)=2$，　$C'(20)=2$，有 $R'(20)=C'(20)$；

$$R''(20)=-\frac{2}{5},\quad C''(20)=0,\text{ 有 } R''(20)<C''(20);$$

所以符合最大利润原则.

例7　某工厂生产某种产品，固定成本为20 000元，每生产一单位产品，成本增加100元. 已知总收益 R 是年产量 Q 的函数

$$R=R(Q)=\begin{cases}400Q-\frac{1}{2}Q^2, & 0\leqslant Q\leqslant 400\\ 80\,000, & Q>400\end{cases}$$

问每年生产多少产品时，总利润最大?此时总利润是多少?

解：根据题意，总成本函数为

$$C=C(Q)=20\,000+100Q$$

从而可得总利润函数为

$$L=L(Q)=R(Q)-C(Q)=\begin{cases}300Q-\dfrac{Q^2}{2}-20\,000, & 0\leqslant Q\leqslant 400\\ 60\,000-100Q, & Q>400\end{cases}$$

$$L'(Q)=\begin{cases}300-Q, & 0<Q\leqslant 400\\ -100, & Q>400\end{cases}$$

令 $L'(Q)=0$，得 $Q=300$，$L''(300)<0$，所以 $Q=300$ 时 L 最大. 此时 $L(300)=25\,000$，即当年产量为 300 单位时，总利润最大，此时总利润为 25 000 元.

※(四) 函数的相对变化率——函数的弹性

前面所谈的函数改变量与函数变化率是绝对改变量与绝对变化率. 我们从实践中体会到，仅仅研究函数的绝对改变量与绝对变化率还是不够的. 例如，商品甲每单位价格 10 元，涨价 1 元；商品乙每单位价格1 000 元，也涨价 1 元. 两种商品价格的绝对改变量都是 1 元，但各与其原价相比，两者涨价的百分比却有很大的不同，商品甲涨了 10%，而商品乙涨了 0.1%. 因此，我们还有必要研究函数的相对改变量与相对变化率.

例如，$y=x^2$，当 x 由 10 改变到 12 时，y 由 100 改变到 144，此时自变量与因变量的绝对改变量分别为 $\Delta x=2$，$\Delta y=44$，而

$$\frac{\Delta x}{x}=20\%,\qquad \frac{\Delta y}{y}=44\%$$

这表示当 $x=10$ 改变到 $x=12$ 时，x 产生了 20% 的改变，y 产生了 44% 的改变. 这就是相对改变量.

$$\frac{\Delta y/y}{\Delta x/x}=\frac{44\%}{20\%}=2.2$$

这表示在 (10，12) 内，当 x 从 $x=10$，改变 1% 时，y 平均改变 2.2%，我们称它为从 $x=10$ 到 $x=12$，函数 $y=x^2$ 的平均相对变化率.

定义 4.5 设函数 $y=f(x)$ 在点 $x=x_0$ 处可导，函数的相对改变量 $\dfrac{\Delta y}{y_0}=\dfrac{f(x_0+\Delta x)-f(x_0)}{f(x_0)}$ 与自变量的相对改变量 $\dfrac{\Delta x}{x_0}$ 之比 $\dfrac{\Delta y/y_0}{\Delta x/x_0}$，称为函数 $f(x)$ 从 $x=x_0$ 到 $x=x_0+\Delta x$ 两点间的**相对变化率**，或称为两点间的**弹性**. 当 $\Delta x\to 0$ 时，$\dfrac{\Delta y/y_0}{\Delta x/x_0}$ 的极限称为 $f(x)$ 在 $x=x_0$ 处的**相对变化率**或**弹性**，记作

$$\left.\frac{Ey}{Ex}\right|_{x=x_0} \quad 或 \quad \frac{E}{Ex}f(x_0)$$

即
$$\left.\frac{Ey}{Ex}\right|_{x=x_0}=\lim_{\Delta x\to 0}\frac{\Delta y/y_0}{\Delta x/x_0}$$
$$=\lim_{\Delta x\to 0}\frac{\Delta y}{\Delta x}\cdot\frac{x_0}{y_0}=f'(x_0)\frac{x_0}{f(x_0)}$$

当 x_0 为定值时，$\left.\frac{Ey}{Ex}\right|_{x=x_0}$ 为定值.

对一般的 x，若 $f(x)$ 可导，则

$$\frac{Ey}{Ex}=\lim_{\Delta x\to 0}\frac{\Delta y/y}{\Delta x/x}=\lim_{\Delta x\to 0}\frac{\Delta y}{\Delta x}\cdot\frac{x}{y}=y'\cdot\frac{x}{y}$$

是 x 的函数，称为 $f(x)$ 的弹性函数.

函数 $f(x)$ 在点 x 处的弹性 $\frac{E}{Ex}f(x)$ 反映了随着 x 的变化 $f(x)$ 变化幅度的大小，也就是 $f(x)$ 对 x 的变化反应的强烈程度或灵敏度.

$\frac{E}{Ex}f(x_0)$ 表示在点 $x=x_0$ 处，当 x 产生 1% 的改变时，$f(x)$ 近似地改变 $\frac{E}{Ex}f(x)\%$. 在应用问题中解释弹性的具体意义时，我们略去“近似”二字.

注意　两点间的弹性是有方向的，因为“相对性”是相对初始值而言的.

例 8　求函数 $y=3+2x$ 在 $x=3$ 处的弹性.

解：$y'=2$

$$\frac{Ey}{Ex}=y'\frac{x}{y}=\frac{2x}{3+2x}$$
$$\left.\frac{Ey}{Ex}\right|_{x=3}=\frac{2\times 3}{3+2\times 3}=\frac{6}{9}=\frac{2}{3}$$

例 9　求函数 $y=100\mathrm{e}^{3x}$ 的弹性函数 $\frac{Ey}{Ex}$ 及函数在点 $x=2$ 处的弹性.

解：$y'=300\mathrm{e}^{3x}$

$$\frac{Ey}{Ex}=300\mathrm{e}^{3x}\frac{x}{100\mathrm{e}^{3x}}=3x$$
$$\left.\frac{Ey}{Ex}\right|_{x=2}=3\times 2=6$$

例 10　求幂函数 $y=x^a$（a 为常数）的弹性函数.

解：$y'=ax^{a-1}$

$$\frac{Ey}{Ex}=ax^{a-1}\frac{x}{x^a}=a$$

可以看出，幂函数的弹性函数为常数，即在任意点处弹性不变，所以称为**不变弹性函数**.

※(五) 需求函数与供给函数

(1) 需求函数.

“需求”是指在一定价格条件下，消费者愿意购买并且有支付能力购买的商品量.

消费者对某种商品的需求是由多种因素决定的，商品的价格是影响需求的一个主要因素，但还有许多其他因素，如消费者收入的增减、其他替代品的价格等都会影响需求. 我们现在不考虑价格以外的其他因素(把其他因素对需求的影响看作是不变的)，只研究需求与价格的关系.

设 P 表示商品价格，Q 表示需求量，那么

$$Q=f(P)\quad (P\text{ 为自变量}, Q\text{ 为因变量})$$

称为需求函数.

一般说来，商品价格低，需求大；商品价格高，需求小. 因此，一般需求函数 $Q=f(P)$ 是单调减少函数.

因 $Q=f(P)$ 单调减少，所以有反函数 $P=f^{-1}(Q)$ (Q 为自变量，P 为因变量)，也称为需求函数.

用 D 来表示需求曲线，如图 4－30 所示.

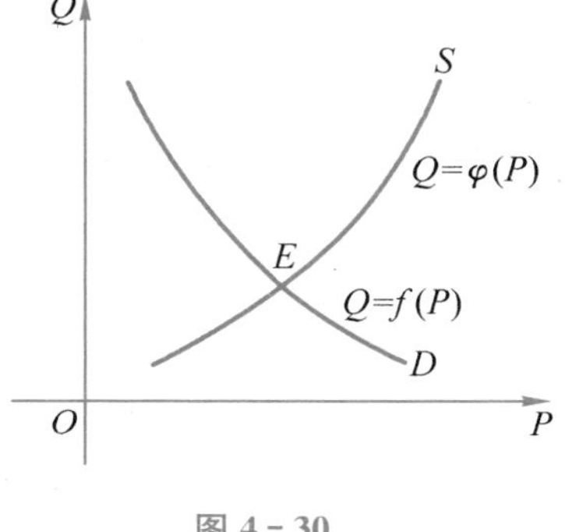

图 4－30

根据观察可得到一些价格与需求的数据 (P, Q)，常用下列一些简单初等函数来拟合需求函数，建立经验曲线：

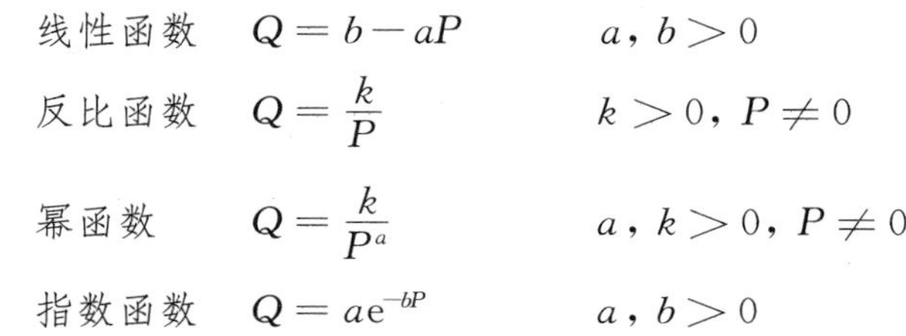

线性函数	$Q=b-aP$	$a, b>0$
反比函数	$Q=\dfrac{k}{P}$	$k>0, P\neq 0$
幂函数	$Q=\dfrac{k}{P^a}$	$a, k>0, P\neq 0$
指数函数	$Q=a\mathrm{e}^{-bP}$	$a, b>0$

需求函数 $Q=f(P)$ 的边际函数 $Q'=f'(P)$ 称为边际需求.

例如，若已知需求函数为 $Q=12-\dfrac{P^2}{4}$，则边际需求函数为

$$Q'=-\frac{P}{2}$$

当 $P=8$ 时，$Q'(8)=-\dfrac{8}{2}=-4$ 称为 $P=8$ 时的边际需求，它表示：当 $P=8$ 时，价格上涨(下跌)1 个单位，需求将减少(增加)4 个单位.

(2) 供给函数.

“供给”是指在一定价格条件下，生产者愿意出售并且可供出售的商品量.

供给也是由多种因素决定的，这里略去价格以外的其他因素，只讨论供给与价格的关系.

设 P 表示商品价格，Q 表示供给量，那么

$$Q=\varphi(P)\quad (P\text{ 为自变量}, Q\text{ 为因变量})$$

称为供给函数.

一般说来，商品价格低，生产者不愿意生产，供给少；商品价格高，供给多. 因此，一般供给函数为单调增加函数. 因为 $Q=\varphi(P)$ 单调增加，所以有反函数 $P=\varphi^{-1}(Q)$，也称为供给函数.

用 S 表示供给曲线，如图 4－30 所示.

常用下列一些函数拟合供给函数，建立经验曲线：

线性函数	$Q=aP-b$	$a，b>0$
幂函数	$Q=kP^a$	$k，a>0$
指数函数	$Q=ae^{bP}$	$a，b>0$

(3) 均衡价格.

均衡价格是市场上需求量与供给量相等时的价格，在图 4－31 中是需求曲线 D 与供给曲线 S 相交的点 E 处的横坐标 $P=P_0$. 此时需求量与供给量均为 Q_0，称为均衡商品量.

当 $P<P_0$ 时，如图 4－32 中的 $P=P_1$ 处，消费者希望购买的商品量为 Q_D，生产者愿意出售的商品量为 Q_S，$Q_S<Q_D$，市场上出现“供不应求”，商品短缺，会形成抢购、黑市等情况. 这种状况不会持久，必然会导致价格上涨，P 增大.

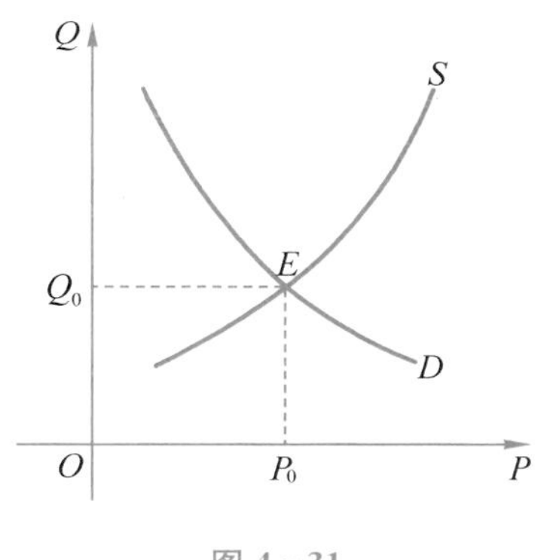

图 4－31

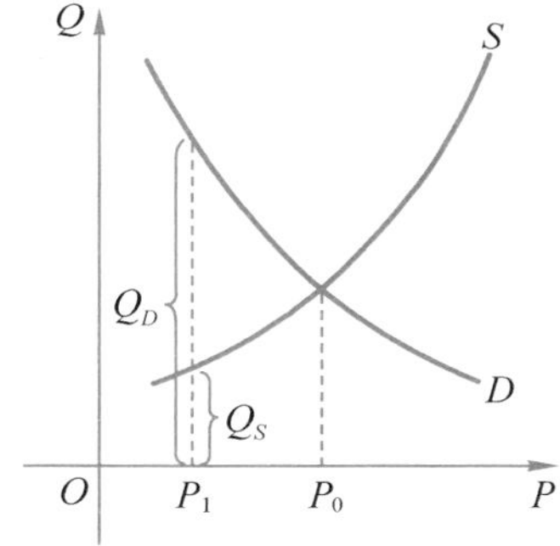

图 4－32

当 $P>P_0$ 时，如图 4－33 中 $P=P_2$ 处，$Q_D<Q_S$，市场上出现“供过于求”，商品滞销. 这种状况也不会持久，必然会导致价格下跌，P 减小.

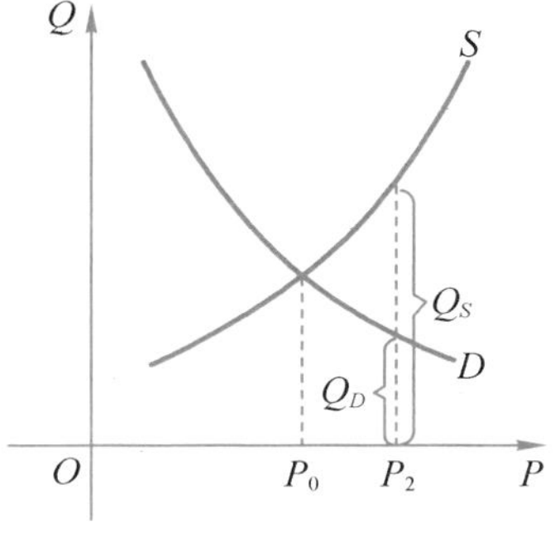

图 4－33

总之，市场上的商品价格将围绕均衡价格波动.

例 11　设某商品的需求函数为

$$Q=b-aP\quad(a，b>0)$$

供给函数为

$$Q=cP-d\quad(c，d>0)$$

求均衡价格 P_0.

解：$b-aP_0=cP_0-d$

$(a+c)P_0=b+d$

可得 $P_0=\dfrac{b+d}{a+c}$

※(六) 需求弹性与供给弹性

这里只介绍需求与供给对价格的弹性.

需求弹性是刻画当商品价格变动时需求变动的强弱. 由于需求函数 $Q=f(P)$ 为单调减少函数，ΔP 与 ΔQ 异号，P_0，Q_0 为正数，于是 $\dfrac{\Delta Q/Q_0}{\Delta P/P_0}$ 及 $f'(P_0)\dfrac{P_0}{Q_0}$ 皆为负数. 为了用正数表示需求弹性，于是采用需求函数相对变化率的相反数(绝对值) 来定义需求弹性.

定义 4.6 某商品需求函数 $Q=f(P)$ 在 $P=P_0$ 处可导，$-\dfrac{\Delta Q/Q_0}{\Delta P/P_0}$ 称为该商品在 $P=P_0$ 与 $P=P_0+\Delta P$ 两点间的需求弹性，记作

$$\bar{\eta}_{(P_0,\,P_0+\Delta P)}=-\frac{\Delta Q}{\Delta P}\cdot\frac{P_0}{Q_0}$$

$$\lim_{\Delta P\to 0}\left(-\frac{\Delta Q/Q_0}{\Delta P/P_0}\right)=-f'(P_0)\frac{P_0}{f(P_0)}$$

称为该商品在 $P=P_0$ 处的需求弹性，记作

$$\eta\big|_{P=P_0}=\eta(P_0)$$
$$=-f'(P_0)\frac{P_0}{f(P_0)}$$

例 12 已知某商品需求函数为 $Q=\dfrac{1\,200}{P}$，求：

(1) 从 $P=30$ 到 $P=20$，25，32，50 各点间的需求弹性；

(2) $P=30$ 时的需求弹性.

解：(1) 有关数据见表 4-9.

表 4-9

P	20	25	30	32	50
Q	60	48	40	37.5	24
ΔP	-10	-5		2	20
ΔQ	20	8		-2.5	-16
$\dfrac{\Delta P}{P}$	$\dfrac{-10}{30}\approx -0.33$	$\dfrac{-5}{30}\approx -0.17$		$\dfrac{2}{30}\approx 0.067$	$\dfrac{20}{30}\approx 0.67$
$\dfrac{\Delta Q}{Q}$	$\dfrac{20}{40}=0.5$	$\dfrac{8}{40}=0.2$		$\dfrac{-2.5}{40}=-0.062\,5$	$\dfrac{-16}{40}=-0.4$
$\bar{\eta}$	1.5	1.2		0.94	0.6

举两个例子说明其经济意义.

$\bar{\eta}_{(30,20)}=1.5$，说明当商品价格 P 从 30 降至 20 时，在区间 (20，30) 内，P 从 30 每降低 1%，需求从 40 平均增加 1.5%.

$\bar{\eta}_{(30,50)}=0.6$，说明当商品价格 P 从 30 涨至 50 时，在区间 (30，50) 内，P 从 30 每上涨 1%，需求从 40 平均减少 0.6%.

(2) $Q'=-\dfrac{1\,200}{P^2}$

$$\eta(P)=\frac{1\,200}{P^2}\cdot\frac{P}{\dfrac{1\,200}{P}}=\frac{1\,200}{P^2}\cdot\frac{P^2}{1\,200}=1$$

$$\eta(30)=1$$

这说明，当 $P=30$ 时，价格上涨 1%，需求减少 1%；价格下跌 1%，需求增加 1%.

此需求函数为幂函数，是不变弹性函数，即 P 为任何值时均有 $\eta=1$.

例 13　设某商品需求函数为 $Q=\mathrm{e}^{-\frac{P}{5}}$，求：

(1) 需求弹性函数；

(2) $P=3$，$P=5$，$P=6$ 时的需求弹性.

解：(1) $Q'=-\dfrac{1}{5}\mathrm{e}^{-\frac{P}{5}}$

$$\eta(P)=\frac{1}{5}\mathrm{e}^{-\frac{P}{5}}\ \frac{P}{\mathrm{e}^{-\frac{P}{5}}}=\frac{P}{5}$$

(2) $\eta(3)=\dfrac{3}{5}=0.6$

$$\eta(5)=\frac{5}{5}=1$$

$$\eta(6)=\frac{6}{5}=1.2$$

$\eta(5)=1$，说明当 $P=5$ 时，价格与需求变动的幅度相同.

$\eta(3)=0.6<1$，说明当 $P=3$ 时，需求变动的幅度小于价格变动的幅度，即 $P=3$ 时，价格上涨 1%，需求只减少 0.6%.

$\eta(6)=1.2>1$，说明当 $P=6$ 时，需求变动的幅度大于价格变动的幅度，即 $P=6$ 时，价格上涨 1%，需求减少 1.2%.

由于供给函数是单调增加的，所以 $\dfrac{\Delta P}{P_0}$ 与 $\dfrac{\Delta Q}{Q_0}$ 同号，因此有下面的供给弹性定义.

定义 4.7　某商品供给函数 $Q=\varphi(P)$ 在 $P=P_0$ 处可导，称 $\dfrac{\Delta Q/Q_0}{\Delta P/P_0}$ 为该商品在 $P=P_0$ 与 $P=P_0+\Delta P$ 两点间的供给弹性，记作

$$\bar{\varepsilon}_{(P_0,\,P_0+\Delta P)}=\frac{\Delta Q}{\Delta P}\cdot\frac{P_0}{Q_0}$$

称$\lim\limits_{\Delta P\to 0}\dfrac{\Delta Q/Q_0}{\Delta P/P_0}=\varphi'(P_0)\dfrac{P_0}{Q_0}$为该商品在$P=P_0$处的供给弹性，记作

$$\varepsilon\big|_{P=P_0}=\varepsilon(P_0)=\varphi'(P_0)\frac{P_0}{\varphi(P_0)}$$

※（七）用需求弹性分析总收益（或市场销售总额）的变化

总收益R是商品价格P与销售量Q的乘积，即

$$R=P\cdot Q=P\cdot f(P)$$

$$R'=f(P)+Pf'(P)=f(P)\left(1+f'(P)\frac{P}{f(P)}\right)$$

$$=f(P)(1-\eta)$$

(1) 若$\eta<1$，需求变动的幅度小于价格变动的幅度. 此时，$R'>0$，R递增，即价格上涨，总收益增加；价格下跌，总收益减少.

(2) 若$\eta>1$，需求变动的幅度大于价格变动的幅度. 此时，$R'<0$，R递减，即价格上涨，总收益减少；价格下跌，总收益增加.

(3) 若$\eta=1$，需求变动的幅度等于价格变动的幅度. 此时，$R'=0$，R取得最大值.

综上所述，总收益的变化受需求弹性的制约，随商品价格的变化而变化，其关系示意图如图4-34所示.

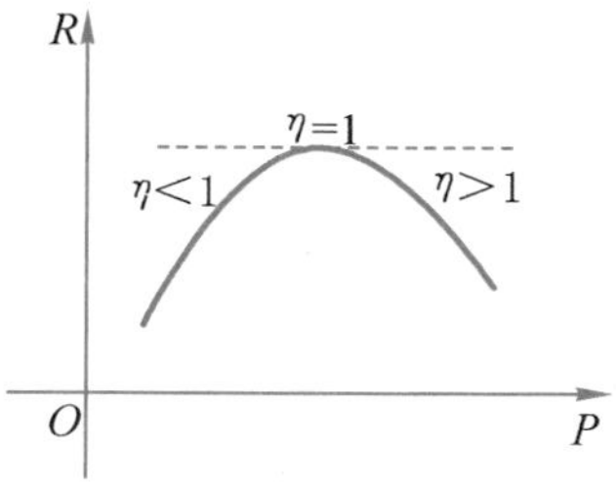

图 4-34

例 14　设某商品需求函数为

$$Q=f(P)=12-\frac{P}{2}$$

(1) 求需求弹性函数；

(2) 求$P=6$时的需求弹性；

(3) 当$P=6$时，若价格上涨1%，总收益增加还是减少？将变化百分之几？

(4) P为何值时，总收益最大？最大的总收益是多少？

解：(1) $\eta(P)=\dfrac{1}{2}\times\dfrac{P}{12-\dfrac{P}{2}}=\dfrac{P}{24-P}$

(2) $\eta(6)=\dfrac{6}{24-6}=\dfrac{1}{3}$

(3) $\eta(6)=\dfrac{1}{3}<1$，所以价格上涨1%，总收益将增加.

下面求R增长的百分比，即求R的弹性.

$$R'=f(P)(1-\eta)$$

$$R'(6)=f(6)\left(1-\frac{1}{3}\right)=9\times\frac{2}{3}=6$$

$$R=12P-\frac{P^2}{2},\quad R(6)=54$$

$$\left.\frac{ER}{EP}\right|_{P=6} = R'(6)\frac{6}{R(6)} = 6 \times \frac{6}{54} = \frac{2}{3} \approx 0.67$$

所以当 $P = 6$ 时，价格上涨 1%，总收益约增加 0.67%.

(4) $R' = 12 - P$

令 $R' = 0$，则 $P = 12$，$R(12) = 72$.

所以，当 $P = 12$ 时总收益最大，最大总收益为 72.

习题四

(A)

1. 下列函数在给定区间上是否满足罗尔定理的所有条件？若满足，请求出定理中的数值 ξ.

(1) $f(x) = 2x^2 - x - 3$　　$[-1, 1.5]$

(2) $f(x) = \dfrac{1}{1+x^2}$　　$[-2, 2]$

(3) $f(x) = x\sqrt{3-x}$　　$[0, 3]$

(4) $f(x) = e^{x^2} - 1$　　$[-1, 1]$

2. 下列函数在给定区间上是否满足拉格朗日定理的所有条件？若满足，请求出定理中的数值 ξ.

(1) $f(x) = x^3$　　$[0, a]$　$(a > 0)$

(2) $f(x) = \ln x$　　$[1, 2]$

(3) $f(x) = x^3 - 5x^2 + x - 2$　　$[-1, 0]$

3. 函数 $f(x) = x^3$ 与 $g(x) = x^2 + 1$ 在区间 $[1, 2]$ 上是否满足柯西定理的所有条件？如果满足，请求出定理中的数值 ξ.

4. 若四次方程 $a_0x^4 + a_1x^3 + a_2x^2 + a_3x + a_4 = 0$ 有四个不同的实根，试证明 $4a_0x^3 + 3a_1x^2 + 2a_2x + a_3 = 0$ 的所有根皆为实根.

5. 用拉格朗日定理证明：若 $\lim\limits_{x \to 0^+} f(x) = f(0) = 0$，且当 $x > 0$ 时，$f'(x) > 0$，则当 $x > 0$ 时，$f(x) > 0$.

6. 证明不等式：

$$|\sin x_2 - \sin x_1| \leqslant |x_2 - x_1|$$

7. 证明不等式：

$$nb^{n-1}(a-b) < a^n - b^n < na^{n-1}(a-b) \quad (n > 1, a > b > 0)$$

8. 证明不等式：

$$2\sqrt{x} > 3 - \frac{1}{x} \quad (x > 0)$$

9. 利用洛必达法则求下列极限：

(1) $\lim\limits_{x \to 0} \dfrac{e^x - e^{-x}}{x}$　　(2) $\lim\limits_{x \to 1} \dfrac{\ln x}{x-1}$

(3) $\lim\limits_{x\to 1}\dfrac{x^3-3x^2+2}{x^3-x^2-x+1}$　　(4) $\lim\limits_{x\to\frac{\pi}{2}^+}\dfrac{\ln\left(x-\frac{\pi}{2}\right)}{\tan x}$

(5) $\lim\limits_{x\to a}\dfrac{ax^3-x^4}{a^4-2a^3x+2ax^3-x^4}$　$(a\neq 0)$

(6) $\lim\limits_{x\to+\infty}\dfrac{x^n}{e^{ax}}$　（$a>0$，n 为正整数）

(7) $\lim\limits_{x\to+\infty}\dfrac{\ln\left(1+\frac{1}{x}\right)}{\operatorname{arccot}x}$　　(8) $\lim\limits_{x\to 0^+}x^m\ln x$　$(m>0)$

(9) $\lim\limits_{x\to 0}\left(\dfrac{1}{x}-\dfrac{1}{e^x-1}\right)$　　(10) $\lim\limits_{x\to 0}(1+\sin x)^{\frac{1}{x}}$

(11) $\lim\limits_{x\to 0^+}\left(\ln\dfrac{1}{x}\right)^x$　　(12) $\lim\limits_{x\to 0^+}x^{\sin x}$

(13) $\lim\limits_{x\to 0}\left(\dfrac{a^x+b^x}{2}\right)^{\frac{3}{x}}$　（$a>0$，$b>0$ 且 $a\neq 1$，$b\neq 1$）

10. 求下列极限：

(1) $\lim\limits_{x\to 0}\dfrac{\sqrt{1+x^3}-1}{1-\cos\sqrt{x-\sin x}}$　　(2) $\lim\limits_{x\to 0}\dfrac{\sqrt{1+\tan x}-\sqrt{1+\sin x}}{x\ln(1+x)-x^2}$

11. 设函数 $f(x)=\begin{cases}\dfrac{\ln(1+kx)}{x}, & x\neq 0\\ -1, & x=0\end{cases}$，若 $f(x)$ 在点 $x=0$ 处可导，求 k 与 $f'(0)$ 的值.

12. 设函数 $f(x)=\begin{cases}\dfrac{1-\cos x}{x^2}, & x>0\\ k, & x=0\\ \dfrac{1}{x}-\dfrac{1}{e^x-1}, & x<0\end{cases}$，当 k 为何值时，$f(x)$ 在点 $x=0$ 处连续？

13. 设 $f(x)=\begin{cases}e^{-\frac{1}{x^2}}, & x\neq 0\\ 0, & x=0\end{cases}$，证明 $f'(x)$ 在点 $x=0$ 处连续.

14. 求下列函数的单调增减区间：

(1) $y=3x^2+6x+5$　　(2) $y=x^3+x$

(3) $y=x^4-2x^2+2$　　(4) $y=x-e^x$

(5) $y=\dfrac{x^2}{1+x}$　　(6) $y=2x^2-\ln x$

15. 若 $0<x_1<x_2<2$，证明：

$$\frac{e^{x_1}}{x_1^2}>\frac{e^{x_2}}{x_2^2}$$

16. 证明函数 $y=x-\ln(1+x^2)$ 单调增加.

17. 证明函数 $y=\sin x-x$ 单调减少.

18. 求下列函数的极值：

(1) $y=x^3-3x^2+7$　　(2) $y=\dfrac{2x}{1+x^2}$

(3) $y=\sqrt{2+x-x^2}$　　(4) $y=x^2\mathrm{e}^{-x}$

(5) $y=(x+1)^{\frac{2}{3}}(x-5)^2$　　(6) $y=3-\sqrt[3]{(x-2)^2}$

(7) $y=(x-1)\sqrt[3]{x^2}$　　(8) $y=\dfrac{x^3}{(x-1)^2}$

19. 利用二阶导数，判断下列函数的极值：

(1) $y=x^3-3x^2-9x-5$　　(2) $y=(x-3)^2(x-2)$

(3) $y=2x-\ln(4x)^2$　　(4) $y=2\mathrm{e}^x+\mathrm{e}^{-x}$

20. 求下列函数在给定区间上的最大值与最小值：

(1) $y=x^4-2x^2+5$　　$[-2,2]$

(2) $y=\ln(x^2+1)$　　$[-1,2]$

(3) $y=\dfrac{x^2}{1+x}$　　$[-\dfrac{1}{2},1]$

(4) $y=x+\sqrt{x}$　　$[0,4]$

21. 已知函数 $f(x)=ax^3-6ax^2+b\ (a>0)$ 在区间 $[-1,2]$ 上的最大值为 3，最小值为 -29，求 a，b 的值.

22. 欲做一个底为正方形、容积为 108 m^3 的长方体开口容器，怎样做所用材料最省？

23. 欲用围墙围成面积为 216 m^2 的一块矩形土地，并在正中用一堵墙将其隔成两块，问这块土地的长和宽选取多大的尺寸，才能使所用建筑材料最省？

24. 欲做一个容积为 300 m^3 的无盖圆柱形蓄水池，已知池底单位造价为周围单位造价的两倍，问蓄水池的尺寸应怎样设计才能使总造价最低？

25. 一工厂 A 与铁路的垂直距离为 a 千米，它的垂足 B 到火车站 C 的铁路长度为 b 千米，工厂的产品必须经火车站 C 才能转销外地，现已知汽车运费为 m 元/(吨·千米)，火车运费为 n 元/(吨·千米) $(m>n)$. 为使运费最省，准备在铁路上的 B、C 之间另修一小站 M 作为转运站，问转运站应修在离火车站 C 多少千米处，才能使运费最省？

26. 在一条公路的一侧有某单位的 A、B 两个加工点，A 到公路的距离 AC 为 1 km，B 到公路的距离 BD 为 1.5 km，CD 长为 3 km(如图 4-35 所示). 该单位欲在公路旁边修建一个堆货场 M，并从 A、B 两个点各修一条直线道路通往堆货场 M，欲使 A 和 B 到 M 的道路总长最短，堆货场 M 应修在何处？

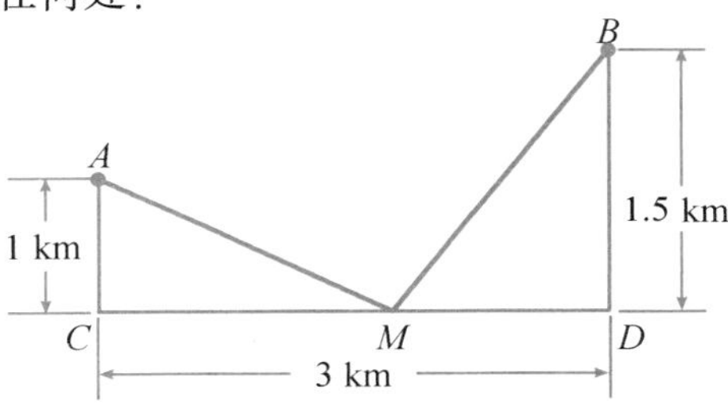

图 4-35

27. 用汽船拖载重相等的小船若干只，在两港之间来回运送货物. 已知每次拖 4 只小船，一日能来回 16 次，每次拖 7 只，则一日能来回 10 次. 如果小船增多的只数与来回减少的次数成正比，问每日来回多少次且每次拖多少只小船能使运货总量达到最大?

28. 甲船以 20 km/h 的速度向东行驶，同一时间乙船在甲船正北82 km 处以 16 km/h 的速度向南行驶，问经过多长时间两船距离最近?

29. 对物体的长度进行了 n 次测量，得 n 个数 $x_1, x_2, \cdots, x_n$，现在要确定一个量 x，使得它与测得的数值之差的平方和最小，x 应是多少?

30. 某厂生产某种商品，其年销售量为 100 万件，每批生产需增加准备费 1 000 元，而每件的库存费为 0.05 元. 如果年销售率是均匀的，且上批销售完后，立即再生产下一批(此时商品库存数为批量的一半)，问应分几批生产，才能使生产准备费及库存费之和最少?

31. 某商店每年销售某种商品 a 件，每次购进的手续费为 b 元，而每件的库存费为 c 元 / 年. 若该商品均匀销售，且上批销完立即进下一批货，问商店应分几批购进此种商品，才能使所用的手续费及库存费总和最少?

32. 确定下列曲线的凹向与拐点：

(1) $y=x^2-x^3$　　(2) $y=3x^5-5x^3$

(3) $y=\ln(1+x^2)$　　(4) $y=\dfrac{2x}{1+x^2}$

(5) $y=x\mathrm{e}^x$　　(6) $y=\mathrm{e}^{-x}$

(7) $y=x^{\frac{1}{3}}$

33. 若曲线 $y=ax^3+bx^2+cx+d$ 在点 $x=0$ 处有极值 $y=0$，点(1，1)为拐点，求 a, b, c, d 的值.

34. 求曲线 $y=\dfrac{x}{\mathrm{e}^x}$ 在拐点处的切线方程.

35. 求下列曲线的渐近线：

(1) $y=\mathrm{e}^x$　　(2) $y=\mathrm{e}^{-x^2}$

(3) $y=\ln x$　　(4) $y=\mathrm{e}^{-\frac{1}{x}}$

(5) $y=\dfrac{\mathrm{e}^x}{1+x}$　　(6) $y=x+\mathrm{e}^{-x}$

(7) $y=x\mathrm{e}^{\frac{1}{x^2}}$　　(8) $y=\dfrac{x^3}{(x-1)^2}$

36. 作下列函数的图形：

(1) $y=3x-x^3$　　(2) $y=\dfrac{1}{1+x^2}$

(3) $y=\ln(1+x^2)$　　(4) $y=\dfrac{2x}{1+x^2}$

(5) $y=x\mathrm{e}^{-x}$　　(6) $y=x\sqrt{3-x}$

(7) $y=\dfrac{8}{4-x^2}$　　(8) $y=\dfrac{(x-3)^2}{4(x-1)}$

(9) $y=\dfrac{x^3}{(x-1)^2}$　　(10) $y=\dfrac{3}{5}x^{\frac{5}{3}}-\dfrac{3}{2}x^{\frac{2}{3}}$

(11) $y=4\left(\frac{1}{\mathrm{e}}\right)^{\frac{x}{2}}$

37. 某化工厂日产能力最高为 1 000 吨，每天的生产总成本 C（单位：元）是日产量 x（单位：吨）的函数：

$$C=C(x)=1\,000+7x+50\sqrt{x},\ x\in[0,1\,000]$$

(1) 求日产量为 100 吨时的边际成本；

(2) 求日产量为 100 吨时的平均单位成本.

38. 生产 x 单位某产品的总成本 C 为 x 的函数：

$$C=C(x)=1\,100+\frac{1}{1\,200}x^2$$

求：(1) 生产 900 单位时的总成本和平均单位成本；

(2) 生产 900～1 000 单位时总成本的平均变化率；

(3) 生产 900～1 000 单位时的边际成本.

39. 设生产 x 单位某产品，总收益 R 为 x 的函数：

$$R=R(x)=200x-0.01x^2$$

求：生产 50 单位产品时的总收益、平均收益和边际收益.

40. 生产 x 单位某种商品的利润是 x 的函数：

$$L(x)=5\,000+x-0.000\,01x^2$$

问生产多少单位时获得的利润最大？

41. 某厂每批生产某种商品 x 单位的费用为

$$C(x)=5x+200$$

得到的收益是

$$R(x)=10x-0.01x^2$$

问每批生产多少单位时才能使利润最大？

42. 某商品的价格 P 与需求量 Q 的关系为

$$P=10-\frac{Q}{5}$$

(1) 求需求量为 20 及 30 时的总收益 R、平均收益 $\bar{R}$ 及边际收益 R'；

(2) Q 为多少时总收益最大？

43. 某人在家制作手工艺品，用以在网上销售. 每周制作 x 件的总成本 C 是制作量的函数 $C(x)=x^2+6x-10$(元)，如果每件工艺品售价 30 元，且所制作的工艺品可以全部售出，求使利润最大的周制作量.

※44. 设某商品需求量 Q 对价格 P 的函数关系为

$$Q = f(P) = 1\,600(\frac{1}{4})^P$$

求需求 Q 对于价格 P 的弹性函数.

※45. 设某商品需求函数为 $Q = e^{-\frac{P}{4}}$，求需求弹性函数及 $P = 3$，$P = 4$，$P = 5$ 时的需求弹性.

※46. 设某商品的供给函数 $Q = 2 + 3P$，求供给弹性函数及 $P = 3$ 时的供给弹性.

※47. 某商品的需求函数为

$$Q = Q(P) = 75 - P^2$$

(1) 求 $P = 4$ 时的边际需求，并说明其经济意义；

(2) 求 $P = 4$ 时的需求弹性，并说明其经济意义；

(3) 当 $P = 4$ 时，若价格 P 上涨 1%，总收益将变化百分之几？

(4) 当 $P = 6$ 时，若价格 P 上涨 1%，总收益将变化百分之几？

(5) P 为多少时，总收益最大？

(B)

1. 下列函数在给定区间上满足罗尔中值定理条件的是 [　　].

(A) $y = x^2 - 5x + 6$　　[2, 3]

(B) $y = \dfrac{1}{\sqrt{(x-1)^2}}$　　[0, 2]

(C) $y = xe^{-x}$　　[0, 1]

(D) $y = \begin{cases} x+1, & x < 5 \\ 1, & x \geqslant 5 \end{cases}$　　[0, 5]

2. 下列函数中，在 [−1, 1] 上满足罗尔中值定理条件的是 [　　].

(A) $f(x) = \begin{cases} \sin\dfrac{1}{x}, & x \neq 0 \\ 0, & x = 0 \end{cases}$

(B) $\varphi(x) = \begin{cases} x\sin\dfrac{1}{x}, & x \neq 0 \\ 0, & x = 0 \end{cases}$

(C) $g(x) = \begin{cases} x^2\sin\dfrac{1}{x}, & x \neq 0 \\ 0, & x = 0 \end{cases}$

(D) $h(x) = \begin{cases} x^2\sin\dfrac{1}{x^2}, & x \neq 0 \\ 0, & x = 0 \end{cases}$

3. 函数 $f(x) = x - \dfrac{3}{2}x^{\frac{1}{3}}$ 在下列区间上不满足拉格朗日中值定理条件的是 [　　].

(A) [0, 1]　　(B) [−1, 1]　　(C) $[0, \dfrac{27}{8}]$　　(D) [−1, 0]

4. 求下列极限，能直接使用洛必达法则的是［　　］.

(A) $\lim\limits_{x\to\infty}\frac{\sin x}{x}$　　(B) $\lim\limits_{x\to 0}\frac{\sin x}{x}$

(C) $\lim\limits_{x\to\frac{\pi}{2}}\frac{\tan 5x}{\sin 3x}$　　(D) $\lim\limits_{x\to 0}\frac{x^2\sin\frac{1}{x}}{\sin x}$

5. 设 $f(x)=2^x+3^x-2$，则当 $x\to 0$ 时，［　　］.

(A) $f(x)$ 与 x 是等价无穷小量

(B) $f(x)$ 与 x 是同阶非等价无穷小量

(C) $f(x)$ 是比 x 高阶的无穷小量

(D) $f(x)$ 是比 x 低阶的无穷小量

6. 函数 $f(x)=\mathrm{e}^x+\mathrm{e}^{-x}$ 在区间$(-1,1)$内［　　］.

(A) 单调增加　　(B) 单调减少

(C) 不增不减　　(D) 有增有减

7. 函数 $f(x)=ax^2+b$ 在区间$(0,+\infty)$内单调增加，则 a，b 应满足［　　］.

(A) $a<0$，$b=0$　　(B) $a>0$，b 为任意实数

(C) $a<0$，$b\neq 0$　　(D) $a<0$，b 为任意实数

8. 函数 $y=\frac{x}{1-x^2}$ 在$(-1,1)$内［　　］.

(A) 单调增加　　(B) 单调减少

(C) 有极大值　　(D) 有极小值

9. 函数 $y=f(x)$ 在 $x=x_0$ 处取得极大值，则必有［　　］.

(A) $f'(x_0)=0$　　(B) $f''(x_0)<0$

(C) $f'(x_0)=0$ 且 $f''(x_0)<0$　　(D) $f'(x_0)=0$ 或 $f'(x_0)$ 不存在

10. $f'(x_0)=0$，$f''(x_0)>0$ 是函数 $f(x)$ 在点 $x=x_0$ 处取得极小值的一个［　　］.

(A) 充分必要条件　　(B) 充分非必要条件

(C) 必要非充分条件　　(D) 既非必要也非充分条件

11. 函数 $y=x^3+12x+1$ 在定义域内［　　］.

(A) 单调增加　　(B) 单调减少

(C) 图形上凹　　(D) 图形下凹

12. 设函数 $f(x)$ 在开区间(a,b)内有 $f'(x)<0$ 且 $f''(x)<0$，则 $y=f(x)$ 在(a,b)内［　　］.

(A) 单调增加，图形上凹　　(B) 单调增加，图形下凹

(C) 单调减少，图形上凹　　(D) 单调减少，图形下凹

13. “$f''(x_0)=0$”是 $f(x)$ 的图形在 $x=x_0$ 处有拐点的［　　］.

(A) 充分必要条件　　(B) 充分非必要条件

(C) 必要非充分条件　　(D) 既非必要也非充分条件

14. 对于曲线 $y=x^5+x^3$，下列结论正确的是［　　］.

(A) 有 4 个极值点　　(B) 有 3 个拐点

(C) 有 2 个极值点　　(D) 有 1 个拐点

15. $f(x)=|x^{\frac{1}{3}}|$，点 $x=0$ 是 $f(x)$ 的[　　].

(A) 间断点　　(B) 极小值点

(C) 极大值点　　(D) 拐点

16. 下列曲线中有拐点 (0，0) 的是[　　].

(A) $y=x^2$　　(B) $y=x^3$

(C) $y=x^4$　　(D) $y=x^{\frac{2}{3}}$

17. 设函数 $f(x)=x^3+ax^2+bx+c$，且 $f(0)=f'(0)=0$，则下列结论不正确的是[　　].

(A) $b=c=0$

(B) 当 $a>0$ 时，$f(0)$ 为极小值

(C) 当 $a<0$ 时，$f(0)$ 为极大值

(D) 当 $a\neq 0$ 时，$(0, f(0))$ 为拐点

18. 曲线 $y=\dfrac{x}{1-x^2}$ 的渐近线有[　　].

(A) 1 条　　(B) 2 条　　(C) 3 条　　(D) 4 条

19. 曲线 $y=\dfrac{1}{f(x)}$ 有水平渐近线的充分条件是[　　].

(A) $\lim\limits_{x\to\infty}f(x)=0$　　(B) $\lim\limits_{x\to\infty}f(x)=\infty$

(C) $\lim\limits_{x\to 0}f(x)=0$　　(D) $\lim\limits_{x\to 0}f(x)=\infty$

20. 曲线 $y=\dfrac{1}{f(x)}$ 有铅垂渐近线的充分条件是[　　].

(A) $\lim\limits_{x\to\infty}f(x)=0$　　(B) $\lim\limits_{x\to\infty}f(x)=\infty$

(C) $\lim\limits_{x\to 0}f(x)=0$　　(D) $\lim\limits_{x\to 0}f(x)=\infty$

21. 设函数 $y=\dfrac{2x}{1+x^2}$，则下列结论中错误的是[　　].

(A) y 是奇函数，且是有界函数

(B) y 有两个极值点

(C) y 只有一个拐点

(D) y 只有一条水平渐近线

22. 关于函数 $y=\dfrac{x^3}{1-x^2}$ 的结论错误的是[　　].

(A) 有一个零点　　(B) 有两个极值点

(C) 有一个拐点　　(D) 有两条渐近线

第五章

01 02 03 04 05 06 07 08 09

不定积分

5.1 不定积分的概念

在微分学中，我们讨论了求已知函数的导数(或微分)的问题. 但是，在科学、技术和经济的许多问题中，常常还需要解决相反的问题，也就是要由一个函数的已知导数(或微分)，求出这个函数. 这种由函数的已知导数(或微分)求原来的函数的问题，是积分学的基本问题之一——求不定积分.

知识点解析
不定积分的概念和几何意义

(一) 原函数

先看两个例题：

例 1　如果已知物体的运动方程为 $s=f(t)$，则此物体的速度是距离 s 对时间 t 的导数. 反过来，如果已知物体运动的速度 v 是时间 t 的函数 $v=v(t)$，求物体的运动方程 $s=f(t)$，使它的导数 $f'(t)$ 等于已知函数 $v(t)$. 这就是求导运算的逆运算问题.

例 2　如果已知某产品的产量 P 是时间 t 的函数 $P=P(t)$，则该产品产量的变化率是产量对时间 t 的导数 $P'=P'(t)$. 反过来，如果已知某产量的变化率是时间 t 的函数 $P'(t)$，求该产品的产量函数 $P(t)$，这也是一个求导运算的逆运算问题.

一般地，我们给出下面的定义：

定义 5.1　设 $f(x)$ 是定义在某区间上的已知函数，如果存在一个函数 $F(x)$，对于该区间上每一点都满足

$$F'(x)=f(x) \quad \text{或} \quad \mathrm{d}F(x)=f(x)\mathrm{d}x$$

则称函数 $F(x)$ 是已知函数 $f(x)$ 在该区间上的一个原函数.

例 3　在区间$(-\infty, +\infty)$内，已知函数$f(x)=2x$，由于函数$F(x)=x^2$满足$F'(x)=(x^2)'=2x$，所以$F(x)=x^2$是$f(x)=2x$的一个原函数. 同理，x^2-1，$x^2+\sqrt{3}$都是$2x$的原函数.

例 4　在区间$[0, T]$上，已知函数$v=gt$（g是常数），由于函数$s=\frac{1}{2}gt^2$满足$s'=\left(\frac{1}{2}gt^2\right)'=gt$，所以它是$v=gt$的一个原函数. 同理，$\frac{1}{2}gt^2+\frac{1}{2}$，$\frac{1}{2}gt^2-\frac{4}{5}$都是$gt$的原函数.

(二) 不定积分

从上面两个例子可以看到，已知函数的原函数不止一个. 实际上，一个已知函数的原函数有无穷多个. 这是因为如果$F(x)$是$f(x)$的一个原函数，则函数$F(x)+C$（其中C是任意常数）也满足$[F(x)+C]'=F'(x)=f(x)$，所以$F(x)+C$都是$f(x)$的原函数. 另外，由拉格朗日中值定理的推论 2（见 4.1 节）可知：如果$F(x)$，$G(x)$都是$f(x)$的原函数，则它们相差一个常数，即$G(x)=F(x)+C$. 因此，如果$F(x)$是$f(x)$的一个原函数，则$f(x)$的所有原函数可以表示为

$$F(x)+C \quad (\text{其中 } C \text{ 是任意常数})$$

定义 5.2　函数$f(x)$的所有原函数，称为$f(x)$的**不定积分**，记作

$$\int f(x)\mathrm{d}x$$

如果$F(x)$是$f(x)$的一个原函数，则由定义有

$$\int f(x)\mathrm{d}x = F(x)+C \tag{5.1}$$

其中，符号“$\int$”称为积分号，x称为积分变量，$f(x)$称为被积函数，$f(x)\mathrm{d}x$称为被积表达式，C称为积分常数.

因此，求已知函数的不定积分，就可归结为求出它的一个原函数，再加上任意常数C.

例 5　求函数$f(x)=3x^2$的不定积分.

解：因为$(x^3)'=3x^2$（或$\mathrm{d}x^3=3x^2\mathrm{d}x$），所以

$$\int 3x^2\mathrm{d}x = x^3+C$$

例 6　求函数$f(x)=\frac{1}{x}$的不定积分.

解：因为当 $x>0$ 时，$(\ln x)'=\dfrac{1}{x}$，所以

$$\int\frac{1}{x}\mathrm{d}x=\ln x+C\quad(x>0)$$

当 $x<0$ 时，$-x>0$，$[\ln(-x)]'=\dfrac{1}{-x}\cdot(-1)=\dfrac{1}{x}$，所以

$$\int\frac{1}{x}\mathrm{d}x=\ln(-x)+C\quad(x<0)$$

合并上面两式，得到

$$\int\frac{1}{x}\mathrm{d}x=\ln|x|+C\quad(x\neq 0)$$

在前面两个求不定积分的例子中，我们看到给定被积函数有原函数. 至于已知函数 $f(x)$ 在什么条件下才有原函数，将在下一章做出说明. 现在先给出结论：如果函数 $f(x)$ 在某区间上连续，则在此区间上 $f(x)$ 的原函数一定存在. 由于初等函数在其定义区间上都是连续的，所以初等函数在其定义区间上都有原函数.

(三) 不定积分的几何意义

由于函数 $f(x)$ 的不定积分中含有任意常数 C，因此，对于每一个给定的 C，都有一个确定的原函数. 在几何上，相应地就有一条确定的曲线，称为 $f(x)$ 的积分曲线. 因为 C 可以取任意值，因此，不定积分表示 $f(x)$ 的一簇积分曲线，而 $f(x)$ 正是积分曲线在 x 点的斜率. 由于积分曲线簇中的每一条曲线对应于同一横坐标 $x=x_0$ 的点处有相同的斜率 $f(x_0)$，所以对应于这些点处，它们的切线互相平行，任意两条曲线的纵坐标之间相差一个常数. 所以，积分曲线簇 $y=F(x)+C$ 中每一条曲线都可以由曲线 $y=F(x)$ 沿 y 轴方向上、下移动而得到. 如图 5-1 所示.

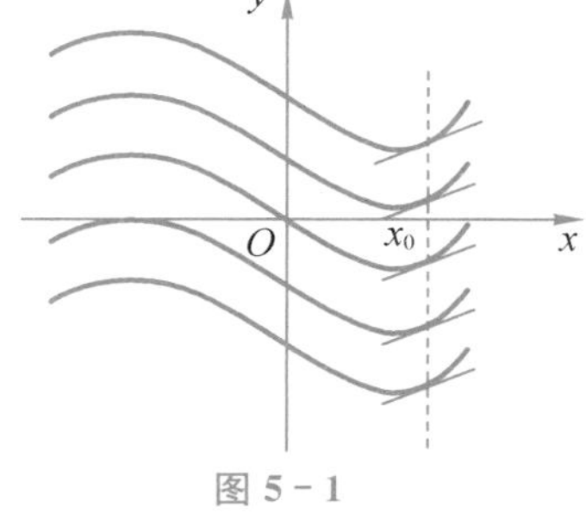

图 5-1

给定一个初始条件，就可以确定一个 C 的值，因而就确定了一个原函数. 例如，给定的初始条件为 $x=x_0$ 时 $y=y_0$，则由 $y_0=F(x_0)+C$ 得到常数 $C=y_0-F(x_0)$，于是就确定了一条积分曲线.

例 7　求经过点(1，3)，且其切线的斜率为 $2x$ 的曲线方程.

解：由 $\int 2x\mathrm{d}x=x^2+C$ 得曲线簇 $y=x^2+C$.

将 $x=1$，$y=3$ 代入，得 $C=2$. 所以

$$y=x^2+2$$

就是所求曲线.

5.2 不定积分的性质

知识点解析
不定积分的性质

（一）求不定积分与求导数或微分互为逆运算

(1) $$\left[\int f(x)\mathrm{d}x\right]' = f(x) \tag{5.2}$$

或 $$\mathrm{d}\int f(x)\mathrm{d}x = f(x)\mathrm{d}x \tag{5.2'}$$

(2) $$\int F'(x)\mathrm{d}x = F(x) + C \tag{5.3}$$

或 $$\int \mathrm{d}F(x) = F(x) + C \tag{5.3'}$$

也就是：不定积分的导数（或微分）等于被积函数（或被积表达式）；一个函数的导数（或微分）的不定积分与这个函数相差一个任意常数.

（二）不为 0 的常数因子可以移到积分号前

$$\int af(x)\mathrm{d}x = a\int f(x)\mathrm{d}x \quad (a \neq 0) \tag{5.4}$$

这是因为上式右端的导数

$$\left[a\int f(x)\mathrm{d}x\right]' = a\left[\int f(x)\mathrm{d}x\right]' = af(x)$$

恰好是左端的被积函数. 从而可知 $a\int f(x)\mathrm{d}x$ 是 $af(x)$ 的不定积分.

（三）两个函数的代数和的积分等于函数积分的代数和

$$\int [f(x) + g(x)]\mathrm{d}x = \int f(x)\mathrm{d}x + \int g(x)\mathrm{d}x \tag{5.5}$$

要证明这个等式，只需验证等式右端的导数等于左端的被积函数. 读者不难作出证明.

这个公式可以推广到任意有限多个函数的代数和的情况.

5.3 基本积分公式

因为求不定积分是求导数的逆运算，所以由基本导数公式对应地可以得到基本积分公式：

(1) $\int 0\mathrm{d}x = C$ （C 为常数） (5.6)

(2) $\int x^{\alpha}\mathrm{d}x = \dfrac{1}{\alpha+1}x^{\alpha+1}+C \quad (\alpha \neq -1)$ (5.7)

(3) $\int \dfrac{1}{x}\mathrm{d}x = \ln|x|+C$ (5.8)

(4) $\int a^{x}\mathrm{d}x = \dfrac{1}{\ln a}a^{x}+C \quad (a>0，a\neq 1)$ (5.9)

(5) $\int \mathrm{e}^{x}\mathrm{d}x = \mathrm{e}^{x}+C$ (5.10)

(6) $\int \sin x\mathrm{d}x = -\cos x+C$ (5.11)

(7) $\int \cos x\mathrm{d}x = \sin x+C$ (5.12)

(8) $\int \csc^{2}x\mathrm{d}x = -\cot x+C$ (5.13)

(9) $\int \sec^{2}x\mathrm{d}x = \tan x+C$ (5.14)

(10) $\int \dfrac{\mathrm{d}x}{\sqrt{1-x^{2}}} = \arcsin x+C$ (5.15)

(11) $\int \dfrac{\mathrm{d}x}{1+x^{2}} = \arctan x+C$ (5.16)

例 1 求不定积分 $\int (2-\sqrt{x})x\mathrm{d}x$.

解：$\int (2-\sqrt{x})x\mathrm{d}x = \int (2x-x^{\frac{3}{2}})\mathrm{d}x = \int 2x\mathrm{d}x - \int x^{\frac{3}{2}}\mathrm{d}x$

$$= x^{2}-\frac{x^{\frac{3}{2}+1}}{\frac{3}{2}+1}+C = x^{2}-\frac{2}{5}x^{\frac{5}{2}}+C$$

例 2 求不定积分 $\int \dfrac{x^{4}}{1+x^{2}}\mathrm{d}x$.

解：由于 $\dfrac{x^{4}}{1+x^{2}} = x^{2}-1+\dfrac{1}{1+x^{2}}$，所以

$$\begin{aligned}\int \frac{x^{4}}{1+x^{2}}\mathrm{d}x &= \int \left(x^{2}-1+\frac{1}{1+x^{2}}\right)\mathrm{d}x \\ &= \int x^{2}\mathrm{d}x - \int \mathrm{d}x + \int \frac{\mathrm{d}x}{1+x^{2}} \\ &= \frac{x^{3}}{3}-x+\arctan x+C\end{aligned}$$

例 3 求不定积分 $\int (a^{\frac{2}{3}}-x^{\frac{2}{3}})^{3}\mathrm{d}x$.

解：$\int (a^{\frac{2}{3}}-x^{\frac{2}{3}})^{3}\mathrm{d}x = \int (a^{2}-3a^{\frac{4}{3}}x^{\frac{2}{3}}+3a^{\frac{2}{3}}x^{\frac{4}{3}}-x^{2})\mathrm{d}x$

$$= a^2\int dx - 3a^{\frac{4}{3}}\int x^{\frac{2}{3}}dx + 3a^{\frac{2}{3}}\int x^{\frac{4}{3}}dx - \int x^2 dx$$

$$= a^2 x - \frac{9}{5}a^{\frac{4}{3}}x^{\frac{5}{3}} + \frac{9}{7}a^{\frac{2}{3}}x^{\frac{7}{3}} - \frac{1}{3}x^3 + C$$

例 4　求不定积分 $\int \cos^2\frac{x}{2}dx$.

解：$\int \cos^2\frac{x}{2}dx = \int \frac{1+\cos x}{2}dx = \frac{1}{2}\int dx + \frac{1}{2}\int \cos x dx$

$$= \frac{1}{2}x + \frac{1}{2}\sin x + C$$

例 5　求不定积分 $\int \tan^2 x dx$.

解：$\int \tan^2 x dx = \int (\sec^2 x - 1)dx = \int \sec^2 x dx - \int dx$

$$= \tan x - x + C$$

例 6　某化工厂生产某种产品，每日生产的产品的总成本 y 的变化率(即边际成本)是日产量 x 的函数 $y' = 7 + \frac{25}{\sqrt{x}}$，已知固定成本为 1 000 元，求总成本与日产量的函数关系.

解：因为总成本是总成本变化率 y' 的原函数，所以有

$$y = \int \left(7 + \frac{25}{\sqrt{x}}\right)dx = 7x + 50\sqrt{x} + C$$

已知固定成本为 1 000 元，即当 $x = 0$ 时，$y = 1\,000$，因此有

$$C = 1\,000$$

于是可得

$$y = 1\,000 + 7x + 50\sqrt{x}$$

所以，总成本 y 与日产量 x 的函数关系为

$$y = 1\,000 + 7x + 50\sqrt{x}$$

5.4　换元积分法

(一) 第一类换元法

如果要求的积分具有以下特征：

$$\int f[\varphi(x)]\varphi'(x)\mathrm{d}x \quad \text{或} \quad \int f[\varphi(x)]\mathrm{d}\varphi(x)$$

就设 $u=\varphi(x)$

于是，上式变为

$$\int f(u)\mathrm{d}u$$

如果 $f(u)$，$\varphi(x)$ 及 $\varphi'(x)$ 都是连续函数，且

$$\int f(u)\mathrm{d}u = F(u)+C$$

则

$$\int f[\varphi(x)]\varphi'(x)\mathrm{d}x = F[\varphi(x)]+C \tag{5.17}$$

要证明公式(5.17)成立，只要证明

$$\{F[\varphi(x)]\}' = f[\varphi(x)]\varphi'(x)$$

设 $F'(u)=f(u)$，由复合函数求导公式易知

$$\{F[\varphi(x)]\}' = F'(u)\varphi'(x) = f(u)\varphi'(x) = f[\varphi(x)]\varphi'(x)$$

例 1　求不定积分 $\int \frac{\mathrm{d}x}{2x+1}$.

解：令 $u=2x+1$，则 $\mathrm{d}u=2\mathrm{d}x$，得

$$\int \frac{\mathrm{d}x}{2x+1} = \frac{1}{2}\int \frac{\mathrm{d}u}{u} = \frac{1}{2}\ln|u|+C$$

再将 $u=2x+1$ 代入上式，得

$$\int \frac{\mathrm{d}x}{2x+1} = \frac{1}{2}\ln|2x+1|+C$$

例 2　求不定积分 $\int x\sqrt{x^2-3}\,\mathrm{d}x$.

解：令 $u=x^2-3$，则 $\mathrm{d}u=2x\mathrm{d}x$，得

$$\int x\sqrt{x^2-3}\,\mathrm{d}x = \frac{1}{2}\int u^{\frac{1}{2}}\mathrm{d}u = \frac{1}{3}u^{\frac{3}{2}}+C$$

所以

$$\int x\sqrt{x^2-3}\,\mathrm{d}x = \frac{1}{3}(x^2-3)^{\frac{3}{2}}+C$$

当运算熟练以后，可以不必把 u 写出来，直接计算下去即可.

例 3　求不定积分 $\int x\mathrm{e}^{x^2}\mathrm{d}x$.

解：$\int x\mathrm{e}^{x^2}\mathrm{d}x = \frac{1}{2}\int \mathrm{e}^{x^2}\mathrm{d}(x^2) = \frac{1}{2}\mathrm{e}^{x^2}+C$

例 4 求不定积分 $\int \tan x \mathrm{d}x$.

解：$$\int \tan x \mathrm{d}x = \int \frac{\sin x}{\cos x}\mathrm{d}x = -\int \frac{\mathrm{d}\cos x}{\cos x}$$
$$= -\ln|\cos x| + C \tag{5.18}$$

读者不难求得

$$\int \cot x \mathrm{d}x = \ln|\sin x| + C \tag{5.19}$$

例 5 求不定积分 $\int \frac{\mathrm{d}x}{a^2 - x^2}\ (a > 0)$.

解：$$\int \frac{\mathrm{d}x}{a^2 - x^2} = \frac{1}{2a}\int\left(\frac{1}{a+x} + \frac{1}{a-x}\right)\mathrm{d}x$$
$$= \frac{1}{2a}\int \frac{\mathrm{d}x}{a+x} + \frac{1}{2a}\int \frac{\mathrm{d}x}{a-x}$$
$$= \frac{1}{2a}\ln|a+x| - \frac{1}{2a}\ln|a-x| + C$$
$$= \frac{1}{2a}\ln\left|\frac{a+x}{a-x}\right| + C \tag{5.20}$$

例 6 求不定积分 $\int \csc x \mathrm{d}x$.

解：$$\int \csc x \mathrm{d}x = \int \frac{1}{\sin x}\mathrm{d}x = \int \frac{\sin x}{\sin^2 x}\mathrm{d}x$$
$$= -\int \frac{\mathrm{d}\cos x}{1 - \cos^2 x} = \frac{1}{2}\ln\left|\frac{1-\cos x}{1+\cos x}\right| + C$$
$$= \ln\left|\frac{1-\cos x}{\sin x}\right| + C$$
$$= \ln|\csc x - \cot x| + C \tag{5.21}$$

由于 $\cos x = \sin\left(x + \frac{\pi}{2}\right)$，可得

$$\int \sec x \mathrm{d}x = \int \frac{1}{\cos x}\mathrm{d}x = \ln|\sec x + \tan x| + C \tag{5.22}$$

公式(5.18)～公式(5.22)都是常用的积分公式.

(二) 第二类换元法

知识点解析
第二类换元法

在第一类换元法中，是用新变量 u 代换被积函数中的可微函数 $\varphi(x)$，从而使不定积分容易计算；而在第二类换元法中，则是引入新变量 t，将 x 表示为 t 的一个连续函数 $x = \varphi(t)$，从而简化积分计算.

例 7 求不定积分 $\int \frac{x\mathrm{d}x}{\sqrt{x-3}}$.

解：令 $t=\sqrt{x-3}$ $(t>0)$，即

$$x=t^2+3$$

此时　$\mathrm{d}x=2t\mathrm{d}t$

于是　$$\int\frac{x\mathrm{d}x}{\sqrt{x-3}}=\int\frac{t^2+3}{t}2t\mathrm{d}t=2\int(t^2+3)\mathrm{d}t$$

$$=2\left(\frac{t^3}{3}+3t\right)+C$$

再将 $t=\sqrt{x-3}$ 回代，整理后得

$$\int\frac{x\mathrm{d}x}{\sqrt{x-3}}=\frac{2}{3}(x+6)(x-3)^{\frac{1}{2}}+C$$

一般地，如果积分 $\int f(x)\mathrm{d}x$ 不易计算，可设 $x=\varphi(t)$，则上式变为

$$\int f[\varphi(t)]\varphi'(t)\mathrm{d}t$$

假如 $\varphi(t)$，$\varphi'(t)$ 都是连续函数，且 $\varphi'(t)\neq 0$，$x=\varphi(t)$ 的反函数$t=\varphi^{-1}(x)$ 存在且可导，并有

$$\int f[\varphi(t)]\varphi'(t)\mathrm{d}t=F(t)+C$$

则　$$\int f(x)\mathrm{d}x=F[\varphi^{-1}(x)]+C \tag{5.23}$$

这是因为，利用复合函数与反函数的求导公式，上式右端对 x 的导数为

$$\begin{aligned}\frac{\mathrm{d}}{\mathrm{d}x}\{F[\varphi^{-1}(x)]+C\}&=\frac{\mathrm{d}F(t)}{\mathrm{d}t}\cdot\frac{\mathrm{d}t}{\mathrm{d}x}\\&=f[\varphi(t)]\cdot\varphi'(t)\cdot\frac{1}{\varphi'(t)}\\&=f[\varphi(t)]=f(x)\end{aligned}$$

恰好是等式左端的被积函数，所以等式成立.

例 8　求不定积分 $\int\frac{\mathrm{d}x}{\sqrt{x}+\sqrt[3]{x^2}}$.

解：令 $t=\sqrt[6]{x}$，则 $x=t^6$，$\mathrm{d}x=6t^5\mathrm{d}t$，所以

$$\begin{aligned}\int\frac{\mathrm{d}x}{\sqrt{x}+\sqrt[3]{x^2}}&=\int\frac{6t^5\mathrm{d}t}{t^3+t^4}=6\int\frac{t^2}{1+t}\mathrm{d}t=6\int\frac{t^2-1+1}{t+1}\mathrm{d}t\\&=6\int(t-1)\mathrm{d}t+6\int\frac{\mathrm{d}t}{t+1}\\&=3t^2-6t+6\ln|t+1|+C\\&=3x^{\frac{1}{3}}-6x^{\frac{1}{6}}+6\ln|x^{\frac{1}{6}}+1|+C\end{aligned}$$

$$= 3\sqrt[3]{x} - 6\sqrt[6]{x} + 6\ln\left|\sqrt[6]{x}+1\right| + C$$

例 9　求不定积分 $\int \frac{1}{\sqrt{1+\mathrm{e}^x}}\mathrm{d}x$.

解：令 $t=\sqrt{1+\mathrm{e}^x}$，则 $\mathrm{e}^x = t^2-1$，$x=\ln(t^2-1)$，$\mathrm{d}x = \frac{2t\mathrm{d}t}{t^2-1}$，所以

$$\begin{aligned}\int \frac{1}{\sqrt{1+\mathrm{e}^x}}\mathrm{d}x &= \int \frac{2}{t^2-1}\mathrm{d}t = \int\left(\frac{1}{t-1}-\frac{1}{t+1}\right)\mathrm{d}t \\ &= \ln\left|\frac{t-1}{t+1}\right| + C = \ln\left|\frac{\sqrt{1+\mathrm{e}^x}-1}{\sqrt{1+\mathrm{e}^x}+1}\right| + C \\ &= \ln\frac{(\sqrt{1+\mathrm{e}^x}-1)^2}{\mathrm{e}^x} + C \\ &= 2\ln(\sqrt{1+\mathrm{e}^x}-1) - \ln\mathrm{e}^x + C \\ &= 2\ln(\sqrt{1+\mathrm{e}^x}-1) - x + C\end{aligned}$$

例 10　求不定积分 $\int\sqrt{a^2-x^2}\mathrm{d}x\ (a>0)$.

解：设 $x = a\sin t\ \left(t\in\left(-\frac{\pi}{2},\frac{\pi}{2}\right)\right)$，则 $\mathrm{d}x = a\cos t\mathrm{d}t$

$$\sqrt{a^2-x^2} = \sqrt{a^2-a^2\sin^2 t} = a\cos t$$

于是

$$\begin{aligned}\int\sqrt{a^2-x^2}\mathrm{d}x &= \int a\cos t\cdot a\cos t\mathrm{d}t = a^2\int\cos^2 t\mathrm{d}t \\ &= a^2\int\frac{1+\cos 2t}{2}\mathrm{d}t = \frac{a^2}{2}\left[t+\frac{1}{2}\sin 2t\right]+C \\ &= \frac{a^2}{2}[t+\sin t\cdot\cos t]+C \\ &= \frac{a^2}{2}[t+\sin t\cdot\sqrt{1-\sin^2 t}]+C \\ &= \frac{a^2}{2}\left[\frac{x}{a}\cdot\sqrt{1-\left(\frac{x}{a}\right)^2}+\arcsin\frac{x}{a}\right]+C \\ &= \frac{x}{2}\cdot\sqrt{a^2-x^2}+\frac{a^2}{2}\arcsin\frac{x}{a}+C \qquad (5.24)\end{aligned}$$

例 11　求不定积分 $\int\frac{\mathrm{d}x}{\sqrt{x^2+a^2}}\ (a>0)$.

解：设 $x = a\tan t\ \left(t\in\left(-\frac{\pi}{2},\frac{\pi}{2}\right)\right)$，则 $\mathrm{d}x = a\sec^2 t\mathrm{d}t$

$$\sqrt{x^2+a^2} = \sqrt{a^2\tan^2 t+a^2} = a\sec t$$

于是

$$\int\frac{\mathrm{d}x}{\sqrt{x^2+a^2}} = \int\frac{a\sec^2 t}{a\sec t}\mathrm{d}t = \int\sec t\mathrm{d}t$$

$$
\begin{aligned}
&= \ln|\sec t+\tan t|+C_1 \\
&=\ln|\sqrt{1+\tan^2 t}+\tan t|+C_1 \\
&=\ln\left|\frac{x}{a}+\sqrt{\left(\frac{x}{a}\right)^2+1}\right|+C_1 \\
&=\ln|x+\sqrt{x^2+a^2}|+C \quad （其中，C=C_1-\ln a）
\end{aligned}
$$

例 12　求不定积分 $\int \frac{\mathrm{d}x}{\sqrt{x^2-a^2}}\ (a>0)$.

解：令 $x=a\sec t\ \left(t\in\left(0,\frac{\pi}{2}\right)\cup\left(\pi,\frac{3}{2}\pi\right)\right)$，则 $\mathrm{d}x=a\cdot\sec t\cdot\tan t\cdot\mathrm{d}t$

$$\sqrt{x^2-a^2}=\sqrt{a^2\sec^2 t-a^2}=a\tan t$$

于是

$$
\begin{aligned}
\int \frac{\mathrm{d}x}{\sqrt{x^2-a^2}} &= \int \frac{1}{a\tan t}\cdot a\cdot\sec t\cdot\tan t\cdot\mathrm{d}t \\
&=\int \sec t\mathrm{d}t=\ln|\sec t+\tan t|+C_1 \\
&=\ln|\sec t+\sqrt{\sec^2 t-1}|+C_1 \\
&=\ln\left|\frac{x}{a}+\sqrt{\left(\frac{x}{a}\right)^2-1}\right|+C_1 \\
&=\ln|x+\sqrt{x^2-a^2}|+C \quad （其中，C=C_1-\ln a）
\end{aligned}
$$

合并例 11、例 12，得

$$\int \frac{\mathrm{d}x}{\sqrt{x^2\pm a^2}}=\ln|x+\sqrt{x^2\pm a^2}|+C \quad (a>0) \tag{5.25}$$

5.5 分部积分法

如果 $u=u(x)$ 与 $v=v(x)$ 都有连续的导数，则由函数乘积的微分公式 $\mathrm{d}(uv)=v\mathrm{d}u+u\mathrm{d}v$，移项得

$$u\mathrm{d}v=\mathrm{d}(uv)-v\mathrm{d}u$$

所以有

$$\int u\mathrm{d}v=uv-\int v\mathrm{d}u \tag{5.26}$$

知识点解析
分部积分法

这个公式叫作分部积分公式，当积分 $\int u\mathrm{d}v$ 不易计算而积分 $\int v\mathrm{d}u$ 比较容易计算时，就可以使用这个公式.

例 1　求不定积分 $\int \ln x\mathrm{d}x$.

解：设 $u=\ln x$，$\mathrm{d}v=\mathrm{d}x$，则

$$\mathrm{d}u=\frac{1}{x}\mathrm{d}x,\ v=x$$

于是应用分部积分公式，得

$$\int\ln x\mathrm{d}x=x\ln x-\int x\cdot\frac{\mathrm{d}x}{x}=x\ln x-x+C$$

例 2　求不定积分 $\int x\cos x\mathrm{d}x$.

解：设 $u=x$，$\mathrm{d}v=\cos x\mathrm{d}x$，则

$$\mathrm{d}u=\mathrm{d}x,\ v=\sin x$$

于是应用分部积分公式，得

$$\int x\cos x\mathrm{d}x=x\sin x-\int\sin x\mathrm{d}x=x\sin x+\cos x+C$$

在计算方法熟练后，分部积分法的替换过程可以省略.

例 3　求不定积分 $\int x^2\mathrm{e}^x\mathrm{d}x$.

解：
$$\begin{aligned}\int x^2\mathrm{e}^x\mathrm{d}x&=\int x^2\mathrm{d}(\mathrm{e}^x)=x^2\mathrm{e}^x-2\int x\mathrm{e}^x\mathrm{d}x=x^2\mathrm{e}^x-2\int x\mathrm{d}(\mathrm{e}^x)\\&=x^2\mathrm{e}^x-2x\mathrm{e}^x+2\mathrm{e}^x+C=(x^2-2x+2)\mathrm{e}^x+C\end{aligned}$$

例 4　求不定积分 $\int\mathrm{e}^x\sin x\mathrm{d}x$.

解：
$$\begin{aligned}\int\mathrm{e}^x\sin x\mathrm{d}x&=\int\mathrm{e}^x\mathrm{d}(-\cos x)\\&=-\mathrm{e}^x\cos x+\int\mathrm{e}^x\cos x\mathrm{d}x\\&=-\mathrm{e}^x\cos x+\int\mathrm{e}^x\mathrm{d}(\sin x)\\&=-\mathrm{e}^x\cos x+\mathrm{e}^x\sin x-\int\mathrm{e}^x\sin x\mathrm{d}x\end{aligned}$$

即
$$\int\mathrm{e}^x\sin x\mathrm{d}x=-\mathrm{e}^x\cos x+\mathrm{e}^x\sin x-\int\mathrm{e}^x\sin x\mathrm{d}x$$

将上式移项整理再添上任意常数，得

$$2\int\mathrm{e}^x\sin x\mathrm{d}x=(\sin x-\cos x)\mathrm{e}^x+C_1$$

于是得
$$\int\mathrm{e}^x\sin x\mathrm{d}x=\frac{1}{2}(\sin x-\cos x)\mathrm{e}^x+C\quad\left(\text{其中 }C=\frac{C_1}{2}\right)$$

例 5　求不定积分 $\int x\arctan x\mathrm{d}x$.

解：
$$\begin{aligned}\int x\arctan x\mathrm{d}x&=\frac{1}{2}\int\arctan x\mathrm{d}(x^2)\\&=\frac{1}{2}x^2\arctan x-\frac{1}{2}\int x^2\frac{\mathrm{d}x}{1+x^2}\end{aligned}$$

$$= \frac{1}{2}x^2\arctan x - \frac{1}{2}\int \frac{1+x^2-1}{1+x^2}dx$$
$$= \frac{1}{2}x^2\arctan x - \frac{1}{2}\int \left(1-\frac{1}{1+x^2}\right)dx$$
$$= \frac{1}{2}x^2\arctan x - \frac{1}{2}x + \frac{1}{2}\arctan x + C$$
$$= \frac{1+x^2}{2}\arctan x - \frac{x}{2} + C$$

例 6　求 $I_n = \int x^n e^x dx$ 的递推公式，其中 n 为非负整数，并求出 I_1，I_2，I_3.

解：$I_n = \int x^n e^x dx = x^n e^x - \int e^x dx^n$

$$= x^n e^x - n\int x^{n-1} e^x dx$$
$$= x^n e^x - nI_{n-1}$$

因此可得 $I_n = \int x^n e^x dx$ 的递推公式为

$$I_n = x^n e^x - nI_{n-1} \quad (n=1, 2, 3, \cdots)$$

其中　$I_0 = \int e^x dx = e^x + C$

那么有　$I_1 = xe^x - I_0 = xe^x - e^x + C_1$

$$I_2 = x^2 e^x - 2I_1 = x^2 e^x - 2(xe^x - e^x + C_1)$$
$$= x^2 e^x - 2xe^x + 2e^x + C_2$$
$$I_3 = x^3 e^x - 3I_2 = x^3 e^x - 3(x^2 e^x - 2xe^x + 2e^x + C_2)$$
$$= x^3 e^x - 3x^2 e^x + 6xe^x - 6e^x + C_3$$

5.6 综合杂例

例 1　求不定积分 $\int \frac{x^2\arctan x}{1+x^2}dx$.

解：$\int \frac{x^2\arctan x}{1+x^2}dx = \int \frac{x^2+1-1}{1+x^2}\arctan x dx$

$$= \int \left(1-\frac{1}{1+x^2}\right)\arctan x dx$$
$$= \int \arctan x dx - \int \frac{1}{1+x^2}\arctan x dx$$
$$= x \cdot \arctan x - \int \frac{x}{1+x^2}dx - \int \arctan x d(\arctan x)$$
$$= x \cdot \arctan x - \frac{1}{2}\int \frac{1}{1+x^2}d(1+x^2) - \frac{1}{2}(\arctan x)^2$$

$$= x \cdot \arctan x - \frac{1}{2}\ln(1+x^2) - \frac{1}{2}(\arctan x)^2 + C$$

例 2 求不定积分 $\int e^x\left(\frac{1}{\sqrt{1-x^2}} + \arcsin x\right)dx$.

解：$\int e^x\left(\frac{1}{\sqrt{1-x^2}} + \arcsin x\right)dx = \int e^x \frac{dx}{\sqrt{1-x^2}} + \int e^x \arcsin x dx$

$$= \int e^x d\arcsin x + \int e^x \arcsin x dx$$

$$= e^x \arcsin x - \int e^x \arcsin x dx + \int e^x \arcsin x dx$$

$$= e^x \arcsin x + C$$

注意 在积分过程中，等式右边出现了消项，右边已无积分号，应加上常数 C.

例 3 求不定积分 $\int \frac{2x-1}{x^2-5x+6}dx$.

解：将被积函数 $\frac{2x-1}{x^2-5x+6}$ 分解为部分分式，

$$\frac{2x-1}{x^2-5x+6} = \frac{2x-1}{(x-3)(x-2)}$$

设 $\frac{2x-1}{(x-3)(x-2)} = \frac{A}{x-3} + \frac{B}{x-2}$，$A$，$B$ 为待定系数. 去分母，两边同乘以 $(x-3)(x-2)$，得

$$2x-1 = A(x-2) + B(x-3) = (A+B)x - (2A+3B)$$

比较两端同次方项的系数，有

$$\begin{cases} A+B=2 \\ 2A+3B=1 \end{cases}$$

解之得 $A=5$，$B=-3$

因此有 $\frac{2x-1}{x^2-5x+6} = \frac{5}{x-3} - \frac{3}{x-2}$

于是 $\int \frac{2x-1}{x^2-5x+6}dx = \int\left(\frac{5}{x-3} - \frac{3}{x-2}\right)dx$

$$= 5\ln|x-3| - 3\ln|x-2| + C$$

$$= \ln\left|\frac{(x-3)^5}{(x-2)^3}\right| + C$$

例 4 求不定积分 $\int \frac{x^2+2x-1}{(x-1)(x^2-x+1)}dx$.

解：将被积函数 $\frac{x^2+2x-1}{(x-1)(x^2-x+1)}$ 分解为部分分式.

设 $\frac{x^2+2x-1}{(x-1)(x^2-x+1)} = \frac{A}{x-1} + \frac{Bx+C}{x^2-x+1}$，$A$，$B$，$C$ 为待定系数，去分母，两边同

乘以$(x-1)(x^2-x+1)$，得

$$x^2+2x-1=A(x^2-x+1)+(Bx+C)(x-1)$$
$$=(A+B)x^2-(A+B-C)x+A-C$$

比较两端同次方项的系数，有

$$\begin{cases}A+B=1\\A+B-C=-2\\A-C=-1\end{cases}$$

解之得　$A=2,\ B=-1,\ C=3$

因此有　$$\frac{x^2+2x-1}{(x-1)(x^2-x+1)}=\frac{2}{x-1}-\frac{x-3}{x^2-x+1}$$

于是　$$\int\frac{x^2+2x-1}{(x-1)(x^2-x+1)}\mathrm{d}x$$

$$=\int\frac{2}{x-1}\mathrm{d}x-\int\frac{x-3}{x^2-x+1}\mathrm{d}x$$

$$=2\int\frac{\mathrm{d}x}{x-1}-\frac{1}{2}\int\frac{2x-1}{x^2-x+1}\mathrm{d}x+\frac{5}{2}\int\frac{\mathrm{d}x}{x^2-x+1}$$

$$=2\ln|x-1|-\frac{1}{2}\ln|x^2-x+1|+\frac{5}{2}\int\frac{\mathrm{d}x}{\left(x^2-x+\frac{1}{4}\right)+\frac{3}{4}}$$

$$=2\ln|x-1|-\frac{1}{2}\ln|x^2-x+1|+\frac{5}{2}\int\frac{\mathrm{d}\left(x-\frac{1}{2}\right)}{\left(x-\frac{1}{2}\right)^2+\left(\frac{\sqrt{3}}{2}\right)^2}$$

$$=2\ln|x-1|-\frac{1}{2}\ln|x^2-x+1|+\frac{5}{\sqrt{3}}\arctan\frac{x-\frac{1}{2}}{\frac{\sqrt{3}}{2}}+C_1$$

$$=\ln\frac{(x-1)^2}{\sqrt{x^2-x+1}}+\frac{5}{\sqrt{3}}\arctan\frac{2x-1}{\sqrt{3}}+C_1$$

注意　任一有理真分式都可以分解为以下四类最简分式之和：

$$\frac{A}{x-a},\qquad \frac{A}{(x-a)^n}$$
$$\frac{Ax+B}{x^2+px+q},\qquad \frac{Ax+B}{(x^2+px+q)^n}(n\geqslant 2,\ p^2-4q<0)$$

若有理真分式分母中含有因式$(x-a)^n$ $(n\geqslant 2)$，那么分式中含有$\frac{A_1}{x-a}+\frac{A_2}{(x-a)^2}+\cdots+\frac{A_n}{(x-a)^n}$；

若有理真分式分母中含有因式$(x^2+px+q)^n$ $(n\geqslant 2,\ p^2-4q<0)$，那么分式中含有

$$\frac{A_1x+B_1}{x^2+px+q}+\frac{A_2x+B_2}{(x^2+px+q)^2}+\cdots+\frac{A_nx+B_n}{(x^2+px+q)^n}.$$

例 5 求不定积分 $\int\frac{(x+1)\mathrm{d}x}{x(1+x\mathrm{e}^x)}$.

解：令 $t=x\mathrm{e}^x$，则 $\mathrm{d}t=\mathrm{e}^x(1+x)\mathrm{d}x$，从而

$$\begin{aligned}\int\frac{(x+1)\mathrm{d}x}{x(1+x\mathrm{e}^x)}=\int\frac{\mathrm{e}^x(1+x)\mathrm{d}x}{x\mathrm{e}^x(1+x\mathrm{e}^x)}&=\int\frac{\mathrm{d}t}{t(1+t)}\\&=\int\left(\frac{1}{t}-\frac{1}{1+t}\right)\mathrm{d}t=\int\frac{\mathrm{d}t}{t}-\int\frac{\mathrm{d}(1+t)}{1+t}\\&=\ln|t|-\ln|1+t|+C\\&=\ln\left|\frac{t}{1+t}\right|+C\\&=\ln\left|\frac{x\mathrm{e}^x}{1+x\mathrm{e}^x}\right|+C\end{aligned}$$

例 6 求不定积分 $\int x^x(1+\ln x)\mathrm{d}x$.

解：
$$\begin{aligned}\int x^x(1+\ln x)\mathrm{d}x&=\int\mathrm{e}^{x\ln x}(x\ln x)'\mathrm{d}x=\int\mathrm{e}^{x\ln x}\mathrm{d}(x\ln x)\\&=\mathrm{e}^{x\ln x}+C=x^x+C\end{aligned}$$

例 7 设 $f(x)=\begin{cases}x^2-\frac{x}{2}+1, & x<0\\ 1, & x=0\\ \mathrm{e}^x, & x>0\end{cases}$，求 $f(x)$ 的原函数 $F(x)$.

解：当 $x\leqslant 0$ 时，

$$\begin{aligned}F(x)&=\int f(x)\mathrm{d}x=\int\left(x^2-\frac{x}{2}+1\right)\mathrm{d}x\\&=\frac{x^3}{3}-\frac{x^2}{4}+x+C_1\end{aligned}$$

当 $x>0$ 时，

$$F(x)=\int f(x)\mathrm{d}x=\int\mathrm{e}^x\mathrm{d}x=\mathrm{e}^x+C_2$$

$F(x)$ 在点 $x=0$ 处连续，因此有

$$\lim_{x\to0^-}F(x)=\lim_{x\to0^+}F(x)$$

即
$$C_1=1+C_2$$

设 $C_1=C$，则 $C_2=C_1-1=C-1$，于是，$f(x)$ 的原函数为

$$F(x)=\begin{cases}\frac{x^3}{3}-\frac{x^2}{4}+x+C, & x\leqslant 0\\ \mathrm{e}^x-1+C, & x>0\end{cases}$$

习题五

(A)

1. 已知曲线 $y=f(x)$ 在任一点 x 处的切线斜率为 k（k 为常数），求曲线的方程.

2. 已知函数 $y=f(x)$ 的导数等于 $x+2$，且 $x=2$ 时 $y=5$，求这个函数.

3. 已知曲线上任一点的切线斜率为 $2x$，并且曲线经过点$(1,-2)$，求此曲线的方程.

4. 已知质点在时刻 t 的速度为 $v=3t-2$，且 $t=0$ 时距离 $s=5$，求此质点的运动方程.

5. 已知质点在时刻 t 的加速度为 $a=t^2+1$，且当 $t=0$ 时，速度 $v=1$，距离 $s=0$，求此质点的运动方程.

6. 已知某产品产量的变化率是时间 t 的函数 $f(t)=at+b$（a，b 是常数），设此产品 t 时的产量函数为 $P(t)$，已知 $P(0)=0$，求 $P(t)$.

7. 求下列不定积分：

(1) $\int(1-3x^2)\mathrm{d}x$　　(2) $\int(2^x+x^2)\mathrm{d}x$

(3) $\int\left(\sqrt[3]{x}-\frac{1}{\sqrt{x}}\right)\mathrm{d}x$　　(4) $\int\left(\frac{x}{2}-\frac{1}{x}+\frac{3}{x^3}-\frac{4}{x^4}\right)\mathrm{d}x$

(5) $\int\sqrt{x}(x-3)\mathrm{d}x$　　(6) $\int\frac{(t+1)^3}{t^2}\mathrm{d}t$

(7) $\int\frac{x^2+\sqrt{x^3}+3}{\sqrt{x}}\mathrm{d}x$　　(8) $\int\frac{x^2}{x^2+1}\mathrm{d}x$

(9) $\int\sin^2\frac{u}{2}\mathrm{d}u$　　(10) $\int\cot^2x\mathrm{d}x$

(11) $\int\frac{\cos2x}{\cos x+\sin x}\mathrm{d}x$　　(12) $\int\sqrt{x\sqrt{x\sqrt{x}}}\mathrm{d}x$

(13) $\int\frac{\mathrm{e}^{2t}-1}{\mathrm{e}^t-1}\mathrm{d}t$　　(14) $\int\frac{\mathrm{d}x}{x^2(1+x^2)}$

8. 求下列不定积分：

(1) $\int(1-3x)^{\frac{5}{2}}\mathrm{d}x$　　(2) $\int\frac{\mathrm{d}x}{(2x+3)^2}$

(3) $\int\frac{x}{1+x^2}\mathrm{d}x$　　(4) $\int a^{3x}\mathrm{d}x$

(5) $\int\frac{(\ln x)^2}{x}\mathrm{d}x$　　(6) $\int\mathrm{e}^{-x}\mathrm{d}x$

(7) $\int\frac{\mathrm{e}^{\frac{1}{x}}}{x^2}\mathrm{d}x$　　(8) $\int u\sqrt{u^2-5}\mathrm{d}u$

(9) $\int\frac{\mathrm{d}v}{\sqrt{1-2v}}$　　(10) $\int\frac{x^2}{\sqrt[3]{(x^3-5)^2}}\mathrm{d}x$

(11) $\int\frac{2x-1}{x^2-x+3}\mathrm{d}x$　　(12) $\int\frac{\mathrm{d}t}{t\ln t}$

(13) $\int \frac{e^x}{e^x+1}dx$

(14) $\int \frac{x-1}{x^2+1}dx$

(15) $\int \frac{dx}{4+9x^2}$

(16) $\int \frac{dx}{4x^2+4x+5}$

(17) $\int \frac{dx}{\sqrt{4-9x^2}}$

(18) $\int \frac{dx}{\sqrt{5-2x-x^2}}$

(19) $\int \frac{dx}{4-x^2}$

(20) $\int \frac{dx}{4-9x^2}$

(21) $\int \frac{dx}{x^2-x-6}$

(22) $\int \sin 3x dx$

(23) $\int \cos \frac{2}{3}x dx$

(24) $\int \sin^2 3x dx$

(25) $\int e^{\sin x}\cos x dx$

(26) $\int e^x \cos e^x dx$

(27) $\int \sin^3 x dx$

(28) $\int \cos^5 x dx$

(29) $\int \sin^2 x \cos^5 x dx$

(30) $\int \tan^4 x dx$

(31) $\int \frac{dx}{\sin^4 x}$

(32) $\int \tan^3 x dx$

(33) $\int \frac{dt}{e^t+e^{-t}}$

(34) $\int \frac{dx}{e^x-1}$

(35) $\int \frac{dx}{\sqrt{e^{2x}-1}}$

(36) $\int \frac{\ln x}{x\sqrt{1+\ln x}}dx$

(37) $\int \frac{x+\ln x^2}{x}dx$

(38) $\int \frac{1}{x(1+x^6)}dx$

(39) $\int \frac{(\arctan x)^2}{1+x^2}dx$

(40) $\int \frac{e^x dx}{\arcsin e^x \cdot \sqrt{1-e^{2x}}}$

9. 求下列不定积分：

(1) $\int x\sqrt{x+1}dx$

(2) $\int \frac{dx}{\sqrt{2x-3}+1}$

(3) $\int \frac{x}{\sqrt[4]{3x+1}}dx$

(4) $\int \frac{1}{\sqrt{x}+\sqrt[3]{x}}dx$

(5) $\int \frac{e^{2x}}{\sqrt[4]{1+e^x}}dx$

(6) $\int x\sqrt[4]{2x+3}dx$

(7) $\int \frac{1}{1+\sqrt{x}}dx$

(8) $\int \sqrt{\frac{x}{1-x\sqrt{x}}}dx$

(9) $\int \frac{1}{\sqrt[3]{x+1}+1}dx$

(10) $\int \frac{1+\sqrt[3]{1+x}}{\sqrt{1+x}}dx$

(11) $\int (1-x^2)^{-\frac{3}{2}}dx$

(12) $\int \frac{1}{(1+x^2)^2}dx$

(13) $\int \frac{1}{(a^2+x^2)^{\frac{3}{2}}}dx$　　(14) $\int \frac{1}{x\sqrt{x^2-1}}dx$

(15) $\int \frac{x^2}{\sqrt{1-x^2}}dx$　　(16) $\int \frac{1}{\sqrt{9x^2-4}}dx$

(17) $\int \frac{1}{\sqrt{9x^2-6x+7}}dx$　　(18) $\int \frac{1}{e^x-1}dx$

(19) $\int \frac{1-\ln x}{(x-\ln x)^2}dx$

10. 求下列不定积分：

(1) $\int xe^x dx$　　(2) $\int x\sin x dx$

(3) $\int \arctan x dx$　　(4) $\int \ln(x^2+1)dx$

(5) $\int \frac{\ln x}{x^2}dx$　　(6) $\int x^n \ln x dx \quad (n\neq -1)$

(7) $\int x^2 e^{-x}dx$　　(8) $\int x^3(\ln x)^2 dx$

(9) $\int \sec^3 x dx$　　(10) $\int e^{\sqrt{x}}dx$

(11) $\int \frac{\ln\ln x}{x}dx$

11. 求下列不定积分(其中 a，b 为常数)：

(1) $\int f'(ax+b)dx$　　(2) $\int xf''(x)dx$

12. 求下列不定积分(其中 a 为常数)：

(1) $\int \frac{dx}{1+\sin x}$　　(2) $\int \frac{xe^x}{\sqrt{e^x-1}}dx$

(3) $\int \frac{dx}{1+\tan x}$　　(4) $\int \frac{dx}{x^3+1}$

(5) $\int \frac{x}{(x^2+1)(x^2+4)}dx$　　(6) $\int \frac{dx}{\sqrt{x-x^2}}$

(7) $\int \sqrt{\frac{a+x}{a-x}}dx$　　(8) $\int \frac{dx}{x^4-1}$

(9) $\int \frac{x^2 e^x}{(2+x)^2}dx$　　(10) $\int \frac{\sqrt{x(x+1)}}{\sqrt{x}+\sqrt{x+1}}dx$

13. 设 $I_n=\int \sin^n x dx$，证明：

$$I_n=-\frac{1}{n}\sin^{n-1}x\cos x+\frac{n-1}{n}I_{n-2}$$

14. 设函数 $f(x)=\begin{cases} x+1, & x\leqslant 1 \\ 2x, & x>1 \end{cases}$，求 $\int f(x)dx$.

15. 如果 $\frac{\sin x}{x}$ 是 $f(x)$ 的一个原函数，证明：

$$\int xf'(x)\mathrm{d}x = \cos x - \frac{2\sin x}{x} + C$$

16. 若 $f'(\mathrm{e}^x) = 1 + \mathrm{e}^{2x}$，且 $f(0) = 1$，求 $f(x)$.

17. 设某商品的需求量 Q 是价格 P 的函数，该商品的最大需求量为 1 000（即 $P = 0$ 时，$Q = 1\,000$），已知需求量的变化率（边际需求）为

$$Q'(P) = -1\,000 \cdot \ln 3 \cdot \left(\frac{1}{3}\right)^P$$

求需求量 Q 与价格 P 的函数关系.

18. 设生产 x 单位某产品的总成本 C 是 x 的函数 $C(x)$，固定成本（即 $C(0)$）为 20 元，边际成本函数为 $C'(x) = 2x + 10$（元/单位），求总成本函数 $C(x)$.

(B)

1. 若 $\int f(x)\mathrm{d}x = x^2\mathrm{e}^{2x} + C$，则 $f(x) = [\quad]$.

(A) $2x\mathrm{e}^{2x}$　　(B) $4x\mathrm{e}^{2x}$

(C) $2x^2\mathrm{e}^{2x}$　　(D) $2x\mathrm{e}^{2x}(1+x)$

2. 已知 $y' = 2x$，且 $x = 1$ 时 $y = 2$，则 $y = [\quad]$.

(A) x^2　　(B) $x^2 + C$

(C) $x^2 + 1$　　(D) $x^2 + 2$

3. $\int \mathrm{d}\arcsin\sqrt{x} = [\quad]$.

(A) $\arcsin\sqrt{x}$　　(B) $\arcsin\sqrt{x} + C$

(C) $\arccos\sqrt{x}$　　(D) $\arccos\sqrt{x} + C$

4. 若 $\frac{2}{3}\ln\cos 2x$ 是 $f(x) = k\tan 2x$ 的一个原函数，则 $k = [\quad]$.

(A) $\frac{2}{3}$　　(B) $-\frac{2}{3}$　　(C) $\frac{4}{3}$　　(D) $-\frac{4}{3}$

5. 设 $f(x)$ 的导数为 $\sin x$，则下列选项中是 $f(x)$ 的原函数的是 $[\quad]$.

(A) $1 + \sin x$　　(B) $1 - \sin x$　　(C) $1 + \cos x$　　(D) $1 - \cos x$

6. 下列函数中有一个不是 $f(x) = \frac{1}{x}$ 的原函数，它是 $[\quad]$.

(A) $F(x) = \ln|x|$

(B) $F(x) = \ln|Cx|$　（C 是不为零且不为 1 的常数）

(C) $F(x) = C\ln|x|$　（C 是不为零且不为 1 的常数）

(D) $F(x) = \ln|x| + C$　（C 是不为零的常数）

7. 设 $f'(x)$ 存在，则 $\left[\int \mathrm{d}f(x)\right]' = [\quad]$.

(A) $f(x)$ (B) $f'(x)$ (C) $f(x)+C$ (D) $f'(x)+C$

8. 若$f(x)$为连续函数，且$\int f(x)\mathrm{d}x = F(x)+C$，$C$为任意常数，则下列各式中正确的是[ ].

(A) $\int f(ax+b)\mathrm{d}x = F(ax+b)+C$

(B) $\int f(x^n)x^{n-1}\mathrm{d}x = F(x^n)+C$

(C) $\int f(\ln ax)\frac{1}{x}\mathrm{d}x = F(\ln ax)+C \quad (a\neq 0)$

(D) $\int f(\mathrm{e}^{-x})\mathrm{e}^{-x}\mathrm{d}x = F(\mathrm{e}^{-x})+C$

9. 设$f'(\ln x)=1+x$，则$f(x)=$[ ].

(A) $x+\mathrm{e}^x+C$ (B) $\mathrm{e}^x+\frac{1}{2}x^2+C$

(C) $\ln x+\frac{1}{2}(\ln x)^2+C$ (D) $\mathrm{e}^x+\frac{1}{2}\mathrm{e}^{2x}+C$

10. 若$\int f(x)\mathrm{d}x = x^2+C$，则$\int xf(1-x^2)\mathrm{d}x=$[ ].

(A) $2(1-x^2)^2+C$ (B) $-2(1-x^2)^2+C$

(C) $\frac{1}{2}(1-x^2)^2+C$ (D) $-\frac{1}{2}(1-x^2)^2+C$

11. 设$f(x)=\mathrm{e}^{-x}$，则$\int \frac{f'(\ln x)}{x}\mathrm{d}x=$[ ].

(A) $-\frac{1}{x}+C$ (B) $-\ln x+C$

(C) $\frac{1}{x}+C$ (D) $\ln x+C$

12. 设$\int f(x)\mathrm{d}x=\sin x+C$，则$\int \frac{f(\arcsin x)}{\sqrt{1-x^2}}\mathrm{d}x=$[ ].

(A) $\arcsin x+C$ (B) $\sin\sqrt{1-x^2}+C$

(C) $\frac{1}{2}(\arcsin x)^2+C$ (D) $x+C$

13. $\int x(x+1)^{10}\mathrm{d}x=$[ ].

(A) $\frac{1}{11}(x+1)^{11}+C$

(B) $\frac{1}{2}x^2+\frac{1}{11}(x+1)^{11}+C$

(C) $\frac{1}{12}(x+1)^{12}-\frac{1}{11}(x+1)^{11}+C$

(D) $\frac{1}{12}(x+1)^{12}+\frac{1}{11}(x+1)^{11}+C$

14. 已知 $f'(\cos x)=\sin x$，则 $f(\cos x)=$[　　].

(A) $-\cos x+C$　　(B) $\cos x+C$

(C) $\frac{1}{2}(x-\sin x\cos x)+C$　　(D) $\frac{1}{2}(\sin x\cos x-x)+C$

15. $\int xf(x^2)f'(x^2)\mathrm{d}x=$[　　].

(A) $\frac{1}{2}f(x^2)+C$　　(B) $\frac{1}{2}f^2(x^2)+C$

(C) $\frac{1}{4}f^2(x^2)+C$　　(D) $\frac{1}{4}x^2f^2(x^2)+C$

16. 设 $\int xf(x)\mathrm{d}x=\arcsin x+C$，则 $\int\frac{1}{f(x)}\mathrm{d}x=$[　　].

(A) $-\frac{3}{4}\sqrt{(1-x^2)^3}+C$　　(B) $-\frac{1}{3}\sqrt{(1-x^2)^3}+C$

(C) $\frac{3}{4}\sqrt[3]{(1-x^2)^2}+C$　　(D) $\frac{2}{3}\sqrt[3]{(1-x^2)^2}+C$

17. 若 $\sin x$ 是 $f(x)$ 的一个原函数，则 $\int xf'(x)\mathrm{d}x=$[　　].

(A) $x\cos x-\sin x+C$　　(B) $x\sin x+\cos x+C$

(C) $x\cos x+\sin x+C$　　(D) $x\sin x-\cos x+C$

18. 设 $f'(\mathrm{e}^x)=1+x$，则 $f(x)=$[　　].

(A) $1+\ln x+C$　　(B) $x\ln x+C$

(C) $x+\frac{x^2}{2}+C$　　(D) $x\ln x-x+C$

第六章

定积分

6.1 引出定积分概念的例题

(一) 曲边梯形的面积

在初等数学中，我们已经学会计算多边形及圆形的面积，至于任意曲线所围成的平面图形的面积，就不会计算了.

任意曲线所围成的平面图形的面积的计算依赖于曲边梯形的面积的计算. 所以，我们先讨论曲边梯形的面积.

在直角坐标系中，由连续曲线 $y=f(x)$，直线 $x=a$，$x=b$ 及 x 轴所围成的图形 $AabB$，叫作曲边梯形，如图 6－1 所示.

例 1　计算抛物线 $y=x^2$，直线 $x=1$ 和 x 轴所围成的曲边梯形 OAB 的面积，如图 6－2 所示.

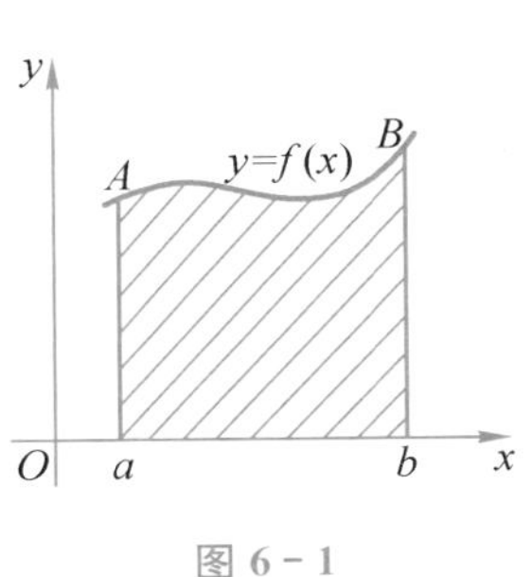

图 6－1

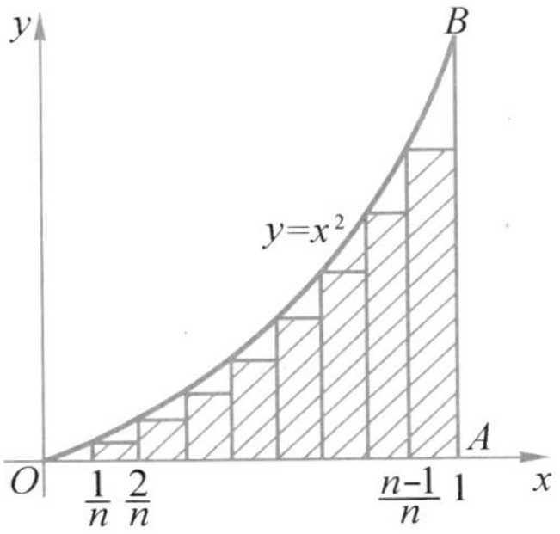

图 6－2

用下列各点

$$0,\ \frac{1}{n},\ \frac{2}{n},\ \cdots,\ \frac{n-1}{n},\ 1$$

把区间 $[0, 1]$ 分成 n 个相等的小区间，则小阴影矩形面积的总和为

$$\begin{aligned} S_n &= 0 \cdot \frac{1}{n} + \left(\frac{1}{n}\right)^2 \cdot \frac{1}{n} + \left(\frac{2}{n}\right)^2 \cdot \frac{1}{n} + \cdots + \left(\frac{n-1}{n}\right)^2 \cdot \frac{1}{n} \\ &= \frac{1}{n^3}[1^2 + 2^2 + \cdots + (n-1)^2] \\ &= \frac{1}{n^3} \cdot \frac{(n-1)n(2n-1)}{6} \\ &= \frac{1}{3}\left(1 - \frac{1}{n}\right)\left(1 - \frac{1}{2n}\right) \end{aligned}$$

这个值就可以作为曲边梯形 OAB 的面积的近似值，分点越多（n 越大），近似程度越好. 若要得到精确值，则让 $n \to \infty$ 取极限，得

$$\lim_{n\to\infty} S_n = \lim_{n\to\infty} \frac{1}{3}\left(1 - \frac{1}{n}\right)\left(1 - \frac{1}{2n}\right) = \frac{1}{3}$$

即曲边梯形 OAB 的面积为$\frac{1}{3}$.

现在讨论由 $y = f(x)$ $(f(x) \geqslant 0)$，$x = a$，$x = b$ 和 x 轴所围成的曲边梯形的面积.

(1) 用分点

$$a = x_0 < x_1 < x_2 < \cdots < x_{n-1} < x_n = b$$

将区间 $[a, b]$ 分成 n 个小区间

$$[x_0, x_1], [x_1, x_2], \cdots, [x_{n-1}, x_n]$$

这些小区间的长分别为

$$\Delta x_1 = x_1 - x_0, \Delta x_2 = x_2 - x_1, \cdots, \Delta x_n = x_n - x_{n-1}$$

过每个分点 x_i $(i = 1, 2, \cdots, n-1)$ 作 x 轴的垂线，把曲边梯形 $AabB$ 分成 n 个小曲边梯形，如图 6－3 所示，用 S 表示曲边梯形 $AabB$ 的面积，ΔS_i 表示第 i 个小曲边梯形的面积，则有

$$S = \Delta S_1 + \Delta S_2 + \cdots + \Delta S_n = \sum_{i=1}^{n} \Delta S_i$$

(2) 在每个小区间 $[x_{i-1}, x_i]$ $(i = 1, 2, \cdots, n)$ 内任取一点 $\xi_i(x_{i-1} \leqslant \xi_i \leqslant x_i)$，过点 ξ_i 作 x 轴的垂线与曲边交于点 $P_i(\xi_i, f(\xi_i))$，以 Δx_i 为底、$f(\xi_i)$ 为高作矩形，取这个矩形的面积 $f(\xi_i)\Delta x_i$ 作为 ΔS_i 的近似值，即

$$\Delta S_i \approx f(\xi_i)\Delta x_i \quad (i = 1, 2, \cdots, n)$$

作总和

$$S_n = f(\xi_1)\Delta x_1 + f(\xi_2)\Delta x_2 + \cdots + f(\xi_n)\Delta x_n = \sum_{i=1}^{n} f(\xi_i)\Delta x_i$$

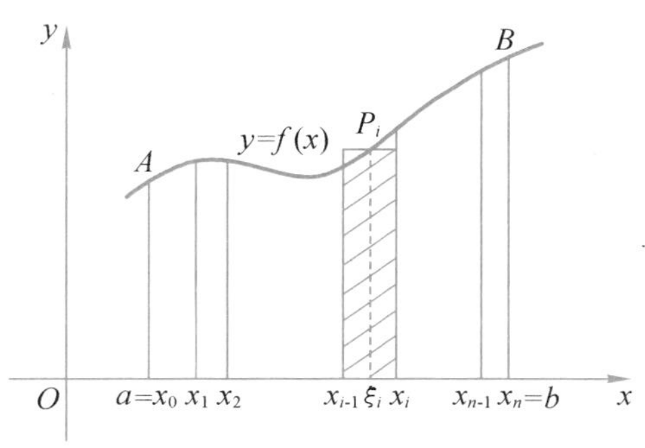

图 6-3

则 S_n 是 S 的一个近似值.

(3) 用 $\Delta x=\max\limits_{i}\{\Delta x_i\}$ 表示所有小区间中最大区间的长度，当分点数 n 无限增大而 Δx 趋于 0 时，总和 S_n 的极限就定义为曲边梯形 $AabB$ 的面积 S，即

$$S=\lim_{\Delta x\to 0}\sum_{i=1}^{n}f(\xi_i)\Delta x_i$$

(二) 变速直线运动的距离

当物体做匀速直线运动时，其运动的距离等于速度乘以时间. 现设物体运动的速度 v 随时间 t 而变化，即 v 是时间 t 的函数 $v=v(t)$，求此物体在时间区间 $[a, b]$ 内运动的距离 s.

(1) 用分点

$$a=t_0<t_1<t_2<\cdots<t_{n-1}<t_n=b$$

将时间区间 $[a, b]$ 分成 n 个小区间：

$$[t_0, t_1], [t_1, t_2], \cdots, [t_{n-1}, t_n]$$

如图 6-4 所示.

O $a=t_0$ t_1 t_2 t_{n-1} $t_n=b$ t

图 6-4

则每个小区间的长分别为

$$\Delta t_1=t_1-t_0, \Delta t_2=t_2-t_1, \cdots, \Delta t_n=t_n-t_{n-1}$$

(2) 在每个小区间 $[t_{i-1}, t_i]$ $(i=1, 2, \cdots, n)$ 上任取一时刻 τ_i $(t_{i-1}\leqslant\tau_i\leqslant t_i)$，以 $v(\tau_i)\Delta t_i$ 作为物体在小时间区间 $[t_{i-1}, t_i]$ 上运动的距离 Δs_i 的近似值，即

$$\Delta s_i\approx v(\tau_i)\Delta t_i\quad(i=1, 2, \cdots, n)$$

则物体在时间区间 $[a, b]$ 上运动的距离 s 的近似值为：

$$s_n=v(\tau_1)\Delta t_1+v(\tau_2)\Delta t_2+\cdots+v(\tau_n)\Delta t_n=\sum_{i=1}^{n}v(\tau_i)\Delta t_i$$

(3) 当分点数 n 无限增大 $(n\to\infty)$ 而小时间区间中最大的长度 Δt 趋于 0 时，总和 s_n 的极限就是物体以变速 $v(t)$ 从时刻 a 到时刻 b 这段时间内运动的距离 s，即

$$s=\lim_{\Delta t\to 0}\sum_{i=1}^{n}v(\tau_i)\Delta t_i$$

从上面两个例题可以看出，虽然问题不同，但解决的方法是相同的，都归结为求同一结构的总和的极限. 还有许多实际问题的解决也归结于这类极限. 因此，我们有必要在抽象的形式下研究它，这样就引出了数学上的定积分概念.

6.2 定积分的定义

知识点解析
定积分的定义

定义 6.1 如果函数 $f(x)$ 在区间 $[a,b]$ 上有定义，用点 $a=x_0<x_1<\cdots<x_{n-1}<x_n=b$ 将区间 $[a,b]$ 分成 n 个小区间 $[x_{i-1},x_i]$ $(i=1,2,\cdots,n)$，其长度为 $\Delta x_i=x_i-x_{i-1}$，在每个小区间 $[x_{i-1},x_i]$ 上任取一点 ξ_i $(x_{i-1}\leqslant\xi_i\leqslant x_i)$，则乘积

$$f(\xi_i)\Delta x_i\quad(i=1,2,\cdots,n)$$

称为积分元素，总和

$$S_n=\sum_{i=1}^{n}f(\xi_i)\Delta x_i$$

称为积分和. 如果当 n 无限增大，而 Δx_i 中的最大者 $\Delta x\to 0$ $(\Delta x=\max\limits_i\{\Delta x_i\})$ 时，总和 S_n 的极限存在，且此极限与 $[a,b]$ 的分法以及点 ξ_i 的取法无关，则称函数 $f(x)$ 在区间 $[a,b]$ 上是可积的，并将此极限值称为函数 $f(x)$ 在区间 $[a,b]$ 上的定积分，记为

$$\int_a^b f(x)\mathrm{d}x$$

即
$$\int_a^b f(x)\mathrm{d}x=\lim_{\Delta x\to 0}\sum_{i=1}^{n}f(\xi_i)\Delta x_i$$

其中，$f(x)$ 称为被积函数，$f(x)\mathrm{d}x$ 称为被积表达式，x 称为积分变量，$[a,b]$ 称为积分区间，a 称为积分下限，b 称为积分上限.

按定积分的定义，6.1 节所举的例题可表述如下：

(1) 曲边梯形的面积 S 是曲边方程 $y=f(x)$ 在区间 $[a,b]$ 上的定积分，即

$$S=\int_a^b f(x)\mathrm{d}x\quad(f(x)\geqslant 0)$$

(2) 物体作变速直线运动所经过的距离 s 是速度函数 $v=v(t)$ 在时间区间 $[a,b]$ 上的定积分，即

$$s=\int_a^b v(t)\mathrm{d}t$$

注意　(1) 如果积分和的极限存在，则此极限值是个常量；它只与被积函数 $f(x)$ 以及积分区间 $[a, b]$ 有关，而与积分变量用什么字母表示无关，即有

$$\int_a^b f(x)\mathrm{d}x = \int_a^b f(t)\mathrm{d}t \tag{6.1}$$

(2) 如果被积函数在积分区间上无界，那么我们总可以选择点 ξ_i，使积分和无限大，此时积分和的极限显然不存在. 因此，无界函数是不可积的，即函数 $f(x)$ 有界是可积的必要条件. 那么，给定函数 $f(x)$ 在什么条件下其定积分存在？这个问题的解决要用到"定积分存在定理"，即有限区间上的连续函数是可积的，有限区间上只有有限个间断点的有界函数也是可积的(它的证明超出本书的范围，所以从略).

(3) 在定积分的定义中，我们假定 $a < b$，如果 $b < a$，我们规定

$$\int_b^a f(x)\mathrm{d}x = -\int_a^b f(x)\mathrm{d}x \tag{6.2}$$

即定积分的上限与下限互换时，定积分变号.

特别地，当 $a = b$ 时，有

$$\int_a^b f(x)\mathrm{d}x = 0 \tag{6.3}$$

由曲边梯形面积的求法及定积分的定义可以得出在区间 $[a, b]$ 上连续函数 $f(x)$ 的定积分 $\int_a^b f(x)\mathrm{d}x$ 的几何意义如下：

当 $f(x) \geqslant 0$ 时，$\int_a^b f(x)\mathrm{d}x$ 表示 $y = f(x)$，$x = a$，$x = b$ 及 x 轴所围成的曲边梯形的面积；当 $f(x) \leqslant 0$ 时，由于积分和 $S_n = \sum_{i=1}^{n} f(\xi_i)\Delta x_i$ 中每一个 $f(\xi_i) \leqslant 0$，因而 $\int_a^b f(x)\mathrm{d}x \leqslant 0$，这时 $\int_a^b f(x)\mathrm{d}x$ 表示由 $y = f(x)$，$x = a$，$x = b$ 及 x 轴所围成的曲边梯形面积的负值；如果 $f(x)$ 在 $[a, b]$ 上既有正值又有负值，此时 $\int_a^b f(x)\mathrm{d}x$ 表示 $y = f(x)$，$x = a$，$x = b$ 及 x 轴所围成的图形中，位于 x 轴上方图形的面积之和减去位于 x 轴下方图形的面积之和.

6.3 定积分的基本性质

在下面的讨论中，我们总假设函数在所讨论的区间上都是可积的.

知识点解析
定积分的基本性质

性质 1 常数因子可以提到积分号前，即

$$\int_a^b kf(x)\mathrm{d}x = k\int_a^b f(x)\mathrm{d}x \quad (k\ 为常数) \tag{6.4}$$

这是由于

$$\int_a^b kf(x)\mathrm{d}x = \lim_{\Delta x \to 0}\sum_{i=1}^{n} kf(\xi_i)\Delta x_i = k\lim_{\Delta x \to 0}\sum_{i=1}^{n} f(\xi_i)\Delta x_i$$
$$= k\int_a^b f(x)\mathrm{d}x$$

性质 2 代数和的积分等于积分的代数和，即

$$\int_a^b [f(x) \pm g(x)]\mathrm{d}x = \int_a^b f(x)\mathrm{d}x \pm \int_a^b g(x)\mathrm{d}x \tag{6.5}$$

因为 $\int_a^b [f(x) \pm g(x)]\mathrm{d}x$

$$= \lim_{\Delta x \to 0}\sum_{i=1}^{n}[f(\xi_i) \pm g(\xi_i)]\Delta x_i$$
$$= \lim_{\Delta x \to 0}\sum_{i=1}^{n} f(\xi_i)\Delta x_i \pm \lim_{\Delta x \to 0}\sum_{i=1}^{n} g(\xi_i)\Delta x_i$$
$$= \int_a^b f(x)\mathrm{d}x \pm \int_a^b g(x)\mathrm{d}x$$

这个性质可以推广到任意有限多个函数的代数和的情况.

性质 3 （定积分的可加性） 如果积分区间 $[a, b]$ 被点 c 分成两个小区间 $[a, c]$ 与 $[c, b]$，则

$$\int_a^b f(x)\mathrm{d}x = \int_a^c f(x)\mathrm{d}x + \int_c^b f(x)\mathrm{d}x \tag{6.6}$$

这是由于积分存在与否与区间$[a, b]$的分法无关，所以我们总可以将点 c 取为区间的一个分点，比如 $x_k = c$，如图 6－5 所示.

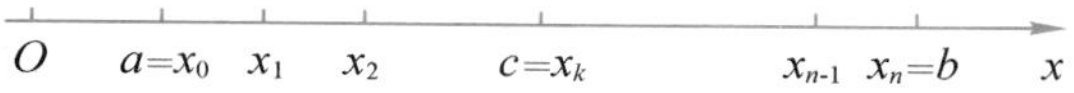

图 6－5

即 $$a = x_0 < x_1 < x_2 < \cdots < x_{k-1} < x_k = c < x_{k+1}$$
$$< \cdots < x_{n-1} < x_n = b$$

得到 $$\sum_{i=1}^{n} f(\xi_i)\Delta x_i = \sum_{i=1}^{k} f(\xi_i)\Delta x_i + \sum_{i=k+1}^{n} f(\xi_i)\Delta x_i$$

因为函数 $f(x)$ 在区间 $[a, b]$ 上可积，所以 $f(x)$ 在 $[a, c]$ 与 $[c, b]$ 上也可积. 因此，当分点数 $n \to \infty$，$\Delta x \to 0$ 时，上式两端的极限都存在且相等，即式(6.6) 成立.

当 c 不介于 a，b 之间时，式(6.6) 仍然成立. 如果 $a < b < c$，这时只要 $f(x)$ 在 $[a, c]$ 上可积，由式(6.6) 就有

$$\int_a^c f(x)\mathrm{d}x = \int_a^b f(x)\mathrm{d}x + \int_b^c f(x)\mathrm{d}x$$
$$= \int_a^b f(x)\mathrm{d}x - \int_c^b f(x)\mathrm{d}x$$

移项后，即得

$$\int_a^b f(x)\mathrm{d}x = \int_a^c f(x)\mathrm{d}x + \int_c^b f(x)\mathrm{d}x$$

同理，当 $c<a<b$ 时，式(6.6)亦成立.

性质 4 如果函数 $f(x)$ 与 $g(x)$ 在区间 $[a, b]$ 上总满足条件 $f(x)\leqslant g(x)$，则

$$\int_a^b f(x)\mathrm{d}x \leqslant \int_a^b g(x)\mathrm{d}x \tag{6.7}$$

因为 $$\int_a^b g(x)\mathrm{d}x - \int_a^b f(x)\mathrm{d}x = \int_a^b [g(x)-f(x)]\mathrm{d}x$$

$$= \lim_{\Delta x\to 0}\sum_{i=1}^{n}[g(\xi_i)-f(\xi_i)]\Delta x_i$$

由于 $g(\xi_i)-f(\xi_i)\geqslant 0,\ \Delta x_i\geqslant 0\quad (i=1, 2, \cdots, n)$

所以它非负，因此

$$\int_a^b g(x)\mathrm{d}x \geqslant \int_a^b f(x)\mathrm{d}x$$

性质 5 如果被积函数 $f(x)=1$，则有

$$\int_a^b \mathrm{d}x = b-a \tag{6.8}$$

这是由于

$$\int_a^b \mathrm{d}x = \lim_{\Delta x\to 0}\sum_{i=1}^{n}\Delta x_i = b-a$$

性质 6 如果函数 $f(x)$ 在区间 $[a, b]$ 上的最大值与最小值分别为 M 与 m，则

$$m(b-a)\leqslant \int_a^b f(x)\mathrm{d}x \leqslant M(b-a) \tag{6.9}$$

因为 $m\leqslant f(x)\leqslant M$，由性质 4 可得

$$\int_a^b m\,\mathrm{d}x \leqslant \int_a^b f(x)\mathrm{d}x \leqslant \int_a^b M\mathrm{d}x$$

再由性质 1 及性质 5 得到

$$m(b-a)\leqslant \int_a^b f(x)\mathrm{d}x \leqslant M(b-a)$$

它的几何意义是：由曲线 $y=f(x)$，$x=a$，$x=b$ 和 x 轴所围成的曲边梯形面积，介于以区间 $[a, b]$ 为底、以最小纵坐标 m 为高的矩形面积及以最大纵坐标 M 为高的矩形面积之间，如图 6-6 所示.

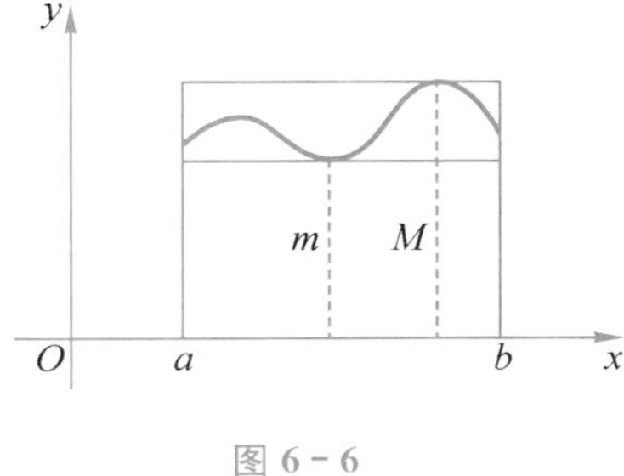

图 6-6

性质 7（中值定理） 如果函数 $f(x)$ 在区间 $[a, b]$ 上连续，则在 $[a, b]$ 内至少有一点 ξ

使得下式成立：

$$\int_a^b f(x)\mathrm{d}x = f(\xi)(b-a),\ \xi \in [a,\ b] \tag{6.10}$$

以 $b-a$（>0）除不等式(6.9)，得

$$m \leqslant \frac{1}{b-a}\int_a^b f(x)\mathrm{d}x \leqslant M$$

即数 $\frac{1}{b-a}\int_a^b f(x)\mathrm{d}x$ 介于函数 $f(x)$ 的最大值 M 与最小值 m 之间. 因为函数 $f(x)$ 在 $[a,\ b]$ 内连续，由连续函数的介值定理可知，至少存在一点 $\xi \in [a,\ b]$，使得

$$\frac{1}{b-a}\int_a^b f(x)\mathrm{d}x = f(\xi)$$

因此，式(6.10) 成立.

式(6.10) 的几何意义是：曲线 $y=f(x)$，直线 $x=a$，$x=b$ 与 x 轴所围成的曲边梯形的面积，等于以区间 $[a,\ b]$ 为底、以这个区间上的某一点处曲线 $f(x)$ 的纵坐标 $f(\xi)$ 为高的矩形的面积，如图 6-7 所示.

$\frac{1}{b-a}\int_a^b f(x)\mathrm{d}x$ 称为函数 $f(x)$ 在区间 $[a,\ b]$ 上的平均值.

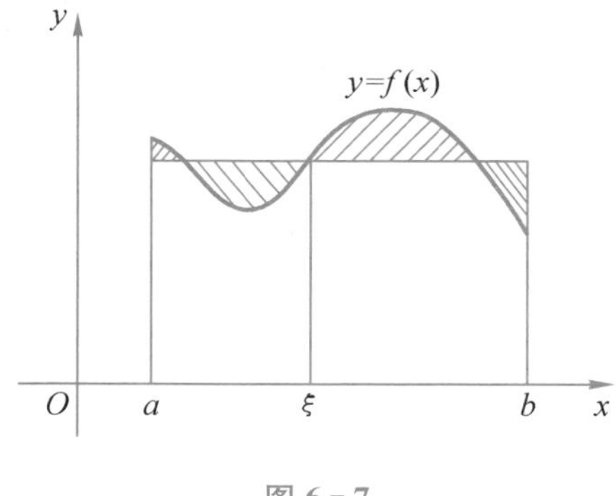

图 6-7

6.4 微积分基本定理

知识点解析
变限积分函数

我们知道，原函数概念与作为积分和的极限的定积分概念是从两个完全不同的角度引入的，那么它们之间有什么关系呢?本节将探讨这两个概念之间的关系，并通过这个关系得出利用原函数计算定积分的公式.

设函数 $f(x)$ 在区间 $[a,\ b]$ 上连续，x 为区间 $[a,\ b]$ 上的任意一点. 由于 $f(x)$ 在 $[a,\ b]$ 上连续，因而在 $[a,\ x]$ 上也连续，因此，由定积分存在定理可知，定积分 $\int_a^x f(t)\mathrm{d}t$ 存在. 这个变上限的定积分对每一个 $x \in$

$[a, b]$ 都有一个确定的值与之对应，因此它是定义在 $[a, b]$ 上的函数，记为 $p(x)$，即

$$p(x)=\int_a^x f(t)\mathrm{d}t,\ x\in[a, b]$$

定理 6.1　如果函数 $f(x)$ 在 $[a, b]$ 上连续，则函数

$$p(x)=\int_a^x f(t)\mathrm{d}t$$

对积分上限 x 的导数等于被积函数在上限 x 处的值，即

$$p'(x)=\left[\int_a^x f(t)\mathrm{d}t\right]'=f(x) \tag{6.11}$$

证：给 x 以改变量 Δx，则

$$\begin{aligned}p(x+\Delta x)&=\int_a^{x+\Delta x} f(t)\mathrm{d}t=\int_a^x f(t)\mathrm{d}t+\int_x^{x+\Delta x} f(t)\mathrm{d}t\\&=p(x)+\int_x^{x+\Delta x} f(t)\mathrm{d}t\end{aligned}$$

于是　$$\Delta p=p(x+\Delta x)-p(x)=\int_x^{x+\Delta x} f(t)\mathrm{d}t$$

由积分中值定理可知，在 x 与 $x+\Delta x$ 之间至少存在一点 ξ，使得

$$\Delta p=f(\xi)[(x+\Delta x)-x]=f(\xi)\Delta x$$

即　$$\frac{\Delta p}{\Delta x}=f(\xi)$$

因为 $\Delta x\to 0$ 时，$\xi\to x$，且 $f(x)$ 在 $[a, b]$ 上连续，所以

$$p'(x)=\lim_{\Delta x\to 0}\frac{\Delta p}{\Delta x}=\lim_{\xi\to x}f(\xi)=f(x)$$

这个定理也可以用几何图形来说明，如图 6－8 所示.

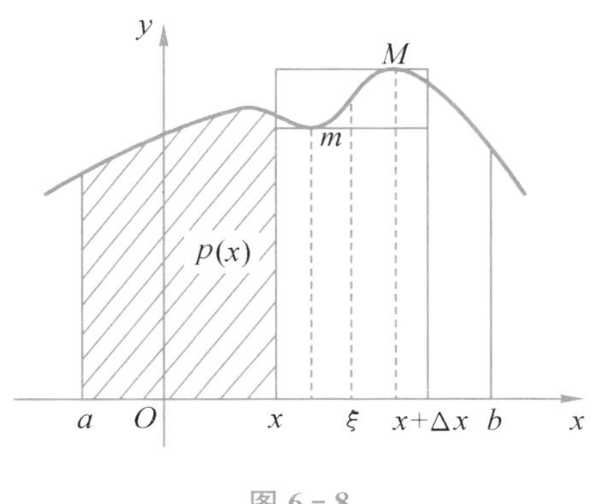

图 6－8

如果定积分的上限是变量 x，则曲边梯形的面积 $p(x)$ 随 x 变化而变化，当 x 取得改变量 Δx 时，面积 $p(x)$ 也取得改变量 Δp，它的值介于 $m\Delta x$ 与 $M\Delta x$ 之间，即

$$m \cdot \Delta x \leqslant \Delta p \leqslant M \cdot \Delta x \quad 或 \quad m \leqslant \frac{\Delta p}{\Delta x} \leqslant M$$

（此处假设 $\Delta x > 0$，如果 $\Delta x < 0$，则不等式反向.）

当 $\Delta x \to 0$ 时，m 与 M 趋于同一极限 $f(x)$，于是，由极限存在准则得到

$$p'(x) = \lim_{\Delta x \to 0} \frac{\Delta p}{\Delta x} = f(x)$$

由定理 6.1 可知，$p(x)$ 是连续函数 $f(x)$ 的一个原函数，因此，可得下面的定理：

定理 6.2(原函数存在定理) 如果函数 $f(x)$ 在区间 $[a, b]$ 上连续，则函数

$$p(x) = \int_a^x f(t)\mathrm{d}t$$

是函数 $f(x)$ 在区间 $[a, b]$ 上的一个原函数.

例 1 求 $\frac{\mathrm{d}}{\mathrm{d}x}\left[\int_0^x \mathrm{e}^{2t}\mathrm{d}t\right]$.

解：$\frac{\mathrm{d}}{\mathrm{d}x}\left[\int_0^x \mathrm{e}^{2t}\mathrm{d}t\right] = \mathrm{e}^{2x}$

例 2 求 $\frac{\mathrm{d}}{\mathrm{d}x}\left[\int_x^{-1} \cos^2 t\mathrm{d}t\right]$

解：
$$\begin{aligned}\frac{\mathrm{d}}{\mathrm{d}x}\left[\int_x^{-1} \cos^2 t\mathrm{d}t\right] &= \frac{\mathrm{d}}{\mathrm{d}x}\left[-\int_{-1}^x \cos^2 t\mathrm{d}t\right] \\ &= -\frac{\mathrm{d}}{\mathrm{d}x}\left[\int_{-1}^x \cos^2 t\mathrm{d}t\right] \\ &= -\cos^2 x\end{aligned}$$

例 3 求 $\frac{\mathrm{d}}{\mathrm{d}x}\left[\int_x^{x^2} \sin t\mathrm{d}t\right]$.

解：
$$\begin{aligned}\frac{\mathrm{d}}{\mathrm{d}x}\left[\int_x^{x^2} \sin t\mathrm{d}t\right] &= \frac{\mathrm{d}}{\mathrm{d}x}\left[\int_x^0 \sin t\mathrm{d}t + \int_0^{x^2} \sin t\mathrm{d}t\right] \\ &= \frac{\mathrm{d}}{\mathrm{d}x}\left[-\int_0^x \sin t\mathrm{d}t + \int_0^{x^2} \sin t\mathrm{d}t\right] \\ &= -\sin x + \frac{\mathrm{d}}{\mathrm{d}x}\left[\int_0^{x^2} \sin t\mathrm{d}t\right]\end{aligned}$$

现在求 $\frac{\mathrm{d}}{\mathrm{d}x}\left[\int_0^{x^2} \sin t\mathrm{d}t\right]$. 因为 $\int_0^{x^2} \sin t\mathrm{d}t$ 是 x 的复合函数，令 $x^2 = u$，故

$$\int_0^{x^2} \sin t\mathrm{d}t = \int_0^u \sin t\mathrm{d}t = p(u)$$

根据复合函数求导公式可得

$$\begin{aligned}\frac{\mathrm{d}}{\mathrm{d}x}\left[\int_0^{x^2} \sin t\mathrm{d}t\right] &= \frac{\mathrm{d}}{\mathrm{d}x}[p(u)] = p'(u) \cdot \frac{\mathrm{d}u}{\mathrm{d}x} \\ &= \frac{\mathrm{d}}{\mathrm{d}u}\left[\int_0^u \sin t\mathrm{d}t\right] \cdot \frac{\mathrm{d}}{\mathrm{d}x}(x^2)\end{aligned}$$

$$= \sin u \cdot 2x = 2x\sin x^2$$

所以　$$\frac{\mathrm{d}}{\mathrm{d}x}\left[\int_x^{x^2} \sin t\mathrm{d}t\right] = -\sin x + 2x\sin x^2$$

方法熟练以后，上述过程可以简化如下：

$$\frac{\mathrm{d}}{\mathrm{d}x}\left[\int_x^{x^2} \sin t\mathrm{d}t\right] = \sin x^2 \cdot (x^2)' - \sin x$$
$$= 2x\sin x^2 - \sin x$$

例 4　求极限 $\lim\limits_{x\to 0} \frac{1}{x}\int_0^{\sin x} \mathrm{e}^t \mathrm{d}t$.

解：$$\lim_{x\to 0} \frac{1}{x}\int_0^{\sin x} \mathrm{e}^t \mathrm{d}t = \lim_{x\to 0} \frac{\int_0^{\sin x} \mathrm{e}^t \mathrm{d}t}{x}$$
$$= \lim_{x\to 0} \frac{\left[\int_0^{\sin x} \mathrm{e}^t \mathrm{d}t\right]'}{x'} = \lim_{x\to 0} \frac{\mathrm{e}^{\sin x}(\sin x)'}{1}$$
$$= \lim_{x\to 0}(\cos x \cdot \mathrm{e}^{\sin x}) = 1$$

定理 6.3　设函数 $f(x)$ 在区间 $[a, b]$ 上连续，且 $F(x)$ 是 $f(x)$ 的一个原函数，则

$$\int_a^b f(x)\mathrm{d}x = F(b) - F(a) \tag{6.12}$$

证：$F(x)$ 是 $f(x)$ 的一个原函数，由定理 6.2 可知

$$p(x) = \int_a^x f(t)\mathrm{d}t$$

也是 $f(x)$ 的一个原函数，因此

$$p(x) = F(x) + C$$

其中 C 是某个常数，由于

$$p(a) = \int_a^a f(t)\mathrm{d}t = 0$$

所以　$F(a) + C = 0$，即 $C = -F(a)$

因而　$p(x) = \int_a^x f(t)\mathrm{d}t = F(x) - F(a)$

令 $x = b$，即

$$p(b) = \int_a^b f(t)\mathrm{d}t = F(b) - F(a)$$

即　$$\int_a^b f(x)\mathrm{d}x = F(b) - F(a)$$

定理得证.

通常以 $F(x)\Big|_a^b$ 表示 $F(b)-F(a)$，即

$$\int_a^b f(x)\mathrm{d}x = F(x)\Big|_a^b = F(b)-F(a)$$

公式(6.12)是积分学中的一个基本公式，称为**牛顿-莱布尼茨公式**.

公式(6.12)表明，要求已知函数 $f(x)$ 在区间 $[a,b]$ 上的定积分，只需求出 $f(x)$ 在区间 $[a,b]$ 上的一个原函数 $F(x)$，并计算它由端点 a 到端点 b 的改变量 $F(b)-F(a)$ 即可. 这样就使定积分的计算简化了，从而使积分学在各个科学领域中得到了广泛的应用.

例 5 求定积分 $\int_0^1 x^2\mathrm{d}x$.

解：$\int_0^1 x^2\mathrm{d}x = \frac{1}{3}x^3\Big|_0^1 = \frac{1}{3}-0=\frac{1}{3}$

例 6 求定积分 $\int_2^4 \frac{\mathrm{d}x}{x}$.

解：$\int_2^4 \frac{\mathrm{d}x}{x} = \ln x\Big|_2^4 = \ln 4-\ln 2=\ln 2$

例 7 求定积分 $\int_0^{\sqrt{a}} x\mathrm{e}^{x^2}\mathrm{d}x$.

解：$\int_0^{\sqrt{a}} x\mathrm{e}^{x^2}\mathrm{d}x = \frac{1}{2}\int_0^{\sqrt{a}}\mathrm{e}^{x^2}\mathrm{d}(x^2) = \frac{1}{2}\mathrm{e}^{x^2}\Big|_0^{\sqrt{a}} = \frac{1}{2}(\mathrm{e}^a-1)$

例 8 求定积分 $\int_{-1}^3 |2-x|\mathrm{d}x$.

解：$|2-x|=\begin{cases}2-x, & x\leqslant 2\\ x-2, & x>2\end{cases}$

由定积分的可加性

$$\begin{aligned}\int_{-1}^3 |2-x|\mathrm{d}x &= \int_{-1}^2 (2-x)\mathrm{d}x+\int_2^3 (x-2)\mathrm{d}x\\ &=\left(2x-\frac{x^2}{2}\right)\Big|_{-1}^2+\left(\frac{x^2}{2}-2x\right)\Big|_2^3\\ &=4\frac{1}{2}+\frac{1}{2}=5\end{aligned}$$

例 9 设

$$f(x)=\begin{cases}2x+1, & |x|\leqslant 2\\ 1+x^2, & 2<x\leqslant 4\end{cases}$$

求 k 的值，使

$$\int_k^3 f(x)\mathrm{d}x=\frac{40}{3}$$

解：由定积分的可加性

$$\begin{aligned}\int_k^3 f(x)\mathrm{d}x &= \int_k^2 (2x+1)\mathrm{d}x + \int_2^3 (1+x^2)\mathrm{d}x \\ &= (x^2+x)\Big|_k^2 + \left(x+\frac{x^3}{3}\right)\Big|_2^3 \\ &= 6-(k^2+k)+\frac{22}{3}\end{aligned}$$

即 $$\frac{40}{3}-(k^2+k)=\frac{40}{3}$$

因此 $k^2+k=0$，解得 $k=0$ 或 $k=-1$.

例 10　求函数 $f(x)=\int_0^x (t-1)\mathrm{d}t$ 的极值.

解：$f(x)=\int_0^x (t-1)\mathrm{d}t$

那么有　$f'(x)=x-1$，$f''(x)=1$

令 $f'(x)=0$，得 $x=1$，$f''(1)>0$

$$f(1)=\int_0^1 (t-1)\mathrm{d}t=\left(\frac{t^2}{2}-t\right)\Big|_0^1=-\frac{1}{2}$$

所以 $f(x)$ 在点 $x=1$ 处取得极小值 $f(1)=-\dfrac{1}{2}$.

注意　如果函数在所讨论的区间上不满足可积条件，则定理 6.3 不能使用. 例如 $\int_{-1}^1 \frac{1}{x^2}\mathrm{d}x$，如按定理 6.3 计算则有

$$\int_{-1}^1 \frac{1}{x^2}\mathrm{d}x=-\frac{1}{x}\Big|_{-1}^1=-1-1=-2$$

这个做法是错误的，因为在区间 $[-1, 1]$ 上函数 $f(x)=\dfrac{1}{x^2}$ 在点 $x=0$ 处为无穷间断.

6.5 定积分的换元积分法

设函数 $f(x)$ 在区间 $[a, b]$ 上连续，令 $x=\varphi(t)$，如果

(1) $\varphi(\alpha)=a$，$\varphi(\beta)=b$，

(2) $\varphi(t)$ 在 $[\alpha, \beta]$（或 $[\beta, \alpha]$）上单调，且其导数 $\varphi'(t)$ 连续，则有

$$\int_a^b f(x)\mathrm{d}x=\int_\alpha^\beta f[\varphi(t)]\varphi'(t)\mathrm{d}t \tag{6.13}$$

知识点解析
定积分换元法

式(6.13) 就是定积分的换元公式.

证：如果 $\int f(x)\mathrm{d}x=F(x)+C$，则由不定积分的换元公式有

$$\int f[\varphi(t)]\varphi'(t)\mathrm{d}t = F[\varphi(t)] + C$$

于是有

$$\begin{aligned}\int_a^b f(x)\mathrm{d}x &= F(x)\Big|_a^b = F(b) - F(a)\\ &= F[\varphi(\beta)] - F[\varphi(\alpha)]\\ &= \int_\alpha^\beta f[\varphi(t)]\varphi'(t)\mathrm{d}t\end{aligned}$$

从左到右使用公式(6.13)，相当于不定积分的第二类换元法；从右到左使用这个公式，相当于不定积分的第一类换元法.

计算定积分时，当然也可以用不定积分的换元法先求出原函数，然后利用牛顿-莱布尼茨公式求出定积分的值. 但是在用换元法求原函数时，最后还要代回原来的变量，这一步有时较复杂. 应用公式(6.13)计算定积分，在作变量替换的同时，可以相应地替换积分上、下限，而不必代回原来的变量，因此就比较简单了.

例 1 求积分 $\int_0^8 \frac{\mathrm{d}x}{1+\sqrt[3]{x}}$.

解：令 $x = t^3$，则 $\mathrm{d}x = 3t^2\mathrm{d}t$，当 t 从 0 变到 2 时，x 从 0 变到 8，所以

$$\begin{aligned}\int_0^8 \frac{\mathrm{d}x}{1+\sqrt[3]{x}} &= \int_0^2 \frac{3t^2}{1+t}\mathrm{d}t\\ &= 3\int_0^2\left(t-1+\frac{1}{1+t}\right)\mathrm{d}t\\ &= 3\left(\frac{t^2}{2}-t+\ln(1+t)\right)\Big|_0^2 = 3\ln 3\end{aligned}$$

例 2 求积分 $\int_0^a \sqrt{a^2-x^2}\mathrm{d}x\ (a>0)$.

解：令 $x = a\sin t\ (0\leqslant x\leqslant a)$，则 $\mathrm{d}x = a\cos t\mathrm{d}t$，当 t 从 0 变到 $\frac{\pi}{2}$ 时，x 从 0 变到 a，所以

$$\begin{aligned}\int_0^a \sqrt{a^2-x^2}\mathrm{d}x &= \int_0^{\frac{\pi}{2}} a\cos t\cdot a\cos t\mathrm{d}t = a^2\int_0^{\frac{\pi}{2}}\frac{1+\cos 2t}{2}\mathrm{d}t\\ &= \frac{a^2}{2}\left(t+\frac{\sin 2t}{2}\right)\Big|_0^{\frac{\pi}{2}} = \frac{1}{4}\pi a^2\end{aligned}$$

在区间 $[0, a]$ 上，曲线 $y = \sqrt{a^2-x^2}$ 是圆周 $x^2+y^2=a^2$ 的 $\frac{1}{4}$，如图 6-9 所示，所以半径为 a 的圆面积是所求定积分的 4 倍，即

$$4\cdot\frac{\pi}{4}a^2 = \pi a^2$$

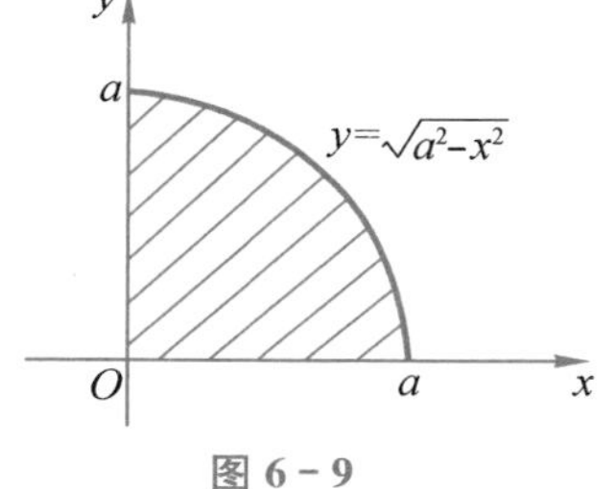

图 6-9

例 3 如果 $f(x)$ 是偶函数，即 $f(-x) = f(x)$，则

$$\int_{-a}^a f(x)\mathrm{d}x = 2\int_0^a f(x)\mathrm{d}x \tag{6.14}$$

证：$\int_{-a}^{a}f(x)\mathrm{d}x=\int_{-a}^{0}f(x)\mathrm{d}x+\int_{0}^{a}f(x)\mathrm{d}x$

对上式右边第一个积分作变量替换 $x=-t$，则当 $x=-a$ 时 $t=a$，当 $x=0$ 时 $t=0$. 于是

$$\begin{aligned}\int_{-a}^{0}f(x)\mathrm{d}x&=\int_{a}^{0}f(-t)\mathrm{d}(-t)\\&=-\int_{a}^{0}f(t)\mathrm{d}t=\int_{0}^{a}f(t)\mathrm{d}t\end{aligned}$$

所以 $$\int_{-a}^{a}f(x)\mathrm{d}x=\int_{0}^{a}f(x)\mathrm{d}x+\int_{0}^{a}f(x)\mathrm{d}x=2\int_{0}^{a}f(x)\mathrm{d}x$$

例 4　如果 $f(x)$ 是奇函数，即 $f(-x)=-f(x)$，则

$$\int_{-a}^{a}f(x)\mathrm{d}x=0 \tag{6.15}$$

（证明留给读者.）

例 5　求定积分 $\int_{-1}^{1}(x^2+2x-3)\mathrm{d}x$.

解：$$\begin{aligned}\int_{-1}^{1}(x^2+2x-3)\mathrm{d}x&=\int_{-1}^{1}(x^2-3)\mathrm{d}x+\int_{-1}^{1}2x\mathrm{d}x\\&=2\int_{0}^{1}(x^2-3)\mathrm{d}x+0\\&=2\left(\frac{x^3}{3}-3x\right)\Big|_0^1=-\frac{16}{3}\end{aligned}$$

例 6　不计算积分值，比较 $\int_{-2}^{-1}\left(\frac{1}{2}\right)^x\mathrm{d}x$ 与 $\int_{0}^{1}2^x\mathrm{d}x$ 的大小.

解：对 $\int_{-2}^{-1}\left(\frac{1}{2}\right)^x\mathrm{d}x$ 进行变量代换，将积分区间调整到[0，1]上.

令 $x=-t-1$. 当 $x=-2$ 时，$t=1$；当 $x=-1$ 时，$t=0$. 于是

$$\begin{aligned}\int_{-2}^{-1}\left(\frac{1}{2}\right)^x\mathrm{d}x&=\int_{1}^{0}\left(\frac{1}{2}\right)^{-t-1}(-\mathrm{d}t)\\&=\int_{0}^{1}2^{t+1}\mathrm{d}t=\int_{0}^{1}2^{x+1}\mathrm{d}x=\int_{0}^{1}2\cdot 2^x\mathrm{d}x\end{aligned}$$

因　$2\cdot 2^x>2^x$

所以　$\int_{0}^{1}2\cdot 2^x\mathrm{d}x>\int_{0}^{1}2^x\mathrm{d}x$

即　$\int_{-2}^{-1}\left(\frac{1}{2}\right)^x\mathrm{d}x>\int_{0}^{1}2^x\mathrm{d}x$

6.6 定积分的分部积分法

设函数 $u=u(x)$ 与 $v=v(x)$ 在区间 $[a,b]$ 上有连续导数，则 $(uv)'=vu'+uv'$，即

$uv' = (uv)' - vu'$，等式两端取 x 由 a 到 b 的积分，得到

$$\int_a^b uv'\mathrm{d}x = uv\Big|_a^b - \int_a^b vu'\mathrm{d}x \tag{6.16}$$

即

$$\int_a^b u\mathrm{d}v = uv\Big|_a^b - \int_a^b v\mathrm{d}u \tag{6.16'}$$

公式(6.16)和公式(6.16′)就是定积分的分部积分公式.

例 1 求定积分 $\int_1^5 \ln x\mathrm{d}x$.

解：令 $u = \ln x$，$\mathrm{d}v = \mathrm{d}x$，则 $\mathrm{d}u = \frac{\mathrm{d}x}{x}$，$v = x$，故

$$\int_1^5 \ln x\mathrm{d}x = x\ln x\Big|_1^5 - \int_1^5 x\frac{\mathrm{d}x}{x} = x\ln x\Big|_1^5 - x\Big|_1^5 = 5\ln 5 - 4$$

例 2 求定积分 $\int_0^1 x\mathrm{e}^x\mathrm{d}x$.

解：
$$\int_0^1 x\mathrm{e}^x\mathrm{d}x = \int_0^1 x\mathrm{d}(\mathrm{e}^x) = x\mathrm{e}^x\Big|_0^1 - \int_0^1 \mathrm{e}^x\mathrm{d}x$$
$$= x\mathrm{e}^x\Big|_0^1 - \mathrm{e}^x\Big|_0^1 = \mathrm{e}^x(x-1)\Big|_0^1 = 1$$

例 3 求定积分 $\int_1^{\mathrm{e}^2} \frac{1}{\sqrt{x}}(\ln x)^2\mathrm{d}x$.

解：
$$\int_1^{\mathrm{e}^2} \frac{1}{\sqrt{x}}(\ln x)^2\mathrm{d}x = 2\int_1^{\mathrm{e}^2}(\ln x)^2\mathrm{d}\sqrt{x}$$
$$= 2\left[\sqrt{x}(\ln x)^2\Big|_1^{\mathrm{e}^2} - \int_1^{\mathrm{e}^2}\frac{2}{\sqrt{x}}\ln x\mathrm{d}x\right]$$
$$= 8\mathrm{e} - 8\int_1^{\mathrm{e}^2}\ln x\mathrm{d}\sqrt{x}$$
$$= 8\mathrm{e} - 8\left[\sqrt{x}\ln x\Big|_1^{\mathrm{e}^2} - \int_1^{\mathrm{e}^2}\frac{1}{\sqrt{x}}\mathrm{d}x\right]$$
$$= 8\mathrm{e} - 16\mathrm{e} + 16\sqrt{x}\Big|_1^{\mathrm{e}^2}$$
$$= 8\mathrm{e} - 16 = 8(\mathrm{e} - 2)$$

例 4 设 $f(x) = \int_1^{x^2}\frac{\sin t}{t}\mathrm{d}t$，求 $\int_0^1 xf(x)\mathrm{d}x$.

解：
$$\int_0^1 xf(x)\mathrm{d}x = \frac{1}{2}\int_0^1 f(x)\mathrm{d}x^2 = \frac{1}{2}\left[x^2f(x)\Big|_0^1 - \int_0^1 x^2f'(x)\mathrm{d}x\right]$$
$$= \frac{1}{2}f(1) - \frac{1}{2}\int_0^1 x^2\cdot\frac{\sin x^2}{x^2}\cdot 2x\mathrm{d}x$$
$$= \frac{1}{2}\int_1^1\frac{\sin t}{t}\mathrm{d}t - \frac{1}{2}\int_0^1\sin x^2\mathrm{d}x^2$$
$$= 0 + \frac{1}{2}\cos x^2\Big|_0^1 = \frac{1}{2}(\cos 1 - 1)$$

6.7 定积分的应用

(一)平面图形的面积

下面所涉及的函数均为连续函数.

由定积分的几何意义，如果函数 $y=f(x)$ 在区间 $[a, b]$ 上连续，则由曲线 $y=f(x)$，直线 $x=a$，$x=b$ 及 x 轴所围成的曲边梯形的面积 S 为：

当 $f(x)\geqslant 0$ 时（如图 6-10 所示），

$$S=\int_a^b f(x)\mathrm{d}x$$

当 $f(x)\leqslant 0$ 时（如图 6-11 所示），

$$S=-\int_a^b f(x)\mathrm{d}x$$

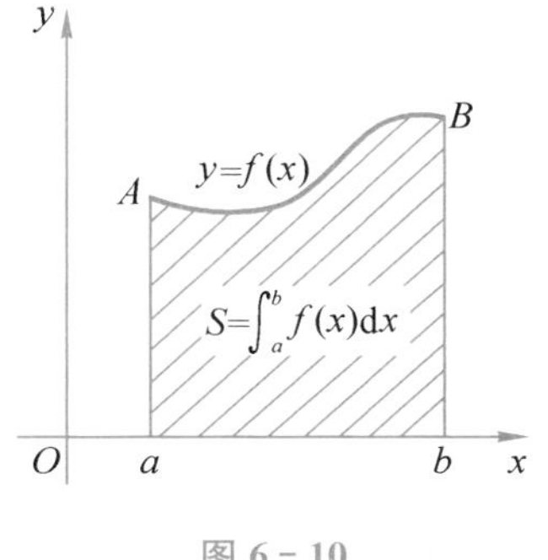

图 6-10

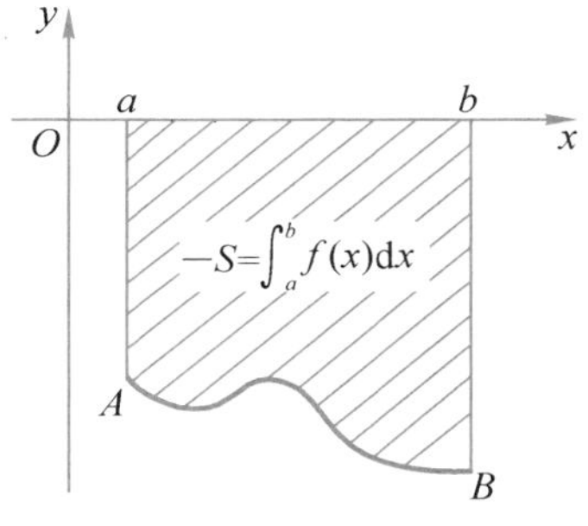

图 6-11

对于函数 $y=f(x)$ 在 $[a, b]$ 上有时取正值有时取负值的情形，比如图 6-12 中曲边梯形面积 $S=S_1+S_2+S_3$，则有

$$S=\int_a^{c_1} f(x)\mathrm{d}x-\int_{c_1}^{c_2} f(x)\mathrm{d}x+\int_{c_2}^{b} f(x)\mathrm{d}x$$

一般地，由曲线 $y=f(x)$，直线 $x=a$，$x=b$ 及 x 轴所围成的曲边梯形的面积 S 可以表示为

$$S=\int_a^b |f(x)|\mathrm{d}x \tag{6.17}$$

类似地，由曲线 $x=\varphi(y)$（$\geqslant 0$），直线 $y=c$，$y=d$ 及 y 轴所围成的曲边梯形的面积 S（如图 6-13 所示）为

$$S=\int_c^d \varphi(y)\mathrm{d}y \tag{6.18}$$

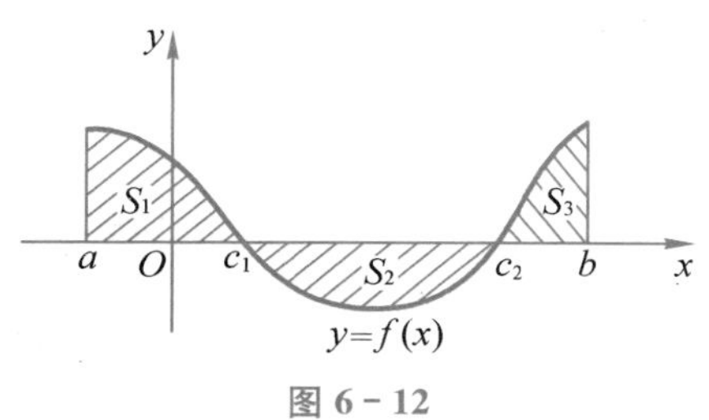

图 6 - 12

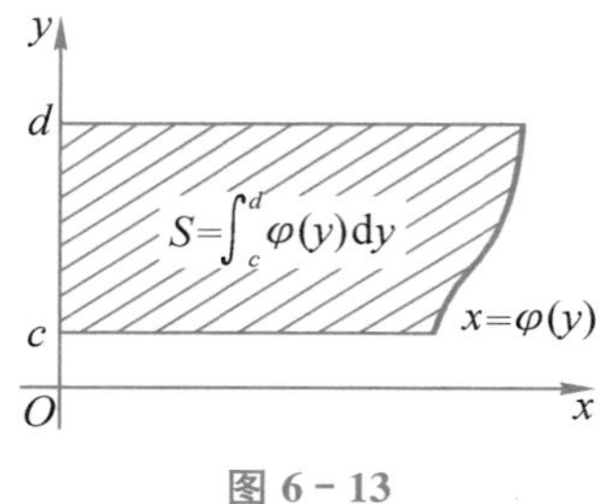

图 6 - 13

一般地，由曲线 $x=\varphi(y)$，直线 $y=c$，$y=d$ 及 y 轴所围成的曲边梯形的面积 S 可以表示为

$$S=\int_c^d |\varphi(y)|\mathrm{d}y \tag{6.19}$$

如果在 $[a, b]$ 上总有

$$0\leqslant g(x)\leqslant f(x)$$

则曲线 $f(x)$ 与 $g(x)$ 所夹的面积 S（如图 6 - 14、图 6 - 15 中阴影部分所示）为

$$S=\int_a^b f(x)\mathrm{d}x-\int_a^b g(x)\mathrm{d}x$$

即

$$S=\int_a^b [f(x)-g(x)]\mathrm{d}x$$

一般地，在 $[a, b]$ 上曲线 $f(x)$ 与 $g(x)$ 所夹的面积 S（如图 6 - 14、图 6 - 15、图 6 - 16 中阴影部分所示）为

$$S=\int_a^b |f(x)-g(x)|\mathrm{d}x \tag{6.20}$$

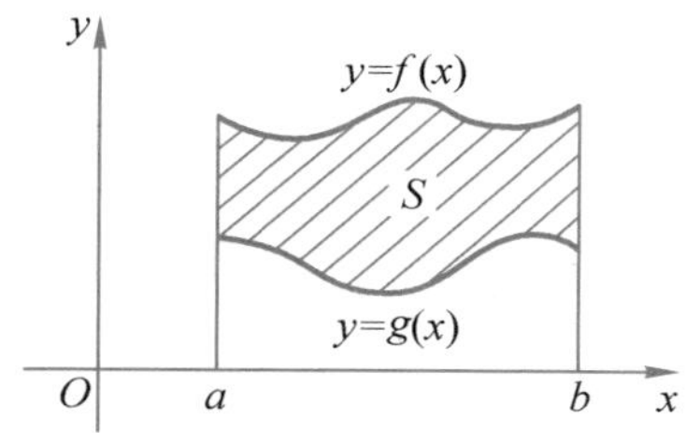

图 6 - 14

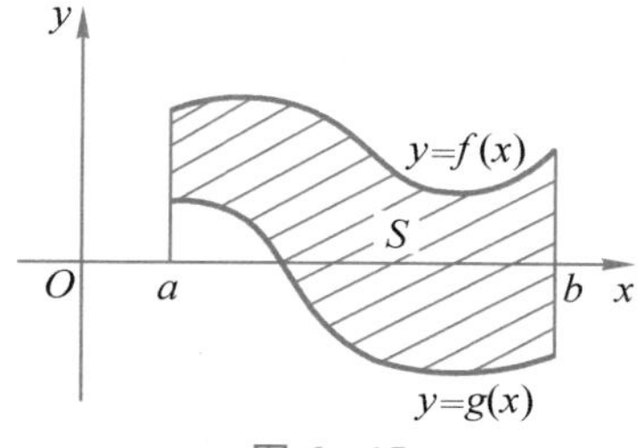

图 6 - 15

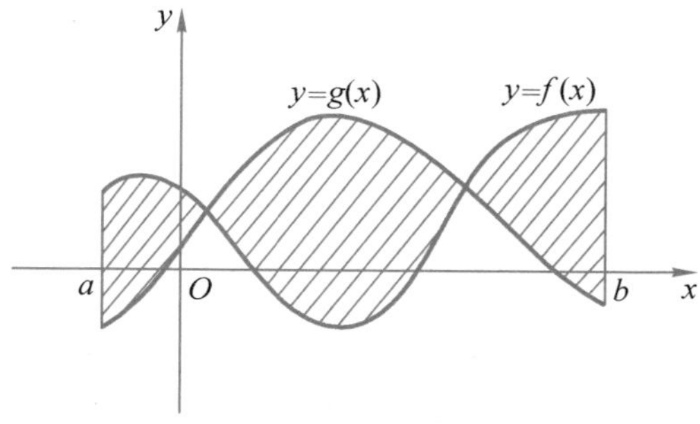

图 6 - 16

类似地，在 $[c, d]$ 上曲线 $\varphi(y)$ 与 $\psi(y)$ 所夹的面积 S 为

$$S=\int_c^d |\varphi(y)-\psi(y)|\mathrm{d}y \tag{6.21}$$

例 1　求椭圆 $\dfrac{x^2}{a^2}+\dfrac{y^2}{b^2}=1$ 的面积.

解：先画出椭圆的图形，如图 6－17 所示，因为椭圆是关于坐标轴对称的，所以整个椭圆的面积 S 是第一象限内的部分的面积的 4 倍，即有

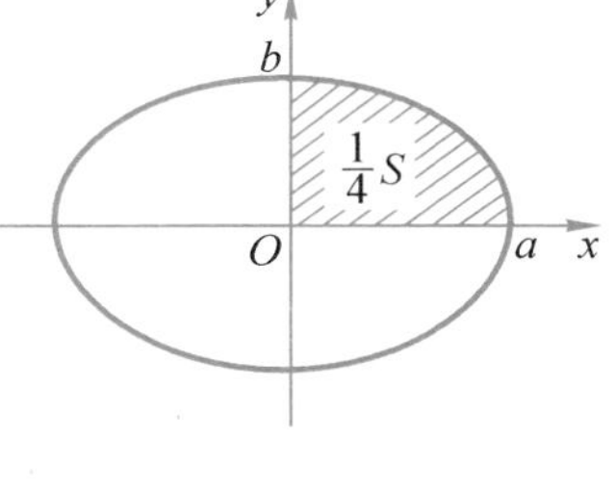

图 6－17

$$S=4\int_0^a y\mathrm{d}x$$

其中　$y=\dfrac{b}{a}\sqrt{a^2-x^2}$

所以　$S=4\displaystyle\int_0^a \frac{b}{a}\sqrt{a^2-x^2}\mathrm{d}x=\frac{4b}{a}\int_0^a \sqrt{a^2-x^2}\mathrm{d}x$

利用 6.5 节例 2 已算出的结果 $\displaystyle\int_0^a \sqrt{a^2-x^2}\mathrm{d}x=\frac{\pi}{4}a^2$，可得

$$S=\frac{4b}{a}\cdot\frac{\pi a^2}{4}=\pi ab \text{（平方单位）}$$

当 $a=b$ 时，我们得到半径为 a 的圆的面积 $S=\pi a^2$.

例 2　求抛物线 $y^2=2x$ 与直线 $y=x-4$ 所围成的图形的面积.

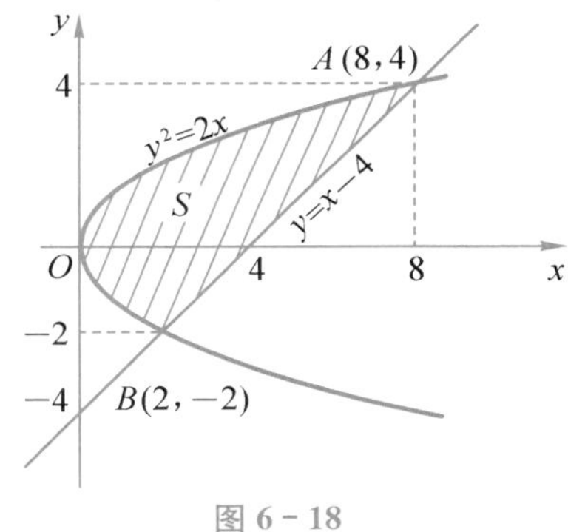

图 6－18

解：先画出给定曲线的图形，如图 6－18 所示，求出抛物线与直线的交点 $A(8, 4)$，$B(2, -2)$. 在这个例题中，选择 y 为积分变量可使计算简单些，所求的面积 S 是直线 $x=y+4$ 和抛物线 $x=\dfrac{y^2}{2}$ 所围成的图形的面积，即

$$S=\int_{-2}^4\left(y+4-\frac{y^2}{2}\right)\mathrm{d}y=\left(\frac{y^2}{2}+4y-\frac{y^3}{6}\right)\Bigg|_{-2}^4=18 \text{（平方单位）}$$

例 3　求曲线 $y=\dfrac{x^2}{2}$，$y=\dfrac{1}{1+x^2}$ 与直线 $x=-\sqrt{3}$，$x=\sqrt{3}$ 所围成的图形的面积，如图 6－19 中阴影部分所示.

解：由于图形对称于 y 轴，所以所求面积 S 是第一象限内两小块图形面积和的两倍. 两曲线交点 P 的横坐标为 $x=1$，于是

$$\begin{aligned}S&=2\left[\int_0^1\left(\frac{1}{1+x^2}-\frac{x^2}{2}\right)\mathrm{d}x+\int_1^{\sqrt{3}}\left(\frac{x^2}{2}-\frac{1}{1+x^2}\right)\mathrm{d}x\right]\\&=2\left[\left(\arctan x-\frac{x^3}{6}\right)\Bigg|_0^1+\left(\frac{x^3}{6}-\arctan x\right)\Bigg|_1^{\sqrt{3}}\right]\\&=\frac{1}{3}(\pi+3\sqrt{3}-2)\approx 2.11 \text{（平方单位）}\end{aligned}$$

（二）旋转体的体积

设一立体是由连续曲线 $y=f(x)$，直线 $x=a$，$x=b$ $(a<b)$ 及 x 轴所围成的平面图形绕 x 轴旋转而成的旋转体，如图 6－20 所示，求它的体积 V_x.

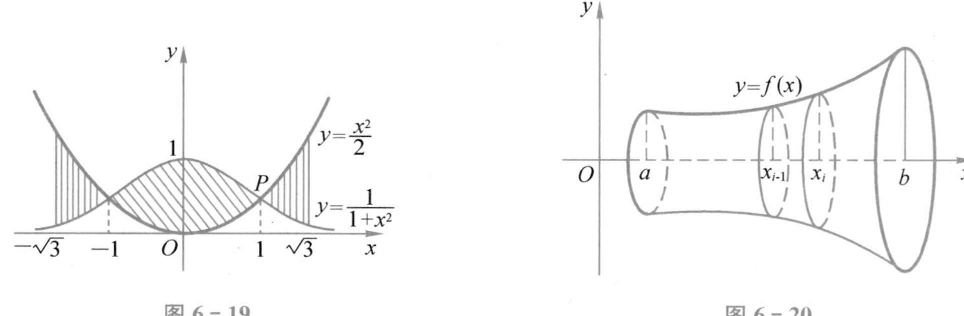

图 6－19　　图 6－20

(1) 用分点 $a=x_0<x_1<x_2<\cdots<x_{n-1}<x_n=b$ 把区间 $[a,b]$ 分成 n 个小区间 $[x_{i-1},x_i]$ $(i=1,2,\cdots,n)$，这些小区间的长分别为 $\Delta x_i=x_i-x_{i-1}$ $(i=1,2,\cdots,n)$，过 $\xi_i(x_{i-1}\leqslant\xi_i\leqslant x_i)$ $(i=1,2,\cdots,n)$ 作与 x 轴垂直的平面，将旋转体分成 n 个小旋转体.

(2) 把每个小旋转体分别用底半径为 $f(\xi_i)$、高为 Δx_i $(i=1,2,\cdots,n)$ 的直圆柱来近似代替，这些直圆柱的体积分别为 $\pi[f(\xi_i)]^2\Delta x_i$ $(i=1,2,\cdots,n)$，因此整个旋转体的体积为

$$V_x\approx\sum_{i=1}^{n}\pi[f(\xi_i)]^2\Delta x_i$$

(3) 用 Δx 表示所有 $\Delta x_i(i=1,2,\cdots,n)$ 中的最大者，当分点数 $n\to\infty$，$\Delta x\to0$ 时，整个旋转体的体积为

$$V_x=\lim_{\Delta x\to0}\sum_{i=1}^{n}\pi[f(\xi_i)]^2\Delta x_i=\pi\int_a^b[f(x)]^2\mathrm{d}x \tag{6.22}$$

同理可得绕 y 轴旋转而成的旋转体（见图 6－21）的体积计算公式

$$V_y=\pi\int_c^d[\varphi(y)]^2\mathrm{d}y \tag{6.23}$$

例 4　求椭圆 $\frac{x^2}{a^2}+\frac{y^2}{b^2}=1$ 分别绕 x 轴与 y 轴旋转产生的旋转体的体积.

解：作椭圆图形，由于图形关于坐标轴对称，所以只需考虑第一象限内的曲边梯形绕坐标轴旋转所产生的旋转体的体积. 如图 6－22 所示.

$$\begin{aligned}V_x&=2\pi\int_0^a y^2\mathrm{d}x=2\pi\int_0^a\frac{b^2}{a^2}(a^2-x^2)\mathrm{d}x\\&=2\pi\frac{b^2}{a^2}\left(a^2x-\frac{x^3}{3}\right)\Big|_0^a=2\pi\frac{b^2}{a^2}\left(a^3-\frac{a^3}{3}\right)=\frac{4}{3}\pi ab^2\end{aligned}$$

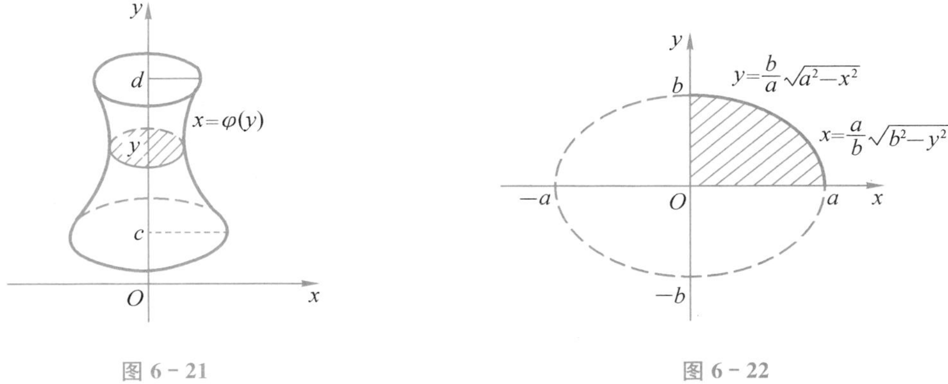

图 6-21　　　　图 6-22

同理可得

$$V_y = 2\pi\int_0^b x^2\,\mathrm{d}y = 2\pi\int_0^b \frac{a^2}{b^2}(b^2 - y^2)\,\mathrm{d}y = \frac{4}{3}\pi a^2 b$$

特别地，当 $a = b$ 时，得半径为 a 的球的体积 $V = \frac{4}{3}\pi a^3$.

(三) 经济应用问题举例

例 5　设某产品在时刻 t 总产量的变化率为

$$f(t) = 100 + 12t - 0.6t^2 \text{ (单位 / 小时)}$$

求从 $t = 2$ 到 $t = 4$ 这两小时的总产量.

解：因为总产量 $P(t)$ 是它的变化率的原函数，所以 $t = 2$ 到 $t = 4$ 这两小时内的总产量为

$$\begin{aligned}\int_2^4 f(t)\,\mathrm{d}t &= \int_2^4 (100 + 12t - 0.6t^2)\,\mathrm{d}t \\ &= (100t + 6t^2 - 0.2t^3)\Big|_2^4 \\ &= 100 \times (4 - 2) + 6 \times (4^2 - 2^2) - 0.2 \times (4^3 - 2^3) \\ &= 100 \times 2 + 6 \times 12 - 0.2 \times 56 = 260.8 \text{ (单位)}\end{aligned}$$

例 6　设某种商品每天生产 x 单位时固定成本为 20 元，边际成本函数为 $C'(x) = 0.4x + 2$ (元 / 单位)，求总成本函数 $C(x)$. 如果这种商品规定的销售单价为 18 元，且产品可以全部售出，求总利润函数 $L(x)$，并问每天生产多少单位时才能获得最大利润?

解：因为变上限的定积分是被积函数的一个原函数，因此可变成本就是边际成本函数在 $[0, x]$ 上的定积分，又已知固定成本为 20 元，即 $C(0) = 20$，所以每天生产 x 单位时总成本函数为

$$C(x) = \int_0^x (0.4t + 2)\,\mathrm{d}t + C(0) = (0.2t^2 + 2t)\Big|_0^x + 20$$

$$= 0.2x^2 + 2x + 20$$

设销售 x 单位商品得到的总收益为 $R(x)$，根据题意有

$$R(x) = 18x$$

因为 $L(x) = R(x) - C(x)$

所以 $L(x) = 18x - (0.2x^2 + 2x + 20) = -0.2x^2 + 16x - 20$

由 $L'(x) = -0.4x + 16 = 0$

得 $x = 40$，而 $L''(40) = -0.4 < 0$，所以每天生产 40 单位时才能获得最大利润．最大利润为

$$L(40) = -0.2 \times 40^2 + 16 \times 40 - 20 = 300 \text{（元）}$$

例7 已知生产某商品 x 单位时，边际收益函数为 $R'(x) = 200 - \frac{x}{50}$（元／单位），试求生产 x 单位时总收益 $R(x)$ 以及平均单位收益 $\overline{R}(x)$，并求生产这种产品 2 000 单位时的总收益和平均单位收益．

解：因为总收益是边际收益函数在 $[0, x]$ 上的定积分，所以生产 x 单位时的总收益为

$$R(x) = \int_0^x \left(200 - \frac{t}{50}\right) \mathrm{d}t = \left(200t - \frac{t^2}{100}\right)\bigg|_0^x = 200x - \frac{x^2}{100}$$

则平均单位收益

$$\overline{R}(x) = \frac{R(x)}{x} = 200 - \frac{x}{100}$$

当生产 2 000 单位时，总收益为

$$R(2\,000) = 400\,000 - \frac{2\,000^2}{100} = 360\,000 \text{（元）}$$

平均单位收益为

$$\overline{R}(2\,000) = 180 \text{（元）}$$

6.8 广义积分与 Γ 函数

知识点解析

广义积分（无穷限积分、瑕积分）

（一）广义积分

以前我们讨论定积分时，是以有限积分区间与有界函数（特别是连续函数）为前提的．但是为了解决某些问题，有时不得不考察无限区间上的积分或无界函数的积分．这两类积分叫作广义积分．

（1）无限区间上的积分．

定义 6.2 设函数 $f(x)$ 在区间 $[a, +\infty)$ 上连续，如果极限 $\lim\limits_{b \to +\infty} \int_a^b f(x) \mathrm{d}x$ $(a < b)$ 存在，

就称此极限值为 $f(x)$ 在 $[a,+\infty)$ 上的广义积分，记作

$$\int_a^{+\infty} f(x)\mathrm{d}x=\lim_{b\to+\infty}\int_a^b f(x)\mathrm{d}x \tag{6.24}$$

这时我们说广义积分 $\int_a^{+\infty} f(x)\mathrm{d}x$ 存在或收敛. 如果 $\lim\limits_{b\to+\infty}\int_a^b f(x)\mathrm{d}x$ 不存在，就说 $\int_a^{+\infty} f(x)\mathrm{d}x$ 不存在或发散.

类似地，可以定义 $f(x)$ 在 $(-\infty,b]$ 及 $(-\infty,+\infty)$ 上的广义积分

$$\int_{-\infty}^b f(x)\mathrm{d}x=\lim_{a\to-\infty}\int_a^b f(x)\mathrm{d}x \tag{6.25}$$

$$\int_{-\infty}^{+\infty} f(x)\mathrm{d}x=\int_{-\infty}^c f(x)\mathrm{d}x+\int_c^{+\infty} f(x)\mathrm{d}x \tag{6.26}$$

其中 $c\in(-\infty,+\infty)$.

对于广义积分 $\int_{-\infty}^{+\infty} f(x)\mathrm{d}x$，其收敛的充要条件是

$$\int_{-\infty}^c f(x)\mathrm{d}x \quad 与 \quad \int_c^{+\infty} f(x)\mathrm{d}x$$

都收敛.

例 1　求广义积分 $\int_0^{+\infty} x\mathrm{e}^{-x^2}\mathrm{d}x$.

解：按定义

$$\begin{aligned}\int_0^{+\infty} x\mathrm{e}^{-x^2}\mathrm{d}x&=\lim_{b\to+\infty}\int_0^b x\mathrm{e}^{-x^2}\mathrm{d}x=\lim_{b\to+\infty}\left[-\frac{1}{2}\int_0^b \mathrm{e}^{-x^2}\mathrm{d}(-x^2)\right]\\&=-\frac{1}{2}\lim_{b\to+\infty}(\mathrm{e}^{-x^2})\Big|_0^b\\&=\frac{-1}{2}\lim_{b\to+\infty}[\mathrm{e}^{-b^2}-\mathrm{e}^0]\\&=\frac{1}{2}\end{aligned}$$

例 2　证明：广义积分 $\int_1^{+\infty}\frac{\mathrm{d}x}{x^p}$，当 $p>1$ 时收敛，当 $p\leqslant 1$ 时发散，如图 6－23 所示.

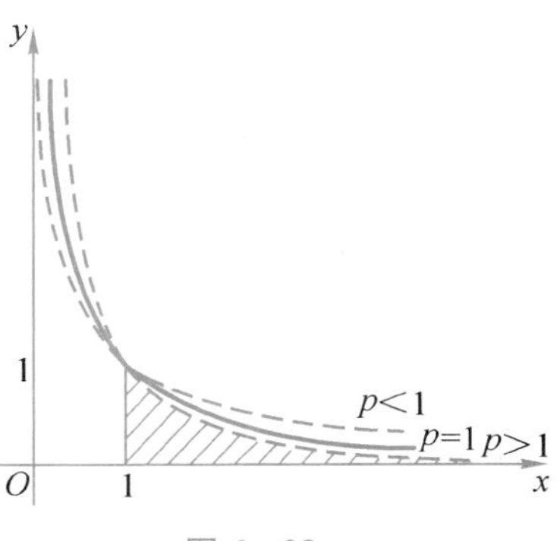

图 6－23

证：当 $p=1$ 时

$$\int_1^{+\infty}\frac{\mathrm{d}x}{x^p}=\lim_{b\to+\infty}\int_1^b\frac{\mathrm{d}x}{x}=\lim_{b\to+\infty}\left[\ln x\Big|_1^b\right]=\lim_{b\to+\infty}\ln b=+\infty$$

当 $p\neq 1$ 时

$$\int_1^{+\infty}\frac{\mathrm{d}x}{x^p}=\lim_{b\to+\infty}\int_1^b\frac{\mathrm{d}x}{x^p}=\lim_{b\to+\infty}\left[\frac{x^{1-p}}{1-p}\Big|_1^b\right]=\lim_{b\to+\infty}\frac{b^{1-p}-1}{1-p}$$

$$=\begin{cases}\dfrac{1}{p-1}, & p>1\\ +\infty, & p<1\end{cases}$$

所以，当 $p>1$ 时，广义积分 $\int_1^{+\infty}\frac{\mathrm{d}x}{x^p}$ 收敛；当 $p\leqslant 1$ 时，广义积分 $\int_1^{+\infty}\frac{\mathrm{d}x}{x^p}$ 发散.

例 3　计算 $\int_{-\infty}^{+\infty}\frac{\mathrm{d}x}{1+x^2}$.

解：
$$\begin{aligned}\int_{-\infty}^{+\infty}\frac{\mathrm{d}x}{1+x^2}&=\int_{-\infty}^{0}\frac{\mathrm{d}x}{1+x^2}+\int_{0}^{+\infty}\frac{\mathrm{d}x}{1+x^2}\\&=\lim_{a\to-\infty}\int_a^0\frac{\mathrm{d}x}{1+x^2}+\lim_{b\to+\infty}\int_0^b\frac{\mathrm{d}x}{1+x^2}\\&=-\lim_{a\to-\infty}\arctan a+\lim_{b\to+\infty}\arctan b\\&=\frac{\pi}{2}+\frac{\pi}{2}=\pi\end{aligned}$$

注意　有时为了书写简便，也可以省去极限符号，例如 $\lim\limits_{b\to+\infty}F(x)\Big|_a^b$ 可以直接写成 $F(x)\Big|_a^{+\infty}$. 如上面例题中 $\int_{-\infty}^{0}\frac{\mathrm{d}x}{1+x^2}+\int_{0}^{+\infty}\frac{\mathrm{d}x}{1+x^2}=\arctan x\Big|_{-\infty}^{0}+\arctan x\Big|_{0}^{+\infty}=\frac{\pi}{2}+\frac{\pi}{2}=\pi$.

(2) 无界函数的积分.

定义 6.3　设函数 $f(x)$ 在 $(a,b]$ 上连续，当 $x\to a^+$ 时，$f(x)\to\infty$，如果 $\lim\limits_{\varepsilon\to0}\int_{a+\varepsilon}^b f(x)\mathrm{d}x$ $(\varepsilon>0)$ 存在，就称此极限值为无界函数 $f(x)$ 在 $[a,b]$ 上的**广义积分**，记作

$$\int_a^b f(x)\mathrm{d}x=\lim_{\varepsilon\to0}\int_{a+\varepsilon}^b f(x)\mathrm{d}x\quad(\varepsilon>0)\tag{6.27}$$

这时我们说广义积分 $\int_a^b f(x)\mathrm{d}x$ **存在**或**收敛**. 如果 $\lim\limits_{\varepsilon\to0}\int_{a+\varepsilon}^b f(x)\mathrm{d}x$ $(\varepsilon>0)$ 不存在，就说 $\int_a^b f(x)\mathrm{d}x$ **不存在**或**发散**.

类似地，可以定义 $f(x)$ 在 $[a,b)$ 上当 $x\to b^-$ 时 $f(x)\to\infty$，及 $f(x)$ 在 $[a,b]$ 上除 c 点外连续，而当 $x\to c$ 时 $f(x)\to\infty$ 的广义积分：

$$\int_a^b f(x)\mathrm{d}x=\lim_{\varepsilon\to0}\int_a^{b-\varepsilon}f(x)\mathrm{d}x\quad(\varepsilon>0)\tag{6.28}$$

$$\int_a^b f(x)\mathrm{d}x=\lim_{\varepsilon_1\to0}\int_a^{c-\varepsilon_1}f(x)\mathrm{d}x+\lim_{\varepsilon_2\to0}\int_{c+\varepsilon_2}^b f(x)\mathrm{d}x\quad(\varepsilon_1,\varepsilon_2>0)\tag{6.29}$$

对于 $x\to c$ 时 $f(x)\to\infty$ 的广义积分 $\int_a^b f(x)\mathrm{d}x$，其存在的充要条件是：$\lim\limits_{\varepsilon_1\to0}\int_a^{c-\varepsilon_1}f(x)\mathrm{d}x$ 与 $\lim\limits_{\varepsilon_2\to0}\int_{c+\varepsilon_2}^b f(x)\mathrm{d}x$ $(\varepsilon_1,\varepsilon_2>0)$ 都存在.

例 4　求积分 $\int_0^1 \ln x\mathrm{d}x$.

解：因为被积函数 $\ln x$ 当 $x \to 0^+$ 时无界，所以按定义

$$\int_0^1 \ln x\mathrm{d}x = \lim_{\varepsilon\to 0}\int_\varepsilon^1 \ln x\mathrm{d}x = \lim_{\varepsilon\to 0}(x\ln x - x)\Big|_\varepsilon^1$$
$$= \lim_{\varepsilon\to 0}[-1-\varepsilon\ln\varepsilon+\varepsilon] = -1-\lim_{\varepsilon\to 0}\varepsilon\ln\varepsilon$$

对最后一项应用洛必达法则

$$\lim_{\varepsilon\to 0}\varepsilon\ln\varepsilon = \lim_{\varepsilon\to 0}\frac{\ln\varepsilon}{\frac{1}{\varepsilon}} = \lim_{\varepsilon\to 0}\frac{\frac{1}{\varepsilon}}{\frac{1}{-\varepsilon^2}} = \lim_{\varepsilon\to 0}(-\varepsilon) = 0$$

所以　$$\int_0^1 \ln x\mathrm{d}x = -1$$

例 5　证明：广义积分 $\int_0^1 \frac{\mathrm{d}x}{x^p}$ 当 $0<p<1$ 时收敛；当 $p\geqslant 1$ 时发散.

证：当 $p=1$ 时

$$\int_0^1 \frac{\mathrm{d}x}{x^p} = \lim_{\varepsilon\to 0^+}\int_\varepsilon^1 \frac{\mathrm{d}x}{x} = \lim_{\varepsilon\to 0^+}\left[\ln x\Big|_\varepsilon^1\right] = \lim_{\varepsilon\to 0^+}(-\ln\varepsilon) = +\infty$$

当 $p>0$ 且 $p\neq 1$ 时

$$\int_0^1 \frac{\mathrm{d}x}{x^p} = \lim_{\varepsilon\to 0^+}\int_\varepsilon^1 \frac{\mathrm{d}x}{x^p} = \lim_{\varepsilon\to 0^+}\left[\frac{x^{1-p}}{1-p}\Big|_\varepsilon^1\right] = \lim_{\varepsilon\to 0^+}\frac{1-\varepsilon^{1-p}}{1-p}$$
$$= \begin{cases} +\infty, & p>1 \\ \frac{1}{1-p}, & 0<p<1 \end{cases}$$

所以，当 $0<p<1$ 时广义积分 $\int_0^1 \frac{\mathrm{d}x}{x^p}$ 收敛；当 $p\geqslant 1$ 时，广义积分 $\int_0^1 \frac{\mathrm{d}x}{x^p}$ 发散.

例 6　计算 $\int_{-1}^1 \frac{\mathrm{d}x}{x^2}$.

解：因被积函数 $\frac{1}{x^2}$ 在 $[-1, 1]$ 内的点 $x=0$ 处无限间断，如图 6-24 所示，所以不能按通常的办法计算这个积分. 在 6.4 节中，按牛顿-莱布尼茨公式计算的结果是 -2，那时已经指出这答案是错的. 现在再按式(6.27)来计算：

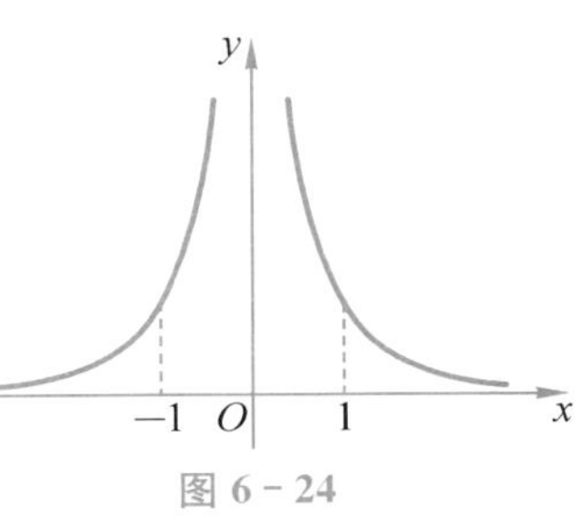

图 6-24

$$\int_{-1}^1 \frac{\mathrm{d}x}{x^2} = \lim_{\varepsilon_1\to 0}\int_{-1}^{-\varepsilon_1}\frac{\mathrm{d}x}{x^2} + \lim_{\varepsilon_2\to 0}\int_{\varepsilon_2}^1 \frac{\mathrm{d}x}{x^2} \quad (\varepsilon_1, \varepsilon_2 > 0)$$

而　$$\lim_{\varepsilon_1\to 0}\int_{-1}^{-\varepsilon_1}\frac{\mathrm{d}x}{x^2} = -\lim_{\varepsilon_1\to 0}\frac{1}{x}\Big|_{-1}^{-\varepsilon_1} = -\lim_{\varepsilon_1\to 0}\left(\frac{1}{-\varepsilon_1}-\frac{1}{-1}\right) = +\infty$$

因此，给定积分在 $[-1, 1]$ 上是发散的.

(二)Γ 函数

下面讨论一个在概率论中要用到的积分区间无限且含有参变量的积分.

定义 6.4 积分 $\Gamma(r)=\int_0^{+\infty} x^{r-1}\mathrm{e}^{-x}\mathrm{d}x\ (r>0)$ 是参变量 r 的函数，称为 **Γ 函数**.

可以证明这个积分是收敛的.

Γ 函数有一个重要性质

$$\Gamma(r+1)=r\Gamma(r)\ (r>0) \tag{6.30}$$

这是因为

$$\begin{aligned}\Gamma(r+1)&=\int_0^{+\infty} x^{r}\mathrm{e}^{-x}\mathrm{d}x=-x^r\mathrm{e}^{-x}\Big|_0^{+\infty}+r\int_0^{+\infty} x^{r-1}\mathrm{e}^{-x}\mathrm{d}x\\&=r\int_0^{+\infty} x^{r-1}\mathrm{e}^{-x}\mathrm{d}x=r\Gamma(r)\end{aligned}$$

这是一个递推公式. 利用此公式，计算 Γ 函数的任意一个函数值都可化为求 Γ 函数在 $(0, 1]$ 上的函数值.

例如，
$$\begin{aligned}\Gamma(3.4)&=\Gamma(2.4+1)=2.4\times\Gamma(2.4)\\&=2.4\times\Gamma(1.4+1)=2.4\times1.4\times\Gamma(1.4)\\&=2.4\times1.4\times\Gamma(0.4+1)\\&=2.4\times1.4\times0.4\times\Gamma(0.4)\end{aligned}$$

特别地，当 r 为正整数时可得

$$\Gamma(n+1)=n! \tag{6.30$'$}$$

这是因为

$$\Gamma(n+1)=n\Gamma(n)=n\cdot(n-1)\Gamma(n-1)=\cdots=n!\Gamma(1)$$

而 $\Gamma(1)=\int_0^{+\infty}\mathrm{e}^{-x}\mathrm{d}x=1$

所以 $\Gamma(n+1)=n!$

例 7 计算下列各值：

(1) $\dfrac{\Gamma(6)}{2\Gamma(3)}$　　(2) $\dfrac{\Gamma\left(\frac{5}{2}\right)}{\Gamma\left(\frac{1}{2}\right)}$

解：(1) $\dfrac{\Gamma(6)}{2\Gamma(3)}=\dfrac{5!}{2\cdot2!}=\dfrac{5\cdot4\cdot3\cdot2}{2\cdot2}=30$

(2) $\dfrac{\Gamma\left(\frac{5}{2}\right)}{\Gamma\left(\frac{1}{2}\right)}=\dfrac{\frac{3}{2}\Gamma\left(\frac{3}{2}\right)}{\Gamma\left(\frac{1}{2}\right)}=\dfrac{\frac{3}{2}\cdot\frac{1}{2}\Gamma\left(\frac{1}{2}\right)}{\Gamma\left(\frac{1}{2}\right)}=\dfrac{3}{4}$

例 8　计算下列积分：

(1) $\int_0^{+\infty} x^3 \mathrm{e}^{-x} \mathrm{d}x$　　　(2) $\int_0^{+\infty} x^{r-1} \mathrm{e}^{-\lambda x} \mathrm{d}x \quad (\lambda > 0, r > 0)$

解：(1) $\int_0^{+\infty} x^3 \mathrm{e}^{-x} \mathrm{d}x = \Gamma(4) = 3! = 6$

(2) 令 $\lambda x = t$，则 $\lambda \mathrm{d}x = \mathrm{d}t$，于是

$$\int_0^{+\infty} x^{r-1} \mathrm{e}^{-\lambda x} \mathrm{d}x = \frac{1}{\lambda} \int_0^{+\infty} \left(\frac{t}{\lambda}\right)^{r-1} \mathrm{e}^{-t} \mathrm{d}t$$
$$= \frac{1}{\lambda^r} \int_0^{+\infty} t^{r-1} \mathrm{e}^{-t} \mathrm{d}t = \frac{\Gamma(r)}{\lambda^r}$$

Γ 函数还可写成另一形式. 例如，设 Γ 函数中 $x = t^2$，则有

$$\Gamma(r) = 2\int_0^{+\infty} t^{2r-1} \mathrm{e}^{-t^2} \mathrm{d}t$$

当 $r = \frac{1}{2}$ 时

$$\Gamma\left(\frac{1}{2}\right) = 2\int_0^{+\infty} \mathrm{e}^{-t^2} \mathrm{d}t$$

可以证明这个积分存在且等于 $\sqrt{\pi}$（见 8.7 节例 8），因此

$$\Gamma\left(\frac{1}{2}\right) = 2\int_0^{+\infty} \mathrm{e}^{-t^2} \mathrm{d}t = \sqrt{\pi} \tag{6.31}$$

从而　$$\int_0^{+\infty} \mathrm{e}^{-t^2} \mathrm{d}t = \frac{\sqrt{\pi}}{2}$$

这个广义积分是概率论中常用的泊松积分.

习题六

(A)

1. 利用定积分的定义计算下列定积分：

(1) $\int_0^4 (2x+3) \mathrm{d}x$　　　(2) $\int_0^1 \mathrm{e}^x \mathrm{d}x$

2. 不计算积分，比较下列各组积分值的大小：

(1) $\int_0^1 x \mathrm{d}x$，　$\int_0^1 x^2 \mathrm{d}x$

(2) $\int_1^2 x \mathrm{d}x$，　$\int_1^2 x^2 \mathrm{d}x$

(3) $\int_0^{\frac{\pi}{2}} x \mathrm{d}x$，　$\int_0^{\frac{\pi}{2}} \sin x \mathrm{d}x$

(4) $\int_0^1 \mathrm{e}^x \mathrm{d}x$，　$\int_0^1 \mathrm{e}^{x^2} \mathrm{d}x$

(5) $\int_{-\frac{\pi}{2}}^{0}\sin x\mathrm{d}x$，　　$\int_{0}^{\frac{\pi}{2}}\sin x\mathrm{d}x$

3. 利用定积分的性质 6，估计下列积分值：

(1) $\int_{0}^{1}\mathrm{e}^{x}\mathrm{d}x$　　(2) $\int_{1}^{2}(2x^{3}-x^{4})\mathrm{d}x$

4. 求下列函数的导数：

(1) $F(x)=\int_{0}^{x}\sqrt{1+t}\,\mathrm{d}t$

(2) $F(x)=\int_{x}^{-1}t\mathrm{e}^{-t}\mathrm{d}t$

(3) $F(x)=\int_{0}^{x^{2}}\frac{1}{\sqrt{1+t^{4}}}\mathrm{d}t$

(4) $F(x)=\int_{x^{3}}^{x^{2}}\mathrm{e}^{t}\mathrm{d}t$

(5) $F(x)=\int_{\sin x}^{x^{2}}2t\mathrm{d}t$

5. 计算下列定积分(其中 a 为常数)：

(1) $\int_{2}^{6}(x^{2}-1)\mathrm{d}x$　　(2) $\int_{-1}^{1}(x^{3}-3x^{2})\mathrm{d}x$

(3) $\int_{1}^{27}\frac{\mathrm{d}x}{\sqrt[3]{x}}$　　(4) $\int_{-2}^{3}(x-1)^{3}\mathrm{d}x$

(5) $\int_{0}^{a}(\sqrt{a}-\sqrt{x})^{2}\mathrm{d}x$　　(6) $\int_{0}^{5}\frac{x^{3}}{x^{2}+1}\mathrm{d}x$

(7) $\int_{0}^{5}\frac{2x^{2}+3x-5}{x+3}\mathrm{d}x$　　(8) $\int_{0}^{3}\mathrm{e}^{\frac{x}{3}}\mathrm{d}x$

(9) $\int_{0}^{1}\frac{x\mathrm{d}x}{x^{2}+1}$　　(10) $\int_{-1}^{1}\frac{x\mathrm{d}x}{(x^{2}+1)^{2}}$

(11) $\int_{1}^{2}\frac{\mathrm{e}^{\frac{1}{x}}}{x^{2}}\mathrm{d}x$　　(12) $\int_{0}^{\pi}\cos^{2}\left(\frac{x}{2}\right)\mathrm{d}x$

(13) $\int_{-1}^{2}|2x|\mathrm{d}x$　　(14) $\int_{0}^{2\pi}|\sin x|\mathrm{d}x$

(15) $\int_{-1}^{2}|x^{2}-x|\mathrm{d}x$

(16) $\int_{-1}^{1}f(x)\mathrm{d}x$，其中 $f(x)=\begin{cases}2^{x}, & -1\leqslant x<0\\ \sqrt{1-x}, & 0\leqslant x\leqslant 1\end{cases}$

6. 计算下列积分：

(1) $\int_{0}^{4}\frac{\mathrm{d}x}{1+\sqrt{x}}$　　(2) $\int_{0}^{\ln 2}\mathrm{e}^{x}(1+\mathrm{e}^{x})^{2}\mathrm{d}x$

(3) $\int_{1}^{5}\frac{\sqrt{u-1}}{u}\mathrm{d}u$　　(4) $\int_{0}^{2}\frac{\mathrm{d}x}{\sqrt{x+1}+\sqrt{(x+1)^{3}}}$

(5) $\int_{0}^{\ln 2}\sqrt{\mathrm{e}^{x}-1}\mathrm{d}x$　　(6) $\int_{0}^{1}\sqrt{4-x^{2}}\mathrm{d}x$

(7) $\int_0^a x^2\sqrt{a^2-x^2}\,dx$　　(8) $\int_0^1 \frac{x^2}{(1+x^2)^2}dx$

(9) $\int_0^1 (1+x^2)^{-\frac{3}{2}}dx$　　(10) $\int_1^2 \frac{\sqrt{x^2-1}}{x}dx$

7. 计算 $2\int_{-1}^1 \sqrt{1-x^2}\,dx$，并利用此结果求下列积分：

(1) $\int_{-3}^3 \sqrt{9-x^2}\,dx$　　(2) $\int_0^2 \sqrt{1-\frac{1}{4}x^2}\,dx$

(3) $\int_{-2}^2 (x-3)\sqrt{4-x^2}\,dx$

8. 证明 $\int_{-a}^a f(x)dx = \int_0^a [f(x)+f(-x)]dx$.

9. 证明 $\int_0^{\frac{\pi}{2}} \sin^m x\,dx = \int_0^{\frac{\pi}{2}} \cos^m x\,dx$.

10. 试分析 k，a，b 为何值时，$\int_0^2 x^2 f(x^3)dx = k\int_a^b f(t)dt$.

11. 设

$$f(x)=\begin{cases}\frac{1}{2+x}, & x\geqslant 0\\ \frac{1}{1+e^x}, & x<0\end{cases}$$

求 $\int_0^2 f(x-1)dx$.

12. 计算下列积分：

(1) $\int_1^e \ln x\,dx$　　(2) $\int_0^{\frac{\sqrt{3}}{2}} \arccos x\,dx$

(3) $\int_0^1 xe^{-x}dx$　　(4) $\int_1^e (\ln x)^3 dx$

(5) $\int_0^{\frac{\pi}{2}} x\sin x\,dx$　　(6) $\int_0^{\pi} x^2\cos 2x\,dx$

(7) $\int_0^{\sqrt{\ln 2}} x^3 e^{x^2}dx$　　(8) $\int_0^{\frac{\pi}{2}} e^x\sin x\,dx$

(9) $\int_0^{2\pi} \frac{x(1+\cos 2x)}{2}dx$　　(10) $\int_{\frac{1}{e}}^e |\ln x|\,dx$

13. 设 $I=\int_a^b xe^{-|x|}dx$，在下列三种情况下求 I：

(1) $0\leqslant a<b$　　(2) $a<b\leqslant 0$　　(3) $a<0$，$b>0$

14. 求下列极限：

(1) $\lim\limits_{x\to 0}\frac{\int_0^x \cos^2 t\,dt}{x}$　　(2) $\lim\limits_{x\to 0}\frac{\int_0^x \arctan t\,dt}{x^2}$

15. 求 $\lim\limits_{h\to0^+}\dfrac{1}{h}\int_{x-h}^{x+h}\cos t^2\,\mathrm{d}t$ $(h>0)$.

16. 求 $\lim\limits_{x\to0}\dfrac{1}{x}\int_0^x(1+t^2)\mathrm{e}^{t^2-x^2}\,\mathrm{d}t$.

17. 设 $f(x)=\int_1^x\mathrm{e}^{-t^2}\,\mathrm{d}t$，求 $\int_0^1 f(x)\,\mathrm{d}x$.

18. 讨论函数 $F(x)=\int_0^x t(t-4)\,\mathrm{d}t$ 在 $[-1,5]$ 上的增减性、极值、凹向及拐点.

19. 求 18 题中函数 $F(x)=\int_0^x t(t-4)\,\mathrm{d}t$ 在 $[-1,5]$ 上的最大值与最小值.

20. 求 c 的值，使 $\int_0^1(x^2+cx+c)^2\,\mathrm{d}x$ 最小.

21. 求下列各题中平面图形的面积：

(1) 曲线 $y=a-x^2$ $(a>0)$ 与 x 轴所围成的图形；

(2) 曲线 $y=x^2+3$ 在区间 $[0,1]$ 上的曲边梯形；

(3) 曲线 $y=x^2$ 与 $y=2-x^2$ 所围成的图形；

(4) 曲线 $y=x^3$ 与直线 $x=0$，$y=1$ 所围成的图形；

(5) 在区间 $\left[0,\dfrac{\pi}{2}\right]$上，曲线 $y=\sin x$ 与直线 $x=0$，$y=1$ 所围成的图形；

(6) 曲线 $y=\dfrac{1}{x}$ 与直线 $y=x$，$x=2$ 所围成的图形；

(7) 曲线 $y=x^2-8$ 与直线 $2x+y+8=0$，$y=-4$ 所围成的图形；

(8) 曲线 $y=x^3-3x+2$ 在 x 轴上介于两极值点间的曲边梯形；

(9) 介于抛物线 $y^2=2x$ 与圆 $y^2=4x-x^2$ 之间的三个图形；

(10) 曲线 $y=x^2$，$4y=x^2$ 与直线 $y=1$ 所围成的图形；

(11) 曲线 $y=x^3$ 与 $y=\sqrt[3]{x}$ 所围成的图形；

(12) 抛物线 $y=x^2$ 与直线 $y=\dfrac{x}{2}+\dfrac{1}{2}$ 所围成的图形及由 $y=x^2$，$y=\dfrac{x}{2}+\dfrac{1}{2}$ 与 $y=2$ 所围成的图形.

22. 求曲线 $y=-x^3+x^2+2x$ 与 x 轴围成的图形的面积.

23. 求 c $(c>0)$ 的值，使两曲线 $y=x^2$ 与 $y=cx^3$ 所围成的图形的面积为$\dfrac{2}{3}$.

24. 将曲线 $y=1-x^2$ $(0\leqslant x\leqslant1)$ 与 x 轴和 y 轴所围的区域用曲线 $y=ax^2$ 分为面积相等的两部分，其中 a 是大于零的常数，求 a 的值.

25. 求下列平面图形分别绕 x 轴、y 轴旋转产生的旋转体的体积：

(1) 曲线 $y=\sqrt{x}$ 与直线 $x=1$，$x=4$，$y=0$ 所围成的图形；

(2) 在区间 $\left[0,\dfrac{\pi}{2}\right]$ 上，曲线 $y=\sin x$ 与直线 $x=\dfrac{\pi}{2}$，$y=0$ 所围成的图形；

(3) 曲线 $y=x^3$ 与直线 $x=2$，$y=0$ 所围成的图形；

(4) 曲线 $x^2+y^2=1$ 与 $y^2=\dfrac{3}{2}x$ 所围成的两个图形中较小的一个.

26. 已知某产品总产量的变化率是时间 t（单位：年）的函数

$$f(t)=2t+5 \quad (t\geqslant 0)$$

求第一个五年和第二个五年的总产量各为多少.

27. 已知某产品生产 x 单位时，总收益 R 的变化率(边际收益）为

$$R'=R'(x)=200-\frac{x}{100} \quad (x\geqslant 0)$$

(1) 求生产了 50 单位时的总收益；

(2) 如果已经生产了 100 单位，求再生产 100 单位时的总收益.

28. 某产品的总成本 C（万元）的变化率（边际成本）$C'=1$，总收益 R（万元）的变化率(边际收益）为产量 x（百台）的函数

$$R'=R'(x)=5-x$$

(1) 求产量等于多少时，总利润 $L=R-C$ 最大?

(2) 达到利润最大的产量后又生产了 1 百台，总利润减少了多少?

29. 判断下列广义积分的敛散性：

(1) $\int_0^{+\infty} e^{-x}dx$　　(2) $\int_1^{+\infty} \frac{dx}{\sqrt{x}}$

(3) $\int_0^{+\infty} xe^{-x}dx$　　(4) $\int_{-\infty}^{+\infty} \frac{x}{\sqrt{1+x^2}}dx$

(5) $\int_0^1 \frac{dx}{\sqrt{1-x}}$　　(6) $\int_{-1}^1 \frac{dx}{\sqrt{1-x^2}}$

(7) $\int_0^2 \frac{dx}{(x-1)^2}$

30. 判断广义积分 $\int_0^2 \frac{dx}{x^2-4x+3}$ 的敛散性.

31. 当 k 为何值时，广义积分 $\int_2^{+\infty} \frac{dx}{x(\ln x)^k}$ 收敛? 为何值时发散?

32. 计算 $y=e^{-x}$ 与直线 $y=0$ 之间位于第一象限内的平面图形绕 x 轴旋转产生的旋转体的体积.

33. 计算：

(1) $\frac{\Gamma(7)}{2\Gamma(4)\Gamma(3)}$　　(2) $\frac{\Gamma(3)\Gamma\left(\frac{3}{2}\right)}{\Gamma\left(\frac{9}{2}\right)}$

(3) $\int_0^{+\infty} x^4e^{-x}dx$　　(4) $\int_0^{+\infty} x^2e^{-2x^2}dx$

(B)

1. 下列等式正确的是 [　　].

(A) $\int f'(x)\mathrm{d}x = f(x)$　　(B) $\frac{\mathrm{d}}{\mathrm{d}x}\int f(x)\mathrm{d}x = f(x)+C$

(C) $\frac{\mathrm{d}}{\mathrm{d}x}\int_a^b f(x)\mathrm{d}x = f(x)$　　(D) $\frac{\mathrm{d}}{\mathrm{d}x}\int_a^b f(x)\mathrm{d}x = 0$

2. 如果 $f(x)$ 在 $[-1, 1]$ 上连续，且平均值为 2，则 $\int_1^{-1} f(x)\mathrm{d}x =$ [　　].

(A) -1　　(B) 1

(C) -4　　(D) 4

3. 下列积分可直接使用牛顿-莱布尼茨公式的是 [　　].

(A) $\int_0^5 \frac{x^3}{x^2+1}\mathrm{d}x$　　(B) $\int_{-1}^1 \frac{\mathrm{d}x}{\sqrt{1-x^2}}$

(C) $\int_0^4 \frac{x\mathrm{d}x}{(x^{\frac{3}{2}}-5)^2}$　　(D) $\int_{\frac{1}{e}}^1 \frac{\mathrm{d}x}{x\ln x}$

4. $\int_{-\frac{\pi}{2}}^{\frac{\pi}{2}} |\sin x| \mathrm{d}x \neq$ [　　].

(A) 0　　(B) $2\int_0^{\frac{\pi}{2}} |\sin x| \mathrm{d}x$

(C) $2\int_{-\frac{\pi}{2}}^0 (-\sin x)\mathrm{d}x$　　(D) $2\int_0^{\frac{\pi}{2}} \sin x\mathrm{d}x$

5. 根据定积分的几何意义，下列各式中正确的是 [　　].

(A) $\int_{-\frac{\pi}{2}}^0 \cos x\mathrm{d}x < \int_0^{\frac{\pi}{2}} \cos x\mathrm{d}x$　　(B) $\int_{-\frac{\pi}{2}}^{\frac{\pi}{2}} \cos x\mathrm{d}x = \int_{\frac{\pi}{2}}^{\frac{3}{2}\pi} \cos x\mathrm{d}x$

(C) $\int_0^{\pi} \sin x\mathrm{d}x = 0$　　(D) $\int_0^{2\pi} \sin x\mathrm{d}x = 0$

6. 使积分 $\int_0^2 kx(1+x^2)^{-2}\mathrm{d}x = 32$ 的常数 $k =$ [　　].

(A) 40　　(B) -40

(C) 80　　(D) -80

7. 设 $f(x) = \begin{cases} 2^x+1, & -1 \leqslant x < 0 \\ \sqrt{1-x}, & 0 \leqslant x \leqslant 1 \end{cases}$，则 $\int_{-1}^1 f(x)\mathrm{d}x =$ [　　].

(A) $\frac{1}{2\ln 2}+\frac{1}{3}$　　(B) $\frac{1}{2\ln 2}+\frac{5}{3}$

(C) $\frac{1}{2\ln 2}-\frac{1}{3}$　　(D) $\frac{1}{2\ln 2}-\frac{5}{3}$

8. $\int_0^{\frac{\pi}{2}} \left|\frac{1}{2}-\sin x\right| \mathrm{d}x=$ [　　].

(A) $\frac{\pi}{4}-1$　　(B) $-\frac{\pi}{4}$　　(C) $\sqrt{3}-\frac{\pi}{12}-1$　　(D) 0

9. 设函数 $\varphi''(x)$ 在 $[a, b]$ 上连续，且 $\varphi'(b) = a$，$\varphi'(a) = b$，则 $\int_a^b \varphi'(x)\varphi''(x)\mathrm{d}x =$ [　　].

(A) $a-b$　(B) $\frac{1}{2}(a-b)$　(C) a^2-b^2　(D) $\frac{1}{2}(a^2-b^2)$

10. $f(x)$ 在 $[-a,a]$ 上连续，则下列各式中一定正确的是 [　　].

(A) $\int_{-a}^{a}f(x)\mathrm{d}x=0$

(B) $\int_{-a}^{a}f(x)\mathrm{d}x=2\int_{0}^{a}f(x)\mathrm{d}x$

(C) $\int_{-a}^{a}f(x)\mathrm{d}x=\int_{0}^{a}[f(x)+f(-x)]\mathrm{d}x$

(D) $\int_{-a}^{a}f(x)\mathrm{d}x=\int_{0}^{a}[f(x)-f(-x)]\mathrm{d}x$

11. $\int_{a}^{b}f'(2x)\mathrm{d}x=$ [　　].

(A) $f(b)-f(a)$　(B) $f(2b)-f(2a)$

(C) $\frac{1}{2}[f(2b)-f(2a)]$　(D) $2[f(2b)-f(2a)]$

12. 设 $f(x)$ 是连续函数，a，b 为常数，则下列说法中不正确的是 [　　].

(A) $\int_{a}^{b}f(x)\mathrm{d}x$ 是常数　(B) $\int_{a}^{b}xf(t)\mathrm{d}t$ 是 x 的函数

(C) $\int_{a}^{x}f(t)\mathrm{d}t$ 是 x 的函数　(D) $\int_{0}^{\frac{b}{x}}xf(tx)\mathrm{d}t$ 是 x 和 t 的函数

13. $y=\int_{0}^{x}(t-1)^2(t+2)\mathrm{d}t$，则 $\left.\frac{\mathrm{d}y}{\mathrm{d}x}\right|_{x=0}=$ [　　].

(A) -2　(B) 2　(C) -1　(D) 1

14. 已知 $F(x)$ 是 $f(x)$ 的原函数，则 $\int_{a}^{x}f(t+a)\mathrm{d}t=$ [　　].

(A) $F(x)-F(a)$　(B) $F(t)-F(a)$

(C) $F(x+a)-F(x-a)$　(D) $F(x+a)-F(2a)$

15. 函数 $f(x)=\int_{0}^{x}\frac{2}{3}t^{-\frac{1}{3}}\mathrm{d}t$ 在 $[-1,1]$ 上有[　　].

(A) 驻点　(B) 极大值　(C) 极小值　(D) 拐点

16. 设函数 $y=\int_{0}^{x}(t-1)\mathrm{d}t$，则 y 有[　　].

(A) 极小值$\frac{1}{2}$　(B) 极小值$-\frac{1}{2}$

(C) 极大值$\frac{1}{2}$　(D) 极大值$-\frac{1}{2}$

17. 设 $f(x)=\int_{a}^{x}12t^2\mathrm{d}t$ 且 $\int_{0}^{1}f(x)\mathrm{d}x=1$，则 $a=$ [　　].

(A) 0　(B) -1　(C) 1　(D) 2

18. 设 $\frac{\mathrm{d}}{\mathrm{d}x}\int_{0}^{\mathrm{e}^{-x}}f(t)\mathrm{d}t=\mathrm{e}^{x}$，则 $f(x)=$ [　　].

(A) x^2　(B) $-x^{-2}$　(C) e^{2x}　(D) $-\mathrm{e}^{-2x}$

19. 设 $f(x)$ 为连续函数，$F(x)=\frac{1}{h}\int_{x-h}^{x+h}f(t)\mathrm{d}t(h>0)$，则 $\frac{\mathrm{d}}{\mathrm{d}x}F(x)=$[　　].

(A) $\frac{1}{h}f(x+h)$　　(B) $-\frac{1}{h}f(x-h)$

(C) $\frac{1}{h}[f(x+h)-f(x-h)]$　　(D) $\frac{1}{h}[f(x+h)+f(x-h)]$

20. 设 $f(x)=\int_0^{\sin x}\sin t^2\mathrm{d}t$，$g(x)=x^3+x^4$，当 $x\to 0$ 时，$f(x)$ 是 $g(x)$ 的 [　　].

(A) 等价无穷小量　　(B) 同阶但非等价无穷小量

(C) 高阶无穷小量　　(D) 低阶无穷小量

21. $\frac{\mathrm{d}}{\mathrm{d}x}\int_a^x g(x)f(t)\mathrm{d}t=$ [　　].

(A) $g(x)f(x)$　　(B) $g'(x)f'(x)$

(C) $g'(x)f(x)+g(x)f'(x)$　　(D) $g(x)f(x)+g'(x)\int_a^x f(t)\mathrm{d}t$

22. 设曲线 $y=f(x)$ 在 $[a, b]$ 上连续，则曲线 $y=f(x)$，$x=a$，$x=b$ 及 x 轴所围成的图形的面积 $S=$ [　　].

(A) $\int_a^b f(x)\mathrm{d}x$　　(B) $-\int_a^b f(x)\mathrm{d}x$

(C) $\int_a^b |f(x)|\mathrm{d}x$　　(D) $\left|\int_a^b f(x)\mathrm{d}x\right|$

23. 下列图形中阴影部分的面积不等于定积分 $\int_{-\frac{\pi}{2}}^{\pi}\cos x\mathrm{d}x$ 的是 [　　].

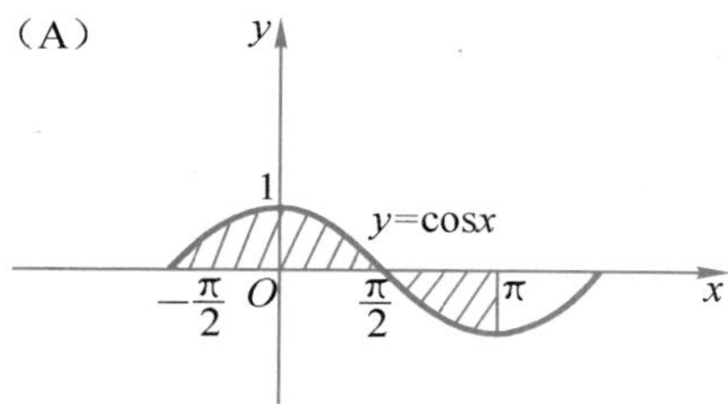

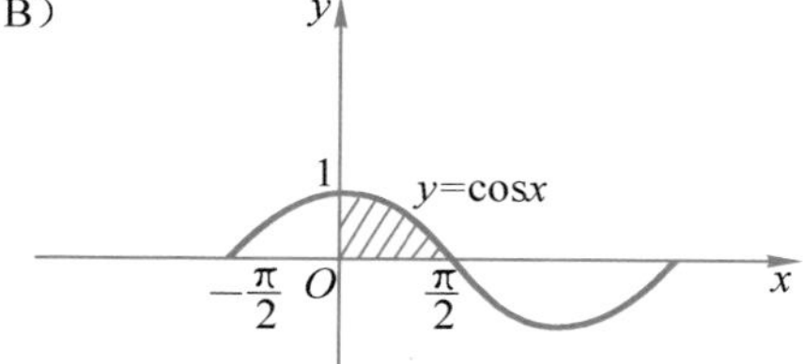

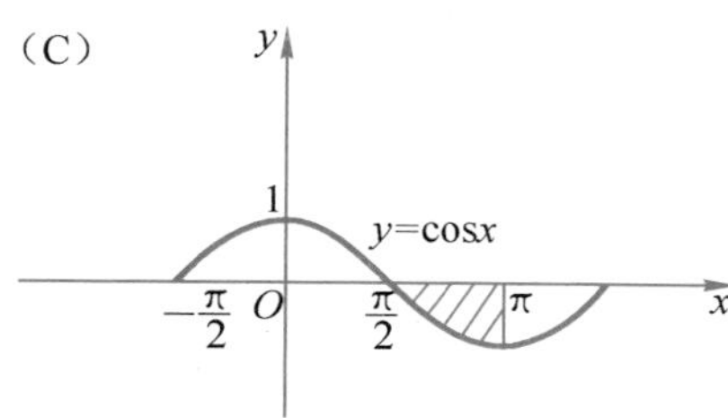

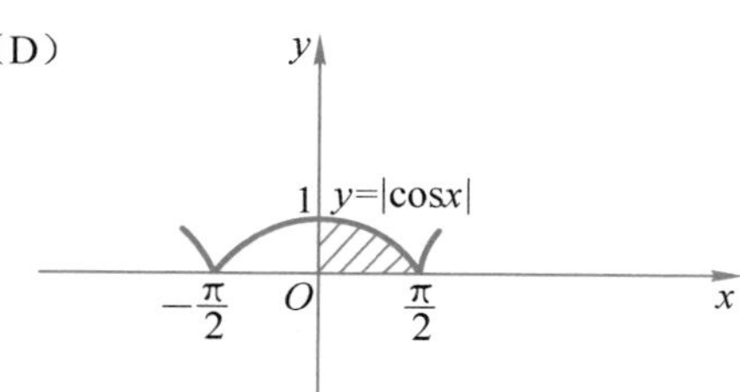

24. 下列积分中不是广义积分的是 [　　].

(A) $\int_1^{\mathrm{e}}\frac{\mathrm{d}x}{x\ln x}$　　(B) $\int_{-2}^{-1}\frac{\mathrm{d}x}{x}$　　(C) $\int_0^1\frac{\mathrm{d}x}{1-\mathrm{e}^x}$　　(D) $\int_0^{\frac{\pi}{2}}\frac{\mathrm{d}x}{\cos x}$

25. 下列广义积分发散的是 [　　].

(A) $\int_{1}^{+\infty}\frac{\mathrm{d}x}{x}$　　(B) $\int_{1}^{+\infty}\frac{\mathrm{d}x}{x\sqrt{x}}$　　(C) $\int_{1}^{+\infty}\frac{\mathrm{d}x}{x^{2}}$　　(D) $\int_{1}^{+\infty}\frac{\mathrm{d}x}{x^{2}\sqrt{x}}$

26. 下列广义积分收敛的是 [　　].

(A) $\int_{0}^{1}\frac{\mathrm{d}x}{x}$　　(B) $\int_{0}^{1}\frac{\mathrm{d}x}{\sqrt{x}}$　　(C) $\int_{0}^{1}\frac{\mathrm{d}x}{x\sqrt{x}}$　　(D) $\int_{0}^{1}\frac{\mathrm{d}x}{x^{3}}$

27. 已知广义积分 $\int_{0}^{+\infty}\frac{\mathrm{d}x}{1+kx^{2}}$ 收敛于 1 $(k>0)$，则 $k=$ [　　].

(A) $\frac{\pi}{2}$　　(B) $\frac{\pi^{2}}{2}$　　(C) $\frac{\sqrt{\pi}}{2}$　　(D) $\frac{\pi^{2}}{4}$

28. 已知 $f(x)=\begin{cases}0, & x<0\\ \sqrt{x}, & 0\leqslant x\leqslant 1\\ 0, & x>1\end{cases}$，且 $\int_{-\infty}^{+\infty}kf(x)\mathrm{d}x=1$，则$k=$ [　　].

(A) $\frac{2}{3}$　　(B) $\frac{3}{2}$　　(C) 2　　(D) $\frac{1}{2}$

第七章

01 02 03 04 05 06 07 08 09

无穷级数

7.1 无穷级数的概念

给定数列 u_1，u_2，…，u_n，…，则式子

$$u_1+u_2+\cdots+u_n+\cdots \tag{7.1}$$

可简记为 $\sum\limits_{n=1}^{\infty}u_n$，称为**无穷级数**(简称**级数**)．其中，第 n 项 u_n 称为级数的**通项**.

级数前 n 项的和

$$S_n=u_1+u_2+\cdots+u_n$$

称为第 n 次部分和．部分和

$$S_1,\ S_2,\ \cdots,\ S_n,\ \cdots$$

构成一个数列.

如果当 $n\to\infty$ 时，部分和数列 S_n 的极限存在，即

$$\lim_{n\to\infty}S_n=S\quad(S\ \text{是有限常数})$$

则称级数(7.1) **收敛**，S 是它的和，并记为

$$S=\sum_{n=1}^{\infty}u_n=u_1+u_2+\cdots+u_n+\cdots$$

如果 S_n 没有极限，则称级数(7.1) **发散**，发散级数没有和.

当级数收敛时，其和与部分和的差

$$R_n=S-S_n=u_{n+1}+u_{n+2}+\cdots$$

称为级数的**余项**.

用 S_n 作为 S 的近似值所产生的误差，就是余项的绝对值 $|R_n|$.

例1　无穷级数

$$\sum_{n=1}^{\infty} aq^{n-1} = a + aq + aq^2 + \cdots + aq^{n-1} + \cdots$$

称为**几何级数**(或等比级数)，其中 $a \neq 0$，q 称为级数的公比. 它的通项 $u_n = aq^{n-1}$.

现在讨论它的收敛性和发散性.

(1) 设 $|q| \neq 1$，由于

$$S_n = a + aq + aq^2 + \cdots + aq^{n-1} = \frac{a}{1-q} - \frac{aq^n}{1-q}$$

如果 $|q| < 1$，则

$$\lim_{n\to\infty} S_n = \frac{a}{1-q}$$

所以，当 $|q| < 1$ 时，几何级数收敛，其和为$\frac{a}{1-q}$.

如果 $|q| > 1$，则

$$\lim_{n\to\infty} S_n = \infty$$

所以，当 $|q| > 1$ 时，几何级数发散，它没有和.

(2) 如果 $q = 1$，则级数成为

$$a + a + \cdots + a + \cdots$$

由于 $S_n = na$，则$\lim\limits_{n\to\infty} S_n = \infty$，所以它发散.

(3) 如果 $q = -1$，则级数成为

$$a - a + a - a + \cdots + a - a + \cdots$$

当 n 为偶数时，$S_n = 0$；当 n 为奇数时，$S_n = a$. 当 $n \to \infty$ 时，S_n 没有极限，所以它发散.

综合上面的讨论得到：

几何级数$\sum\limits_{n=1}^{\infty} aq^{n-1}$ 当 $|q| < 1$ 时收敛，其和为 $\frac{a}{1-q}$；当 $|q| \geqslant 1$ 时发散. 这一结论可以直接用来判断某些级数的敛散性.

例如，级数

$$\sum_{n=1}^{\infty} \frac{(-1)^{n-1}}{2^{n-1}} = 1 - \frac{1}{2} + \frac{1}{4} - \frac{1}{8} + \cdots + \frac{(-1)^{n-1}}{2^{n-1}} + \cdots$$

公比 $q = -\frac{1}{2}$，$|q| = \frac{1}{2} < 1$，所以它收敛，其和 $S = \dfrac{1}{1-\left(-\frac{1}{2}\right)} = \frac{2}{3}$.

级数

$$\sum_{n=1}^{\infty} 2^{n-1} = 1+2+4+\cdots+2^{n-1}+\cdots$$

公比 $q=2$，所以它发散.

例 2 判定级数

$$\sum_{n=1}^{\infty} \frac{1}{n(n+1)} = \frac{1}{1\times 2}+\frac{1}{2\times 3}+\frac{1}{3\times 4}+\cdots+\frac{1}{n(n+1)}+\cdots$$

的敛散性. 若级数收敛，求此级数的和.

解：由 $\frac{1}{n(n+1)} = \frac{1}{n}-\frac{1}{n+1}$ $(n=1, 2, \cdots)$，得

$$\begin{aligned} S_n &= \frac{1}{1\times 2}+\frac{1}{2\times 3}+\frac{1}{3\times 4}+\cdots+\frac{1}{n(n+1)} \\ &= \left(1-\frac{1}{2}\right)+\left(\frac{1}{2}-\frac{1}{3}\right)+\left(\frac{1}{3}-\frac{1}{4}\right)+\cdots+\left(\frac{1}{n}-\frac{1}{n+1}\right) \\ &= 1-\frac{1}{n+1} \end{aligned}$$

因此
$$S=\lim_{n\to\infty} S_n = \lim_{n\to\infty}\left(1-\frac{1}{n+1}\right)=1$$

所以级数收敛，其和为 1.

例 3 判定级数

$$\sum_{n=1}^{\infty} \ln\frac{n+1}{n} = \ln\frac{2}{1}+\ln\frac{3}{2}+\ln\frac{4}{3}+\cdots+\ln\frac{n+1}{n}+\cdots$$

的敛散性.

解：由 $\ln\frac{n+1}{n} = \ln(n+1)-\ln n$ $(n=1, 2, \cdots)$，得

$$\begin{aligned} S_n &= \ln\frac{2}{1}+\ln\frac{3}{2}+\ln\frac{4}{3}+\cdots+\ln\frac{n+1}{n} \\ &= (\ln 2-\ln 1)+(\ln 3-\ln 2)+\cdots+(\ln(n+1)-\ln n) \\ &= \ln(n+1) \end{aligned}$$

因此
$$\lim_{n\to\infty} S_n = \lim_{n\to\infty}\ln(n+1) = +\infty$$

所以级数发散.

7.2 无穷级数的基本性质

定理 7.1 如果级数

$$\sum_{n=1}^{\infty} u_n = u_1+u_2+\cdots+u_n+\cdots \tag{7.1}$$

与级数
$$\sum_{n=1}^{\infty} v_n = v_1 + v_2 + \cdots + v_n + \cdots \tag{7.2}$$
都收敛，它们的和分别为 S 及 W，则级数

知识点解析
无穷级数的
基本性质

$$\sum_{n=1}^{\infty}(u_n \pm v_n) = (u_1 \pm v_1) + (u_2 \pm v_2) + \cdots + (u_n \pm v_n) + \cdots \tag{7.3}$$
也收敛，且其和为 $S \pm W$.

证：设
$$S_n = u_1 + u_2 + \cdots + u_n, \quad 且\lim_{n\to\infty} S_n = S$$
$$W_n = v_1 + v_2 + \cdots + v_n, \quad 且\lim_{n\to\infty} W_n = W$$
设级数(7.3)的第 n 次部分和为 T_n，则
$$\begin{aligned} T_n &= (u_1 \pm v_1) + (u_2 \pm v_2) + \cdots + (u_n \pm v_n) \\ &= (u_1 + u_2 + \cdots + u_n) \pm (v_1 + v_2 + \cdots + v_n) \\ &= S_n \pm W_n \end{aligned}$$
因此
$$\lim_{n\to\infty} T_n = \lim_{n\to\infty}(S_n \pm W_n) = S \pm W$$
所以
$$\sum_{n=1}^{\infty}(u_n \pm v_n) = S \pm W = \sum_{n=1}^{\infty} u_n \pm \sum_{n=1}^{\infty} v_n$$

定理 7.2　如果级数
$$\sum_{n=1}^{\infty} u_n = u_1 + u_2 + \cdots + u_n + \cdots \tag{7.1}$$
收敛，且其和为 S，则它的每一项都乘以一个不为零的常数 a 后，所得到的级数
$$\sum_{n=1}^{\infty} au_n = au_1 + au_2 + \cdots + au_n + \cdots \tag{7.4}$$
也收敛，且其和为 aS.

证：设级数(7.1)的第 n 次部分和为 S_n，即
$$S_n = u_1 + u_2 + \cdots + u_n$$
且
$$\lim_{n\to\infty} S_n = S$$
设级数(7.4)的第 n 次部分和为 W_n，则
$$\begin{aligned} W_n &= au_1 + au_2 + \cdots + au_n \\ &= a(u_1 + u_2 + \cdots + u_n) \\ &= aS_n \end{aligned}$$
因此
$$\lim_{n\to\infty} W_n = \lim_{n\to\infty} aS_n = aS$$

所以 $$\sum_{n=1}^{\infty} au_n = aS = a\sum_{n=1}^{\infty} u_n$$

由于 $W_n = aS_n$，所以，如果 S_n 没有极限，则 W_n 也没有极限. 由此得到：级数的每一项同乘以不为 0 的常数后，其敛散性不变.

例 1 判定级数 $\sum\limits_{n=1}^{\infty}\left(\dfrac{1}{3^n}+\dfrac{2}{5^n}\right)$ 的敛散性.

解：由 7.1 节的例 1 知，几何级数 $\sum\limits_{n=1}^{\infty}\dfrac{1}{3^n}$ 和 $\sum\limits_{n=1}^{\infty}\dfrac{2}{5^n}$ 都收敛. 根据定理 7.1，级数 $\sum\limits_{n=1}^{\infty}\left(\dfrac{1}{3^n}+\dfrac{2}{5^n}\right)$ 收敛.

例 2 判定级数 $3\ln\dfrac{2}{1}+3\ln\dfrac{3}{2}+3\ln\dfrac{4}{3}+\cdots$ 的敛散性.

解：级数的通项 $u_n = 3\ln\dfrac{n+1}{n}$. 由 7.1 节的例 3 知，级数 $\sum\limits_{n=1}^{\infty}\ln\dfrac{n+1}{n}$ 发散. 根据定理 7.2，级数

$$\sum_{n=1}^{\infty} 3\ln\frac{n+1}{n} = 3\ln\frac{2}{1}+3\ln\frac{3}{2}+3\ln\frac{4}{3}+\cdots$$

也发散.

定理 7.3 在一个级数的前面加上（或去掉）有限项，级数的敛散性不变.

证：对于下面两个级数

$$u_1+u_2+\cdots+u_k+u_{k+1}+u_{k+2}+\cdots+u_{k+m}+\cdots \tag{7.1}$$

及 $$u_{k+1}+u_{k+2}+\cdots+u_{k+m}+\cdots \tag{7.5}$$

显然，级数(7.1)是级数(7.5)的前面加上 k 项（或级数(7.5)是级数(7.1)去掉前面的 k 项）后形成的级数，记

$$A = u_1+u_2+\cdots+u_k$$

级数(7.5)的第 m 次部分和记为

$$W_m = u_{k+1}+u_{k+2}+\cdots+u_{k+m}$$

则级数(7.1)的第 $k+m$ 次部分和为

$$\begin{aligned} S_{k+m} &= u_1+u_2+u_3+\cdots+u_k+u_{k+1}+u_{k+2}+\cdots+u_{k+m} \\ &= A+W_m \end{aligned}$$

由此可知，当 $m\to\infty$ 时，数列 S_{k+m} 与数列 W_m 有相同的敛散性. 因此，级数 $\sum\limits_{n=1}^{\infty}u_n$ 与级数 $\sum\limits_{m=1}^{\infty}u_{k+m}$ 同时收敛或发散.

如果级数$\sum_{n=1}^{\infty}u_n$与级数$\sum_{m=1}^{\infty}u_{k+m}$都收敛，且

$$\lim_{m\to\infty}W_m=W,\qquad \lim_{m\to\infty}S_{k+m}=S$$

则
$$S=A+W\quad 或\quad W=S-A$$

例 3　设级数$\sum_{n=1}^{\infty}u_n$的第n次部分和$S_n=\frac{n}{2n-1}$，判定级数$\sum_{n=1}^{\infty}u_{n+2}$的敛散性. 若级数收敛，求它的和.

解：因为

$$S=\lim_{n\to\infty}S_n=\lim_{n\to\infty}\frac{n}{2n-1}=\frac{1}{2}$$

所以级数$\sum_{n=1}^{\infty}u_n$收敛，其和$S=\frac{1}{2}$. 而级数

$$\begin{aligned}\sum_{n=1}^{\infty}u_{n+2}&=u_3+u_4+\cdots=\sum_{n=1}^{\infty}u_n-(u_1+u_2)\\&=S-(u_1+u_2)\end{aligned}$$

由定理 7.3，级数$\sum_{n=1}^{\infty}u_{n+2}$收敛，其和为$S-(u_1+u_2)$.

又$u_1=S_1=1$，$u_2=S_2-u_1=\frac{2}{3}-1=-\frac{1}{3}$，所以

$$\sum_{n=1}^{\infty}u_{n+2}=S-(u_1+u_2)=\frac{1}{2}-\left(1-\frac{1}{3}\right)=-\frac{1}{6}$$

定理 7.4　如果一个级数收敛，则加括号后所成的级数也收敛，且与原级数有相同的和.

证：设级数$\sum_{n=1}^{\infty}u_n$收敛，且其和为S，即

$$u_1+u_2+\cdots+u_n+\cdots=S$$

设按照某一规律加括号后所成的级数为

$$u_1+(u_2+u_3)+(u_4+u_5+u_6)+\cdots\tag{7.6}$$

用W_m表示级数(7.6)的第m次部分和，用S_n表示级数$\sum_{n=1}^{\infty}u_n$中与W_m相应的第n次部分和，即

$$W_1=S_1,\ W_2=S_3,\ W_3=S_6,\ \cdots,\ W_m=S_n,\ \cdots$$

显然$m<n$，当$m\to\infty$时，$n\to\infty$. 于是

$$\lim_{m\to\infty}W_m=\lim_{n\to\infty}S_n=S$$

反之，如果加括号后所成的级数发散，则原级数也必发散. 因为如果原级数收敛，根据定理 7.4，加括号后的级数也收敛，这与前提矛盾.

发散级数加括号后有可能收敛，即加括号后级数收敛，原级数未必收敛.

例如，发散级数

$$a-a+a-a+\cdots+(-1)^{n-1}a+\cdots$$

相邻两项加括号，得

$$(a-a)+(a-a)+\cdots+(a-a)+\cdots=0$$

收敛.

反过来说，收敛级数去括号后未必仍收敛.

至于正项级数(即各项 $u_n\geqslant 0$，见 7.3 节)，无论加括号或去括号，都不影响它的敛散性.

定理 7.5(收敛的必要条件) 如果级数

$$\sum_{n=1}^{\infty}u_n=u_1+u_2+\cdots+u_n+\cdots$$

收敛，则 $\lim\limits_{n\to\infty}u_n=0$.

证：因为 $u_n=S_n-S_{n-1}$，所以

$$\begin{aligned}\lim_{n\to\infty}u_n&=\lim_{n\to\infty}(S_n-S_{n-1})\\&=\lim_{n\to\infty}S_n-\lim_{n\to\infty}S_{n-1}\\&=S-S=0\end{aligned}$$

由此可知，如果级数的通项不趋于 0，则级数发散.

例 4 级数

$$\sum_{n=1}^{\infty}n^s=1^s+2^s+3^s+\cdots+n^s+\cdots\quad(s>0)$$

由于 $\lim\limits_{n\to\infty}u_n=\lim\limits_{n\to\infty}n^s=+\infty\ (s>0)$，所以它发散.

注意 通项趋于 0 的级数不一定收敛.

例如，级数 $\sum\limits_{n=1}^{\infty}\ln\dfrac{n+1}{n}$ 满足条件

$$\lim_{n\to\infty}u_n=\lim_{n\to\infty}\ln\left(1+\frac{1}{n}\right)=0$$

但是，我们在 7.1 节例 3 中已经证明它是发散级数.

7.3 正项级数

(一) 正项级数收敛的基本定理

如果级数 $\sum_{n=1}^{\infty} u_n = u_1 + u_2 + \cdots + u_n + \cdots$ 满足条件 $u_n \geqslant 0$ ($n = 1$, 2, …)，则称为正项级数.

知识点解析
正项级数

显然，正项级数的部分和数列 S_n 是单调增加数列，即

$$S_1 \leqslant S_2 \leqslant \cdots \leqslant S_{n-1} \leqslant S_n \leqslant \cdots$$

由数列极限的存在准则(见定理 2.12) 可知：如果数列 S_n 有上界，则它收敛；否则，它发散. 因此得到：

定理 7.6　正项级数收敛的充分必要条件是:它的部分和数列 S_n 有界.

(二) 比较判别法

根据定理 7.6，可以建立判定正项级数的敛散性常用的比较判别法.

定理 7.7(比较判别法)　如果两个正项级数

$$\sum_{n=1}^{\infty} u_n = u_1 + u_2 + \cdots + u_n + \cdots \tag{7.1}$$

及

$$\sum_{n=1}^{\infty} v_n = v_1 + v_2 + \cdots + v_n + \cdots \tag{7.2}$$

满足关系式

$$u_n \leqslant cv_n \quad (n = 1, 2, 3, \cdots; c \text{ 是大于 0 的常数})$$

那么

(1) 当级数 (7.2) 收敛时，级数 (7.1) 也收敛；

(2) 当级数 (7.1) 发散时，级数 (7.2) 也发散.

证：设 $S_n = u_1 + u_2 + \cdots + u_n$，$W_n = v_1 + v_2 + \cdots + v_n$，因为 $u_n \leqslant cv_n$，所以 $S_n \leqslant cW_n$. 由定理 7.6 可知：

(1) 如果级数 (7.2) 收敛，则 W_n 有界，因此 S_n 也有界，所以级数 (7.1) 收敛；

(2) 如果级数 (7.1) 发散，则 S_n 无界，因此 W_n 也无界，所以级数 (7.2) 发散.

例 1　判定调和级数

$$\sum_{n=1}^{\infty} \frac{1}{n} = 1 + \frac{1}{2} + \frac{1}{3} + \cdots + \frac{1}{n} + \cdots$$

的敛散性.

解：$\sum_{n=1}^{\infty}\frac{1}{n}=1+\frac{1}{2}+\frac{1}{3}+\frac{1}{4}+\cdots$

$$=\left(1+\frac{1}{2}\right)+\left(\frac{1}{3}+\frac{1}{4}\right)+\left(\frac{1}{5}+\frac{1}{6}+\frac{1}{7}+\frac{1}{8}\right)+\cdots$$

它的各项均大于级数

$$\frac{1}{2}+\left(\frac{1}{4}+\frac{1}{4}\right)+\left(\frac{1}{8}+\frac{1}{8}+\frac{1}{8}+\frac{1}{8}\right)+\cdots$$
$$=\frac{1}{2}+\frac{1}{2}+\frac{1}{2}+\cdots$$

的对应项，而后一个级数是发散的. 所以，由比较判别法可知调和级数

$$\sum_{n=1}^{\infty}\frac{1}{n}=1+\frac{1}{2}+\frac{1}{3}+\cdots+\frac{1}{n}+\cdots$$

发散.

例 2　判定级数

$$\sum_{n=1}^{\infty}\frac{1}{n^p}=1+\frac{1}{2^p}+\frac{1}{3^p}+\cdots+\frac{1}{n^p}+\cdots$$

的敛散性.

解：当 $p\leqslant 1$ 时，$\frac{1}{n^p}\geqslant\frac{1}{n}$. 由例 1 知$\sum_{n=1}^{\infty}\frac{1}{n}$ 发散，所以级数$\sum_{n=1}^{\infty}\frac{1}{n^p}$ 发散.

当 $p>1$ 时，

$$\sum_{n=1}^{\infty}\frac{1}{n^p}=1+\left(\frac{1}{2^p}+\frac{1}{3^p}\right)+\left(\frac{1}{4^p}+\frac{1}{5^p}+\frac{1}{6^p}+\frac{1}{7^p}\right)$$
$$+\left(\frac{1}{8^p}+\cdots+\frac{1}{15^p}\right)+\cdots$$

它的各项均不大于级数

$$1+\left(\frac{1}{2^p}+\frac{1}{2^p}\right)+\left(\frac{1}{4^p}+\frac{1}{4^p}+\frac{1}{4^p}+\frac{1}{4^p}\right)+\left(\frac{1}{8^p}+\cdots+\frac{1}{8^p}\right)+\cdots$$

的对应项，而后一级数是几何级数，公比 $q=\frac{1}{2^{p-1}}<1$，所以收敛，因此级数$\sum_{n=1}^{\infty}\frac{1}{n^p}$ 收敛.

例 2 中的级数 $\sum_{n=1}^{\infty}\frac{1}{n^p}$ 称为 ***p* -级数**.

在应用比较判别法判定一个级数的敛散性时，经常将这个级数与几何级数、调和级数或 p -级数相比较.

例 3　判定级数

$$\sum_{n=1}^{\infty}\frac{1}{n^n}=1+\frac{1}{2^2}+\frac{1}{3^3}+\cdots+\frac{1}{n^n}+\cdots$$

的敛散性.

解：因 $\frac{1}{n^n}\leqslant\frac{1}{2^{n-1}}$，而级数 $\sum_{n=1}^{\infty}\frac{1}{2^{n-1}}$ 收敛于 2，所以所给级数亦收敛，且其和小于 2.

例 4　判定级数

$$\sum_{n=1}^{\infty}\frac{1}{\sqrt{3n^2+n}}=\frac{1}{2}+\frac{1}{\sqrt{3\times4+2}}+\cdots+\frac{1}{\sqrt{3n^2+n}}+\cdots$$

的敛散性.

解：因 $\frac{1}{\sqrt{3n^2+n}}\geqslant\frac{1}{\sqrt{3n^2+n^2}}=\frac{1}{2n}\ (n=1,2,\cdots)$，而调和级数 $\sum_{n=1}^{\infty}\frac{1}{n}$ 发散，级数 $\sum_{n=1}^{\infty}\frac{1}{2n}$ 也发散，由比较判别法知所给级数发散.

例 5　判定级数

$$\sum_{n=1}^{\infty}\frac{1}{\sqrt{4n^3-3}}=1+\frac{1}{\sqrt{4\times8-3}}+\cdots+\frac{1}{\sqrt{4n^3-3}}+\cdots$$

的敛散性.

解：因 $\frac{1}{\sqrt{4n^3-3}}<\frac{1}{\sqrt{4n^3-n^3}}=\frac{1}{\sqrt{3n^3}}\quad(n=2,3,\cdots)$，而级数 $\sum_{n=1}^{\infty}\frac{1}{\sqrt{n^3}}$ 是 $p=\frac{3}{2}>1$ 的 p-级数，一定收敛，所以级数 $\sum_{n=1}^{\infty}\frac{1}{\sqrt{3}}\cdot\frac{1}{\sqrt{n^3}}$ 收敛，从而级数 $\sum_{n=1}^{\infty}\frac{1}{\sqrt{4n^3-3}}$ 收敛.

在应用比较判别法判定所给级数 $\sum_{n=1}^{\infty}u_n$ 的敛散性时，常常需要将级数的通项 u_n 进行放大(或缩小)，以得到适当的不等式关系. 而建立这样的不等式关系有时相当困难. 在实际使用时，比较判别法的下述极限形式更为方便.

推论　设 $\sum_{n=1}^{\infty}u_n$ 与 $\sum_{n=1}^{\infty}v_n$ 均为正项级数，且 $\lim\limits_{n\to\infty}\frac{u_n}{v_n}=l$，

(1) 若 $0<l<+\infty$，则级数 $\sum_{n=1}^{\infty}u_n$ 与 $\sum_{n=1}^{\infty}v_n$ 有相同的敛散性；

(2) 若 $l=0$ 且级数 v_n 收敛，则级数 $\sum_{n=1}^{\infty}u_n$ 收敛；

(3) 若 $l=+\infty$ 且级数 $\sum_{n=1}^{\infty}v_n$ 发散，则级数 $\sum_{n=1}^{\infty}u_n$ 发散.

例 6　判定级数

$$\sum_{n=1}^{\infty}\ln\left(1+\frac{1}{n^2}\right)=\ln(1+1)+\ln\left(1+\frac{1}{4}\right)+\cdots+\ln\left(1+\frac{1}{n^2}\right)+\cdots$$

的敛散性.

解：由 $\ln(1+x)\sim x\ (x\to 0)$ 可知，$\ln\left(1+\frac{1}{n^2}\right)\sim\frac{1}{n^2}\ (n\to\infty)$，所以

$$\lim_{n\to\infty}\frac{\ln\left(1+\frac{1}{n^2}\right)}{\frac{1}{n^2}}=1$$

而 $\sum_{n=1}^{\infty}\frac{1}{n^2}$ 收敛，所以 $\sum_{n=1}^{\infty}\ln\left(1+\frac{1}{n^2}\right)$ 收敛.

（三）比值判别法

下面给出在应用上非常方便的比值判别法.

定理 7.8（达朗贝尔比值判别法）　如果正项级数

$$\sum_{n=1}^{\infty}u_n=u_1+u_2+\cdots+u_n+\cdots\quad(u_n>0,\ n=1,\ 2,\ \cdots)$$

满足条件 $\lim_{n\to\infty}\frac{u_{n+1}}{u_n}=l$，则

(1) 当 $l<1$ 时，级数收敛；

(2) 当 $l>1$（或 $\lim_{n\to\infty}\frac{u_{n+1}}{u_n}=+\infty$）时，级数发散；

(3) 当 $l=1$ 时，不能用此法判定级数的敛散性.

证：(1) 如果 $l<1$，则由极限的定义可知，对 $\varepsilon=\frac{1-l}{2}>0$ 必定存在正整数 N，使当 $n\geqslant N$ 时有

$$\frac{u_{n+1}}{u_n}<l+\varepsilon=\frac{1+l}{2}=q<1$$

因此　$u_{N+1}<qu_N$

$u_{N+2}<qu_{N+1}<q^2u_N$

……

$u_n<qu_{n-1}<\cdots<q^{n-N}u_N$

……

由于 $0<q<1$ 时，几何级数 $\sum_{n=N+1}^{\infty}u_Nq^{n-N}$ 收敛，所以由比较判别法知级数 $\sum_{n=N+1}^{\infty}u_n$ 收敛，再由

定理 7.3 可知级数 $\sum_{n=1}^{\infty} u_n$ 收敛.

(2) 如果 $l > 1$，则对 $\varepsilon = \frac{l-1}{2} > 0$ 必定存在 N，使当 $n \geqslant N$ 时有

$$\frac{u_{n+1}}{u_n} > l - \varepsilon = \frac{l+1}{2} > 1$$

即当 $n \geqslant N$ 时有

$$0 < u_N < u_{N+1} < u_{N+2} < \cdots < u_n < u_{n+1} < \cdots$$

因此当 $n \to \infty$ 时，所给级数的通项 u_n 不趋于 0，所以级数发散.

(3) 如果 $l = 1$，则级数可能收敛也可能发散，故不能用此法判定级数的敛散性.

例如，级数 $\sum_{n=1}^{\infty} \frac{1}{n(n+1)}$ 满足

$$\lim_{n\to\infty} \frac{u_{n+1}}{u_n} = \lim_{n\to\infty} \frac{\frac{1}{(n+1)(n+2)}}{\frac{1}{n(n+1)}} = \lim_{n\to\infty} \frac{n}{n+2} = 1$$

根据 7.1 节例 2 可知它是收敛的.

再如，调和级数 $\sum_{n=1}^{\infty} \frac{1}{n}$ 也满足

$$\lim_{n\to\infty} \frac{u_{n+1}}{u_n} = \lim_{n\to\infty} \frac{\frac{1}{n+1}}{\frac{1}{n}} = \lim_{n\to\infty} \frac{n}{n+1} = 1$$

但它是发散的.

可见当 $l = 1$ 时，不能用达朗贝尔比值判别法判定级数的敛散性.

例 7　判定级数 $\sum_{n=1}^{\infty} \frac{x^n}{n}$　$(x > 0)$ 的敛散性.

解：$\lim_{n\to\infty} \frac{u_{n+1}}{u_n} = \lim_{n\to\infty} \frac{\frac{x^{n+1}}{n+1}}{\frac{x^n}{n}} = \lim_{n\to\infty} \frac{n}{n+1} x = x$

所以级数当 $0 < x < 1$ 时收敛，当 $x \geqslant 1$ 时发散($x = 1$ 时级数成为调和级数).

例 8　判定级数 $\sum_{n=1}^{\infty} \frac{n\cos^2 \frac{n}{3}\pi}{2^n}$ 的敛散性.

解：由于 $\frac{n\cos^2 \frac{n}{3}\pi}{2^n} \leqslant \frac{n}{2^n}$　(因 $\cos^2 \frac{n}{3}\pi \leqslant 1$)，而级数 $\sum_{n=1}^{\infty} \frac{n}{2^n}$ 满足

$$\lim_{n\to\infty}\frac{u_{n+1}}{u_n}=\lim_{n\to\infty}\frac{\dfrac{n+1}{2^{n+1}}}{\dfrac{n}{2^n}}=\lim_{n\to\infty}\frac{1}{2}\cdot\frac{n+1}{n}=\frac{1}{2}$$

因此级数$\sum\limits_{n=1}^{\infty}\dfrac{n}{2^n}$收敛，从而级数$\sum\limits_{n=1}^{\infty}\dfrac{n\cos^2\dfrac{n}{3}\pi}{2^n}$收敛.

(四) 根值判别法

定理 7.9(柯西根值判别法)　如果正项级数

$$\sum_{n=1}^{\infty}u_n=u_1+u_2+\cdots+u_n+\cdots$$

满足条件$\lim\limits_{n\to\infty}\sqrt[n]{u_n}=\rho$，则

(1) 当$\rho<1$时，级数收敛；

(2) 当$\rho>1$（或$\lim\limits_{n\to\infty}\sqrt[n]{u_n}=+\infty$）时，级数发散；

(3) 当$\rho=1$时，不能用此法判定级数的敛散性.

定理7.9的证明与定理7.8的证明类似，这里不再详述. 应注意，当$\rho=1$时，根值判别法失效. 例如，对于级数$\sum\limits_{n=1}^{\infty}\dfrac{1}{n}$和$\sum\limits_{n=1}^{\infty}\dfrac{1}{n^2}$，有

$$\lim_{n\to\infty}\sqrt[n]{\frac{1}{n}}=1,\qquad \lim_{n\to\infty}\sqrt[n]{\frac{1}{n^2}}=1$$

但级数$\sum\limits_{n=1}^{\infty}\dfrac{1}{n}$发散，而级数$\sum\limits_{n=1}^{\infty}\dfrac{1}{n^2}$收敛.

例 9　判定级数$\sum\limits_{n=1}^{\infty}\left(\dfrac{na}{n+1}\right)^n(a>0)$的敛散性.

解：因为

$$\lim_{n\to\infty}\sqrt[n]{u_n}=\lim_{n\to\infty}\sqrt[n]{\left(\frac{na}{n+1}\right)^n}=\lim_{n\to\infty}\frac{na}{n+1}=a$$

所以当$0<a<1$时，级数收敛；当$a>1$时，级数发散；当$a=1$时，根值判别法失效，但此时，有

$$\lim_{n\to\infty}u_n=\lim_{n\to\infty}\left(\frac{n}{n+1}\right)^n=\lim_{n\to\infty}\frac{1}{\left(1+\dfrac{1}{n}\right)^n}=\frac{1}{\mathrm{e}}\neq0$$

所以当$a=1$时，级数发散.

7.4 任意项级数，绝对收敛

本节讨论各项具有任意正负号的级数．首先讨论一种特殊形式．

知识点解析 任意项级数，绝对收敛

正负项相间的级数，称为**交错级数**．它可以用下面的形式给出

$$\sum_{n=1}^{\infty}(-1)^{n-1}u_n = u_1-u_2+u_3-u_4+\cdots+u_{2k-1}-u_{2k}+\cdots \tag{7.7}$$

其中 $u_n>0$ ($n=1, 2, \cdots$).

关于交错级数收敛性的判定，有下面的定理：

定理 7.10(莱布尼茨定理)　如果交错级数 (7.7) 满足条件

(1) $u_n \geqslant u_{n+1}$　($n=1, 2, \cdots$)

(2) $\lim\limits_{n\to\infty} u_n=0$

则级数收敛，其和 $S\leqslant u_1$.

证：将级数的前 $2k$ 项写成下面两种形式：

$$S_{2k}=(u_1-u_2)+(u_3-u_4)+\cdots+(u_{2k-1}-u_{2k})$$

及

$$S_{2k}=u_1-(u_2-u_3)-(u_4-u_5)-\cdots-(u_{2k-2}-u_{2k-1})-u_{2k}$$

由条件(1) 可知，两式中所有括号内的差都非负.

由第一式可知 S_{2k} 随 k 增大而增大，由第二式可知 $S_{2k}\leqslant u_1$，根据极限存在准则，得到

$$\lim_{k\to\infty}S_{2k}=S\leqslant u_1$$

再由 $S_{2k+1}=S_{2k}+u_{2k+1}$ 及条件(2) 得到

$$\lim_{k\to\infty}S_{2k+1}=\lim_{k\to\infty}S_{2k}+\lim_{k\to\infty}u_{2k+1}=S+0=S$$

因此，无论 n 是奇数还是偶数，只要 n 无限增大，S_n 总趋于同一极限 S，所以交错级数 (7.7) 收敛，并且其和 $S\leqslant u_1$. 如果以 S_n 作为级数和 S 的近似值，则误差 $|R_n|\leqslant u_{n+1}$，因为

$$|R_n|=u_{n+1}-u_{n+2}+\cdots$$

也是一个交错级数，并且满足收敛条件，所以其和小于级数的第一项，即 $|R_n|\leqslant u_{n+1}$.

例 1　交错级数

$$\sum_{n=1}^{\infty}(-1)^{n-1}\frac{1}{n}=1-\frac{1}{2}+\frac{1}{3}-\frac{1}{4}+\cdots+\frac{(-1)^{n-1}}{n}+\cdots$$

满足条件

$$1>\frac{1}{2}>\frac{1}{3}>\frac{1}{4}>\cdots>\frac{1}{n}>\frac{1}{n+1}>\cdots$$

及 $$\lim_{n\to\infty}\frac{1}{n}=0$$

所以它收敛，其和小于 $u_1=1$. 如果取前 n 项的和 $S_n=\sum_{k=1}^{\infty}\frac{(-1)^{k-1}}{k}$ 作为 S 的近似值，则 $|R_n|<\frac{1}{n+1}$.

关于一般的既有正项又有负项的任意项级数，有下面的定理：

定理 7.11 如果任意项级数

$$\sum_{n=1}^{\infty}u_n=u_1+u_2+\cdots+u_n+\cdots$$

的各项绝对值组成的级数

$$\sum_{n=1}^{\infty}|u_n|=|u_1|+|u_2|+\cdots+|u_n|+\cdots \tag{7.8}$$

收敛，则原级数也收敛.

证：取

$$v_n=\frac{1}{2}(|u_n|+u_n);\quad w_n=\frac{1}{2}(|u_n|-u_n)\quad (n=1,2,\cdots)$$

即 $$v_n=\begin{cases}|u_n|, & (u_n\geqslant 0)\\ 0, & (u_n<0)\end{cases},\qquad w_n=\begin{cases}0, & (u_n\geqslant 0)\\ |u_n|, & (u_n<0)\end{cases}$$

于是有

$$0\leqslant v_n\leqslant |u_n|;\quad 0\leqslant w_n\leqslant |u_n|$$

由级数(7.8)的收敛性及正项级数的比较判别法知，级数

$$\sum_{n=1}^{\infty}v_n \quad 与 \quad \sum_{n=1}^{\infty}w_n$$

都收敛. 又因为

$$u_n=v_n-w_n$$

所以级数

$$\sum_{n=1}^{\infty}u_n=\sum_{n=1}^{\infty}(v_n-w_n)=\sum_{n=1}^{\infty}v_n-\sum_{n=1}^{\infty}w_n$$

收敛.

如果级数的各项的绝对值所组成的级数收敛，则称此级数**绝对收敛**.

如果级数收敛，而由它的各项绝对值组成的级数发散，则称此级数**条件收敛**.

例如，级数 $\sum_{n=1}^{\infty}\frac{(-1)^{n-1}}{n}$ 收敛，而由它各项绝对值组成的级数 $\sum_{n=1}^{\infty}\left|\frac{(-1)^{n-1}}{n}\right|=\sum_{n=1}^{\infty}\frac{1}{n}$

发散，因此级数$\sum_{n=1}^{\infty}\frac{(-1)^{n-1}}{n}$条件收敛. 显然,级数$\sum_{n=1}^{\infty}(-1)^{n-1}q^{n-1}(0<q<1)$绝对收敛.

由于任意项级数各项的绝对值组成的级数是正项级数，因此，一切判别正项级数敛散性的判别法都可以用来判定任意项级数是否绝对收敛.

对于任意项级数$\sum_{n=1}^{\infty}u_n$，如果$\sum_{n=1}^{\infty}|u_n|$收敛，那么$\sum_{n=1}^{\infty}u_n$绝对收敛. 但当$\sum_{n=1}^{\infty}|u_n|$发散时，我们只能判断$\sum_{n=1}^{\infty}u_n$非绝对收敛，而不能判断它必发散.

定理 7.12　如果任意项级数

$$\sum_{n=1}^{\infty}u_n=u_1+u_2+\cdots+u_n+\cdots$$

满足条件

$$\lim_{n\to\infty}\left|\frac{u_{n+1}}{u_n}\right|=l$$

则当$l<1$时级数绝对收敛，当$l>1$时级数发散.

证：根据定理7.8，当$l<1$时$\sum_{n=1}^{\infty}|u_n|$收敛，所以$\sum_{n=1}^{\infty}u_n$绝对收敛;当$l>1$时，$n\to\infty$，$|u_n|$不可能趋于0，因此u_n也不可能趋于0，所以$\sum_{n=1}^{\infty}u_n$发散.

例2　证明级数

$$\sum_{n=1}^{\infty}(-1)^n\frac{n!}{n^n}=-1+\frac{2!}{2^2}-\frac{3!}{3^3}+\cdots+(-1)^n\frac{n!}{n^n}+\cdots$$

绝对收敛.

证：$$\lim_{n\to\infty}\left|\frac{u_{n+1}}{u_n}\right|=\lim_{n\to\infty}\frac{\frac{(n+1)!}{(n+1)^{n+1}}}{\frac{n!}{n^n}}=\lim_{n\to\infty}\left(\frac{n}{n+1}\right)^n$$

$$=\lim_{n\to\infty}\frac{1}{\left(1+\frac{1}{n}\right)^n}=\frac{1}{\mathrm{e}}<1$$

所以级数绝对收敛.

例3　判定级数$\sum_{n=0}^{\infty}\frac{x^n}{n!}$的敛散性(规定$0!=1$).

解：$$\lim_{n\to\infty}\left|\frac{u_{n+1}}{u_n}\right|=\lim_{n\to\infty}\frac{\frac{|x|^{n+1}}{(n+1)!}}{\frac{|x|^n}{n!}}=\lim_{n\to\infty}\frac{|x|}{n+1}=0$$

所以，此级数对一切$x\in(-\infty,+\infty)$绝对收敛.

根据收敛的必要条件，由例 2、例 3 可以得到

$$\lim_{n\to\infty}\frac{n!}{n^n}=0,\qquad \lim_{n\to\infty}\frac{x^n}{n!}=0$$

例 4　判定级数 $\sum\limits_{n=1}^{\infty}\frac{x^n}{n}$ 的敛散性.

解：$\lim\limits_{n\to\infty}\left|\frac{u_{n+1}}{u_n}\right|=\lim\limits_{n\to\infty}\frac{\frac{|x|^{n+1}}{n+1}}{\frac{|x|^n}{n}}=\lim\limits_{n\to\infty}\frac{n}{n+1}\cdot|x|=|x|$

所以，当 $|x|<1$ 时，级数绝对收敛；当 $|x|>1$ 时，级数发散；当 $x=1$ 时，级数成为调和级数，它发散；当 $x=-1$ 时，级数成为

$$\sum_{n=1}^{\infty}\frac{(-1)^n}{n}=-\sum_{n=1}^{\infty}\frac{(-1)^{n-1}}{n}$$

它条件收敛(见本节例 1).

例 5　判定级数 $\sum\limits_{n=1}^{\infty}nx^{n-1}$ 的敛散性.

解：
$$\begin{aligned}\lim_{n\to\infty}\left|\frac{u_{n+1}}{u_n}\right|&=\lim_{n\to\infty}\frac{(n+1)|x|^n}{n|x|^{n-1}}\\&=\lim_{n\to\infty}\left(1+\frac{1}{n}\right)\cdot|x|=|x|\end{aligned}$$

所以，当 $|x|<1$ 时，级数绝对收敛；当 $|x|\geqslant 1$ 时，级数发散(当 $|x|=1$ 时级数通项不趋于 0).

7.5 幂级数

(一) 幂级数及其收敛半径和收敛域

知识点解析
幂级数的收敛半径和收敛域

形如

$$\sum_{n=0}^{\infty}a_n(x-x_0)^n=a_0+a_1(x-x_0)+a_2(x-x_0)^2+\cdots+a_n(x-x_0)^n+\cdots \tag{7.9}$$

的级数，称为 $(x-x_0)$ 的**幂级数**，其中，a_0，a_1，a_2，…，a_n，… 均是常数，称为幂级数的系数.

当 $x_0=0$ 时，级数 (7.9) 变为

$$\sum_{n=0}^{\infty}a_nx^n=a_0+a_1x+a_2x^2+\cdots+a_nx^n+\cdots \tag{7.10}$$

称为 x 的幂级数，它的每一项都是 x 的幂函数. 将级数（7.9）中的 $x-x_0$ 换成 x，则级数（7.9）就变为级数（7.10）. 因此，下面主要讨论形如（7.10）的幂级数.

对于幂级数（7.10），给定 $x=x_0$ 时，级数成为

$$\sum_{n=0}^{\infty} a_n x_0^n = a_0 + a_1 x_0 + a_2 x_0^2 + \cdots + a_n x_0^n + \cdots$$

如果 $\sum\limits_{n=0}^{\infty} a_n x_0^n$ 收敛，则称 x_0 为级数 $\sum\limits_{n=0}^{\infty} a_n x^n$ 的收敛点；如果 $\sum\limits_{n=0}^{\infty} a_n x_0^n$ 发散，则称 x_0 为级数 $\sum\limits_{n=0}^{\infty} a_n x^n$ 的发散点. 全体收敛点构成的集合称为幂级数 $\sum\limits_{n=0}^{\infty} a_n x^n$ 的**收敛域**.

首先讨论幂级数的收敛域：将级数(7.10) 的各项取绝对值，得正项级数

$$\sum_{n=0}^{\infty} |a_n x^n| = |a_0| + |a_1 x| + |a_2 x^2| + \cdots + |a_n x^n| + \cdots \tag{7.11}$$

如果设 $\lim\limits_{n\to\infty}\left|\dfrac{a_{n+1}}{a_n}\right| = l$，则

$$\lim_{n\to\infty}\left|\frac{a_{n+1}x^{n+1}}{a_n x^n}\right| = l|x|$$

于是，由比值判别法(定理 7.12) 可知：

(1) 如果 $l|x|<1\ (l\neq 0)$，即 $|x|<\dfrac{1}{l}=R$，则级数（7.10）绝对收敛；

(2) 如果 $l|x|>1$，即 $|x|>\dfrac{1}{l}=R$，则级数（7.10）发散；

(3) 如果 $l|x|=1$，即 $|x|=\dfrac{1}{l}=R$，则比值法失效，需另行判定；

(4) 如果 $l=0$，则 $l|x|=0<1$，这时级数（7.10）对任何 x 都收敛.

由上面的分析可知，幂级数（7.10）在一个以原点为中心从 $-R$ 到 R 的区间内绝对收敛，区间 $(-R, R)$ 称为幂级数（7.10）的**收敛区间**，其中 $R=\dfrac{1}{l}$ 称为幂级数的**收敛半径**.

如果幂级数（7.10）除点 $x=0$ 外，对一切 $x\neq 0$ 都发散，则规定 $R=0$，此时幂级数（7.10）的收敛域为点 $x=0$. 例如，级数

$$\sum_{n=0}^{\infty} n!x^n = 1 + 1!x + 2!x^2 + \cdots + n!x^n + \cdots$$

由于

$$\lim_{n\to\infty}\left|\frac{u_{n+1}}{u_n}\right| = \lim_{n\to\infty}\frac{n!|x|^n}{(n-1)!|x|^{n-1}} = \lim_{n\to\infty} n|x| > 1 \quad (x\neq 0\text{ 时})$$

所以此级数对任何 $x\neq 0$ 都发散.

如果幂级数（7.10）对任何 x 都收敛，则记作 $R=+\infty$，此时式（7.10）的收敛域为

$(-\infty, +\infty)$. 例如前面已讲述的级数 $\sum_{n=0}^{\infty}\frac{x^n}{n!}$ 对任何 x 都绝对收敛，所以此级数收敛域为 $(-\infty, +\infty)$.

当 $0<R<+\infty$ 时，要对点 $x=\pm R$ 处级数的敛散情况专门讨论，以确定收敛域是开区间，还是闭区间或半开区间.

求幂级数（7.10）的收敛域的步骤是：首先求出收敛半径 R，如果 $0<R<+\infty$，则再判断 $x=\pm R$ 时幂级数（7.10）的敛散性，最后写出收敛域. 收敛域可能是下述区间之一：

$$(-R, R), (-R, R], [-R, R), [-R, R]$$

综上所述，得到求幂级数(7.10) 的收敛半径的定理：

定理 7.13 如果幂级数

$$\sum_{n=0}^{\infty}a_nx^n = a_0+a_1x+a_2x^2+\cdots+a_nx^n+\cdots$$

的系数满足条件

$$\lim_{n\to\infty}\left|\frac{a_{n+1}}{a_n}\right| = l$$

则(1) 当 $0<l<+\infty$ 时，$R=\frac{1}{l}$；

(2) 当 $l=0$ 时，$R=+\infty$；

(3) 当 $l=+\infty$ 时，$R=0$.

例 1 求级数

$$\sum_{n=1}^{\infty}\frac{(-1)^{n-1}x^n}{n} = x-\frac{x^2}{2}+\frac{x^3}{3}-\cdots+(-1)^{n-1}\frac{x^n}{n}+\cdots$$

的收敛半径和收敛域.

解：由

$$\lim_{n\to\infty}\left|\frac{a_{n+1}}{a_n}\right| = \lim_{n\to\infty}\frac{\frac{1}{n+1}}{\frac{1}{n}} = \lim_{n\to\infty}\frac{n}{n+1} = 1$$

得到收敛半径 $R=1$.

当 $x=-1$ 时，它成为调和级数 $\sum_{n=1}^{\infty}\frac{(-1)^{2n-1}}{n} = -\sum_{n=1}^{\infty}\frac{1}{n}$，该级数发散；当 $x=1$ 时，它成为交错级数 $\sum_{n=1}^{\infty}\frac{(-1)^{n-1}}{n}$，该级数收敛. 所以，题设级数的收敛域为 $(-1, 1]$.

例 2　求级数

$$\sum_{n=1}^{\infty}(-1)^{n-1}x^{n-1}=1-x+x^2-\cdots+(-1)^{n-1}x^{n-1}+\cdots \tag{7.12}$$

的收敛半径和收敛域.

解：由

$$\lim_{n\to\infty}\left|\frac{a_{n+1}}{a_n}\right|=1$$

得到收敛半径 $R=1$.

当 $|x|\geqslant 1$ 时，级数 $\sum\limits_{n=1}^{\infty}(-1)^{n-1}x^{n-1}$ 发散；

当 $|x|<1$ 时，级数 $\sum\limits_{n=1}^{\infty}(-1)^{n-1}x^{n-1}$ 收敛.

所以收敛域为 $(-1, 1)$.

当 x 在收敛域 $(-1, 1)$ 内取定每一个值时，级数(7.12)都有一个确定的和 $\dfrac{1}{1+x}$ 与之对应，故在区间 $(-1, 1)$ 内级数(7.12)的和是 x 的一个函数，这个函数称为级数(7.12)的**和函数**，记作 $S(x)$.

例 3　求级数 $\sum\limits_{n=1}^{\infty}\dfrac{x^n}{n^n}$ 的收敛半径和收敛域.

解：由

$$\lim_{n\to\infty}\left|\frac{a_{n+1}}{a_n}\right|=\lim_{n\to\infty}\frac{\dfrac{1}{(n+1)^{n+1}}}{\dfrac{1}{n^n}}=\lim_{n\to\infty}\frac{1}{n+1}\cdot\frac{1}{\left(1+\dfrac{1}{n}\right)^n}$$

$$=0\cdot\frac{1}{\mathrm{e}}=0$$

得到收敛半径 $R=+\infty$，收敛域为 $(-\infty, +\infty)$.

例 4　求级数 $\sum\limits_{n=1}^{\infty}\dfrac{(2x+1)^n}{n}$ 的收敛半径和收敛域.

解：设 $t=2x+1$，原级数成为 $\sum\limits_{n=1}^{\infty}\dfrac{t^n}{n}$. 由

$$\lim_{n\to\infty}\left|\frac{a_{n+1}}{a_n}\right|=\lim_{n\to\infty}\frac{\dfrac{1}{n+1}}{\dfrac{1}{n}}=\lim_{n\to\infty}\frac{n}{n+1}=1$$

可知，当 $|t|<1$，即 $\left|x+\dfrac{1}{2}\right|<\dfrac{1}{2}$ 时，原级数 $\sum\limits_{n=1}^{\infty}\dfrac{(2x+1)^n}{n}$ 绝对收敛；当 $|t|>1$，即

$\left|x+\frac{1}{2}\right|>\frac{1}{2}$ 时，原级数发散. 所以，原级数的收敛半径 $R=\frac{1}{2}$，收敛区间为 $(-1,0)$. 这是关于点 $x=-\frac{1}{2}$ 对称的区间.

当 $x=-1$ 时，它成为交错级数 $\sum\limits_{n=1}^{\infty}\frac{(-1)^n}{n}$，该级数收敛；

当 $x=0$ 时，它成为调和级数 $\sum\limits_{n=1}^{\infty}\frac{1}{n}$，该级数发散.

因此，给定级数的收敛域为 $[-1,0)$.

例 5 求级数 $\sum\limits_{n=1}^{\infty}(-1)^{n-1}\frac{3^n x^{2n}}{n}$ 的收敛半径和收敛域.

解：原级数中缺少 x，x^3，… 等项，可直接利用比值判别法（定理 7.12）：

$$
\begin{aligned}
\lim_{n\to\infty}\left|\frac{u_{n+1}}{u_n}\right| &= \lim_{n\to\infty}\left|\frac{(-1)^n 3^{n+1}x^{2(n+1)}}{n+1}\cdot\frac{n}{(-1)^{n-1}3^n x^{2n}}\right| \\
&= \lim_{n\to\infty}\frac{3n}{n+1}\cdot x^2 \\
&= 3x^2
\end{aligned}
$$

所以，当 $3x^2<1$，即 $|x|<\frac{1}{\sqrt{3}}$ 时，原级数绝对收敛；当 $3x^2>1$，即 $|x|>\frac{1}{\sqrt{3}}$ 时，原级数发散. 因此原级数的收敛半径 $R=\frac{1}{\sqrt{3}}$，收敛区间为 $\left(-\frac{1}{\sqrt{3}},\frac{1}{\sqrt{3}}\right)$.

当 $x=\pm\frac{1}{\sqrt{3}}$ 时，原级数为 $\sum\limits_{n=1}^{\infty}(-1)^{n-1}\frac{1}{n}$，这是收敛的交错级数，所以原级数的收敛域为 $\left[-\frac{1}{\sqrt{3}},\frac{1}{\sqrt{3}}\right]$.

（二）幂级数的性质

下面给出幂级数运算的几个性质，但不予证明.

(1) 如果幂级数

$$
f(x)=\sum_{n=0}^{\infty}a_n x^n \quad \text{和} \quad g(x)=\sum_{n=0}^{\infty}b_n x^n
$$

的收敛半径分别为 $R_1>0$ 和 $R_2>0$，则

$$
\sum_{n=0}^{\infty}a_n x^n \pm \sum_{n=0}^{\infty}b_n x^n=\sum_{n=0}^{\infty}(a_n\pm b_n)x^n=f(x)\pm g(x) \tag{7.13}
$$

幂级数 (7.13) 的收敛半径 $R=\min\{R_1, R_2\}$.

(2) 如果幂级数 $f(x)=\sum\limits_{n=0}^{\infty}a_n x^n$ 的收敛半径 $R>0$，则在收敛区间 $(-R,R)$ 内，它的

和函数 $S(x)$ 是连续函数.

（3）对于幂级数 $f(x)=\sum\limits_{n=0}^{\infty}a_nx^n$ 的收敛区间 $(-R,R)$ 内的任意一点 x，有

$$\int_0^x f(x)\mathrm{d}x=\int_0^x\left(\sum_{n=0}^{\infty}a_nx^n\right)\mathrm{d}x=\sum_{n=0}^{\infty}\int_0^x a_nx^n\mathrm{d}x$$

$$=\sum_{n=0}^{\infty}\frac{a_n}{n+1}x^{n+1}\quad(-R<x<R)\tag{7.14}$$

即幂级数在其收敛区间内可以逐项积分，并且积分后级数的收敛半径也是 R.

（4）对于幂级数 $f(x)=\sum\limits_{n=0}^{\infty}a_nx^n$ 的收敛区间 $(-R,R)$ 内的任一点 x，有

$$f'(x)=\left(\sum_{n=0}^{\infty}a_nx^n\right)'=\sum_{n=0}^{\infty}(a_nx^n)'$$

$$=\sum_{n=1}^{\infty}na_nx^{n-1}\quad(-R<x<R)\tag{7.15}$$

即幂级数在它的收敛区间内可以逐项微分，并且微分后级数的收敛半径也是 R.

如果逐项积分或逐项微分后的幂级数当 $x=+R$ 或 $x=-R$ 时收敛，则在 $x=R$ 或 $x=-R$ 处等式 (7.14) 和等式 (7.15) 仍然成立.

例 6　求幂级数 $\sum\limits_{n=1}^{\infty}nx^{n-1}$ 的收敛域及和函数，并求级数 $\sum\limits_{n=1}^{\infty}\frac{n}{2^n}$ 的和.

解：由

$$\lim_{n\to\infty}\left|\frac{a_{n+1}}{a_n}\right|=\lim_{n\to\infty}\frac{n+1}{n}=1$$

得到收敛半径 $R=1$.

当 $x=1$ 时，级数成为 $\sum\limits_{n=1}^{\infty}n$，通项不趋于0，因此它发散；同理，当 $x=-1$ 时，级数也发散，所以收敛域为 $(-1,1)$.

设和函数为

$$S(x)=1+2x+3x^2+\cdots+nx^{n-1}+\cdots$$

两边由 0 到 x 积分，得

$$\int_0^x S(t)\mathrm{d}t=x+x^2+x^3+\cdots+x^n+\cdots$$

$$=x(1+x+x^2+\cdots+x^n+\cdots)$$

$$=\frac{x}{1-x}=\frac{1}{1-x}-1$$

两边对 x 求导，即得 $S(x)$.

$$\frac{\mathrm{d}}{\mathrm{d}x}\int_0^x S(t)\mathrm{d}t = \left(\frac{1}{1-x}-1\right)'_x = \frac{1}{(1-x)^2}$$

所以 $$S(x) = \sum_{n=1}^{\infty} nx^{n-1} = \frac{1}{(1-x)^2}$$

取 $x=\frac{1}{2}$，则有

$$\sum_{n=1}^{\infty} n\left(\frac{1}{2}\right)^{n-1} = \frac{1}{\left(1-\frac{1}{2}\right)^2} = 4$$

所以 $$\sum_{n=1}^{\infty} n\left(\frac{1}{2}\right)^{n} = \frac{1}{2}\cdot 4 = 2$$

7.6 泰勒公式与泰勒级数

（一）泰勒公式

由 3.5 节（五）中式(3.27) 可以得到近似公式

$$f(x)\approx f(x_0)+f'(x_0)(x-x_0) \quad （当 |x-x_0| 很小时）$$

从几何上看，这是在点 x_0 附近用切线的一段近似地代替曲线弧. 这个近似公式略掉了一个关于 $(x-x_0)$ 的高阶无穷小量（$x\to x_0$ 时）.

$$f(x) = f(x_0)+f'(x_0)(x-x_0)+o(x-x_0)$$

当 $|x-x_0|$ 的值很小，且实际要求的精确度不是很高时，可以用

$$f(x)\approx f(x_0)+f'(x_0)(x-x_0)$$

进行近似计算，其误差为

$$R(x) = f(x)-f(x_0)-f'(x_0)(x-x_0)$$

可以求出

$$R(x) = \frac{f''(\xi)}{2!}(x-x_0)^2,\ \xi\in(x_0, x)$$

如果需要精确度更高些，可将 $x-x_0$ 的高阶无穷小量分解成两部分

$$o(x-x_0) = a_2(x-x_0)^2+o((x-x_0)^2) \quad (x\to x_0 时)$$

保留与 $(x-x_0)^2$ 同阶的无穷小量，略掉 $(x-x_0)^2$ 的高阶无穷小量，这时有

$$f(x)\approx f(x_0)+f'(x_0)(x-x_0)+a_2(x-x_0)^2$$

依此类推，为了达到一定精确度的要求，可考虑用 n 次多项式 $P(x)$ 近似表示 $f(x)$. 当

$|x-x_0|$ 很小时，将多项式 $P(x)$ 写成关于 $(x-x_0)$ 的方幂展开式的形式

$$P(x)=a_0+a_1(x-x_0)+a_2(x-x_0)^2+\cdots+a_n(x-x_0)^n \tag{7.16}$$

其中，a_0，a_1，a_2，…，a_n 是待定系数.

我们知道 $P(x)$ 具有任意阶的连续导数，我们对式(7.16)两边逐次求一阶到 n 阶导数，并令 $x=x_0$，可得

$$P(x_0)=a_0,\quad P'(x_0)=a_1,\quad P''(x_0)=2!a_2,\cdots,$$
$$P^{(n)}(x_0)=n!a_n$$

于是 $P(x)$ 可以写成

$$P(x)=P(x_0)+P'(x_0)(x-x_0)+\frac{P''(x_0)}{2!}(x-x_0)^2+\cdots+\frac{P^{(n)}(x_0)}{n!}(x-x_0)^n \tag{7.17}$$

如果一个函数 $f(x)$ 在 $x=x_0$ 处的一阶到 n 阶导数都存在，则可以做出一个多项式

$$P_n(x)=f(x_0)+f'(x_0)(x-x_0)+\frac{f''(x_0)}{2!}(x-x_0)^2+\cdots+\frac{f^{(n)}(x_0)}{n!}(x-x_0)^n$$

$P_n(x)$ 不一定等于 $f(x)$，但它可以近似地表示 $f(x)$，它的近似程度应该由误差 $|R_n(x)|=|f(x)-P_n(x)|$ 来确定. 设

$$R_n(x)=\frac{k}{(n+1)!}(x-x_0)^{n+1}$$

如果能确定 k 的值，则 $R_n(x)$ 就确定了.

定理 7.14(泰勒中值定理)　如果函数 $f(x)$ 在含有点 x_0 的区间 (a,b) 内有一阶到 $n+1$ 阶的连续导数，则当 x 取区间 (a,b) 内任何值时，$f(x)$ 可以按 $(x-x_0)$ 的方幂展开为

$$f(x)=f(x_0)+f'(x_0)(x-x_0)+\frac{f''(x_0)}{2!}(x-x_0)^2+\cdots+\frac{f^{(n)}(x_0)}{n!}(x-x_0)^n+R_n(x) \tag{7.18}$$

其中

$$R_n(x)=\frac{f^{(n+1)}(\xi)}{(n+1)!}(x-x_0)^{n+1}\quad(\xi\text{ 在 }x_0\text{ 与 }x\text{ 之间}) \tag{7.19}$$

公式(7.18)称为函数 $f(x)$ 的**泰勒公式**，余项式(7.19)称为**拉格朗日型余项**.

证：因为 $f(x)$ 在 (a,b) 内有一阶到 n 阶的连续导数，对于 $x_0\in(a,b)$，可以将 $f(x)$ 写成

$$f(x)=f(x_0)+f'(x_0)(x-x_0)+\frac{f''(x_0)}{2!}(x-x_0)^2+\cdots$$

$$+\frac{f^{(n)}(x_0)}{n!}(x-x_0)^n+\frac{k}{(n+1)!}(x-x_0)^{n+1}$$

为了求出 k 的值，引进辅助函数

$$\varphi(t)=f(x)-f(t)-f'(t)(x-t)-\frac{f''(t)}{2!}(x-t)^2-\cdots$$
$$-\frac{f^{(n)}(t)}{n!}(x-t)^n-\frac{k}{(n+1)!}(x-t)^{n+1}$$

显然 $\varphi(x_0)=\varphi(x)=0$；$\varphi(t)$ 在区间 $[x_0, x]$ 上连续(此处设 $x_0<x$)，在区间 (x_0, x) 内可导. 由罗尔中值定理可知，至少存在一点 $\xi\in(x_0, x)$，使得 $\varphi'(\xi)=0$，因为

$$\begin{aligned}\varphi'(t)=&-f'(t)-[f''(t)(x-t)-f'(t)]\\&-\left[\frac{f'''(t)}{2!}(x-t)^2-f''(t)(x-t)\right]\\&-\left[\frac{f^{(4)}(t)}{3!}(x-t)^3-\frac{f'''(t)}{2!}(x-t)^2\right]-\cdots\\&-\left[\frac{f^{(n+1)}(t)}{n!}(x-t)^n-\frac{f^{(n)}(t)}{(n-1)!}(x-t)^{(n-1)}\right]\\&+\frac{k}{n!}(x-t)^n\end{aligned}$$

化简整理后，得

$$\varphi'(t)=\frac{(x-t)^n}{n!}[k-f^{(n+1)}(t)]$$

因此

$$\frac{(x-\xi)^n}{n!}[k-f^{(n+1)}(\xi)]=0$$

由于 $(x-\xi)^n\neq0$，所以 $k-f^{(n+1)}(\xi)=0$，即 $k=f^{(n+1)}(\xi)$，于是得到

$$R_n(x)=\frac{f^{(n+1)}(\xi)}{(n+1)!}(x-x_0)^{n+1}\quad(\xi\text{ 在 }x_0\text{ 与 }x\text{ 之间})$$

在式(7.18)中，当 $n=0$ 时得到

$$f(x)=f(x_0)+f'(\xi)(x-x_0)$$

这就是拉格朗日中值定理，所以泰勒中值定理是它的推广.

特别地，当 $x_0=0$ 时，公式(7.18)成为

$$f(x)=f(0)+f'(0)x+\frac{f''(0)}{2!}x^2+\cdots+\frac{f^{(n)}(0)}{n!}x^n+R_n(x)\tag{7.20}$$

其中

$$R_n(x)=\frac{f^{(n+1)}(\xi)}{(n+1)!}x^{n+1}$$

或令 $\xi=\theta x$，$0<\theta<1$，则

$$R_n(x)=\frac{f^{(n+1)}(\theta x)}{(n+1)!}x^{n+1}$$

公式（7.20）称为**麦克劳林公式**.

（二）泰勒级数

如果函数 $f(x)$ 在区间 (a, b) 内各阶导数都存在，则对于任意的正整数 n，泰勒公式（7.18）都成立．当 $n\to\infty$ 时，如果 $R_n(x)\to 0$，则得

$$f(x)=\lim_{n\to\infty}\left[f(x_0)+f'(x_0)(x-x_0)+\frac{f''(x_0)}{2!}(x-x_0)^2+\cdots+\frac{f^{(n)}(x_0)}{n!}(x-x_0)^n\right]$$

由于上式右端方括号内的式子是级数

$$\sum_{n=0}^{\infty}\frac{f^{(n)}(x_0)}{n!}(x-x_0)^n$$

的前 $n+1$ 项组成的部分和式，所以此级数收敛，且以 $f(x)$ 为其和．因此，函数 $f(x)$ 可以写为

$$f(x)=\sum_{n=0}^{\infty}\frac{f^{(n)}(x_0)}{n!}(x-x_0)^n \tag{7.21}$$

它叫作函数 $f(x)$ 的**泰勒级数**.

特别地，当 $x_0=0$ 时，公式（7.21）成为

$$f(x)=\sum_{n=0}^{\infty}\frac{f^{(n)}(0)}{n!}x^n \tag{7.22}$$

它称为函数 $f(x)$ 的**麦克劳林级数**.

7.7 某些初等函数的幂级数展开式

由上面的讨论可知，对区间 $[a, b]$ 内的一个特定值 x_0，一个函数 $f(x)$ 是否可以展开成为一个幂级数，取决于它的各阶导数在 $x=x_0$ 时是否存在，以及当 $n\to\infty$ 时，余项 $R_n(x)$ 是否趋于 0．下面，将一些初等函数展开为幂级数.

（一）直接展开法

利用泰勒公式或麦克劳林公式，将函数 $f(x)$ 展开为幂级数．将 $f(x)$ 展开成麦克劳林

幂级数的步骤如下：

（1）求出 $f(x)$ 在 $x=0$ 的各阶导数值 $f^{(n)}(0)$，若函数 $f(x)$ 在 $x=0$ 的某阶导数不存在，则 $f(x)$ 不能展开为幂级数.

（2）写出幂级数（7.22），并求出其收敛域.

（3）考察在收敛域内余项 $R_n(x)$ 的极限

$$\lim_{n\to\infty}\frac{f^{(n+1)}(\theta x)}{(n+1)!}x^{n+1}$$

是否为 0，若为 0，则幂级数（7.22）在此收敛域内等于函数 $f(x)$；若不为 0，则幂级数（7.22）虽然收敛，但它的和也不是 $f(x)$.

例 1　将函数 $f(x)=\mathrm{e}^x$ 展开成 x 的幂级数.

解：因为 $f^{(n)}(x)=\mathrm{e}^x$，所以 $f^{(n)}(0)=1$，得

$$\sum_{n=0}^{\infty}\frac{f^{(n)}(0)}{n!}x^n=\sum_{n=0}^{\infty}\frac{x^n}{n!}$$

其收敛域为 $(-\infty,+\infty)$，再由

$$\lim_{n\to\infty}|R_n(x)|=\lim_{n\to\infty}\left|\frac{\mathrm{e}^{\theta x}}{(n+1)!}x^{n+1}\right|<\lim_{n\to\infty}\mathrm{e}^{|x|}\frac{|x|^{n+1}}{(n+1)!}$$

因 $\mathrm{e}^{|x|}$ 是有限数，$\dfrac{|x|^{n+1}}{(n+1)!}$ 是级数 $\sum\limits_{n=0}^{\infty}\dfrac{x^n}{n!}(-\infty<x<+\infty)$ 的通项，所以对任意 x 上式均成立. 因此得到

$$\mathrm{e}^x=\sum_{n=0}^{\infty}\frac{x^n}{n!}\quad(-\infty<x<+\infty)\tag{7.23}$$

例 2　将函数 $\sin x$ 展开成 x 的幂级数.

解：因为 $f^{(n)}(x)=\sin\left(x+\dfrac{n}{2}\pi\right)$，所以

$$\begin{aligned}&f(0)=0,\ f'(0)=1,\ f''(0)=0,\ f'''(0)=-1,\ \cdots,\\&f^{(2k)}(0)=0,\ f^{(2k+1)}(0)=(-1)^k,\ \cdots\end{aligned}$$

得

$$\begin{aligned}\sum_{n=0}^{\infty}\frac{f^{(n)}(0)}{n!}x^n&=\sum_{k=0}^{\infty}(-1)^k\frac{x^{2k+1}}{(2k+1)!}\\&=x-\frac{x^3}{3!}+\frac{x^5}{5!}-\cdots+(-1)^k\frac{x^{2k+1}}{(2k+1)!}+\cdots\end{aligned}$$

因为

$$\begin{aligned}\lim_{k\to\infty}\left|\frac{u_{k+1}}{u_k}\right|&=\lim_{k\to\infty}\frac{(2k-1)!}{(2k+1)!}|x|^2\\&=\lim_{k\to\infty}\frac{1}{2k(2k+1)}|x|^2\\&=0\end{aligned}$$

所以它的收敛域为 $(-\infty,+\infty)$.

又 $\lim\limits_{k\to\infty}|R_n(x)|=\lim\limits_{k\to\infty}\left|\sin\left(\theta x+\frac{(2k+3)\pi}{2}\right)\cdot\frac{x^{2k+3}}{(2k+3)!}\right|$

$$\leqslant\lim_{k\to\infty}\frac{|x|^{2k+3}}{(2k+3)!}=0$$

对任意 x 都成立，所以得到

$$\sin x=\sum_{n=0}^{\infty}(-1)^n\frac{x^{2n+1}}{(2n+1)!}\quad(-\infty<x<+\infty)\tag{7.24}$$

例 3　函数 $f(x)=(1+x)^{\alpha}$ 的幂级数展开式是一个重要的展开式，下面略去过程，给出 $f(x)$ 的麦克劳林级数展开式：

$$\begin{aligned}(1+x)^{\alpha}&=1+\alpha x+\frac{\alpha(\alpha-1)}{2!}x^2+\cdots\\&\quad+\frac{\alpha(\alpha-1)(\alpha-2)\cdots(\alpha-k+1)}{k!}x^k+\cdots\\&=1+\sum_{k=1}^{\infty}\frac{\alpha(\alpha-1)\cdots(\alpha-k+1)}{k!}x^k\quad(-1<x<1)\end{aligned}\tag{7.25}$$

其中 α 是实数. 这个级数称为二项式级数. 由于

$$\lim_{n\to\infty}\left|\frac{a_{n+1}}{a_n}\right|=1$$

故这个级数的收敛区间为 $(-1,1)$. 当 $x=\pm1$ 时，级数能否表示为 $(1+x)^{\alpha}$ 的形式取决于 α 的值.

可以证明：当 $\alpha\leqslant-1$ 时，收敛域为 $(-1,1)$；当 $-1<\alpha<0$ 时，收敛域为 $(-1,1]$；当 $\alpha>0$ 时，收敛域为 $[-1,1]$. 例如：

当 $\alpha=-1$ 时，由式 (7.25) 得到

$$\begin{aligned}&(1+x)^{-1}=\frac{1}{1+x}\\&=1-x+x^2-\cdots+(-1)^n x^n+\cdots\quad(-1<x<1)\end{aligned}\tag{7.26}$$

当 $\alpha=\dfrac{1}{2}$ 时，由式 (7.25) 得到

$$\begin{aligned}&\sqrt{1+x}=(1+x)^{\frac{1}{2}}\\&=1+\frac{1}{2}x-\frac{1}{2\cdot4}x^2+\frac{1\cdot3}{2\cdot4\cdot6}x^3+\cdots\quad(-1\leqslant x\leqslant1)\end{aligned}\tag{7.27}$$

特别地，当 α 是正整数 n 时，由式 (7.25) 可以看出含 x^n 项以后各项的系数都为 0. 这样得到二项式公式

$$(1+x)^n=1+nx+\frac{n(n-1)}{2!}x^2+\cdots+nx^{n-1}+x^n$$

(二) 间接展开法

间接展开法是以一些函数的幂级数展开式（式(7.23)～式 (7.26)）为基础，利用幂级

数的性质、变量变换等方法，求出函数的幂级数展开式.

例 4 将函数 $\ln(1+x)$ 展开成 x 的幂级数.

解：由式 (7.26) 可知，

$$\frac{1}{1+x}=1-x+x^2-\cdots+(-1)^n x^n+\cdots \quad (-1<x<1)$$

上式两边分别从 0 到 x 逐项积分，得

$$\begin{aligned}\ln(1+x)&=\int_0^x \frac{\mathrm{d}t}{1+t}\\&=x-\frac{1}{2}x^2+\frac{1}{3}x^3-\cdots+(-1)^{n-1}\frac{1}{n}x^n+\cdots\end{aligned} \tag{7.28}$$

可以证明：在 $x=1$ 处上式仍成立，因此收敛域为 $(-1,1]$.

例 5 将函数 $\arctan x$ 展开成 x 的幂级数.

解：将式 (7.26) 中的 x 换成 x^2，有

$$\frac{1}{1+x^2}=1-x^2+x^4-\cdots+(-1)^{n-1}x^{2n-2}+\cdots$$

上式两边分别从 0 到 x 逐项积分，得

$$\arctan x=x-\frac{1}{3}x^3+\frac{1}{5}x^5-\cdots+(-1)^{n-1}\frac{x^{2n-1}}{2n-1}+\cdots \tag{7.29}$$

当 $x=1$ 时，它是交错级数 $\sum\limits_{n=1}^{\infty}(-1)^{n-1}\dfrac{1}{2n-1}$，收敛；

当 $x=-1$ 时，它是交错级数 $\sum\limits_{n=1}^{\infty}(-1)^{n}\dfrac{1}{2n-1}$，收敛.

因此，级数 (7.29) 的收敛域为 $[-1,1]$.

例 6 将函数 $\cos x$ 展开成 x 的幂级数.

解：因为 $(\sin x)'=\cos x$，利用式 (7.24) 得

$$\begin{aligned}\cos x=(\sin x)'&=\left[\sum_{n=0}^{\infty}(-1)^n\frac{x^{2n+1}}{(2n+1)!}\right]'\\&=\sum_{n=0}^{\infty}(-1)^n\frac{x^{2n}}{(2n)!}\\&=1-\frac{x^2}{2!}+\frac{x^4}{4!}-\cdots+(-1)^n\frac{x^{2n}}{(2n)!}+\cdots \quad (-\infty<x<+\infty)\end{aligned} \tag{7.30}$$

例 7 将函数 $\mathrm{e}^{-\frac{x}{3}}$ 展开成 x 的幂级数.

解：将展开式 (7.23) 中的 x 换成 $-\dfrac{x}{3}$，得

$$e^{-\frac{x}{3}}=\sum_{n=0}^{\infty}(-1)^n\frac{1}{n!}\left(\frac{x}{3}\right)^n$$

$$=1-\frac{x}{3}+\frac{1}{2!}\left(\frac{x}{3}\right)^2-\cdots+(-1)^n\frac{1}{n!}\left(\frac{x}{3}\right)^n+\cdots\quad(-\infty<x<+\infty)$$

例 8　将函数 $\sin^2 x$ 展开成 x 的幂级数.

解：因为 $\sin^2 x=\frac{1}{2}(1-\cos 2x)$，于是利用式 (7.30)，将其中的 x 换成 $2x$，得到

$$\cos 2x=\sum_{n=0}^{\infty}(-1)^n\frac{(2x)^{2n}}{(2n)!}$$

于是

$$\sin^2 x=\frac{1}{2}(1-\cos 2x)$$

$$=\frac{1}{2}\left(1-1+\frac{(2x)^2}{2!}-\frac{(2x)^4}{4!}+\cdots+(-1)^{n-1}\frac{(2x)^{2n}}{(2n)!}+\cdots\right)$$

$$=\sum_{n=1}^{\infty}(-1)^{n-1}\frac{(2x)^{2n}}{2\cdot(2n)!}\quad(-\infty<x<+\infty)$$

例 9　将函数 $f(x)=\dfrac{x}{x^2-x-2}$ 展开成 x 的幂级数.

解：

$$f(x)=\frac{x}{x^2-x-2}=\frac{x}{(x-2)(x+1)}$$

$$=\frac{1}{3}\left(\frac{1}{x+1}+\frac{2}{x-2}\right)=\frac{1}{3}\left(\frac{1}{1+x}-\frac{1}{1-\frac{x}{2}}\right)$$

因为

$$\frac{1}{1+x}=\sum_{n=0}^{\infty}(-1)^n x^n\quad(-1<x<1)$$

$$\frac{1}{1-\frac{x}{2}}=\sum_{n=0}^{\infty}\left(\frac{x}{2}\right)^n\quad(-2<x<2)$$

根据幂级数的性质有

$$f(x)=\frac{1}{3}\left[\sum_{n=0}^{\infty}(-1)^n x^n-\sum_{n=0}^{\infty}\frac{1}{2^n}x^n\right]$$

$$=\frac{1}{3}\sum_{n=0}^{\infty}\left[(-1)^n-\frac{1}{2^n}\right]x^n$$

其收敛域为 $(-1<x<1)\cap(-2<x<2)$，即 $-1<x<1$.

例 10　将 $\dfrac{d}{dx}\left(\dfrac{e^x-1}{x}\right)$ 展开成 x 的幂级数.

解：因为

$$e^x=1+x+\frac{x^2}{2!}+\cdots+\frac{x^n}{n!}+\cdots\quad(-\infty<x<+\infty)$$

$$\frac{e^x-1}{x}=1+\frac{x}{2!}+\frac{x^2}{3!}+\cdots+\frac{x^{n-1}}{n!}+\cdots\quad(x\neq 0)$$

两边逐项微分，得

$$\frac{\mathrm{d}}{\mathrm{d}x}\left(\frac{\mathrm{e}^x-1}{x}\right)=\frac{1}{2!}+\frac{2}{3!}x+\cdots+\frac{n-1}{n!}x^{n-2}+\cdots$$

其收敛域为 $-\infty<x<0$ 或 $0<x<+\infty$.

例 11 将 $\dfrac{1}{5-x}$ 展开成 $x-2$ 的幂级数，并求收敛域.

解：在式(7.26)中，将其中的 x 换为 $-t$，有

$$\frac{1}{1-t}=1+t+t^2+\cdots+t^{n-1}+\cdots\quad(-1<t<1)$$

所以

$$\begin{aligned}\frac{1}{5-x}&=\frac{1}{3-(x-2)}=\frac{1}{3}\cdot\frac{1}{1-\frac{x-2}{3}}\\&=\frac{1}{3}\left[1+\frac{x-2}{3}+\left(\frac{x-2}{3}\right)^2+\cdots+\left(\frac{x-2}{3}\right)^{n-1}+\cdots\right]\\&=\frac{1}{3}+\frac{1}{3^2}(x-2)+\frac{1}{3^3}(x-2)^2+\cdots+\frac{1}{3^n}(x-2)^{n-1}+\cdots\end{aligned}$$

由 $\left|\dfrac{x-2}{3}\right|<1$，得 $-3<x-2<3$，即收敛域为 $(-1,5)$.

例 12 将 $\ln x$ 展开成 $x-1$ 的幂级数，并求收敛域.

解：由式(7.28)

$$\ln(1+t)=t-\frac{t^2}{2}+\cdots+(-1)^{n-1}\frac{t^n}{n}+\cdots\quad(-1<t\leqslant 1)$$

所以

$$\begin{aligned}\ln x&=\ln[1+(x-1)]\\&=(x-1)-\frac{1}{2}(x-1)^2+\cdots+(-1)^{n-1}\frac{1}{n}(x-1)^n+\cdots\end{aligned}$$

由 $-1<x-1\leqslant 1$，得 $0<x\leqslant 2$，即收敛域为 $(0,2]$.

7.8 幂级数的应用举例

上一节得到的一些函数的幂级数展开式可以用来进行近似计算，下面举例说明.

例 1 计算 e 的近似值.

解：在 e^x 的幂级数展开式

$$\mathrm{e}^x=1+x+\frac{x^2}{2!}+\cdots+\frac{x^n}{n!}+\cdots\quad(-\infty<x<+\infty)$$

中，令 $x=1$，得

$$e = 1 + 1 + \frac{1}{2!} + \frac{1}{3!} + \cdots + \frac{1}{n!} + \cdots$$

取前 $n+1$ 项作为 e 的近似值

$$e \approx 1 + 1 + \frac{1}{2!} + \frac{1}{3!} + \cdots + \frac{1}{n!}$$

取 $n=7$，即取级数的前 $7+1=8$ 项作近似计算即可，则

$$e \approx 1 + 1 + \frac{1}{2!} + \frac{1}{3!} + \frac{1}{4!} + \frac{1}{5!} + \frac{1}{6!} + \frac{1}{7!}$$

此时　　$e \approx 2.718\,26$

例 2　用二项展开式计算根值. 例如，求 $\sqrt[5]{245}$ 的近似值.

解：由 $245 = 3^5 + 2$，得

$$\sqrt[5]{245} = \sqrt[5]{3^5+2} = \sqrt[5]{3^5\left(1+\frac{2}{3^5}\right)} = 3\left(1+\frac{2}{3^5}\right)^{\frac{1}{5}}$$

令 $\alpha = \frac{1}{5}$，$x = \frac{2}{3^5}$（$x < 1$），代入二项展开式（7.25）得

$$\begin{aligned}\sqrt[5]{245} &= 3\left(1+\frac{2}{3^5}\right)^{\frac{1}{5}} \\ &= 3\left[1 + \frac{1}{5}\cdot\frac{2}{3^5} + \frac{1}{5}\left(\frac{1}{5}-1\right)\frac{1}{2!}\left(\frac{2}{3^5}\right)^2 + \cdots\right] \\ &= 3\left(1 + \frac{1}{5}\cdot\frac{2}{3^5} - \frac{1}{5}\cdot\frac{4}{5}\cdot\frac{1}{2!}\cdot\frac{4}{3^{10}} + \cdots\right)\end{aligned}$$

上式括号中的级数从第二项起是交错级数，如取前两项作近似值，则

$$\sqrt[5]{245} \approx 3\left(1 + \frac{1}{5}\cdot\frac{2}{3^5}\right) \approx 3.004\,9$$

例 3　求积分 $\int_0^{0.2} e^{-x^2}\,dx$ 的近似值.

解：先求积分 $\int_0^x e^{-t^2}\,dt$ 的幂级数展开式.

由 e^x 的幂级数展开式（7.23），得

$$e^{-x^2} = \sum_{n=0}^{\infty} \frac{(-x^2)^n}{n!} = \sum_{n=0}^{\infty} \frac{(-1)^n}{n!} x^{2n} \quad (-\infty < x < +\infty)$$

所以

$$\begin{aligned}\int_0^x e^{-t^2}\,dt &= \int_0^x \left[\sum_{n=0}^{\infty} \frac{(-1)^n}{n!} t^{2n}\right] dt \\ &= \sum_{n=0}^{\infty} \frac{(-1)^n}{n!} \int_0^x t^{2n}\,dt\end{aligned}$$

$$= \sum_{n=0}^{\infty} \frac{(-1)^n}{(2n+1) \cdot n!} x^{2n+1}$$
$$= x - \frac{x^3}{3 \cdot 1!} + \frac{x^5}{5 \cdot 2!} - \frac{x^7}{7 \cdot 3!} + \cdots \quad (-\infty < x < +\infty)$$

在上式中令 $x = 0.2$，得

$$\int_0^{0.2} e^{-x^2} dx = 0.2 - \frac{0.2^3}{3} + \frac{0.2^5}{10} - \cdots$$
$$\approx 0.2 - 0.002\,63$$
$$= 0.197\,37$$

习题七

(A)

1. 写出下列级数的通项：

(1) $1 - \frac{1}{2} + \frac{1}{4} - \frac{1}{8} + \cdots$

(2) $\frac{1}{2} + \frac{2}{5} + \frac{3}{10} + \frac{4}{17} + \cdots$

(3) $\frac{1}{1 \cdot 4} + \frac{x}{4 \cdot 7} + \frac{x^2}{7 \cdot 10} + \frac{x^3}{10 \cdot 13} + \cdots$

(4) $2 - \frac{2^2}{2!} + \frac{2^3}{3!} - \frac{2^4}{4!} + \cdots$

2. 设级数 $\sum_{n=1}^{\infty} u_n$ 的第 n 次部分和 $S_n = \frac{3n}{n+1}$，试写出此级数，并求其和.

3. 判定下列级数的敛散性. 若级数收敛，求其和.

(1) $0.001 + \sqrt{0.001} + \sqrt[3]{0.001} + \cdots + \sqrt[n]{0.001} + \cdots$

(2) $\frac{4}{5} - \frac{4^2}{5^2} + \frac{4^3}{5^3} - \frac{4^4}{5^4} + \cdots + (-1)^{n-1} \frac{4^n}{5^n} + \cdots$

(3) $\frac{1}{2} + \frac{3}{4} + \frac{5}{6} + \frac{7}{8} + \cdots$

(4) $\frac{1}{2} + \frac{2}{3} + \frac{3}{4} + \frac{4}{5} + \cdots$

(5) $\left(\frac{1}{2} + \frac{1}{3}\right) + \left(\frac{1}{4} + \frac{1}{9}\right) + \left(\frac{1}{8} + \frac{1}{27}\right) + \cdots$

4. 用比较判别法判定下列级数的敛散性：

(1) $1 + \frac{1}{3} + \frac{1}{5} + \frac{1}{7} + \cdots$

(2) $\frac{1}{2} + \frac{1}{5} + \frac{1}{10} + \frac{1}{17} + \cdots + \frac{1}{n^2+1} + \cdots$

(3) $1 + \frac{2}{3} + \frac{2^2}{3 \cdot 5} + \frac{2^3}{3 \cdot 5 \cdot 7} + \frac{2^4}{3 \cdot 5 \cdot 7 \cdot 9} + \cdots$

$+\frac{2^{n-1}}{3\cdot 5\cdot 7\cdot \cdots \cdot (2n-1)}+\cdots$

(4) $\sum_{n=1}^{\infty}\frac{1}{\ln(n+1)}$

(5) $\frac{2}{1\cdot 3}+\frac{2^2}{3\cdot 3^2}+\frac{2^3}{5\cdot 3^3}+\frac{2^4}{7\cdot 3^4}+\cdots$

(6) $\sum_{n=1}^{\infty}\left(\frac{n}{2n+1}\right)^n$

(7) $\sum_{n=1}^{\infty}\frac{1}{n\sqrt{n+1}}$

(8) $\sum_{n=1}^{\infty}\ln\left(1+\frac{1}{n}\right)$

(9) $\sum_{n=1}^{\infty}\frac{n^{n-1}}{(n+1)^{n+1}}$

5. 用比值判别法(达朗贝尔法则)判定下列各级数的敛散性:

(1) $\frac{1}{2}+\frac{3}{2^2}+\frac{5}{2^3}+\frac{7}{2^4}+\cdots$

(2) $1+\frac{1}{2!}+\frac{1}{3!}+\frac{1}{4!}+\cdots$

(3) $\sum_{n=1}^{\infty}\frac{1}{(2n+1)!}$

(4) $\sum_{n=1}^{\infty}\frac{1}{2^{2n-1}(2n-1)}$

(5) $\frac{2}{1\,000}+\frac{2^2}{2\,000}+\frac{2^3}{3\,000}+\frac{2^4}{4\,000}+\cdots$

(6) $1+\frac{5}{2!}+\frac{5^2}{3!}+\frac{5^3}{4!}+\cdots$

(7) $\sum_{n=1}^{\infty}\frac{(n!)^2}{(2n)!}$

(8) $\frac{2}{1\cdot 2}+\frac{2^2}{2\cdot 3}+\frac{2^3}{3\cdot 4}+\frac{2^4}{4\cdot 5}+\cdots$

(9) $\sum_{n=1}^{\infty}2^n\sin\frac{\pi}{3^n}$

6. 用根值判别法(柯西判别法)判定下列级数的敛散性:

(1) $\sum_{n=1}^{\infty}\left(\frac{n}{3n+1}\right)^n$

(2) $\sum_{n=1}^{\infty}\frac{3}{2^n(\arctan n)^n}$

(3) $\sum_{n=1}^{\infty}\left(\frac{3n+2}{2n+1}\right)^n$

(4) $\sum_{n=1}^{\infty}\frac{n^2}{\left(1+\frac{1}{n}\right)^{n^2}}$

7. 判定下列交错级数的敛散性:

(1) $1-\frac{1}{\sqrt{2}}+\frac{1}{\sqrt{3}}-\frac{1}{\sqrt{4}}+\cdots$

(2) $1-\frac{1}{2!}+\frac{1}{3!}-\frac{1}{4!}+\cdots$

(3) $1-\frac{2}{3}+\frac{3}{5}-\frac{4}{7}+\cdots$

8. 判定下列级数哪些绝对收敛，哪些条件收敛：

(1) $1-\frac{1}{3^2}+\frac{1}{5^2}-\frac{1}{7^2}+\frac{1}{9^2}-\cdots$

(2) $\frac{1}{2}-\frac{1}{2\cdot 2^2}+\frac{1}{3\cdot 2^3}-\frac{1}{4\cdot 2^4}+\cdots$

(3) $\sum\limits_{n=1}^{\infty}\frac{(-1)^{n-1}}{\ln(n+1)}$

(4) $\sum\limits_{n=1}^{\infty}\frac{\sin na}{(n+1)^2}$

(5) $\frac{1}{2}-\frac{3}{10}+\frac{1}{2^2}-\frac{3}{10^2}+\frac{1}{2^3}-\frac{3}{10^3}+\cdots$

(6) $\frac{1}{2}+\frac{9}{4}-\frac{25}{8}-\frac{49}{16}+\frac{81}{32}+\frac{121}{64}-\cdots$

$=\frac{1}{2}+\sum\limits_{n=1}^{\infty}(-1)^{\frac{n(n-1)}{2}}\frac{(2n+1)^2}{2^{n+1}}$

9. 求下列幂级数的收敛半径和收敛域：

(1) $x-\frac{x^2}{2}+\frac{x^3}{3}-\frac{x^4}{4}+\cdots$

(2) $1+\frac{x}{2!}+\frac{x^2}{4!}+\frac{x^3}{6!}+\cdots$

(3) $\sum\limits_{n=1}^{\infty}\frac{x^n}{(2n-1)(2n)}$

(4) $\frac{1}{2}+\frac{x}{2^2}+\frac{x^2}{2^3}+\frac{x^3}{2^4}+\cdots$

(5) $\sum\limits_{n=1}^{\infty}\frac{x^{n-1}}{3^{n-1}n}$

(6) $1-\frac{x}{5\sqrt{2}}+\frac{x^2}{5^2\sqrt{3}}-\frac{x^3}{5^3\sqrt{4}}+\cdots$

(7) $1+\frac{2x}{\sqrt{5\cdot 5}}+\frac{4x^2}{\sqrt{9\cdot 5^2}}+\frac{8x^3}{\sqrt{13\cdot 5^3}}+\frac{16x^4}{\sqrt{17\cdot 5^4}}+\cdots$

(8) $\sum\limits_{n=1}^{\infty}\frac{\ln(n+1)}{n+1}x^{n+1}$

(9) $\sum\limits_{n=1}^{\infty}\frac{5^n+(-3)^n}{n}x^n$

(10) $\sum\limits_{n=1}^{\infty}\left[\frac{(-1)^n}{2^n}x^n+3^n x^n\right]$

(11) $\sum\limits_{n=1}^{\infty}\frac{(x-2)^n}{n^2}$

(12) $\sum\limits_{n=1}^{\infty}(\sqrt{n+1}-\sqrt{n})2^n x^{2n}$

(13) $\sum\limits_{n=1}^{\infty}2^n(x+3)^{2n}$

(14) $\sum\limits_{n=1}^{\infty}(-1)^{n-1}\frac{(2x-3)^n}{2n-1}$

10. 求下列幂级数的收敛域，并求和函数.

(1) $x-\frac{x^3}{3}+\frac{x^5}{5}-\frac{x^7}{7}+\cdots$

(2) $2x+4x^3+6x^5+8x^7+\cdots$

(3) $\sum\limits_{n=1}^{\infty}n(n+1)x^n$

(4) $\sum\limits_{n=1}^{\infty}\frac{1}{n2^n}x^{n-1}$

11. 利用直接展开法将下列函数展开成 x 的幂级数：

(1) $f(x)=a^x\quad(a>0,\ a\neq 1)$

(2) $f(x)=\sin\dfrac{x}{2}$

12. 利用已知展开式把下列函数展开为 x 的幂级数，并确定收敛域.

(1) $f(x)=e^{-x^2}$　　(2) $f(x)=\cos^2 x$

(3) $f(x)=\dfrac{1}{\sqrt{1-x^2}}$　　(4) $f(x)=x^3e^{-x}$

(5) $f(x)=\dfrac{1}{3-x}$　　(6) $f(x)=\dfrac{x}{x^2-2x-3}$

13. 利用已知展开式把下列函数展开为 $x-2$ 的幂级数，并确定收敛域.

(1) $f(x)=\dfrac{1}{4-x}$　　(2) $f(x)=\ln x$

(3) $f(x)=e^x$　　(4) $f(x)=\ln\dfrac{1}{5-4x+x^2}$

14. 用级数展开法近似计算下列各值(计算前三项)：

(1) $\sqrt{e}$　(2) $\sqrt[5]{1.2}$　(3) $\sqrt[5]{240}$　(4) $\sin 18°$

15. 用级数展开法计算下列积分的近似值(计算前三项)：

(1) $\int_0^{\frac{1}{2}} e^{x^2}dx$　　(2) $\int_{0.1}^1 \dfrac{e^x}{x}dx$

(3) $\int_0^{0.1}\cos\sqrt{t}\,dt$　　(4) $\int_0^1 \dfrac{\sin x}{x}dx$

(B)

1. 级数 $\sum\limits_{n=1}^{\infty}u_n$ 的部分和数列 S_n 有界是该级数收敛的[　　].

(A) 必要条件但不是充分条件

(B) 充分条件但不是必要条件

(C) 充分必要条件

(D) 既不是充分条件，也不是必要条件

2. 级数 $\sum\limits_{n=1}^{\infty}\dfrac{a}{q^n}$($a$ 为常数) 收敛的充分条件是[　　].

(A) $|q|>1$　(B) $q=1$　(C) $|q|<1$　(D) $q<1$

3. 若级数 $\sum\limits_{n=1}^{\infty}u_n$ 收敛，那么下列级数中发散的是[　　].

(A) $\sum\limits_{n=1}^{\infty}100u_n$　　(B) $\sum\limits_{n=1}^{\infty}(u_n+100)$

(C) $100+\sum\limits_{n=1}^{\infty}u_n$　　(D) $\sum\limits_{n=1}^{\infty}u_{n+100}$

4. 若级数$\sum\limits_{n=1}^{\infty}u_n$发散，则[　　].

(A) $\lim\limits_{n\to\infty}u_n\neq 0$

(B) $\lim\limits_{n\to\infty}S_n=\infty\quad(S_n=u_1+u_2+\cdots+u_n)$

(C) $\sum\limits_{n=1}^{\infty}u_n$任意加括号后所成的级数必发散

(D) $\sum\limits_{n=1}^{\infty}u_n$任意加括号后所成的级数可能收敛

5. 设级数$\sum\limits_{n=1}^{\infty}u_n$收敛，则下述结论中不正确的是[　　].

(A) $\sum\limits_{n=1}^{\infty}(u_{2n-1}+u_{2n})$收敛　　(B) $\sum\limits_{n=1}^{\infty}ku_n$收敛　$(k\neq 0)$

(C) $\sum\limits_{n=1}^{\infty}|u_n|$收敛　　(D) $\lim\limits_{n\to\infty}u_n=0$

6. 设有两个级数（Ⅰ）$\sum\limits_{n=1}^{\infty}u_n$和（Ⅱ）$\sum\limits_{n=1}^{\infty}v_n$，则下列结论中正确的是[　　].

(A) 若$u_n\leqslant v_n$，且（Ⅱ）收敛，则（Ⅰ）一定收敛

(B) 若$u_n\leqslant v_n$，且（Ⅰ）发散，则（Ⅱ）一定发散

(C) 若$0\leqslant u_n\leqslant v_n$，且（Ⅱ）收敛，则（Ⅰ）一定收敛

(D) 若$0\leqslant u_n\leqslant v_n$，且（Ⅱ）发散，则（Ⅰ）一定发散

7. 下列级数中发散的是[　　].

(A) $\sum\limits_{n=1}^{\infty}2^n\sin\frac{1}{3^n}$　　(B) $\sum\limits_{n=1}^{\infty}\left(1-\cos\frac{1}{n}\right)$

(C) $\sum\limits_{n=1}^{\infty}\frac{(n!)^2}{(2n)!}$　　(D) $\sum\limits_{n=1}^{\infty}\frac{\left(\frac{n+1}{n}\right)^{n^2}}{2^n}$

8. 对于级数$\sum\limits_{n=1}^{\infty}\left(\frac{na}{n+1}\right)^n(a>0)$，下列结论中正确的是[　　].

(A) $a>1$时，级数收敛　　(B) $a<1$时，级数发散

(C) $a=1$时，级数收敛　　(D) $a=1$时，级数发散

9. 关于级数$\sum\limits_{n=1}^{\infty}\frac{(-1)^{n-1}}{n^p}$敛散性的下述结论中，正确的是[　　].

(A) $0<p\leqslant 1$时条件收敛　　(B) $0<p\leqslant 1$时绝对收敛

(C) $p>1$时条件收敛　　(D) $0<p\leqslant 1$时发散

10. 下列级数中绝对收敛的是[　　].

(A) $\sum\limits_{n=1}^{\infty}(-1)^{n-1}\frac{n}{2n-1}$　　(B) $\sum\limits_{n=1}^{\infty}(-1)^{\frac{n(n+1)}{2}}\cdot\frac{n!}{3^n}$

(C) $\sum\limits_{n=1}^{\infty}(-1)^{n-1}\frac{n^3}{2^n}$　　(D) $\sum\limits_{n=1}^{\infty}(-1)^{n-1}\cdot\frac{\sqrt{n}}{n+100}$

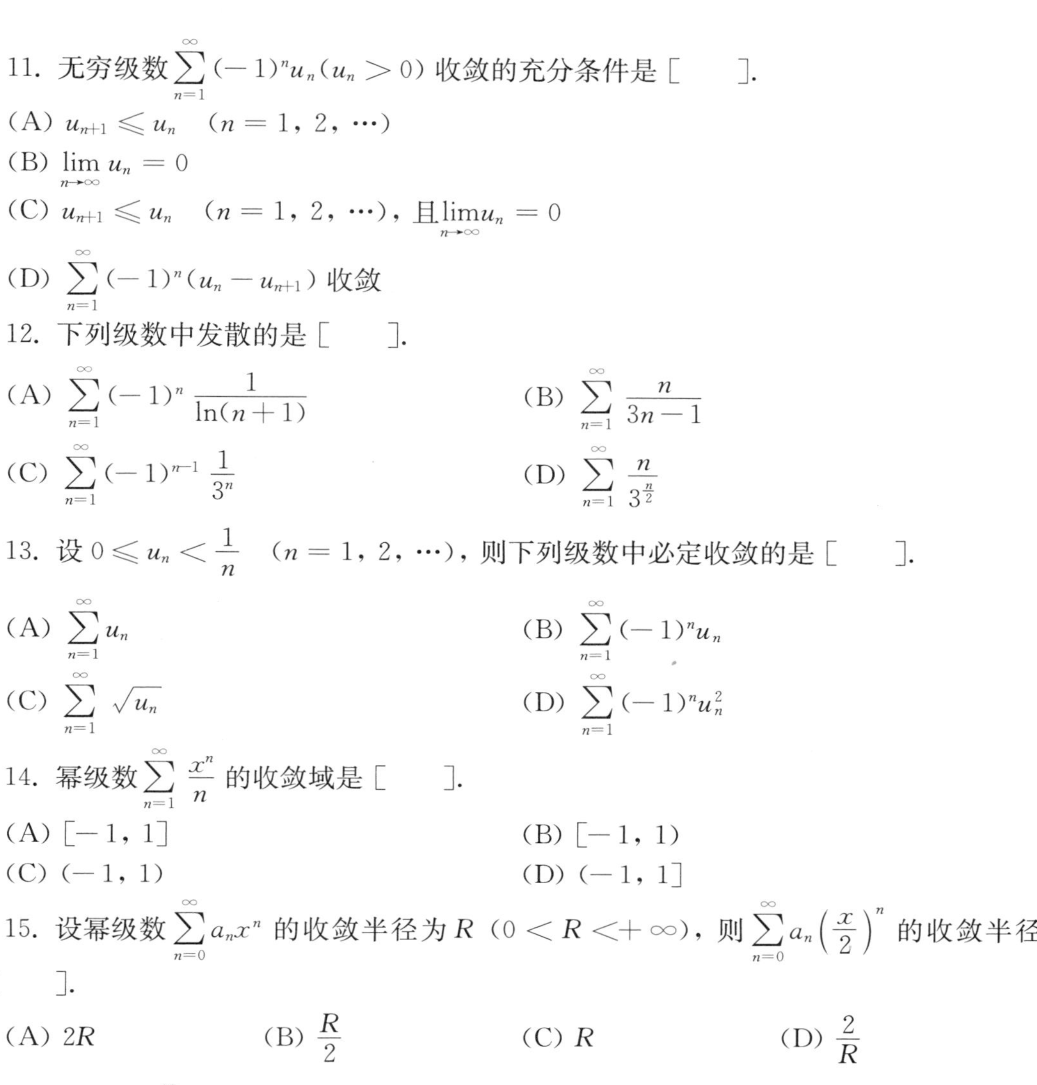

11. 无穷级数$\sum\limits_{n=1}^{\infty}(-1)^n u_n(u_n>0)$收敛的充分条件是[　　].

(A) $u_{n+1}\leqslant u_n\quad(n=1,2,\cdots)$

(B) $\lim\limits_{n\to\infty}u_n=0$

(C) $u_{n+1}\leqslant u_n\quad(n=1,2,\cdots)$，且$\lim\limits_{n\to\infty}u_n=0$

(D) $\sum\limits_{n=1}^{\infty}(-1)^n(u_n-u_{n+1})$收敛

12. 下列级数中发散的是[　　].

(A) $\sum\limits_{n=1}^{\infty}(-1)^n\dfrac{1}{\ln(n+1)}$　　(B) $\sum\limits_{n=1}^{\infty}\dfrac{n}{3n-1}$

(C) $\sum\limits_{n=1}^{\infty}(-1)^{n-1}\dfrac{1}{3^n}$　　(D) $\sum\limits_{n=1}^{\infty}\dfrac{n}{3^{\frac{n}{2}}}$

13. 设$0\leqslant u_n<\dfrac{1}{n}\quad(n=1,2,\cdots)$，则下列级数中必定收敛的是[　　].

(A) $\sum\limits_{n=1}^{\infty}u_n$　　(B) $\sum\limits_{n=1}^{\infty}(-1)^n u_n$

(C) $\sum\limits_{n=1}^{\infty}\sqrt{u_n}$　　(D) $\sum\limits_{n=1}^{\infty}(-1)^n u_n^2$

14. 幂级数$\sum\limits_{n=1}^{\infty}\dfrac{x^n}{n}$的收敛域是[　　].

(A) $[-1,1]$　　(B) $[-1,1)$

(C) $(-1,1)$　　(D) $(-1,1]$

15. 设幂级数$\sum\limits_{n=0}^{\infty}a_n x^n$的收敛半径为$R\ (0<R<+\infty)$，则$\sum\limits_{n=0}^{\infty}a_n\left(\dfrac{x}{2}\right)^n$的收敛半径为[　　].

(A) $2R$　　(B) $\dfrac{R}{2}$　　(C) R　　(D) $\dfrac{2}{R}$

16. 设级数$\sum\limits_{n=1}^{\infty}(-1)^{n-1}\dfrac{(x-a)^n}{n}$当$x>0$时发散，而在$x=0$处收敛，则常数$a=$[　　].

(A) 1　　(B) -1　　(C) 2　　(D) -2

第八章

01 02 03 04 05 06 07 08 09

多元函数

8.1 空间解析几何简介

(一) 空间直角坐标系

为了确定平面上任意一点的位置，我们建立了平面直角坐标系．现在，为了确定空间任意一点的位置，相应地就要引进空间直角坐标系．

于空间中取定一点 O，过点 O 作三条互相垂直的直线 Ox、Oy、Oz，并按右手系规定 Ox、Oy、Oz 的正方向，即将右手伸直，拇指朝上为 Oz 的正方向，其余四指的指向为 Ox 的正方向，四指弯曲 $90°$ 后的指向为 Oy 的正方向．再规定一个单位长度．如图 8－1 所示．

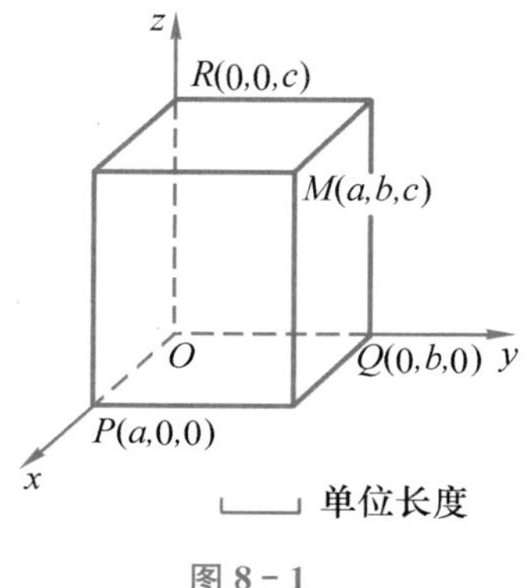

图 8－1

点 O 称为坐标原点，三条直线分别称为 x 轴、y 轴、z 轴．每两条坐标轴确定一个平面，称为坐标平面．由 x 轴和 y 轴确定的平面称为 xy 平面，由 y 轴和 z 轴确定的平面称为 yz 平面，由 z 轴和 x 轴确定的平面称为 xz 平面，如图 8－1 所示．通常，将 xy 平面配置在水平面上，z 轴放在铅直位置，而且由下向上为 z 轴正方向．三个坐标平面将空间分成 8 个部分，称为 8 个卦限．

对于空间中任意一点 M，过点 M 作三个平面，分别垂直于 x 轴、y 轴、z 轴，且与这三个轴分别交于 P、Q、R 三点，如图 8－1 所示．设 $OP=a$，$OQ=b$，$OR=c$，则点 M 唯一确定了一个三元有序数组 (a, b, c)；反之，对任意一个三元有序数组 (a, b, c)，在 x、y、z 三轴上分别取点 P、Q、R，使 $OP=a$，$OQ=b$，$OR=c$，然后过 P、Q、R 三点分别作垂直于 x、y、z 轴的平面，这三个平面相交于一点 M，则由一个三元有序数组 (a, b, c) 唯一地确定了空间中的一个点 M．

于是，空间中任意一点 M 和一个三元有序数组 (a, b, c) 建立了一一对应关系．我们称这个三元有序数组为点 M 的坐标，记为 $M(a, b, c)$．

显然，坐标原点的坐标为 $(0, 0, 0)$；x 轴、y 轴和 z 轴上点的坐标分别为 $(x, 0, 0)$，$(0, y, 0)$ 和 $(0, 0, z)$；xy 平面、xz 平面和 yz 平面上点的坐标分别为 $(x, y, 0)$，$(x, 0, z)$ 和 $(0, y, z)$.

(二) 空间任意两点间的距离

给定空间两点 $M_1(x_1, y_1, z_1)$，$M_2(x_2, y_2, z_2)$，过 M_1，M_2 各作三个平面分别垂直于三个坐标轴. 这六个平面构成一个以线段 M_1M_2 为一条对角线的长方体，如图 8-2 所示. 由图 8-2 可知：

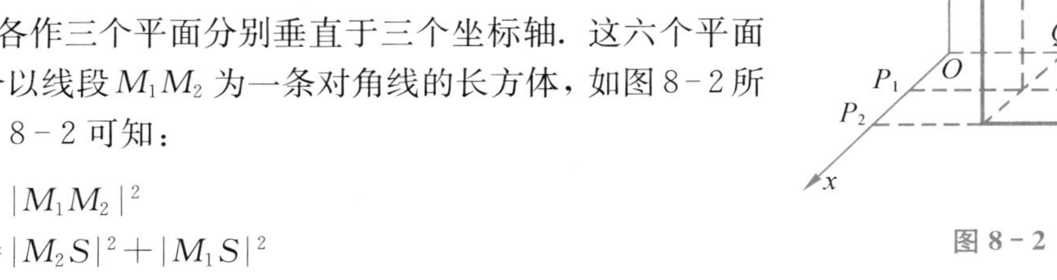

图 8-2

$$
\begin{aligned}
&|M_1M_2|^2 \\
=&|M_2S|^2+|M_1S|^2 \\
=&|M_2S|^2+|M_1N|^2+|NS|^2
\end{aligned}
$$

过 M_1，M_2 分别作垂直于 x 轴的平面，交 x 轴于点 P_1，P_2，则

$$OP_1 = x_1, \quad OP_2 = x_2$$

因此　　$|M_1N| = |P_1P_2| = |x_2 - x_1|$

同理可得　$|NS| = |y_2 - y_1|$，　$|M_2S| = |z_2 - z_1|$

因此得　　
$$
\begin{aligned}
|M_1M_2|^2 &= |x_2-x_1|^2+|y_2-y_1|^2+|z_2-z_1|^2 \\
&= (x_2-x_1)^2+(y_2-y_1)^2+(z_2-z_1)^2
\end{aligned}
$$

于是，求得 $M_1(x_1, y_1, z_1)$ 与 $M_2(x_2, y_2, z_2)$ 之间的距离公式为

$$|M_1M_2| = \sqrt{(x_2-x_1)^2+(y_2-y_1)^2+(z_2-z_1)^2} \tag{8.1}$$

如果点 M_2 为坐标原点，即 $x_2=0$，$y_2=0$，$z_2=0$，则得点 $M_1(x_1, y_1, z_1)$ 与坐标原点 O 的距离公式

$$|OM_1| = \sqrt{x_1^2+y_1^2+z_1^2}$$

如果点 M_1，M_2 均位于 xy 平面上，即 $z_1=0$，$z_2=0$，则得 xy 平面上任意两点 $M_1(x_1, y_1, 0)$ 与 $M_2(x_2, y_2, 0)$ 间的距离公式

$$|M_1M_2| = \sqrt{(x_2-x_1)^2+(y_2-y_1)^2} \tag{8.2}$$

(三) 曲面与方程

与平面解析几何中建立曲线与方程的对应关系一样，可以建立空间曲面与包含三个变量的方程 $F(x, y, z)=0$ 的对应关系.

定义 8.1 如果曲面 S 上任意一点的坐标都满足方程 $F(x, y, z)=0$，而不在曲面 S 上的点的坐标都不满足方程 $F(x, y, z)=0$，那么方程 $F(x, y, z)=0$ 称为曲面 S 的方程，而

曲面 S 称为方程 $F(x, y, z)=0$ 的图形，如图 8-3 所示.

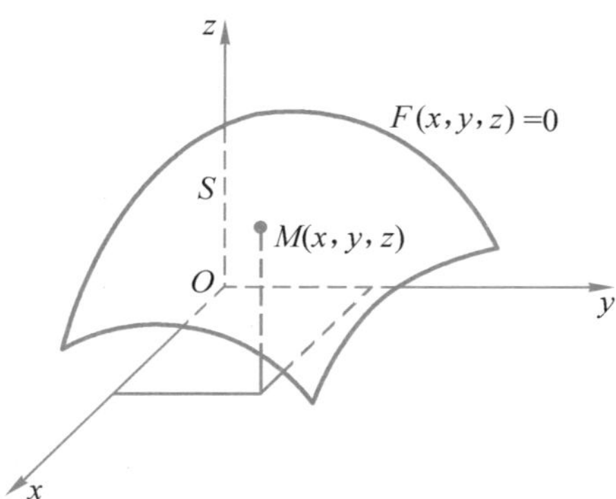

图 8-3

例 1　一动点 $M(x, y, z)$ 与两定点 $M_1(1, -1, 0)$、$M_2(2, 0, -2)$ 的距离相等，求此动点 M 的轨迹方程.

解：依题意有

$$|MM_1|=|MM_2|$$

由两点间距离公式得

$$\sqrt{(x-1)^2+(y+1)^2+z^2}=\sqrt{(x-2)^2+y^2+(z+2)^2}$$

化简后可得点 M 的轨迹方程为

$$x+y-2z-3=0$$

由中学几何知识已经知道，动点 M 的轨迹是线段 M_1M_2 的垂直平分面，因此上面所求的方程即该平面的方程.

例 2　求三个坐标平面的方程.

解：容易看到 xy 平面上任一点的坐标必有 $z=0$，满足 $z=0$ 的点也必然在 xy 平面上，所以 xy 平面的方程为 $z=0$.

同理，yz 平面的方程为 $x=0$；zx 平面的方程为 $y=0$.

例 3　作 $z=c$（c 为常数）的图形.

解：方程 $z=c$ 中不含 x，y，这意味着 x 与 y 可取任意值而总有 $z=c$，其图形是平行于 xy 平面的平面. 可由 xy 平面向上（$c>0$）或向下（$c<0$）移动 $|c|$ 个单位得到，如图 8-4 所示.

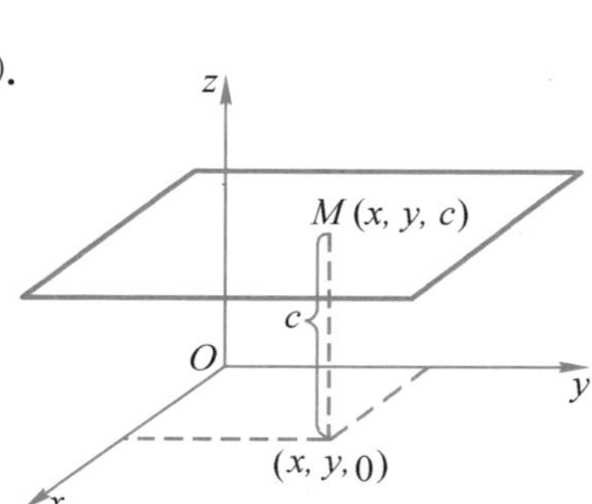

图 8-4

前面三个例子中，所讨论的方程都是一次方程，所考察的图形都是平面. 可以证明空间中任意一个平面的方程为三元一次方程

$$Ax+By+Cz+D=0 \tag{8.3}$$

其中，A，B，C，D 均为常数，且 A，B，C 不全为 0.

例 4　求球心为点 $M_0(x_0, y_0, z_0)$、半径为 R 的球面方程.

解：设球面上任一点为 $M(x, y, z)$，那么有

$$|MM_0|=R$$

由距离公式有

$$\sqrt{(x-x_0)^2+(y-y_0)^2+(z-z_0)^2}=R$$

化简得球面方程为

$$(x-x_0)^2+(y-y_0)^2+(z-z_0)^2=R^2$$

特别是当球心为原点，即 $x_0=y_0=z_0=0$ 时，球面方程为

$$x^2+y^2+z^2=R^2$$

$z=\sqrt{R^2-x^2-y^2}$ 是球面的上半部分，如图 8－5 所示.

$z=-\sqrt{R^2-x^2-y^2}$ 是球面的下半部分，如图 8－6 所示.

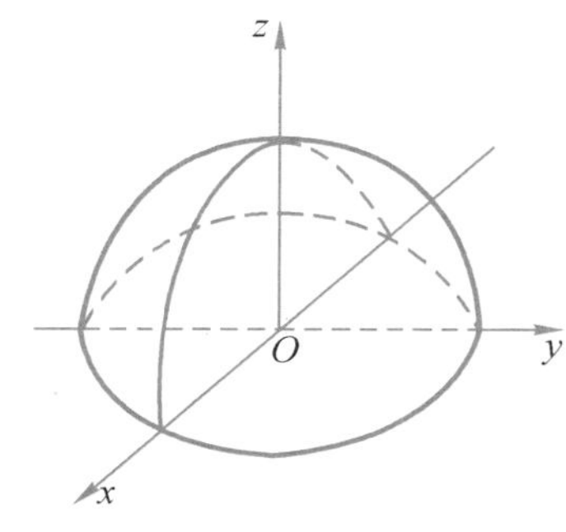

图 8－5

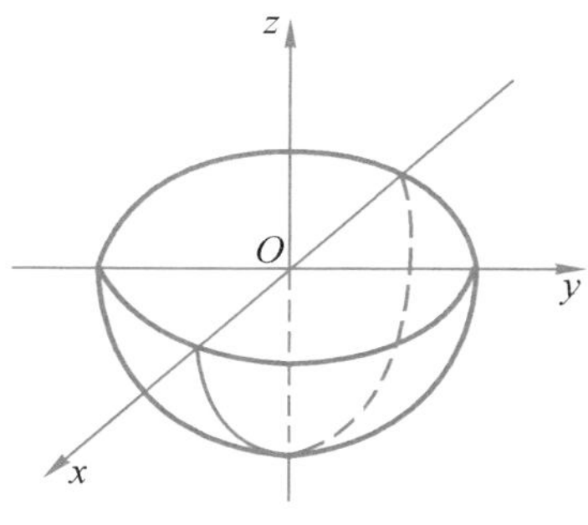

图 8－6

例 5　作 $x^2+y^2=R^2$ 的图形.

解：方程 $x^2+y^2=R^2$ 在 xy 平面上表示以原点为圆心、半径为 R 的圆. 由于方程不含 z，意味着 z 可取任意值，只要 x 与 y 满足 $x^2+y^2=R^2$ 即可. 因此，这个方程所表示的曲面是由平行于 z 轴的直线沿 xy 平面上的圆 $x^2+y^2=R^2$ 移动而形成的圆柱面. $x^2+y^2=R^2$ 叫作它的准线，平行于 z 轴的直线叫作它的母线，如图 8－7 所示.

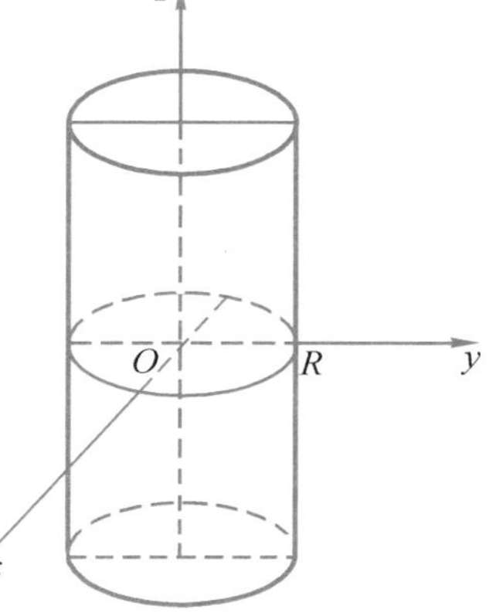

图 8－7

例 6　作 $z=x^2+y^2$ 的图形.

解：用平面 $z=c$ 截曲面 $z=x^2+y^2$，其截痕方程为

$$x^2+y^2=c,\quad z=c$$

当 $c=0$ 时，只有 (0，0，0) 满足方程.

当 $c>0$ 时，其截痕为以点 $(0,0,c)$ 为圆心、以 $\sqrt{c}$ 为半径的圆. 将平面 $z=c$ 向上移动，即让 c 越来越大，则截痕的圆也越来越大.

当 $c<0$ 时，平面与曲面无交点.

如果用平面 $x=a$ 或 $y=b$ 去截曲面，则截痕均为抛物线.

我们称 $z=x^2+y^2$ 的图形为旋转抛物面，如图 8－8 所示.

例 7　作 $z=y^2-x^2$ 的图形.

解：用平面 $z=c$ 截曲面 $z=y^2-x^2$，其截痕方程为

$$y^2-x^2=c,\qquad z=c$$

当 $c=0$ 时，其截痕为两条相交于原点 $(0, 0, 0)$ 的直线，方程为

$$y-x=c, z=0; \quad y+x=0, z=0$$

当 $c\neq 0$ 时，其截痕为双曲线.

用平面 $y=c$ 截曲面 $z=y^2-x^2$，其截痕为抛物线，方程为

$$z=c^2-x^2, y=c$$

用平面 $x=c$ 截曲面 $z=y^2-x^2$，其截痕为抛物线，方程为

$$z=y^2-c^2, x=c$$

这个曲面称为**双曲抛物面**，也叫**鞍面**，如图 8－9 所示.

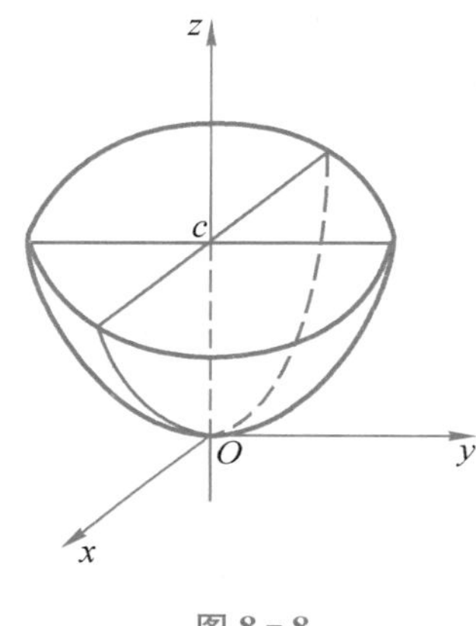

图 8－8

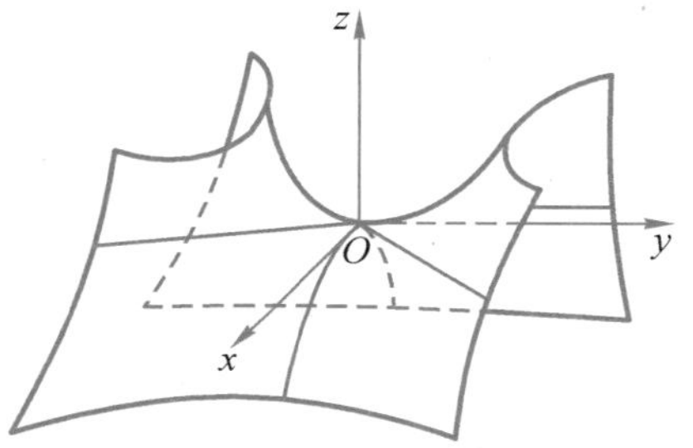

图 8－9

8.2 多元函数的概念

(一) 多元函数的定义

前面几章研究的函数 $y=f(x)$ 是因变量与一个自变量之间的关系，即因变量的值只依赖于一个自变量，称为一元函数. 但在许多实际问题中往往需要研究因变量与几个自变量之间的关系，即因变量的值依赖于几个自变量. 例如，某种商品的市场需求量不仅与其市场价格有关，而且与消费者的收入以及这种商品的其他替代品的价格等因素有关，即决定该商品需求量的因素不是一个而是多个. 要想全面研究这类问题，就需要引入多元函数的概念.

定义 8.2 设 D 是一个非空的二元有序数组的集合，f 为某一对应规则，使对于每一个有序数组 $(x, y)\in D$，都有唯一确定的实数 z 与之对应，则称对应规则 f 为定义在 D 上的**二元函数**，记为

$$z=f(x,y),\quad (x,y)\in D$$

其中，变量x，y称为自变量；z称为因变量；集合D称为函数的定义域，也可以记为$D(f)$. 对于$(x_0,y_0)\in D$，对应的z值记为

$$z_0=f(x_0,y_0)\quad 或\quad z\Big|_{\substack{x=x_0\\ y=y_0}}=f(x_0,y_0)$$

称为当$(x,y)=(x_0,y_0)$时，函数$z=f(x,y)$的函数值. 全体函数值的集合

$$\{z\,|\,z=f(x,y),(x,y)\in D\}$$

称为函数的值域，记为Z或$Z(f)$.

类似可定义三元函数$u=f(x,y,z)$及一般的n元函数$u=f(x_1,x_2,\cdots,x_n)$.

二元及二元以上的函数统称为**多元函数**.

例 1　$z=x^2+y^2$是以x，y为自变量，z为因变量的二元函数，其定义域为$D(f)=\{(x,y)\,|\,x,y\in(-\infty,+\infty)\}$，值域为

$$Z(f)=\{z\,|\,z\in[0,+\infty)\}$$

例 2　设有一个长方体，高为h，底是边长为b的正方形，则其体积为

$$V=b^2h\qquad(b>0,h>0)$$

显然，对每一个有序数组(b,h)，$b>0$，$h>0$，总有唯一确定的V与之对应，使得$V=b^2h$. 因此，$V=f(b,h)=b^2h$是一个以b，h为自变量，V为因变量的二元函数. 其定义域为

$$D(f)=\{(b,h)\,|\,b>0,h>0\}$$

值域为

$$Z(f)=\{V\,|\,V>0\}$$

例 3　设Z表示居民人均消费收入，Y表示国民收入总额，P表示总人口数，则有$Z=S_1S_2\dfrac{Y}{P}$. 其中，S_1是消费率(国民收入总额中用于消费的部分所占的比例)，S_2是居民消费率(消费总额中用于居民消费的部分所占的比例). 显然，对于每一个有序数组(Y,P)，$Y>0$，$P>0$(整数)，总有唯一确定的实数Z与之对应，使得以上关系式成立. 因此，$Z=f(Y,P)=S_1S_2\dfrac{Y}{P}$是以$Y$，$P$为自变量，$Z$为因变量的二元函数. 定义域为$D(f)=\{(Y,P)\,|\,Y>0,P>0\text{(整数)}\}$，值域为$Z(f)=\{Z\,|\,Z>0\}$. 此函数关系反映了一个国家中居民人均消费收入依赖于国民收入总额和总人口数.

（二）二元函数的定义域

二元函数 $z=f(x, y)$ 的定义域在几何上表示坐标平面上的平面区域. 所谓平面区域可以是整个 xy 平面或者是 xy 平面上由几条曲线所围成的部分. 围成平面区域的曲线称为该区域的边界，边界上的点称为边界点.

平面区域可以分类如下：包括边界在内的区域称为闭区域；不包括边界的区域称为开区域；包括部分边界的区域称为半开区域. 如果区域延伸到无穷远，则称为无界区域，否则称为有界区域. 有界区域总可以包含在一个以原点为圆心的相当大的圆域内.

如本节例 2，函数 $V=b^2h$ 的定义域

$$D(f)=\{(b, h) \mid b>0, h>0\}$$

是 bh 平面的第一象限(不包含坐标轴) 部分，为无界开区域.

函数 $z=\ln(x+y)$ 的定义域 $D(f)=\{(x, y) \mid x+y>0\}$ 是 xy 平面上由直线 $x+y=0$ 的右上方确定的无界开区域，如图 8 - 10 所示.

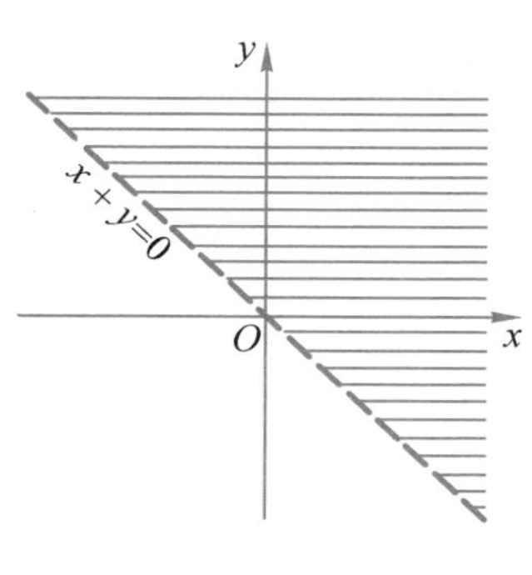

图 8 - 10

函数 $z=\sqrt{R^2-x^2-y^2}$ 的定义域 $D=\{(x, y) \mid x^2+y^2\leqslant R^2\}$ 是 xy 平面上由圆 $x^2+y^2=R^2$ 围成的有界闭区域，如图 8 - 11 所示.

函数 $z=\dfrac{1}{\sqrt{R^2-x^2-y^2}}$ 与 $z=\ln(R^2-x^2-y^2)$ 的定义域

$$D=\{(x, y) \mid x^2+y^2<R^2\}$$

是 xy 平面上由圆 $x^2+y^2=R^2$ 围成的有界开区域，如图 8 - 12 所示.

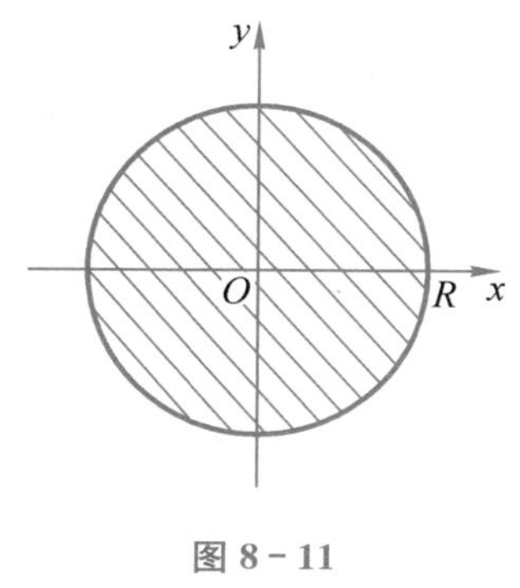

图 8 - 11

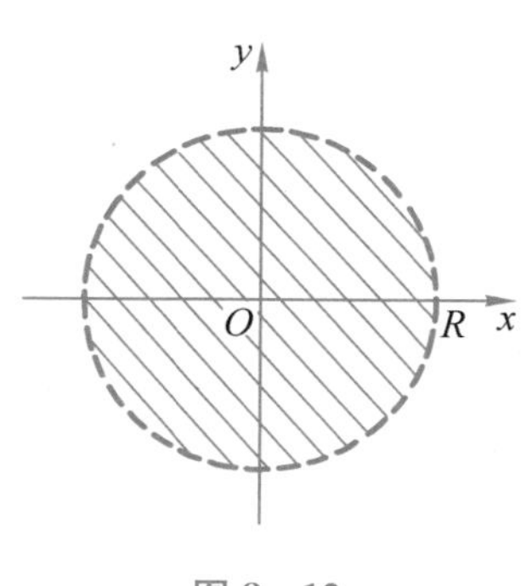

图 8 - 12

（三）二元函数的几何意义

一元函数 $y=f(x)$ 通常表示 xy 平面上的一条曲线. 二元函数 $z=f(x, y)$，$(x, y)\in$

D，其定义域 D 是 xy 平面上的区域．对于 D 中任意一点 $M(x, y)$，必有唯一的数 z 与其对应．因此，三元有序数组 $(x, y, f(x, y))$ 就确定了空间的一个点 $P(x, y, f(x, y))$，所有这样确定的点的集合就是函数 $z=f(x, y)$ 的图形，通常是一个曲面，如图 8-13 所示．

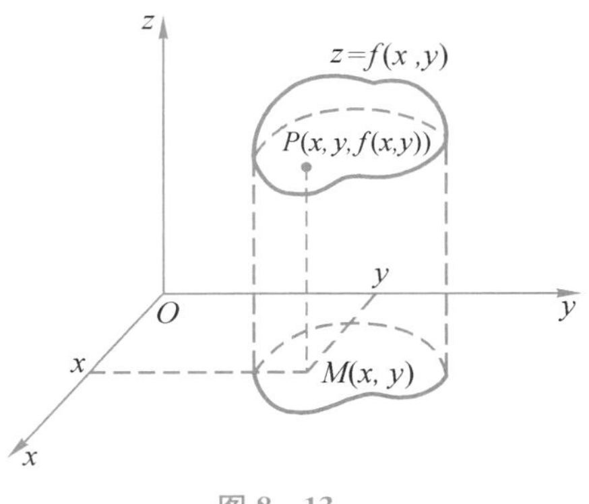

图 8-13

如 8.1 节例 6，二元函数 $z=x^2+y^2$ 的图形为一旋转抛物面．

例 4　作二元函数 $z=\sqrt{1-x^2-(y-1)^2}$ 的图形．

解：由 $z=\sqrt{1-x^2-(y-1)^2}$ 两边平方得

$$z^2=1-x^2-(y-1)^2$$

整理后得

$$x^2+(y-1)^2+z^2=1$$

方程的图形为以 $(0, 1, 0)$ 为球心、以 1 为半径的球面．因此

$$z=\sqrt{1-x^2-(y-1)^2}$$

的图形为该球面的上半部分，如图 8-14 所示．

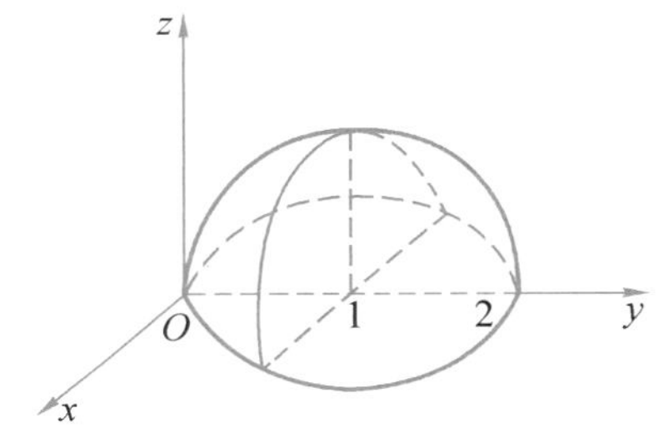

图 8-14

8.3 二元函数的极限与连续

与一元函数的极限、连续概念类似，可以引入二元函数的极限与连续的概念．在一元函数中，我们用数轴上 x_0 与 x 两点之间的距离 $|x-x_0|$ 定义点 x_0 的 δ 邻域，即由集合 $\{x \mid |x-x_0|<\delta, \delta>0\}$ 所确定的开区间，从而定义了函数 $f(x)$ 当 $x \to x_0$ 时的极限．在二元函数中，我们利用平面上 (x_0, y_0) 与 (x, y) 两点之间的距离

知识点解析
二元函数的极限和连续

$$\rho=\sqrt{(x-x_0)^2+(y-y_0)^2}$$

来定义 (x_0, y_0) 的 δ 邻域．

平面上点 (x_0, y_0) 的 δ 邻域是点集

$$\{(x, y) \mid \sqrt{(x-x_0)^2+(y-y_0)^2}<\delta, \delta>0\}$$

所确定的平面上的开圆域；进而可以定义二元函数 $f(x, y)$ 当 (x, y) 趋于 (x_0, y_0) 时的极限．

定义 8.3 如果对于任意给定的正数 ε，总存在一个正数 δ，使当 $0<\rho=\sqrt{(x-x_0)^2+(y-y_0)^2}<\delta$ 时，$|f(x,y)-A|<\varepsilon$ 恒成立，则称当 (x,y) 趋于 (x_0,y_0) 时，函数 $f(x,y)$ 以 A 为极限. 记作

$$\lim_{(x,y)\to(x_0,y_0)} f(x,y)=A \quad 或 \quad \lim_{\rho\to 0} f(x,y)=A$$

注意 这里所说的当 (x,y) 趋于 (x_0,y_0) 时 $f(x,y)$ 以 A 为极限，是指 (x,y) 以任何方式趋于 (x_0,y_0) 时，$f(x,y)$ 都趋于 A. 因为平面上由一点到另一点有无数条路线，因此二元函数当 (x,y) 趋于 (x_0,y_0) 时，要比一元函数中 x 趋于 x_0 复杂得多.

例 1 证明：$\lim\limits_{(x,y)\to(1,2)}(3x+y)=5$.

证：任给 $\varepsilon>0$，由

$$\begin{aligned}|(3x+y)-5|&=|(3x-3)+(y-2)|\\&\leqslant 3|x-1|+|y-2|\end{aligned}$$

再由

$$|x-1|\leqslant\sqrt{(x-1)^2+(y-2)^2}$$

$$|y-2|\leqslant\sqrt{(x-1)^2+(y-2)^2}$$

所以，当 $0<\sqrt{(x-1)^2+(y-2)^2}<\delta$ 时，

$$|(3x+y)-5|<3\delta+\delta=4\delta$$

于是，只要取 $\delta=\dfrac{1}{4}\varepsilon$，当 $0<\sqrt{(x-1)^2+(y-2)^2}<\delta$ 时，就有

$$|(3x+y)-5|<\varepsilon$$

恒成立，因此

$$\lim_{(x,y)\to(1,2)}(3x+y)=5$$

与一元函数中连续与间断类似，可以给出二元函数连续的定义.

定义 8.4 设二元函数 $f(x,y)$ 满足条件：

(1) 在点 (x_0,y_0) 的某邻域内有定义，

(2) 极限 $\lim\limits_{(x,y)\to(x_0,y_0)} f(x,y)$ 存在，

(3) $\lim\limits_{(x,y)\to(x_0,y_0)} f(x,y)=f(x_0,y_0)$，

则称函数 $f(x,y)$ 在点 (x_0,y_0) 处**连续**，否则称点 (x_0,y_0) 是函数 $f(x,y)$ 的**间断点**.

如在上面的例子中，函数 $f(x,y)=3x+y$ 在点 $(1,2)$ 处的极限值等于在这点的函数值 $f(1,2)=5$，所以函数在该点连续.

如果函数 $f(x,y)$ 在平面区域 D 内的每一点都连续，则称函数 $f(x,y)$ 在区域 D 内连续.

二元连续函数有与一元连续函数类似的性质：

(1) 二元连续函数经过四则运算后仍为二元连续函数.

(2) 如果 $f(x, y)$ 在有界闭区域 D 上连续，则 $f(x, y)$ 必在 D 上取得最大值和最小值.

(3) 如果 $f(x, y)$ 在有界闭区域 D 上连续，$f(x, y)$ 在 D 上的最小值和最大值分别为 m 和 M，则对任意的 $c \in [m, M]$，必存在点 $(\xi, \eta) \in D$，使得 $f(\xi, \eta) = c$.

8.4 偏导数与全微分

(一) 偏导数

在本节中，我们讨论二元函数的变化率问题. 下面先介绍关于多元函数改变量的几个概念.

知识点解析
偏导数(概念和几何意义)

设函数 $z = f(x, y)$ 在点 (x_0, y_0) 的某个邻域内有定义. 当 x 从 x_0 取得改变量 Δx $(\Delta x \neq 0)$，而 $y = y_0$ 保持不变时，函数 z 得到一个改变量

$$\Delta_x z = f(x_0 + \Delta x, y_0) - f(x_0, y_0)$$

称为函数 $f(x, y)$ 对于 x 的**偏改变量**或**偏增量**. 类似地，定义函数 $f(x, y)$ 对于 y 的偏改变量或偏增量

$$\Delta_y z = f(x_0, y_0 + \Delta y) - f(x_0, y_0)$$

对于自变量分别从 x_0，y_0 取得改变量 Δx，Δy，函数 z 的相应的改变量

$$\Delta z = f(x_0 + \Delta x, y_0 + \Delta y) - f(x_0, y_0)$$

称为函数 $f(x, y)$ 的**全改变量**或**全增量**.

定义 8.5 设函数 $z = f(x, y)$ 在点 (x_0, y_0) 的某邻域内有定义，如果当 $\Delta x \to 0$ 时，极限

$$\lim_{\Delta x \to 0} \frac{\Delta_x z}{\Delta x} = \lim_{\Delta x \to 0} \frac{f(x_0 + \Delta x, y_0) - f(x_0, y_0)}{\Delta x}$$

存在，则称此极限值为函数 $f(x, y)$ 在点 (x_0, y_0) 处对 x 的**偏导数**，记作

$$f'_x(x_0, y_0), \quad \frac{\partial f(x_0, y_0)}{\partial x} \quad 或 \quad \left.\frac{\partial z}{\partial x}\right|_{\substack{x = x_0 \\ y = y_0}}, \ \left. z'_x \right|_{\substack{x = x_0 \\ y = y_0}}$$

同样，如果极限

$$\lim_{\Delta y \to 0} \frac{\Delta_y z}{\Delta y} = \lim_{\Delta y \to 0} \frac{f(x_0, y_0 + \Delta y) - f(x_0, y_0)}{\Delta y}$$

存在，则称此极限值为函数 $f(x, y)$ 在点 (x_0, y_0) 处对 y 的偏导数，记作

$$f'_y(x_0, y_0), \frac{\partial f(x_0, y_0)}{\partial y} \quad 或 \quad \left.\frac{\partial z}{\partial y}\right|_{\substack{x=x_0\\y=y_0}}, \left.z'_y\right|_{\substack{x=x_0\\y=y_0}}$$

如果函数 $z=f(x, y)$ 在平面区域 D 内的每一点(x, y)处对 x(或 y) 的偏导数都存在，则称函数 $f(x, y)$ 在 D 内有对 x(或 y) 的偏导函数，简称偏导数，记作

$$f'_x(x, y), \frac{\partial f(x, y)}{\partial x}, \frac{\partial z}{\partial x}, z'_x$$

$$f'_y(x, y), \frac{\partial f(x, y)}{\partial y}, \frac{\partial z}{\partial y}, z'_y$$

类似地，可以定义一般的 n $(n>2)$ 元函数的偏导数．例如，若三元函数 $u=f(x, y, z)$ 在点 (x_0, y_0, z_0) 处存在对 x, y, z 的偏导数，则 $f(x, y, z)$ 在该点的偏导数为

$$f'_x(x_0, y_0, z_0)=\lim_{\Delta x\to 0}\frac{f(x_0+\Delta x, y_0, z_0)-f(x_0, y_0, z_0)}{\Delta x}$$

$$f'_y(x_0, y_0, z_0)=\lim_{\Delta y\to 0}\frac{f(x_0, y_0+\Delta y, z_0)-f(x_0, y_0, z_0)}{\Delta y}$$

$$f'_z(x_0, y_0, z_0)=\lim_{\Delta z\to 0}\frac{f(x_0, y_0, z_0+\Delta z)-f(x_0, y_0, z_0)}{\Delta z}$$

由偏导数的定义可知，求多元函数对一个自变量的偏导数时，只需将其他自变量看成常数，用一元函数求导法即可求得．

例 1　求函数 $f(x, y)=5x^2y^3$ 的偏导数 $f'_x(x, y)$ 与 $f'_y(x, y)$，并求 $f'_x(0, 1)$，$f'_x(1, -1)$，$f'_y(1, -2)$，$f'_y(-1, -2)$．

解：$f'_x(x, y)=(5x^2y^3)'_x=5\cdot 2x\cdot y^3=10xy^3$

$f'_y(x, y)=(5x^2y^3)'_y=5\cdot x^2\cdot 3y^2=15x^2y^2$

$f'_x(0, 1)=0$

$f'_x(1, -1)=10\times 1\times(-1)^3=-10$

$f'_y(1, -2)=15\times 1\times(-2)^2=60$

$f'_y(-1, -2)=15\times(-1)^2\times(-2)^2=60$

例 2　求函数 $f(x, y)=\mathrm{e}^{x^2y}$ 的偏导数 $\frac{\partial f}{\partial x}, \frac{\partial f}{\partial y}$.

解：$\frac{\partial f}{\partial x}=\frac{\partial(\mathrm{e}^{x^2y})}{\partial x}=\mathrm{e}^{x^2y}\cdot\frac{\partial(x^2y)}{\partial x}=2xy\mathrm{e}^{x^2y}$

$\frac{\partial f}{\partial y}=\frac{\partial(\mathrm{e}^{x^2y})}{\partial y}=\mathrm{e}^{x^2y}\cdot\frac{\partial(x^2y)}{\partial y}=x^2\mathrm{e}^{x^2y}$

可以看出，函数 $z=f(x, y)$ 在点 (x_0, y_0) 处的偏导数就是该函数在点 (x_0, y_0) 处沿 x 轴和 y 轴方向的变化率，即

$$f'_x(x_0, y_0)=\left.\frac{\mathrm{d}}{\mathrm{d}x}f(x, y_0)\right|_{x=x_0}$$

$$f'_y(x_0, y_0)=\left.\frac{\mathrm{d}}{\mathrm{d}y}f(x_0, y)\right|_{y=y_0}$$

由此可知偏导数的几何意义：$f'_x(x_0, y_0)$ 表示曲面 $z=f(x, y)$ 与平面$y=y_0$ 的交线在空间中的点 $P(x_0, y_0, f(x_0, y_0))$ 处的切线 PT_x 的斜率. 类似地，$f'_y(x_0, y_0)$ 表示曲面 $z=f(x, y)$ 与平面$x=x_0$ 的交线在点 $P(x_0, y_0, f(x_0, y_0))$ 处的切线 PT_y 的斜率(如图 8－15 所示)，这与一元函数导数的几何意义是类似的.

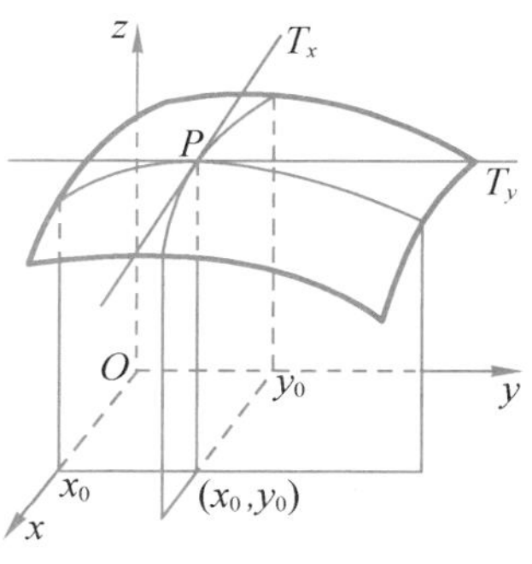

图 8－15

但是，对二元函数 $z=f(x, y)$，即使在点 (x_0, y_0) 处的偏导数存在，也不能保证 $f(x, y)$ 在该点连续，这与一元函数在某点可导则在该点连续的结论完全不同.

(二) 高阶偏导数

一般说来，函数 $z=f(x, y)$ 的偏导数

$$z'_x=\frac{\partial f(x, y)}{\partial x},\ z'_y=\frac{\partial f(x, y)}{\partial y}$$

仍是 x，y 的二元函数，如果这两个函数对自变量 x 和 y 的偏导数也存在，则称这些偏导数为函数 $f(x, y)$ 的二阶偏导数，记作

$$\frac{\partial^2 z}{\partial x^2}=\frac{\partial}{\partial x}\left(\frac{\partial z}{\partial x}\right),\ \frac{\partial^2 z}{\partial x\partial y}=\frac{\partial}{\partial y}\left(\frac{\partial z}{\partial x}\right)$$

$$\frac{\partial^2 z}{\partial y^2}=\frac{\partial}{\partial y}\left(\frac{\partial z}{\partial y}\right),\ \frac{\partial^2 z}{\partial y\partial x}=\frac{\partial}{\partial x}\left(\frac{\partial z}{\partial y}\right)$$

或　　z''_{xx}，z''_{xy}，z''_{yy}，z''_{yx}

仿此可以定义二元函数更高阶的偏导数. 例如：

$$\frac{\partial}{\partial x}\left(\frac{\partial^2 z}{\partial x^2}\right)=\frac{\partial^3 z}{\partial x^3},\ \frac{\partial}{\partial y}\left(\frac{\partial^2 z}{\partial x^2}\right)=\frac{\partial^3 z}{\partial x^2\partial y}$$

$$\frac{\partial}{\partial x}\left(\frac{\partial^2 z}{\partial x\partial y}\right)=\frac{\partial^3 z}{\partial x\partial y\partial x}$$ 等.

例 3　求 $z=x^3+y^3-3xy^2$ 的各二阶偏导数.

解：$\frac{\partial z}{\partial x}=3x^2-3y^2$，　$\frac{\partial^2 z}{\partial x^2}=6x$，　$\frac{\partial^2 z}{\partial x\partial y}=-6y$

$\frac{\partial z}{\partial y}=3y^2-6xy$，　$\frac{\partial^2 z}{\partial y^2}=6y-6x$，　$\frac{\partial^2 z}{\partial y\partial x}=-6y$

例 4　求 $z=x^2ye^y$ 的各二阶偏导数.

解：$z'_x=2xye^y$，　$z''_{xx}=2ye^y$，　$z''_{xy}=2x(1+y)e^y$

$z'_y=x^2(1+y)e^y$，　$z''_{yy}=x^2(2+y)e^y$，　$z''_{yx}=2x(1+y)e^y$

在上面两例中，都有 $f''_{xy}(x, y)=f''_{yx}(x, y)$，但这个等式并不是对所有函数都能成

立. 可以证明:当二阶偏导数 $f''_{xy}(x, y)$, $f''_{yx}(x, y)$ 为 x, y 的连续函数时，必有 $f''_{xy}(x, y) = f''_{yx}(x, y)$.

※ **例 5** 设某货物的需求量 Q 是其价格 P 及消费者收入 Y 的函数

$$Q = Q(P, Y)$$

当消费者收入 Y 保持不变，价格 P 改变 ΔP 时，需求量 Q 对于价格 P 的偏改变量为

$$\Delta_p Q = Q(P+\Delta P, Y) - Q(P, Y)$$

而比值

$$\frac{\Delta_P Q}{\Delta P} = \frac{Q(P+\Delta P, Y) - Q(P, Y)}{\Delta P}$$

是价格由 P 变到 $P+\Delta P$ 时需求量 Q 的平均变化率.

$$\frac{\partial Q}{\partial P} = \lim_{\Delta P \to 0} \frac{\Delta_P Q}{\Delta P}$$

是当价格为 P、消费者收入为 Y 时，需求量 Q 对于价格 P 的变化率.

$$E_P = -\lim_{\Delta P \to 0} \frac{\dfrac{\Delta_P Q}{Q}}{\dfrac{\Delta P}{P}} = -\frac{\partial Q}{\partial P}\frac{P}{Q}$$

称为**需求对价格的偏弹性**.

类似地,

$$\Delta_Y Q = Q(P, Y+\Delta Y) - Q(P, Y)$$

是当价格不变，消费者收入 Y 改变 ΔY 时，需求量 Q 对于收入 Y 的偏改变量.

$$\frac{\Delta_Y Q}{\Delta Y} = \frac{Q(P, Y+\Delta Y) - Q(P, Y)}{\Delta Y}$$

是收入从 Y 变到 $Y+\Delta Y$ 时需求量 Q 的平均变化率.

$$\frac{\partial Q}{\partial Y} = \lim_{\Delta Y \to 0} \frac{\Delta_Y Q}{\Delta Y}$$

是当价格为 P、收入为 Y 时，需求量 Q 对收入 Y 的变化率.

$$E_Y = \lim_{\Delta Y \to 0} \frac{\dfrac{\Delta_Y Q}{Q}}{\dfrac{\Delta Y}{Y}} = \frac{\partial Q}{\partial Y}\frac{Y}{Q}$$

称为**需求对收入的偏弹性**.

（三）全微分

在一元函数 $y=f(x)$ 中，y 对 x 的微分 dy 是自变量的改变量 Δx 的线性函数，且当 $\Delta x\to 0$ 时，dy 与函数改变量 Δy 的差是一个比 Δx 高阶的无穷小量. 类似地，我们来讨论二元函数在所有自变量都有微小变化时，函数改变量的变化情况.

知识点解析
全微分（微分、可导、连续之间的关系）

例如，用 S 表示边长分别为 x 与 y 的矩形的面积，显然，S 是 x，y 的函数 $S=xy$，如果边长 x 与 y 分别取得改变量 Δx 与 Δy，则面积 S 相应地有一个改变量

$$\begin{aligned}\Delta S&=(x+\Delta x)(y+\Delta y)-xy\\&=y\Delta x+x\Delta y+\Delta x\Delta y\end{aligned}$$

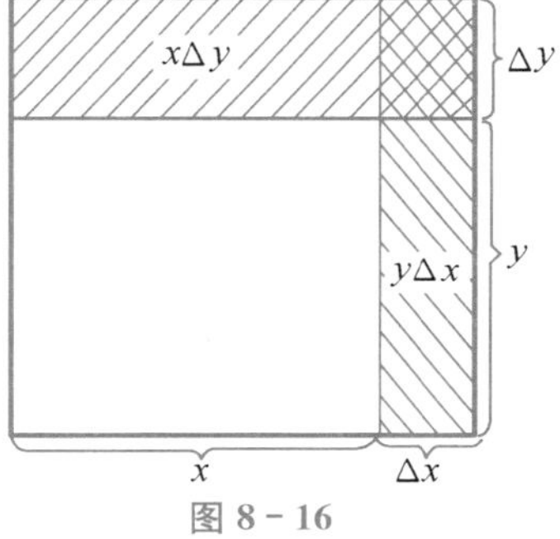

图 8－16

上式包含两部分：第一部分 $y\Delta x+x\Delta y$，是 Δx，Δy 的线性函数，即图8－16 中带单条斜线的两个矩形面积的和；第二部分 $\Delta x\Delta y$，当$\Delta x\to 0$，$\Delta y\to 0$ 时，是比 $\rho=\sqrt{(\Delta x)^2+(\Delta y)^2}$ 高阶的无穷小量. 如果以 $y\Delta x+x\Delta y$ 近似表示 ΔS，而将 $\Delta x\Delta y$ 略去，则其差 $\Delta S-(y\Delta x+x\Delta y)$ 是一个比 ρ 高阶的无穷小量. 我们把 $y\Delta x+x\Delta y$ 叫作面积 S 的微分.

一般地，对二元函数 $z=f(x,y)$ 有：

定义 8.6 对于自变量在点 (x,y) 处的改变量 Δx，Δy，函数 $z=f(x,y)$ 相应的改变量为

$$\Delta z=f(x+\Delta x,y+\Delta y)-f(x,y)$$

可以表示为

$$\Delta z=A\Delta x+B\Delta y+o(\rho)\tag{8.4}$$

其中，A，B 是 x，y 的函数，与 Δx，Δy 无关；$o(\rho)$ 表示一个比 ρ 高阶的无穷小量. 称 $A\Delta x+B\Delta y$ 为函数 $z=f(x,y)$ 在点 (x,y) 处的全微分，记作 dz 或 $df(x,y)$，即

$$dz=df(x,y)=A\Delta x+B\Delta y$$

此时也称函数 $f(x,y)$ 在点 (x,y) 处可微.

定理 8.1 设函数 $z=f(x,y)$ 在点(x,y) 处可微，则函数 $f(x,y)$ 在该点的偏导数 $f'_x(x,y)$，$f'_y(x,y)$ 存在，且 $A=f'_x(x,y)$，$B=f'_y(x,y)$，即全微分

$$dz=f'_x(x,y)\Delta x+f'_y(x,y)\Delta y\tag{8.5}$$

证：设 $f(x,y)$ 在点(x,y) 处可微，在式 (8.4) 中令 $\Delta y=0$，则 $\rho=|\Delta x|$，且式 (8.4) 成为

$$\Delta z = f(x+\Delta x, y) - f(x, y) = A\Delta x + o(|\Delta x|)$$

上式两端除以 Δx，并令 $\Delta x \to 0$ 取极限，得

$$\lim_{\Delta x\to 0}\frac{f(x+\Delta x, y)-f(x, y)}{\Delta x} = \lim_{\Delta x\to 0}\left(A+\frac{o(|\Delta x|)}{\Delta x}\right) = A$$

即 $f'_x(x, y)$ 存在，且 $A = f'_x(x, y)$.

同理可证 $f'_y(x, y)$ 存在，且 $B = f'_y(x, y)$. 所以，全微分

$$dz = f'_x(x, y)\Delta x + f'_y(x, y)\Delta y$$

不失一般性，令 $f(x, y) = x$，则 $dz = dx = \Delta x$. 同理有 $dy = \Delta y$. 于是，式(8.5)可记为

$$dz = f'_x(x, y)dx + f'_y(x, y)dy$$

或
$$dz = \frac{\partial z}{\partial x}dx + \frac{\partial z}{\partial y}dy$$

定理 8.2 设函数 $z = f(x, y)$ 在点 (x, y) 的某一邻域内有连续的偏导数 $f'_x(x, y)$，$f'_y(x, y)$，则函数 $f(x, y)$ 在点 (x, y) 处可微.（证明略）

由定理 8.1 和定理 8.2 可以看出，对于二元函数 $z = f(x, y)$，在点(x, y)处存在偏导数是 $f(x, y)$ 在该点可微的必要条件，而非充分条件. 只有当 $f(x, y)$ 在点(x, y)处的偏导数存在且连续时，$f(x, y)$ 在该点可微. 这与一元函数 $y = f(x)$ 可微和可导等价的结论是不同的，然而，可以证明：如果二元函数 $z = f(x, y)$ 在点 (x, y) 处可微，则 $f(x, y)$ 在该点连续.

二元函数全微分的概念可以推广到一般的 n 元函数 $(n \geqslant 2)$. 例如，设三元函数 $u = f(x, y, z)$ 可微，则其全微分

$$du = f'_x(x, y, z)dx + f'_y(x, y, z)dy + f'_z(x, y, z)dz$$

例 6 求函数 $z = e^{xy}$ 的全微分，并计算函数在 $x = 2$，$y = 1$，$\Delta x = 0.15$，$\Delta y = -0.1$ 时全微分的值.

解：由于

$$\frac{\partial z}{\partial x} = ye^{xy}, \frac{\partial z}{\partial y} = xe^{xy}$$

所以
$$dz = ye^{xy}dx + xe^{xy}dy = e^{xy}(ydx + xdy)$$

当 $x = 2$，$y = 1$，$\Delta x = 0.15$，$\Delta y = -0.1$ 时，全微分

$$dz = e^2 \times 0.15 + 2e^2(-0.1) = -0.05e^2$$

例 7 求函数 $u = xy + yz + zx$ 的全微分.

解：由于

$$\frac{\partial u}{\partial x} = y + z, \quad \frac{\partial u}{\partial y} = x + z, \quad \frac{\partial u}{\partial z} = y + x$$

所以　　$du=(y+z)dx+(x+z)dy+(y+x)dz$

多元函数的全微分在近似计算中有一定的应用. 实际上，对于可微的二元函数 $z=f(x, y)$，因为 $\Delta z-dz=o(\rho)$ 是一个比 ρ 高阶的无穷小量，所以有近似公式

$$\Delta z\approx dz$$

即
$$f(x+\Delta x, y+\Delta y)-f(x, y)\approx f'_x(x, y)\Delta x+f'_y(x, y)\Delta y \tag{8.6}$$
或
$$f(x+\Delta x, y+\Delta y)\approx f(x, y)+f'_x(x, y)\Delta x+f'_y(x, y)\Delta y \tag{8.7}$$

例 8　要造一个无盖的圆柱形水槽，其内半径为 2 米，高为 4 米，厚度均为 0.01 米，求需用材料多少立方米.

解：因为圆柱的体积 $V=\pi r^2 h$（其中，r 为底半径，h 为高），由式(8.6) 得

$$\Delta V\approx 2\pi rh\Delta r+\pi r^2\Delta h$$

由于 $r=2$，$h=4$，$\Delta r=\Delta h=0.01$，所以

$$\Delta V\approx 2\pi\times 2\times 4\times 0.01+\pi\times 2^2\times 0.01=0.2\pi$$

所以需用材料约为 0.2π 立方米，与直接计算的 ΔV 的值 $0.200\,801\pi$ 立方米相当接近.

8.5　复合函数的微分法与隐函数的微分法

(一) 复合函数的微分法

设函数 $z=f(u, v)$ 是变量 u，v 的函数，而 u，v 又是变量 x，y 的函数，$u=\varphi(x, y)$，$v=\psi(x, y)$，因而

$$z=f[\varphi(x, y), \psi(x, y)]$$

是 x，y 的复合函数.

知识点解析
复合函数与隐函数求偏导和全微分

定理 8.3　如果函数 $u=\varphi(x, y)$ 及 $v=\psi(x, y)$ 在点 (x, y) 的偏导数 $\frac{\partial u}{\partial x}$，$\frac{\partial u}{\partial y}$ 及 $\frac{\partial v}{\partial x}$，$\frac{\partial v}{\partial y}$ 都存在，且在对应于 (x, y) 的点 (u, v) 处，函数 $z=f(u, v)$ 可微，则复合函数 $z=f[\varphi(x, y), \psi(x, y)]$ 对 x 及 y 的偏导数存在，且

$$\frac{\partial z}{\partial x}=\frac{\partial z}{\partial u}\frac{\partial u}{\partial x}+\frac{\partial z}{\partial v}\frac{\partial v}{\partial x} \tag{8.8}$$

$$\frac{\partial z}{\partial y}=\frac{\partial z}{\partial u}\frac{\partial u}{\partial y}+\frac{\partial z}{\partial v}\frac{\partial v}{\partial y} \tag{8.9}$$

证：给 x 以改变量 Δx $(\Delta x\neq 0)$，让 y 保持不变，则 u，v 各得到偏改变量 $\Delta_x u$，$\Delta_x v$，从而函数 $z=f(u, v)$ 也得到偏改变量 $\Delta_x z$. 由于 $f(u, v)$ 可微，所以

$$\Delta_x z = \frac{\partial z}{\partial u}\Delta_x u + \frac{\partial z}{\partial v}\Delta_x v + o(\rho) \tag{A}$$

其中，$\rho = \sqrt{(\Delta_x u)^2 + (\Delta_x v)^2}$，且 $\lim\limits_{\rho \to 0}\dfrac{o(\rho)}{\rho} = 0$. 在式(A) 两边同除以$\Delta x(\neq 0)$ 得

$$\frac{\Delta_x z}{\Delta x} = \frac{\partial z}{\partial u}\frac{\Delta_x u}{\Delta x} + \frac{\partial z}{\partial v}\frac{\Delta_x v}{\Delta x} + \frac{o(\rho)}{\Delta x} \tag{B}$$

因为 $u = \varphi(x, y)$，$v = \psi(x, y)$ 的偏导数存在，所以 $\Delta x \to 0$ 时 $\rho \to 0$，并且

$$\lim_{\Delta x \to 0}\frac{\Delta_x u}{\Delta x} = \frac{\partial u}{\partial x},\ \lim_{\Delta x \to 0}\frac{\Delta_x v}{\Delta x} = \frac{\partial v}{\partial x} \tag{C}$$

$$\begin{aligned}\lim_{\Delta x \to 0}\left|\frac{o(\rho)}{\Delta x}\right| &= \lim_{\Delta x \to 0}\left|\frac{o(\rho)}{\rho}\right| \cdot \left|\frac{\rho}{\Delta x}\right| \\ &= \lim_{\rho \to 0}\left|\frac{o(\rho)}{\rho}\right| \cdot \lim_{\Delta x \to 0}\sqrt{\left(\frac{\Delta_x u}{\Delta x}\right)^2 + \left(\frac{\Delta_x v}{\Delta x}\right)^2} \\ &= 0 \cdot \sqrt{\left(\frac{\partial u}{\partial x}\right)^2 + \left(\frac{\partial v}{\partial x}\right)^2} = 0\end{aligned}$$

所以 $$\lim_{\Delta x \to 0}\frac{o(\rho)}{\Delta x} = 0 \tag{D}$$

于是，当 $\Delta x \to 0$ 时，式(B) 右边的极限存在，左边的极限也存在，所以由式(B) 两边取极限，再由式(C)、(D) 可得

$$\frac{\partial z}{\partial x} = \frac{\partial z}{\partial u}\frac{\partial u}{\partial x} + \frac{\partial z}{\partial v}\frac{\partial v}{\partial x}$$

同理可证

$$\frac{\partial z}{\partial y} = \frac{\partial z}{\partial u}\frac{\partial u}{\partial y} + \frac{\partial z}{\partial v}\frac{\partial v}{\partial y}$$

特别地，如果 $z = f(u, v)$，而 $u = \varphi(x)$，$v = \psi(x)$，则 z 就是 x 的一元函数

$$z = f[\varphi(x), \psi(x)]$$

这时，z 对 x 的导数称为**全导数**，即

$$\frac{\mathrm{d}z}{\mathrm{d}x} = \frac{\partial z}{\partial u}\frac{\mathrm{d}u}{\mathrm{d}x} + \frac{\partial z}{\partial v}\frac{\mathrm{d}v}{\mathrm{d}x}$$

如果 $z = f(x, y)$，而 $y = \varphi(x)$，则函数 $z = f[x, \varphi(x)]$ 的全导数为

$$\frac{\mathrm{d}z}{\mathrm{d}x} = \frac{\partial z}{\partial x} + \frac{\partial z}{\partial y}\frac{\mathrm{d}y}{\mathrm{d}x}$$

例 1 求 $z = (3x^2 + y^2)^{4x+2y}$ 的偏导数.

解：设 $u=3x^2+y^2$，$v=4x+2y$，则 $z=u^v$，可得

$$\frac{\partial z}{\partial u}=v\cdot u^{v-1},\quad \frac{\partial z}{\partial v}=u^v\cdot\ln u$$

$$\frac{\partial u}{\partial x}=6x,\quad \frac{\partial u}{\partial y}=2y,\quad \frac{\partial v}{\partial x}=4,\quad \frac{\partial v}{\partial y}=2$$

则

$$\begin{aligned}\frac{\partial z}{\partial x}&=v\cdot u^{v-1}\cdot 6x+u^v\cdot\ln u\cdot 4\\&=6x(4x+2y)(3x^2+y^2)^{4x+2y-1}\\&\quad+4(3x^2+y^2)^{4x+2y}\ln(3x^2+y^2)\end{aligned}$$

$$\begin{aligned}\frac{\partial z}{\partial y}&=v\cdot u^{v-1}\cdot 2y+u^v\cdot\ln u\cdot 2\\&=2y(4x+2y)(3x^2+y^2)^{4x+2y-1}\\&\quad+2(3x^2+y^2)^{4x+2y}\ln(3x^2+y^2)\end{aligned}$$

例 2　设 $z=xy+u$，其中 $u=\varphi(x,y)$ 具有二阶连续偏导数，求 z'_x，z''_{xx}，z''_{xy}.

解：$\dfrac{\partial z}{\partial x}=y+\dfrac{\partial u}{\partial x}$，　$\dfrac{\partial^2 z}{\partial x^2}=\dfrac{\partial^2 u}{\partial x^2}$，　$\dfrac{\partial^2 z}{\partial x\partial y}=1+\dfrac{\partial^2 u}{\partial x\partial y}$

例 3　设 $z=\dfrac{y^2}{2x}+\varphi(xy)$，$\varphi$ 为可微的函数，求证：

$$x^2\frac{\partial z}{\partial x}-xy\frac{\partial z}{\partial y}+\frac{3}{2}y^2=0$$

证：由 $\dfrac{\partial z}{\partial x}=-\dfrac{y^2}{2x^2}+y\varphi'(xy)$，两边同乘 x^2，有

$$x^2\frac{\partial z}{\partial x}=-\frac{1}{2}y^2+x^2y\varphi'(xy)\tag{A}$$

又由 $\dfrac{\partial z}{\partial y}=\dfrac{y}{x}+x\varphi'(xy)$，两边同乘 xy，有

$$xy\frac{\partial z}{\partial y}=y^2+x^2y\varphi'(xy)\tag{B}$$

式(A) 的两边分别减去式(B) 的两边，得

$$x^2\frac{\partial z}{\partial x}-xy\frac{\partial z}{\partial y}=-\frac{3}{2}y^2$$

即

$$x^2\frac{\partial z}{\partial x}-xy\frac{\partial z}{\partial y}+\frac{3}{2}y^2=0$$

例 4　设 $z=f(u,x,y)$，$u=xe^y$，其中 f 具有二阶连续偏导数，求 $\dfrac{\partial^2 z}{\partial x\partial y}$.

解：$\dfrac{\partial z}{\partial x}=f'_u\cdot\dfrac{\partial u}{\partial x}+f'_x=e^yf'_u+f'_x$

注意到 f'_u 和 f'_x 仍是 u，x，y 的函数，且 $u=xe^y$，所以

$$\frac{\partial^2 z}{\partial x\partial y}=e^y f'_u+e^y\left(f''_{uu}\cdot\frac{\partial u}{\partial y}+f''_{uy}\right)+f''_{xu}\cdot\frac{\partial u}{\partial y}+f''_{xy}$$
$$=e^y f'_u+xe^{2y}f''_{uu}+e^y f''_{uy}+xe^y f''_{xu}+f''_{xy}$$

注意　在求多元函数的偏导数，特别是抽象函数的各阶偏导数时，经常利用下面的简便记法：

$$f'_u=\frac{\partial f(u,v)}{\partial u},\quad f'_v=\frac{\partial f(u,v)}{\partial v}$$
$$f''_{uu}=\frac{\partial^2 f(u,v)}{\partial u^2},\quad f''_{uv}=\frac{\partial^2 f(u,v)}{\partial u\partial v},\quad f''_{vv}=\frac{\partial^2 f(u,v)}{\partial v^2}$$

（二）全微分形式不变性

与一元函数类似，利用复合函数微分法可以得到多元函数的全微分，多元函数的全微分也具有形式不变性. 下面我们以二元函数为例，说明全微分形式不变性的意义.

设 $z=f(u,v)$ 可微，当 u，v 为自变量时，其全微分

$$dz=\frac{\partial z}{\partial u}du+\frac{\partial z}{\partial v}dv$$

当 u，v 是 x，y 的可微函数：$u=u(x,y)$，$v=v(x,y)$ 时，由全微分定义和复合函数微分法可求得，复合函数 $z=f(u(x,y),v(x,y))$ 的全微分为

$$dz=\frac{\partial z}{\partial x}dx+\frac{\partial z}{\partial y}dy$$

而
$$\frac{\partial z}{\partial x}=\frac{\partial z}{\partial u}\cdot\frac{\partial u}{\partial x}+\frac{\partial z}{\partial v}\cdot\frac{\partial v}{\partial x},\quad \frac{\partial z}{\partial y}=\frac{\partial z}{\partial u}\cdot\frac{\partial u}{\partial y}+\frac{\partial z}{\partial v}\cdot\frac{\partial v}{\partial y}$$
所以

$$dz=\left(\frac{\partial z}{\partial u}\cdot\frac{\partial u}{\partial x}+\frac{\partial z}{\partial v}\cdot\frac{\partial v}{\partial x}\right)dx+\left(\frac{\partial z}{\partial u}\cdot\frac{\partial u}{\partial y}+\frac{\partial z}{\partial v}\cdot\frac{\partial v}{\partial y}\right)dy$$
$$=\frac{\partial z}{\partial u}\left(\frac{\partial u}{\partial x}\cdot dx+\frac{\partial u}{\partial y}dy\right)+\frac{\partial z}{\partial v}\cdot\left(\frac{\partial v}{\partial x}dx+\frac{\partial v}{\partial y}dy\right)$$
$$=\frac{\partial z}{\partial u}du+\frac{\partial z}{\partial v}dv$$

这表明，对于函数 $z=f(u,v)$，无论 u，v 是中间变量还是自变量，其全微分 $dz=\frac{\partial z}{\partial u}du+\frac{\partial z}{\partial v}dv$，这一形式上的一致性称为**全微分形式不变性**.

在一些问题中合理地运用这一性质将会十分方便.

例 5　设 $z=(x^2-y^2)e^{xy}$，利用全微分形式不变性，求 $\frac{\partial z}{\partial x}$，$\frac{\partial z}{\partial y}$.

解：$dz=d[(x^2-y^2)e^{xy}]=e^{xy}d(x^2-y^2)+(x^2-y^2)de^{xy}$

$$= e^{xy}(dx^2 - dy^2) + (x^2 - y^2)e^{xy}d(xy)$$
$$= e^{xy}(2xdx - 2ydy) + (x^2 - y^2)e^{xy}(ydx + xdy)$$
$$= e^{xy}(2x + x^2y - y^3)dx + e^{xy}(-2y + x^3 - xy^2)dy$$

由此可得

$$\frac{\partial z}{\partial x} = e^{xy}(2x + x^2y - y^3)$$

$$\frac{\partial z}{\partial y} = e^{xy}(-2y + x^3 - xy^2)$$

（三）隐函数的微分法

在一元函数中，已知可用复合函数求导法求由方程 $F(x, y) = 0$ 确定的函数 $y = f(x)$ 的导数 $\frac{dy}{dx}$. 现在利用多元复合函数微分法导出求这类隐函数导数的公式.

如果由方程 $F(x, y) = 0$ 可确定函数 $y = f(x)$，函数 $F(x, y)$ 有连续偏导数，且 $\frac{\partial F}{\partial y} \neq 0$，则由

$$F[x, f(x)] \equiv 0$$

有
$$\frac{\partial F}{\partial x} + \frac{\partial F}{\partial y}\frac{dy}{dx} = 0$$

可得
$$\frac{dy}{dx} = -\frac{\frac{\partial F}{\partial x}}{\frac{\partial F}{\partial y}}$$

例 6　求由方程 $y - xe^y + x = 0$ 确定的函数 $y = f(x)$ 的导数.

解：设 $F(x, y) = y - xe^y + x$，则有

$$\frac{\partial F}{\partial x} = -e^y + 1, \quad \frac{\partial F}{\partial y} = 1 - xe^y$$

所以
$$\frac{dy}{dx} = -\frac{-e^y + 1}{1 - xe^y} = \frac{e^y - 1}{1 - xe^y}$$

类似地，对于方程 $F(x, y, z) = 0$ 所确定的二元函数 $z = f(x, y)$，如果 $F(x, y, z)$ 具有连续的偏导数，且 $\frac{\partial F}{\partial z} \neq 0$，则由

$$F[x, y, f(x, y)] \equiv 0$$

有
$$\frac{\partial F}{\partial x} + \frac{\partial F}{\partial z}\frac{\partial z}{\partial x} = 0, \qquad \frac{\partial F}{\partial y} + \frac{\partial F}{\partial z}\frac{\partial z}{\partial y} = 0$$

得
$$\frac{\partial z}{\partial x} = -\frac{\frac{\partial F}{\partial x}}{\frac{\partial F}{\partial z}}, \qquad \frac{\partial z}{\partial y} = -\frac{\frac{\partial F}{\partial y}}{\frac{\partial F}{\partial z}}$$

例 7 求由方程 $\frac{x^2}{a^2}+\frac{y^2}{b^2}+\frac{z^2}{c^2}=1$ 确定的函数 $z=f(x, y)$ 的偏导数.

解：设 $F(x, y, z)=\frac{x^2}{a^2}+\frac{y^2}{b^2}+\frac{z^2}{c^2}-1$，则由

$$\frac{\partial F}{\partial x}=\frac{2x}{a^2},\qquad \frac{\partial F}{\partial y}=\frac{2y}{b^2},\qquad \frac{\partial F}{\partial z}=\frac{2z}{c^2}$$

可得
$$\frac{\partial z}{\partial x}=-\frac{\frac{2x}{a^2}}{\frac{2z}{c^2}}=-\frac{c^2x}{a^2z},\qquad \frac{\partial z}{\partial y}=-\frac{c^2y}{b^2z}$$

注意 虽然此例中方程确定了两个不同的函数

$$z=\pm c\sqrt{1-\frac{x^2}{a^2}-\frac{y^2}{b^2}}$$

但在其偏导数存在的区域内，所得的结果均与上式相同.

8.6 二元函数的极值

（一）二元函数的极值

定义 8.7 如果二元函数 $z=f(x, y)$ 对于点 (x_0, y_0) 的某一邻域内的所有点，总有

知识点解析
二元函数的极值

$$f(x, y)<f(x_0, y_0),\quad (x, y)\neq(x_0, y_0)$$

则称 $f(x_0, y_0)$ 是函数 $f(x, y)$ 的极大值；如果总有

$$f(x, y)>f(x_0, y_0),\quad (x, y)\neq(x_0, y_0)$$

则称 $f(x_0, y_0)$ 是函数 $f(x, y)$ 的极小值.

函数的极大值与极小值统称为极值；使函数取得极值的点称为极值点.

定理 8.4（极值存在的必要条件） 如果函数 $f(x, y)$ 在点 (x_0, y_0) 处有极值，且两个一阶偏导数存在，则有

$$f'_x(x_0, y_0)=0,\quad f'_y(x_0, y_0)=0$$

证：如果取 $y=y_0$，则函数 $f(x, y_0)$ 是 x 的一元函数. 因为 $x=x_0$ 时，$f(x_0, y_0)$ 是 $f(x, y_0)$ 的极值，所以

$$f'_x(x_0, y_0)=0$$

同理有

$$f'_y(x_0, y_0)=0$$

注意　使函数的各偏导数同时为0的点，称为驻点. 由定理8.4可知，极值点可能在驻点取得，但驻点不一定是极值点. 极值点也可能是使偏导数不存在的点.

例1　求 $f(x, y) = x^2 + y^2$ 的极值.

解：由 $f'_x = 2x = 0$，$f'_y = 2y = 0$，得驻点

$$(x_0, y_0) = (0, 0)$$

因为 $f(0, 0) = 0 < x^2 + y^2$（x，y 不同时为 0），所以 $(0, 0)$ 是极小值点，$f(0, 0) = 0$ 为极小值(也是最小值)，如图 8-8 所示.

例2　求 $f(x, y) = \sqrt{R^2 - x^2 - y^2}$ 的极值.

解：由 $f'_x = \dfrac{-x}{\sqrt{R^2 - x^2 - y^2}} = 0$，$f'_y = \dfrac{-y}{\sqrt{R^2 - x^2 - y^2}} = 0$，得驻点 $(0, 0)$. 因为

$$f(0, 0) = R > \sqrt{R^2 - x^2 - y^2} \quad (x, y \text{ 不同时为 } 0)$$

所以 $f(0, 0) = R$ 为极大值(也就是最大值)，如图 8-5 所示.

例3　讨论函数 $f(x, y) = y^2 - x^2 + 1$ 是否有极值.

解：由 $f'_x = -2x = 0$，$f'_y = 2y = 0$，得驻点 $(0, 0)$.

$$f(0, 0) = 1$$

但当 $y = 0$，$x \neq 0$ 时

$$f(x, 0) = -x^2 + 1 < 1$$

当 $x = 0$，$y \neq 0$ 时

$$f(0, y) = y^2 + 1 > 1$$

因此，$f(0, 0)$ 不是极值，此函数无极值，如图 8-17 所示.

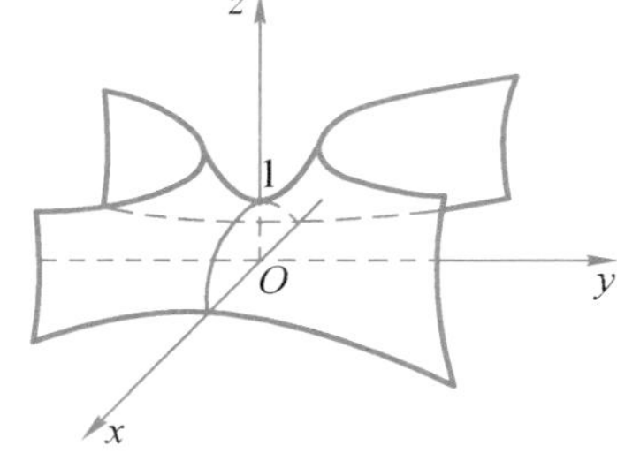

图 8-17

定理 8.5(极值存在的充分条件)　如果函数 $f(x, y)$ 在点 (x_0, y_0) 的某一邻域内有连续的二阶偏导数，且 (x_0, y_0) 是它的驻点，设

$$P(x, y) = [f''_{xy}(x, y)]^2 - f''_{xx}(x, y) f''_{yy}(x, y) \tag{8.10}$$

则

(1) 如果 $P(x_0, y_0) < 0$，且 $f''_{xx}(x_0, y_0) < 0$，则 $f(x_0, y_0)$ 是极大值；

(2) 如果 $P(x_0, y_0) < 0$，且 $f''_{xx}(x_0, y_0) > 0$，则 $f(x_0, y_0)$ 是极小值；

(3) 如果 $P(x_0, y_0) > 0$，则 $f(x_0, y_0)$ 不是极值；

(4) 如果 $P(x_0, y_0) = 0$，则 $f(x_0, y_0)$ 是否为极值需另行判别.（证明从略.）

例4　求函数 $f(x, y) = y^3 - x^2 + 6x - 12y + 5$ 的极值.

解：由 $f'_x(x, y) = -2x + 6 = 0$，$f'_y(x, y) = 3y^2 - 12 = 0$ 得驻点 $(3, 2)$，$(3, -2)$，再由

$$f''_{xx}(x, y)=-2, f''_{xy}(x, y)=0, \quad f''_{yy}(x, y)=6y$$

得 $P(x, y)=12y$，因为

$$P(3, 2)=12\times 2=24>0$$

所以 (3，2) 不是极值点；

$$P(3, -2)=12\times(-2)=-24<0$$

且 $$f''_{xx}(3, -2)=-2<0$$

所以在点 (3，−2) 处函数有极大值 $f(3, -2)=30$.

下面举两个求最大值与最小值的例题.

例 5　要造一个容量一定的长方体箱子，问选择怎样的尺寸，才能使所用的材料最少？

解：设箱子的长、宽、高分别为 x，y，z，容量为 V，则 $V=xyz$，设箱子的表面积为 S，则有

$$S=2(xy+yz+zx)$$

由于 $z=\dfrac{V}{xy}$，所以

$$S=2\left(xy+\frac{V}{x}+\frac{V}{y}\right)$$

这是 x，y 的二元函数，定义域 $D=\{(x, y)\mid x>0, y>0\}$. 由

$$\frac{\partial S}{\partial x}=2\left(y-\frac{V}{x^2}\right)=0, \qquad \frac{\partial S}{\partial y}=2\left(x-\frac{V}{y^2}\right)=0$$

得驻点 $(\sqrt[3]{V}, \sqrt[3]{V})$. 根据实际问题可知，$S$ 一定存在最小值，所以 $(\sqrt[3]{V}, \sqrt[3]{V})$ 是使 S 取得最小值的点，即当 $x=y=z=\sqrt[3]{V}$ 时，函数 S 取得最小值 $6V^{\frac{2}{3}}$，亦即当箱子的长、宽、高相等时所用材料最少.

例 6　某工厂生产两种产品 Ⅰ 与 Ⅱ，出售单价分别为 10 元与 9 元，生产 x 单位的产品 Ⅰ 与生产 y 单位的产品 Ⅱ 的总费用是：

$$400+2x+3y+0.01(3x^2+xy+3y^2)\ (\text{元})$$

求两种产品各生产多少时工厂可取得最大利润.

解：设 $L(x, y)$ 表示产品 Ⅰ 与 Ⅱ 分别生产 x 与 y 单位时所得的总利润. 因为总利润等于总收入减去总费用，所以

$$\begin{aligned} L(x, y) &= (10x+9y)-[400+2x+3y+0.01(3x^2+xy+3y^2)] \\ &= 8x+6y-0.01(3x^2+xy+3y^2)-400 \end{aligned}$$

由 $$L'_x(x, y)=8-0.01(6x+y)=0$$

$$L'_y(x, y) = 6 - 0.01(x + 6y) = 0$$

得驻点 (120, 80). 由于

$$L''_{xx} = -0.06 < 0, L''_{xy} = -0.01, L''_{yy} = -0.06$$

而
$$P(120, 80) = (-0.01)^2 - (-0.06)^2 = -3.5 \times 10^{-3} < 0$$

所以，当 $x = 120$ 且 $y = 80$ 时，$L(120, 80) = 320$ 是极大值. 由题意知，生产 120 件产品 Ⅰ、80 件产品 Ⅱ 时所得利润最大.

（二）条件极值与拉格朗日乘数法

上面给出的求二元函数 $f(x, y)$ 极值的方法中两个自变量 x 与 y 是互相独立的，即不受其他条件约束，此时的极值称为无条件极值，简称极值. 如果自变量 x 与 y 之间还要满足一定的条件 $g(x, y) = 0$（称为约束条件或约束方程），这时所求的极值叫作条件极值. 下面介绍求条件极值的拉格朗日乘数法.

拉格朗日乘数法：求函数 $z = f(x, y)$ 在约束条件 $g(x, y) = 0$ 下的极值.

第一步，以常数 λ（称为拉格朗日乘数）乘以 $g(x, y)$，然后与 $f(x, y)$ 相加，得函数 $F(x, y)$（称为拉格朗日函数），即

$$F(x, y) = f(x, y) + \lambda g(x, y)$$

第二步，求 $F(x, y)$ 对 x 与 y 的一阶偏导数，并令它们都为 0，即

$$F'_x = f'_x + \lambda g'_x = 0$$
$$F'_y = f'_y + \lambda g'_y = 0$$

由这两个方程与 $g(x, y) = 0$ 联立，消去 λ，解出 x，y，得点 (x_0, y_0)，则函数 $f(x, y)$ 的极值可能在解出的点 (x_0, y_0) 处取得.

第三步，判别 (x_0, y_0) 是否为极值点（充分条件略）. 一般可以由具体问题的性质进行判别.

同样，求三元函数 $f(x, y, z)$ 在约束条件 $g(x, y, z) = 0$，$h(x, y, z) = 0$（约束条件一般应少于未知量的个数）下的极值的方法为：作拉格朗日函数

$$F(x, y, z) = f(x, y, z) + \alpha g(x, y, z) + \beta h(x, y, z)$$

其中，α，β 是拉格朗日乘数. 由

$$F'_x = f'_x + \alpha g'_x + \beta h'_x = 0$$
$$F'_y = f'_y + \alpha g'_y + \beta h'_y = 0$$
$$F'_z = f'_z + \alpha g'_z + \beta h'_z = 0$$

及
$$g(x, y, z) = 0$$
$$h(x, y, z) = 0$$

联立消去α，β，解出x，y，z，得点(x_0, y_0, z_0)，则函数的极值可能在所解出的点(x_0, y_0, z_0)处取得. 最后判别点(x_0, y_0, z_0)是否为极值点.

例7　用拉格朗日乘数法求本节例5中容量一定的长方体表面积的最小值. 此时即求函数$S=2(xy+yz+zx)$在约束条件$V-xyz=0$下的最小值.

解：因为只有一个约束条件，所以拉格朗日乘数只有一个. 令

$$F(x, y, z)=2(xy+yz+zx)+\lambda(V-xyz)$$

则由

$$F'_x=2(y+z)-\lambda yz=0$$
$$F'_y=2(x+z)-\lambda xz=0$$
$$F'_z=2(y+x)-\lambda xy=0$$

及

$$V-xyz=0$$

联立消去λ，解出$x=y=z=\sqrt[3]{V}$，与本节例5的结论相同.

例8　求一定点(x_0, y_0, z_0)到平面$Ax+By+Cz+D=0$的最短距离.

解：点(x_0, y_0, z_0)到任一点(x, y, z)的距离r满足

$$r^2=(x-x_0)^2+(y-y_0)^2+(z-z_0)^2$$

因为点(x, y, z)应在已给平面上，所以约束条件为

$$Ax+By+Cz+D=0$$

令

$$F(x, y, z)=(x-x_0)^2+(y-y_0)^2+(z-z_0)^2+\lambda(Ax+By+Cz+D)$$

由

$$F'_x=2(x-x_0)+\lambda A=0$$
$$F'_y=2(y-y_0)+\lambda B=0$$
$$F'_z=2(z-z_0)+\lambda C=0$$

及

$$Ax+By+Cz+D=0$$

得

$$r^2=\frac{\lambda^2}{4}(A^2+B^2+C^2),\ \lambda=\frac{2(Ax_0+By_0+Cz_0+D)}{A^2+B^2+C^2}$$

则

$$r_{\min}=\frac{|Ax_0+By_0+Cz_0+D|}{\sqrt{A^2+B^2+C^2}}$$

此即空间一点(x_0, y_0, z_0)到平面$Ax+By+Cz+D=0$的垂直距离公式.

※(三) 最小二乘法

在自然科学和经济分析中，往往要用实验或调查得到的数据来建立各个量之间的相依变化关系. 这种关系用数学方程给出，叫作经验公式. 建立经验公式的一个常用方法就是最小二乘法. 下面我们通过具有线性关系的两个变量的情形来说明.

为了确定某一对变量x与y的相依关系，我们对它们进行n次测量(实验或调查)，得到n对数据

$$(x_1, y_1), (x_2, y_2), \cdots, (x_n, y_n)$$

将这些数据看作直角坐标系 xOy 中的点 $A_1(x_1, y_1)$，$A_2(x_2, y_2)$，…，$A_n(x_n, y_n)$，并把它们画在坐标平面上，如图 8-18 所示. 如果这些点几乎分布在一条直线上，我们就认为 x 与 y 之间存在线性关系. 设其方程为

$$y = ax + b$$

其中，a 与 b 为待定参数.

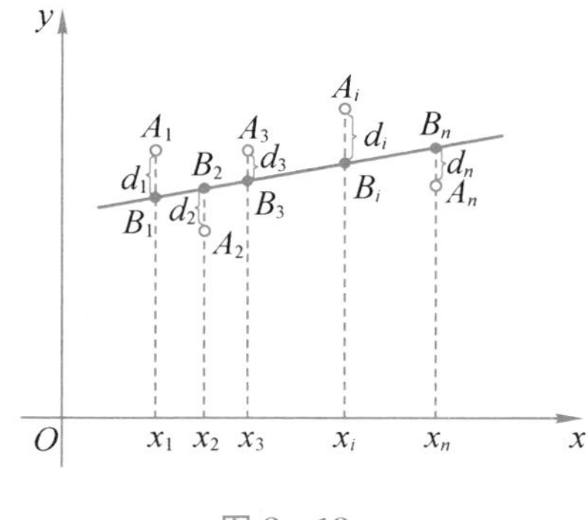

图 8-18

设在直线上与点

$$A_i \quad (i = 1, 2, \cdots, n)$$

的横坐标相同的点为

$$B_1(x_1, ax_1 + b), B_2(x_2, ax_2 + b), \cdots, B_n(x_n, ax_n + b)$$

A_i 与 $B_i (i = 1, 2, \cdots, n)$ 的距离

$$d_i = |ax_i + b - y_i|$$

叫作实测值与理论值的误差. 现在要求一组数 a 与 b，使误差平方和 $S = \sum\limits_{i=1}^{n}(ax_i + b - y_i)^2$ 为最小. 这种方法叫作**最小二乘法**.

下面我们用求二元函数极值的方法，求 a 与 b 的值.

因为 S 是 a，b 的二元函数，所以由极值存在的必要条件应有

$$S'_a = 2\sum_{i=1}^{n}(ax_i + b - y_i)x_i = 0$$

$$S'_b = 2\sum_{i=1}^{n}(ax_i + b - y_i) = 0$$

将上式整理，得出关于 a，b 的方程组

$$\begin{cases} a\sum\limits_{i=1}^{n}x_i^2 + b\sum\limits_{i=1}^{n}x_i = \sum\limits_{i=1}^{n}x_i y_i \\ a\sum\limits_{i=1}^{n}x_i + nb = \sum\limits_{i=1}^{n}y_i \end{cases} \tag{8.11}$$

称为最小二乘法标准方程组. 由它解出 a 与 b，再代入线性方程，即得到所求的经验公式.

例 9　两个相依的量 ξ 与 η，η 由 ξ 确定. 经 6 次测试，得数据如表 8-1 所示.

表 8-1

ξ	8	10	12	14	16	18
η	8	10	10.43	12.78	14.4	16

试利用表中试验数据，建立变量 η 依赖于变量 ξ 的线性关系.

解：计算方程组(8.11) 中有关系数，列表如下，见表 8-2.

表 8-2

i	ξ_i	η_i	ξ_i^2	$\xi_i\eta_i$
1	8	8	64	64
2	10	10	100	100
3	12	10.43	144	125.16
4	14	12.78	196	178.92
5	16	14.4	256	230.4
6	18	16	324	288
$\sum$	78	71.61	1 084	986.48

将表中数字代入方程组(8.11)，得

$$\begin{cases} 1\,084a + 78b = 986.48 \\ 78a \quad + 6b \ = 71.61 \end{cases}$$

解此方程组得 $a = 0.793\,6$，$b = 1.618\,6$，则变量 η 依赖于变量 ξ 的线性关系为

$$\eta = 0.793\,6\xi + 1.618\,6$$

8.7 二重积分

本节中，我们将把一元函数定积分的概念及基本性质推广到二元函数的定积分，即二重积分.

(一) 二重积分的基本概念

我们先讨论曲顶柱体的体积. 设函数 $z=f(x, y)$ 在有界闭区域 D 上连续，且 $f(x, y) \geqslant 0$，$(x, y) \in D$. 在几何上它表示一个连续的曲面. 试求以曲面 $z=f(x, y)$ 为顶、以区域 D 为底、以平行 Oz 轴的直线为母线的曲顶柱体的体积，如图 8-19 所示.

我们仿照定义曲边梯形面积的方法来定义曲顶柱体的体积.

(1) 将区域 D 任意分成 n 个小区域

$$D_1, D_2, \cdots, D_n$$

且以 $\Delta\sigma_i$ 表示第 i 个小区域 $D_i (1 \leqslant i \leqslant n)$ 的面积，如图 8-20 所示. 这样就把曲顶柱体分成了 n 个小曲顶柱体. 以 ΔV_i 表示以 D_i 为底的第 i 个小曲顶柱体的体积，V 表示以区域 D 为底的曲顶柱体的体积，则有

$$V=\sum_{i=1}^{n}\Delta V_i$$

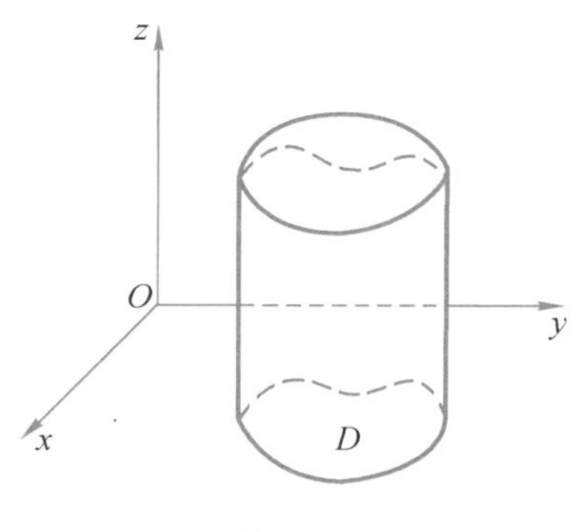

图 8－19

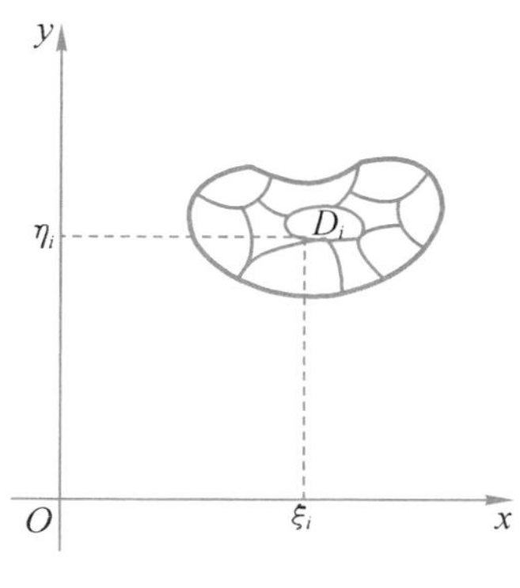

图 8－20

(2) 在每个小区域 $D_i(i=1, 2, \cdots, n)$ 内，任取一点 (ξ_i, η_i)，把以 $f(\xi_i, \eta_i)$ 为高、D_i 为底的平顶柱体的体积 $f(\xi_i, \eta_i)\Delta\sigma_i$ 作为 ΔV_i 的近似值，如图 8－21 所示，即

$$\Delta V_i \approx f(\xi_i, \eta_i)\Delta\sigma_i \quad (i=1, 2, \cdots, n)$$

(3) 作总和

$$V_n=\sum_{i=1}^{n}f(\xi_i, \eta_i)\Delta\sigma_i$$

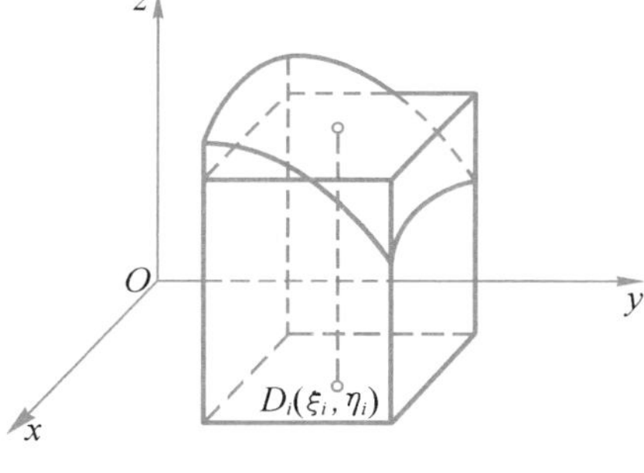

图 8－21

则 V_n 是 V 的一个近似值.

(4) 当分割越来越细，小区域 D_i 越来越小，而逐渐收缩接近于点时，总和 V_n 就越来越接近于 V.

我们用 d_i 表示 $D_i(i=1, 2, \cdots, n)$ 内任意两点间距离的最大值，称为该区域的直径，设 $d=\max\limits_{i}\{d_i\}$.

如果当 d 趋于 0 时 $(n\to\infty)$，V_n 的极限存在，我们就将这个极限定义为曲顶柱体的体积 V，即

$$V=\lim_{d\to 0}\sum_{i=1}^{n}f(\xi_i, \eta_i)\Delta\sigma_i$$

下面我们将一般地研究上述和式的极限，给出二重积分的定义.

定义 8.8 设 $f(x, y)$ 是定义在有界闭区域 D 上的二元函数，将 D 任意分成 n 个小区域

$$D_1, D_2, \cdots, D_n$$

在每个小区域 D_i 中任取一点 (ξ_i, η_i)，作积分和

$$\sum_{i=1}^{n}f(\xi_i, \eta_i)\Delta\sigma_i \tag{8.12}$$

当 n 无限增大，各小区域中的最大直径 $d=\max\limits_{i}\{d_i\}$ 趋于 0 时，如果积分和式 (8.12) 的极限

存在，且与小区域的分割及点 (ξ_i, η_i) 的选取无关，则称此极限为函数 $f(x, y)$ 在区域 D 上的二重积分，记作

$$\iint\limits_D f(x, y)\mathrm{d}\sigma$$

即
$$\iint\limits_D f(x, y)\mathrm{d}\sigma = \lim_{d\to 0}\sum_{i=1}^{n} f(\xi_i, \eta_i)\Delta\sigma_i$$

其中，D 称为积分区域，$f(x, y)$ 称为被积函数，$\mathrm{d}\sigma$ 称为面积元素.

曲顶柱体的体积 V 就是曲面方程 $z = f(x, y) \geqslant 0$ 在区域 D 上的二重积分.

下面对上述定义作两点说明：

(1) 根据定义，积分和式(8.12) 的极限存在时，称此极限为 $f(x, y)$ 在 D 上的二重积分，此时，称 $f(x, y)$ 在 D 上是可积的. 可以证明，如果函数 $f(x, y)$ 在有界闭区域 D 上连续，则 $f(x, y)$ 在 D 上一定是可积的.

(2) 由定义可知，如果 $f(x, y)$ 在 D 上可积，则积分和式(8.12) 的极限存在，且与 D 的分法无关. 因此，在直角坐标系中常用平行于 x 轴和 y 轴的两组直线分割 D，如图 8－22 所示. 于是，小区域的面积为

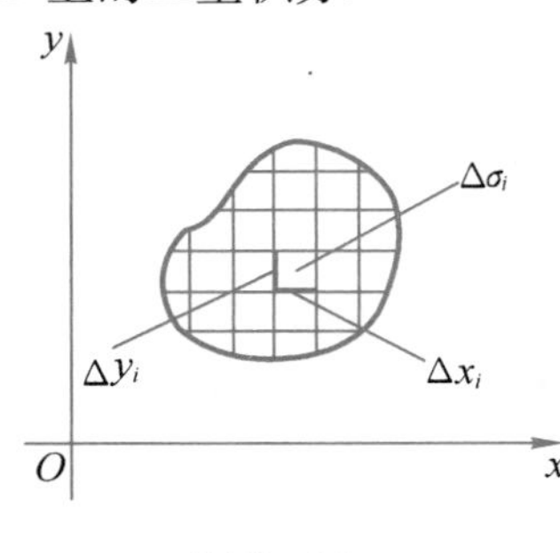

图 8－22

$$\Delta\sigma_i = \Delta x_i \Delta y_i \quad (i = 1, 2, 3, \cdots, n)$$

可以证明，取极限后，面积元素为

$$\mathrm{d}\sigma = \mathrm{d}x\mathrm{d}y$$

所以在直角坐标系中，二重积分可记为

$$\iint\limits_D f(x, y)\mathrm{d}\sigma = \iint\limits_D f(x, y)\mathrm{d}x\mathrm{d}y$$

二重积分与一元函数定积分具有相应的性质(证明从略). 下面论及的函数均假定在 D 上可积.

性质 1 常数因子可提到积分号外面，即

$$\iint\limits_D kf(x, y)\mathrm{d}\sigma = k\iint\limits_D f(x, y)\mathrm{d}\sigma \quad (k \text{ 为常数})$$

性质 2 函数代数和的积分等于各个函数积分的代数和，即

$$\iint\limits_D [f(x, y) + g(x, y)]\mathrm{d}\sigma = \iint\limits_D f(x, y)\mathrm{d}\sigma + \iint\limits_D g(x, y)\mathrm{d}\sigma$$

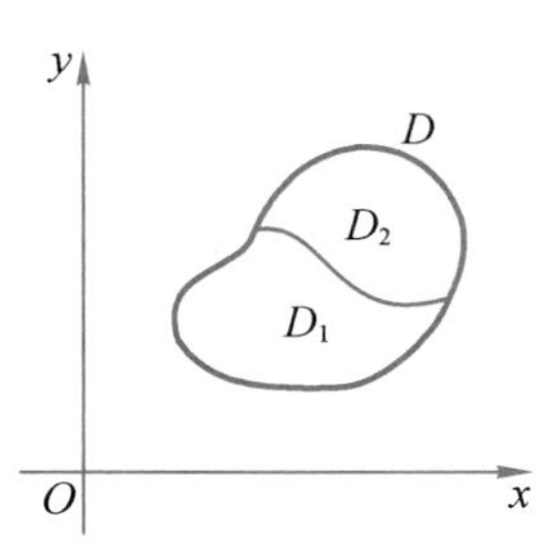

图 8－23

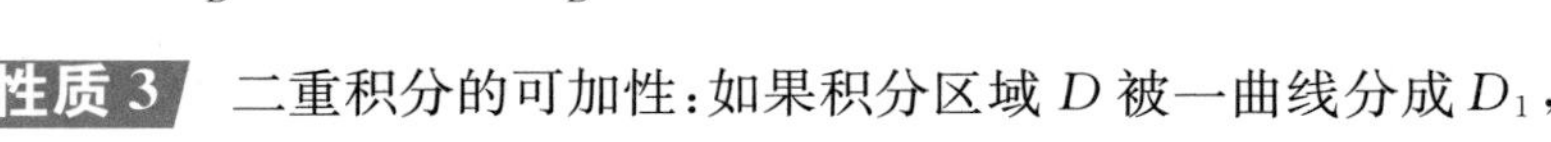

性质 3 二重积分的可加性：如果积分区域 D 被一曲线分成 D_1，

D_2 两个区域，如图 8 - 23 所示，则

$$\iint\limits_{D} f(x, y)\mathrm{d}\sigma$$
$$=\iint\limits_{D_1} f(x, y)\mathrm{d}\sigma+\iint\limits_{D_2} f(x, y)\mathrm{d}\sigma$$

性质 4 如果在区域 D 上总有 $f(x, y)\leqslant g(x, y)$，则

$$\iint\limits_{D} f(x, y)\mathrm{d}\sigma\leqslant\iint\limits_{D} g(x, y)\mathrm{d}\sigma$$

特别地有

$$\left|\iint\limits_{D} f(x, y)\mathrm{d}\sigma\right|\leqslant\iint\limits_{D}|f(x, y)|\mathrm{d}\sigma$$

性质 5 如果在区域 D 上有 $f(x, y)\equiv 1$，A 是 D 的面积，则

$$\iint\limits_{D}\mathrm{d}\sigma=A$$

性质 6 设 M 与 m 分别是函数 $z=f(x, y)$ 在 D 上的最大值与最小值，A 是 D 的面积，则

$$mA\leqslant\iint\limits_{D} f(x, y)\mathrm{d}\sigma\leqslant MA$$

性质 7 二重积分的中值定理：如果 $f(x, y)$ 在闭区域 D 上连续，A 是 D 的面积，则在 D 内至少存在一点 (ξ, η)，使得

$$\iint\limits_{D} f(x, y)\mathrm{d}\sigma=f(\xi, \eta)A$$

中值定理的几何意义为：在区域 D 上以曲面 $f(x, y)$ 为顶的曲顶柱体的体积等于区域 D 上以某一点 (ξ, η) 的函数值 $f(\xi, \eta)$ 为高的平顶柱体的体积.

(二) 二重积分的计算

二重积分的计算可以归结为求两次定积分.

(1) 二重积分在直角坐标系下的计算.

设函数 $z=f(x, y)$ 在区域 D 上连续，且当 $(x, y)\in D$ 时，$f(x, y)\geqslant 0$. 如果区域 D 是由直线 $x=a$，$x=b$ 与曲线 $y=\varphi_1(x)$，$y=\varphi_2(x)$ 围成的，如图 8 - 24a 和图 8 - 24b 所示，即

$$D=\{(x, y)\,|\,a\leqslant x\leqslant b, \varphi_1(x)\leqslant y\leqslant\varphi_2(x)\}$$

知识点解析
二重积分在直角坐标系下的计算

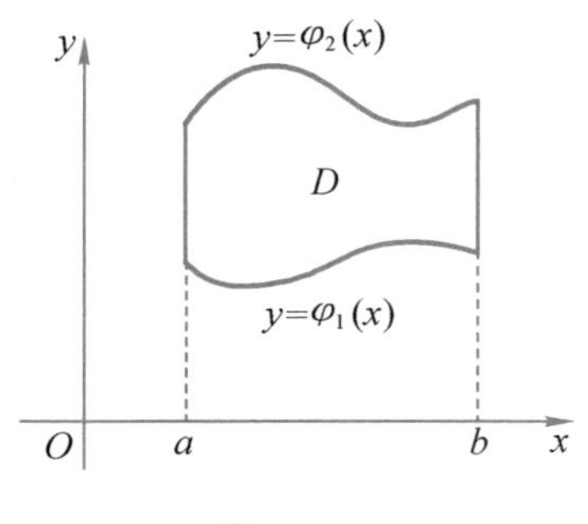

图 8-24a

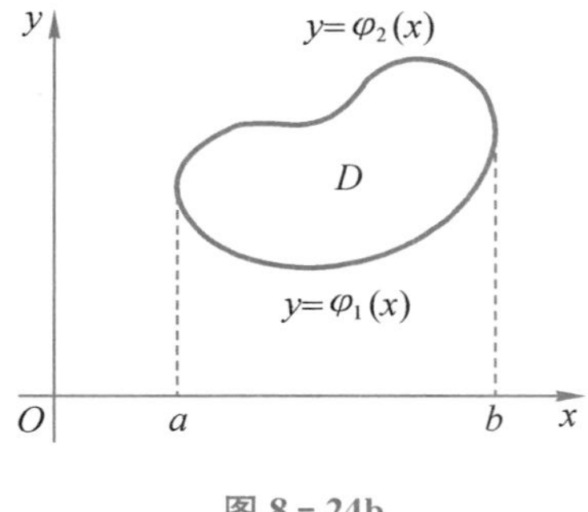

图 8-24b

则二重积分

$$\iint_D f(x,\ y)\mathrm{d}\sigma$$

是区域 D 上以曲面 $z=f(x,\ y)$ 为顶的曲顶柱体的体积.

为了确定曲顶柱体的体积，可在 x 处用平行于 yz 平面的平面去截曲顶柱体，设截面面积为 $A(x)$，而平行截面面积为 $A(x)$ 的立体的体积公式为

$$\int_a^b A(x)\mathrm{d}x$$

于是有
$$\iint_D f(x,\ y)\mathrm{d}\sigma=\int_a^b A(x)\mathrm{d}x \tag{8.13}$$

由图 8-25 可知，$A(x)$ 是一个曲边梯形的面积. 对固定的 x，此曲边梯形的曲边是由方程 $z=f(x,\ y)$ 确定的 y 的一元函数的曲线，而底边沿着 y 轴方向从 $\varphi_1(x)$ 变到 $\varphi_2(x)$. 因此，由曲边梯形的面积公式得

$$A(x)=\int_{\varphi_1(x)}^{\varphi_2(x)} f(x,\ y)\mathrm{d}y$$

代入式(8.13) 得

$$\iint_D f(x,\ y)\mathrm{d}x\mathrm{d}y=\int_a^b\left[\int_{\varphi_1(x)}^{\varphi_2(x)} f(x,\ y)\mathrm{d}y\right]\mathrm{d}x \tag{8.14}$$

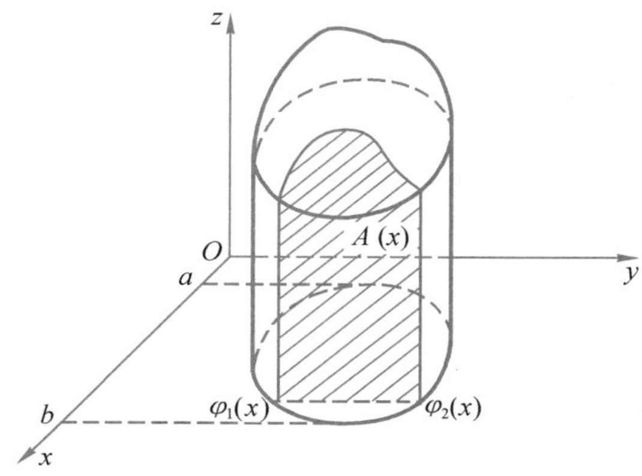

图 8-25

通常写成

$$\iint_D f(x, y)\mathrm{d}x\mathrm{d}y = \int_a^b \mathrm{d}x \int_{\varphi_1(x)}^{\varphi_2(x)} f(x, y)\mathrm{d}y \tag{8.15}$$

右端的积分叫作**累次积分**.

于是，计算二重积分就化为计算两次定积分. 第一次计算单积分 $A(x) = \int_{\varphi_1(x)}^{\varphi_2(x)} f(x, y)\mathrm{d}y$ 时，x 应看成常量，这时 y 是积分变量；第二次积分时，x 是积分变量.

如果去掉上面讨论中 $f(x, y) \geqslant 0((x, y) \in D)$ 的限制，式 (8.14) 或式 (8.15) 亦成立.

同理，如果用平行于坐标平面 xz 的平面去截区域 D 上以曲面 $z = f(x, y)$ 为顶的曲顶柱体，此时

$$D = \{(x, y) \mid c \leqslant y \leqslant d, \psi_1(y) \leqslant x \leqslant \psi_2(y)\}$$

如图 8-26 所示，则可以得到

$$\iint_D f(x, y)\mathrm{d}\sigma = \int_c^d \mathrm{d}y \int_{\psi_1(y)}^{\psi_2(y)} f(x, y)\mathrm{d}x \tag{8.16}$$

即将二重积分化为先对 x 后对 y 的累次积分，如图 8-27 所示.

其中有几点需要特别注意.

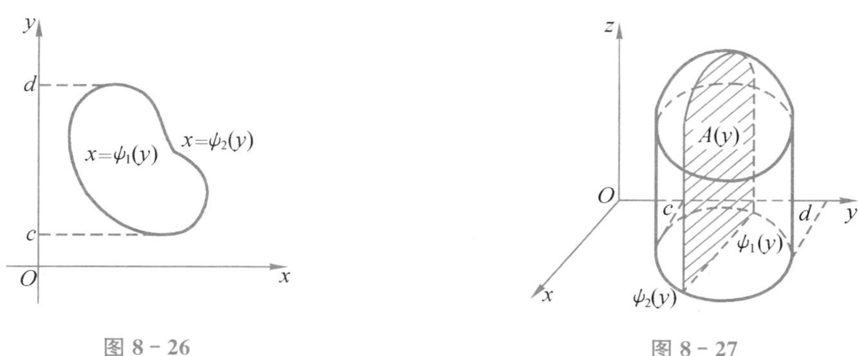

图 8-26　　　　图 8-27

(Ⅰ) 若区域 D 是一矩形，即 $D = \{(x, y) \mid a \leqslant x \leqslant b, c \leqslant y \leqslant d\}$，则式(8.15) 与式 (8.16) 变为

$$\begin{aligned}\iint_D f(x, y)\mathrm{d}x\mathrm{d}y &= \int_a^b \mathrm{d}x \int_c^d f(x, y)\mathrm{d}y \\ &= \int_c^d \mathrm{d}y \int_a^b f(x, y)\mathrm{d}x \end{aligned} \tag{8.17}$$

也可记为 $\iint_D f(x, y)\mathrm{d}x\mathrm{d}y = \int_c^d \int_a^b f(x, y)\mathrm{d}x\mathrm{d}y$

$$= \int_a^b \int_c^d f(x, y)\mathrm{d}y\mathrm{d}x \tag{8.18}$$

（Ⅱ）如果函数 $f(x, y)=f_1(x)\cdot f_2(y)$ 可积，且区域

$$D=\{(x, y)\mid a\leqslant x\leqslant b, c\leqslant y\leqslant d\}$$

则
$$\iint_D f(x, y)\mathrm{d}x\mathrm{d}y=\left(\int_a^b f_1(x)\mathrm{d}x\right)\left(\int_c^d f_2(y)\mathrm{d}y\right) \tag{8.19}$$

例如

$$\int_1^2\int_0^1 x^2y^5\mathrm{d}y\mathrm{d}x=\left(\int_1^2 x^2\mathrm{d}x\right)\left(\int_0^1 y^5\mathrm{d}y\right)=\frac{7}{3}\cdot\frac{1}{6}=\frac{7}{18}$$

（Ⅲ）如果平行于坐标轴的直线与区域 D 的边界线的交点多于两个，如图 8-28a 和图 8-28b 所示，则要将 D 分成几个小区域，使每个小区域的边界线与平行于坐标轴的直线的交点不多于两个. 然后根据积分对区域的可加性进行计算.

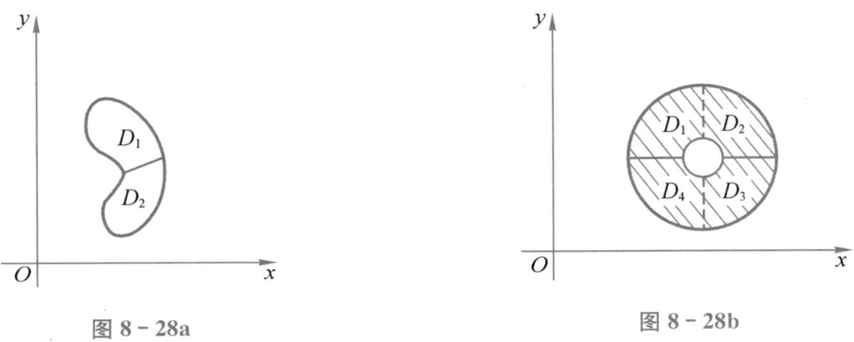

图 8-28a　　　图 8-28b

既然计算二重积分可归结于计算两次单积分，那么计算积分本身就没有什么困难了. 初学者可能感到困难的是如何根据区域 D 定出积分的上下限. 建议读者先画出区域 D 的图形，再写出区域 D 上的点的坐标所要满足的不等式，从而定出积分的上下限. 在计算积分时，究竟是先对 x 积分还是先对 y 积分，这要视哪种顺序能简化运算而定.

例 1　计算二重积分 $\iint\limits_D e^{x+y}\mathrm{d}x\mathrm{d}y$，其中区域 D 是由 $x=0$，$x=1$，$y=0$，$y=1$ 围成的矩形，如图 8-29 所示.

解：因为 D 是矩形区域，且 $e^{x+y}=e^x\cdot e^y$，所以由式(8.19) 有

$$\iint_D e^{x+y}\mathrm{d}x\mathrm{d}y=\left(\int_0^1 e^x\mathrm{d}x\right)\left(\int_0^1 e^y\mathrm{d}y\right)$$
$$=(e-1)^2$$

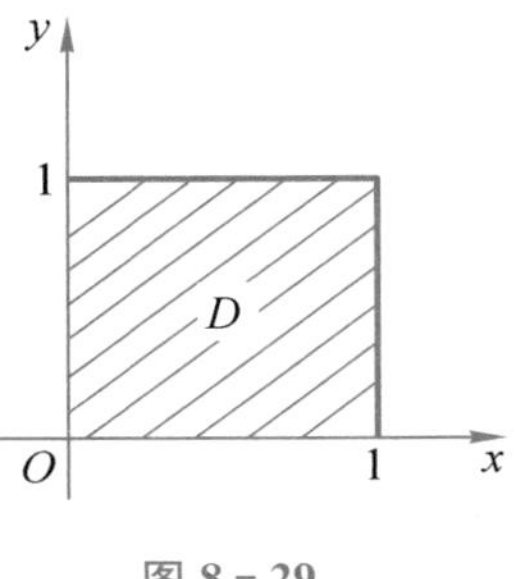

图 8-29

例 2　计算二重积分 $\iint\limits_D x^2y\mathrm{d}x\mathrm{d}y$，其中区域 D 是由 $x=0$，$y=0$ 与 $x^2+y^2=1$ 所围成的位于第一象限内的图形.

解：如果先对 y 积分，后对 x 积分，则由图 8-30 易知

$$D=\{(x, y)\mid 0\leqslant x\leqslant 1, 0\leqslant y\leqslant\sqrt{1-x^2}\}$$

因此

$$\begin{aligned}\iint_D x^2 y\mathrm{d}x\mathrm{d}y &= \int_0^1 \mathrm{d}x\int_0^{\sqrt{1-x^2}} x^2 y\mathrm{d}y \\ &= \int_0^1 x^2\left(\frac{y^2}{2}\right)\Big|_0^{\sqrt{1-x^2}}\mathrm{d}x \\ &= \int_0^1 \frac{1}{2}x^2(1-x^2)\mathrm{d}x \\ &= \frac{1}{2}\left(\frac{x^3}{3}-\frac{x^5}{5}\right)\Big|_0^1 \\ &= \frac{1}{2}\left(\frac{1}{3}-\frac{1}{5}\right)=\frac{1}{15}\end{aligned}$$

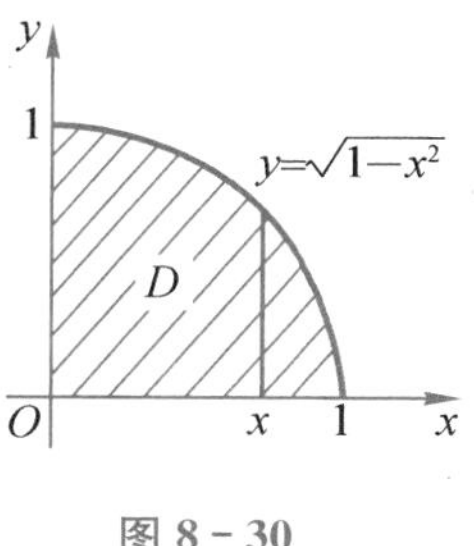

图 8 - 30

例 3　计算二重积分 $\iint_D(2x-y)\mathrm{d}x\mathrm{d}y$，其中 D 是由直线 $y=1$，$2x-y+3=0$ 与 $x+y-3=0$ 围成的图形，如图 8 - 31 所示.

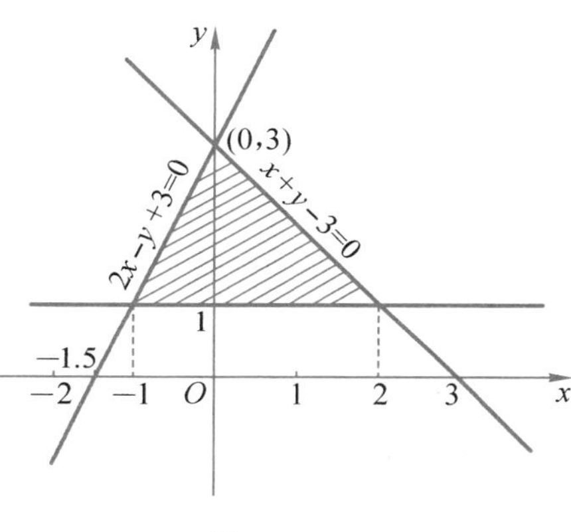

图 8 - 31

解：如果先对 y 积分，则当 $-1\leqslant x\leqslant 0$ 时，y 的下限是 $y=1$，上限是 $y=2x+3$；当 $0\leqslant x\leqslant 2$ 时，y 的下限仍是 $y=1$，而上限是 $y=3-x$. 区域 D 被 y 轴分为两部分，需要分别求积分，然后相加. 这样计算比较麻烦.

如果将积分顺序改变一下，先对 x 积分，后对 y 积分，积分区域 D 就不必分开了. 于是

$$D=\left\{(x,\ y)\,\Big|\,1\leqslant y\leqslant 3,\ \frac{1}{2}(y-3)\leqslant x\leqslant 3-y\right\}$$

因此

$$\begin{aligned}\iint_D(2x-y)\mathrm{d}x\mathrm{d}y &= \int_1^3\mathrm{d}y\int_{\frac{1}{2}(y-3)}^{3-y}(2x-y)\mathrm{d}x \\ &= \int_1^3(x^2-xy)\Big|_{\frac{1}{2}(y-3)}^{3-y}\mathrm{d}y \\ &= \frac{9}{4}\int_1^3(y^2-4y+3)\mathrm{d}y \\ &= \frac{9}{4}\left(\frac{1}{3}y^3-2y^2+3y\right)\Big|_1^3=-3\end{aligned}$$

例 4　应用二重积分，求在 xy 平面上由 $y=x^2$ 与 $y=4x-x^2$ 所围成的区域的面积 A.

解：由二重积分的性质 5，可知二重积分 $\iint_D\mathrm{d}x\mathrm{d}y$ 的值就是积分区域 D 的面积 A 的数值. 所以由图 8 - 32 得

$$A=\iint_D\mathrm{d}y\mathrm{d}x$$

$$=\int_0^2 \mathrm{d}x\int_{x^2}^{4x-x^2}\mathrm{d}y$$

$$=\int_0^2 (4x-2x^2)\mathrm{d}x$$

$$=\left(2x^2-\frac{2}{3}x^3\right)\Big|_0^2=\frac{8}{3}$$

因此，区域 D 的面积等于 $\frac{8}{3}$ 平方单位.

图 8－32

例 5 试证

$$\int_0^a \mathrm{d}y\int_0^y \mathrm{e}^{b(x-a)}f(x)\mathrm{d}x=\int_0^a (a-x)\mathrm{e}^{b(x-a)}f(x)\mathrm{d}x$$

其中，a，b 均为常数，且 $a>0$.

证：$\int_0^a \mathrm{d}y\int_0^y \mathrm{e}^{b(x-a)}f(x)\mathrm{d}x=\int_0^a \mathrm{d}x\int_x^a \mathrm{e}^{b(x-a)}f(x)\mathrm{d}y$

$$=\int_0^a \left[\mathrm{e}^{b(x-a)}f(x)\int_x^a \mathrm{d}y\right]\mathrm{d}x$$

$$=\int_0^a (a-x)\mathrm{e}^{b(x-a)}f(x)\mathrm{d}x$$

(2) 二重积分在极坐标系下的计算.

知识点解析
二重积分在极坐标系下的计算

我们在解析几何中已知道，平面上任意一点的极坐标 (r,θ) 与它的直角坐标 (x,y) 的变换公式为

$$x=r\cos\theta,\ y=r\sin\theta$$

下面介绍在极坐标系中二重积分的计算公式.

设通过原点的射线与区域 D 的边界线的交点不多于两个，我们用一组同心圆（$r=$ 常数）和一组通过极点的射线（$\theta=$ 常数），将区域 D 分成很多小区域，如图 8－33 所示.

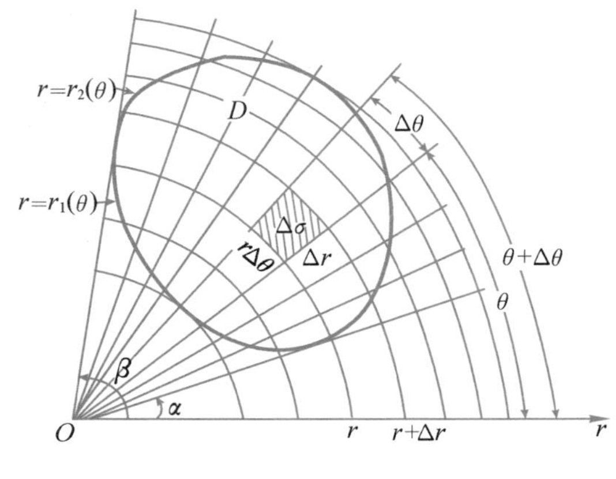

图 8－33

将极角分别为 θ 与 $\theta+\Delta\theta$ 的两条射线以及半径分别为 r 与 $r+\Delta r$ 的两条圆弧所围成的小区域记作 $\Delta\sigma$，则由扇形面积公式，得

$$\Delta\sigma=\frac{1}{2}(r+\Delta r)^2\Delta\theta-\frac{1}{2}r^2\Delta\theta=r\Delta r\Delta\theta+\frac{1}{2}(\Delta r)^2\Delta\theta$$

略去高阶无穷小量 $\frac{1}{2}(\Delta r)^2\Delta\theta$，得

$$\Delta\sigma\approx r\Delta r\Delta\theta$$

所以面积元素是

$$\mathrm{d}\sigma=r\mathrm{d}r\mathrm{d}\theta$$

而被积函数为

$$f(x,\ y)=f(r\cos\theta,\ r\sin\theta)$$

于是得到将直角坐标的二重积分变换为极坐标的二重积分的公式

$$\iint\limits_D f(x,\ y)\mathrm{d}\sigma=\iint\limits_D f(r\cos\theta,\ r\sin\theta)r\mathrm{d}r\mathrm{d}\theta \tag{8.20}$$

计算极坐标系下的二重积分时也要将它化为累次积分．我们分下面三种情况予以说明．

（Ⅰ）极点 O 在区域 D 之外的情况，如图 8－33 所示．

这时区域 D 在 $\theta=\alpha$ 与 $\theta=\beta$ 两条射线之间，这两条射线与区域 D 的边界的交点把区域边界分为两部分：

$$r=r_1(\theta),\ r=r_2(\theta)$$

这时区域 D 可表示为

$$D=\{(r,\ \theta)\mid \alpha\leqslant\theta\leqslant\beta,\ r_1(\theta)\leqslant r\leqslant r_2(\theta)\}$$

于是
$$\begin{aligned}&\iint\limits_D f(r\cos\theta,\ r\sin\theta)r\mathrm{d}r\mathrm{d}\theta\\ =&\int_\alpha^\beta \mathrm{d}\theta\int_{r_1(\theta)}^{r_2(\theta)} f(r\cos\theta,\ r\sin\theta)r\mathrm{d}r\end{aligned} \tag{8.21}$$

（Ⅱ）极点 O 在区域 D 的边界上，如图 8－34 所示．

如果区域 D 的边界方程是 $r=r(\theta)$，则区域 D 可表示为

$$D=\{(r,\ \theta)\mid \alpha\leqslant\theta\leqslant\beta,\ 0\leqslant r\leqslant r(\theta)\}$$

于是
$$\iint\limits_D f(r\cos\theta,\ r\sin\theta)r\mathrm{d}r\mathrm{d}\theta=\int_\alpha^\beta \mathrm{d}\theta\int_0^{r(\theta)} f(r\cos\theta,\ r\sin\theta)r\mathrm{d}r \tag{8.22}$$

（Ⅲ）极点 O 在区域 D 内部，如图 8－35 所示．

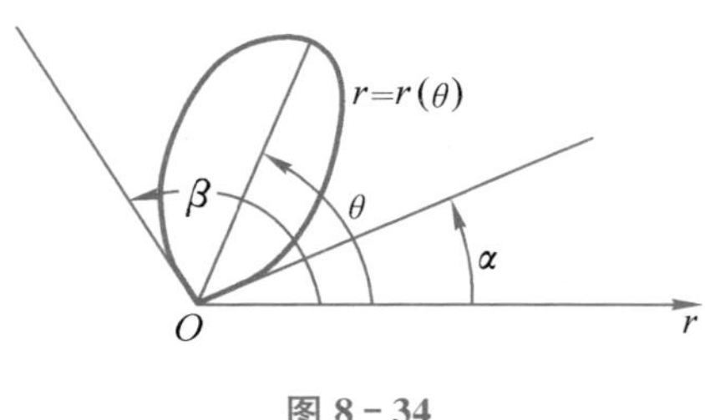

图 8-34

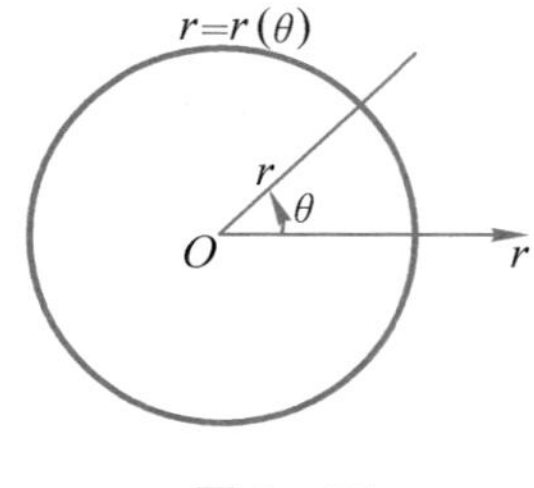

图 8-35

如果区域 D 的边界方程是 $r=r(\theta)$，这时区域 D 可表示为

$$D=\{(r,\theta)\,|\,0\leqslant\theta\leqslant 2\pi,\ 0\leqslant r\leqslant r(\theta)\}$$

于是
$$\begin{aligned}&\iint_D f(r\cos\theta,r\sin\theta)r\mathrm{d}r\mathrm{d}\theta\\&=\int_0^{2\pi}\mathrm{d}\theta\int_0^{r(\theta)}f(r\cos\theta,r\sin\theta)r\mathrm{d}r\end{aligned}\tag{8.23}$$

当区域 D 是圆或圆的一部分，或者区域 D 的边界方程用极坐标表示较为简单，或者被积函数为 $f(x^2+y^2)$，$f\left(\frac{x}{y}\right)$，$f\left(\frac{y}{x}\right)$等形式时，一般采用极坐标计算二重积分较为方便.

例 6 计算二重积分 $\iint\limits_D\sqrt{x^2+y^2}\mathrm{d}\sigma$，其中 D 是圆 $x^2+y^2=2y$ 围成的区域. 如图 8-36 所示.

解：圆 $x^2+y^2=2y$ 的极坐标方程是

$$r=2\sin\theta$$

θ 由 0 变到 π，所以

$$\begin{aligned}\iint_D\sqrt{x^2+y^2}\mathrm{d}\sigma&=\iint_D r\cdot r\mathrm{d}r\mathrm{d}\theta=\int_0^{\pi}\mathrm{d}\theta\int_0^{2\sin\theta}r^2\mathrm{d}r\\&=\int_0^{\pi}\left(\frac{r^3}{3}\right)\Big|_0^{2\sin\theta}\mathrm{d}\theta=\frac{8}{3}\int_0^{\pi}\sin^3\theta\mathrm{d}\theta\\&=\frac{8}{3}\int_0^{\pi}(\cos^2\theta-1)\mathrm{d}\cos\theta\\&=\frac{8}{3}\left(\frac{1}{3}\cos^3\theta-\cos\theta\right)\Big|_0^{\pi}\\&=\frac{8}{3}\cdot\frac{4}{3}\\&=\frac{32}{9}\end{aligned}$$

例 7 计算二重积分 $\iint\limits_D\frac{\mathrm{d}x\mathrm{d}y}{1+x^2+y^2}$，其中 D 是由 $x^2+y^2\leqslant 1$ 所确定的圆域，如图 8-37 所示.

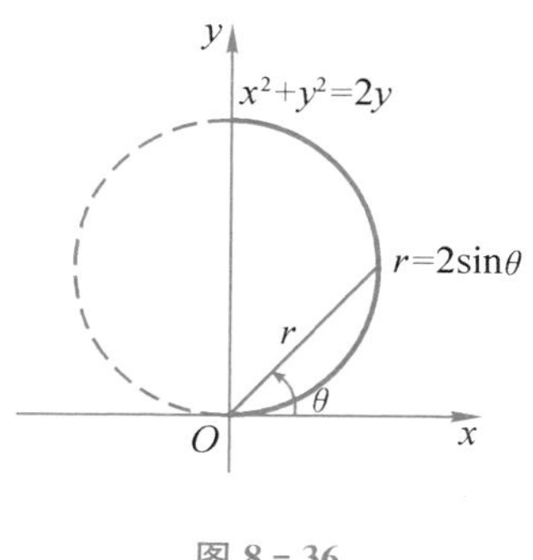

图 8-36

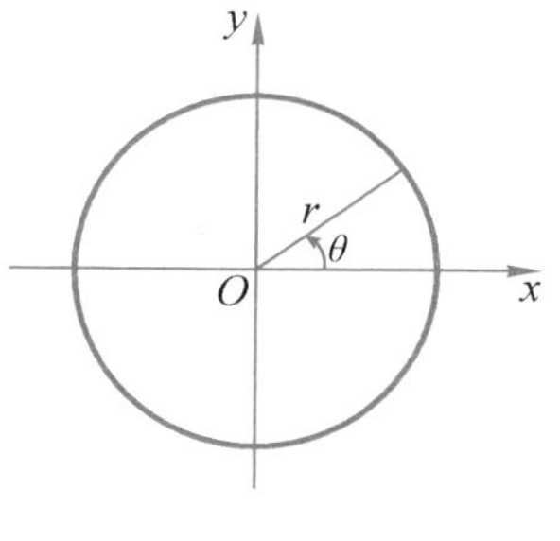

图 8-37

解：题中区域 D 在极坐标下可表示为 $0\leqslant r\leqslant 1$，$0\leqslant\theta\leqslant 2\pi$，于是

$$\begin{aligned}&\iint\limits_D \frac{\mathrm{d}x\mathrm{d}y}{1+x^2+y^2}\\&=\int_0^{2\pi}\mathrm{d}\theta\int_0^1\frac{r\mathrm{d}r}{1+r^2}\\&=\int_0^{2\pi}\frac{1}{2}(\ln(1+r^2))\Big|_0^1\mathrm{d}\theta\\&=\int_0^{2\pi}\frac{1}{2}\ln 2\mathrm{d}\theta=\frac{1}{2}\ln 2\cdot\theta\Big|_0^{2\pi}=\pi\ln 2\end{aligned}$$

如果二元函数的积分区域 D 是无界的，则类似于一元函数，可以定义二元函数的广义积分. 下面举一个在概率统计中常用的例题来说明.

例 8　计算泊松积分

$$I=\int_{-\infty}^{+\infty}\mathrm{e}^{-x^2}\mathrm{d}x$$

解：因为 e^{-x^2} 的原函数不是初等函数，所以不能直接用定积分的牛顿-莱布尼茨公式给出泊松积分的值. 先设

$$H=\iint\limits_D \mathrm{e}^{-x^2-y^2}\mathrm{d}x\mathrm{d}y$$

其中区域 D 是整个第一象限，如图 8-38 所示.

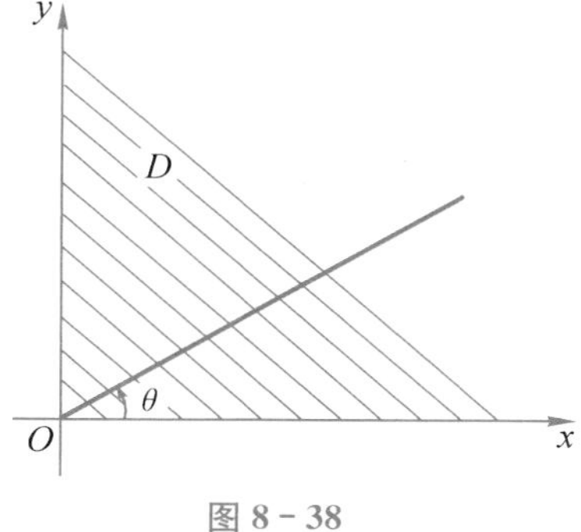

图 8-38

将 H 写成

$$\begin{aligned}H&=\iint\limits_D \mathrm{e}^{-x^2-y^2}\mathrm{d}x\mathrm{d}y\\&=\int_0^{+\infty}\mathrm{d}x\int_0^{+\infty}\mathrm{e}^{-x^2-y^2}\mathrm{d}y\end{aligned}$$

根据“二重积分的计算”中要特别注意的要点(Ⅱ)，以及定积分的值与积分变量无关，即可由上式得到

$$H=\int_0^{+\infty}\mathrm{e}^{-x^2}\mathrm{d}x\int_0^{+\infty}\mathrm{e}^{-y^2}\mathrm{d}y=\left(\frac{I}{2}\right)^2=\frac{I^2}{4}$$

现在用极坐标计算 H.

由于区域 D 可表示为 $0\leqslant r\leqslant+\infty$, $0\leqslant\theta\leqslant\frac{\pi}{2}$，所以

$$H=\int_0^{\frac{\pi}{2}}\mathrm{d}\theta\int_0^{+\infty}\mathrm{e}^{-r^2}\cdot r\mathrm{d}r$$

又因 $$\int_0^{+\infty}\mathrm{e}^{-r^2}\cdot r\mathrm{d}r=\left(-\frac{1}{2}\mathrm{e}^{-r^2}\right)\Big|_0^{+\infty}=\frac{1}{2}$$

所以 $$H=\int_0^{\frac{\pi}{2}}\frac{1}{2}\mathrm{d}\theta=\frac{\pi}{4}$$

于是，得到 $I^2=\pi$. 因此

$$I=\int_{-\infty}^{+\infty}\mathrm{e}^{-x^2}\mathrm{d}x=\sqrt{\pi}\tag{8.24}$$

习题八

(A)

1. 求下列函数的定义域：

(1) $z=\sqrt{x}+y$

(2) $z=\sqrt{1-x^2}+\sqrt{y^2-1}$

(3) $z=\sqrt{1-\frac{x^2}{a^2}-\frac{y^2}{b^2}}$

(4) $z=\ln(-x-y)$

(5) $z=\frac{1}{\sqrt{x^2+y^2}}$

(6) $u=\sqrt{R^2-x^2-y^2-z^2}+\sqrt{x^2+y^2+z^2-r^2}\quad(R>r)$

2. 设 $f(x+y,x-y)=\mathrm{e}^{x^2+y^2}(x^2-y^2)$，求函数 $f(x,y)$ 和 $f(\sqrt{2},\sqrt{2})$ 的值.

3. 判别二元函数 $z=\ln(x^2-y^2)$ 与 $z=\ln(x+y)+\ln(x-y)$ 是否为同一函数，并说明理由.

4. 求下列函数的偏导数：

(1) $z=x^2y^2$

(2) $z=\ln\frac{y}{x}$

(3) $z=\mathrm{e}^{xy}+yx^2$

(4) $z=xy\sqrt{R^2-x^2-y^2}$

(5) $z=\frac{x}{\sqrt{x^2+y^2}}$

(6) $z=\mathrm{e}^{\sin x}\cdot\cos y$

(7) $u=\sqrt{x^2+y^2+z^2}$

(8) $u=\mathrm{e}^{x^2y^3z^5}$

(9) $z=x^{xy}$

(10) $z=\arctan\frac{x+y}{x-y}$

5. 计算下列函数在给定点处的偏导数：

(1) $z=\mathrm{e}^{x^2+y^2}$，求 $z'_x\Big|_{\substack{x=1\\y=0}}$，$z'_y\Big|_{\substack{x=0\\y=1}}$.

(2) $z=\ln(\sqrt{x}+\sqrt{y})$，求 $z'_x\Big|_{\substack{x=1\\y=1}}$，$z'_y\Big|_{\substack{x=1\\y=1}}$.

(3) $z=(1+xy)^y$，求 $z'_x\Big|_{\substack{x=1\\y=1}}$，$z'_y\Big|_{\substack{x=1\\y=1}}$.

(4) $u=\ln(xy+z)$，求 $u'_x\Big|_{\substack{x=2\\y=1\\z=0}}$，$u'_y\Big|_{\substack{x=2\\y=1\\z=0}}$，$u'_z\Big|_{\substack{x=2\\y=1\\z=0}}$.

6. 求下列函数的偏导数：

(1) $z=x\ln(x+y)$，求 $\dfrac{\partial^2 z}{\partial x^2}$，$\dfrac{\partial^2 z}{\partial y^2}$，$\dfrac{\partial^2 z}{\partial x\partial y}$.

(2) $z=\dfrac{\cos x^2}{y}$，求 $\dfrac{\partial^2 z}{\partial x^2}$，$\dfrac{\partial^2 z}{\partial y^2}$，$\dfrac{\partial^2 z}{\partial x\partial y}$.

(3) $z=\arctan\dfrac{y}{x}$，求 $\dfrac{\partial^2 z}{\partial x^2}$，$\dfrac{\partial^2 z}{\partial y^2}$，$\dfrac{\partial^2 z}{\partial x\partial y}$.

(4) $u=\mathrm{e}^{xyz}$，求 $\dfrac{\partial^3 u}{\partial x\partial y\partial z}$.

7. 证明下列各题：

(1) 设 $z=\ln(\sqrt[n]{x}+\sqrt[n]{y})$，且 $n\geqslant 2$，则 $x\dfrac{\partial z}{\partial x}+y\dfrac{\partial z}{\partial y}=\dfrac{1}{n}$.

(2) 设 $z=\ln(\mathrm{e}^x+\mathrm{e}^y)$，则 $\dfrac{\partial^2 z}{\partial x^2}\cdot\dfrac{\partial^2 z}{\partial y^2}-\left(\dfrac{\partial^2 z}{\partial x\partial y}\right)^2=0$.

8. 求下列函数的全微分：

(1) $z=\sqrt{\dfrac{x}{y}}$

(2) $z=\sqrt{\dfrac{ax+by}{ax-by}}$

(3) $z=\mathrm{e}^{x^2+y^2}$

(4) $z=\arctan(xy)$

(5) $u=\ln(x^2+y^2+z^2)$

9. 求下列函数在给定条件下的全微分的值：

(1) 函数 $z=x^2y^3$，当 $x=2$，$y=-1$，$\Delta x=0.02$，$\Delta y=-0.01$ 时.

(2) 函数 $z=\mathrm{e}^{xy}$，当 $x=1$，$y=1$，$\Delta x=0.15$，$\Delta y=0.1$ 时.

10. 计算下列各式的近似值：

(1) $\sqrt{(1.02)^3+(1.97)^3}$

(2) $(10.1)^{2.03}$

11. 已知边长 $x=6$ m 与 $y=8$ m 的矩形，求当 x 边增加 5 cm，y 边减少 10 cm 时，此矩形对角线变化的近似值.

12. 用某种材料做一个开口长方体容器，其外形长 5 m，宽 4 m，高 3 m，厚 0.2 m，求所需材料的近似值与精确值.

13. 求下列函数的导数或偏导数：

(1) $z=u^2\ln v$，而 $u=\dfrac{x}{y}$，$v=3x-2y$，求 $\dfrac{\partial z}{\partial x}$，$\dfrac{\partial z}{\partial y}$.

(2) $z=\dfrac{y}{x}$，而 $x=\mathrm{e}^t$，$y=1-\mathrm{e}^{2t}$，求 $\dfrac{\mathrm{d}z}{\mathrm{d}t}$.

(3) $z=\dfrac{x^2-y}{x+y}$，而 $y=2x-3$，求 $\dfrac{\mathrm{d}z}{\mathrm{d}x}$.

(4) $z=u^v$，而 $u=x+2y$，$v=x-y$，求$\frac{\partial z}{\partial x}$，$\frac{\partial z}{\partial y}$.

14. 计算下列函数的偏导数：

(1) $z=f(u,x,y)$，$u=xe^y$，其中 f 具有二阶连续偏导数，求 $\frac{\partial^2 z}{\partial x^2}$，$\frac{\partial^2 z}{\partial x\partial y}$.

(2) $z=f(xy,x^2+y^2)$，其中 f 具有二阶连续偏导数，求$\frac{\partial^2 z}{\partial x^2}$，$\frac{\partial^2 z}{\partial x\partial y}$.

15. 证明下列各题：

(1) 设 $z=f(x^2+y^2)$，且 f 是可微函数，求证：$y\frac{\partial z}{\partial x}-x\frac{\partial z}{\partial y}=0$.

(2) 设 $z=f[e^{xy},\cos(xy)]$，且 f 是可微函数，求证：$x\frac{\partial z}{\partial x}-y\frac{\partial z}{\partial y}=0$.

(3) 设函数 $f(x)$ 有二阶导数，$g(x)$ 有一阶导数，且

$$F(x,y)=f[x+g(y)]$$

求证：$\frac{\partial F}{\partial x}\cdot\frac{\partial^2 F}{\partial x\partial y}=\frac{\partial F}{\partial y}\cdot\frac{\partial^2 F}{\partial x^2}$.

(4) 设函数 $g(r)$ 有二阶导数，

$$f(x,y)=g(r),\ r=\sqrt{x^2+y^2}$$

求证：$\frac{\partial^2 f}{\partial x^2}+\frac{\partial^2 f}{\partial y^2}=g''(r)+\frac{1}{r}g'(r)$，$(x,y)\neq(0,0)$.

$\left(\text{提示：计算 }\frac{\partial^2 f}{\partial x^2},\ \frac{\partial^2 f}{\partial y^2}.\right)$

16. 求由下列方程确定的隐函数的导数或偏导数：

(1) $xy+x+y=1$，求 $\frac{\mathrm{d}y}{\mathrm{d}x}$.

(2) $xy+\ln y-\ln x=0$，求 $\frac{\mathrm{d}y}{\mathrm{d}x}$.

(3) $\sin y+e^x-xy^2=0$，求 $\frac{\mathrm{d}y}{\mathrm{d}x}$.

(4) $e^z=xyz$，求 $\frac{\partial z}{\partial x}$，$\frac{\partial z}{\partial y}$.

(5) $x+y-z=xe^{z-y-x}$，求 $\frac{\partial z}{\partial x}$，$\frac{\partial z}{\partial y}$.

(6) $\frac{x}{z}=\ln\frac{z}{y}$，求 $\frac{\partial z}{\partial x}$，$\frac{\partial z}{\partial y}$，$\frac{\partial^2 z}{\partial x\partial y}$.

17. 计算下列各题：

(1) 设 $F(u,v)$ 有连续偏导数，方程 $F(x+y+z,x^2+y^2+z^2)=0$ 确定函数 $z=f(x,y)$，求 $\frac{\partial z}{\partial x}$，$\frac{\partial z}{\partial y}$.

(2) 设 $u=f(x,y,z)$ 有连续偏导数，$y=y(x)$ 和 $z=z(x)$ 分别由方程 $e^{xy}-y=0$

和 $e^z - xz = 0$ 确定，求 $\frac{du}{dx}$.

18. 证明下列各题：

(1) 设 $F(u, v)$ 有连续的偏导数，方程 $F(cx-az, cy-bz)=0$ 确定函数 $z=f(x, y)$. 试证：$a\frac{\partial z}{\partial x}+b\frac{\partial z}{\partial y}=c$.

(2) 方程 $f\left(\frac{y}{z}, \frac{z}{x}\right)=0$ 确定 z 是 x，y 的函数，f 有连续的偏导数，且 $f'_v(u, v)\neq 0$. 求证：$x\frac{\partial z}{\partial x}+y\frac{\partial z}{\partial y}=z$.

$\left(\text{提示：设 } u=\frac{y}{z},\ v=\frac{z}{x}\text{，用复合函数求导法计算 } \frac{\partial z}{\partial x}, \frac{\partial z}{\partial y}.\right)$

19. 求下列函数的极值：

(1) $z=x^2-xy+y^2+9x-6y+20$

(2) $z=4(x-y)-x^2-y^2$

(3) $z=x^3+y^3-3xy$

(4) $z=xy(a-x-y)\quad (a\neq 0)$

20. 某厂家生产的一种产品同时在两个市场销售，售价分别为 P_1 和 P_2，销售量分别为 Q_1 和 Q_2，需求函数分别为

$$Q_1=24-0.2P_1,\quad Q_2=10-0.05P_2$$

总成本函数为

$$C=35+40(Q_1+Q_2)$$

试问：厂家如何确定两个市场的产品售价，才能使其获得的总利润最大？最大总利润是多少？

21. 在半径为 a 的半球内，内接一长方体，问各边长为多少时，其体积最大？

22. 在底半径为 r，高为 h 的正圆锥内，内接一个体积最大的长方体，问该长方体的长、宽、高应各等于多少？

23. 用拉格朗日乘数法计算下列各题：

(1) 欲围一个面积为 60 平方米的矩形场地，正面所用材料每米造价 10 元，其余三面每米造价 5 元. 场地长、宽各为多少米时，所用材料费最少？

(2) 用 a 元购料，建造一个宽与深相同的长方体水池，已知四周的单位面积材料费为底面单位面积材料费的 1.2 倍，底面单位面积材料费为 m 元. 求水池长与宽(深)各为多少时，才能使容积最大.

(3) 设生产某种产品的数量与所用两种原料 A、B的数量 x、y 间有关系式 $P(x, y)=0.005x^2y$. 欲用 150 元购料，已知 A、B原料的单价分别为 1 元、2 元，问购进两种原料各多少，可使生产的产品数量最多？

24. 求抛物线 $y^2=4x$ 上的点，使它与直线 $x-y+4=0$ 距离最近.

※25. 用最小二乘法求与下表给定数据最符合的函数 $y=ax+b$.

x	10	20	30	40	50	60
y	150	100	40	0	-60	-100

26. 化二重积分 $\iint\limits_D f(x,y)\mathrm{d}x\mathrm{d}y$ 为二次积分（写出两种积分次序）.

(1) $D=\{(x,y)\mid |x|\leqslant 1, |y|\leqslant 1\}$.

(2) D 是由 y 轴，$y=1$ 及 $y=x$ 围成的区域.

(3) D 是由 x 轴，$y=\ln x$ 及 $x=\mathrm{e}$ 围成的区域.

(4) D 是由 x 轴，圆 $x^2+y^2-2x=0$ 在第一象限的部分及直线 $x+y=2$ 围成的区域.

(5) D 是由 x 轴与抛物线 $y=4-x^2$ 在第二象限内的部分及圆 $x^2+y^2-4y=0$ 在第一象限内的部分围成的区域.

27. 交换二次积分的次序：

(1) $\int_1^2\mathrm{d}x\int_x^{x^2}f(x,y)\mathrm{d}y+\int_2^8\mathrm{d}x\int_x^8 f(x,y)\mathrm{d}y$

(2) $\int_0^1\mathrm{d}y\int_0^y f(x,y)\mathrm{d}x+\int_1^2\mathrm{d}y\int_0^{2-y}f(x,y)\mathrm{d}x$

28. 求证：

$$\int_0^1\mathrm{d}y\int_0^{\sqrt{y}}\mathrm{e}^y f(x)\mathrm{d}x=\int_0^1(\mathrm{e}-\mathrm{e}^{x^2})f(x)\mathrm{d}x$$

（提示：交换积分次序.）

29. 计算下列二重积分：

(1) $\iint\limits_D x\mathrm{e}^{xy}\mathrm{d}\sigma$, $D=\{(x,y)\mid 0\leqslant x\leqslant 1, 0\leqslant y\leqslant 1\}$.

(2) $\iint\limits_D \dfrac{y}{(1+x^2+y^2)^{\frac{3}{2}}}\mathrm{d}\sigma$, $D=\{(x,y)\mid 0\leqslant x\leqslant 1, 0\leqslant y\leqslant 1\}$.

(3) $\iint\limits_D xy^2\mathrm{d}\sigma$, D 是由抛物线 $y^2=2px$ 和直线 $x=\dfrac{p}{2}$ $(p>0)$ 围成的区域.

(4) $\iint\limits_D (x+6y)\mathrm{d}\sigma$, D 是由 $y=x$，$y=5x$，$x=1$ 围成的区域.

(5) $\iint\limits_D (x^2+y^2)\mathrm{d}\sigma$, D 是由 $y=x$，$y=x+a$，$y=a$，$y=3a$ $(a>0)$ 围成的区域.

(6) $\iint\limits_D \mathrm{e}^{-(x^2+y^2)}\mathrm{d}\sigma$, D 是圆域 $x^2+y^2\leqslant R^2$.

(7) $\iint\limits_D (4-x-y)\mathrm{d}\sigma$, D 是圆域 $x^2+y^2\leqslant 2y$.

(8) $\iint\limits_D \dfrac{\sin x}{x}\mathrm{d}x\mathrm{d}y$, D 是由直线 $y=x$ 及抛物线 $y=x^2$ 围成的区域.

（提示：化为二次积分时注意两种积分次序中有一种可以计算出这个二重积分.）

30. 计算下列曲线所围成的平面图形的面积：

(1) $y=x^2$，$y=x+2$

(2) $y = \sin x$，$y = \cos x$，$x = 0$（位于第一象限内的部分）

(3) $y = x^2$，$y = x$，$y = 2x$

31. 计算下列曲面所围成的立体的体积：

(1) $z = 1 + x + y$，$z = 0$，$x + y = 1$，$x = 0$，$y = 0$

(2) $z = x^2 + y^2$，$y = 1$，$z = 0$，$y = x^2$

(B)

1. 在球 $x^2 + y^2 + z^2 - 2z = 0$ 内部的点是[　　].

(A) $(0, 0, 2)$　　(B) $(0, 0, -2)$

(C) $\left(\frac{1}{2}, \frac{1}{2}, \frac{1}{2}\right)$　　(D) $\left(-\frac{1}{2}, \frac{1}{2}, -\frac{1}{2}\right)$

2. 点 $(1, -1, 1)$ 在下面的某个曲面上，该曲面是[　　].

(A) $x^2 + y^2 - 2z = 0$　　(B) $x^2 - y^2 = z$

(C) $x^2 + y^2 + 2z = 0$　　(D) $z = \ln(x^2 + y^2)$

3. 点 $(1, 1, 1)$ 关于 xy 平面的对称点是[　　].

(A) $(-1, 1, 1)$　　(B) $(1, 1, -1)$

(C) $(-1, -1, -1)$　　(D) $(1, -1, 1)$

4. 设函数 $z = f(x, y) = \frac{xy}{x^2 + y^2}$，则下列各结论中不正确的是[　　].

(A) $f\left(1, \frac{y}{x}\right) = \frac{xy}{x^2 + y^2}$　　(B) $f\left(1, \frac{x}{y}\right) = \frac{xy}{x^2 + y^2}$

(C) $f\left(\frac{1}{x}, \frac{1}{y}\right) = \frac{xy}{x^2 + y^2}$　　(D) $f(x + y, x - y) = \frac{xy}{x^2 + y^2}$

5. 函数 $z = \ln(y - x) + \frac{\sqrt{x}}{\sqrt{2 - x^2 - y^2}}$ 的定义域 D 的图形是[　　].

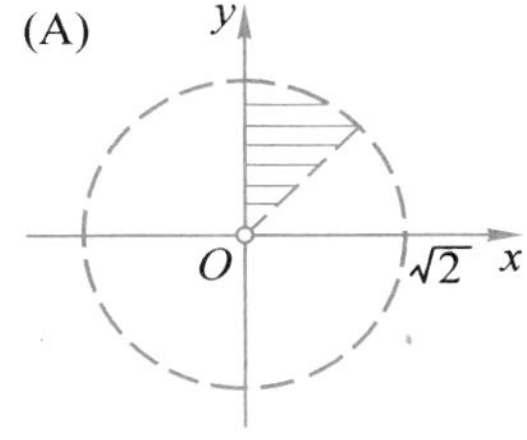

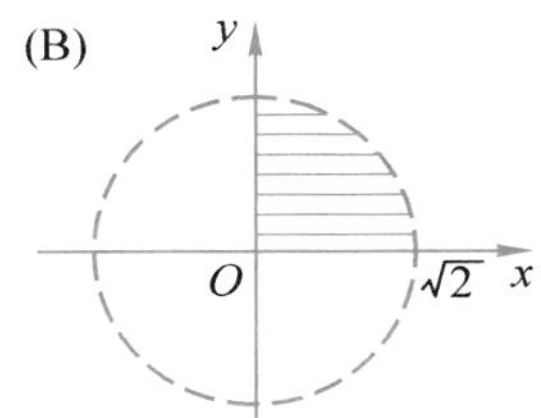

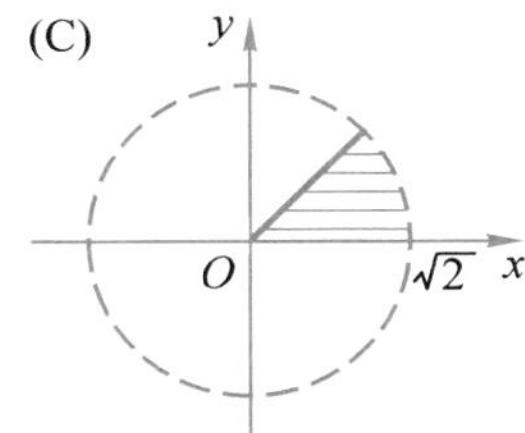

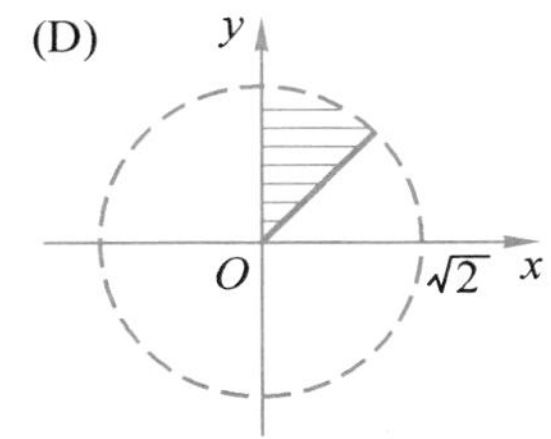

6. 设函数 $z=f(x,y)$ 在点 (x_0,y_0) 处存在对 x，y 的偏导数，则 $f'_x(x_0,y_0)=$ [　　].

(A) $\lim\limits_{\Delta x\to 0}\dfrac{f(x_0-2\Delta x,y_0)-f(x_0,y_0)}{\Delta x}$

(B) $\lim\limits_{\Delta x\to 0}\dfrac{f(x_0,y_0)-f(x_0-\Delta x,y_0)}{\Delta x}$

(C) $\lim\limits_{\Delta x\to 0}\dfrac{f(x_0+\Delta x,y_0+\Delta y)-f(x_0,y_0)}{\Delta x}$

(D) $\lim\limits_{x\to x_0}\dfrac{f(x,y)-f(x_0,y_0)}{x-x_0}$

7. 二元函数 $z=f(x,y)$ 的两个偏导数存在，且 $\dfrac{\partial z}{\partial x}>0$，$\dfrac{\partial z}{\partial y}<0$，则 [　　].

(A) 当 y 保持不变时，$f(x,y)$ 是随 x 的减少而单调增加的

(B) 当 x 保持不变时，$f(x,y)$ 是随 y 的增加而单调增加的

(C) 当 y 保持不变时，$f(x,y)$ 是随 x 的增加而单调减少的

(D) 当 x 保持不变时，$f(x,y)$ 是随 y 的增加而单调减少的

8. 函数 $z=f(x,y)$ 在点 (x_0,y_0) 处可微的充分条件是 [　　].

(A) $f(x,y)$ 在点 (x_0,y_0) 处连续

(B) $f(x,y)$ 在点 (x_0,y_0) 处存在偏导数

(C) $\lim\limits_{\rho\to 0}[\Delta z-f'_x(x_0,y_0)\Delta x-f'_y(x_0,y_0)\Delta y]=0$

(D) $\lim\limits_{\rho\to 0}\dfrac{\Delta z-f'_x(x_0,y_0)\Delta x-f'_y(x_0,y_0)\Delta y}{\rho}=0$

其中，$\rho=\sqrt{(\Delta x)^2+(\Delta y)^2}$

9. 已知函数 $f(x+y,x-y)=x^2-y^2$，则 $\dfrac{\partial f(x,y)}{\partial x}+\dfrac{\partial f(x,y)}{\partial y}=$ [　　].

(A) $2x-2y$　　(B) $x+y$　　(C) $2x+2y$　　(D) $x-y$

10. 已知函数 $f(xy,x+y)=x^2+y^2+xy$，则 $\dfrac{\partial f(x,y)}{\partial x}$，$\dfrac{\partial f(x,y)}{\partial y}$ 分别为 [　　].

(A) -1，$2y$　　(B) $2y$，-1

(C) $2x+2y$，$2y+x$　　(D) $2y$，$2x$

11. 设 $z=f(ax+by)$，f 可微，则 [　　].

(A) $a\dfrac{\partial z}{\partial x}=b\dfrac{\partial z}{\partial y}$　　(B) $\dfrac{\partial z}{\partial x}=\dfrac{\partial z}{\partial y}$

(C) $b\dfrac{\partial z}{\partial x}=a\dfrac{\partial z}{\partial y}$　　(D) $\dfrac{\partial z}{\partial x}=-\dfrac{\partial z}{\partial y}$

12. 设方程 $xyz+\sqrt{x^2+y^2+z^2}=\sqrt{2}$ 确定了函数 $z=z(x,y)$，则 $z(x,y)$ 在点 $(1,0,-1)$ 处的全微分 $\mathrm{d}z=$ [　　].

(A) $\mathrm{d}x+\sqrt{2}\mathrm{d}y$　　(B) $-\mathrm{d}x+\sqrt{2}\mathrm{d}y$

(C) $-\mathrm{d}x-\sqrt{2}\mathrm{d}y$　　(D) $\mathrm{d}x-\sqrt{2}\mathrm{d}y$

13. 设方程 $F(x-z,y-z)=0$ 确定了函数 $z=z(x,y)$，$F(u,v)$ 具有连续偏导数，

且 $F'_u + F'_v \neq 0$，则 $\dfrac{\partial z}{\partial x}+\dfrac{\partial z}{\partial y}=$［　　］.

(A) 0　　(B) 1

(C) -1　　(D) z

14. 二元函数 $z=x^3-y^3+3x^2+3y^2-9x$ 的极小值点是［　　］.

(A) (1，0)　　(B) (1，2)

(C) (−3，0)　　(D) (−3，2)

15. 设 $f(x, y)=xy+\dfrac{a^3}{x}+\dfrac{b^3}{y}$ $(a>0, b>0)$，则［　　］.

(A) $\left(\dfrac{a^2}{b}, \dfrac{b^2}{a}\right)$是 $f(x, y)$ 的驻点，但非极值点

(B) $\left(\dfrac{a^2}{b}, \dfrac{b^2}{a}\right)$是 $f(x, y)$ 的极大值点

(C) $\left(\dfrac{a^2}{b}, \dfrac{b^2}{a}\right)$是 $f(x, y)$ 的极小值点

(D) $f(x, y)$ 无驻点

16. 点 (x_0, y_0) 使 $f'_x(x, y)=0$ 且 $f'_y(x, y)=0$ 成立，则［　　］.

(A) (x_0, y_0) 是 $f(x, y)$ 的极值点

(B) (x_0, y_0) 是 $f(x, y)$ 的最小值点

(C) (x_0, y_0) 是 $f(x, y)$ 的最大值点

(D) (x_0, y_0) 可能是 $f(x, y)$ 的极值点

17. 设区域 D 是单位圆 $x^2+y^2\leqslant 1$ 在第一象限的部分，则二重积分 $\iint\limits_D xy\,\mathrm{d}\sigma=$［　　］.

(A) $\int_0^{\sqrt{1-y^2}}\mathrm{d}x\int_0^{\sqrt{1-x^2}}xy\,\mathrm{d}y$　　(B) $\int_0^1\mathrm{d}x\int_0^{\sqrt{1-y^2}}xy\,\mathrm{d}y$

(C) $\int_0^1\mathrm{d}y\int_0^{\sqrt{1-y^2}}xy\,\mathrm{d}x$　　(D) $\dfrac{1}{2}\int_0^{\frac{\pi}{2}}\mathrm{d}\theta\int_0^1 r^2\sin 2\theta\,\mathrm{d}r$

18. $\int_0^1\mathrm{d}x\int_0^{1-x}f(x, y)\mathrm{d}y=$［　　］.

(A) $\int_0^{1-x}\mathrm{d}y\int_0^1 f(x, y)\mathrm{d}x$　　(B) $\int_0^1\mathrm{d}y\int_0^{1-x}f(x, y)\mathrm{d}x$

(C) $\int_0^1\mathrm{d}y\int_0^1 f(x, y)\mathrm{d}x$　　(D) $\int_0^1\mathrm{d}y\int_0^{1-y}f(x, y)\mathrm{d}x$

19. 设 $D=\{(x, y)\,|\,x^2+y^2\leqslant a^2\}$，若 $\iint\limits_D\sqrt{a^2-x^2-y^2}\,\mathrm{d}x\mathrm{d}y=\pi$，则 $a=$［　　］.

(A) 1　　(B) $\sqrt[3]{\dfrac{3}{2}}$　　(C) $\sqrt[3]{\dfrac{3}{4}}$　　(D) $\sqrt[3]{\dfrac{1}{2}}$

20. 若 $\iint\limits_D\mathrm{d}x\mathrm{d}y=1$，则积分区域 D 可以是［　　］.

(A) 由 x 轴，y 轴及 $x+y-2=0$ 围成的区域

(B) 由 $x=1$，$x=2$ 及 $y=2$，$y=4$ 围成的区域

(C) 由 $|x|=\frac{1}{2}$，$|y|=\frac{1}{2}$围成的区域

(D) 由 $|x+y|=1$，$|x-y|=1$ 围成的区域

21. 设$f(x, y)$连续，且$f(x, y)=xy+\iint\limits_D f(u, v)\mathrm{d}u\mathrm{d}v$，其中，$D$是由$y=0$，$y=x^2$，$x=1$ 围成的区域，则 $f(x, y)=$[　　].

(A) xy　　(B) $2xy$　　(C) $xy+\frac{1}{8}$　　(D) $xy+1$

第九章

01 02 03 04 05 06 07 08 09

微分方程与差分方程简介

9.1 微分方程的一般概念

我们在研究科学技术和经济管理中某些现象的变化过程时，往往需要寻求有关变量之间的函数关系．但是，有时这种关系不容易直接建立起来，却可能建立起含有待求函数的导数或微分的关系式．这种关系式称为微分方程．通过解微分方程才能得出所求的函数．

我们在学习第五章不定积分时已经遇到过一些最简单的微分方程，如下面两个例子．

例 1　求过点 (1，3) 且切线斜率为 $2x$ 的曲线方程．

解：设所求的曲线方程是 $y=y(x)$，则根据题意应满足下面的关系：

$$\begin{cases}\dfrac{\mathrm{d}y}{\mathrm{d}x}=2x & (9.1)\\ y(1)=3 & (9.2)\end{cases}$$

其中 $y(1)$ 表示 $x=1$ 时 y 的值．要求出满足式 (9.1) 的函数，只需求一次不定积分即可．显然，这种函数的一般形式是

$$y=x^2+C \quad (C\text{ 为任意常数})$$

这是一簇曲线，簇中每一条曲线在点 x 处的切线斜率均为 $2x$．如果将已知条件式 (9.2) 代入上式，求出 $C=2$，则

$$y=x^2+2$$

就是所求的过点 (1，3) 且切线斜率为 $2x$ 的曲线方程．

例 2　一物体以初速 v_0 垂直上抛，开始上抛时的位移(高度) 为 s_0，设此物体的运动只受重力的影响，试确定该物体运动的位移 s 与时间 t 的函数关系．

解：设位移 s 与时间 t 的函数关系为 $s=s(t)$．因为物体运动的加速度是位移 s 对时间 t 的二阶导数，且题设只受重力的影响，所以由牛顿第二定律有

$$ms''(t)=-mg$$

即 $$s''(t)=-g \tag{9.3}$$

其中设物体的质量为 m，重力加速度为 g，且垂直向上的方向为正方向.

因为物体的运动速度 $v=v(t)=s'$，所以式（9.3）可写为

$$\frac{\mathrm{d}v}{\mathrm{d}t}=-g \quad 或 \quad \mathrm{d}v=-g\mathrm{d}t$$

显然，对上式积分一次即得

$$v=-gt+C_1 \quad 或 \quad \frac{\mathrm{d}s}{\mathrm{d}t}=-gt+C_1$$

再积分一次，得

$$s=-\frac{1}{2}gt^2+C_1t+C_2 \tag{9.4}$$

其中 C_1，C_2 为任意常数，这是一簇曲线. 如果假设物体开始上抛时的位移为 s_0，则依题意有 $v(0)=v_0$，$s(0)=s_0$，代入式（9.4），得 $C_1=v_0$，$C_2=s_0$. 于是

$$s=-\frac{1}{2}gt^2+v_0t+s_0$$

即为所求的函数关系.

定义 9.1 含有未知函数的导数或微分的方程，称为**微分方程**. 微分方程中出现的未知函数的各阶导数的最高阶数，称为**微分方程的阶**.

未知函数为一元函数的微分方程，称为**常微分方程**. 例如，例 1 中，$y'=2x$ 是一阶常微分方程；例 2 中，$s''(t)=-g$ 是二阶常微分方程.

未知函数为多元函数，从而出现多元函数的偏导数的方程，称为**偏微分方程**. 例如

$$z''_{xx}+z''_{yy}=0, \quad yz'_x-xz'_y=0$$

等就是偏微分方程.

本章简要介绍常微分方程的概念和某些简单微分方程的解法. 因此，后面提到微分方程或方程时均指常微分方程.

定义 9.2 如果一个函数代入微分方程后，方程两端恒等，则称此函数为该微分方程的解.

例如，在例 1 中，$y=x^2+C$（C 为任意常数），$y=x^2+2$，都是$y'=2x$ 的解，而在例 2 中，

$$s=-\frac{1}{2}gt^2+C_1t+C_2 \quad (C_1，C_2 为任意常数)$$

$$s=-\frac{1}{2}gt^2+v_0t+s_0$$

都是 $s''=-g$ 的解.

定义 9.3 如果微分方程的解中所含相互独立的任意常数的个数等于微分方程的阶数，则此解称为微分方程的**通解**. 在通解中给予任意常数以确定的值而得到的解，称为**特解**.

例如，在例 1 中 $y=x^2+C$ 是 $y'=2x$ 的通解，而 $y=x^2+2$，$y=x^2-\frac{1}{2}$ 都是 $y'=2x$ 的特解.

为了得到合乎要求的特解，必须根据要求对微分方程附加一定的条件. 如果这种附加条件是由系统在某一瞬间所处的状态给出的，则称这种条件为**初始条件**，如上面例 1、例 2 的条件.

9.2 一阶微分方程

一阶微分方程的一般形式是

$$F(x, y, y')=0 \tag{9.5}$$

其中，x 为自变量，y 为未知函数，y' 为 y 的一阶导数.

一阶微分方程的通解含有一个任意常数，为了确定这个任意常数，必须给出一个初始条件. 通常都是给出 $x=x_0$ 时未知函数对应的值 $y=y_0$，记作

$$y(x_0)=y_0 \quad 或 \quad y\big|_{x=x_0}=y_0$$

知识点解析
一阶微分方程

(一) 可分离变量的一阶微分方程

形如

$$f(x)\mathrm{d}x=g(y)\mathrm{d}y \tag{9.6}$$

的一阶微分方程，称为变量已分离的微分方程. 将方程 (9.6) 两边同时积分，得

$$\int f(x)\mathrm{d}x=\int g(y)\mathrm{d}y+C \tag{9.7}$$

其中 C 是任意常数，式 (9.7) 就是方程 (9.6) 的通解表达式. 注意，后文为了明显起见，将不定积分 $\int f(x)\mathrm{d}x$ 看成 $f(x)$ 的一个原函数，而将积分常数 C(为任意常数) 单独写出来.

形如

$$\frac{\mathrm{d}y}{\mathrm{d}x}=f(x)g(y) \tag{9.8}$$

或

$$M_1(x)M_2(y)\mathrm{d}x=N_1(x)N_2(y)\mathrm{d}y \tag{9.9}$$

的微分方程，称为**可分离变量的微分方程**. 因为经过简单的代数运算，方程 (9.8) 或方程 (9.9) 可化为方程 (9.6) 的形式：

$$\frac{\mathrm{d}y}{g(y)}=f(x)\mathrm{d}x \tag{9.8'}$$

或
$$\frac{M_1(x)}{N_1(x)}\mathrm{d}x=\frac{N_2(y)}{M_2(y)}\mathrm{d}y \tag{9.9'}$$

两边积分即可求出它们的通解.

特别地，在方程（9.8）中，当 $g(y)\equiv 1$ 或 $f(x)\equiv 1$ 时，得

$$\frac{\mathrm{d}y}{\mathrm{d}x}=f(x)\text{ 的通解为 }y=\int f(x)\mathrm{d}x+C\quad(C\text{ 为任意常数}) \tag{9.10}$$

$$\frac{\mathrm{d}y}{\mathrm{d}x}=g(y)\text{ 的通解为}\int\frac{\mathrm{d}y}{g(y)}=x+C\quad(C\text{ 为任意常数}) \tag{9.11}$$

例 1　求微分方程 $\frac{\mathrm{d}y}{\mathrm{d}x}=-\frac{y}{x}$ 的通解.

解：分离变量，得

$$\frac{\mathrm{d}y}{y}=-\frac{\mathrm{d}x}{x}$$

两边积分，得

$$\ln|y|=-\ln|x|+C_1\quad(C_1\text{ 为任意常数})$$

即
$$|xy|=\mathrm{e}^{C_1}\quad\text{或}\quad xy=\pm\,\mathrm{e}^{C_1}$$

其中 e^{C_1} 为任意正常数. 去掉绝对值号，将正、负号转移到常数上，可记$C=\pm\,\mathrm{e}^{C_1}$，因此方程的通解为

$$xy=C\quad(C\text{ 为任意常数})$$

为了简便，以后在遇到类似情形时，不再详细写出处理绝对值号的过程，例如，本例可直接把求解过程写成：

分离变量，得

$$\frac{\mathrm{d}y}{y}=-\frac{\mathrm{d}x}{x}$$

两边积分，得

$$\ln y=-\ln x+\ln C$$

即
$$xy=C\quad\text{或}\quad y=\frac{C}{x}\quad(C\text{ 为任意常数})$$

这就是所给微分方程的通解. 将 $xy=C$代入原方程，不难验证，的确使原方程成为恒等式.

例 2　求微分方程 $\frac{\mathrm{d}y}{\mathrm{d}x}=-\frac{x}{y}$ 的通解.

解：分离变量，得

$$y\mathrm{d}y=-x\mathrm{d}x$$

两边积分，得

$$\frac{1}{2}y^2 = -\frac{1}{2}x^2 + \frac{1}{2}r^2 \quad (r\text{ 为任意常数})$$

即 $x^2 + y^2 = r^2$ 为所给微分方程的通解.

例 3　求微分方程 $\mathrm{d}P = kP(N-P)\mathrm{d}t$（$N, k > 0$，为常数）的解. 此处假设 $0 < P < N$.

解：将该微分方程改写为

$$\frac{\mathrm{d}P}{P(N-P)} = k\mathrm{d}t$$

等式两边的积分分别为

$$\int \frac{\mathrm{d}P}{P(N-P)} = \frac{1}{N}\int\left(\frac{1}{P} + \frac{1}{N-P}\right)\mathrm{d}P = \frac{1}{N}\ln\frac{P}{N-P}$$

$$\int k\mathrm{d}t = kt$$

得到　$$\frac{1}{N}\ln\frac{P}{N-P} = kt + C$$

或　$$\frac{P}{N-P} = \mathrm{e}^{N(kt+C)} = A\mathrm{e}^{at} \quad (C\text{ 为任意常数})$$

其中，$A = \mathrm{e}^{NC}$，$a = Nk$，由上式解出 P，得

$$P = \frac{NA\mathrm{e}^{at}}{A\mathrm{e}^{at} + 1} = \frac{N}{1 + B\mathrm{e}^{-at}}$$

其中 $B = \dfrac{1}{A} = \mathrm{e}^{-NC}$. 这个方程称为逻辑斯蒂曲线方程.

在现实世界中，常遇到这类变量：变量的增长率 $\dfrac{\mathrm{d}P}{\mathrm{d}t}$ 与其现时值 P、饱和值与现时值之差 $N-P$ 都成正比. 这种变量是按逻辑斯蒂曲线方程变化的. 在生物学、经济学等学科中可见到这种模型.

（二）齐次微分方程

形如

$$\frac{\mathrm{d}y}{\mathrm{d}x} = f\left(\frac{y}{x}\right) \tag{9.12}$$

的微分方程，称为齐次微分方程.

例如

$$\frac{\mathrm{d}y}{\mathrm{d}x} = \frac{y^2}{xy - x^2}$$

可化为 $$\frac{\mathrm{d}y}{\mathrm{d}x}=\frac{\left(\frac{y}{x}\right)^2}{\left(\frac{y}{x}\right)-1}$$

又如 $$(xy-y^2)\mathrm{d}x-(x^2-2xy)\mathrm{d}y=0$$

可化为 $$\frac{\mathrm{d}y}{\mathrm{d}x}=\frac{xy-y^2}{x^2-2xy}=\frac{\left(\frac{y}{x}\right)-\left(\frac{y}{x}\right)^2}{1-2\left(\frac{y}{x}\right)}$$

所以它们都是齐次微分方程.

对齐次微分方程（9.12）作变量变换

$$v=\frac{y}{x} \tag{9.13}$$

即 $$y=xv$$

得 $$\frac{\mathrm{d}y}{\mathrm{d}x}=x\frac{\mathrm{d}v}{\mathrm{d}x}+v \tag{9.14}$$

将式（9.13）与式（9.14）代入方程（9.12），得可分离变量的微分方程

$$x\frac{\mathrm{d}v}{\mathrm{d}x}=f(v)-v$$

即 $$\frac{\mathrm{d}v}{f(v)-v}=\frac{\mathrm{d}x}{x}$$

它的通解为

$$\int\frac{\mathrm{d}v}{f(v)-v}=\ln x-\ln C$$

或 $$x=C\mathrm{e}^{\int\frac{\mathrm{d}v}{f(v)-v}}\quad（C 为任意常数） \tag{9.15}$$

求出积分 $\int\frac{\mathrm{d}v}{f(v)-v}$ 后，将 v 还原为 $\frac{y}{x}$ 并代入式（9.15）就可得到微分方程（9.12）的通解.

例 4 求微分方程 $\frac{\mathrm{d}y}{\mathrm{d}x}=\frac{y^2}{xy-x^2}$ 的通解.

解：原方程可写为

$$\frac{\mathrm{d}y}{\mathrm{d}x}=\frac{\left(\frac{y}{x}\right)^2}{\left(\frac{y}{x}\right)-1}$$

它是齐次微分方程. 令 $v=\frac{y}{x}$，得

$$x\frac{\mathrm{d}v}{\mathrm{d}x}=\frac{v^2}{v-1}-v=\frac{v}{v-1}$$

分离变量后，得

$$\frac{v-1}{v}\mathrm{d}v=\frac{\mathrm{d}x}{x}$$

两边积分，得

$$v-\ln v=\ln x+C_1$$
$$v=\ln(xv)+C_1$$

即 $$xv=\mathrm{e}^{v-C_1}=C\mathrm{e}^{v}\quad(C=\mathrm{e}^{-C_1})$$

将 $v=\dfrac{y}{x}$ 代入上式，得

$$y=C\mathrm{e}^{\frac{y}{x}}\quad(C\text{ 为任意常数})$$

这就是所给微分方程的通解.

例 5　求微分方程 $(x\mathrm{e}^{\frac{y}{x}}+y)\mathrm{d}x=x\mathrm{d}y$ 在初始条件 $y\,|_{x=1}=0$ 下的特解.

解：原方程可写为

$$\frac{\mathrm{d}y}{\mathrm{d}x}=\mathrm{e}^{\frac{y}{x}}+\frac{y}{x}$$

这是齐次微分方程，令 $v=\dfrac{y}{x}$，则原方程可化为

$$x\frac{\mathrm{d}v}{\mathrm{d}x}+v=\mathrm{e}^{v}+v$$

分离变量后，得

$$\mathrm{e}^{-v}\mathrm{d}v=\frac{1}{x}\mathrm{d}x$$

两边积分，得

$$-\mathrm{e}^{-v}=\ln x+C$$

即 $$v=-\ln(-\ln x-C)$$

将 $v=\dfrac{y}{x}$ 代入上式，得

$$y=-x\ln(-\ln x-C)$$

由初始条件 $y\,|_{x=1}=0$，可得 $C=-1$，故所求特解为 $y=-x\ln(1-\ln x)$ 或 $\mathrm{e}^{-\frac{y}{x}}+\ln x=1$.

(三) 一阶线性微分方程

形如

$$y'+p(x)y=q(x)\tag{9.16}$$

的微分方程，称为一阶线性微分方程(因为它是 y 及 y' 的一次方程). 如果 $q(x)\equiv 0$，则方

程（9.16）变为

$$y'+p(x)y=0 \tag{9.17}$$

称为**一阶线性齐次微分方程**；当 $q(x)\neq 0$ 时，方程(9.16)称为**一阶线性非齐次微分方程**.

（1）一阶线性齐次微分方程的通解.

将方程（9.17）分离变量，得

$$\frac{\mathrm{d}y}{y}=-p(x)\mathrm{d}x$$

两边积分，得

$$\ln y=-\int p(x)\mathrm{d}x+\ln C$$

即 $$y=Ce^{-\int p(x)\mathrm{d}x} \quad (C\text{ 为任意常数}) \tag{9.18}$$

式（9.18）即为方程（9.17）的通解.

（2）一阶线性非齐次微分方程的通解.

方程（9.16）的解可用“任意参数变易法”求得，将与方程（9.16）对应的齐次方程（9.17）的通解（9.18）中的任意常数 C 换为待定的函数 $u=u(x)$，即设

$$y=u(x)e^{-\int p(x)\mathrm{d}x} \tag{9.19}$$

式（9.19）就是方程（9.16）的解. 因为

$$\begin{aligned}y'&=u'(x)e^{-\int p(x)\mathrm{d}x}+u(x)(e^{-\int p(x)\mathrm{d}x})'\\&=u'(x)e^{-\int p(x)\mathrm{d}x}-u(x)p(x)e^{-\int p(x)\mathrm{d}x}\end{aligned} \tag{9.20}$$

将式（9.19）与式（9.20）代入方程（9.16），得

$$u'(x)e^{-\int p(x)\mathrm{d}x}-u(x)p(x)e^{-\int p(x)\mathrm{d}x}+p(x)u(x)e^{-\int p(x)\mathrm{d}x}=q(x)$$

即 $$u'(x)=q(x)e^{\int p(x)\mathrm{d}x}$$

积分，得

$$u(x)=\int q(x)e^{\int p(x)\mathrm{d}x}\mathrm{d}x+C$$

其中 C 是任意常数，代入式（9.19），得

$$y=e^{-\int p(x)\mathrm{d}x}\left(\int q(x)e^{\int p(x)\mathrm{d}x}\mathrm{d}x+C\right) \quad (C\text{ 为任意常数}) \tag{9.21}$$

不难验证式（9.21）就是方程（9.16）的通解.

概括起来，一阶线性非齐次微分方程（9.16）的求解步骤如下：

（Ⅰ）求对应于方程（9.16）的齐次方程（9.17）的通解

$$y=Ce^{-\int p(x)\mathrm{d}x}$$

（Ⅱ）设 $y=u(x)\mathrm{e}^{-\int p(x)\mathrm{d}x}$，并求出 y'.

（Ⅲ）将（Ⅱ）中的 y 及 y' 代入方程（9.16），解出

$$u(x)=\int q(x)\mathrm{e}^{\int p(x)\mathrm{d}x}\mathrm{d}x+C$$

（Ⅳ）将（Ⅲ）中求出的 $u(x)$ 代入（Ⅱ）中 y 的表达式，得到

$$y=\mathrm{e}^{-\int p(x)\mathrm{d}x}\left(\int q(x)\mathrm{e}^{\int p(x)\mathrm{d}x}\mathrm{d}x+C\right)\quad（C\text{ 为任意常数}）$$

即为方程（9.16）的通解.

例 6　求一阶线性微分方程 $y'-\dfrac{2}{x+1}y=(x+1)^3$ 的通解.

解：

（Ⅰ）由 $y'-\dfrac{2}{x+1}y=0$ 分离变量得 $\dfrac{\mathrm{d}y}{y}=\dfrac{2\mathrm{d}x}{x+1}$，积分，得

$$y=C(x+1)^2$$

（Ⅱ）令 $y=u(x)(x+1)^2$，则

$$y'=u'(x)(x+1)^2+2u(x)(x+1)$$

（Ⅲ）将（Ⅱ）中两式代入原方程，得

$$u'=x+1$$

积分，得

$$u=\frac{1}{2}(x+1)^2+C$$

（Ⅳ）将 u 代入（Ⅱ）中的 y，最后求得原方程的通解为

$$\begin{aligned}y&=(x+1)^2\left[\frac{1}{2}(x+1)^2+C\right]\\&=\frac{1}{2}(x+1)^4+C(x+1)^2\quad（C\text{ 为任意常数}）\end{aligned}$$

当然，我们也可以直接应用公式（9.21）求得方程的通解. 实际上，由 $p(x)=-\dfrac{2}{x+1}$，$q(x)=(x+1)^3$，有

$$\int p(x)\mathrm{d}x=\int-\frac{2}{x+1}\mathrm{d}x=-2\ln(x+1)\quad（\text{只取一个原函数}）$$

$$\begin{aligned}\int q(x)\mathrm{e}^{\int p(x)\mathrm{d}x}\mathrm{d}x&=\int(x+1)^3\mathrm{e}^{-2\ln(x+1)}\mathrm{d}x\\&=\int(x+1)\mathrm{d}x=\frac{1}{2}(x+1)^2\end{aligned}$$

于是，由公式（9.21）直接可得方程的通解为

$$
\begin{aligned}
y &= e^{-\int p(x)dx}\left(\int q(x)e^{\int p(x)dx}dx + C\right) \\
&= (x+1)^2\left[\frac{1}{2}(x+1)^2 + C\right] \\
&= \frac{1}{2}(x+1)^4 + C(x+1)^2 \quad (C\text{ 为任意常数})
\end{aligned}
$$

由于公式（9.21）不易记忆，在求解这类线性微分方程时，一般仍要求读者使用参数变易法.

例 7 求微分方程

$$y\mathrm{d}x + (x - y^3)\mathrm{d}y = 0 \quad (y > 0)$$

的通解.

解：如果将上式改写为

$$y' + \frac{y}{x - y^3} = 0$$

则显然不是线性微分方程.

如果将原方程改写为

$$\frac{\mathrm{d}x}{\mathrm{d}y} + \frac{x - y^3}{y} = 0$$

即

$$\frac{\mathrm{d}x}{\mathrm{d}y} + \frac{1}{y}x = y^2 \qquad ①$$

将 x 看作 y 的函数，则它是形如

$$x' + p(y)x = q(y)$$

的线性微分方程. 先解对应的齐次方程

$$\frac{\mathrm{d}x}{\mathrm{d}y} + \frac{1}{y}x = 0$$

其通解为 $x = \dfrac{C}{y}$.

利用参数变易法，令 $x = u(y)\cdot\dfrac{1}{y}$，则

$$\frac{\mathrm{d}x}{\mathrm{d}y} = \frac{1}{y}\cdot\frac{\mathrm{d}u}{\mathrm{d}y} - \frac{1}{y^2}u \qquad ②$$

将 $x = \dfrac{1}{y}u$ 和式 ② 代入式 ①，得

$$\frac{\mathrm{d}u}{\mathrm{d}y}\cdot\frac{1}{y} = y^2$$

即 $\mathrm{d}u = y^3\mathrm{d}y$. 两边积分，得 $u = \dfrac{1}{4}y^4 + C_1$，所以，所求通解为

$$x=\frac{1}{y}\left(\frac{1}{4}y^4+C_1\right)$$

或　　$4xy=y^4+C$　（C 为任意常数，$C=4C_1$）

例 8　设某种商品的供给量 Q_S 与需求量 Q_D 是只依赖于价格 P 的线性函数，它们分别为

$$Q_S=-a+bP \tag{9.22}$$

$$Q_D=c-dP \tag{9.23}$$

其中，a，b，c，d 都是已知的正常数. 式 (9.22) 表明供给量 Q_S 是价格 P 的递增函数；式 (9.23) 表明需求量 Q_D 是价格 P 的递减函数. 当供求量相等时，由式 (9.22) 与式 (9.23) 求得均衡价格 $\overline{P}=\frac{a+c}{b+d}$. 不难理解，当供给量超过需求量，即 $Q_S>Q_D$ 时，价格将下降；当供给量小于需求量，即 $Q_S<Q_D$ 时，价格将上涨. 这样，市场价格就随时间的变化而围绕着均衡价格 $\overline{P}$ 上下波动. 因而，我们可以设想价格 P 是时间 t 的函数：$P=P(t)$. 假定在时间 t 时的价格 $P(t)$ 的变化率与这时的过剩需求量 Q_D-Q_S 成正比，即有

$$\frac{\mathrm{d}P}{\mathrm{d}t}=\alpha(Q_D-Q_S)$$

其中，α 是正的常数，将式 (9.22) 与式 (9.23) 代入上式，得

$$\frac{\mathrm{d}P}{\mathrm{d}t}+kP=h \tag{9.24}$$

其中，$k=\alpha(b+d)$，$h=\alpha(a+c)$ 都是正的常数. 利用式 (9.21)，不难求得方程 (9.24) 的通解为

$$P=C\mathrm{e}^{-kt}+\frac{h}{k}=C\mathrm{e}^{-kt}+\overline{P}\quad（C\text{ 为任意常数}）$$

如果已知初始价格 $P(0)=P_0$，则方程 (9.24) 的特解为

$$\widetilde{P}=(P_0-\overline{P})\mathrm{e}^{-kt}+\overline{P}$$

9.3 几种二阶微分方程

二阶微分方程的一般形式为

$$F(x,y,y',y'')=0 \tag{9.25}$$

本节介绍几个简单的、经过适当变换可将二阶降为一阶的微分方程.

（一）最简单的二阶微分方程

形如

$$y''=f(x) \tag{9.26}$$

的微分方程是最简单的二阶微分方程. 例如，9.1节例2中的$s''(t)=-g$就是这种类型的方程. 这种方程的通解可经过两次积分而求得. 对方程（9.26）积分一次，得

$$y'=\int f(x)\mathrm{d}x+C_1$$

再对上式积分一次，得

$$y=\int\left[\int f(x)\mathrm{d}x\right]\mathrm{d}x+C_1x+C_2$$

其中，C_1，C_2 为任意常数.

例 1 求微分方程

$$y''=x\mathrm{e}^x$$

的通解.

解：积分一次，得

$$y'=\int x\mathrm{e}^x\mathrm{d}x=(x-1)\mathrm{e}^x+C_1$$

再积分一次，得

$$y=(x-2)\mathrm{e}^x+C_1x+C_2 \quad (C_1,\ C_2\text{ 为任意常数})$$

（二）不显含未知函数 y 的二阶微分方程

$$y''=f(x,\ y') \tag{9.27}$$

令 $y'=p$，则 $y''=p'$，代入方程（9.27），得

$$p'=f(x,\ p) \tag{9.28}$$

这是关于未知函数 p 的一阶微分方程，如能求出方程（9.28）的通解为

$$p=\varphi(x,\ C_1)$$

则方程（9.27）的通解为

$$y=\int\varphi(x,\ C_1)\mathrm{d}x+C_2 \quad (C_1,C_2\text{ 为任意常数})$$

例 2　求微分方程

$$y''=\frac{1}{x}y'+xe^x$$

的通解.

解：令 $y'=p$，则 $y''=p'$，于是

$$p'=\frac{1}{x}p+xe^x$$

或改写为

$$p'-\frac{1}{x}p=xe^x$$

这是关于 p 的一阶线性微分方程. 因为

$$-\int\frac{1}{x}dx=-\ln x$$

$$\int xe^x\cdot e^{-\ln x}dx=\int e^x dx=e^x$$

所以　$y'=p=x(e^x+C_1)$

从而所给微分方程的通解为

$$y=(x-1)e^x+\frac{C_1}{2}x^2+C_2\quad(C_1,\ C_2\text{ 为任意常数})$$

(三) 不显含自变量 x 的二阶微分方程

$$y''=f(y,\ y')\tag{9.29}$$

如果将方程 (9.29) 中的 y' 看作 y 的函数 $y'=p(y)$，则 $y''=\frac{dp}{dx}=\frac{dp}{dy}\cdot\frac{dy}{dx}=p\cdot\frac{dp}{dy}$，于是方程 (9.29) 化为

$$p\frac{dp}{dy}=f(y,\ p)\tag{9.30}$$

设方程 (9.30) 的通解已求出，为

$$p=\varphi(y,\ C_1)$$

则由 $\frac{dy}{dx}=p=\varphi(y,\ C_1)$，可得微分方程 (9.29) 的通解为

$$\int\frac{dy}{\varphi(y,\ C_1)}=x+C_2\quad(C_1,C_2\text{ 为任意常数})$$

例 3　求微分方程

$$y''=\frac{3}{2}y^2$$

满足初始条件 $y|_{x=3}=1$，$y'|_{x=3}=1$ 的特解.

解：令 $y'=p(y)$，$y''=p\dfrac{\mathrm{d}p}{\mathrm{d}y}$，代入原式，得

$$p\frac{\mathrm{d}p}{\mathrm{d}y}=\frac{3}{2}y^2$$

或 $$2p\mathrm{d}p=3y^2\mathrm{d}y$$

两边积分，得

$$p^2=y^3+C_1$$

由初始条件 $y|_{x=3}=1$，$y'|_{x=3}=1$，得 $C_1=0$，所以

$$p^2=y^3$$

或 $$p=y^{\frac{3}{2}}\quad（因\ y'|_{x=3}=1>0，所以取正号）$$

即 $$\frac{\mathrm{d}y}{\mathrm{d}x}=y^{\frac{3}{2}}\quad 或\quad y^{-\frac{3}{2}}\mathrm{d}y=\mathrm{d}x$$

积分，得

$$-2y^{-\frac{1}{2}}=x+C_2$$

再由初始条件 $y|_{x=3}=1$，得 $C_2=-5$，代入上式并整理，得

$$y=\frac{4}{(x-5)^2}$$

即为满足所给方程及初始条件的特解.

※9.4 二阶常系数线性微分方程

二阶常系数线性微分方程的一般形式是

$$y''+py'+qy=f(x) \tag{9.31}$$

其中，p，q 是(实)常数，$f(x)$ 是 x 的已知函数. 对应于微分方程 (9.31) 的二阶常系数线性齐次方程是

$$y''+py'+qy=0 \tag{9.32}$$

下面对微分方程(9.32)、(9.31) 的解法分别进行讨论.

(一) 二阶常系数线性齐次方程

定理 9.1 如果 y_1 与 y_2 是方程 (9.32) 的两个特解，而且 $\dfrac{y_1}{y_2}$ 不等于常数，则 $y^*=C_1y_1+$

C_2y_2 为方程（9.32）的通解，其中 C_1 与 C_2 为任意常数.

证：因为 y_1 与 y_2 是微分方程（9.32）的解，所以有

$$y_1''+py_1'+qy_1=0 \quad 与 \quad y_2''+py_2'+qy_2=0$$

而 $$(y^*)'=C_1y_1'+C_2y_2', \qquad (y^*)''=C_1y_1''+C_2y_2''$$

代入方程（9.32）的左端，得

$$\begin{aligned}&(y^*)''+p(y^*)'+qy^*\\&=(C_1y_1''+C_2y_2'')+p(C_1y_1'+C_2y_2')+q(C_1y_1+C_2y_2)\\&=C_1(y_1''+py_1'+qy_1)+C_2(y_2''+py_2'+qy_2)\\&=C_1\cdot 0+C_2\cdot 0\\&=0\end{aligned}$$

即 y^* 是方程（9.32）的解. 在$\dfrac{y_1}{y_2}$不等于常数的条件下，可以证明 y^* 中含有两个任意常数，所以 y^* 是方程（9.32）的通解.

$\dfrac{y_1}{y_2}$ 不等于常数这一条件是很重要的. 如果 $\dfrac{y_1}{y_2}=k$（k 是常数)，则$y_1=ky_2$，于是

$$y^*=(C_1k+C_2)y_2=Cy_2$$

其中 $C=C_1k+C_2$，因而 y^* 中只含有一个任意常数，所以不是方程（9.32）的通解. 满足$\dfrac{y_1}{y_2}$不等于常数这一条件的两个解叫作线性无关解. 因此，求微分方程（9.32）的通解就归结为求它的两个线性无关的特解.

为了求出方程（9.32）的两个线性无关的特解，我们分析一下方程（9.32）有什么特点. 方程（9.32）左端是 y''、py' 与 qy 三项之和，而右端为 0. 如果能找到一个函数 $\bar{y}(x)\neq 0$，使得$\bar{y}'=b\bar{y}$，$\bar{y}''=a\bar{y}$，且 $a+pb+q=0$，则 $\bar{y}''+p\bar{y}'+q\bar{y}=(a+pb+q)\bar{y}=0$. 什么函数具有这样的特点呢？我们很自然地会想到函数 $\bar{y}=\mathrm{e}^{rx}$，r 为常数，将它代入方程（9.32)，得

$$\mathrm{e}^{rx}(r^2+pr+q)=0$$

因 $\mathrm{e}^{rx}\neq 0$，要使上式成立，必然要求

$$r^2+pr+q=0 \tag{9.33}$$

方程（9.33）是 r 的二次代数方程，称为方程（9.32）的**特征方程**，其根称为方程（9.33）的**特征根**. 由此推知，$y=\mathrm{e}^{rx}$ 是方程（9.32）的解的充分必要条件是：常数 r 为方程（9.33）的根. 因方程（9.33）是二次方程，故可能有两个根，记为 r_1，r_2. 因此，求微分方程（9.32）的通解时，要根据方程（9.33）的特征根 r_1 与 r_2 是相异实根、重根和共轭复根三种情形分别讨论.

（1）相异实根.

由二次方程求根公式有：$p^2-4q>0$，而且

$$r_1=\frac{-p+\sqrt{p^2-4q}}{2},\quad r_2=\frac{-p-\sqrt{p^2-4q}}{2}$$

为所求的两个相异实根. 这时，方程（9.32）有两个特解：

$$y_1=e^{r_1x},\quad y_2=e^{r_2x}$$

由于 $\frac{y_1}{y_2}=e^{(r_1-r_2)x}$ 不等于常数，可知 y_1，y_2 线性无关，所以方程（9.32）的通解是

$$y^*=C_1e^{r_1x}+C_2e^{r_2x}\quad (C_1,C_2\text{ 为任意常数})\tag{9.34}$$

例 1 求方程 $y''-3y'-10y=0$ 的通解.

解：特征方程 $r^2-3r-10=0$ 的两个根是

$$r_1=-2,\quad r_2=5$$

所以，原方程的通解是

$$y^*=C_1e^{-2x}+C_2e^{5x}\quad (C_1,C_2\text{ 为任意常数})$$

（2）重根.

此时有 $p^2-4q=0$，而且

$$r_1=r_2=-\frac{p}{2}$$

因此方程（9.32）有特解 $y_1=e^{r_1x}$. 可以证明，$y_2=xe^{r_1x}$ 是方程（9.32）的另一特解，并且 y_1，y_2 线性无关. 所以，方程（9.32）的通解是：

$$y^*=C_1e^{r_1x}+C_2xe^{r_1x}=(C_1+C_2x)e^{r_1x}\quad (C_1,C_2\text{ 为任意常数})\tag{9.35}$$

例 2 求方程 $y''-4y'+4y=0$ 的通解.

解：特征方程 $r^2-4r+4=0$ 有重根

$$r_1=r_2=2$$

所以，原方程的通解是

$$y^*=(C_1+C_2x)e^{2x}\quad (C_1,C_2\text{ 为任意常数})$$

（3）共轭复根.

此时 $p^2-4q<0$，而特征方程（9.33）有两个复根为

$$r_1=\alpha+i\beta,\quad r_2=\alpha-i\beta$$

其中 $\alpha=-\frac{p}{2}$，$\beta=\frac{\sqrt{4q-p^2}}{2}$，$i=\sqrt{-1}$（虚数单位）

此时，可以证明 $y_1=e^{\alpha x}\cos\beta x$，$y_2=e^{\alpha x}\sin\beta x$ 是方程（9.32）的两个线性无关的特解，所以方程（9.32）的通解为

$$y^* = e^{\alpha x}(C_1\cos\beta x + C_2\sin\beta x) \quad (C_1, C_2 \text{ 为任意常数}) \tag{9.36}$$

例 3　求方程 $y'' - 4y' + 13y = 0$ 的通解.

解：特征方程 $r^2 - 4r + 13 = 0$ 的共轭复根是

$$r_1 = 2 + 3i, \quad r_2 = 2 - 3i$$

所以，原方程的通解是

$$y^* = e^{2x}(C_1\cos 3x + C_2\sin 3x) \quad (C_1, C_2 \text{ 为任意常数})$$

现将二阶常系数线性齐次方程的通解形式列表如下，见表 9-1，其中，C_1，C_2 为任意常数.

表 9-1

特征方程 $r^2+pr+q=0$ 根的判别式	特征方程 $r^2+pr+q=0$ 的根	微分方程 $y''+py'+q=0$ 的通解
$p^2-4q>0$	$r_{1,2}=\frac{1}{2}(-p\pm\sqrt{p^2-4q})$（相异实根）	$y=C_1e^{r_1x}+C_2e^{r_2x}$
$p^2-4q=0$	$r_1=r_2=-\frac{p}{2}$（重根）	$y=(C_1+C_2x)e^{r_1x}$
$p^2-4q<0$	$r_{1,2}=\alpha\pm i\beta=-\frac{p}{2}\pm\frac{i}{2}\sqrt{4q-p^2}$（复根）	$y=e^{\alpha x}(C_1\cos\beta x+C_2\sin\beta x)$

（二）二阶常系数线性非齐次方程

定理 9.2　如果 $\bar{y}$ 是非齐次方程（9.31）的一个特解，而 y^* 是对应的齐次方程（9.32）的通解，则和式 $y = \bar{y} + y^*$ 是方程（9.31）的通解.

证：因 $\bar{y}$ 是非齐次方程（9.31）的特解，所以

$$(\bar{y})'' + p(\bar{y})' + q\bar{y} = f(x)$$

又因 y^* 是齐次方程（9.32）的通解，所以

$$(y^*)'' + p(y^*)' + qy^* = 0$$

于是，对 $y = \bar{y} + y^*$ 有

$$\begin{aligned}
& y'' + py' + qy \\
&= (\bar{y} + y^*)'' + p(\bar{y} + y^*)' + q(\bar{y} + y^*) \\
&= (\bar{y})'' + p(\bar{y})' + q\bar{y} + (y^*)'' + p(y^*)' + q(y^*) \\
&= f(x) + 0 \\
&= f(x)
\end{aligned}$$

所以 $y = \bar{y} + y^*$ 是方程（9.31）的解. 又因为 y^* 中含有两个任意常数，从而 $y = \bar{y} + y^*$ 中

也含有两个任意常数，所以 $y=\bar{y}+y^*$ 是方程（9.31）的通解.

由这个定理可知，求非齐次方程（9.31）通解，可归结为求它的一个特解 $\bar{y}$ 及对应的齐次方程（9.32）的通解 y^*，然后取和式 $y=\bar{y}+y^*$，即求得方程（9.31）的通解. 前面已讲过求齐次方程（9.32）通解的方法. 现在剩下的问题是如何求非齐次方程（9.31）的一个特解.

例 4　求非齐次方程 $y''-y=-5x$ 的通解.

解：通过观察和直接验算可知 $\bar{y}=5x$ 是原方程的一个特解，而它对应的齐次方程 $y''-y=0$ 的通解显然是 $y^*=C_1\mathrm{e}^{-x}+C_2\mathrm{e}^{x}$. 所以，原方程的通解是

$$y=\bar{y}+y^*=5x+C_1\mathrm{e}^{-x}+C_2\mathrm{e}^{x}\quad (C_1,\ C_2\ 为任意常数)$$

用观察法找非齐次方程的特解，对比较简单的情形是可行的. 但是，对于比较复杂的情形，特别是对于初学者，用观察法"看出"一个非齐次方程的特解是不容易的. 为此，下面介绍一个求非齐次方程（9.31）特解的方法——参数变易法.

设齐次方程（9.32）的通解为

$$y=C_1u_1+C_2u_2$$

其中，C_1，C_2 是任意常数，u_1，u_2 是方程（9.32）的两个线性无关的特解. 为了求出方程（9.31）的一个特解，我们用 x 的任意函数 $v_1(x)$ 与 $v_2(x)$ 分别代替 C_1 与 C_2，即设

$$\bar{y}=v_1(x)u_1+v_2(x)u_2 \tag{9.37}$$

是方程（9.31）的特解. 因此，式（9.37）及它的一阶、二阶导数应使得方程（9.31）成立. 求式（9.37）对 x 的导数，有

$$\bar{y}'=v_1u_1'+v_2u_2'+(v_1'u_1+v_2'u_2) \tag{9.38}$$

为了确定 x 的任意函数 v_1 与 v_2，要求 v_1 与 v_2 满足下面两个条件：第一个条件是

$$v_1'u_1+v_2'u_2=0 \tag{9.39}$$

由此，式（9.38）变为

$$\bar{y}'=v_1u_1'+v_2u_2' \tag{9.40}$$

在式（9.40）两边再对 x 求导，得

$$\bar{y}''=v_1u_1''+v_2u_2''+(v_1'u_1'+v_2'u_2') \tag{9.41}$$

将式（9.37）、式（9.40）及式（9.41）代入方程（9.31），整理后得

$$v_1(u_1''+pu_1'+qu_1)+v_2(u_2''+pu_2'+qu_2)+v_1'u_1'+v_2'u_2'=f(x)$$

因 u_1 与 u_2 是方程（9.32）的特解，所以上式变为

$$v_1'u_1'+v_2'u_2'=f(x) \tag{9.42}$$

式(9.42) 就是任意函数 $v_1(x)$ 与 $v_2(x)$ 要满足的第二个条件.

总之，为了使 $\bar{y}=v_1(x)u_1+v_2(x)u_2$ 是方程 (9.32) 的一个特解，$v_1(x)$ 与 $v_2(x)$ 应满足方程组

$$\begin{cases}u_1v'_1+u_2v'_2=0\\u'_1v'_1+u'_2v'_2=f(x)\end{cases}\tag{9.43}$$

这是关于 v'_1 与 v'_2 的线性方程组. 由于 u_1 与 u_2 是线性无关的，即 $\frac{u_1}{u_2}$ 不等于常数，所以上面方程组的系数行列式

$$\begin{vmatrix}u_1 & u_2\\u'_1 & u'_2\end{vmatrix}=u_1u'_2-u_2u'_1=-u_2^2\left(\frac{u_1}{u_2}\right)'\neq 0$$

因此，上面关于 v'_1 与 v'_2 的方程组有唯一解. 解出 $v'_1(x)$ 与 $v'_2(x)$ 后，取积分就可确定出 $v_1(x)$ 与 $v_2(x)$，从而由 $\bar{y}=v_1(x)u_1+v_2(x)u_2$ 确定出方程 (9.31) 的一个特解.

例 5　求非齐次方程 $y''-3y'+2y=xe^x$ 的通解.

解：不难求出对应的齐次方程的通解是

$$y^*=C_1e^x+C_2e^{2x}$$

设原方程有特解

$$\bar{y}=v_1(x)e^x+v_2(x)e^{2x}$$

则 $v_1(x)$ 与 $v_2(x)$ 应满足方程

$$\begin{cases}e^xv'_1+e^{2x}v'_2=0\\e^xv'_1+2e^{2x}v'_2=xe^x\end{cases}$$

或
$$\begin{cases}v'_1+e^xv'_2=0\\v'_1+2e^xv'_2=x\end{cases}$$

解之，得

$$v'_1=-x,\quad v'_2=xe^{-x}$$

因此

$$\begin{cases}v_1=\int -x\mathrm{d}x=-\frac{1}{2}x^2\\v_2=\int xe^{-x}\mathrm{d}x=-(x+1)e^{-x}\end{cases}$$

于是，求得原方程的特解为

$$\bar{y}=-\frac{1}{2}x^2e^x-(x+1)e^x=-\left(\frac{1}{2}x^2+x+1\right)e^x$$

所以原方程的通解为

$$y = \tilde{y} + y^* = -\left(\frac{1}{2}x^2 + x + 1\right)e^x + C_1 e^x + C_2 e^{2x}$$

（C_1，C_2 为任意常数）

或者写成

$$y = -\left(\frac{1}{2}x^2 + x\right)e^x + C'_1 e^x + C_2 e^{2x}$$

其中 $C'_1 = C_1 - 1$，C_2 为任意常数.

利用参数变易法求方程（9.31）的一个特解，有时计算较烦琐．因此，当 $f(x)$ 具有某些特定形式时．利用待定系数法求方程（9.31）的特解更为方便．待定系数法的思路是：方程（9.31）的特解 $\tilde{y}$ 应与 $f(x)$ 的形式相同．因此，可设特解 $\tilde{y}$ 为形式与 $f(x)$ 相同但含有待定系数的函数(这时称 $\tilde{y}$ 为试解)，将 $\tilde{y}$ 代入方程（9.31）．利用方程两端对于 x 的任意取值恒等的条件，确定待定系数的值，从而求出方程（9.31）的特解.

对于 $f(x)$ 的几种常见形式，设特解的方法如表 9－2 所示(表中 $P_m(x) = a_0 + a_1 x + \cdots + a_m x^m$ 为已知多项式)：

表 9－2

$f(x)$ 的形式	取试解的条件	试解 $\tilde{y}$ 的形式
$f(x) = P_m(x)$	零不是特征根	$\tilde{y} = Q_m(x) = A_0 + A_1 x + \cdots + A_m x^m$ A_0，A_1，…，A_m 为待定常数
	零是单特征根	$\tilde{y} = xQ_m(x)$
	零是二重特征根	$\tilde{y} = x^2 Q_m(x)$
$f(x) = e^{\alpha x} P_m(x)$ α 为已知常数	α 不是特征根	$\tilde{y} = e^{\alpha x} Q_m(x)$
	α 是单特征根	$\tilde{y} = x e^{\alpha x} Q_m(x)$
	α 是二重特征根	$\tilde{y} = x^2 e^{\alpha x} Q_m(x)$
$f(x) = e^{\alpha x}(a_1 \cos\beta x + a_2 \sin\beta x)$ α，a_1，a_2，β 均为已知常数	$\alpha \pm i\beta$ 不是特征根	$\tilde{y} = e^{\alpha x}(A_1 \cos\beta x + A_2 \sin\beta x)$ A_1，A_2 为待定常数
	$\alpha \pm i\beta$ 是特征根	$\tilde{y} = x e^{\alpha x}(A_1 \cos\beta x + A_2 \sin\beta x)$ A_1，A_2 为待定常数

下面，我们用待定系数法重新求解上面的例 4 和例 5.

例 6　求非齐次方程 $y'' - y = -5x$ 的通解.

解：原方程对应的齐次方程为 $y'' - y = 0$，其特征方程 $r^2 - 1 = 0$ 的根 $r_1 = -1$，$r_2 = 1$．因此，对应的齐次方程的通解

$$y^* = C_1 e^{-x} + C_2 e^x \quad （C_1，C_2 \text{ 为任意常数}）$$

由 $f(x) = -5x$，设原方程的一个特解为 $\tilde{y} = A_0 + A_1 x$．将 $\tilde{y}$ 代入原方程，有 $-(A_0 + A_1 x) = -5x$，比较同次项系数，得 $A_0 = 0$，$A_1 = 5$．所以 $\tilde{y} = 5x$，原方程的通解为

$$y = 5x + C_1 e^{-x} + C_2 e^x \quad （C_1，C_2 \text{ 为任意常数}）$$

例 7　求非齐次方程 $y'' - 3y' + 2y = xe^x$ 的通解.

解：原方程对应的齐次方程为 $y''-3y'+2y=0$，其特征方程 $r^2-3r+2=0$ 的根 $r_1=1$，$r_2=2$. 因此，对应的齐次方程的通解为

$$y^*=C_1e^x+C_2e^{2x}\quad (C_1, C_2 \text{ 为任意常数})$$

由 $f(x)=xe^x$，设原方程的一个特解为

$$\bar{y}=xe^x(A_0+A_1x)$$

将 $\bar{y}$ 代入原方程，得

$$[(-A_0+2A_1)-2A_1x]e^x=xe^x$$

比较等式两边同次项的系数，可得

$$-A_0+2A_1=0,\ -2A_1=1$$

解得 $A_0=-1$，$A_1=-\frac{1}{2}$. 所以 $\bar{y}=xe^x\left(-1-\frac{1}{2}x\right)$.

于是原方程的通解为

$$y=-\left(\frac{1}{2}x^2+x\right)e^x+C_1e^x+C_1e^{2x}\quad (C_1, C_2 \text{ 为任意常数})$$

9.5 差分方程的一般概念

(一) 差分

在科学技术和经济研究中，连续变化的时间范围内变量 y 的变化速度由 $\frac{dy}{dt}$ 刻画；但在有些场合，变量要按一定的离散时间取值. 例如，在经济上进行动态分析，要判断某一经济计划完成的情况时，就依据计划期末指标的数值进行. 因此常取规定的时间区间上的差商 $\frac{\Delta y}{\Delta t}$ 来刻画变化速度. 如果选择 Δt 为 1，那么 $\Delta y=y(t+1)-y(t)$ 可以近似代表变量的变化速度.

定义 9.4 设函数 $y=f(x)$，记为 y_x. 当 x 取遍非负整数时函数值可以排成一个数列：

$$y_0, y_1, \cdots, y_x, \cdots$$

则差 $y_{x+1}-y_x$ 称为函数 y_x 的**差分**，也称为**一阶差分**，记为 Δy_x，即

$$\Delta y_x=y_{x+1}-y_x$$

$$\begin{aligned}\Delta(\Delta y_x)&=\Delta y_{x+1}-\Delta y_x\\&=(y_{x+2}-y_{x+1})-(y_{x+1}-y_x)\\&=y_{x+2}-2y_{x+1}+y_x\end{aligned}$$

记为 $\Delta^2 y_x$，即

$$\Delta^2 y_x = \Delta(\Delta y_x) = y_{x+2} - 2y_{x+1} + y_x$$

称为函数 y_x 的**二阶差分**.

同样可定义三阶差分，四阶差分，……

$$\Delta^3 y_x = \Delta(\Delta^2 y_x),\ \Delta^4 y_x = \Delta(\Delta^3 y_x),\ \cdots$$

二阶及二阶以上的差分统称为**高阶差分**.

由定义可知差分具有以下性质：

(1) $\Delta(cy_x) = c\Delta y_x$ （c 为常数）

(2) $\Delta(y_x + z_x) = \Delta y_x + \Delta z_x$ （请读者自己验证）

例 1 求 $\Delta(x^2)$，$\Delta^2(x^2)$，$\Delta^3(x^2)$.

解：设 $y_x = x^2$，那么

$$\Delta y_x = \Delta(x^2) = (x+1)^2 - x^2 = 2x+1$$

$$\Delta^2 y_x = \Delta^2(x^2)$$

$$= \Delta(2x+1) = [2(x+1)+1] - (2x+1) = 2$$

$$\Delta^3 y_x = \Delta(\Delta^2 y_x) = 2 - 2 = 0$$

列出差分表如下(见表 9-3)：

表 9-3

x	1	2	3	4	5	6	7
y_x	1	4	9	16	25	36	49
Δy_x	3	5	7	9	11	13	
$\Delta^2 y_x$	2	2	2	2	2		
$\Delta^3 y_x$	0	0	0	0			

例 2 设

$$x^{(n)} = x(x-1)(x-2)\cdots(x-n+1),\ x^{(0)} = 1$$

求 $\Delta x^{(n)}$.

解：设

$$y_x = x^{(n)} = x(x-1)\cdots(x-n+1)$$

所以

$$\begin{aligned}\Delta y_x &= (x+1)^{(n)} - x^{(n)} \\ &= (x+1)x(x-1)\cdots(x+1-n+1) \\ &\quad - x(x-1)\cdots(x-n+2)(x-n+1) \\ &= [(x+1)-(x-n+1)]x(x-1)\cdots(x-n+2) \\ &= nx^{(n-1)}\end{aligned}$$

(二) 差分方程的一般概念

先看一个例子：

某种商品 t 时期的供给量 S_t 与需求量 D_t 都是这一时期价格 P_t 的线性函数：$S_t = -a + bP_t(a,b>0)$，$D_t = c - dP_t(c,d>0)$.

设 t 时期的价格 P_t 由 $t-1$ 时期的价格 P_{t-1} 与供给量及需求量之差 $S_{t-1}-D_{t-1}$ 按如下关系确定

$$P_t = P_{t-1} - \lambda(S_{t-1} - D_{t-1}) \quad (\lambda \text{ 为常数})$$

即
$$P_t - [1-\lambda(b+d)]P_{t-1} = \lambda(a+c)$$

这样的方程就是差分方程.

定义 9.5 含有自变量 x 和两个或两个以上的 y_x，y_{x+1}，$\cdots$ 的函数方程，称为差分方程. 方程中未知函数附标的最大值与最小值的差称为差分方程的阶.

n 阶差分方程的一般形式为

$$F(x, y_x, y_{x+1}, \cdots, y_{x+n}) = 0$$

其中，$F(x, y_x, y_{x+1}, \cdots, y_{x+n})$ 是 x，y_x，y_{x+1}，$\cdots$，y_{x+n} 的已知函数.

由函数 y_x 差分的定义，差分方程也可以作如下定义.

定义 9.6 含有自变量 x、未知函数 y_x 及 y_x 的差分 Δy_x，$\Delta^2 y_x$，$\cdots$ 的函数方程，称为差分方程. 方程中未知函数差分的最高阶数，称为差分方程的阶.

n 阶差分方程的一般形式为

$$F(x, y_x, \Delta y_x, \cdots, \Delta^n y_x) = 0$$

其中 $F(x, y_x, \Delta y_x, \cdots, \Delta^n y_x)$ 是 x，y_x，Δy_x，$\cdots$，$\Delta^n y_x$ 的已知函数，且至少 $\Delta^n y_x$ 要在方程中出现.

差分方程的不同形式之间可以互相转化.

例 3　$y_{x+2} - 2y_{x+1} - y_x = 3^x$ 是一个二阶差分方程，可以化为 $y_x - 2y_{x-1} - y_{x-2} = 3^{x-2}$. 将原方程左边写成

$$\begin{aligned}&(y_{x+2} - y_{x+1}) - (y_{x+1} - y_x) - 2y_x \\ &= \Delta y_{x+1} - \Delta y_x - 2y_x \\ &= \Delta^2 y_x - 2y_x\end{aligned}$$

则原方程可以化为

$$\Delta^2 y_x - 2y_x = 3^x$$

但应注意，差分方程的这两个定义不是等价的. 例如，方程 $\Delta^2 y_x + \Delta y_x = 0$ 按定义 9.6 是二阶差分方程. 但是，由

$$\begin{aligned}\Delta^2 y_x + \Delta y_x &= (y_{x+2} - 2y_{x+1} + y_x) + (y_{x+1} - y_x) \\ &= y_{x+2} - y_{x+1} = 0\end{aligned}$$

根据定义 9.5，这应是一阶差分方程.

经济学和管理科学中涉及的差分方程通常具有定义 9.5 中方程的形式. 因此，本书只讨论这一形式的差分方程.

定义 9.7 如果一个函数代入差分方程后，方程两边恒等，则称此函数为该差分方程的解.

例 4 设有差分方程 $y_{x+1}-y_x=2$，把函数 $y_x=15+2x$ 代入此方程，则左边 $=[15+2(x+1)]-(15+2x)=2=$ 右边，所以 $y_x=15+2x$ 是方程的解. 同样可验证 $y_x=A+2x$（A 为常数）也是差分方程的解.

我们往往要根据系统在初始时刻所处的状态，对差分方程附加一定的条件，这种附加条件称为初始条件. 满足初始条件的解称为特解. 如果差分方程的解中含有相互独立的任意常数的个数恰好等于方程的阶数，则称它为差分方程的通解.

※9.6 一阶和二阶常系数线性差分方程

（一）一阶常系数线性差分方程

形如

$$y_{x+1}-ay_x=f(x)\quad (a\text{ 为非零常数}) \tag{9.44}$$

的方程称为**一阶常系数线性差分方程**. 其中，$f(x)$ 为已知函数，y_x 是未知函数. 解差分方程就是求出方程中的未知函数. 当 $f(x)\neq 0$ 时，方程（9.44）称为非齐次的，否则称为齐次的.

$$y_{x+1}-ay_x=0 \tag{9.45}$$

称为方程（9.44）相应的齐次方程.

下面介绍一阶常系数差分方程的解法.

1. $y_{x+1}-ay_x=0$ （a 为非零常数）的解法

设 y_0 已知，将 $x=0, 1, 2, \cdots$ 依次代入 $y_{x+1}=ay_x$ 中得

$$y_1=ay_0,\ y_2=ay_1=a^2y_0,\ y_3=ay_2=a^3y_0,\ \cdots$$

一般地，$y_x=a^xy_0(x=0, 1, 2, \cdots)$，容易验证 $y_x=a^xy_0$ 满足差分方程，因此是差分方程的解. 这个解法称为**迭代法**.

2. 一般解法

如果 $\tilde{y}_x$ 是方程（9.44）的一个特解，即

$$\tilde{y}_{x+1}-a\tilde{y}_x=f(x)$$

它与方程（9.44）相减得

$$(y_{x+1}-\tilde{y}_{x+1})-a(y_x-\tilde{y}_x)=0$$

令 $Y_x = y_x - \tilde{y}_x$，即 Y_x 是方程（9.45）的解，容易验证 AY_x（A 是任意常数）也是方程（9.45）的解. 由通解的定义可知：$y_x^* = AY_x$ 是方程（9.45）的通解，而 $\tilde{y}_x$ 是方程（9.44）的一个特解，显然，$\tilde{y}_x + AY_x$ 是方程（9.44）的解，而且含有一个任意常数，故差分方程（9.44）的通解为

$$y_x = \tilde{y}_x + AY_x \quad (A\text{ 为任意常数})$$

因此，方程（9.44）的通解等于它的一个特解与对应的齐次方程（9.45）的通解之和.

下面我们来讨论方程（9.45）的通解及方程（9.44）的特解.

设 $Y_x = \lambda^x (\lambda \neq 0)$ 是方程（9.45）的一个特解，代入方程（9.45），得

$$\lambda^{x+1} - a\lambda^x = 0 \quad (\lambda \neq 0)$$

所以 $\lambda - a = 0$ 称为方程（9.45）的特征方程，它的根 $\lambda = a$ 称为方程（9.45）的特征根，故 $Y_x = a^x$ 是方程（9.45）的一个特解，因而 $y_x^* = Aa^x$（A 为任意常数）是方程（9.45）的通解.

我们再来求当 $f(x)$ 是某些特殊形式的函数时，方程（9.44）的特解. 一般情况下，方程（9.44）的特解可以用迭代法和待定系数法求得.

待定系数法的基本思想是：方程（9.44）的特解的形式应与 $f(x)$ 的形式相同. 因此先设一个与 $f(x)$ 形式相同但含有待定系数的函数 $\tilde{y}_x$ 作为特解. 代入方程（9.44）后求待定系数以确定所求特解 $\tilde{y}_x$.

（1）$f(x) = c$（c 为常数），则方程（9.44）为

$$y_{x+1} - ay_x = c \tag{9.46}$$

迭代法：设给定初值 y_0，依次将 $x = 0, 1, 2, \cdots$ 代入方程（9.46），得

$$y_1 = ay_0 + c$$
$$y_2 = ay_1 + c = a^2 y_0 + (c + ac) = a^2 y_0 + c(1 + a)$$
$$y_3 = ay_2 + c = a^3 y_0 + c(1 + a + a^2)$$
$$\cdots\cdots$$

于是，可猜想方程（9.46）的解为

$$y_x = a^x y_0 + c(1 + a + a^2 + \cdots + a^{x-1})$$

当 $a \neq 1$ 时，$1 + a + \cdots + a^{x-1} = \dfrac{1 - a^x}{1 - a}$

当 $a = 1$ 时，$1 + a + \cdots + a^{x-1} = x$

因此，上式归结为以下两种情况：

当 $a \neq 1$ 时，$y_x = \left(y_0 - \dfrac{c}{1-a}\right)a^x + \dfrac{c}{1-a}$，$x = 0, 1, 2, \cdots$

当 $a = 1$ 时，$y_x = y_0 + cx$，$x = 0, 1, 2, \cdots$

可以验证，这两种情形下 y_x 都是方程（9.46）的解.

待定系数法：设方程（9.46）具有 $\tilde{y}_x = kx^s$ 形式的特解.

当 $a \neq 1$ 时，取 $s = 0$，代入方程（9.46）得 $k - ak = c$，即 $k = \dfrac{c}{1-a}$，即方程（9.46）

的特解为：$\tilde{y}_x=\frac{c}{1-a}$. 又方程（9.45）的通解为 $y_x^*=Aa^x$，因此，方程（9.46）的通解为

$$y_x=\frac{c}{1-a}+Aa^x \quad (A\text{ 为任意常数}) \tag{9.46'}$$

注意　上面迭代解法中的解式含有$\left(y_0-\frac{c}{1-a}\right)$，是某固定常数，这里 A 是任意常数.

当 $a=1$ 时，取 $s=1$，将 $\tilde{y}_x=kx$ 代入方程（9.46）得 $k=c$，此时得方程（9.46）的特解为 $\tilde{y}_x=cx$. 当 $a=1$ 时，方程（9.46）所对应的齐次方程的通解为 $y_x^*=A$，因而方程（9.46）的通解为

$$y_x=cx+A \quad (A\text{ 为任意常数}) \tag{9.46''}$$

例 1　求差分方程 $y_{x+1}-3y_x=-2$ 的通解.

解：$a=3\neq 1$，$c=-2$，代入式（9.46′）得通解

$$y_x=1+A3^x$$

（2）$f(x)=cb^x$（其中 c，$b\neq 1$ 且均为常数），则方程（9.44）为

$$y_{x+1}-ay_x=cb^x \tag{9.47}$$

待定系数法：设方程（9.47）具有形如 $\tilde{y}=kx^sb^x$ 的特解.

当 $b\neq a$ 时，取 $s=0$，即 $\tilde{y}_x=kb^x$，代入方程（9.47），得

$$kb^{x+1}-akb^x=cb^x$$

即 $$k(b-a)=c$$

所以 $$k=\frac{c}{b-a}$$

于是 $$\tilde{y}_x=\frac{c}{b-a}b^x$$

从而得方程（9.47）的通解

$$y_x=\frac{c}{b-a}b^x+Aa^x \quad (A\text{ 为任意常数}) \tag{9.47'}$$

当 $b=a$ 时，取 $s=1$，此时方程（9.47）的通解为

$$y_x=cxb^{x-1}+Aa^x \quad (A\text{ 为任意常数}) \tag{9.47''}$$

（读者可以自己推导出来.）

例 2　求差分方程 $y_{x+1}-\frac{1}{2}y_x=\left(\frac{5}{2}\right)^x$ 的通解.

解：$a=\frac{1}{2}$，$b=\frac{5}{2}$，$c=1$，代入式（9.47′）得到差分方程的通解

$$y_x = \frac{1}{2}\left(\frac{5}{2}\right)^x + A\left(\frac{1}{2}\right)^x$$

(3) $f(x) = cx^n$(c 为常数)，则方程(9.44)为

$$y_{x+1} - ay_x = cx^n \tag{9.48}$$

设方程(9.48)具有形如 $\tilde{y}_x = x^s(B_0 + B_1x + \cdots + B_nx^n)$ 的特解.

当 $a \neq 1$ 时，取 $s = 0$，把 $\tilde{y}_x = B_0 + B_1x + \cdots + B_nx^n$ 代入方程(9.48)，比较两端同次项的系数，确定出 B_0，B_1，B_2，…，B_n，便得到方程(9.48)的特解. 对于 $f(x)$ 为一般的 n 次多项式的情形可类似求解.

当 $a = 1$ 时，取 $s = 1$，此时把 $\tilde{y}_x = x(B_0 + B_1x + \cdots + B_nx^n)$ 代入方程(9.48)，比较两端同次项的系数来确定 B_0，B_1，…，B_n，从而可得特解. 这种情况下，方程的左端为 Δy_x，因而方程为 $\Delta y_x = cx^n$. 此时，可把 x^n 化为 $x^{(n)}$ 的形式，求出它的一个特解.

例3　求差分方程 $y_{x+1} - 2y_x = 3x^2$ 的通解.

解：设 $\tilde{y}_x = B_0 + B_1x + B_2x^2$，将它代入给定的方程，则有

$$B_0 + B_1(x+1) + B_2(x+1)^2 - 2B_0 - 2B_1x - 2B_2x^2 = 3x^2$$

整理，得

$$(-B_0 + B_1 + B_2) + (-B_1 + 2B_2)x - B_2x^2 = 3x^2$$

比较同次项的系数，得

$$-B_0 + B_1 + B_2 = 0,\ -B_1 + 2B_2 = 0,\ -B_2 = 3$$

故 $B_0 = -9$，$B_1 = -6$，$B_2 = -3$，即给定方程的特解为

$$\tilde{y}_x = -9 - 6x - 3x^2$$

而相应的齐次方程的通解为 $A2^x$，于是，得差分方程的通解

$$y_x = -9 - 6x - 3x^2 + A2^x \quad (A\text{ 为任意常数})$$

例4　求差分方程 $y_{x+1} - y_x = 2x^2$ 的通解.

解：方程为 $\Delta y_x = 2x^2$，而

$$x^2 = x(x-1) + x = x^{(2)} + x$$

故

$$\Delta y_x = 2x^{(2)} + 2x$$
$$\Delta y_x = 2(x^{(2)} + x^{(1)})$$

所以

$$\tilde{y}_x = 2\left(\frac{1}{3}x^{(3)} + \frac{1}{2}x^{(2)}\right)$$
$$= \frac{2}{3}x(x-1)(x-2) + x(x-1)$$
$$= \frac{2}{3}(x^3 - 3x^2 + 2x) + x^2 - x$$

即 $\widetilde{y}_x=\dfrac{2}{3}x^3-x^2+\dfrac{1}{3}x$

（请读者试用待定系数法求解，并与这一结果进行比较.）

因而得通解

$$y_x=\frac{2}{3}x^3-x^2+\frac{1}{3}x+A \quad (A\text{ 为任意常数})$$

例 5 9.5 节（二）中引例的差分方程为

$$P_{t+1}-[1-\lambda(b+d)]P_t=\lambda(a+c)$$

则其通解为

$$P_t=\frac{a+c}{b+d}+A[1-\lambda(b+d)]^x \quad (A\text{ 为任意常数})$$

例 6 在农业生产中，种植先于产出及产品的出售一个适当的时期，t 时期该产品的价格 P_t 决定着生产者在下一时期愿意在市场上提供的产量 S_{t+1}，P_t 还决定着本期该产品的需求量 D_t，因此有

$$D_t=a-bP_t,\ S_t=-c+dP_{t-1} \quad (a,\ b,\ c,\ d\text{ 均为正的常数})$$

求价格随时间变动的规律.

解：假定在每个时期中价格总是确定在市场出清的水平上，即 $S_t=D_t$，因此可得到

$$-c+dP_{t-1}=a-bP_t$$

即 $bP_t+dP_{t-1}=a+c$

于是得 $P_t+\dfrac{d}{b}P_{t-1}=\dfrac{a+c}{b}$（其中 a，b，c，d 为正的常数）. 因为 $d>0$，$b>0$，所以 $\dfrac{d}{b}\neq-1$，这正是形如式（9.46）的方程，它可按式（9.46′）求解. 于是，方程的特解为 $\widetilde{P}_x=\dfrac{a+c}{b+d}$，而相应的齐次方程的通解为 $A\left(-\dfrac{d}{b}\right)^t$，故问题的通解为

$$P_t=\frac{a+c}{b+d}+A\left(-\frac{d}{b}\right)^t$$

当 $t=0$ 时，$P_t=P_0$（初始价格），代入通解解式，得

$$A=P_0-\frac{a+c}{b+d}$$

即满足初始条件 $t=0$ 时 $P_t=P_0$ 的特解为

$$P_t=\frac{a+c}{b+d}+\left(P_0-\frac{a+c}{b+d}\right)\left(-\frac{d}{b}\right)^t$$

（二）二阶常系数线性差分方程

在经济研究或者其他问题中，也会遇到形如

$$y_{x+2}+ay_{x+1}+by_x=f(x) \tag{9.49}$$

（其中 a，$b\neq0$ 且均为常数，$f(x)$ 是已知函数或常数）的差分方程，称为**二阶常系数线性差分方程**. 当 $f(x)\neq0$ 时，方程（9.49）称为非齐次的，否则称为齐次的.

$$y_{x+2}+ay_{x+1}+by_x=0 \tag{9.50}$$

称为方程（9.49）相应的齐次方程

与一阶的情形类似，二阶常系数线性差分方程的通解等于其任一特解 $\bar{y}_x$ 与相应的齐次方程的通解 y_x^* 的和.

1. 二阶常系数线性齐次差分方程的通解

设 $Y_x=\lambda^x(\lambda\neq0)$ 为一特解，代入方程（9.50）得

$$\lambda^{x+2}+a\lambda^{x+1}+b\lambda^x=0$$

$$\lambda^2+a\lambda+b=0$$

称此方程为方程（9.50）的特征方程，其根

$$\lambda_1=\frac{-a+\sqrt{a^2-4b}}{2},\quad \lambda_2=\frac{-a-\sqrt{a^2-4b}}{2}$$

称为方程（9.50）的特征根.

现在根据 a^2-4b 的符号来确定方程（9.50）的通解的形式.

第一种情形：$a^2>4b$. 方程（9.50）有两个相异的实特征根 λ_1 与 λ_2，此时方程（9.50）的通解具有如下形式：

$$y_x^*=A_1\lambda_1^x+A_2\lambda_2^x\quad (A_1,A_2\text{ 为任意常数})$$

第二种情形：$a^2=4b$. 方程（9.50）有两个相等的实特征根 $\lambda_1=\lambda_2=-\dfrac{a}{2}$，此时方程（9.50）的通解具有如下形式：

$$y_x^*=(A_1+A_2x)\left(-\frac{a}{2}\right)^x\quad (A_1,A_2\text{ 为任意常数})$$

第三种情形：$a^2<4b$. 方程（9.50）有两个共轭的复特征根：

$$\lambda_1=-\frac{1}{2}a+\mathrm{i}\,\frac{1}{2}\sqrt{4b-a^2}=\alpha+\mathrm{i}\beta$$

$$\lambda_2=-\frac{1}{2}a-\mathrm{i}\,\frac{1}{2}\sqrt{4b-a^2}=\alpha-\mathrm{i}\beta$$

把它们化成三角表示式：

$$r=\sqrt{\alpha^2+\beta^2}=\sqrt{b},\ \tan\theta=\frac{\beta}{\alpha}=-\frac{\sqrt{4b-a^2}}{a}$$

则　　$\alpha=r\cos\theta,\ \beta=r\sin\theta$

所以　$\lambda_1=r(\cos\theta+\mathrm{i}\sin\theta),\ \lambda_2=r(\cos\theta-\mathrm{i}\sin\theta)$

因此 $y_x^{(1)}=\lambda_1^x=r^x(\cos\theta x+\mathrm{i}\sin\theta x)$

$y_2^{(2)}=\lambda_2^x=r^x(\cos\theta x-\mathrm{i}\sin\theta x)$

都是方程 (9.50) 的特解. 可以证明

$$\frac{1}{2}(y_x^{(1)}+y_x^{(2)}) \quad \text{及} \quad \frac{1}{2\mathrm{i}}(y_x^{(1)}-y_x^{(2)})$$

也都是方程 (9.50) 的特解，即 $r^x\cos\theta x$ 及 $r^x\sin\theta x$ 都是方程 (9.50) 的特解，故可得方程 (9.50) 具有以下形式的通解：

$$y_x^*=r^x(A_1\cos\theta x+A_2\sin\theta x) \quad (A_1, A_2 \text{ 为任意常数})$$

2. 方程 (9.49) 中 $f(x)$ 取某些特殊形式的函数时的特解

对于 $f(x)$ 的某些特殊形式可利用待定系数法求出：

(1) $f(x)=c$ (c 为常数)，则方程 (9.49) 为

$$y_{x+2}+ay_{x+1}+by_x=c \tag{9.51}$$

设方程 (9.51) 具有形式为 $\tilde{y}_x=kx^s$ 的特解.

当 $1+a+b\neq 0$ 时，取 $s=0$，即 $\tilde{y}_x=k$，代入方程 (9.51)，得

$$k=\frac{c}{1+a+b}$$

因此，方程 (9.51) 具有特解

$$\tilde{y}_x=\frac{c}{1+a+b}$$

当 $1+a+b=0$ 且 $a\neq -2$ 时，取 $s=1$，即 $\tilde{y}_x=kx$，代入方程 (9.51)，得

$$k=\frac{c}{2+a}$$

因此，方程 (9.51) 具有特解

$$\tilde{y}_x=\frac{cx}{2+a}$$

当 $1+a+b=0$ 且 $a=-2$ 时，取 $s=2$，即 $\tilde{y}_x=kx^2$，得方程 (9.51) 具有特解

$$\tilde{y}_x=\frac{1}{2}cx^2$$

其实此时方程 (9.51) 左端为 $y_{x+2}-2y_{x+1}+y_x=\Delta^2 y_x$，于是方程 (9.51) 变为 $\Delta^2 y_x=c$，所以 $\Delta y_x=cx$，$\tilde{y}_x=\frac{1}{2}cx^{(2)}$.

例 7 求差分方程 $y_{x+2}+y_{x+1}-2y_x=12$ 的通解及 $y_0=0$，$y_1=0$ 时的特解.

解：$\lambda^2+\lambda-2=0$

即 $(\lambda+2)(\lambda-1)=0$

得到 $\lambda_1 = -2,\ \lambda_2 = 1$

故 $y_x^* = A_1(-2)^x + A_2$

因为 $1+a+b=1+1-2=0$，但 $a=1\neq -2$，所以

$$\tilde{y}_x = \frac{12x}{2+1} = 4x$$

所给方程的通解为

$$y_x = 4x + A_1(-2)^x + A_2$$

由 $y_0 = A_1 + A_2$，即 $A_1 + A_2 = 0$

$y_1 = 4 - 2A_1 + A_2$，即 $2A_1 - A_2 = 4$

可得 $A_1 = \frac{4}{3},\ A_2 = -\frac{4}{3}$

故此时特解为

$$\tilde{y}_x = 4x + \frac{4}{3}(-2)^x - \frac{4}{3}$$

(2) $f(x) = cq^x$（c，$q\neq 1$ 都是常数），则方程 (9.49) 为

$$y_{x+2} + ay_{x+1} + by_x = cq^x \tag{9.52}$$

设方程 (9.52) 具有形式为 $\tilde{y}_x = kx^s q^x$ 的特解.

当 $q^2 + aq + b \neq 0$ 时，取 $s=0$，得方程 (9.52) 的特解为

$$\tilde{y}_x = \frac{cq^x}{q^2 + aq + b}$$

当 $q^2 + aq + b = 0$ 但 $2q + a \neq 0$ 时，取 $s=1$，得方程 (9.52) 的特解为

$$\tilde{y}_x = \frac{cxq^{x-1}}{2q + a}$$

当 $q^2 + aq + b = 0$ 且 $2q + a = 0$ 时，取 $s=2$，得方程 (9.52) 的特解为

$$\tilde{y}_x = \frac{cx^2 q^{x-1}}{4q + a}$$

(以上结果，读者可以自己分别验证.)

(3) $f(x) = cx^n$（c 为常数），则方程 (9.49) 为

$$y_{x+2} + ay_{x+1} + by_x = cx^n \tag{9.53}$$

设方程 (9.53) 具有形式为 $\tilde{y}_x = x^s(B_0 + B_1x + \cdots + B_nx^n)$ 的特解（其中，B_0，B_1，B_2，…，B_n 为待定系数）.

当 $1+a+b\neq 0$ 时，取 $s=0$；

当 $1+a+b=0$ 且 $a\neq -2$ 时，取 $s=1$；

当 $1+a+b=0$ 且 $a=-2$ 时，取 $s=2$.

就以上各种情形，分别把所设特解代入方程（9.53），比较两端同次项系数，确定出 B_0，B_1，…，B_n，可得方程（9.53）的特解.

当 $1+a+b=0$ 且 $a=-2$ 时，$b=1$，于是方程（9.53）左端为

$$y_{x+2}-2y_{x+1}+y_x=\Delta^2 y_x$$

因此方程（9.53）为

$$\Delta^2 y_x=cx^n$$

此时可把 x^n 化为 $x^{(n)}$ 的形式，因为若

$$\Delta^2 y_x=x^{(n)}$$

则 $$\Delta y_x=\frac{1}{n+1}x^{(n+1)}$$

所以 $$y_x=\frac{1}{(n+1)(n+2)}x^{(n+2)}$$

（读者可以自己用 x^3 来验证，$x^3=x^{(3)}+3x^{(2)}+x^{(1)}$.）

例 8 求差分方程 $y_{x+2}+5y_{x+1}+4y_x=x$ 的通解.

解：$1+a+b=1+5+4=10\neq 0$

有 $$\tilde{y}_x=B_0+B_1x$$

代入方程

$$B_0+B_1(x+2)+5B_0+5B_1(x+1)+4B_0+4B_1x=x$$

比较两端同次项系数有

$$10B_0+7B_1=0,\quad 10B_1=1$$

所以 $$B_0=-\frac{7}{100},\quad B_1=\frac{1}{10}$$

则 $$\tilde{y}_x=-\frac{7}{100}+\frac{1}{10}x$$

故通解为

$$y_x=-\frac{7}{100}+\frac{1}{10}x+A_1(-1)^x+A_2(-4)^x\quad (A_1, A_2\text{ 为任意常数})$$

例 9 求差分方程 $y_{x+2}+3y_{x+1}-4y_x=x$ 的通解.

解：$1+a+b=1+3-4=0$ 且 $a=3\neq -2$

有 $$\tilde{y}_x=x(B_0+B_1x)$$

代入方程，得

$$B_0(x+2)+B_1(x+2)^2+3B_0(x+1)$$
$$+3B_1(x+1)^2-4B_0x-4B_1x^2=x$$

可得 $$B_0=-\frac{7}{50},\quad B_1=\frac{1}{10}$$

所以　$\tilde{y}_x = x\left(-\dfrac{7}{50}+\dfrac{1}{10}x\right)$，　$y_x^* = A_1(-4)^x + A_2$

得通解　$y_x = x\left(-\dfrac{7}{50}+\dfrac{1}{10}x\right)+A_1(-4)^x + A_2$　（A_1，A_2 为任意常数）

习题九

（A）

1. 验证下列各给定函数是其对应微分方程的解：

(1) $y''-\dfrac{2}{x}y'+\dfrac{2y}{x^2}=0$，　$y=C_1x+C_2x^2$

(2) $y''-7y'+12y=0$，　$y=C_1\mathrm{e}^{3x}+C_2\mathrm{e}^{4x}$

(3) $xy''+2y'-xy=0$，　$xy=C_1\mathrm{e}^{x}+C_2\mathrm{e}^{-x}$

(4) $y''+3y'-10y=2x$，　$y=C_1\mathrm{e}^{2x}+C_2\mathrm{e}^{-5x}-\dfrac{x}{5}-\dfrac{3}{50}$

(5) $xyy''+x(y')^2-yy'=0$，　$\dfrac{x^2}{C_1}+\dfrac{y^2}{C_2}=1$

2. 求下列各微分方程的通解或在给定初始条件下的特解：

(1) $(1+y)\mathrm{d}x-(1-x)\mathrm{d}y=0$

(2) $xy\mathrm{d}x+\sqrt{1-x^2}\mathrm{d}y=0$

(3) $(1+2y)x\mathrm{d}x+(1+x^2)\mathrm{d}y=0$

(4) $(xy^2+x)\mathrm{d}x+(y-x^2y)\mathrm{d}y=0$

(5) $y\ln x\mathrm{d}x+x\ln y\mathrm{d}y=0$

(6) $\dfrac{\mathrm{d}x}{y}+\dfrac{\mathrm{d}y}{x}=0$，　$y|_{x=3}=4$

(7) $\dfrac{x}{1+y}\mathrm{d}x-\dfrac{y}{1+x}\mathrm{d}y=0$，　$y|_{x=0}=1$

(8) $y'\sin x-y\cos x=0$，　$y|_{x=\frac{\pi}{2}}=1$

3. 求下列各微分方程的通解或在给定初始条件下的特解：

(1) $y'=\dfrac{y}{y-x}$

(2) $(x+y)\mathrm{d}x+x\mathrm{d}y=0$

(3) $xy'-y-\sqrt{x^2+y^2}=0$

(4) $xy^2\mathrm{d}y=(x^3+y^3)\mathrm{d}x$

(5) $(y^2-3x^2)\mathrm{d}y-2xy\mathrm{d}x=0$，　$y|_{x=0}=1$

(6) $(x^2+y^2)\mathrm{d}x-xy\mathrm{d}y=0$，　$y|_{x=1}=0$

(7) $y'=\dfrac{y}{x}+\tan\dfrac{y}{x}$，　$y|_{x=1}=\dfrac{\pi}{4}$

4. 求下列各微分方程的通解或在给定初始条件下的特解：

(1) $\frac{dy}{dx}+y=e^{-x}$

(2) $\frac{dy}{dx}-\frac{ny}{x}=e^{x}x^{n}$

(3) $\frac{dy}{dx}-\frac{2y}{x+1}=(x+1)^{3}$

(4) $(x^{2}+1)\frac{dy}{dx}+2xy=4x^{2}$

(5) $\frac{dy}{dx}-2xy=xe^{-x^{2}}$

(6) $x\frac{dy}{dx}-2y=x^{3}e^{x}$，　$y|_{x=1}=0$

(7) $xy'+y=3$，　$y|_{x=1}=0$

(8) $(x^{2}-1)dy+(2xy-\cos x)dx=0$，　$y|_{x=0}=1$

5. 求下列各微分方程的通解或在给定初始条件下的特解：

(1) $\frac{d^{2}y}{dx^{2}}=x^{2}$　　(2) $y''=e^{2x}$

(3) $y''-y'=x$　　(4) $xy''+y'=0$

(5) $yy''-(y')^{2}-y'=0$　　(6) $y''+\sqrt{1-(y')^{2}}=0$

(7) $y'''=y''$　　(8) $y''=3\sqrt{y}$，$y|_{x=0}=1$，$y'|_{x=0}=2$

6. 储存苹果经常有腐烂情况. 根据经验，一个月内腐烂苹果的增长速度为好苹果数目的 1/30. 若储存 A 个好苹果，求描述在某时刻腐烂苹果数目 Q 的表达式.

7. 某林区现有木材 10 万立方米，如果在每一瞬时木材的变化率与当时的木材数成正比，假设 10 年内该林区有木材 20 万立方米，试确定木材数 P 与时间 t 的关系.

8. 加热后的物体在空气中冷却的速度与每一瞬时物体温度 T 和空气温度 T_0 之差成正比，比例系数为 k，试确定物体温度 T 与时间 t 的关系.

9. 某商品的需求量Q对价格P的弹性为$-P\ln 3$. 已知该商品的最大需求量为 1 200（即当 $P=0$ 时，$Q=1\,200$），求需求量 Q 对价格 P 的函数关系.

10. 在某池塘内养鱼，该池塘最多能养鱼 1 000 条. 在时刻 t，鱼数 y 是时间 t 的函数 $y=y(t)$，其变化率与鱼数 y 及 $1\,000-y$ 成正比. 已知在池塘内放养鱼 100 条，三个月后池塘内有鱼 250 条，求放养 t 月后池塘内鱼数 $y(t)$ 的公式.

11. 求下列各微分方程的通解或在给定初始条件下的特解：

(1) $y''-4y'+3y=0$　　(2) $y''-y'-6y=0$

(3) $y''-6y'-9y=0$　　(4) $y''+4y=0$

(5) $y''-5y'+6y=0$，　$y'|_{x=0}=1$，　$y|_{x=0}=\frac{1}{2}$

(6) $y''+y'-2y=0$，　$y'|_{x=0}=0$，　$y|_{x=0}=3$

(7) $y''-6y'+9y=0$，　$y'|_{x=0}=2$，　$y|_{x=0}=0$

(8) $y''+3y'+2y=0$，　$y'|_{x=0}=1$，　$y|_{x=0}=1$

12. 求下列微分方程的通解或在给定初始条件下的特解：

(1) $y''-6y'+13y=14$　　(2) $y''-2y'-3y=2x+1$

(3) $y''+2y'-3y=\mathrm{e}^{2x}$　　(4) $y''-y'-2y=\mathrm{e}^{2x}$

(5) $y''+4y=8\sin 2x$

(6) $y''-4y=4$，$y'|_{x=0}=0$，　$y|_{x=0}=1$

(7) $y''+4y=8x$，$y'|_{x=0}=4$，　$y|_{x=0}=0$

(8) $y''-5y'+6y=2\mathrm{e}^{x}$，　$y'|_{x=0}=1$，$y|_{x=0}=1$

13. 求下列函数的差分：

(1) $y_x=c$（c 为常数），求 Δy_x.

(2) $y_x=x^2+2x$，求 $\Delta^2 y_x$.

(3) $y_x=a^x(a>0，a\neq 1)$，求 $\Delta^2 y_x$.

(4) $y_x=\log_a x$（$a>0，a\neq 1$），求 $\Delta^2 y_x$.

(5) $y_x=\sin ax$，求 Δy_x.

(6) $y_x=x^3+3$，求 $\Delta^3 y_x$.

14. 证明下列各等式：

(1) $\Delta(u_x v_x)=u_{x+1}\Delta v_x+v_x\Delta u_x$

(2) $\Delta\left(\dfrac{u_x}{v_x}\right)=\dfrac{v_x\Delta u_x-u_x\Delta v_x}{v_x v_{x+1}}$

15. 确定下列方程的阶：

(1) $y_{x+3}-x^2 y_{x+1}+3y_x=2$

(2) $y_{x-2}-y_{x-4}=y_{x+2}$

16. 验证函数 $y_x=C_1+C_2 2^x$ 是差分方程

$$y_{x+2}-3y_{x+1}+2y_x=0$$

的解，并求 $y_0=1$，$y_1=3$ 时方程的特解.

17. 设 Y_x，Z_x，U_x 分别是下列差分方程的解：

$$y_{x+1}+ay_x=f_1(x)，y_{x+1}+ay_x=f_2(x)，y_{x+1}+ay_x=f_3(x)$$

求证：$W_x=Y_x+Z_x+U_x$ 是差分方程 $y_{x+1}+ay_x=f_1(x)+f_2(x)+f_3(x)$ 的解.

18. 求下列差分方程的通解及特解：

(1) $y_{x+1}-5y_x=3$　$\left(y_0=\dfrac{7}{3}\right)$

(2) $y_{x+1}+y_x=2^x$　$(y_0=2)$

(3) $y_{x+1}+4y_x=2x^2+x-1$　$(y_0=1)$

(4) $y_{x+2}+3y_{x+1}-\dfrac{7}{4}y_x=9$　$(y_0=6，y_1=3)$

(5) $y_{x+2}-4y_{x+1}+16y_x=0$　$(y_0=0，y_1=1)$

(6) $y_{x+2}-2y_{x+1}+2y_x=0$　$(y_0=2，y_1=2)$

19. 设某产品在时期 t 的价格、总供给与总需求分别为 P_t、S_t 与 D_t，并设对于 $t=0，1，$

2，…，有

(1) $S_t = 2P_t + 1$　(2) $D_t = -4P_{t-1} + 5$　(3) $S_t = D_t$

(Ⅰ) 求证：由 (1)、(2)、(3) 可推出差分方程 $P_{t+1} + 2P_t = 2$；

(Ⅱ) 已知 P_0 时，求上述方程的解.

(B)

1. 关于微分方程 $\frac{d^2y}{dx^2} + 2\frac{dy}{dx} + y = e^x$ 的下列结论：

① 该方程是齐次微分方程　　② 该方程是线性微分方程

③ 该方程是常系数微分方程　　④ 该方程为二阶微分方程

其中正确的是 [　　].

(A) ①，②，③　　(B) ①，②，④

(C) ①，③，④　　(D) ②，③，④

2. 微分方程 $x\ln x \cdot y'' = y'$ 的通解是 [　　].

(A) $y = C_1 x\ln x + C_2$　　(B) $y = C_1 x(\ln x - 1) + C_2$

(C) $y = x\ln x$　　(D) $y = C_1 x(\ln x - 1) + 2$

3. 下列方程中有一个是一阶微分方程，它是 [　　].

(A) $(y - xy')^2 = x^2 yy''$

(B) $(y'')^2 + 5(y')^4 - y^5 + x^7 = 0$

(C) $(x^2 - y^2)dx + (x^2 + y^2)dy = 0$

(D) $xy'' + y' + y = 0$

4. 下列等式中有一个是微分方程，它是 [　　].

(A) $u'v + uv' = (uv)'$　　(B) $\frac{u'v - uv'}{v^2} = \left(\frac{u}{v}\right)'$　$(v \neq 0)$

(C) $\frac{dy}{dx} + e^x = \frac{d(y + e^x)}{dx}$　　(D) $y'' + 3y' + 4y = 0$

5. 微分方程 $yy'' - 2(y')^2 = 0$ 的通解是 [　　].

(A) $y = \frac{1}{C_1 - C_2 x}$　　(B) $y = \frac{1}{C_1 - C_2 x^2}$

(C) $y = \frac{1}{C - x}$　　(D) $y = \frac{1}{1 - Cx}$

6. 用待定系数法求方程 $y'' + 2y' = 5$ 的特解时，应设特解 [　　].

(A) $\tilde{y} = a$　　(B) $\tilde{y} = ax^2$

(C) $\tilde{y} = ax$　　(D) $\tilde{y} = ax^2 + bx$

7. 下列等式中有一个是差分方程，它是 [　　].

(A) $-3\Delta y_x = 3y_x + a^x$　　(B) $2\Delta y_x = y_x + x$

(C) $\Delta^2 y_x = y_{x+2} - 2y_{x+1} + y_x$　　(D) $\Delta(u_x v_x) = u_{x+1}\Delta v_x + v_x \Delta u_x$

8. 下列差分方程中，不是二阶差分方程的是 [　　].

(A) $y_{x+3} - 3y_{x+2} - y_{x+1} = 2$　　(B) $\Delta^2 y_x - \Delta y_x = 0$

(C) $\Delta^3 y_x + y_x + 3 = 0$　　(D) $\Delta^2 y_x + \Delta y_x = 0$

9. 差分方程 $y_x - 3y_{x-1} - 4y_{x-2} = 0$ 的通解是 [　　].

(A) $y_x = (-1)^x A + B4^x$　　(B) $y_x = B(-1)^x$

(C) $y_x = (-1)^x + B4^x$　　(D) $y_x = A4^x$

10. 函数 $y_x = A2^x + 8$ 是下面某一差分方程的通解，这个方程是 [　　].

(A) $y_{x+2} - 3y_{x+1} + 2y_x = 0$　　(B) $y_x - 3y_{x-1} + 2y_{x-2} = 0$

(C) $y_{x+1} - 2y_x = -8$　　(D) $y_{x+1} - 2y_x = 8$

习题参考答案

习题一

(A)

1. 略

2. (1) $\{x \mid x > 5\}$　　(2) $\{x \mid x^2 - 7x + 12 = 0\}$

(3) $\{(x, y) \mid x^2 + y^2 < 25\}$　(4) $\{(x, y) \mid y = x^2$ 且 $x - y = 0\}$

3. (1) $\{3, 4\}$　　(2) $\{(0, 0), (1, 1)\}$

(3) $\{-4, -3, -2, -1, 0, 1, 2, 3, 4, 5, 6\}$

4. $\varnothing$, $\{0\}$, $\{1\}$, $\{2\}$, $\{0, 1\}$, $\{0, 2\}$, $\{1, 2\}$, $\{0, 1, 2\}$

5. (1) $\{1, 2, 3, 5\}$　(2) $\{1, 3\}$　(3) $\{1, 2, 3, 4, 5, 6\}$

(4) $\varnothing$　(5) $\{2\}$

6. (1) $\{x \mid x > 3\}$　(2) $\{x \mid 4 < x < 5\}$　(3) $\{x \mid 3 < x \leqslant 4\}$

7. $A \cap B = \{(0, 1)\}$

8. 略

9. (1) $\{4, 5, 6\}$　(2) $\{1, 3, 5\}$　(3) $\{1, 3, 4, 5, 6\}$　(4) $\{5\}$

10. $a = 1, b = 2$

11. 略

12. $\{(a, a), (a, b), (a, c), (b, a), (b, b), (b, c), (c, a), (c, b), (c, c), (d, a), (d, b), (d, c)\}$

13. $\{(3, 3), (3, 0), (3, 2), (0, 3), (0, 0), (0, 2), (2, 3), (2, 0), (2, 2)\}$

14. $A \times B =$ {(北京，南京)，(北京，广州)，(北京，深圳)，(上海，南京)，(上海，广州)，(上海，深圳)}

$B \times A =$ {(南京，北京)，(南京，上海)，(广州，北京)，(广州，上海)，(深圳，北京)，(深圳，上海)}

15. $\{(x_1, y_1, z_1), (x_1, y_1, z_2), (x_1, y_2, z_1), (x_1, y_2, z_2), (x_2, y_1, z_1), (x_2, y_1, z_2), (x_2, y_2, z_1), (x_2, y_2, z_2), (x_3, y_1, z_1), (x_3, y_1, z_2), (x_3, y_2, z_1), (x_3, y_2, z_2)\}$

16. (1) $-3 < x < 3$　　(2) $-3 < x < 11$

(3) $0 < x < 4$ 且 $x \neq 2$　　(4) $\dfrac{x_0 - \delta}{a} < x < \dfrac{x_0 + \delta}{a}$

17. (1) $x \in [-3, 3]$　　(2) $x \in [1, 3]$

(3) $x \in (a - \varepsilon, a + \varepsilon)$　　(4) $x \in (-\infty, -5] \cup [5, +\infty)$

(5) $x \in (-\infty, -3) \cup (1, +\infty)$

18. (1) $(-5, -1)$　(2) $(-1, 1) \cup (3, 5)$　(3) $\left(-\dfrac{1}{2}, +\infty\right)$

19. (1) 是　(2) 不是　(3) 不是　(4) 是　(5) 不是　(6) 不是

20. (1) 不是　(2) 不是　(3) 不是　(4) 是　(5) 不是　(6) 是

21. $f(0) = 2$, $f(1) = 0$, $f(2) = 0$, $f(-x) = x^2 + 3x + 2$

$f\left(\dfrac{1}{x}\right) = \dfrac{1}{x^2} - \dfrac{3}{x} + 2\ (x \neq 0)$, $f(x+1) = x^2 - x$

22. $f[f(x)] = \dfrac{x}{1-2x}$, $f\{f[f(x)]\} = \dfrac{x}{1-3x}$

23. ～26. 略

27. (1) $[-3, 3]$　　(2) $[-2, -1) \cup (-1, 1) \cup (1, +\infty)$

(3) $(-\infty, +\infty)$　　(4) $[-1, 3]$

(5) $(-\infty, +\infty)$　　(6) $(-\infty, -1) \cup (1, 3)$

(7) $[1, 4]$　　(8) $[-3, -2) \cup (3, 4]$

(9) $(10, +\infty)$

28. $(-1, 0) \cup (0, 1)$

29. (1) $(-\infty, +\infty)$，图形略　　(2) $(-2, 2)$，图形略

30. $f(0) = -1$, $f(2) = 5$, $f(x-1) = \begin{cases} x+2, & x \geqslant 2 \\ x^2 - 2x, & x < 2 \end{cases}$

31. $f(x+1) = \begin{cases} 1, & x < -1 \\ 0, & x = -1 \\ 1, & x > -1 \end{cases}$, $f(x^2 - 1) = \begin{cases} 1, & |x| < 1 \\ 0, & |x| = 1 \\ 1, & |x| > 1 \end{cases}$

32. $\varphi(x) = \begin{cases} (x-1)^2, & 1 \leqslant x \leqslant 2 \\ 2(x-1), & 2 < x \leqslant 3 \end{cases}$

33. $y = \begin{cases} 6 - 2x, & x \geqslant \dfrac{1}{2} \\ 4 + 2x, & x < \dfrac{1}{2} \end{cases}$，图形略

34. 图形略，$y = 3 + \sqrt{1 - x^2}$，$y = 3 - \sqrt{1 - x^2}$

35. $S = 2\left(x + \dfrac{A}{x}\right)$，$x \in (0, +\infty)$

36. $V=\pi h\left(r^2-\frac{h^2}{4}\right)$，$0<h<2r$

37. $A=2\left(\pi r^2+\frac{V}{r}\right)$，$0<r<+\infty$

38. $P=2a\left(x^2+\frac{2V}{x}\right)$，$0<x<+\infty$

39. $R=-\frac{1}{2}x^2+4x$

40. $Q=10+5\times 2^P$

41. $R=\begin{cases}130x, & 0\leqslant x\leqslant 700\\ 117x+9\,100, & 700<x\leqslant 1\,000\end{cases}$

42. $R(x)=\begin{cases}Px, & 0<x\leqslant 5\\ P+0.7P(x-5), & x>5\end{cases}$

43. $y(x)=\frac{90\,000}{x}+0.52\quad(x>0)$

44. (1) 奇函数　(2) 奇函数　(3) 非奇非偶函数　(4) 偶函数
(5) 奇函数　(6) 偶函数　(7) 奇函数　(8) 奇函数
(9) 奇函数　(10) 偶函数　(11) 非奇非偶函数　(12) 奇函数

45. (1)，(5)，(7) 必为偶函数；(2)，(8) 必为奇函数；(3)，(4)，(6) 不一定

46. 偶函数

47. (1) 单增　(2) 单减　(3) $a>1$ 时单增，$0<a<1$ 时单减
(4) 非单调函数　(5) 单增

48. (1) 是　(2) 是　(3) 是　(4) 是

49. π

50. 略

51. 偶函数；有界函数；在定义域上非单调；非周期函数

52. (1) $y=\frac{x-1}{2}$　(2) $y=\frac{2(x+1)}{x-1}$　(3) $y=\sqrt[3]{x-2}$
(4) $y=10^{x-1}-2$　(5) $y=\dfrac{1+\arcsin\frac{x-1}{2}}{1-\arcsin\frac{x-1}{2}}$

53. $[-36,0]\cup(0,+\infty)$

54. $y=\log_a^2 x$

55. $y=\sqrt{2+\cos^2 x}$

56. $f[\varphi(t)]=3\lg^3(1+t)+2\lg(1+t)$

57. (1) $y=\sqrt{u}$，$u=3x-1$　(2) $y=a\sqrt[3]{u}$，$u=1+x$
(3) $y=u^5$，$u=1+v$，$v=\lg x$
(4) $y=e^u$，$u=e^v$，$v=-x^2$
(5) $y=\sqrt{u}$，$u=\lg v$，$v=\sqrt{x}$

(6) $y=u^2$, $u=\lg v$, $v=\arccos t$, $t=x^3$

58. 当 $a=2$ 时是复合函数，$(-\infty, +\infty)$

当 $a=\frac{1}{2}$ 时是复合函数，$2n\pi-\frac{7}{6}\pi<x<2n\pi+\frac{\pi}{6}$ $(n=0, \pm 1, \pm 2, \cdots)$

当 $a=-2$ 时不是复合函数

59. ～62. 略

(B)

1. D	2. D	3. C	4. B	5. A	6. D
7. B	8. C	9. C	10. C	11. D	12. B
13. A	14. C	15. D	16. C	17. B	18. C
19. A	20. D	21. D	22. B	23. D	24. C
25. D					

习题二

(A)

1. 略
2. 略
3. (1) 发散　(2) 发散　(3) 收敛
4. 略
5. 图形略，$\lim\limits_{x\to 3^-}f(x)=3$，$\lim\limits_{x\to 3^+}f(x)=8$
6. 略
7. 当 $x\to 1$ 时，y 是无穷大量；当 $x\to\infty$ 时，y 是无穷小量
8. (1) 是　(2) 是　(3) 是
9. $100x^2$, $\sqrt[3]{x}$, $\frac{x^2}{x}$, 0, $x^2+\frac{1}{2}x$ 是无穷小量

   $\frac{2}{x}$, $\frac{x}{x^2}$ 是无穷大量

   $\sqrt{x+1}$, $x^2+0.01$, $\frac{1}{x-1}$, $\frac{x-1}{x+1}$ 既不是无穷小量，也不是无穷大量

10. $\frac{2}{x}$, $\frac{x}{x^2}$, 0, $\frac{1}{x-1}$ 是无穷小量

    $100x^2$, $\sqrt[3]{x}$, $\sqrt{x+1}$, $\frac{x^2}{x}$, $x^2+0.01$, $x^2+\frac{1}{2}x$ 是无穷大量

    $\frac{x-1}{x+1}$ 既不是无穷小量，也不是无穷大量

11. (1) 24　(2) $\frac{5}{3}$　(3) 0　(4) ∞　(5) $\frac{2}{3}$

(6) $\frac{1}{2}$　(7) $\frac{1}{2}$　(8) $3x^2$　(9) n　(10) -3

(11) $\frac{1}{3}$　(12) 0　(13) $+\infty$　(14) 0　(15) ∞

(16) 3　(17) $\left(\frac{3}{2}\right)^{20}$　(18) -2　(19) 1　(20) -2

(21) $\frac{2}{3}\sqrt{2}$　(22) 1　(23) 1　(24) $\frac{p+q}{2}$　(25) $\frac{1}{2}$

(26) 1　(27) 2　(28) 0　(29) ∞　(30) -1

12. $\frac{1}{2\sqrt{x}}$

13. $\lim\limits_{x\to 0}f(x)$ 不存在，$\lim\limits_{x\to 1}f(x)$ 存在且为 2

14. $\lim\limits_{x\to 0}f(x)$ 不存在，$\lim\limits_{x\to 1}f(x)$ 存在且为 -1，$\lim\limits_{x\to 2}f(x)$ 存在且为 0

$\lim\limits_{x\to -\infty}f(x)=0$，$\lim\limits_{x\to +\infty}f(x)=+\infty$

15. (1) $\frac{1}{4}$　(2) 0　(3) 4　(4) 0　(5) ∞

16. $k=-3$

17. $a=-7$，$b=6$

18. $a=1$，$b=-1$

19. $p=-5$，$q=0$ 时，当 $x\to\infty$ 时，$f(x)$ 为无穷小量

$q\neq 0$，p 为任意实数时，当 $x\to\infty$ 时，$f(x)$ 为无穷大量

20. 不正确，因为两个极限虽然存在但不相等

21. (1) 同阶非等价无穷小量　(2) 等价无穷小量

22. $\frac{1}{2}$

23. (1) 0　(2) $\frac{2}{3}$　(3) 0　(4) $\frac{2}{3}$　(5) $\frac{1}{2}$

(6) $-\sin a$　(7) 1

24. (1) e^4　(2) e^{-1}　(3) e^{-1}　(4) e^{-2}　(5) 1

(6) 2　(7) $\frac{2}{3}$

25. (1) e^{-1}　(2) e

26. (1) 既非无穷小量也非无穷大量

(2) 既非无穷小量也非无穷大量

(3) 无穷大量

(4) 无穷小量

27. (1) 等价　(2) 低阶　(3) 同阶非等价　(4) 同阶非等价

28. (1) $\frac{1}{2}$　(2) 1　(3) $\frac{1}{2\sqrt{2}}$　(4) $-\sin a$　(5) $\frac{1}{2}$

29. $\frac{1\,234}{9\,999}$

30. 略

31. (1) $x=-2$，第二类间断点(无穷间断点)
(2) $x=1$，第一类间断点(可去间断点)
$x=2$，第二类间断点(无穷间断点)
(3) $x=0$，第一类间断点(可去间断点)
(4) $x=1$，第一类间断点(可去间断点)
(5) $x=1$，第一类间断点(跳跃间断点)
(6) $x=0$，第一类间断点(可去间断点)

32. 不连续，图形略

33. 连续，图形略

34. 除点 $x=-1$ 外连续，图形略

35. (1) $f(0)=1$　(2) $f(0)=0$　(3) $f(0)=mk$

36. $k=1$

37. $k=2$

38. (1) 连续　(2) 连续　(3) 不连续　(4) 连续

39. ～41. 略

42. (1) 0　(2) $\sqrt{2}$

(B)

1. C	2. A	3. C	4. D	5. D	6. D
7. D	8. D	9. A	10. C	11. A	12. B
13. D	14. A	15. C	16. B	17. C	18. D
19. C	20. B	21. C	22. B	23. C	24. B
25. B	26. C	27. C	28. B	29. A	

习题三

(A)

1. $y'\Big|_{x=1}=-4$

2. (1) $y'=-4x$　(2) $y'=-\frac{2}{x^3}$　(3) $y'=\frac{2}{3\sqrt[3]{x}}$

3. $f'(x)=2ax+b$，$f'(0)=b$，$f'\left(\frac{1}{2}\right)=a+b$，$f'\left(-\frac{b}{2a}\right)=0$

4. $v\Big|_{t=3}=27$

5. $6x-y-9=0$

6. $2x-3y+1=0$；$3x+2y-5=0$

7. $2x+y-3=0$

8. $x=0$ 或 $x=\dfrac{2}{3}$

9. 可导，导数为 0

10. 不可导

11. $f'(0)=1$

12. 连续、可导，$f'(0)=1$

13. 连续、可导，$f'(0)=0$

14. $x=0$ 处，连续、不可导；$x=1$ 处，连续、可导；$x=2$ 处，不连续、不可导

15. (1) $y'=6x-1$　　(2) $y'=(a+b)x^{a+b-1}$

(3) $y'=\dfrac{1}{\sqrt{x}}+\dfrac{1}{x^2}$　　(4) $y'=x-\dfrac{4}{x^3}$

(5) $y'=-\dfrac{1+5x^3}{2x\sqrt{x}}$　　(6) $y'=6x^2-2x$

(7) $y'=-\dfrac{1}{2\sqrt{x}}\left(1+\dfrac{1}{x}\right)$　　(8) $y'=\dfrac{1}{\sqrt{2x}}(3x+1)$

(9) $y'=\dfrac{a}{a+b}$　　(10) $y'=2x-(a+b)$

(11) $y'=abx^{b-1}+abx^{a-1}+ab(a+b)x^{a+b-1}$

16. (1) $y'=3x^2+12x+11$　　(2) $y'=\ln x+1$

(3) $y'=x^{n-1}(n\ln x+1)$　　(4) $y'=\dfrac{1}{2x\ln a}$

(5) $y'=-\dfrac{2}{(x-1)^2}$　　(6) $y'=\dfrac{5(1-x^2)}{(1+x^2)^2}$

(7) $y'=3-\dfrac{4}{(2-x)^2}$　　(8) $y'=-\dfrac{acnx^{n-1}}{(b+cx^n)^2}$

(9) $y'=-\dfrac{2}{x(1+\ln x)^2}$　　(10) $y'=\dfrac{2-4x}{(1-x+x^2)^2}$

17. (1) $y'=x\cos x$　　(2) $y'=\dfrac{1-\cos x-x\sin x}{(1-\cos x)^2}$

(3) $y'=(1-x)\sec^2 x-\tan x$　　(4) $y'=\dfrac{5}{1+\cos x}$

(5) $y'=\dfrac{x\cos x-\sin x}{x^2}+\dfrac{\sin x-x\cos x}{\sin^2 x}$

(6) $y'=\sin x\ln x+x\cos x\ln x+\sin x$

18. $x+y-\pi=0$

19. $(0, 1)$

20. $a=\dfrac{1}{2\mathrm{e}}$

21. (1) $y'=10x(1+x^2)^4$　　(2) $y'=4x-3$

(3) $y'=(3x+5)^2(5x+4)^4(120x+161)$

(4) $y'=\dfrac{x}{\sqrt{1+5x^2}}(16+45x^2)$　　(5) $y'=\dfrac{(x+4)(x+2)}{(x+3)^2}$

(6) $y'=\dfrac{x}{\sqrt{x^2-a^2}}$　　(7) $y'=\dfrac{1}{\sqrt{(1-x^2)^3}}$

(8) $y'=\dfrac{2x}{(1+x^2)\ln a}$　　(9) $y'=-\dfrac{2x}{a^2-x^2}$

(10) $y'=\dfrac{1}{2x}\left(1+\dfrac{1}{\sqrt{\ln x}}\right)$　　(11) $y'=\dfrac{1}{\sqrt{x}(1-x)}$

(12) $y'=n\cos nx$　　(13) $y'=nx^{n-1}\cos x^n$

(14) $y'=n\cos x\sin^{n-1}x$　　(15) $y'=n\sin^{n-1}x\cos(n+1)x$

(16) $y'=-\dfrac{3}{2}\cos^2\dfrac{x}{2}\sin\dfrac{x}{2}$　　(17) $y'=\dfrac{1}{2}\tan^2\dfrac{x}{2}$

(18) $y'=\csc x$　　(19) $y'=2x\sin\dfrac{1}{x}-\cos\dfrac{1}{x}$

(20) $y'=\dfrac{1}{x\ln x}$　　(21) $y'=\dfrac{-1}{\sqrt{x^2-a^2}}\lg\mathrm{e}$

(22) $y'=\dfrac{n\sin x}{\cos^{n+1}x}$　　(23) $y'=\dfrac{x^2}{(\cos x+x\sin x)^2}$

(24) $y'=\dfrac{2}{a}\left(\sec^2\dfrac{x}{a}\tan\dfrac{x}{a}-\csc^2\dfrac{x}{a}\cot\dfrac{x}{a}\right)$

22. $y=\sqrt[3]{4}(x+1)$；$y=3$；$x=3$

23. (1) $y'=\dfrac{1}{\sqrt{4-x^2}}$　　(2) $y'=\dfrac{1}{1+x^2}$

(3) $y'=\dfrac{2}{1+x^2}$　　(4) $y'=\dfrac{x\arccos x-\sqrt{1-x^2}}{\sqrt{(1-x^2)^3}}$

(5) $y'=\dfrac{2\arcsin\dfrac{x}{2}}{\sqrt{4-x^2}}$　　(6) $y'=2\sqrt{1-x^2}$

(7) $y'=0$

24. (1) $y'_x=\dfrac{y-2x}{2y-x}$　　(2) $y'_x=\dfrac{ay}{y-ax}$

(3) $y'_x=\dfrac{y}{y-1}$　　(4) $y'_x=\dfrac{\mathrm{e}^y}{1-x\mathrm{e}^y}$

(5) $y'_x=\dfrac{\sqrt{1-y^2}\,\mathrm{e}^{x+y}}{1-\sqrt{1-y^2}\,\mathrm{e}^{x+y}}$

25. $2x-5y+3=0$；$5x+2y-7=0$

26. (1) $y' = 4e^{4x}$ (2) $y' = a^x e^x (\ln a + 1)$
(3) $y' = -2xe^{-x^2}$ (4) $y' = -e^{-x}e^{e^{-x}}$
(5) $y' = ax^{a-1} + a^x \ln a$ (6) $y' = \frac{1}{x^2}e^{-\frac{1}{x}}$
(7) $y' = -e^{-x}(\cos 3x + 3\sin 3x)$
(8) $y' = (2x+1)e^{x^2+x-2}\cos e^{x^2+x-2}$
(9) $y' = -\frac{1}{x^2}e^{\tan\frac{1}{x}}\sec^2\frac{1}{x}$ (10) $y' = \frac{4}{(e^x + e^{-x})^2}$
(11) $y' = x^x(\ln x + 1)$
(12) $y' = xe^{-2x}(2\sin 3x - 2x\sin 3x + 3x\cos 3x)$

27. (1) $y' = x\sqrt{\frac{1-x}{1+x}}\left(\frac{1}{x} - \frac{1}{1-x^2}\right)$
(2) $y' = \frac{x^2}{1-x}\sqrt[3]{\frac{3-x}{(3+x)^2}}\left[\frac{2-x}{x(1-x)} - \frac{9-x}{3(9-x^2)}\right]$
(3) $y' = (x + \sqrt{1+x^2})^n \frac{n}{\sqrt{1+x^2}}$
(4) $y' = \prod_{i=1}^{n}(x-a_i)^{a_i}\sum_{i=1}^{n}\frac{a_i}{x-a_i}$
(5) $y' = (\sin x)^{\tan x}(1 + \sec^2 x \cdot \ln\sin x)$

28. $y' = \frac{y(y\cot x - \cos x \ln y)}{\sin x - y\ln\sin x}$

29. (1) $y' = -\frac{2\sin\ln(1+2x)}{1+2x}$
(2) $y' = (\ln x)^x\left(\ln\ln x + \frac{1}{\ln x}\right)$
(3) $y' = x^{x^2+1}(2\ln x + 1) + 2xe^{x^2} + e^x x^{e^x}\left(\ln x + \frac{1}{x}\right) + e^{e^x + x}$
(4) $y'_x = e^{f(x)}[f'(e^x)e^x + f'(x)f(e^x)]$
(5) $y'_x = -\frac{1}{|x|\sqrt{x^2-1}}f'\left(\arcsin\frac{1}{x}\right)$
(6) $y'_x = f'(e^x + x^e)(e^x + ex^{e-1})$
(7) $y'_x = \sin 2x[f'(\sin^2 x) - f'(\cos^2 x)]$
(8) $f'(x) = -\frac{1}{(1+x)^2}$

30. (1) $\frac{dy}{dx} = \frac{3(1+t)}{2}$ (2) $\left.\frac{dy}{dx}\right|_{\theta=\frac{\pi}{3}} = \sqrt{3}$

31. $f'(x_0) = \begin{cases} 2x_0, & |x_0| > 1 \\ -2x_0, & |x_0| < 1 \end{cases}$，当 $x_0 = \pm 1$ 时，$f'(x_0)$ 不存在

32. $f'(x) = \begin{cases} 2^{x-a}\ln 2, & x > a \\ -2^{a-x}\ln 2, & x < a \end{cases}$，当 $x = a$ 时，$f'(x)$ 不存在

33. k 为任何值 $f(x)$ 在点 $x=0$ 处都有极限；当 $k=\pm 1$ 时，$f(x)$ 在点 $x=0$ 处连续；当 $k=1$ 时，$f(x)$ 在点 $x=0$ 处可导

34. $a=2$，$b=-2$

35. ～39. 略

40. $\frac{x_1 x}{a^2}+\frac{y_1 y}{b^2}=1$

41. $x+y-2=0$；$x-y=0$

42. 略

43. 50 (km/h)

44. −2.8 (km/h)

45. 0.25 (m^2/s)；0.004 (m/s)

46. (1) $y^{(n)}=a^x\ln^n a$

(2) $y^{(n)}=\frac{(-1)^{n-1}(n-1)!}{(1+x)^n}$

(3) $y^{(n)}=\cos\left(x+\frac{n\pi}{2}\right)$

(4) $y^{(n)}=m(m-1)\cdots(m-n+1)(1+x)^{m-n}$

(5) $y^{(n)}=(n+x)e^x$

47. (1) $y''=\frac{2(1-x^2)}{(1+x^2)^2}$　　(2) $y''=\frac{1}{x}$

(3) $y''=2\arctan x+\frac{2x}{1+x^2}$　　(4) $y''=2x(3+2x^2)e^{x^2}$

48. $s'=-ake^{-kt}$，$s''=ak^2e^{-kt}$，$s'\Big|_{t=0}=-ak$，$s''\Big|_{t=0}=ak^2$

49. 略

50. $y''=-\frac{a^2}{y^3}$

51. $y''\Big|_{x=0}=2e^2$

52. $y'\Big|_{\substack{x=0\\y=-1}}=-\frac{1}{2\pi}$，$y''\Big|_{\substack{x=0\\y=-1}}=-\frac{1}{4\pi^2}$

53. $y^{(n)}=\frac{2-\ln x}{x\ln^3 x}$

54. $y''=2f'(x^2+b)+4x^2f''(x^2+b)$

55. 略

56. (1) $\Delta y=0$，　　$dy=-1$

(2) $\Delta y=-0.09$，　　$dy=-0.1$

(3) $\Delta y=-0.0099$，　　$dy=-0.01$

当 Δx 越小时，Δy 与 dy 越近似

57. (1) $dy=6xdx$　　(2) $dy=\frac{-x}{\sqrt{1-x^2}}dx$

(3) $dy = \frac{2}{x}dx$　　(4) $dy = \frac{1+x^2}{(1-x^2)^2}dx$

(5) $dy = -e^{-x}(\cos x + \sin x)dx$　　(6) $dy = \frac{1}{2\sqrt{x(1-x)}}dx$

(7) $dy = -\frac{3x^2}{2(1-x^3)}dx$　　(8) $dy = 2(e^{2x} - e^{-2x})dx$

(9) $dy = \frac{1}{2}\sec^2\frac{x}{2}dx$

58. $dy = \frac{y(x-1)}{x(1-y)}dx$

59. $\Delta V = 30.301\ (\mathrm{m}^3)$；$dV = 30\ (\mathrm{m}^3)$

60. $\Delta A = 2.01\pi\ (\mathrm{cm}^2)$；$dA = 2\pi\ (\mathrm{cm}^2)$

61. 略

62. (1) 0.99　　(2) 2.001 7　　(3) 0.01
(4) 1.05　　(5) 0.495　　(6) 0.795 4

(B)

1. D	2. D	3. A	4. B	5. C	6. A
7. D	8. A	9. A	10. C	11. B	12. C
13. B	14. C	15. D	16. C	17. A	18. B
19. C	20. D	21. B	22. C	23. C	

习题四

(A)

1. (1) $\frac{1}{4}$　　(2) 0　　(3) 2　　(4) 0

2. (1) $\frac{a}{\sqrt{3}}$　　(2) $\frac{1}{\ln 2}$　　(3) $\frac{5-\sqrt{43}}{3}$

3. $\frac{14}{9}$

4. ～8. 略

9. (1) 2　　(2) 1　　(3) ∞　　(4) 0　　(5) ∞
(6) 0　　(7) 1　　(8) 0　　(9) $\frac{1}{2}$　　(10) e
(11) 1　　(12) 1　　(13) $(ab)^{\frac{3}{2}}$

10. (1) 6　　(2) $-\frac{1}{2}$

11. $k=-1$；$f'(0)=-\dfrac{1}{2}$

12. $k=\dfrac{1}{2}$

13. 略

14. (1) $(-\infty,-1)$ 单减，$(-1,+\infty)$ 单增
   (2) $(-\infty,+\infty)$ 单增
   (3) $(-\infty,-1)$ 及 $(0,1)$ 单减
   $(-1,0)$ 及 $(1,+\infty)$ 单增
   (4) $(-\infty,0)$ 单增，$(0,+\infty)$ 单减
   (5) $(-\infty,-2)$ 及 $(0,+\infty)$ 单增，$(-2,-1)\cup(-1,0)$ 单减
   (6) $\left(0,\dfrac{1}{2}\right)$单减，$\left(\dfrac{1}{2},+\infty\right)$单增

15. ～17. 略

18. (1) $x=0$ 处有极大值 7，$x=2$ 处有极小值 3
   (2) $x=-1$ 处有极小值 -1，$x=1$ 处有极大值 1
   (3) $x=\dfrac{1}{2}$ 处有极大值$\dfrac{3}{2}$
   (4) $x=0$ 处有极小值 0，$x=2$ 处有极大值$\dfrac{4}{e^2}$
   (5) $x=-1$ 处有极小值 0，$x=\dfrac{1}{2}$ 处有极大值$\dfrac{81}{8}\sqrt[3]{18}$，$x=5$ 处有极小值 0
   (6) $x=2$ 处有极大值 3
   (7) $x=0$ 处有极大值 0，$x=\dfrac{2}{5}$ 处有极小值$-\dfrac{3}{25}\sqrt[3]{20}$
   (8) $x=3$ 处有极小值$\dfrac{27}{4}$

19. (1) $x=-1$ 处有极大值 0，$x=3$ 处有极小值 -32
   (2) $x=3$ 处有极小值 0，$x=\dfrac{7}{3}$ 处有极大值$\dfrac{4}{27}$
   (3) $x=1$ 处有极小值 $2-4\ln 2$
   (4) $x=-\dfrac{1}{2}\ln 2$ 处有极小值 $2\sqrt{2}$

20. (1) 13，4　　(2) $\ln 5$，0　　(3) $\dfrac{1}{2}$，0　　(4) 6，0

21. $a=2$，$b=3$

22. 底边长 6 m，高 3 m

23. 长 18 m，宽 12 m

24. 底半径 $\sqrt[3]{\dfrac{150}{\pi}}$ m，高等于底直径

25. $b-\dfrac{na}{\sqrt{m^2-n^2}}$ km

26. 距 C 点 1.2 km 处

27. 12 次，6 只

28. 2 小时

29. $x=\dfrac{1}{n}\sum\limits_{i=1}^{n}x_i$

30. 5 批

31. $\sqrt{\dfrac{ac}{2b}}$ 批

32. (1) $\left(-\infty,\dfrac{1}{3}\right)\cup$，$\left(\dfrac{1}{3},+\infty\right)\cap$；$\left(\dfrac{1}{3},\dfrac{2}{27}\right)$拐点

(2) $\left(-\infty,-\dfrac{\sqrt{2}}{2}\right)\cap$，$\left(-\dfrac{\sqrt{2}}{2},0\right)\cup$，$\left(0,\dfrac{\sqrt{2}}{2}\right)\cap$，$\left(\dfrac{\sqrt{2}}{2},+\infty\right)\cup$；$\left(-\dfrac{\sqrt{2}}{2},\dfrac{7}{8}\sqrt{2}\right)$，$(0,0)$，$\left(\dfrac{\sqrt{2}}{2},-\dfrac{7}{8}\sqrt{2}\right)$拐点

(3) $(-\infty,-1)\cap$，$(-1,1)\cup$，$(1,+\infty)\cap$；$(-1,\ln 2)$，$(1,\ln 2)$ 拐点

(4) $(-\infty,-\sqrt{3})\cap$，$(-\sqrt{3},0)\cup$，$(0,\sqrt{3})\cap$，$(\sqrt{3},+\infty)\cup$；$\left(-\sqrt{3},-\dfrac{\sqrt{3}}{2}\right)$，$(0,0)$，$\left(\sqrt{3},\dfrac{\sqrt{3}}{2}\right)$拐点

(5) $(-\infty,-2)\cap$，$(-2,+\infty)\cup$；$\left(-2,-\dfrac{2}{e^2}\right)$拐点

(6) $(-\infty,+\infty)\cup$；无拐点

(7) $(-\infty,0)\cup$，$(0,+\infty)\cap$；$(0,0)$ 拐点

33. $a=-\dfrac{1}{2}$，$b=\dfrac{3}{2}$，$c=0$，$d=0$

34. $y=\dfrac{1}{e^2}(4-x)$

35. (1) $y=0$　(2) $y=0$　(3) $x=0$

(4) $y=1$，$x=0$　(5) $y=0$，$x=-1$　(6) $y=x$

(7) $y=x$，$x=0$　(8) $y=x+2$，$x=1$

36. 略

37. (1) 9.5 (元)　(2) 22 (元)

38. (1) 1 775，1.97　(2) 1.58　(3) 1.5，1.67

39. 9 975，199.5，199

40. 50 000

41. 250

42. (1) 120，6，2；120，4，-2　(2) 25

43. 12

44. $\eta(P)=P\ln 4$

45. $\eta(P)=\frac{P}{4}$；$\frac{3}{4}$，1，$\frac{5}{4}$

46. $\varepsilon(P)=\frac{3P}{2+3P}$，$\varepsilon(3)=\frac{9}{11}$

47. (1) -8　(2) 0.54　(3) 0.46%　(4) -0.85%　(5) 5

(B)

1. A　2. D　3. B　4. B　5. B　6. D
7. B　8. A　9. D　10. B　11. A　12. D
13. D　14. D　15. B　16. B　17. D　18. C
19. B　20. C　21. C　22. D

习题五

(A)

1. $y=kx+C$　（C为任意常数）

2. $y=\frac{1}{2}x^2+2x-1$

3. $y=x^2-3$

4. $s=\frac{3}{2}t^2-2t+5$

5. $s=\frac{t^4}{12}+\frac{t^2}{2}+t$

6. $P(t)=\frac{a}{2}t^2+bt$

7. (1) $x-x^3+C$　(2) $\frac{2^x}{\ln 2}+\frac{x^3}{3}+C$

(3) $\frac{3}{4}x^{\frac{4}{3}}-2x^{\frac{1}{2}}+C$　(4) $\frac{x^2}{4}-\ln|x|-\frac{3}{2x^2}+\frac{4}{3x^3}+C$

(5) $\frac{2}{5}x^{\frac{5}{2}}-2x^{\frac{3}{2}}+C$　(6) $\frac{t^2}{2}+3t+3\ln|t|-\frac{1}{t}+C$

(7) $\frac{2}{5}x^{\frac{5}{2}}+\frac{1}{2}x^2+6x^{\frac{1}{2}}+C$　(8) $x-\arctan x+C$

(9) $\frac{u}{2}-\frac{1}{2}\sin u+C$　(10) $-\cot x-x+C$

(11) $\sin x+\cos x+C$　(12) $\frac{8}{15}x\sqrt{x\sqrt{x\sqrt{x}}}+C$

(13) e^t+t+C (14) $-\frac{1}{x}-\arctan x+C$

8\. (1) $-\frac{2}{21}(1-3x)^{\frac{7}{2}}+C$ (2) $-\frac{1}{2(2x+3)}+C$

(3) $\frac{\ln(1+x^2)}{2}+C$ (4) $\frac{a^{3x}}{3\ln a}+C$

(5) $\frac{1}{3}(\ln x)^3+C$ (6) $-e^{-x}+C$

(7) $-e^{\frac{1}{x}}+C$ (8) $\frac{1}{3}\sqrt{(u^2-5)^3}+C$

(9) $-\sqrt{1-2v}+C$ (10) $\sqrt[3]{x^3-5}+C$

(11) $\ln|x^2-x+3|+C$ (12) $\ln|\ln t|+C$

(13) $\ln(e^x+1)+C$ (14) $\frac{1}{2}\ln(1+x^2)-\arctan x+C$

(15) $\frac{1}{6}\arctan\left(\frac{3}{2}x\right)+C$ (16) $\frac{1}{4}\arctan\left(x+\frac{1}{2}\right)+C$

(17) $\frac{1}{3}\arcsin\frac{3}{2}x+C$ (18) $\arcsin\frac{x+1}{\sqrt{6}}+C$

(19) $\frac{1}{4}\ln\left|\frac{2+x}{2-x}\right|+C$ (20) $\frac{1}{12}\ln\left|\frac{2+3x}{2-3x}\right|+C$

(21) $\frac{1}{5}\ln\left|\frac{x-3}{x+2}\right|+C$ (22) $-\frac{1}{3}\cos 3x+C$

(23) $\frac{3}{2}\sin\frac{2}{3}x+C$ (24) $\frac{x}{2}-\frac{1}{12}\sin 6x+C$

(25) $e^{\sin x}+C$ (26) $\sin e^x+C$

(27) $\frac{1}{3}\cos^3x-\cos x+C$ (28) $\sin x-\frac{2}{3}\sin^3x+\frac{1}{5}\sin^5x+C$

(29) $\frac{1}{3}\sin^3x-\frac{2}{5}\sin^5x+\frac{1}{7}\sin^7x+C$

(30) $\frac{1}{3}\tan^3x-\tan x+x+C$ (31) $-\cot x-\frac{1}{3}\cot^3x+C$

(32) $\frac{1}{2}\tan^2x+\ln|\cos x|+C$ (33) $\arctan e^t+C$

(34) $\ln|e^x-1|-x+C$ (35) $\arccos e^{-x}+C$

(36) $\frac{2}{3}\sqrt{(1+\ln x)^3}-2\sqrt{1+\ln x}+C$

(37) $x+\ln^2|x|+C$ (38) $\ln|x|-\frac{1}{6}\ln(1+x^6)+C$

(39) $\frac{1}{3}(\arctan x)^3+C$ (40) $\ln|\arcsin e^x|+C$

9\. (1) $\frac{2}{5}(x+1)^2\sqrt{x+1}-\frac{2}{3}(x+1)\sqrt{x+1}+C$

(2) $\sqrt{2x-3}-\ln\left|\sqrt{2x-3}+1\right|+C$

(3) $\frac{4}{63}(3x+1)\sqrt[4]{(3x+1)^3}-\frac{4}{27}\sqrt[4]{(3x+1)^3}+C$

(4) $2\sqrt{x}-3\sqrt[3]{x}+6\sqrt[6]{x}-6\ln(\sqrt[6]{x}+1)+C$

(5) $\frac{4}{7}(1+e^x)\sqrt[4]{(1+e^x)^3}-\frac{4}{3}\sqrt[4]{(1+e^x)^3}+C$

(6) $\frac{1}{9}(2x+3)^2\sqrt[4]{2x+3}-\frac{3}{5}(2x+3)\sqrt[4]{2x+3}+C$

(7) $2(\sqrt{x}-\ln\left|1+\sqrt{x}\right|)+C$

(8) $-\frac{4}{3}\sqrt{1-x\sqrt{x}}+C$

(9) $\frac{3}{2}\sqrt[3]{(x+1)^2}-3\sqrt[3]{x+1}+3\ln\left|\sqrt[3]{x+1}+1\right|+C$

(10) $2\sqrt{1+x}+\frac{6}{5}\sqrt[6]{(1+x)^5}+C$

(11) $\frac{x}{\sqrt{1-x^2}}+C$

(12) $\frac{1}{2}\arctan x+\frac{x}{2(1+x^2)}+C$

(13) $\frac{x}{a^2\sqrt{a^2+x^2}}+C$

(14) $\arccos\frac{1}{|x|}+C$

(15) $\frac{1}{2}\arcsin x-\frac{1}{2}x\sqrt{1-x^2}+C$

(16) $\frac{1}{3}\ln\left|3x+\sqrt{9x^2-4}\right|+C$

(17) $\frac{1}{3}\ln\left|\sqrt{9x^2-6x+7}+3x-1\right|+C$

(18) $\ln|e^x-1|-x+C$

(19) $\frac{x}{x-\ln x}+C$

10. (1) xe^x-e^x+C

(2) $-x\cos x+\sin x+C$

(3) $x\arctan x-\frac{1}{2}\ln(1+x^2)+C$

(4) $x\ln(x^2+1)-2x+2\arctan x+C$

(5) $-\frac{\ln x}{x}-\frac{1}{x}+C$

(6) $\frac{x^{n+1}}{n+1}(\ln x-\frac{1}{n+1})+C$

(7) $-e^{-x}(x^2+2x+2)+C$

(8) $\dfrac{x^4}{32}(8\ln^2 x-4\ln x+1)+C$

(9) $\dfrac{1}{2}(\sec x\tan x+\ln|\sec x+\tan x|)+C$

(10) $2e^{\sqrt{x}}(\sqrt{x}-1)+C$

(11) $\ln x(\ln\ln x-1)+C$

11. (1) $\dfrac{1}{a}f(ax+b)+C$　　(2) $xf'(x)-f(x)+C$

12. (1) $\tan x-\sec x+C$

(2) $2x\sqrt{e^x-1}-4\sqrt{e^x-1}+4\arctan\sqrt{e^x-1}+C$

(3) $\dfrac{1}{2}(\ln|\sin x+\cos x|+x)+C$

(4) $\dfrac{1}{6}\ln\dfrac{(x+1)^2}{|x^2-x+1|}+\dfrac{\sqrt{3}}{3}\arctan\dfrac{2x-1}{\sqrt{3}}+C$

(5) $\dfrac{1}{6}\ln\dfrac{x^2+1}{x^2+4}+C$

(6) $\arcsin(2x-1)+C$

(7) $a\arcsin\dfrac{x}{a}-\sqrt{a^2-x^2}+C$

(8) $\dfrac{1}{4}\ln\left|\dfrac{x-1}{x+1}\right|-\dfrac{1}{2}\arctan x+C$

(9) $-\dfrac{x^2e^x}{2+x}+xe^x-e^x+C$

(10) $-\dfrac{2}{5}(x+1)^2\sqrt{x+1}+\dfrac{2}{3}(x+1)\sqrt{x+1}+\dfrac{2}{5}x^2\sqrt{x}$
$+\dfrac{2}{3}x\sqrt{x}+C$

13. 略

14. $\int f(x)\mathrm{d}x=\begin{cases}\dfrac{1}{2}x^2+x+C, & x\leqslant 1\\ x^2+\dfrac{1}{2}+C, & x>1\end{cases}$

15. 略

16. $f(x)=x+\dfrac{x^3}{3}+1$

17. $Q=1\,000\left(\dfrac{1}{3}\right)^P$

18. $C(x)=x^2+10x+20$

(B)

1. D　　2. C　　3. B　　4. D　　5. B　　6. C

7. B　8. C　9. A　10. D　11. C　12. D
13. C　14. D　15. C　16. B　17. A　18. B

习题六

(A)

1. (1) 28　(2) $e-1$
2. (1) $>$　(2) $<$　(3) $>$　(4) $>$　(5) $<$
3. (1) $1\leqslant\int_0^1 e^x dx\leqslant e$　(2) $0\leqslant\int_1^2(2x^3-x^4)dx\leqslant\frac{27}{16}$
4. (1) $\sqrt{1+x}$　(2) $-xe^{-x}$　(3) $\frac{2x}{\sqrt{1+x^8}}$
   (4) $2xe^{x^2}-3x^2e^{x^3}$　(5) $4x^3-\sin 2x$
5. (1) $\frac{196}{3}$　(2) -2　(3) 12
   (4) $-\frac{65}{4}$　(5) $\frac{a^2}{6}$　(6) $\frac{25-\ln 26}{2}$
   (7) $10+12\ln 2-4\ln 3$　(8) $3(e-1)$　(9) $\frac{1}{2}\ln 2$
   (10) 0　(11) $e-e^{\frac{1}{2}}$　(12) $\frac{\pi}{2}$
   (13) 5　(14) 4　(15) $\frac{11}{6}$
   (16) $\frac{1}{2\ln 2}+\frac{2}{3}$
6. (1) $4-2\ln 3$　(2) $\frac{19}{3}$　(3) $2(2-\arctan 2)$
   (4) $\frac{\pi}{6}$　(5) $2-\frac{\pi}{2}$　(6) $\frac{\pi}{3}+\frac{\sqrt{3}}{2}$
   (7) $\frac{a^4}{16}\pi$　(8) $\frac{1}{4}\left(\frac{\pi}{2}-1\right)$　(9) $\frac{\sqrt{2}}{2}$
   (10) $\sqrt{3}-\frac{\pi}{3}$
7. π　(1) $\frac{9}{2}\pi$　(2) $\frac{\pi}{2}$　(3) -6π
8. 略
9. 略
10. $a=0$, $b=8$, $k=\frac{1}{3}$
11. $\ln(e+1)+\ln\frac{3}{4}$

12. (1) 1　　(2) $\frac{\sqrt{3}}{12}\pi+\frac{1}{2}$　　(3) $1-\frac{2}{e}$

(4) $6-2e$　　(5) 1　　(6) $\frac{\pi}{2}$

(7) $\ln 2-\frac{1}{2}$　　(8) $\frac{1}{2}(1+e^{\frac{\pi}{2}})$　　(9) π^2

(10) $2-\frac{2}{e}$

13. (1) $(a+1)e^{-a}-(b+1)e^{-b}$　　(2) $(b-1)e^{b}-(a-1)e^{a}$

(3) $(1-a)e^{a}-(1+b)e^{-b}$

14. (1) 1　　(2) $\frac{1}{2}$

15. $2\cos x^2$

16. 1

17. $\frac{1}{2}\left(\frac{1}{e}-1\right)$

18. $x=0$处有极大值0，$x=4$处有极小值$-\frac{32}{3}$；$\left(2,-\frac{16}{3}\right)$为拐点；$[-1,0)$内单增，下凹；$(0,2)$内单减，下凹；$(2,4)$内单减，上凹；$(4,5]$内单增，上凹

19. 最大值0，最小值$-\frac{32}{3}$

20. $c=-\frac{1}{4}$

21. (1) $\frac{4}{3}a\sqrt{a}$　　(2) $\frac{10}{3}$　　(3) $\frac{8}{3}$

(4) $\frac{3}{4}$　　(5) $\frac{\pi}{2}-1$　　(6) $\frac{3}{2}-\ln 2$

(7) $\frac{28}{3}$　　(8) 4　　(9) $\pi-\frac{8}{3},\pi-\frac{8}{3},2\pi+\frac{16}{3}$

(10) $\frac{4}{3}$　　(11) 1　　(12) $\frac{9}{16}$，$\frac{8}{3}-\frac{4}{3}\sqrt{2}$

22. $\frac{37}{12}$

23. $c=\frac{1}{2}$

24. $a=3$

25. (1) $V_x=\frac{15}{2}\pi$，$V_y=\frac{124}{5}\pi$　　(2) $V_x=\frac{\pi^2}{4}$，$V_y=2\pi$

(3) $V_x=\frac{128}{7}\pi$，$V_y=\frac{64}{5}\pi$　　(4) $V_x=\frac{19}{48}\pi$，$V_y=\frac{7}{10}\sqrt{3}\pi$

26. 50，100

27. (1) 9 987.5　　(2) 19 850

28. (1) $x=4$(百台)　(2) 0.5(万元)

29. (1) 收敛　(2) 发散　(3) 收敛　(4) 发散
(5) 收敛　(6) 收敛　(7) 发散

30. 发散

31. $k>1$时收敛，$k\leqslant 1$时发散

32. $\frac{\pi}{2}$

33. (1) 30　(2) $\frac{16}{105}$　(3) 24　(4) $\frac{\sqrt{2\pi}}{16}$

(B)

1. D	2. C	3. A	4. A	5. D	6. C
7. B	8. C	9. D	10. C	11. C	12. D
13. B	14. D	15. C	16. B	17. A	18. B
19. C	20. B	21. D	22. C	23. A	24. B
25. A	26. B	27. D	28. B		

习题七

(A)

1. (1) $u_n=(-1)^{n-1}\frac{1}{2^{n-1}}\ (n=1,2,\cdots)$

(2) $u_n=\frac{n}{n^2+1}\ (n=1,2,\cdots)$

(3) $u_n=\frac{x^{n-1}}{(3n-2)(3n+1)}\ (n=1,2,\cdots)$

(4) $u_n=\frac{(-1)^{n-1}2^n}{n!}\ (n=1,2,\cdots)$

2. $\sum_{n=1}^{\infty}u_n=\sum_{n=1}^{\infty}\frac{3}{n(n+1)}$，$S=3$

3. (1) 发散　(2) 收敛；$S=\frac{4}{9}$　(3) 发散
(4) 发散　(5) 收敛；$S=\frac{3}{2}$

4. (1) 发散　(2) 收敛　(3) 收敛
(4) 发散　(5) 收敛　(6) 收敛
(7) 收敛　(8) 发散　(9) 收敛

5. (1) 收敛　(2) 收敛　(3) 收敛

(4) 收敛　(5) 发散　(6) 收敛

(7) 收敛　(8) 发散　(9) 收敛

6. (1) 收敛　(2) 收敛　(3) 发散

(4) 收敛

7. (1) 收敛　(2) 收敛　(3) 发散

8. (1) 绝对收敛　(2) 绝对收敛　(3) 条件收敛

(4) 绝对收敛　(5) 绝对收敛　(6) 绝对收敛

9. (1) 1；$(-1, 1]$　(2) ∞；$(-\infty, +\infty)$

(3) 1；$[-1, 1]$　(4) 2；$(-2, 2)$

(5) 3；$[-3, 3)$　(6) 5；$(-5, 5]$

(7) $\frac{\sqrt{5}}{2}$；$\left[-\frac{\sqrt{5}}{2}, \frac{\sqrt{5}}{2}\right)$　(8) 1；$[-1, 1)$

(9) $\frac{1}{5}$；$\left[-\frac{1}{5}, \frac{1}{5}\right)$　(10) $\frac{1}{3}$；$\left(-\frac{1}{3}, \frac{1}{3}\right)$

(11) 1；$[1, 3]$　(12) $\frac{\sqrt{2}}{2}$；$\left(-\frac{\sqrt{2}}{2}, \frac{\sqrt{2}}{2}\right)$

(13) $\frac{\sqrt{2}}{2}$；$\left(-3-\frac{\sqrt{2}}{2}, -3+\frac{\sqrt{2}}{2}\right)$　(14) $\frac{1}{2}$；$(1, 2]$

10. (1) $[-1, 1]$；$S(x)=\arctan x$

(2) $(-1, 1)$；$S(x)=\frac{2x}{(1-x^2)^2}$

(3) $(-1, 1)$；$S(x)=\frac{2x}{(1-x)^3}$

(4) $[-2, 2)$；$S(x)=\begin{cases}-\frac{1}{x}\ln\left(1-\frac{x}{2}\right), & x\neq 0 \text{ 且 } x\in[-2, 2) \\ \frac{1}{2}, & x=0\end{cases}$

11. (1) $\sum_{n=0}^{\infty}\frac{(\ln a)^n}{n!}x^n$，$-\infty<x<+\infty$

(2) $\sum_{n=0}^{\infty}(-1)^n\frac{x^{2n+1}}{2^{2n+1}(2n+1)!}$，$-\infty<x<+\infty$

12. (1) $\sum_{n=0}^{\infty}(-1)^n\frac{x^{2n}}{n!}$，$-\infty<x<+\infty$

(2) $1+\sum_{n=1}^{\infty}(-1)^n\frac{(2x)^{2n}}{2(2n)!}$，$-\infty<x<+\infty$

(3) $1+\sum_{n=1}^{\infty}\frac{(2n-1)!!}{(2n)!!}x^{2n}$，$-1<x<1$

(4) $\sum_{n=0}^{\infty}(-1)^n\frac{x^{n+3}}{n!}$，$-\infty<x<+\infty$

(5) $\sum_{n=0}^{\infty} \frac{x^n}{3^{n+1}}$，$-3 < x < 3$

(6) $\frac{1}{4}\sum_{n=1}^{\infty}\left[(-1)^n - \frac{1}{3^n}\right]x^n$，$-1 < x < 1$

13. (1) $\sum_{n=0}^{\infty} \frac{1}{2^{n+1}}(x-2)^n$，$0 < x < 4$

(2) $\ln 2 + \sum_{n=1}^{\infty}(-1)^{n-1}\frac{(x-2)^n}{n \cdot 2^n}$，$0 < x \leqslant 4$

(3) $e^2\sum_{n=0}^{\infty}\frac{(x-2)^n}{n!}$，$-\infty < x < +\infty$

(4) $\sum_{n=1}^{\infty}\frac{(-1)^n}{n}(x-2)^{2n}$，$1 \leqslant x \leqslant 3$

14. (1) 1.625 0　(2) 1.036 8　(3) 2.992 6　(4) 0.309 0

15. (1) 0.544 8　(2) 3.450 1　(3) 0.097 5　(4) 0.946 1

(B)

1. A　2. A　3. B　4. D　5. C　6. C
7. D　8. D　9. A　10. C　11. C　12. B
13. D　14. B　15. A　16. B

习题八

(A)

1. (1) $D(f) = \{(x, y) \mid x \geqslant 0, -\infty < y < +\infty\}$

(2) $D(f) = \{(x, y) \mid |x| \leqslant 1, |y| \geqslant 1\}$

(3) $D(f) = \left\{(x, y) \,\middle|\, \frac{x^2}{a^2} + \frac{y^2}{b^2} \leqslant 1\right\}$

(4) $D(f) = \{(x, y) \mid x + y < 0\}$

(5) $D(f) = \{(x, y) \mid x^2 + y^2 \neq 0\}$

(6) $D(f) = \{(x, y, z) \mid r^2 \leqslant x^2 + y^2 + z^2 \leqslant R^2\}$　$(R > r)$

2. $f(x, y) = e^{\frac{x^2+y^2}{2}}xy$；$f(\sqrt{2}, \sqrt{2}) = 2e^2$

3. 两个函数不同(理由略)

4. (1) $\frac{\partial z}{\partial x} = 2xy^2$，　$\frac{\partial z}{\partial y} = 2x^2 y$

(2) $\frac{\partial z}{\partial x}=-\frac{1}{x}$， $\frac{\partial z}{\partial y}=\frac{1}{y}$

(3) $\frac{\partial z}{\partial x}=ye^{xy}+2xy$， $\frac{\partial z}{\partial y}=xe^{xy}+x^2$

(4) $\frac{\partial z}{\partial x}=\frac{y(R^2-2x^2-y^2)}{\sqrt{R^2-x^2-y^2}}$， $\frac{\partial z}{\partial y}=\frac{x(R^2-x^2-2y^2)}{\sqrt{R^2-x^2-y^2}}$

(5) $\frac{\partial z}{\partial x}=\frac{y^2}{(x^2+y^2)^{\frac{3}{2}}}$， $\frac{\partial z}{\partial y}=-\frac{xy}{(x^2+y^2)^{\frac{3}{2}}}$

(6) $\frac{\partial z}{\partial x}=e^{\sin x}\cos x\cos y$， $\frac{\partial z}{\partial y}=-e^{\sin x}\sin y$

(7) $\frac{\partial u}{\partial x}=\frac{x}{\sqrt{x^2+y^2+z^2}}$， $\frac{\partial u}{\partial y}=\frac{y}{\sqrt{x^2+y^2+z^2}}$

$\frac{\partial u}{\partial z}=\frac{z}{\sqrt{x^2+y^2+z^2}}$

(8) $\frac{\partial u}{\partial x}=2xy^3z^5e^{x^2y^3z^5}$， $\frac{\partial u}{\partial y}=3x^2y^2z^5e^{x^2y^3z^5}$

$\frac{\partial u}{\partial z}=5x^2y^3z^4e^{x^2y^3z^5}$

(9) $\frac{\partial z}{\partial x}=yx^{xy}(\ln x+1)$， $\frac{\partial z}{\partial y}=x^{xy+1}\ln x$

(10) $\frac{\partial z}{\partial x}=\frac{-y}{x^2+y^2}$， $\frac{\partial z}{\partial y}=\frac{x}{x^2+y^2}$

5. (1) $z'_x(1,0)=2e$， $z'_y(0,1)=2e$

(2) $z'_x(1,1)=\frac{1}{4}$， $z'_y(1,1)=\frac{1}{4}$

(3) $z'_x(1,1)=1$， $z'_y(1,1)=1+2\ln 2$

(4) $u'_x(2,1,0)=\frac{1}{2}$， $u'_y(2,1,0)=1$， $u'_z(2,1,0)=\frac{1}{2}$

6. (1) $\frac{\partial^2 z}{\partial x^2}=\frac{x+2y}{(x+y)^2}$， $\frac{\partial^2 z}{\partial y^2}=-\frac{x}{(x+y)^2}$， $\frac{\partial^2 z}{\partial x\partial y}=\frac{y}{(x+y)^2}$

(2) $\frac{\partial^2 z}{\partial x^2}=-\frac{2\sin x^2+4x^2\cos x^2}{y}$， $\frac{\partial^2 z}{\partial y^2}=\frac{2\cos x^2}{y^3}$

$\frac{\partial^2 z}{\partial x\partial y}=\frac{2x\sin x^2}{y^2}$

(3) $\frac{\partial^2 z}{\partial x^2}=\frac{2xy}{(x^2+y^2)^2}$， $\frac{\partial^2 z}{\partial y^2}=\frac{-2xy}{(x^2+y^2)^2}$

$\frac{\partial^2 z}{\partial x\partial y}=\frac{y^2-x^2}{(x^2+y^2)^2}$

(4) $\frac{\partial^3 u}{\partial x\partial y\partial z}=(1+3xyz+x^2y^2z^2)e^{xyz}$

7. (1) 提示：直接计算$\frac{\partial z}{\partial x}$和$\frac{\partial z}{\partial y}$

(2) 提示：直接计算$\frac{\partial^2 z}{\partial x^2}$，$\frac{\partial^2 z}{\partial y^2}$，$\frac{\partial^2 z}{\partial x\partial y}$

8. (1) $\mathrm{d}z=\frac{\sqrt{xy}}{2xy^2}(y\mathrm{d}x-x\mathrm{d}y)$

(2) $\mathrm{d}z=ab(ax+by)^{-\frac{1}{2}}(ax-by)^{-\frac{3}{2}}(-y\mathrm{d}x+x\mathrm{d}y)$

(3) $\mathrm{d}z=2\mathrm{e}^{x^2+y^2}(x\mathrm{d}x+y\mathrm{d}y)$

(4) $\mathrm{d}z=\frac{1}{1+x^2y^2}(y\mathrm{d}x+x\mathrm{d}y)$

(5) $\mathrm{d}u=\frac{2}{x^2+y^2+z^2}(x\mathrm{d}x+y\mathrm{d}y+z\mathrm{d}z)$

9. (1) -0.20　　(2) $0.25\mathrm{e}$

10. (1) 约 2.95　　(2) 约 108.9

11. 减少约 5 cm

12. 约 14.8 m^3；13.632 m^3

13. (1) $\frac{\partial z}{\partial x}=\frac{2x}{y^2}\ln(3x-2y)+\frac{3x^2}{y^2(3x-2y)}$

$\frac{\partial z}{\partial y}=-\frac{2x^2}{y^3}\ln(3x-2y)-\frac{2x^2}{y^2(3x-2y)}$

(2) $\frac{\mathrm{d}z}{\mathrm{d}t}=-(\mathrm{e}^t+\mathrm{e}^{-t})$

(3) $\frac{\mathrm{d}z}{\mathrm{d}x}=\frac{x^2-2x-1}{3(x-1)^2}$

(4) $\frac{\partial z}{\partial x}=(x+2y)^{x-y}\left[\frac{x-y}{x+2y}+\ln(x+2y)\right]$

$\frac{\partial z}{\partial y}=(x+2y)^{x-y}\left[\frac{2(x-y)}{x+2y}-\ln(x+2y)\right]$

14. (1) $\frac{\partial^2 z}{\partial x^2}=\mathrm{e}^{2y}f''_{uu}+2\mathrm{e}^y f''_{ux}+f''_{xx}$

$\frac{\partial^2 z}{\partial x\partial y}=x\mathrm{e}^y(f''_{uu}\mathrm{e}^y+f''_{xu})+\mathrm{e}^y(f''_{uy}+f'_u)+f''_{xy}$

(2) $\frac{\partial^2 z}{\partial x^2}=y^2f''_{uu}+4xyf''_{uv}+4x^2f''_{vv}+2f'_v$

$\frac{\partial^2 z}{\partial x\partial y}=f'_u+xy(f''_{uu}+4f''_{vv})+2(x^2+y^2)f''_{uv}$

15. 略

16. (1) $\frac{\mathrm{d}y}{\mathrm{d}x}=-\frac{y+1}{x+1}$

(2) $\frac{\mathrm{d}y}{\mathrm{d}x}=-\frac{xy^2-y}{x^2y+x}$

(3) $\frac{\mathrm{d}y}{\mathrm{d}x}=-\frac{\mathrm{e}^x-y^2}{\cos y-2xy}$

(4) $\frac{\partial z}{\partial x}=\frac{yz}{e^z-xy}$，$\frac{\partial z}{\partial y}=\frac{xz}{e^z-xy}$

(5) $\frac{\partial z}{\partial x}=\frac{1-(1-x)e^{z-y-x}}{1+xe^{z-y-x}}$，$\frac{\partial z}{\partial y}=1$

(6) $\frac{\partial z}{\partial x}=\frac{z}{x+z}$，$\frac{\partial z}{\partial y}=\frac{z^2}{y(x+z)}$，$\frac{\partial^2 z}{\partial x\partial y}=\frac{xz^2}{y(x+z)^3}$

17. (1) $\frac{\partial z}{\partial x}=-\frac{F'_u+2xF'_v}{F'_u+2zF'_v}$，$\frac{\partial z}{\partial y}=-\frac{F'_u+2yF'_v}{F'_u+2zF'_v}$

(2) $\frac{du}{dx}=\frac{\partial f}{\partial x}+\frac{y^2}{1-xy}\cdot\frac{\partial f}{\partial y}+\frac{z}{xz-x}\cdot\frac{\partial f}{\partial z}$

18. 略

19. (1) 极小值 $z\Big|_{\substack{x=-4\\y=1}}=-1$

(2) 极大值 $z\Big|_{\substack{x=2\\y=-2}}=8$

(3) 极小值 $z\Big|_{\substack{x=1\\y=1}}=-1$

(4) $a>0$ 时，有极大值 $z(\frac{a}{3},\frac{a}{3})=\frac{a^3}{27}$

$a<0$ 时，有极小值 $z(\frac{a}{3},\frac{a}{3})=\frac{a^3}{27}$

20. $P_1=80$，$P_2=120$ 时，可获最大利润 605

21. 长、宽、高分别取$\frac{2\sqrt{3}}{3}a$，$\frac{2\sqrt{3}}{3}a$，$\frac{\sqrt{3}}{3}a$

22. 长、宽、高分别取$\frac{2\sqrt{2}}{3}r$，$\frac{2\sqrt{2}}{3}r$，$\frac{1}{3}h$

23. (1) $2\sqrt{10}$，$3\sqrt{10}$

(2) $\frac{4}{17}\sqrt{\frac{5a}{m}}$，$\frac{1}{6}\sqrt{\frac{5a}{m}}$

(3) 100，25

24. 点(1，2)

25. $y=-\frac{177}{35}x+\frac{596}{3}$

26. (1) $\int_{-1}^{1}dx\int_{-1}^{1}f(x,y)dy$，$\int_{-1}^{1}dy\int_{-1}^{1}f(x,y)dx$

(2) $\int_0^1 dx\int_x^1 f(x,y)dy$，$\int_0^1 dy\int_0^y f(x,y)dx$

(3) $\int_1^e dx\int_0^{\ln x} f(x,y)dy$，$\int_0^1 dy\int_{e^y}^{e} f(x,y)dx$

(4) $\int_0^1 dx\int_0^{\sqrt{2x-x^2}} f(x,y)dy+\int_1^2 dx\int_0^{2-x} f(x,y)dy$

$\int_0^1 dy \int_{1-\sqrt{1-y^2}}^{2-y} f(x, y) dx$

(5) $\int_{-2}^0 dx \int_0^{4-x^2} f(x, y) dy + \int_0^2 dx \int_{2-\sqrt{4-x^2}}^{2+\sqrt{4-x^2}} f(x, y) dy$

$\int_0^4 dy \int_{-\sqrt{4-y}}^{\sqrt{4y-y^2}} f(x, y) dx$

27. (1) $\int_1^4 dy \int_{\sqrt{y}}^{y} f(x, y) dx + \int_4^8 dy \int_2^y f(x, y) dx$

(2) $\int_0^1 dx \int_x^{2-x} f(x, y) dy$

28. 略

29. (1) $e-2$　(2) $\ln \frac{2+\sqrt{2}}{1+\sqrt{3}}$　(3) $\frac{p^5}{21}$　(4) $\frac{76}{3}$

(5) $14a^4$　(6) $\pi(1-e^{-R^2})$　(7) 3π　(8) $1-\sin 1$

30. (1) $\frac{9}{2}$　(2) $\sqrt{2}-1$　(3) $\frac{7}{6}$

31. (1) $\frac{5}{6}$　(2) $\frac{88}{105}$

(B)

1. C　2. A　3. B　4. D　5. A　6. B
7. D　8. D　9. B　10. A　11. C　12. D
13. B　14. A　15. C　16. D　17. C　18. D
19. B　20. C　21. C

习题九

(A)

1. 略

2. (1) $(1-x)(1+y)=C$　(2) $y=Ce^{\sqrt{1-x^2}}$

(3) $(1+x^2)(1+2y)=C$　(4) $\frac{1+y^2}{1-x^2}=C$

(5) $\ln^2 x+\ln^2 y=C$　(6) $x^2+y^2=25$

(7) $2y^3+3y^2-2x^3-3x^2=5$　(8) $y=\sin x$

3. (1) $2xy-y^2=C$　(2) $2xy+x^2=C$

(3) $y+\sqrt{x^2+y^2}=Cx^2$　(4) $Cx^3=e^{\frac{y^3}{x^3}}$

(5) $y^5-5x^2y^3=1$　(6) $x^2=e^{\frac{y^2}{x^2}}$

(7) $\sin\frac{y}{x}=\frac{\sqrt{2}}{2}x$

4. (1) $y=e^{-x}(x+C)$ (2) $y=x^n(e^x+C)$

(3) $y=\frac{1}{2}(x+1)^4+C(x+1)^2$ (4) $y=\frac{4x^3+3C}{3(x^2+1)}$

(5) $y=-\frac{1}{4}e^{-x^2}+Ce^{x^2}$ (6) $y=x^2(e^x-e)$

(7) $y=3-\frac{3}{x}$ (8) $y=\frac{\sin x-1}{x^2-1}$

5. (1) $y=\frac{1}{12}x^4+C_1x+C_2$ (2) $y=\frac{1}{4}e^{2x}+C_1x+C_2$

(3) $y=-\frac{1}{2}x^2-x+C_1e^x+C_2$ (4) $y=C_1\ln x+C_2$

(5) $C_1y-1=C_2e^{C_1x}$ (6) $x=\pm\arcsin(y+C_1)+C_2$

(7) $y=C_1e^x+C_2x+C_3$ (8) $2y^{\frac{1}{4}}=x+2$

6. $Q=A(1-e^{-\frac{t}{30}})$

7. $P=10\times2^{\frac{t}{10}}$（万立方米）

8. $T=T_0+Ce^{-kt}$

9. $Q=1\,200\times3^{-P}$

10. $y(t)=\frac{1\,000\times3^{\frac{t}{3}}}{9+3^{\frac{t}{3}}}$

11. (1) $y=C_1e^x+C_2e^{3x}$ (2) $y=C_1e^{-2x}+C_2e^{3x}$

(3) $y=(C_1e^{3\sqrt{2}x}+C_2e^{-3\sqrt{2}x})e^{3x}$ (4) $y=C_1\cos2x+C_2\sin2x$

(5) $y=\frac{1}{2}e^{2x}$ (6) $y=2e^x+e^{-2x}$

(7) $y=2xe^{3x}$ (8) $y=3e^{-x}-2e^{-2x}$

12. (1) $y=(C_1\cos2x+C_2\sin2x)e^{3x}+\frac{14}{13}$

(2) $y=C_1e^{-x}+C_2e^{3x}-\frac{2}{3}x+\frac{1}{9}$

(3) $y=C_1e^{-3x}+C_2e^x+\frac{1}{5}e^{2x}$

(4) $y=C_1e^{-x}+(C_2+\frac{x}{3})e^{2x}$

(5) $y=(C_1-2x)\cos2x+C_2\sin2x$

(6) $y=e^{-2x}+e^{2x}-1$

(7) $y=\sin2x+2x$

(8) $y=e^x$

13. (1) $\Delta y_x=0$ (2) $\Delta^2y_x=2$

(3) $\Delta^2 y_x = (a-1)^2 a^x$　　(4) $\Delta^2 y_x = \log_a\left[1-\frac{1}{(x+1)^2}\right]$

(5) $\Delta y_x = 2\cos a(x+\frac{1}{2})\sin\frac{1}{2}a$ (6) $\Delta^3 y_x = 6$

14. 略

15. (1) 3 阶　　(2) 6 阶

16. $y_x = -1 + 2^{x+1}$

17. 略

18. (1) $y_x = -\frac{3}{4} + A5^x$，$y_x = -\frac{3}{4} + \frac{37}{12}\cdot 5^x$

(2) $y_x = \frac{1}{3}\cdot 2^x + A(-1)^x$，$y_x = \frac{1}{3}\cdot 2^x + \frac{5}{3}(-1)^x$

(3) $y_x = -\frac{36}{125} + \frac{1}{25}x + \frac{2}{5}x^2 + A(-4)^x$

$y_x = -\frac{36}{125} + \frac{1}{25}x + \frac{2}{5}x^2 + \frac{161}{125}(-4)^x$

(4) $y_x = 4 + A_1\left(-\frac{7}{2}\right)^x + A_2\left(\frac{1}{2}\right)^x$

$y_x = 4 + \frac{3}{2}\left(\frac{1}{2}\right)^x + \frac{1}{2}(-\frac{7}{2})^x$

(5) $y_x = 4^x(A_1\cos\frac{\pi}{3}x + A_2\sin\frac{\pi}{3}x)$，$y_x = 4^x\left(\frac{1}{2\sqrt{3}}\right)\sin\frac{\pi}{3}x$

(6) $y_x = (\sqrt{2})^x(A_1\cos\frac{\pi}{4}x + A_2\sin\frac{\pi}{4}x)$，$y_x = (\sqrt{2})^x 2\cos\frac{\pi}{4}x$

19. (Ⅰ) $P_{t+1} + 2P_t = 2$

(Ⅱ) $P_t = (P_0 - \frac{2}{3})(-2)^t + \frac{2}{3}$

(B)

1. D　　2. B　　3. C　　4. D　　5. A　　6. C

7. B　　8. D　　9. A　　10. C

中国人民大学出版社　理工出版分社

教师教学服务说明

中国人民大学出版社理工出版分社以出版经典、高品质的数学、统计学、心理学、物理学、化学、计算机、电子信息、人工智能、环境科学与工程、生物工程、智能制造等领域的各层次教材为宗旨。

为了更好地为一线教师服务，理工出版分社着力建设了一批数字化、立体化的网络教学资源。教师可以通过以下方式获得免费下载教学资源的权限：

★ 在中国人民大学出版社网站 www.crup.com.cn 进行注册，注册后进入“会员中心”，在左侧点击“我的教师认证”，填写相关信息，提交后等待审核。我们将在一个工作日内为您开通相关资源的下载权限。

★ 如您急需教学资源或需要其他帮助，请加入教师 QQ 群或在工作时间与我们联络。

中国人民大学出版社　理工出版分社

教师 QQ 群：1063604091(数学2群) 183680136(数学1群) 664611337(新工科)
教师群仅限教师加入，入群请备注(学校+姓名)

联系电话：010-62511967，62511076

电子邮箱：lgcbfs@crup.com.cn

通讯地址：北京市海淀区中关村大街 31 号中国人民大学出版社 507 室（100080）